Der Vermessungstechniker

Messen • Rechnen • Zeichnen

von

Ing. (grad.) Karl Fricke, Technischer Verwaltungsrat

Joachim Richter, Vermessungsamtmann

Dipl.-Ing. Kurt Schneider, Vermessungsoberrat

5. Auflage

Hermann Schroedel Verlag KG

Hannover • Dortmund • Darmstadt • Berlin

Verfasser der einzelnen Teile:

Teil 1: Fachkunde: J. Richter · Teil 2: Fachrechnen: K. Schneider
Teil 3: Fachzeichnen: K. Fricke

Fachbereich Berufliche Bildung, vormals Gebr. Jänecke Verlag
Druck: Konkordia AG für Druck und Verlag, Bühl/Baden
ISBN 3-507-91620-7

Vorwort zur 5. Auflage

Dieses Lehrbuch, das nach verhältnismäßig kurzer Zeit bereits in der 5. Auflage vorliegt, ist besonders für den jungen Vermessungstechniker (im weiteren Sinne) und die Praktikanten verfaßt worden und hat einen festen Platz in der Fachliteratur eingenommen.

Das Buch soll weiterhin der Ausbildung in den Dienststellen und Büros, dem Unterricht in den Vermessungs(techniker)klassen der Berufsschulen und der Fachoberschulen sowie dem Selbststudium dienen. Der behandelte Lehrstoff ist im großen und ganzen nicht nur in Anlehnung an die staatlichen Ausbildungsvorschriften für Vermessungstechnikerlehrlinge, sondern auch unter Berücksichtigung der vorhandenen Lehrpläne der Berufsschulen verschiedener Bundesländer zusammengestellt worden. Somit kann dieses Lehrbuch für die Ausbildung in den Büros und den Fachlehrern als Stoffsammlung und Stütze beim Unterricht dienen.

Als Nachschlagewerk für ältere Vermessungstechniker, deren Ausbildung weiter zurückliegt, könnte das Buch gleichfalls von Nutzen sein.

In den letzten Jahrzehnten hat sich viel im Vermessungs- und Kartenwesen verändert. Die Entwicklung neuer Geräte und Maschinen, die Anwendung anderer oder verbesserter Arbeitsweisen und der Wandel in den Rechen-, Bearbeitungs- und Zeichenverfahren (zu einem erheblichen Teil durch die elektronische Datenverarbeitung) stellt nicht nur an den Lernenden, sondern auch an den Lehrenden ständig hohe Anforderungen.

Die im Berufsschulwesen gebräuchliche Einteilung des Fachunterrichts in Fachkunde, Fachrechnen und Fachzeichnen ist für die Gliederung des Lehrbuches bestimmend gewesen. Einige Stoffgebiete, bei denen Zweifel über ihre Einordnung entstanden, sind getrennt behandelt worden. Aber die Verbindung von einem Teil zum anderen ist durch Hinweise gegeben.

Die vorhandene Fülle des Lehrstoffes mußte auf das notwendige Maß gekürzt werden, um den Rahmen des Lehrbuches nicht zu sprengen. Deshalb mußte auf das Hereinnehmen weiterer Ausrechnungs- bzw. Übungsbeispiele leider verzichtet werden. Im Literaturverzeichnis sind alle die Werke und Aufsätze der Fachzeitschriften zusammengestellt worden, die zu einem tieferen Eindringen in die Materie dienen können.

Die Verfasser, die neben ihrer praktischen Berufstätigkeit noch als Lehrer an den hiesigen Vermessungs(techniker)klassen einer Gewerblichen Berufsschule tätig sind oder viele Jahre tätig waren, hoffen, mit diesem Lehrbuch vielen, die an der Vermessungstechnik interessiert sind, eine Hilfe zu geben.

Dem Verlag sei wiederum gedankt für die Herausgabe des Buches in der überarbeiteten und auf den neuen Stand gebrachten Auflage und dessen gute Ausstattung mit zahlreichen Bildern.

Ferner gilt der Dank auch den Vermessungsstellen und Firmen, die Unterlagen, Bilder und Prospekte zur Verfügung gestellt haben.

Hannover, 1975

Die Verfasser

Inhaltsverzeichnis

Teil 2: Fachrechnen

2.0 Allgemeines

2.1 Rechenmittel

2.2 Grundrechnungen

2.3 Verzerrungen in Koordinatensystemen und Reduktion auf den Meeresspiegel

2.4 Flächenberechnung

2.5 Flächenteilung

2.6 Trigonometrische Funktionen und ihre Anwendung

2.7 Kreisbogenberechnung

2.8 Koordinatenberechnung

1 FACHKUNDE

1.0 Allgemeines

Der fachkundliche Teil dieses Lehrbuches soll einen Einblick in die Grundlagen der Vermessungskunde geben. Außerdem werden die wichtigsten Meßgeräte und Meßmethoden besprochen. Auch die Aufgabengebiete der verschiedensten Vermessungsstellen sollen in einem Abriß, der keinen Anspruch auf Vollständigkeit erhebt, dargestellt werden.

Die Vermessungskunde — im wissenschaftlichen Sprachgebrauch *Geodäsie*[1]) genannt — hat eine lange Entwicklung durchlaufen, die in einem sehr engen Zusammenhang mit der Entwicklung der Mathematik, der Astronomie, der Nautik, der Architektur und anderer Wissenschaften steht. Man unterscheidet die höhere und die niedere Geodäsie. Bei allen Vermessungen, die sich auf weite Räume erstrecken, wie die Schaffung von Lage- oder Nivellementfestpunktfeldern, spielt die Krümmung der Erdoberfläche eine große Rolle. Infolge der Erdgestalt müssen die Vermessungsergebnisse und Berechnungen gewisse Verbesserungen erfahren. Andererseits können aus den Vermessungsergebnissen Rückschlüsse auf die Abweichungen der Erdgestalt von der Kugelform gezogen werden. In neuerer Zeit sind hierzu auch die Beobachtungsergebnisse für die Umlaufbahnen von Satelliten herangezogen worden. Diese Vermessungen gehören in das Gebiet der *höheren Geodäsie*.

Alle weiteren Vermessungen sind in der Regel von den Festpunktfeldern abhängig und werden zur *niederen Geodäsie* gezählt. So werden die zur Aufnahme benutzten Punkte und Linien einer Katastervermessung in das übergeordnete Festpunktfeld eingehängt und nehmen damit an der Abstimmung der Koordinatenwerte auf das Bezugsellipsoid (Erdellipsoid) teil. Eine weitere Berücksichtigung der Erdkrümmung kann bei diesen Vermessungen wegen Geringfügigkeit der Verbesserungswerte entfallen. Nur bei der Flächenberechnung sind Korrekturen anzubringen, die um so größer sind, je weiter das Vermessungsgebiet vom Mittelmeridian des Gauß-Krüger-Gitterstreifens entfernt liegt (s. S. 128). Auch kann in gewissen Fällen bei der Berechnung von Polygonzügen in hohen Lagen über N.N. und am Rande der Gitterstreifen eine Längenkorrektur nötig sein.

Wenn auch der junge Vermessungstechniker bei seinen praktischen Arbeiten keine Überlegungen anzustellen braucht, ob sich seine Messungen und Berechnungen auf das Ellipsoid oder auf eine Ebene beziehen, so ist es aber doch von Nutzen, über diese Probleme etwas gehört zu haben. Allgemein sind in diesem fachkundlichen Teil die besprochenen Meßverfahren als Vermessungen auf einer ebenen Grundfläche angesehen worden. In den Fällen, in denen die Erdkrümmung in Erscheinung tritt, wird besonders darauf hingewiesen.

Auf die Beifügung von Tafeln der Fehlergrenzwerte, Beispiele aus den Katasternachweisen usw. ist bewußt verzichtet worden, da hierfür die Vorschriften der einzelnen Bundesländer maßgebend sind. Entsprechende Werte und Formvorschriften müssen den örtlich gültigen Bestimmungen entnommen werden.

---

[1]) geodaisia (griech.) = Geodäsie = Erdteilung oder Feldteilung (he ge = die Erde, das Feld; daiomai = ich teile).

1.1 Maßsystem

Das Endziel vieler Einzelvermessungen soll ein einheitliches Kartenwerk sein, wie z. B. das Deutsche Grundkartenwerk 1:5000 (s. S. 285). Da an einem solchen Werk viele Vermessungsfachleute tätig sind, ist es selbstverständlich, daß allen diesen Einzelvermessungen ein *einheitliches Maß* zugrunde gelegt werden muß. Außerdem muß die Einheit der Flächen- und Winkelmaße festgelegt sein. Ferner bedarf es einheitlicher Grundflächen, auf die alle Lage- bzw. Höhenvermessungen bezogen werden müssen (Bezugsflächen).

Die Neuordnung des Meßwesens (Gesetz über Einheiten im Meßwesen vom 2. 7. 1969) brachte beträchtliche Änderungen in den Bezeichnungen der Längen-, Flächen- und Winkelmaße. Die bisherigen Bezeichnungen können jedoch noch bis zum **31. 12. 1974** verwendet werden. Es ist deshalb davon Abstand genommen, die Winkelmaße — g in gon — in Text, Tabellen, Vordrucken unα Bildern der Auflage dieses Buches zu ändern.

1.11 Längen- und Flächenmaße

1.111 Längenmaße

Seit 1872 gilt in Deutschland das *Meter* als einheitliches Längenmaß. Es sollte den 10 000 000. Teil des Erdquadranten (Länge eines Meridians vom Pol zum Äquator) darstellen und war festgelegt durch den Abstand der Endstriche auf dem Urmeter im Internationalen Büro für Maß und Gewicht in Paris. Das Urmeter ist ein Platiniridiumstab mit x-förmigem Querschnitt. Die zur Bestimmung des Meters ausgeführte Erdvermessung (Gradmessung) ist in der folgenden Zeit mehrmals wiederholt worden, wobei sich ergab, daß das Pariser Urmeter um einen geringen Betrag unrichtig ist. Trotzdem ist das Pariser Urmeter unverändert als internationales Meter beibehalten worden.

Da die Länge des Urmeters von der Temperatur, dem Luftdruck und der Lagerung des Stabes abhängig ist, und vor allem die gravierten Strichmarken den heutigen Bedürfnissen der Meßtechnik nicht mehr entsprechen, ist das Meter durch eine unabhängige physikalische Größe neu festgelegt worden. Seit 1960 ist das Meter das 1 650 763,73fache der Wellenlänge der von Atomen des Nuklids ^{86}Kr (=Krypton) beim Übergang vom Zustand $5d_5$ zum Zustand $2p_{10}$ ausgesandten, sich im Vakuum ausbreitenden Strahlung. Vgl. Normblatt 1301, Einheiten.

Für die Teile und Vielfachen des Meters (m) gelten folgende Bezeichnungen und Abkürzungen:

Tabelle 1

Meter	Bezeichnung	Abkürzung
0,1 m	1 Dezimeter	1 dm
0,01 m	1 Zentimeter	1 cm
0,001 m	1 Millimeter	1 mm
0,000 001 m	1 Mikrometer	1 μm
1 000 m	1 Kilometer	1 km
100 m	1 Hektometer	1 hm
10 m	1 Dekameter	1 dam

Vor der Einführung des Metermaßes hatte jedes Land sein eigenes Maßsystem, das meist aus den Abmessungen am menschlichen Körper abgeleitet war, z. B. Fuß, Elle, Handbreite usw. Diese Maße begegnen dem Vermessungstechniker noch sehr oft in älteren Karten und den dazugehörigen Vermessungen. Die Umrechnung dieser alten Maße in das heute gültige Metermaß ist durch die Aufstellung von Tabellen erleichtert worden. Eine kleine Auswahl aus der Vielzahl alter Maße ist aus der nachstehenden Tabelle ersichtlich:

Tabelle 2

Gebiet	1 Rute = ... Fuß	1 Fuß = ... m	1 Rute = ... m	1 m = ... Fuß	Bemerkungen
Baden	10	0,3	3,0	3,3333	
Bayern	10	0,2919	2,9186	3,4263	
Braunschweig	16	0,2854	4,5658	3,5043	
Hannover	16	0,2921	4,6735	3,4236	
Hessen-Darmstadt	10	0,25	2,5	4,0	Klafter statt Rute
Kurhessen	14	0,2849	3,9888	3,5099	Katasterfuß
Oldenburg	18	0,2959	5,3258	3,3798	
Preußen	12	0,3139	3,7662	3,1862	
Schleswig-Holstein	16	0,2866	4,5851	3,4895	
Württemberg	10	0,2865	2,8649	3,4905	

1.112 Flächenmaße

Die Flächenmaße sind aus den Längenmaßen abgeleitet. Ein Quadrat von 1 m Seitenlänge (ein Quadratmeter) wird als die Einheit der Flächenmaße bezeichnet. Die Teilung und Vervielfachung der Flächenmaße entspricht der bei den Längenmaßen. Es werden folgende Bezeichnungen und Abkürzungen benutzt:

Tabelle 3

Quadratmeter	Bezeichnung	Abkürzungen
1 m²	1 Quadratmeter	1 m² (bisher 1 qm)
0,01 m²	1 Quadratdezimeter	1 dm² (bisher 1 qdm)
0,000 1 m²	1 Quadratzentimeter	1 cm² (bisher 1 qcm)
0,000 001 m²	1 Quadratmillimeter	1 mm² (bisher 1 qmm)
1 000 000 m²	1 Quadratkilometer	1 km² (bisher 1 qkm)
10 000 m²	1 Quadrathektometer	1 hm² oder 1 ha
100 m²	1 Quadratdekameter	1 dam² oder 1 a

Für die *Flächenangaben im Kataster und Grundbuch* werden allgemein die folgenden Größen verwendet, wobei das Quadratmeter die untere Grenze darstellt:

Quadratmeter = m^2
Ar = a (1 a = 100 m^2 = 1 dam^2)
Hektar = ha (1 ha = 100 a = 10 000 m^2 = 1 hm^2)

Vor der Einführung des Metermaßes wurden die Flächen aus den in den einzelnen Ländern geltenden Längenmaßen abgeleitet. Einige der alten Flächenmaße sind noch heute bei der ländlichen Bevölkerung im Gebrauch, z. B. die Bezeichnungen Morgen, Quadratrute u. a.

Alte und neue Flächenmaße sind in Tabellen gegenübergestellt. In der folgenden Tabelle ist ein kleiner Teil der früheren Flächenmaße aufgeführt.

Tabelle 4

Gebiet	Alte Maße — Neues Maß m^2	Neues Maß — Alte Maße 1 ha = ...
Baden	400 □-Ruten = 1 Morgen = 3600	2,7778
Bayern	400 □-Ruten = 1 Morgen (Tagewerk) = 3407,3	2,9349
Braunschweig	120 □-Ruten = 1 Feldmorgen = 2502	3,9975
	160 □-Ruten = 1 Waldmorgen = 3335	2,9981
Hannover	120 □-Ruten = 1 Morgen = 2621	3,8153
Hessen-Darmstadt	400 □-Klafter = 1 Morgen = 2500	4,0000
Kurhessen	150 □-Ruten = 1 Acker = 2387	4,1902
Oldenburg	160 □-Ruten = 1 Jück = 4538,3	2,2035
Preußen	180 □-Ruten = 1 Morgen = 2553,2	3,9166
Schleswig-Holstein	260 □-Ruten = 1 Tonne Landes = 5466,1	1,8295
Württemberg	384 □-Ruten = 1 Morgen = 3151,7	3,1728

1.12 Winkelmaße

1.121 Winkelteilung

1937 wurde im deutschen Vermessungswesen die *Neugrad-Winkelteilung* (400^g) eingeführt. Diese Teilung bietet beim Rechnen gegenüber der *alten Winkelteilung* ($360°$) wesentliche Vorteile. Jedoch ist die „alte Teilung" in der Mathematik und in den praktischen Berufen, die Winkelangaben benötigen, fest eingebürgert. Auch in der Astronomie und der Nautik (Schiffahrtskunde) wird sich die 360°-Teilung wegen der Verbindung mit der Gradeinteilung der Erde (geographische Koordinaten s. S. 229), des einfachen Übergangs zur Zeitteilung ($15° = 1$ Stunde) und des Übergangs zur Seemeile (1 Breitenminute = 1 sm) nicht verdrängen lassen. Die Neuordnung hat sie deshalb auch beibehalten.

Neugrad-Teilung (zentesimal)

Kreis $= 400^g$ (^{g} = Neugrad)
1 Rechter $= 100^g$
$1^g = 100^c$ (^{c} = Neuminute)
$1^c = 100^{cc}$ (^{cc} = Neusekunde)

Alte Teilung (sexagesimal)

Kreis $= 360°$ ($°$ = Altgrad)
1 Rechter $= 90°$
$1° = 60'$ ($'$ = Altminute)
$1' = 60''$ ($''$ = Altsekunde)

Zentesimale Teilung in Gon

Ab 1. 1. 1975 gelten für die Neugradteilung die folgenden Bezeichnungen:

Kreis (Vollwinkel) $= 2\pi$ rad $= 400^{gon}$ (Gon = ^{gon})

1 Rechter ∟ $= \frac{\pi}{2}$ rad (rad = Radius) $= 100^{gon} = 90°$

1 Gon $= \frac{\pi}{200}$ rad $= 100$ cgon

$^1/_{10}$ Gon	= 1 Dezigon		$^1/_{1000}$ Gon	= 1 Milligon	
	= 1 dgon	= $0{,}1^{gon}$		= 1 mgon	= $0{,}001^{gon}$
$^1/_{100}$ Gon	= 1 Zentigon		$^1/_{10\,000}$ Gon	= $^1/_{10}$ Milligon	
	= 1 cgon	= $0{,}01^{gon}$		= $^1/_{10}$ mgon	= $0{,}0001^{gon}$

Beispiel zur Addition von Winkeln:

Neue Teilung	Alte Teilung
$100{,}4527^g$	75° 51′ 23″
+ $251{,}7590^g$	+ 207° 18′ 41″
+ $312{,}0314^g$	+ 340° 39′ 57″
= $664{,}2431^g$	= 623° 50′ 01″
oder = $264{,}2431^g$	oder = 263° 50′ 01″

Die Winkelangaben können um ein Vielfaches des vollen Winkels (400^g bzw. 360°) vergrößert oder verkleinert werden, ohne daß sich die Größe des Winkels ändert.

Wichtig ist außerdem die Festlegung des Winkels. Einheit ist der Radiant = rad, der gesetzlich wie folgt definiert ist: 1 rad ist gleich dem ebenen Winkel, der als Zentriwinkel eines Kreises vom Halbmesser 1 m aus dem Kreis einen Bogen der Länge 1 m ausschneidet. S. auch S. 12 und 136.

1.122 Winkelumwandlung

Zur Umwandlung der Winkel aus alter Teilung in neue Teilung oder umgekehrt gibt es zahlreiche Tafelwerke. Ist keine Tafel zur Hand, läßt sich die Umrechnung nach folgender Methode ausführen:

Alte in neue Teilung

a) Altsekunden : 60 = Altminuten-Dezimalstellen

b) Altminuten : 60 = Altgrad-Dezimalstellen

c) Altgrad $\times \frac{10}{9}$ = Neugrad

Beispiel: 125° 38′ 17″ sind in Neugrad umzuwandeln

a) 17 : 60 = 0,2833

b) 38,2833 : 60 = 0,63806

c) 1256,3806 : 9 = 139,59784

Ergebnis: 125° 38′ 17″ entsprechen $139{,}5978^g$

Neue in alte Teilung

a) Neugrad $\times \frac{9}{10}$ = Altgrad

b) Altgrad-Dezimalstellen × 60 = Altminuten

c) Altminuten-Dezimalstellen × 60 = Altsekunden

Beispiel: $139{,}5978^g$ sind in Altgrad umzuwandeln

a) 13,95978 × 9 = 125,63802 → 125°

b) 0,63802 × 60 = 38,28120 → 38′

c) 0,28120 × 60 = 16,87200 → 17″

125° 38′ 17″

Ergebnis: $139{,}5978^g$ entsprechen 125° 38′ 17″

Probeberechnung:

Ist nur ein Winkel umzuwandeln, wird das Ergebnis in die Ausgangsteilung zurückverwandelt.

Sind mehrere Winkel umzuwandeln, werden die Summen der Winkel in beiden Teilungen gebildet. Die Umwandlung der einen Summe muß die andere Summe ergeben.

1.123 Bogenmaß

Neben der Gradteilung kann die Größe eines Winkels auch in Bogenmaß angegeben werden. Die Einheit des Bogenmaßes ist der Kreisbogenausschnitt von der Länge 1 am *Einheitskreis* ($r = 1$). Der zum Bogen mit der Länge 1 gehörige Winkel wird mit ϱ bezeichnet (Bild 12,1).

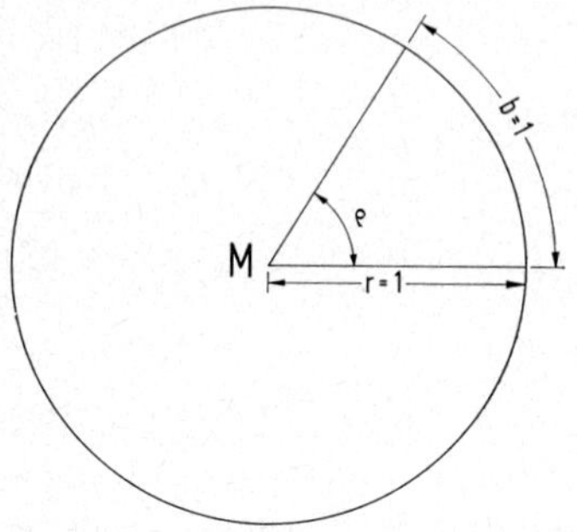

12,1 Bogenmaß

Am Einheitskreis ist:

$$U = 2r\pi = 2\pi \text{ (da } r = 1)$$
$$\varrho : 400 = 1 : 2\pi$$
$$\varrho \cdot 2\pi = 400$$
$$\varrho^g = \frac{400^g}{2\pi} = \frac{200^g}{3{,}141593} = 63{,}6620^g$$

1 rad $= \varrho$; ϱ kann in Gon oder in Altgrad ausgedrückt werden: 1 rad = 63,6620 gon = 57, 29578°

Zur Angabe von ϱ in Minuten und Sekunden braucht lediglich das Komma jeweils um zwei Stellen nach rechts gerückt zu werden.

Also: $\varrho^c = 6366{,}20^c$; $\varrho^{cc} = 636620^{cc}$.

Bei Altgradteilung gilt:

$$\varrho^\circ = \frac{360^\circ}{2\pi} = \frac{180^\circ}{3{,}141593} = 57{,}29578^\circ$$
$$\varrho' = \frac{360 \cdot 60'}{2\pi} = \frac{10800'}{3{,}141593} = 3437{,}747'$$
$$\varrho'' = \frac{360 \cdot 60 \cdot 60''}{2\pi} = \frac{648000''}{3{,}141593} = 206264{,}806''$$

Es gibt viele Aufgaben, die mit Hilfe des Bogenmaßes ϱ gelöst werden können.

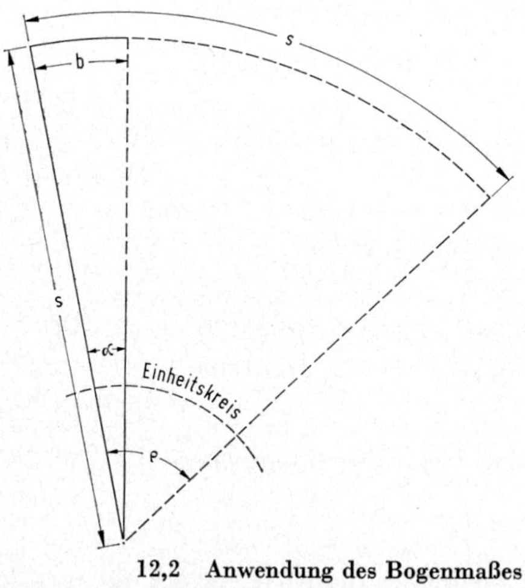

12,2 Anwendung des Bogenmaßes

Das Bogenmaß wird meistens in folgender Proportion angewendet: $\alpha : \varrho = b : s$; *in Worten:* Der Winkel α verhält sich zum Bogenmaß ϱ wie der zum Winkel α gehörige Bogen b zur Entfernung s des Bogens vom Scheitelpunkt (Bild 12,2).

Beispiel:

Welche Bogenlänge b gehört zum Winkel $\alpha = 1^g$ in der Entfernung $s = 100$ m?

$$\alpha : \varrho = b : s$$
$$b \cdot \varrho = \alpha \cdot s$$
$$b = \frac{\alpha}{\varrho} \cdot s$$
$$b = \frac{1}{63{,}6620} \cdot 100 = 1{,}57 \text{ m}$$

1.13 Bezugsfläche

Wie bereits eingangs erwähnt (s. S. 8), müssen alle Vermessungen nach Lage und Höhe auf eine einheitliche Grundfläche bezogen werden. Als eine solche Grundfläche bietet sich die Meeresoberfläche an, die man sich unter dem Festland fortgesetzt denken muß. Sie stellt sich in jedem Punkt normal (senkrecht) zur Schwerkraft ein. Die Schwerkraft zieht aber auch das Schnurlot beim Aufstellen der Fluchtstangen an und beeinflußt die Libelle, mit der die Stehachse eines geodätischen Instrumentes lotrecht gestellt wird. Da die Wasseroberfläche des Meeres sich in ständiger Bewegung befindet, muß man sich die Oberfläche frei von Gezeiten, Strömungen usw. ruhend vorstellen. Diese ideelle Meeresoberfläche — fortgesetzt unter den Kontinenten — wird als die eigentliche Figur der Erde betrachtet und als *Geoid* bezeichnet (Bild 13,1). Das Geoid ist nicht identisch mit einer Kugelfläche, sondern ist infolge der bei der Erdumdrehung auftretenden Zentrifugalkraft an den Polen abgeplattet und ist auch an anderen Stellen durch die ungleiche Massenverteilung im Erdinnern nicht ganz regelmäßig gestaltet. Die Länge des Erdradius am Äquator beträgt 6 378 388 m; der Radius zum Pol ist etwa $3{,}37\,^0/_{00}$ kürzer (nach Hayford, intern. Erdellipsoid). Siehe auch Seite 230.

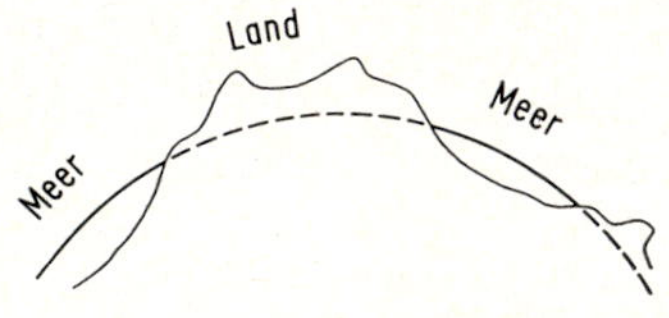

13,1 Bezugsfläche

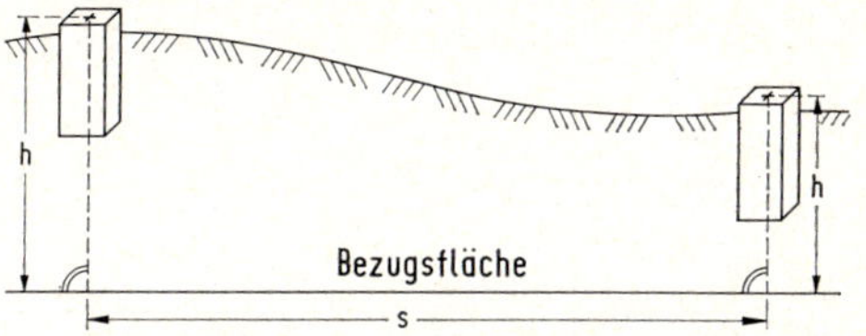

13,2 Entfernung und Höhe zweier Punkte

Bei einer Vermessung muß man sich die zu vermessenden Punkte auf die Bezugsfläche in Lotrichtung projiziert denken. Dann ist die *Entfernung* zweier Punkte gleich dem Abstand der Lotfußpunkte. Die *Flächengröße* wird auf der Bezugsfläche (bei geringen Entfernungen als Ebene anzusehen, siehe S. 230) zwischen den Lotfußpunkten der Begrenzungspunkte bestimmt. Als *Höhenangabe* (Meereshöhe) eines Punktes gilt die Länge des Lotes vom Fußpunkt bis zum jeweiligen Punkt (Bild 13,2).

Für die in diesem Buch zu besprechenden Lagevermessungen kann die Bezugsfläche als Ebene angesehen werden. Nur bei Höhenvermessungen ist die Krümmung der Erdkugel in Betracht zu ziehen. Sie wird aber beim Nivellement durch die Messungsanordnung (gleiche Zielweiten für Rück- und Vorblick) praktisch ausgeschaltet (s. S. 32). Die Tangente an der Bezugsfläche ist in 1 km Entfernung 7,8 cm von ihr entfernt (Bild 13,3).

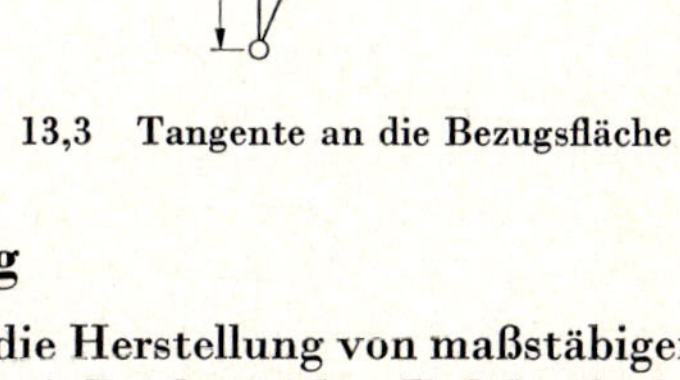

13,3 Tangente an die Bezugsfläche

$$d \approx \frac{1}{2 \cdot 6380} \approx \frac{1}{12760} \approx 0{,}000078 \text{ km} \approx 7{,}8 \text{ cm.}$$

1.2 Lagevermessung

Eine der Hauptaufgaben des Vermessungswesens ist die Herstellung von maßstäbigen Karten, aus denen man die Entfernung zwischen zwei Punkten der Erdoberfläche abgreifen, die Flächen von Grundstücken berechnen oder den Winkel zwischen zwei Linien ermitteln kann. Die Karte muß die auf der Erdoberfläche vorhandenen Punkte in ihrer richtigen Lage zueinander darstellen. Die Feststellung der gegenseitigen Lage der einzelnen Punkte in der Örtlichkeit, z. B. abgemarkter Grundstückseckpunkte, der Umrißeckpunkte eines Bauwerks oder signalisierter topographischer Punkte usw., nennt man Lagevermessung oder auch Aufmessung.

1.21 Abmarkung und Signalisierung

Zur Vermessung der Geländepunkte müssen diese während der Vermessungsarbeiten kenntlich gemacht (signalisiert) werden. Wenn sie auch für die Zukunft als Vermessungs- oder Grenzpunkte erhalten bleiben sollen, müssen sie außerdem abgemarkt (oder vermarkt) werden. Grundsatz ist dabei, daß zuerst die Abmarkung und dann die Signalisierung erfolgen muß, um mögliche Fehler beim Einbringen des Vermessungsmals zu entdecken und sofort zu beseitigen. Wenn das Vermessungsmal nicht genau an die signalisierte Stelle gesetzt würde, ergäbe sich bei späteren Vermessungen, die an diese Punkte anschließen, Unstimmigkeiten in den Maßen, die oft nur sehr schwer aufzuklären sind.

1.211 Abmarkung

Bei der Abmarkung ist zu unterscheiden zwischen dem *unterirdischen Merkmal* und dem *Tageszeichen* (sieht aus der Erde heraus, tritt zutage). Weiterhin muß unterschieden werden zwischen der Art der abzumarkenden Punkte. Die Besonderheiten der Festlegung bzw. Abmarkung der trigonometrischen und polygonometrischen Punkte siehe Seiten 70 bis 72.

Weil die Vermessungspunkte (S. 71 und 72) nur für den Vermessungsfachmann von Bedeutung sind, werden sie in der Regel nur unterirdisch abgemarkt. Dagegen müssen die Punkte, die eine Grenze bezeichnen, ein Tageszeichen erhalten. Die Tageszeichen können leicht beschädigt oder herausgerissen werden; darum setzt man zur Sicherheit noch ein unterirdisches Merkmal darunter. Als Unterlage für Grenzsteine werden Tonkegel, Drähnrohre, Flaschen usw. benutzt.

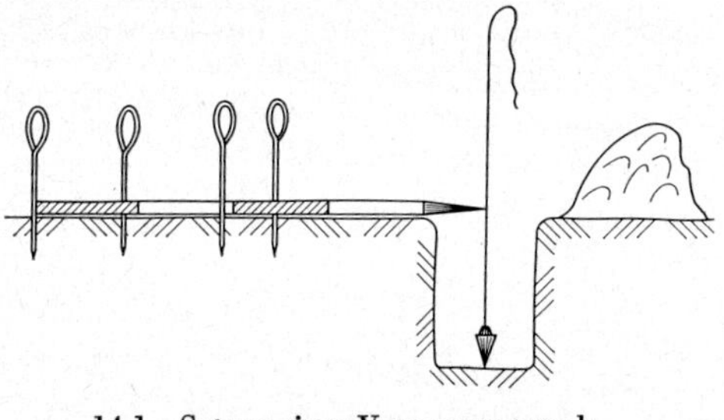

14,1 Setzen eines Vermessungsmals

Ein abzumarkender Punkt muß vor dem Ausheben des Erdloches mit einem Hilfsgerät, wie im Bild 14,1 gezeigt, oder auf eine andere Weise festgehalten werden. Nach dem Ausheben des Loches wird der Punkt abgelotet und das Vermessungsmal senkrecht eingebracht. Beim Zuschütten darf nur lose Erde verwendet werden, die gut anzustampfen ist. Grassoden verwesen und ergeben Hohlräume, so daß das Vermessungsmal dann locker sitzt. Zum Schluß wird der richtige Sitz des Vermessungsmals nochmals geprüft. Mit Rohren oder Flaschen unterirdisch abgemarkte Punkte sollen durch einen flachen Stein abgedeckt werden, damit sie beim Aufgraben keine Beschädigung erleiden. Als Abmarkungsmaterial für die Tageszeichen werden in der Regel *Grenzsteine* aus Granit benutzt, auf deren Kopffläche ein Kreuz eingemeißelt ist. Für die unterirdischen Abmarkungen verwendet man Dränrohre und Flaschen. Im Moorboden sind Eichenpfähle vorteilhaft, da Steine infolge ihres großen Gewichtes absinken würden. Auf felsigem Untergrund, auf Mauern und befestigten Straßen erfolgt die Abmarkung durch einzementierte eiserne Bolzen oder eingemeißelte Kreuze.

Es werden auch hand- oder maschinengetriebene Erdbohrer zur Herstellung der Löcher verwendet. Als Abmarkungsmaterial gibt es Tageszeichen und unterirdische Merkmale aus Kunststoff, die wegen ihres geringen Gewichtes leicht zu transportieren sind.

1.212 Signalisierung

Nachdem die Punkte abgemarkt sind, müssen sie für die Zwecke der Vermessung signalisiert werden. Das geschieht in der Regel durch *Fluchtstäbe* (auch Baken genannt). Die Fluchtstäbe sind aus Holz oder Leichtmetall gefertigt, 2 oder 2,5 m lang und tragen eine Stahlspitze zum Einrammen in den Boden. Vielfach sind sie auch mit einer Vorrichtung zum Ineinanderstecken mehrerer Stäbe zu einem hohen Signal versehen. Die Stäbe sind jeweils in 0,5 m lange weiße und rote oder weiße und schwarze Felder unterteilt. Wo sie nicht in den Boden eingerammt werden können, müssen sie von einem Stativ gehalten oder durch weitere Fluchtstäbe abgestützt werden. Lassen sich die Fluchtstäbe nicht auf dem abgemarkten Punkt aufstellen, dann sind sie genau in der Flucht vor oder hinter dem Punkt aufzurichten. Der als Signal verwendete Fluchtstab muß mit einem *Lattenrichter* (Bild 15,1) oder einem *Schnurlot* senkrecht gestellt werden (Bild 15,2). Das Einrichten mit dem Schnurlot geschieht in Richtung der Fluchtlinie und ungefähr rechtwinklig dazu, nachdem man vorher den Stab nach Augenmaß bereits senkrecht gestellt hat. Ein Pendeln des Lotes kann durch Auf- und Abwärtsbewegen verhindert werden. Nicht gebrauchte Fluchtstäbe werden schräg in den Boden gesteckt, um Verwechslungen zu vermeiden. Außerdem sind sie dann in einem unübersichtlichen Gelände leichter wieder aufzufinden. Eine weitere Art der Signalisierung ist die Zieltafel auf einem Stativ bei der Zwangszentrierung (s. S. 53).

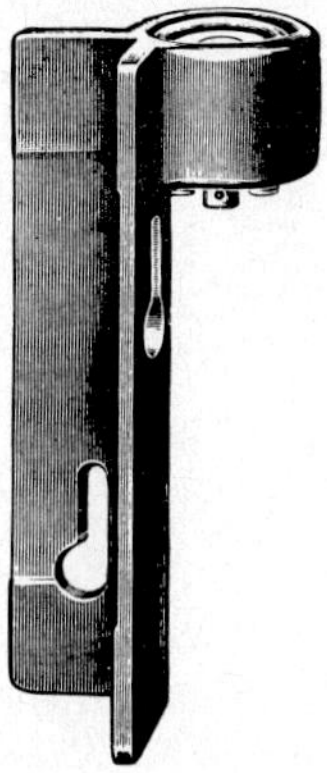

15,1
Lattenrichter

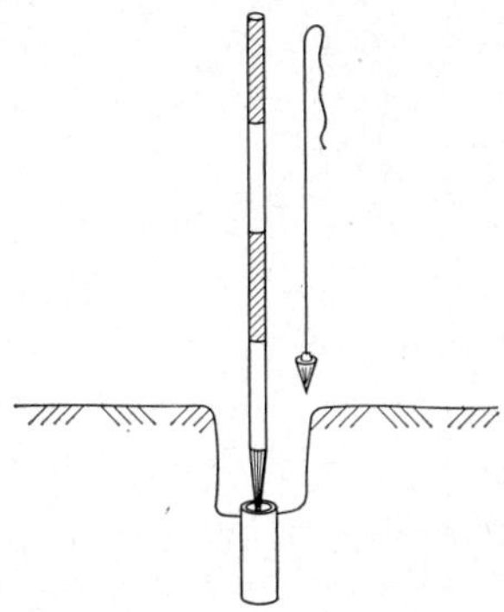

15,2
Einloten eines Fluchtstabes

1.22 Entfernungsmessung

1.221 Entfernungsmeßgeräte

Für die Längenmessungen stehen Meßlatten, Meßbänder und optische Entfernungsmeßgeräte (s. S. 63) zur Verfügung. Daneben gewinnen die Geräte zur elektronischen Entfernungsmessung (s. S. 67) immer mehr an Bedeutung.

Meßlatten sind Holzlatten mit ovalem Querschnitt. Sie haben in der Regel eine Länge von 5 m. An beiden Enden tragen sie Stahlschneiden, die um 100^g gegeneinander versetzt sind. Zur Meßausrüstung gehören immer zwei Latten, die in 1 m lange Felder unterteilt sind. Zur Unterscheidung sind auf der einen Latte die Meterfelder weiß und rot, auf der anderen weiß und schwarz angestrichen. Die weitere Einteilung ist durch ver-

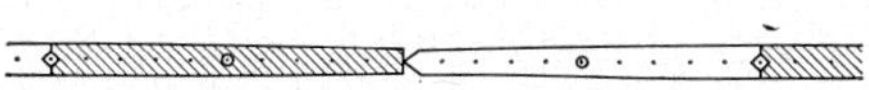

15,3 Anlegen der Meßlatten

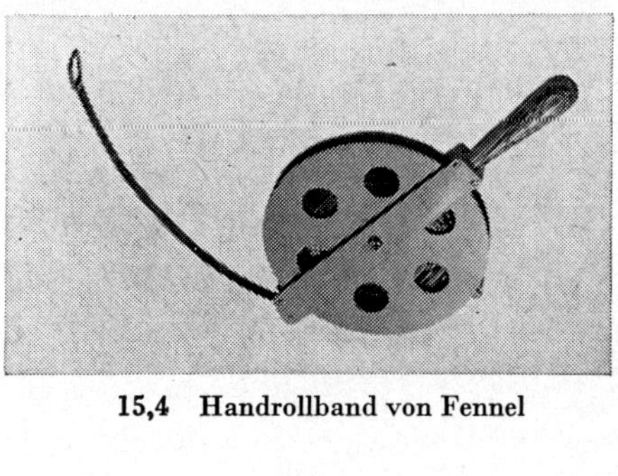

15,4 Handrollband von Fennel

schiedenartige Nägel im Abstand von 10 cm markiert (Bild 15,3). Heute sind die Meßlatten kaum noch im Gebrauch; sie lassen sich aber für Staffelmessungen im steilen Gelände sehr gut verwenden.

Stahlmeßbänder gibt es in vielen Längen vom 1-m-Rollstab bis zur Länge von 100 m. Für den praktischen Gebrauch dürften die 20-m-Bänder am zweckmäßigsten sein. Hier sei das *Handrollband* (Bild 15,4) genannt, das mit einer kleinen Kurbel auf eine Rolle aufgerollt werden kann. Es trägt meistens eine eingeätzte Zentimeterteilung. Wegen seiner Handlichkeit ist es zur Messung kurzer Strecken sehr geeignet. Sind lange Strecken zu messen, empfiehlt sich die Verwendung eines *Ziehbandes* (Bild 16,1). Die Ziehbänder sind etwas stärker als die Handrollbänder und tragen an beiden Enden einen Ring, der mit dem Band durch ein Kardangelenk (nach allen Richtungen drehbar) verbunden ist. Der Ring sitzt meistens ½ m vor bzw. hinter der Endmarke des Bandes. Durch die Ringe werden Ziehstäbe zur Handhabung und zum Straffziehen des Bandes gesteckt. Diese Bänder sind durch verschiedenförmige Nieten in gerade und ungerade Meter sowie in Dezimeter eingeteilt. Zum Transport rollt man sie auf einen großen Ring auf. Nach jedem Gebrauch sind die Stahlbänder gut zu reinigen und zu fetten. Beim Messen müssen Schlingen im Band unbedingt vermieden werden, da der Stahl bei einer Knickung sehr leicht bricht bzw. Knickstellen die Länge etwas verkürzen.

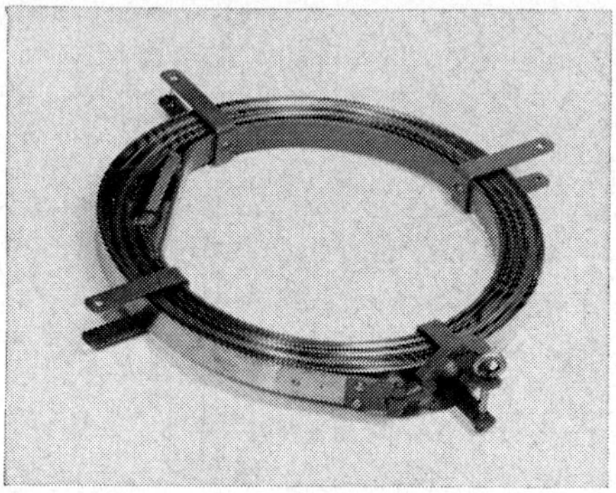
16,1 Ziehband von Fennel

Es seien noch einige Meßgeräte genannt, die aber für geodätische Messungen kaum Verwendung finden oder durch bessere Geräte ersetzt worden sind.

Die *Meßkette* ist der Vorläufer des Meßbandes. Sie bestand aus einzelnen Kettengliedern. Durch den Gebrauch schliffen sich die Glieder aus und die Kette wurde immer länger. Die vielfach noch gebräuchliche Bezeichnung „Kettenstab“ für den Ziehstab rührt von den früheren Meßketten her.

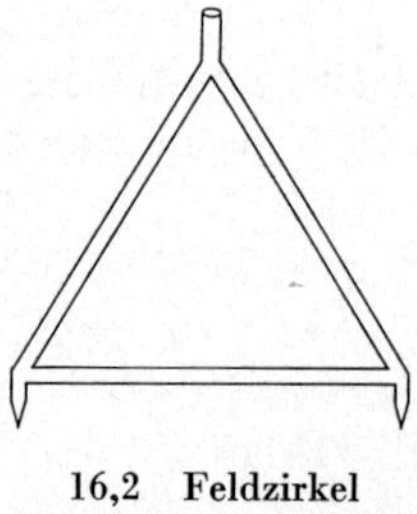
16,2 Feldzirkel

Der *Feldzirkel*, dessen Dorne in der Regel 2 m Abstand voneinander haben, wird wie ein Zirkel durch Umschlagen auf der zu messenden Linie gebraucht (Bild 16,2). Er wird heute noch von Landwirten für Saat- oder Pachteinteilungen verwendet.

Das *Meßrad* begegnet uns im Kilometerzähler am Fahrrad, Auto usw. Seine Wirkungsweise beruht auf der Zählung der Radumdrehungen (Anzahl der Umdrehungen × Radumfang = abgefahrene Strecke).

Das *Schrittmaß* ist das immer vorhandene Maß zur rohen Bestimmung von Entfernungen, z. B. beim Aufsuchen von Grenzsteinen oder beim Nivellieren. Voraussetzung ist, daß man seine persönliche Schrittlänge an einer bekannten Strecke vorher festgestellt hat.

1.222 Meßmethode

Wie bereits bei 1.13 ausgeführt, muß die waagerechte Entfernung zwischen zwei Punkten bestimmt werden.

1.2221 Messung im ebenen Gelände

Meßlatten: Die Latten werden paarweise benutzt. Latte a wird am Anfangspunkt der zu messenden Strecke angelegt, Latte b wird rückwärts vorsichtig an Latte a herangeschoben, bis sich die Schneidekanten der Latten berühren (Bild 15,3). Latte a wird aufgenommen und in gleicher Weise wie vorher Latte b vorgelegt, usw. Zwei Gehilfen, die je eine Latte betreuen, sind dazu notwendig.

20-m-Ziehmeßband: Zwei Meßgehilfen sind zur Handhabung nötig. Das Meßband wird in die zu messende Richtung gezogen und die Nullmarke genau an den Anfangspunkt der Linie gelegt. Nun wird gut straff angezogen und ein *Zähler* an der 20-m-Marke abgesteckt (Bild 17,1). Wichtig ist dabei, daß die Visierlinie vom Auge des Meßgehilfen zur Marke des Bandes einen rechten Winkel mit dem Bande bildet. Auf dieser Visierlinie oder ihrer Verlängerung muß dann auch der zu messende Linienpunkt oder der Zähler liegen. Dieser wichtige Grundsatz wird bei der Messung oft vernachlässigt, was sich in ungenauen Meßergebnissen bemerkbar macht. Ist der Zähler vorn am Band senkrecht in den Boden gesteckt, wird das Band in der Meßrichtung weitergezogen und der gleiche Vorgang des Anlegens und Absteckens wiederholt. Die Anzahl der „hinten" vorhandenen Zähler × 20 ergibt die bereits gemessene Länge an der hinteren Marke des Bandes.

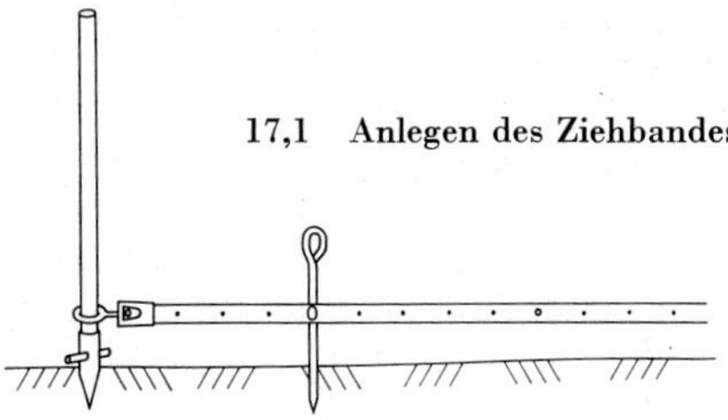

17,1 Anlegen des Ziehbandes

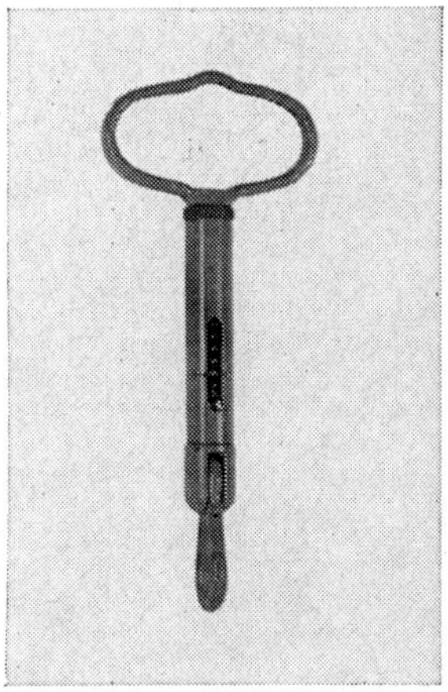

17,2 Meßbandspanner von Fennel

50-m-Ziehband: Das Messen geschieht nach der gleichen Methode wie beim 20-m-Band. Zur Erhöhung der Meßgenauigkeit ist bei beiden Bändern zwischen dem vorderen Ziehstab und dem Band ein *Meßbandspanner* (Federwaage) einzuschalten, um eine gleichmäßige Spannung des Bandes zu gewährleisten (Bild 17,2).

1.2222 Messung im geneigten Gelände

Die Messung im geneigten Gelände kann nach zwei verschiedenen Methoden erfolgen: Staffelmessung und Schrägmessung.

Bei der *Staffelmessung* (auch Stufenmessung genannt) wird die Messung in der Waagerechten ausgeführt. Das freie Ende des Meßgerätes wird abgelotet; am abgeloteten Punkt setzt sich die Messung fort (Bild 18,1). Die einzelnen Stufen sollten bei Bandmessung im Höchstfall 10 m lang sein, da sich sonst das Durchhängen des Bandes zu störend bemerkbar macht. Die Genauigkeit der Staffelmessung hängt wesentlich vom sauberen Abloten ab. Im sehr steilen Gelände (z. B. an Böschungen) empfiehlt es sich, erst einige Fluchtstäbe auf der Meßlinie auszustecken und gut einzuloten. Dann wird waagerecht von Stange zu Stange gemessen. Die Addition der Teilstrecken ergibt die Gesamtstrecke.

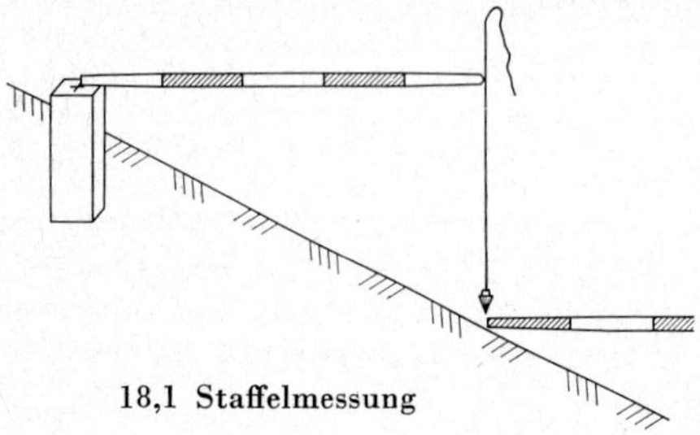

18,1 Staffelmessung

Bei der *Schrägmessung* erfolgt die Messung in der Schrägen (Bild 18,2). Dabei muß entweder der überwundene Höhenunterschied oder die Geländeneigung bestimmt werden. Diese Art der Messung eignet sich für die Messung im schwach geneigten Gelände. Bei Messung mit Latten läßt sich der Höhenunterschied auf dm-Genauigkeit schätzen, während bei der Bandmessung ein Neigungsmesser (Gefällmesser) benutzt werden sollte. Das berechnete oder auf einer Tabelle abgelesene Zulagemaß kann entweder im Gelände direkt an der Endmarke des Meßgerätes zugesetzt werden, oder es wird für jede Bandlänge notiert und die Summe am Schluß der Messung vom abgelesenen Maß abgesetzt (Bild 18,3).

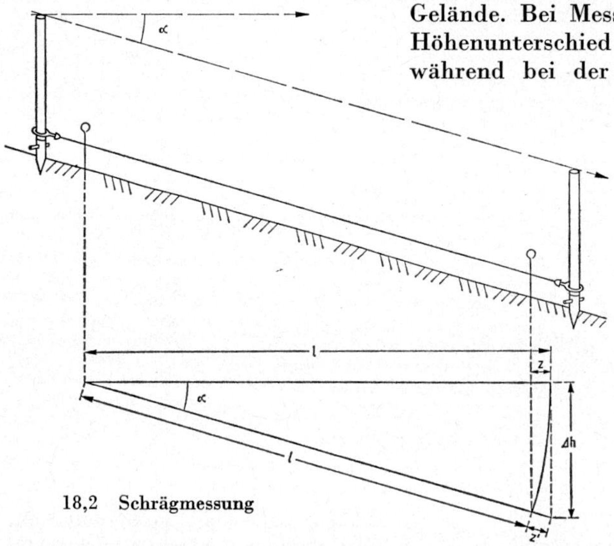

18,2 Schrägmessung

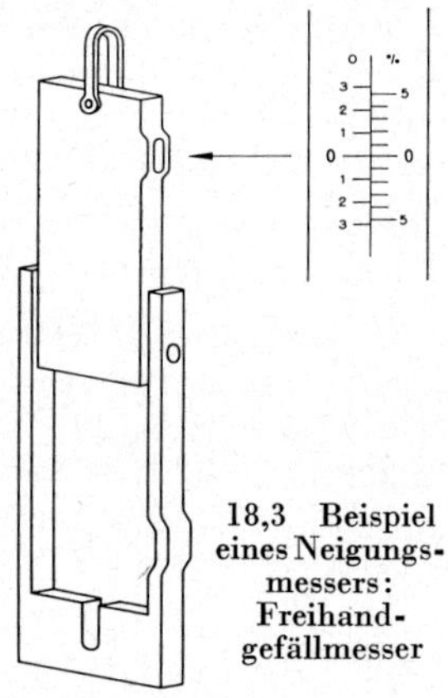

18,3 Beispiel eines Neigungsmessers: Freihandgefällmesser

Die Neigung ist im Winkelmaß gemessen:

Formel: $\cos \alpha = \frac{l - z}{l}$

$$l \cdot \cos \alpha = l - z$$

$$z = l - l \cdot \cos \alpha$$

$$z = l \cdot (1 - \cos \alpha) \quad \text{[waagerechter Zuschlag]}$$

$$z' = \frac{z}{\cos \alpha}$$

$$z' = \frac{l \cdot (1 - \cos \alpha)}{\cos \alpha} \quad \text{[Zuschlag in der geneigten Ebene]}$$

Der Höhenunterschied Δh ist gemessen:

$\Delta h = \frac{l \cdot H}{100}$, wenn H die Steigung pro 100 m (= Neigungsangabe in Prozent) bedeutet.

Folgende Näherungsformel reicht aus:

$$(l + z')^2 = \Delta h^2 + l^2$$

$$l^2 + 2lz' + z'^2 = \Delta h^2 + l^2 \quad [z'^2 \text{ kann als sehr kleiner Wert entfallen}]\; z' \approx \frac{\Delta h^2}{2l}$$

Vor Beginn der Messung fertigt man sich nach den gegebenen Formeln für das Meßgerät Tabellen an, aus der z' entnommen werden kann.

Tabelle 5 Zuschlag z' in der geneigten Ebene für 20- und 50-m-Bänder in Meter

Altgrad	20 m	50 m
1	0,003	0,008
2	0,012	0,03
3	0,027	0,07
4	0,05	0,12
5	0,08	0,19
6	0,11	0,27
7	0,15	0,38
8	0,20	0,49
9	0,25	0,64
10	0,31	0,77

Tabelle 6

%	20 m	50 m
2	0,004	0,01
3	0,009	0,02
4	0,016	0,04
5	0,025	0,06
6	0,04	0,09
7	0,05	0,12
8	0,06	0,16
9	0,08	0,20
10	0,10	0,25
11	0,12	0,30
12	0,14	0,36
13	0,17	0,42
14	0,20	0,49
15	0,23	0,56

1.223 Eichung der Längenmeßgeräte

Zu einer genauen Messung gehört die Kenntnis der Länge des Meßgerätes[1]). Die Länge eines Stahlmeßbandes ist abhängig von der Temperatur und der Spannung des Bandes. Während der Einfluß der Spannung durch gleichmäßig starkes Anziehen (Kontrolle am Spannungsmesser) sowohl bei der Prüfung als auch beim praktischen Gebrauch rechnerisch außer Betracht bleiben kann, muß die Temperatur unbedingt berücksichtigt werden. Der *Ausdehnungskoeffizient* für Meßbandstahl beträgt $k = 0{,}000\,011\,5$ m, d. h. 1 m Bandstahl dehnt sich bei Erwärmung um 1° um 0,0115 mm aus.

Die Eichung erfolgt auf einer *Eichstrecke* (auch Komparator genannt), die um einige Zentimeter länger sein soll, als das zu prüfende Meßgerät. Die Eichstrecke muß vollkommen eben und gut vermarkt sein. Ihre Länge ist vorher zu bestimmen, falls sie noch nicht bekannt sein sollte. Dazu wird am zweckmäßigsten ein besonderes Prüfband benutzt, dessen genaue Länge von der Herstellerfirma in einer Formel angegeben wird. Z. B.: $L = 20 \text{ m} + 0{,}46 \text{ mm} + 20 \cdot 0{,}0115\,(t - 20°) \text{ mm}$, d. h., das Meßband hat eine Länge von 20,00046 m bei der Temperatur $t = 20°$. Wird für t die jeweilige Temperatur eingesetzt, so ergibt sich die zugehörige Meßbandlänge.

[1]) Meßgeräte, die im öffentlichen Vermessungswesen und Markscheidewesen verwendet werden, sind von der Eichpflicht des Gesetzes über das Meß- und Eichwesen vom 11. 7. 1969 ausgenommen.

Als Ergebnis der Eichung erhält man die Formel für das zu prüfende Meßband. Mit Hilfe dieser Formel lassen sich die Verbesserungen der Messung bei den verschiedenen Temperaturen berechnen.

Meßbandprüfung

20 m-Eichstrecke

Schematische Darstellung der Eichstrecke

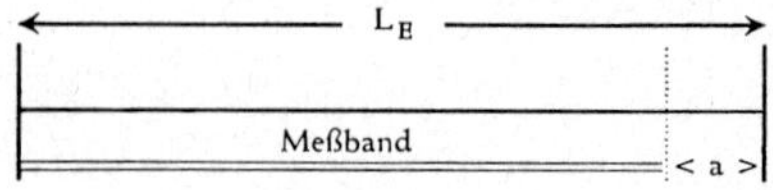

(Die Eichstrecke ist zur Vermeidung von Vorzeichenfehlern stets um ca. 1 cm länger als 20,00 Meter zu machen, damit a grundsätzlich positiv wird.)

Prüfband Nr. 1516, Fa. NN, Zug 10 kg $L = 20$ m $+0{,}46$ mm $+ 20 \times 0{,}0115\,(t - 20°)$ mm		Zu eichendes Band: Handroll band Nr. 75 Zug 5 kg, Flickstellen keine	
Ablesungen am Hilfslineal a	Bestimmung der Eichstreckenlänge: $L_E = 20\,\text{m} + A + V_t + V_B$	Ablesungen am Hilfslineal a	Bestimmung der Bandverbesserung: $V_B = L_E - 20\,\text{m} - (A + V_t)$
+ 13,4 mm	A = + 13,4 mm	+ 12,0 mm	A = + 12,1 mm
+ 13,4	V_t = − 0,5 mm	+ 12,1	V_t = − 0,5 mm
+ 13,5	V_B = + 0,5 mm	+ 12,1	$A + V_t$ = + 11,6 mm
+ 13,4	L_E = 20 m + 13,4 mm	+ 12,1	$L_E - 20$ m = + 13,4 mm
Mittel A = + 13,4 mm	Übertragen	Mittel A = + 12,1 mm	V_B = + 1,8 mm
t_{Luft} = + 18 °Cels.		t_{Luft} = + 18 °Cels.	

Die Gleichung des Handroll bandes Nr. 75 lautet nach vorstehendem Prüfungsergebnis:

$$L = 20\,\text{m} + 1{,}8\,\text{mm} + 20 \times 0{,}0115\,(t - 20°)\,\text{mm} + 0{,}20\,(p - 5)\,\text{mm}$$

Genaue Länge von 20 m bei +12 ° Cels.

Abkürzungen:

L = Länge des Bandes
L_E = Länge der Eichstrecke
A = Ablesung am Hilfslineal im Mittel
V_t = Temperaturverbesserung
V_B = Bandverbesserung

Die genaue Länge des Bandes von 20 m ergibt sich bei 12 °C, weil bei dieser Temperatur die Bandverbesserung von + 1,8 mm durch die Temperaturverbesserung aufgehoben wird.
[$20 \cdot 0{,}0115 \cdot (12 - 20)\,\text{mm} = 20 \cdot 0{,}0115 \cdot (-8)\,\text{mm} = -1{,}84\,\text{mm}$]

1.224 100-m-Band

Zur Polygonseitenmessung wird oft das in Schweden entwickelte Meßverfahren mit einem freihängenden 100-m-Stahlband angewendet. Das Band ist aus schwedischem Stahl mit einem Querschnitt von 4×0,3 mm hergestellt.

Es ist durch Nieten in volle Meter unterteilt. Die einzelnen Zentimeter und Millimeter müssen mit Hilfe eines besonderen 2-m-Rollbandes ermittelt werden. Zum Messen wird das Band frei aufgehängt und mit einer Spannung von 10 kg angezogen (Bild 21,1).

Die Länge der zu messenden Strecke ergibt sich aus der Formel:

$$s = l + k_b + k_n + k_t$$

Dabei bedeutet:

l = Ablesung am Band

k_b = Durchhangsverbesserung

k_n = Neigungsverbesserung

k_t = Bandgleichungsverbesserung (Temperatur- und Eichungsverbesserung)

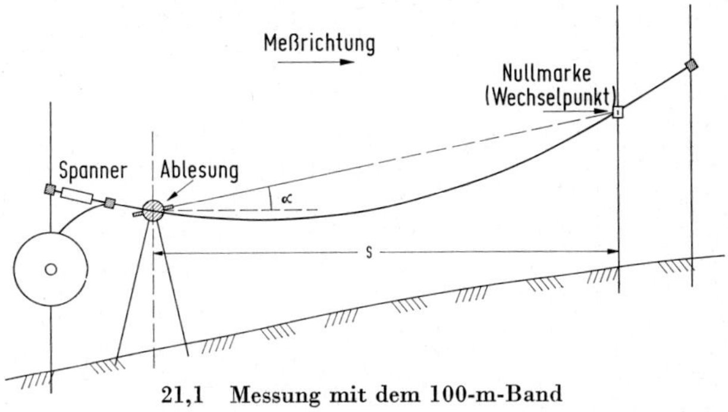

21,1 Messung mit dem 100-m-Band

Längere Strecken als 98 m (maximale Arbeitslänge) werden in gleich große Teilstrecken zerlegt. Muß das Band z. B. infolge starken Seitenwindes in der Mitte unterstützt (bis zur Sehne angehoben) werden, so ist k_b nur mit $1/4$ seines Betrages einzusetzen. Bei Unterstützung im ersten und zweiten Drittel beträgt k_b nur $1/9$ seines Betrages.

Das Meßverfahren läßt sich im unebenen oder dicht bewachsenen Gelände und auch zur Überwindung steiler Böschungen mit Vorteil anwenden. Nähere Einzelheiten über das Meßverfahren und die Ermittlung der Verbesserungen siehe Literaturverzeichnis.

1.23 Abstecken gerader Linien und rechter Winkel

Wie in 1.24 näher erläutert wird, werden für eine Lagevermessung gerade Linien und rechte Winkel benötigt, die im Gelände abgesteckt werden müssen. Absteckverfahren mit Hilfe eines Theodolits sind in den Abschnitten 1.72 und 1.73 beschrieben.

1.231 Abstecken gerader Linien

Um eine Gerade im Gelände zu bezeichnen, müssen zuerst ihre Endpunkte mit Fluchtstäben ausgesteckt werden (s. S. 15). Zwischen den Endpunkten werden weitere

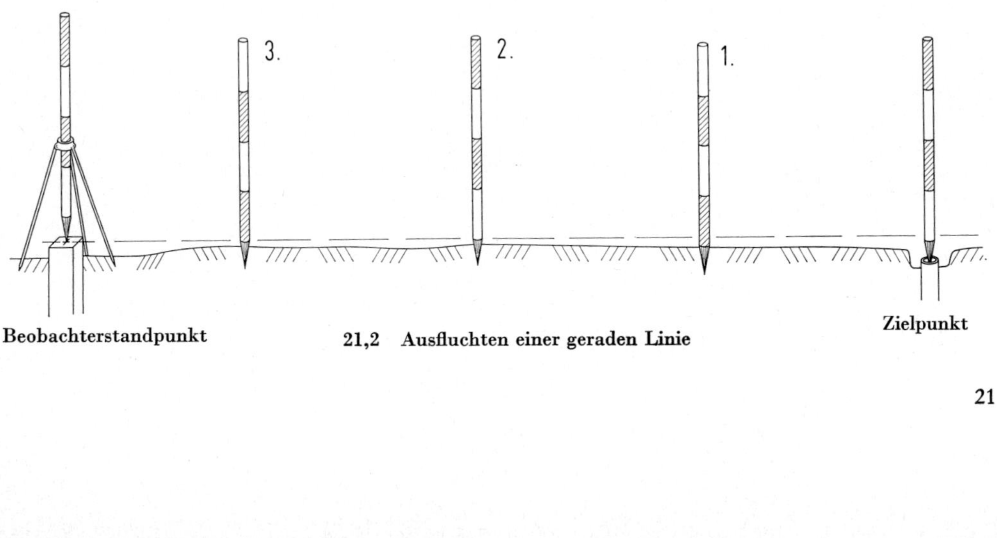

21,2 Ausfluchten einer geraden Linie

Zwischenpunkte eingefluchtet, deren Abstand sich nach der jeweiligen Vermessungsaufgabe richtet. Für eine Längenmessung genügt ein Abstand der Zwischenpunkte von etwa 100 m, während für das Abstecken rechter Winkel ein Abstand von etwa 50 m notwendig ist. Vom Beobachterstandpunkt aus gesehen wird zuerst der fernste und zuletzt der nächste Zwischenpunkt eingefluchtet (Bild 21,2), wenn es nicht zweckmäßig erscheint, zuerst in der Mitte einen Zwischenpunkt einzufluchten und von diesem aus weitere Zwischenpunkte einzulegen. Ein Gehilfe, der einen Fluchtstab erstens weit vom Körper ab und zweitens senkrecht hält, wird durch Armzeichen oder Zuruf eingewiesen. Wenn der Stab gesteckt und eingelotet ist, wird nochmals kontrolliert und gegebenenfalls verbessert. Mit bloßem Auge können etwa 200 m lange Strecken gefluchtet werden; für längere Strecken ist ein Fernglas oder auch ein Theodolit nötig.

Überwindung von Geländehindernissen

Verläuft die auszufluchtende Linie über einen Hügel, so daß die Endpunkte nicht gegenseitig sichtbar sind, oder sind die Endpunkte unzugänglich (z. B. Hausecken), sind zwei Gehilfen erforderlich, die sich aus der Mitte heraus gegenseitig so lange ein-

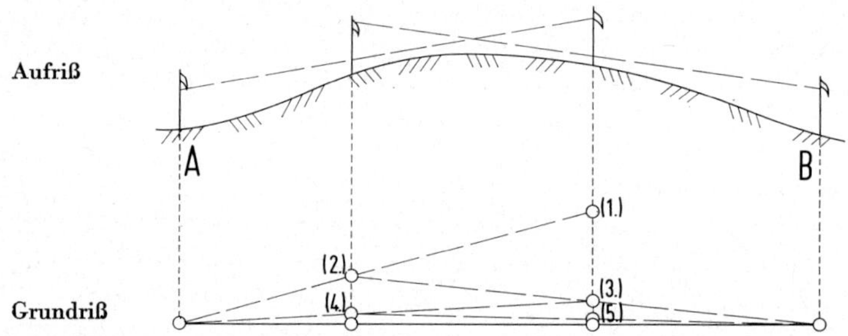

22,1 Einfluchten aus der Mitte

fluchten, bis keine Verbesserung mehr anzubringen ist (Bild 22,1). Dieses Verfahren ist eine Näherungsmethode. Bei langen Linien läßt sich auch ein Theodolit zum Einfluchten benutzen (s. S. 81).

Verbaute Meßlinien lassen sich mit Hilfe einer im Abstand *a* durchgefluchteten *Parallelen* abstecken. Zur Herstellung der Parallelen wird zuerst im Punkt A der Parallelabstand *a* ungefähr rechtwinklig zur vermutlichen Richtung der Linie abgesetzt. Dann wird bei Punkt B mit einem Prisma im Abstand *a* auf der Parallelen der Lotfußpunkt B′ bestimmt. Das gleiche geschieht dann noch einmal bei A zur Bestimmung von A′. Diese Methode ist ebenfalls ein Näherungsverfahren (Bild 22,2).

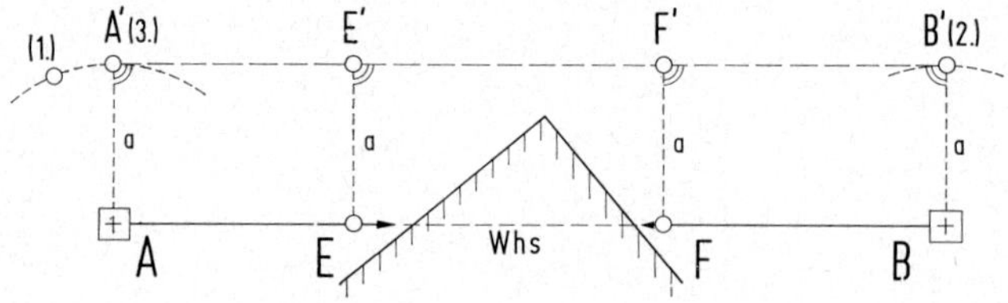

22,2 Einfluchten über eine Parallele

Läßt sich wegen vorhandener Geländehindernisse keine Parallele ausfluchten, kann man mit Hilfe einer *Hilfslinie*, die von einem Endpunkt A der auszufluchtenden Linie ausgeht, Punkte in der Geraden AB bestimmen. Dazu müssen der zweite Endpunkt B auf die Hilfslinie aufgewinkelt und die Entfernungen AB′ und BB′ gemessen werden.

Dann verhält sich nach dem Strahlensatz $BB' : AB' = P_iP_i' : AP_i'$. Die Entfernungen auf der Hilfslinie AP_i' werden als runde Maße (z. B. 20 m, 40 m, 60 m usw.) angenommen und die zugehörige Lotlänge $P_iP_i' = \frac{BB'}{AB'} \cdot AP_i'$ mit dem Rechenschieber berechnet und in der Örtlichkeit abgesetzt. Mit dieser Methode lassen sich z. B. Linien durch einen Wald ausfluchten, ohne dabei einen unnötigen Flurschaden anrichten zu müssen (Bild 23,1).

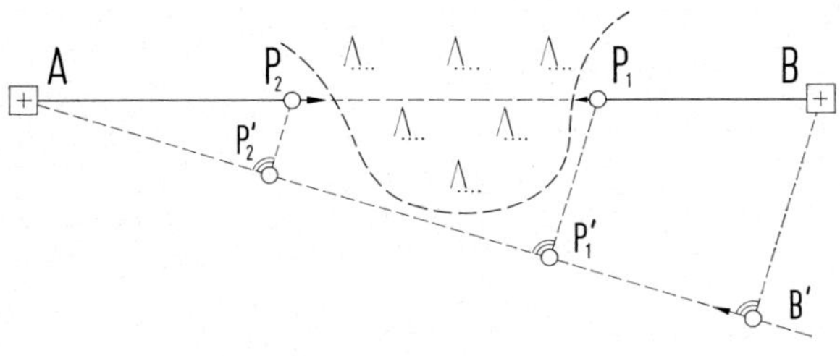

23,1 Einfluchten über eine Hilfslinie

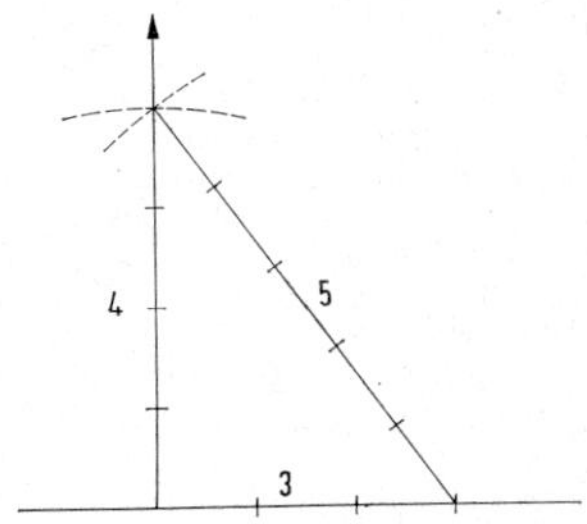

23,2 Errichten einer Senkrechten unter Anwendung des Pythagoras

1.232 Abtecken rechter Winkel

Die primitivste Art, einen rechten Winkel im Gelände zu konstruieren, ist die Ausmessung eines rechtwinkligen Dreiecks mit den Seitenlängen 3, 4 und 5 m oder einem Vielfachen dieser Maße, denn $3^2 + 4^2 = 5^2$ (Satz des Pythagoras) (Bild 23,2).

In der Vermessungspraxis bedient man sich zum Absetzen rechter Winkel oder zum Aufwinkeln eines Punktes auf eine Meßlinie kleiner Instrumente, die als Diopterinstrument, Winkelspiegel oder Winkelprisma hergestellt werden. Sie sind mit einem Handgriff versehen und können mit einem Schnurlot oder einem *Lotstab* (Stab mit Dosenlibelle) über einen Punkt gehalten werden.

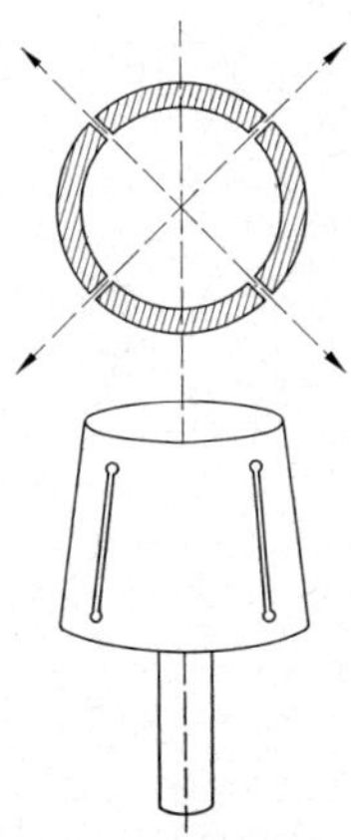

23,3 Kreuzscheibe

Diopterinstrument

Aus der Vielfalt der Diopterinstrumente soll hier nur die *Kreuzscheibe* besprochen werden. Sie besteht im wesentlichen aus einem Kegelstumpf, in den 4 Sehschlitze von 0,5 mm Breite eingeschnitten sind. Durch die Sehschlitze sind zwei Visierlinien festgelegt, die sich im rechten Winkel schneiden. Weil die Kreuzscheibe im Gegensatz zu den Winkelprismen Steilsichten bis 35^g erlaubt, wird sie auch heute noch im bergigen Gelände benutzt (Bild 23,3).

Winkelspiegel

Der Winkelspiegel besteht aus zwei ebenen Spiegeln, die einen Winkel von 50^g einschließen. Zum Verständnis des Strahlenganges im Winkelspiegel muß das *Reflexionsgesetz* (Reflexion = Rückstrahlung) aus der Optik bekannt sein: Bei der Spiegelung auf einer ebenen Spiegelfläche schließen der einfallende und der zurückgeworfene Lichtstrahl mit dem Einfallslot gleiche Winkel ein (Bild 24,1).

Weil sich der Winkel zwischen den beiden Spiegeln beim praktischen Gebrauch leicht verändern kann und von Zeit zu Zeit eine Justierung nötig ist, wurde der Winkelspiegel von den weniger empfindlichen Winkelprismen verdrängt und ist heute kaum noch im Gebrauch.

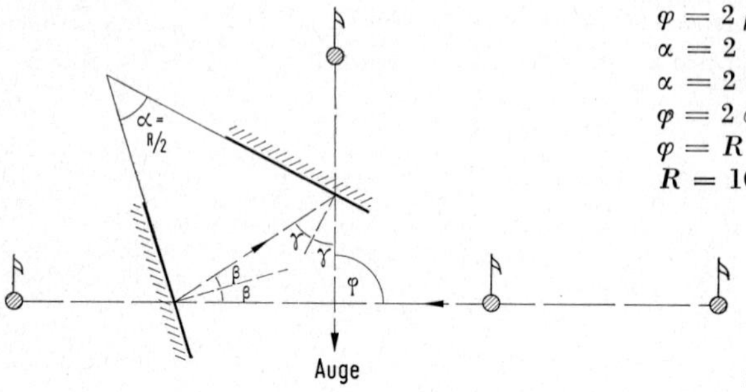

$$\varphi = 2\beta + 2\gamma = 2(\beta + \gamma)$$
$$\alpha = 2R - (R - \beta) - (R - \gamma)$$
$$\alpha = 2R - R + \beta - R + \gamma = \beta + \gamma$$
$$\varphi = 2\alpha \qquad \alpha = R/2$$
$$\varphi = R$$
$$R = 100^g$$

24,1 Strahlengang im Winkelspiegel

Winkelprismen

Zum Verständnis des Strahlenganges in einem Winkelprisma muß außer dem Reflexionsgesetz (siehe Winkelspiegel) auch das *Brechungsgesetz* aus der Optik bekannt sein: Beim Übergang aus einem optisch dünneren in einen optisch dichteren Stoff werden Lichtstrahlen zum Einfallslot hin gebrochen. Das Maß der Brechung wird durch den Brechungsexponenten $n = \frac{\sin\alpha}{\sin\beta}$ ausgedrückt. Für den Übergang eines Strahles von Luft in Kronglas ist $n \approx 1{,}5$.

Die Prismen bestehen aus geschliffenen Glaskörpern.

Bauernfeindsches Winkelprisma

Querschnitt: Rechtwinklig gleichschenkliges Dreieck. Die Hypotenusenfläche ist mit Spiegelfolie versehen. Es entstehen zwei Bilder, ein bewegliches und ein feststehendes.

Bewegliches Bild: Der Strahl ist nach dem Durchgang durch das Prisma um den Winkel $\delta = R + 2\alpha$ abgelenkt worden. Da sich beim Drehen des Prismas der Einfallswinkel α verändert, ist auch der Ablenkungswinkel δ veränderlich. Dieses für die Vermessungspraxis unbrauchbare Bild kann beim Gebrauch durch Drehen des Prismas an der Bewegung des Bildes leicht erkannt werden (Bild 24,2).

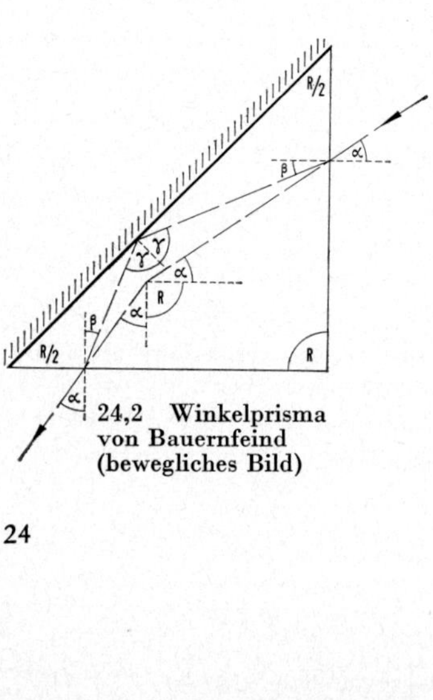

24,2 Winkelprisma von Bauernfeind (bewegliches Bild)

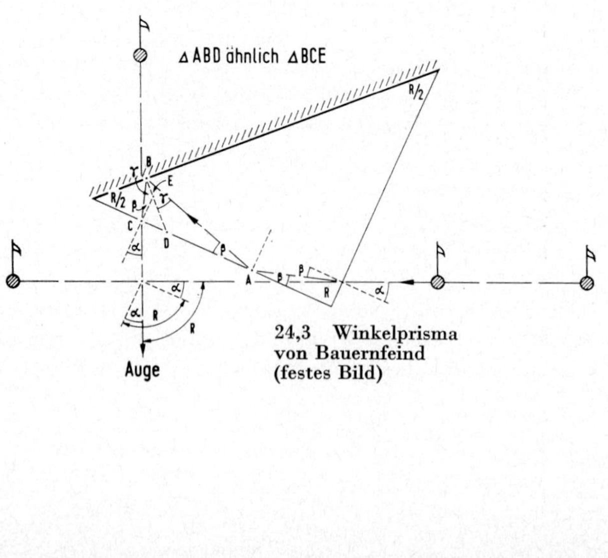

24,3 Winkelprisma von Bauernfeind (festes Bild)

Feststehendes Bild: Der Strahl ist nach dem Durchgang durch das Prisma um den Winkel $\delta = R$ abgelenkt. Der Scheitelpunkt des rechten Winkels liegt außerhalb des Glaskörpers (Bild 24,3).

Pentagonprisma

Das fünfseitige Prisma (Pentagon) ist ein Vierseitprisma, dessen eine Ecke abgeschnitten ist, da sie den Strahlengang nicht beeinflußt. Es entsteht nur ein feststehendes Bild; der Scheitelpunkt des rechten Winkels liegt innerhalb des Glaskörpers. Wegen seiner großen Helligkeit und des weiten Gesichtsfeldes wird das Pentagonprisma in der Praxis gern verwendet (Bild 25,1).

$$\delta + \gamma = \tfrac{1}{2} R$$
$$2\,\delta + 2\,\gamma + \varrho = 2\,R$$
$$\varrho = R$$

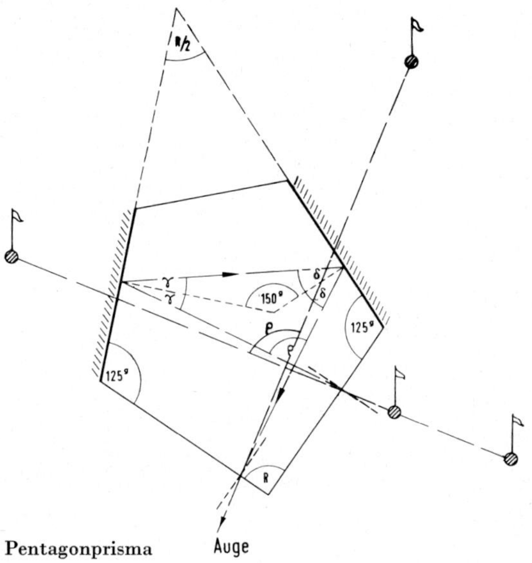

25,1 Pentagonprisma

Wollastonprisma

Das Wollastonprisma ist ebenfalls ein Vierseitprisma, bei dem die den rechten Winkel einschließende Ecke abgeschnitten ist. Da der Lichtstrahl innerhalb des Glaskörpers bei der Reflexion unter einem sehr kleinen Winkel auf die Außenseiten fällt, brauchen diese nicht verspiegelt zu werden (*totale Reflexion*). Der Scheitelpunkt des rechten Winkels liegt außerhalb des Glaskörpers (Bild 25,2).

$$\beta = 2\,R - \tfrac{3}{4}\,R - (R + \alpha)$$
$$\beta = \tfrac{1}{4}\,R - \alpha$$
$$\gamma = 2\,R - 1\tfrac{1}{2}\,R - (\tfrac{1}{4}\,R - \alpha)$$
$$\gamma = \tfrac{1}{4}\,R + \alpha$$
$$\delta + R = \tfrac{3}{4}\,R + (\tfrac{1}{4}\,R + \alpha)$$
$$\delta = \alpha$$

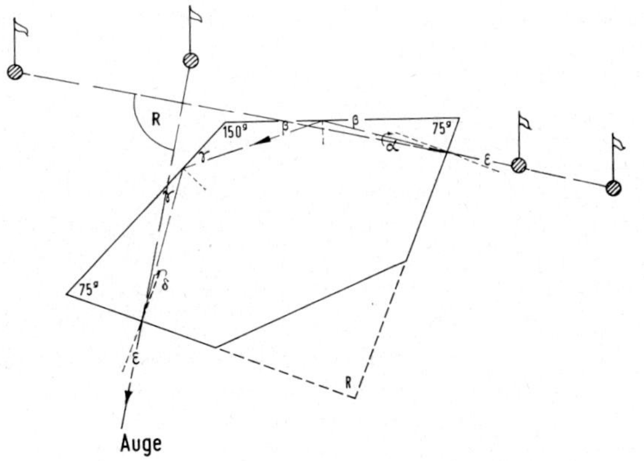

25,2 Wollastonprisma

Prismenkreuze

Prismenkreuze bestehen aus zwei übereinander angeordneten Prismen, von denen das eine Prisma den von rechts kommenden Strahl und das andere den von links kommenden Strahl um einen rechten Winkel ablenkt. Wenn daher die beiden Bilder genau übereinanderstehen, befinden sich die Scheitelpunkte der rechten Winkel auf der geraden Verbindungslinie zwischen den bilderzeugenden Gegenständen. Das Prismenkreuz ermöglicht also das *Selbsteinfluchten* in eine Meßlinie (Bild 26,1).

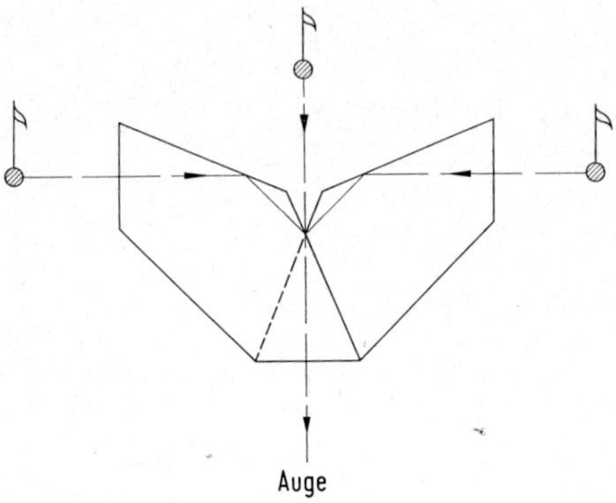

26,1 Strahlengang im Kreuzvisier

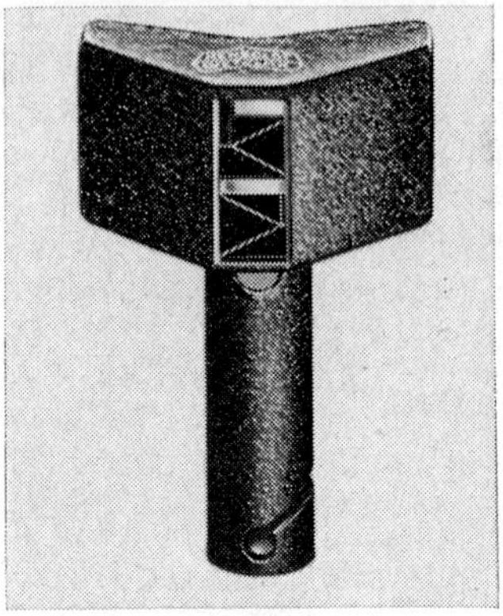

26,2 Kreuzvisier von Hensoldt, Wetzlar

Die bekanntesten Prismenkreuze sind das Doppelpentagon — bestehend aus zwei Pentagonprismen — und das Kreuzvisier (Bild 26,2) — bestehend aus zwei Wollastonprismen.

Gebrauch der Winkelprismen

Die Winkelprismen ergeben nur einen rechten Winkel, wenn sie senkrecht gehalten werden. Das Senkrechthalten läßt sich an dem senkrecht erscheinenden Bild der eingeloteten Fluchtstäbe kontrollieren. Der rechte Winkel ist richtig abgesteckt, wenn sich das im Prisma vorhandene Bild mit dem Ziel deckt und das Prisma sich in der Meßlinie befindet. Beim Prismenkreuz müssen die Bilder von rechts und von links sowie das Ziel genau übereinanderstehen. Die bei einigen Prismen vorhandene Exzentrizität zwischen Scheitelpunkt des rechten Winkels und Aufhängepunkt des Lotes kann vernachlässigt werden.

1.24 Aufnahmeverfahren

Wie bereits auf Seite 13 angedeutet, besteht die Aufgabe der Lagevermessung darin, die Punkte im Gelände in ihrer gegenseitigen Lage zahlenmäßig so festzulegen, daß sie im verkleinerten (verjüngten) Maßstab auf einem Kartenbogen dargestellt werden können und damit ein genaues und lagerichtiges Bild des Geländes ergeben. Ebenfalls müssen sich einer oder mehrere örtliche Punkte im Falle des Verlustes ihrer Vermessungsmale an Hand der gemessenen Maße an der richtigen Stelle wiederherstellen lassen. Zur Lösung dieser Aufgabe bedient man sich der Orthogonalvermessung oder der Polarvermessung als terrestrische (terra = Erde) Verfahren. Dazu käme noch das Verfahren der Luftbildmessung (s. S. 270).

1.241 Orthogonalvermessung

Das Wort „orthogonal" bedeutet soviel wie rechteckig oder senkrecht. Bei der Orthogonalvermessung werden die aufzunehmenden Punkte auf eine gerade Linie bezogen, d. h., es werden die rechtwinkligen Abstände der Punkte von einer geraden Meßlinie bestimmt. Auf der Meßlinie werden außerdem die Abstände der Fußpunkte der einzelnen rechten Winkel gemessen. Das geschieht in der Weise, daß auf der Meßlinie in durchlaufender Zählung gemessen und dabei für die Fußpunkte der rechten Winkel die zugehörige Maßzahl notiert wird. Die rechtwinkligen Abstände werden immer von der Meßlinie aus gemessen; der Fußpunkt auf der Meßlinie ist der Anlegepunkt der Nullmarke des Meßgerätes. Damit ist die Meßlinie die x-Achse eines *örtlichen Koordinatensystems* (siehe auch Seite 229). Die Längen der rechtwinkligen Abstände der aufgenommenen Punkte stellen die y-Werte dar; die rechts der Meßlinie liegenden Abstände werden positiv, die links liegenden negativ in Berechnungen eingesetzt (siehe Seite 188). Der Nullpunkt dieses Koordinatensystems ist der Anfangspunkt der Meßlinie, an dem die durchlaufende Messung mit Null begonnen wurde (Bild 27,1).

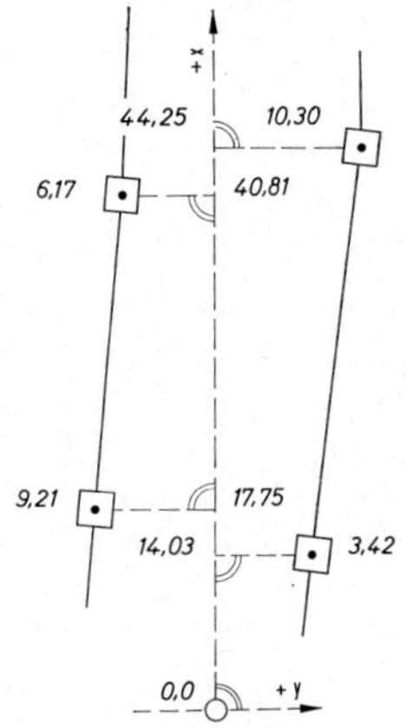

27,1 Aufnahme von einer Meßlinie

Bevor die Messung ausgeführt werden kann, muß die Meßlinie (s. S. 73) ausgefluchtet und abgemarkt sein. Ebenfalls müssen die Lotfußpunkte vor der Messung mit Hilfe eines Winkelprismas festgelegt werden. Ist nur ein *einzelnes Grundstück* aufzunehmen, kann man mit einer Meßlinie auskommen, die so zu legen ist, daß sich alle Punkte rechtwinklig aufnehmen lassen und die Lotlängen dabei möglichst 30 m nicht überschreiten. Handelt es sich um eine *Vielzahl von Grundstücken* oder um große Gebiete, muß vor der Messung ein *Netz von Meßlinien* geplant und in der Örtlichkeit abgesteckt und abgemarkt werden. Siehe hierzu Seite 73.

Die Orthogonalvermessung stellt im allgemeinen eine Verbindung zwischen der eigentlichen orthogonalen (rechtwinkligen) Punktaufnahme und dem *Einbindeverfahren* dar. Die einzelnen orthogonalen Aufnahmelinien (Meßlinien) werden in andere Meßlinien oder Polygonseiten eingebunden und ergeben das Meßliniennetz (s. S. 73). Aber auch aufzunehmende Grenzen, Gebäudeseiten usw. lassen sich bis zum Schnitt mit einer Meßlinie verlängern (einbinden). Die Verlängerung und der Schnittpunkt (Einbindepunkt) werden eingemessen (Bild 27,2).

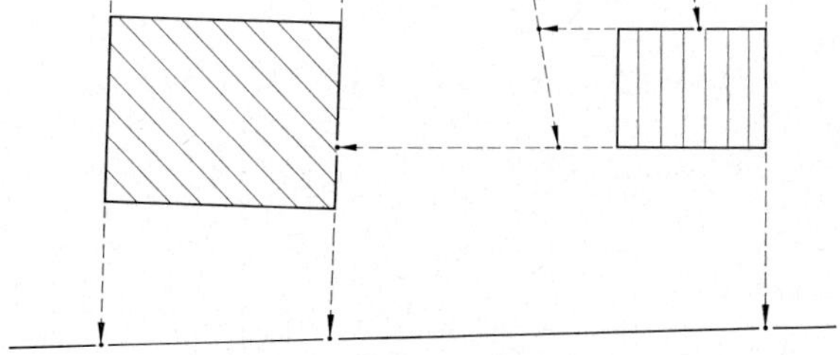
27,2 Einbindemethode

Der Vorteil des Orthogonalverfahrens liegt darin, daß als Messungsergebnis rechtwinklige Koordinaten erhalten werden, die — sofern ein Grundstück nur von einer

Meßlinie erfaßt werden konnte — direkt zur Kartierung und Flächenberechnung benutzbar sind. Baut sich die Vermessung auf mehreren Meßlinien auf, können die Koordinaten der Vermessungspunkte mit Hilfe der einfachen orthogonalen Punktberechnung — auch Kleinpunktberechnung genannt (s. S. 186) — in einem allgemeinen Koordinatensystem berechnet werden.

Die örtliche Vermessung kann mit geringem Aufwand an Gerät und Personal durchgeführt werden. Es werden benötigt:

Gerät: etwa 10 Fluchtstäbe, 1 Ziehmeßband oder Handrollband (20 oder 50 m lang), 1 kurzes Handrollband zum Messen der Ordinaten und kurzen Kontrollmaße, 1 Winkelprisma, Lote, gegebenenfalls Neigungsmesser für Messungen im geneigten Gelände, Fernglas zum Ausfluchten langer Geraden;

Personal: 1 Meßtruppführer, 2 Meßgehilfen, ggf. 1 weiterer Meßgehilfe zum Ausstecken der Meßlinien und Punkte je nach Umfang der Arbeiten.

Siehe hierzu auch S. 29 — Messungskontrollen — und S. 224 — Anfertigung von Vermessungsrissen.

1.242 Polarvermessung

Eine weitere Vermessungsmethode ist das polare Aufnahmeverfahren. Es wird mit Vorteil zur Vermessung größerer Gebiete, im bergigen Gelände, von Verkehrsstraßen usw. angewendet.

Die Vermessung mehrerer Punkte wird von einem Pol aus — dem zentralen Aufnahmepunkt — vorgenommen. Dabei sind die Strahlenlängen vom Pol zu den Zielpunkten und die Richtungen dieser Strahlen zu bestimmen. Die gemessenen Winkel und Strecken legen die gegenseitige Lage der Punkte fest. Zur Kartierung wird, wenn es sich um wenige Aufnahmestandpunkte handelt, ein Polarkoordinatograph (s. S. 217) benutzt. Sind größere Gebiete im Polarverfahren zu vermessen, ist es zweckmäßig, die Koordinaten der aufgenommenen Punkte von einer automatischen Rechenanlage im Landesnetz berechnen zu lassen und diese mit einer automatischen Zeichenanlage (s. S. 214) aufzutragen.

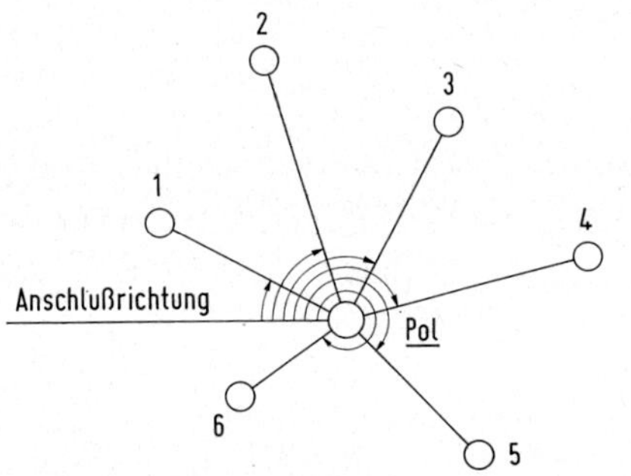

28,1 Aufnahme von einem Pol aus

Wegen der Messungskontrollen siehe bei 1.251.

Zur Messung der Winkel ist ein Theodolit erforderlich, der möglichst auch zur Bestimmung der Strahlenlängen geeignet sein soll. Dazu bieten sich die Doppelbildreduktionstachymeter (s. S. 66) an, bei denen die auf den Horizont (Waagerechte) reduzierte

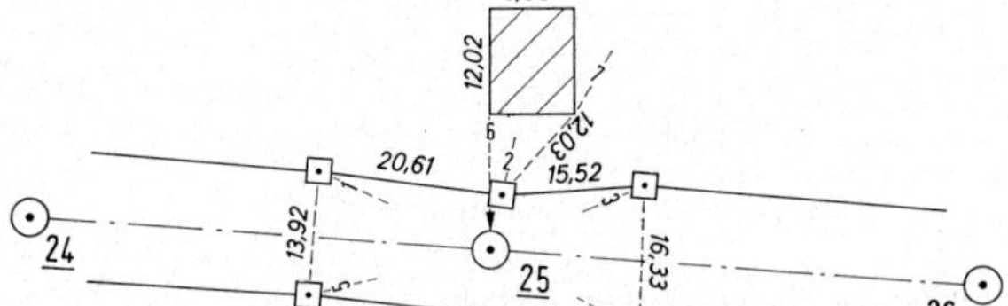

28,2 Riß zur Polaraufnahme (die Zielpunkte sind in Abhängigkeit vom Standpunkt numeriert)

Ziel	Winkel	Entfernung
	Standpunkt	⊙ 25
⊙ 24	0,00 00^g	—
⊙ 26	202,13 20^g	—
1	22,84^g	21,20 m
2	107,51^g	5,95 m
3	170,42^g	17,98 m
4	228,95^g	18,80 m
5	381,39^g	22,27 m
6	95,80^g	14,48 m
7	132,85^g	17,32 m

Streckenlänge ohne Zwischenrechnung direkt an einer Latte abgelesen wird, die ein Gehilfe auf dem Zielpunkt aufhält. Für die Winkelmessung genügt in der Regel eine Ablesung mit Minutengenauigkeit. Zur Vermessung großer Gebiete (z. B. umfangreicher Straßenvermessungen, Fortführungsvermessungen, Vermessungen von Flurbereinigungsgebieten) wird zweckmäßig ein Code-Theodolit (s. S. 57) in Verbindung mit einer 2-m-Basis-Latte oder ein elektronisches Tachymeter (s. S. 68) eingesetzt. Der Einsatz eines elektronischen Tachymeters erfordert aber eine Umstellung des üblichen polaren Aufnahmeverfahrens. Während bisher — bedingt durch die optische Streckenmessung — die Zielweiten in der Regel nicht länger als 80 m sein durften und deshalb ein dichtes Polygonnetz entstand, sind jetzt wesentlich längere Strahlenlängen zu den Zielpunkten möglich. Die hohe Genauigkeit der elektro-optischen Streckenmessung gibt dazu die Voraussetzung, jedoch setzen Geländeformen, Bewuchs, Bebauung, Identifizierungs- und Verständigungsschwierigkeiten den Strahlenlängen gewisse Grenzen. Das zur Bestimmung der Aufnahmestandpunkte notwendige Polygonnetz kann beim Einsatz dieser modernen Instrumente weitmaschig angelegt werden.

1.25 Messungsfehler, Messungskontrollen und Fehlergrenzen

Infolge der Unvollkommenheit der menschlichen Sinne und der benutzten Meßwerkzeuge sind alle Messungen mit Fehlern behaftet. Da aber wiederum die Messungsergebnisse die Grundlage für Bauvorhaben, für die Sicherung des Grundeigentums, für Verwaltungsmaßnahmen usw. bilden, muß der Vermessungsfachmann die Fehlermöglichkeiten und ihre wahrscheinliche Größe kennen und Fehler möglichst zu vermeiden suchen. Man teilt die Messungsfehler in drei Gruppen ein:

1. grobe Fehler, 2. regelmäßige Fehler und 3. unregelmäßige Fehler.

1.251 Grobe Fehler, Messungskontrollen

Grobe Fehler entstehen durch falsches Ablesen der Meßwerkzeuge, fehlerhaftes Signalisieren, Punktverwechslungen, falsche Eintragungen im Vermessungsriß usw. Diese Fehlerart läßt sich verhältnismäßig leicht erkennen und durch eine Nachmessung beseitigen, wenn für jedes gemessene Maß eine *wirksame Kontrolle* vorhanden ist. D. h., es müssen bei der Aufnahme nicht nur die eigentlichen Festlegungs- oder Bestimmungsmaße gemessen werden, sondern man muß gleichzeitig Streben, Spannen, Steinbreiten usw. bestimmen, mit deren Hilfe die Festlegungsmaße entweder rechnerisch oder auf der Karte geprüft werden können. Jeder bestimmte Punkt soll durch Kontrollmaße in zwei ungefähr senkrecht zueinanderstehenden Richtungen geprüft sein.

Kontrollen bei der Orthogonalaufnahme

Bei der im Bild 29,1 dargestellten Orthogonalaufnahme sind auf den voll ausgezogenen Linien die Bestimmungsmaße gemessen, während die gestrichelten Linien zur Messung von Kontrollmaßen dienen (s. S. 74).

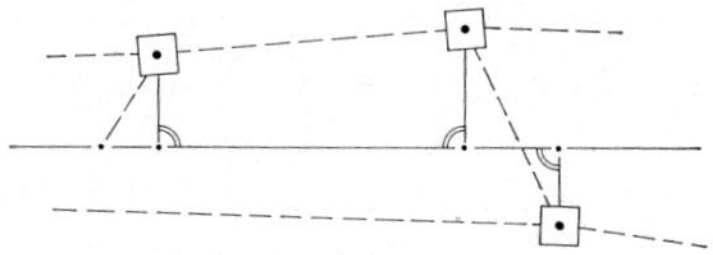

29,1 Kontrollen bei der Orthogonalaufnahme

Kontrollen bei der Polaraufnahme

Die in der Rißdarstellung im Bild 28,2 nachgewiesenen Maße dienen zur Kontrolle der Bestimmungsmaße (Winkel und Strahlenlänge). Auch hier sollen die Kontrollmaße möglichst rechtwinklig zueinanderstehen. Die wirksamste Kontrolle läßt sich durch eine nochmalige Polaraufnahme von einem zweiten Standpunkt aus erzielen.

1.252 Regelmäßige Fehler

Die regelmäßigen oder systematischen Fehler ergeben sich durch unrichtige Längenmeßwerkzeuge, Temperatureinflüsse bei der Bandmessung usw. Die regelmäßigen Fehler wirken immer im gleichen Sinn. *Beispiel:* Ein 20-m-Meßband ist um 2 mm zu lang, dann hat man bei der Messung einer 200 m langen Strecke 10×2 mm $= 20$ mm zu wenig auf dem Band abgelesen. Daher muß die wahre Länge eines Meßbandes und auch die Temperatur bekannt sein, um die wirkliche Länge einer Strecke bestimmen zu können. Aber auch durch unrichtige Handhabung des Meßbandes können sich regelmäßige Fehler in eine Messung einschleichen, z. B. zu schwache Spannung, gleichmäßig schiefes Einstecken der Zählnadeln usw. Um diese Handhabungsfehler möglichst als regelmäßige Fehler auf das Messungsergebnis einwirken zu lassen, sollten die Meßgehilfen am Meßband nicht gewechselt oder die Meßmethode während einer in sich abgeschlossenen Vermessung nicht verändert werden.

1.253 Unregelmäßige Fehler

Unregelmäßige Fehler sind Fehler, die rein zufällig auftreten. Sie beruhen auf Beobachtungsungenauigkeiten, der begrenzten Schärfe der Meßgeräte oder auch auf meteorologischen Einflüssen.

1.254 Fehlergrenzen

Die Fehler treten trotz ihrer Vielfalt in einer gewissen Gesetzmäßigkeit auf. *Carl Friedrich Gauß* (1777—1855) hat diese Gesetzmäßigkeit in einer mathematischen Formel zusammengefaßt. Für die amtlichen Vermessungen sind von den Vermessungsverwaltungen Formeln zur Berechnung von *Fehlergrenzwerten* festgelegt worden, die bei den einzelnen Vermessungen nicht überschritten werden dürfen. Diese Fehlergrenzwerte sind auf Grund der festgelegten Formeln in Tabellenform herausgegeben worden. So gibt es z. B. für folgende Vermessungsarbeiten Fehlergrenztafeln: Streckenmessung zum Polygonnetz, Winkelmessung zum Polygonnetz, Längen- und Querfehler der Polygonzüge, Streckenmessung für die Grundstücksvermessung, Flächenberechnungen usw. Ebenfalls sind für Höhenvermessungen und Ingenieurvermessungen dem erforderlichen Genauigkeitsgrad entsprechende Fehlergrenzwerte festgelegt worden.

1.3 Höhenvermessung

Eine Höhenvermessung läßt sich mit dem geometrischen Nivellierverfahren oder als trigonometrische Höhenbestimmung durchführen. Außerdem ist die Höhenbestimmung durch Auswertung von Luftbildern von Bedeutung. Auch lassen sich Höhen durch barometrische Messungen bestimmen. Von den genannten Verfahren ergibt das Nivellieren die genauesten Ergebnisse. Je nach der Aufgabenstellung und der Zweckmäßigkeit muß die anzuwendende Meßmethode ausgewählt werden.

1.31 Einfache Nivellierverfahren

Beim Nivellieren wird eine Waagerechte in das Gelände übertragen, von der die senkrechten Abstände zu den zu bestimmenden Punkten gemessen werden (Bild 31,1).

Das Nivellieren beruht also auf der Differenzbildung zwischen den Abständen der zu bestimmenden Punkte von der Waagerechten. Zur Herstellung der Waagerechten bedient man sich eines *Nivelliers.*

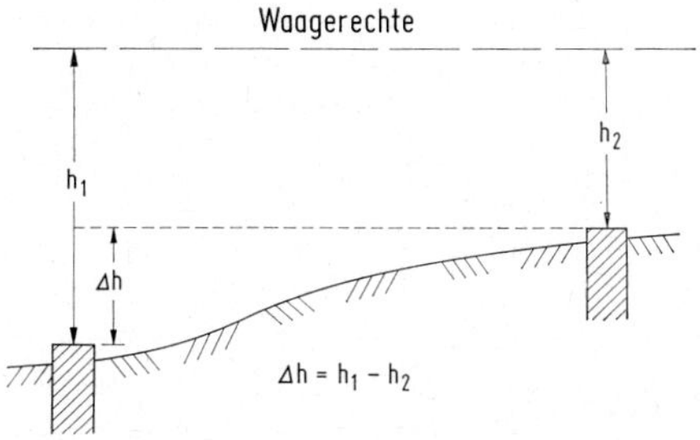

31,1 Bestimmung des Höhenunterschiedes

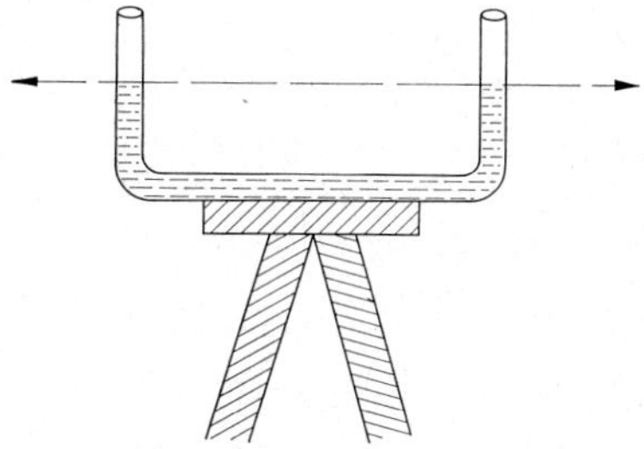

31,2 Kanalwaage

Das einfachste Nivelliergerät ist eine *Kanalwaage* (Bild 31,2), die aus einem U-förmig gebogenen Glasrohr besteht, das mit einer farbigen Flüssigkeit gefüllt ist. Die Visur über die Oberflächen der Flüssigkeit ergibt die waagerechte Ziellinie. Wird das waagerechte Rohr der Kanalwaage durch einen Schlauch ersetzt, entsteht eine *Schlauchwaage.* Der Schlauch kann 20—30 m lang sein; die senkrechten Rohre tragen eine Millimetereinteilung. Vor dem Gebrauch ist darauf zu achten, daß sich keine Luftblasen im Schlauch befinden. Dieses Gerät wird auf Baustellen (Straßenbau, Kanalisationsbau usw.) gern benutzt. Im Bergbau werden besondere *Präzisionsschlauchwaagen* verwendet. Dieses Prinzip wird neuerdings in stark verfeinerter Form auch bei nivellitischer Überbrückung von Flüssen und Meeresarmen angewandt (hydrostatisches Nivellement).

Das wichtigste Hilfsmittel zur Schaffung einer Waagerechten ist die Libelle (s. S. 42).

Ein einfaches Gerät zur Höhenbestimmung unter Verwendung einer Libelle ist die *Setzlatte* (Bild 31,3). Mit Hilfe einer Libelle wird eine Latte genau in die Waagerechte gebracht und der Höhenunterschied an einer Zentimetereinteilung einer senkrechten Latte abgelesen. Dieses Gerät läßt sich z. B. an steilen Böschungen einsetzen.

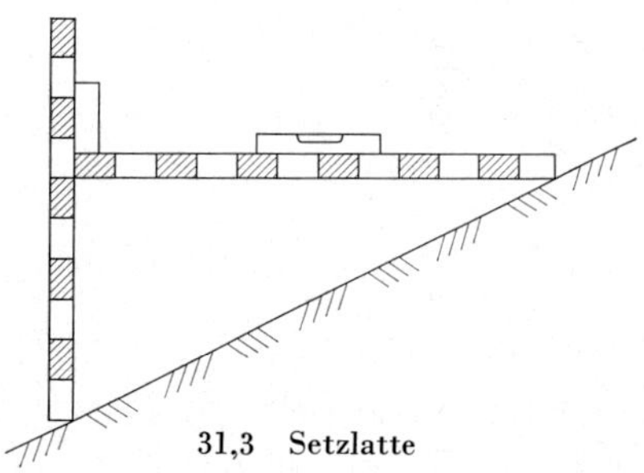

31,3 Setzlatte

Die bisher besprochenen Geräte lassen sich nur für kurze Zielentfernungen verwenden. Für größere Entfernungen muß ein weiteres Hilfsmittel — das *Meßfernrohr* (s. Seite 41) — eingesetzt werden. Die Verbindung von Meßfernrohr und Libelle ergibt das eigentliche *Nivellier* (s. S. 46). Die Hauptforderung, die an ein Nivelliergerät gestellt werden muß, ist das Vorhandensein der Parallelität zwischen dem Libellenhorizont und der optischen Achse des Meßfernrohres. Diese Parallelität ist von Zeit zu Zeit bei dem zur Messung benutzten Gerät zu überprüfen und ggf. herzustellen (*Justieren* des Instruments); ferner muß eine evtl. noch vorhandene Unparallelität durch eine *zweckmäßige Meßanordnung* ausgeschaltet werden. (Beschreibung und Justierung des Nivelliers s. S. 47.)

Zur *Ausschaltung noch vorhandener Instrumentenfehler* ist das Gerät so aufzustellen, daß die Zielentfernungen gleich groß sind (Bild 47,2 1. Fall); denn ein etwa vorhandener kleiner Winkel zwischen dem Libellenhorizont und der optischen Fernrohrachse macht sich an beiden Latten in einem gleich großen Höhenfehler bemerkbar. Durch die Bildung der Differenz aus beiden Ablesungen fällt der Höhenfehler heraus und ist somit für die Messung unschädlich. Durch diese Meßanordnung wird noch ein weiterer kleiner Fehler, der sich bei einem längeren Nivellement auswirken könnte, ausgemerzt. Der benutzte Zielstrahl stellt eine Tangente an eine Niveaufläche (s. S. 13) durch die Fernrohrachse dar. Dadurch entsteht am Ende des Zielstrahles ein kleiner Fehlbetrag, der wie der restliche Instrumentenfehler durch das Bilden der Differenzen fortfällt. Um die beschriebenen Fehlereinflüsse gering zu halten und eine möglichst hohe Ablesegenauigkeit an der Latte zu erzielen, wird in der Regel eine Zielweite von 50 m eingehalten. Für einzelne Geländepunkte, die nur mit Zentimetergenauigkeit zu bestimmen sind, können auch längere Zielstrahlen gewählt werden.

1.32 Längennivellement

1.321 Festpunktnivellement

Zur Höhenbestimmung *einzelner* oder auch mehrerer Festpunkte, die z. B. entlang einer Straße liegen, wird ein Festpunktnivellement ausgeführt. Dabei muß die Höhe von einem bekannten Punkte aus — bedingt durch die Zielweiten bis 50 m — von Punkt zu Punkt übertragen werden. Der Lattenstandpunkt zwischen zwei Instrumentenhorizonten wird *Wechselpunkt* genannt. Die Wechselpunkte sind in der Regel 100 m (= Rückblick + Vorblick von je 50 m) voneinander entfernt (Bild 32,1). Im bergigen

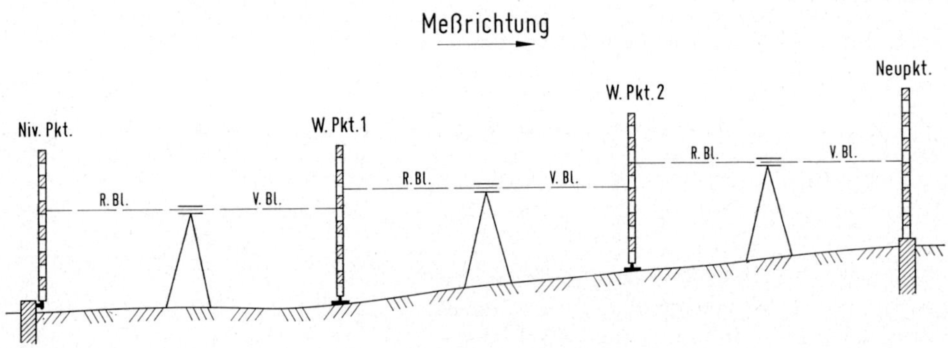

32,1 Geometrisches Nivellement

Gelände und beim Überwinden von Böschungen muß das Instrument seitlich aus der Messungsrichtung herausgestellt werden. Die Entfernung von Wechselpunkt zu Wechselpunkt kann dabei auf wenige Meter zusammenschrumpfen. Die Wechselpunkte brauchen nicht besonders vermarkt zu werden; es muß aber die Gewähr bestehen, daß sich beim Drehen der Latte zum neuen Instrumentenstandpunkt hin die Höhe der Latte nicht verändert. Als *Lattenunterlage* lassen sich festliegende Steine verwenden, oder man benutzt einen besonderen Metallfuß, der auf der Oberseite einen oder auch zwei verschieden hohe Dorne zum Aufsetzen der Latte trägt (Bild 33,1). Für besonders genaue Messungen *(Feinnivellement)* können die Wechselpunkte auch vor der Messung mit Pfählen, deren höchster Punkt ein Nagel ist, vermarkt werden. Für die Bestimmung der Entfernungen Wechselpunkt—Instrument—Wechselpunkt usw. genügt das Abschreiten; bei Feinnivellements werden diese Entfernungen (Zielweiten etwa 35—40 m) gemessen. Die Zielweiten eines Standpunktes sollen gleich sein.

Die Ablesung an der — in der Messungsrichtung gesehen — hinteren Latte heißt *Rückblick*, die Ablesung an der vorderen Latte heißt *Vorblick*, und die Ablesungen für Zwischenpunkte werden *Seitenblicke* genannt. Die Seitenblicke sind, falls sich keine anderweitige Kontrolle ergibt oder es sich nicht um Geländepunkte handelt, von einem zweiten Standpunkt aus zu wiederholen.

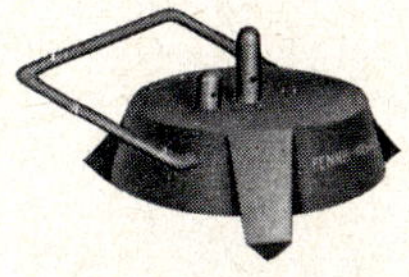

33,1 Lattenuntersatz, sog. „Frosch“ von Fennel

Das Festpunktnivellement beginnt an einem durch einen Höhenbolzen abgemarkten und der Höhe nach bekannten Punkte und muß auf einem solchen enden. Liegt der nächste Höhenfestpunkt sehr weit entfernt und ist für den zu bestimmenden Punkt die Ableitung der Höhe von einem Punkt aus ausreichend, kann das Nivellement zum Ausgangspunkt zurückgeführt werden (*Schleifennivellement*). Eine vorherige Überprüfung des Ausgangspunktes ist dabei wichtig. Ein Einhängen zwischen zwei Festpunkten ist zur Ausschaltung von Fehlern die bessere Methode. Auch ist es ratsam, vor allem beim Nivellieren über längere Strecken, einige Zwischenpunkte im Abstand von etwa 1 km zu bestimmen, um bei evtl. auftretenden Unstimmigkeiten das Nivellement nicht über die gesamte Strecke wiederholen zu müssen.

Je nach der geforderten Genauigkeit unterscheidet man drei Arten von Nivellements:

1. *Feinnivellement,*
2. *Ingenieurnivellement,*
3. *Baunivellement oder einfaches Nivellement.*

1.322 Einfaches Nivellement

Die Ausführung erfolgt mit einem einfachen Instrument und mit einfachen Latten. Aufgabenstellung: Höhenbestimmung von Punkten auf cm-Genauigkeit (z. B. Höhenbestimmung für einen TP oder für Bauentwürfe). Bauentwürfe brauchen nur dann an einen Höhenfestpunkt angeschlossen zu werden, wenn die Höhenangaben über N.N. erforderlich sind.

Nachfolgend ein Beispiel für die Höhenbestimmung eines TP. Das Nivellement ist als Schleifennivellement mit einer auch dekadisch bezifferten Latte (Bild 50,2) ausgeführt. Der auftretende Fehler (hier 7 mm) wird proportional zu den Strecken auf die einzelnen Höhen verteilt.

Beispiel eines Längennivellements (Schleifennivellement) zur Höhenbestimmung eines TP

Punkt	Entf.	Rück-blick	Seiten-blick	Vorblick	Steigen	Fallen	Höhe	Bemerkungen
Niv. Punkt	50	3,488					78,785	Mauerbolzen an
22/2114	50							Brücke
					+ 1			
W 1	50	1,041		×,256	2,744		81,530	
	50							
					+ 1			
W 2	55	1,810		×8,901	×,942		81,473	
	55							
					+ 2			
TP 67/2114	50	1,901		×8,755	0,565		82,040	Platte (Pfeiler über
	50							Platte = 0,91)
					+ 1			
W 3	50	1,436		×7,513	×,414		81,455	
	50							
					+ 1			
W 4	55	0,783		×8,629	0,065		81,521	
	55							
Niv. Punkt					+ 1			
22/2114				× 6,480	×7,263		78,785	siehe oben
	620	10,459		×89,534	×9,993		0,000	
					+ 7			
					0,000			

Reihenfolge der Rechenvorgänge

Da der negativ in die Berechnung des Höhenunterschiedes eingehende Vorblick ($\Delta h = R - V$) hier dekadisch abgelesen ist, braucht nur addiert zu werden! Siehe Seite 115.

1. Bilden der Höhenunterschiede zwischen den Wechselpunkten.
2. Bilden der Seitensummen für Rückblick, Vorblick und Höhenunterschied (Steigen u. Fallen).
3. Kontrolle: $[R] - [V] = [\Delta h]$. $10{,}459 + \times\, 89{,}534 = \times\, 9{,}993$.
4. Bilden der Differenz zwischen Endhöhe und Anfangshöhe (hier: 0,000) und Vergleich mit $[\Delta h]$. Der vorhandene Unterschied (hier: $[v] = +\,0{,}007$) wird auf die einzelnen Δh proportional den Entfernungen verteilt. Fehlergrenzwert beachten!
5. Fortlaufende Addition ($H_{i-1} + \Delta h_i + v = H_i$) zur Ermittlung der Höhen. Dabei muß sich die Endhöhe ergeben.

1.323 Ingenieurnivellement

Das Ingenieurnivellement wird im Prinzip wie das einfache Nivellement ausgeführt, jedoch werden bessere Instrumente verwendet. Um kontrollierte Lattenablesungen zu erhalten, verwendet man *Wendelatten* (s. S. 51), die auf beiden Seiten eine um einen gewissen Betrag gegeneinander versetzte Einteilung tragen. Es werden also sämtliche Ablesungen durch eine zweite Ablesung kontrolliert; die Differenz beider Ablesungen muß bis auf $\pm$ 1 mm den Unterschiedsbetrag der Skalen (Lattenkonstante) ergeben.

Aufgabenstellung: Bestimmung von Höhenfestpunkten niederer Ordnung.

In Ermangelung einer Wendelatte läßt sich das Ingenieurnivellement auch mit einer einseitigen Latte unter Verwendung von *doppelten Wechselpunkten* ausführen. Dabei werden mit jeweils einer Instrumentenaufstellung zwei nebeneinander herlaufende Nivellements beobachtet. Eine Kontrolle ist dadurch vorhanden, daß sich aus beiden Nivellements immer die gleiche Instrumentenhöhe auf $\pm$ 1 mm ergeben muß.

Ohne Benutzung einer Wendelatte und ohne doppelte Wechselpunkte kann zur Kontrolle der Lattenablesungen an den drei Horizontalstrichen des Strichkreuzes abgelesen werden. Das Mittel der Ablesungen muß mit dem Ergebnis des Mittelstriches genügend genau übereinstimmen.

Ein weiteres Verfahren, das in seiner Genauigkeit einem Feinnivellement nicht nachsteht, läßt sich mit einem Nivellier mit optischem Mikrometer in Verbindung mit einer Invarbandlatte (s. S. 51) durchführen. Siehe hierzu S. 49.

1.324 Feinnivellement

Das Feinnivellement wird unter Beachtung besonderer Genauigkeitsvorkehrungen und mit genauen Nivellieren ausgeführt. Es werden meist Invarbandlatten (s. S. 51) benutzt. Oft wird nicht bei einspielender Libelle abgelesen, sondern der Libellenausschlag wird notiert und für die Höhenberechnung ausgewertet. Siehe auch Seite 43. Die Nivellements der Netze höherer Ordnung sind als Doppelmessung (Hin- und Rückweg) auszuführen.

1.33 Längen- und Querprofile

Für Bauentwürfe (z. B. Bau eines neuen Weges) muß das Gelände längs der projektierten Trasse der Höhe nach aufgenommen werden, um eine Grundlage für die Bestimmung der Höhe der Aufschüttung oder das Ausmaß der Abtragung zu schaffen. Zu diesem Zweck wird die Mittellinie der Anlage oder eine Parallele dazu (*Stationierungslinie, Leitlinie*) abgesteckt und mit Pfählen abgemarkt. Die einzelnen *Stationspunkte* werden nach ihrer Entfernung vom Nullpunkt der Linie bezeichnet, z. B. 1 + 25, wobei die erste Ziffer die Hundert-Meter bezeichnet, also 125 m vom Nullpunkt. Es kommt darauf an, alle Geländeknickpunkte, Raine, vorhandene Wege, Gräben usw. zu erfassen. Ebenfalls ist das Gelände beiderseits der Stationierungslinie in der für den Entwurf erforderlichen Breite aufzunehmen. Diese seitlich aufzunehmenden Punkte — sie ergeben die *Querprofile* — müssen auf einer Senkrechten zur Stationierungslinie liegen, bei Knickpunkten der Stationierungslinie auf der Winkelhalbierenden. Sie werden mit ihrer Entfernung links und rechts der Stationierungslinie — vom Nullpunkt aus gesehen — bezeichnet. Die durch Pfähle abgemarkten Stationspunkte werden mit ihrer Stationsnummer gekennzeichnet, damit später beim Bau der Anlage von ihnen aus die erforderlichen Höhen abgesetzt werden können. Nach diesen Vorbereitungsarbeiten kann mit dem Nivellement begonnen werden. Falls die Höhen der Endpunkte der Stationierungslinie noch nicht bekannt sind, muß das Nivellement beiderseits durch ein Längennivellement an das Höhenfestpunktnetz angeschlossen werden, wenn nicht in Ausnahmefällen für den Anfangspunkt eine beliebige Höhe (z. B. 100,000 m) angenommen werden kann.

Beispiel zur Aufnahme eines Längenprofils

Punkt	Entf.	Rückblick	Seitenblick	Vorblick	Steigen	Fallen	Höhe	Bemerkungen
Höhenpkt. 15		1,210					121,046	Pfahl am km-St. 36,0
0 + 00			0,96		0,25		121,30	Straße (Mitte Fahrb.)
0 + 05			1,03			0,07	121,23	„ (Fahrb.-Kante)
0 + 08			1,18			0,15	121,08	Böschungskante
0 + 11			2,13			0,95	120,13	Grabensohle (Breite 0,5)
0 + 15			1,18		0,95		121,08	Böschungskante
0 + 50			0,75		0,43		121,51	
					(0,29)			
1 + 05					— 2		121,796	+ 1,92
		1,404		0,458	0,752			— 1,17
1 + 55			1,84			0,44	121,36	+ 0,75
					(0,31)			(Zwischensumme)
						— 1		
2 + 05		1,611		1,530		0,126	121,669	
2 + 38			0,86		0,75		122,42	
2 + 92			0,08		0,78		123,20	
						(0,07)		
					— 1			+ 1,53
Höhenpkt. 21				0,153	1,458		123,126	Pfahl — 0,07
								+ 1,46
								(Zwischensumme)
		4,225		2,141	2,210	0,126	+ 2,080	
					2,084			
					— 4			
					2,080			

Reihenfolge der Rechenvorgänge

1. Bilden der Höhenunterschiede Δh zwischen den Wechselpunkten. (Im Beispiel unterstrichen.)
2. Bilden der Seitensummen für Rückblick, Vorblick und Höhenunterschiede.
3. Kontrolle: $[R] - [V] = [\Delta h]$. Die Differenz $(H_e - H_a)$ soll mit $[\Delta h]$ übereinstimmen. Der vorhandene Unterschiedsbetrag $[v]$ wird als Verbesserung v den einzelnen Δh zugeschlagen. Grenzwert beachten!
4. Ermittlung der Höhen für die Wechselpunkte durch fortlaufende Addition. Die Endhöhe H_e muß sich dabei wieder ergeben.
5. Bilden der Δh zwischen den Stations(Gelände-)punkten. Summenkontrolle dieser Δh zwischen den Wechselpunkten. (Im Beispiel in der Spalte „Bemerkungen".)
6. Ermittlung der Stationshöhen durch fortlaufende Addition unter Abrundung der Höhenangaben auf cm.

Die Querprofile können in einem Zuge mit dem Längenprofil aufgenommen und im gleichen Feldbuch notiert werden. Die Aufnahme kann aber auch (z. B. bei großer Querneigung des Geländes) in einem besonderen Arbeitsgang erfolgen. Ihre Notation wird dann zweckmäßig in einer unmaßstäbigen bildlichen Darstellung vorgenommen (Bild 37,1).

Auftragen von Längen- und Querprofilen siehe S. 257.

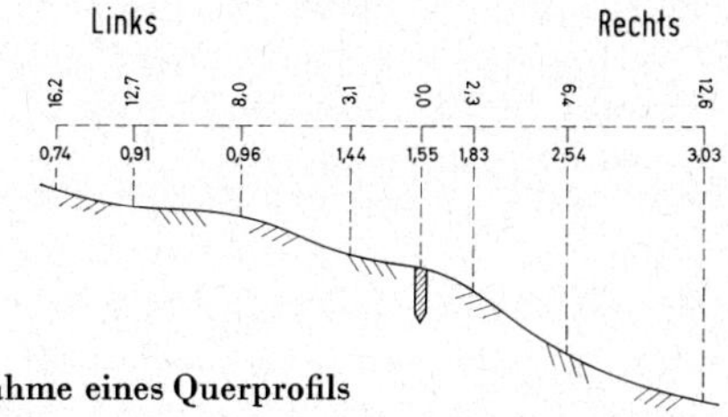

37,1 Aufnahme eines Querprofils

1.34 Flächennivellement

Während für den Bauentwurf einer langgestreckten Anlage (Weg, Graben) nur für einen schmalen Streifen die Geländehöhen benötigt werden, müssen für großflächige Bauentwürfe (Dränagen, Sportplätze, Fabrikanlagen usw.) die Geländeverhältnisse ausgedehnter Grundstücke bekannt sein. Für die Höhenaufnahme eignet sich im flachen Gelände das Nivellierverfahren; im bergigen Gelände wird zweckmäßiger mit dem Tachymeterverfahren (s. S. 79) gearbeitet.

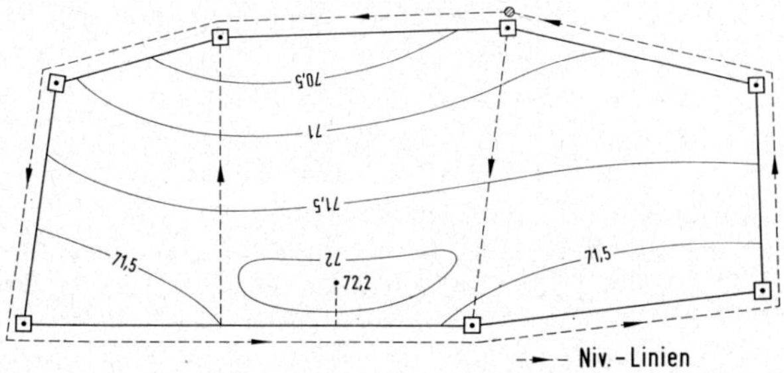

37,2 Aufnahme eines Flächennivellements von vorhandenen Punkten aus

Die *Vorarbeiten* für das Nivellierverfahren richten sich nach der Form und den Vermessungsgrundlagen des aufzunehmenden Grundstückes. So kann man bei einem einigermaßen *gleichmäßig geneigten Gelände*, für das bereits genügend vermessene Punkte (z. B. Grenzsteine) zur Verfügung stehen, mit Verbindungslinien (Profilen) auskommen, auf denen nivelliert wird. Besondere Punkte (Tiefpunkte, Kuppen usw.) können von diesen Linien aus erfaßt werden (Bild 37,2).

Über unregelmäßige Grundstücke und solche ohne ausreichende Vermessungspunkte legt man einen *rechtwinkligen Rost*, der aus Linien besteht, die wie ein Gitternetz das Gelände überziehen. Der Abstand der Gitterlinien richtet sich nach der Geländeform (20—50 m). Die Schnittpunkte der Linien — Rostpunkte genannt — werden markiert oder auch mit Pfählen vermarkt und mit ihrer Bezeichnung versehen. Auf einigen dieser Linien wird entlangnivelliert; die Punkte der benachbarten Linien werden dabei als Seitenblicke mit beobachtet. Der Abstand der Nivellementslinien richtet sich nach dem Gelände. Siehe Bild 253,1.

Die *Aufnahmegenauigkeit* ist von der Aufgabenstellung abhängig, entweder auf cm, ½ dm oder dm. Danach richtet sich auch der Abstand der Nivellementslinien. So kann z. B. bei dm-Genauigkeit bis zu 300 m Zielweite genommen werden, wenn es die Fernrohrvergrößerung des benutzten Instrumentes erlaubt.

1.35 Erdmassenberechnung

Erdmassenberechnungen werden auf Grund der mit dem ausgearbeiteten Entwurf versehenen Längs- und Querprofile (s. S. 257) ausgeführt, um die Mengen des zu bewegenden Erdreichs zu berechnen. Dabei ist zwischen *Abtrag* (auszuschachtendem Erdreich) und *Auftrag* (aufzuschüttendem Erdreich) zu unterscheiden. Anhand der ausgearbeiteten Querprofile werden die Flächen des Auftrages und Abtrages berechnet. Zu beachten ist, daß Auftrag und Abtrag getrennt gehalten werden. Die Flächen können mit einem Planimeter oder durch Auszählen der bedeckten Quadrate des Millimeterpapiers bestimmt werden. Das Produkt aus dem arithmetischen Mittel je zweier benachbarter Querprofile und der Entfernung dieser Querprofile ergibt die zugehörige Erdmenge. Diese Formel $V_N = \frac{1}{2}(F_1 + F_2) \cdot s$, wobei F_1 und F_2 die Flächeninhalte der benachbarten Querprofile der Erdmassen, s ihr Abstand und V_N der Rauminhalt des Erdkörpers zwischen den beiden Profilen ist, gibt nur eine Näherungslösung. Streng ist die Formel: $V_{Str} = \left(F_1 + \sqrt{F_1 F_2} + F_2\right) \cdot \frac{s}{3}$ (Simpsonsche Formel), die einen etwas kleineren Wert ergibt, wenn nicht $F_1 = F_2$ ist. Da bei Erdbauarbeiten die Preise in den Angeboten der Firmen aber erheblich mehr abweichen, als der Fehler bei Anwendung der Näherungsformel ausmacht, rechnet man in der Praxis nach wie vor mit der Näherungsformel. Man kann dann die Erdmassenberechnung entsprechend dem Ellingschen Verfahren (s. S. 139) rechnen.

Zur Berechnung der Erdmassen wird zweckmäßig ein Vordruck verwendet. Die Summe der berechneten Aufträge wird um 4% vergrößert, um das Sacken (Sichsetzen) des Erdreichs auszugleichen. Die Differenz zwischen Auftrag und Abtrag ergibt die noch zu beschaffende bzw. übrigbleibende Erdmenge. Wegen der Unsicherheit in der Erfassung der Geländegestalt gibt die Erdmassenberechnung nur ungefähre Werte; die Schlußsumme ist je nach der Größe der Erdmenge auf volle m³ oder 10 m³ abzurunden.

1.36 Trigonometrische Höhenbestimmung

Im Gegensatz zur Höhenbestimmung mit Hilfe waagerechter Visierlinien (*geometrisches Nivellement*) können die Höhen auch mit geneigten Visierlinien bestimmt werden. Dazu wird ein Theodolit (s. S. 51), der einen Höhenkreis besitzen muß, benötigt. Die Grundaufgabe wird am Beispiel einer *Turmhöhenmessung* (s. S. 172) gezeigt.

Der *Neigungswinkel des Visierstrahles* wird in der Regel durch den Zenitwinkel z ausgedrückt (s. S. 61). Das arabische Wort „Zenit“ bedeutet Scheitelpunkt. Seltener wird der Höhenwinkel α, (s. S. 58) benutzt, da die meisten Theodolite für die direkte Ablesung des Zenitwinkels eingerichtet sind.

Für die Lösung der Grundaufgabe ist Voraussetzung, daß die *Entfernung s* (Standpunkt — Zielpunkt) bekannt ist. Läßt sie sich nicht direkt messen, da die Projektion der Turmspitze in der Regel in das Turminnere fällt, muß sie über eine Hilfsbasis bestimmt werden. Zur Aufdeckung von Beobachtungs- und Berechnungsfehlern muß die Höhenbestimmung von zwei Standpunkten aus erfolgen. In der Praxis wird man daher die Turmspitze von zwei Basispunkten aus anzielen, wobei die Höhe auch auf den zweiten Basispunkt übertragen werden muß.

Die einfachen Formeln zur Lösung der Grundaufgabe der trigonometrischen Höhenbestimmung können immer angewendet werden, wenn die Entfernung zum Ziel unter

250 m liegt. Bei größeren Entfernungen kommen noch zwei Faktoren hinzu, die berücksichtigt werden müssen, die *Refraktion* und die Erdkrümmung (s. S. 13). Unter Refraktion wird die Ablenkung des Zielstrahles verstanden, die infolge der Durchdringung verschieden dichter Luftschichten entsteht. Man muß sich die Luft aus übereinander liegenden Schichten vorstellen. Diese Schichten sind im allgemeinen am dichtesten, je näher sie der Erdoberfläche liegen. Der Visierstrahl wird beim Übertritt aus der dichteren in die dünnere Luftschicht vom Einfallslot weggebrochen (Brechungsgesetz s. S. 24). Dadurch entsteht eine schwach gekrümmte Linie (Bild 39,1). Der Krümmungsradius des Zielstrahles ist meist ein Vielfaches des Erdradius. Da sich die Luftschichtungsverhältnisse nicht genau erfassen lassen, vor allem bei Visuren durch bodennahe Luftschichten oder über Wasserflächen und bei verunreinigter Luft in Industriegebieten, bringt die Refraktion eine Unsicherheit in die trigonometrische Höhenbestimmung.

Die trigonometrische Höhenbestimmung wird in den Fällen angewendet, in denen die Höhe über große Entfernungen hinweg übertragen werden muß und ein geometrisches Nivellement unmöglich oder unwirtschaftlich wird, z. B. Übergang über weite Wasserflächen oder im Hochgebirge.

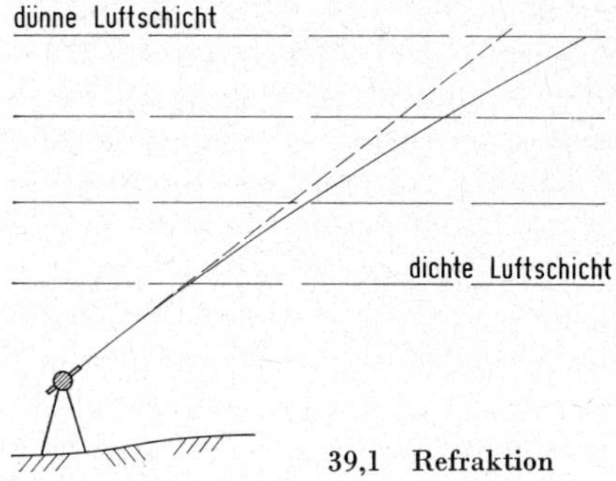

39,1 Refraktion

1.4 Nivellier, Theodolit, elektronische und elektro-optische Entfernungsmeßgeräte

1.41 Meßfernrohr

1.411 Visiereinrichtung

Für das Messen von Winkeln im Gelände oder das Nivellieren ist eine Vorrichtung zum *Anvisieren der Zielpunkte* notwendig. Die einfachste Visiereinrichtung, mit der ein Instrument auf ein Ziel eingerichtet werden kann, befindet sich am Gewehr, wo Kimme und Korn mit dem Ziel in eine Linie gebracht werden müssen. Bei einfachen Vermessungsgeräten besteht die Visiereinrichtung meistens aus senkrechten oder waagerechten Sehschlitzen (z. B. Kreuzscheibe, s. S. 23). Man nennt diese Einrichtung auch Diopter und die damit ausgerüsteten Instrumente heißen *Diopterinstrumente.*

Die *Genauigkeit des Einrichtens* mit einem Diopter ist sehr von der Entfernung zum Ziel und von der Sehschärfe des Beobachters abhängig. Deshalb sind die Vermessungsinstrumente für genauere Messungen anstelle des Diopters mit einem *Meßfernrohr* ausgerüstet. Es wird dabei verlangt, daß sich ein bestimmter Sehstrahl im Fernrohr festlegen läßt, der auf das Ziel gerichtet werden kann. Zum genauen Einstellen des Zieles ist eine starke Vergrößerung durch das Fernrohr erforderlich. Die *Fernrohrvergrößerung* ist in der Regel 25—30fach.

1.412 Linsen

Zum Verständnis der Wirkungsweise eines Fernrohres ist ein Sprung in die Optik notwendig. Es sei hier nochmals das Brechungsgesetz aus der Optik wiederholt, das bereits bei der Besprechung der Winkelprismen (s. S. 24) angeführt ist:

„Beim Übergang aus einem optisch dünneren in einen optisch dichteren Stoff werden Lichtstrahlen zum Einfallslot hin gebrochen.“

Auf Grund dieses Gesetzes werden z. B. achsparallele achsnahe Lichtstrahlen, die durch einen dünnen linsenförmigen Glaskörper fallen, so aus ihrer bisherigen Bahn abgelenkt, daß sie sich hinter dieser „Linse“ in einem Punkt — dem *Brennpunkt* — treffen. Je nach der Krümmung der Linsenoberfläche liegt der Brennpunkt näher oder weiter vom Mittelpunkt der Linse entfernt. Die Entfernung des Brennpunktes vom Mittelpunkt nennt man *Brennweite.* In einiger Entfernung hinter dem hinteren Brennpunkt der Linse treffen sich die von einem vor der Linse gelegenen Gegenstand ausgehenden achsparallelen Strahlen und die durch den vorderen Brennpunkt der Linse verlaufenden Strahlen, die beide durch die Linse abgelenkt werden, sowie die Strahlen, die vom gleichen Gegenstandspunkt ausgehen und den Mittelpunkt der Linse passieren (Mittelpunktstrahlen). Durch diese Vereinigung der Lichtstrahlen entsteht ein *Bild des Gegenstandes,* das man auf einem Schirm (Mattscheibe, Pauspapier) sichtbar machen kann (Bild 40,1). Die einzelnen Entfernungen (Gegenstandsweite, Brennweite und Bildweite) stehen in einem bestimmten Zusammenhang, der in der *dioptrischen Hauptformel* (Linsengleichung) erfaßt ist.

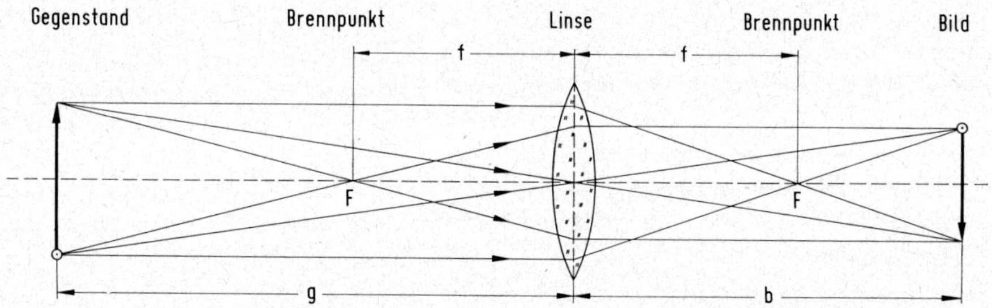

40,1 Bildlinse

Linsengleichung: $\frac{1}{f} = \frac{1}{g} + \frac{1}{b}$, wenn $g > 2f$ $\qquad \frac{\text{Bildgröße}}{\text{Gegenstandsgröße}} = \frac{b}{g}$

Lupengleichung: $\frac{1}{f} = \frac{1}{g} - \frac{1}{b}$, wenn $g < f$

f = Brennweite; g = Gegenstandsweite; b = Bildweite.

Man kann die nach außen gewölbte (konvexe) Linse als *Sammellinse* oder als Lupe verwenden.

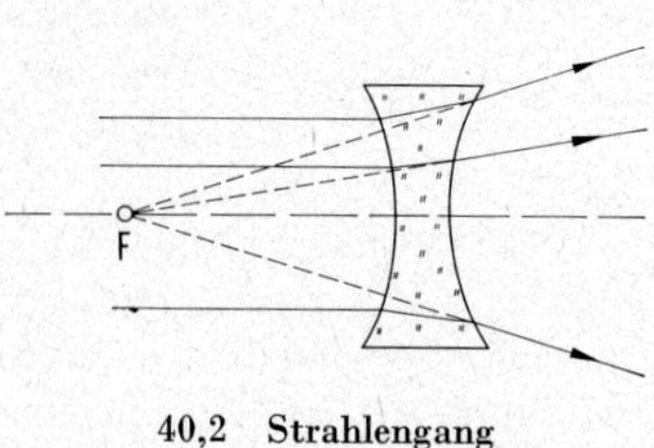

40,2 Strahlengang durch eine Zerstreuungslinse

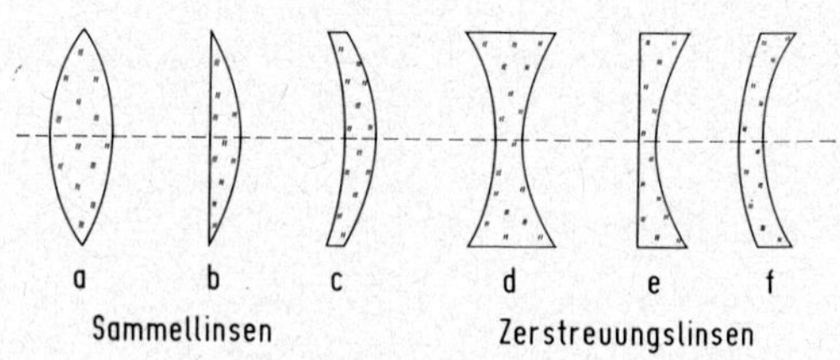

40,3 Verschiedene Arten von Linsen

Eine zweite Hauptart der Linse ist die nach innen gewölbte (konkave) Linse. Sie zerstreut achsparallel auftreffende Strahlen, als ob diese von einem gedachten Punkt (dem hinteren Brennpunkt F) herkämen (Bild 40,2). Darum wird sie *Zerstreuungslinse* genannt. Daneben gibt es noch verschiedene Arten der Linsen, die hier nicht weiter besprochen werden sollen (Bild 40,3).

1.413 Konstruktion des Fernrohres

Zwei Sammellinsen lassen sich so anordnen, daß das von der ersten Linse (*Bildlinse* oder *Objektiv*) erzeugte Bild eines Gegenstandes mit der zweiten (vergrößernden) Linse (*Lupe* oder *Okular*) betrachtet werden kann (Bild 41,1). Dieses ist die einfachste Form

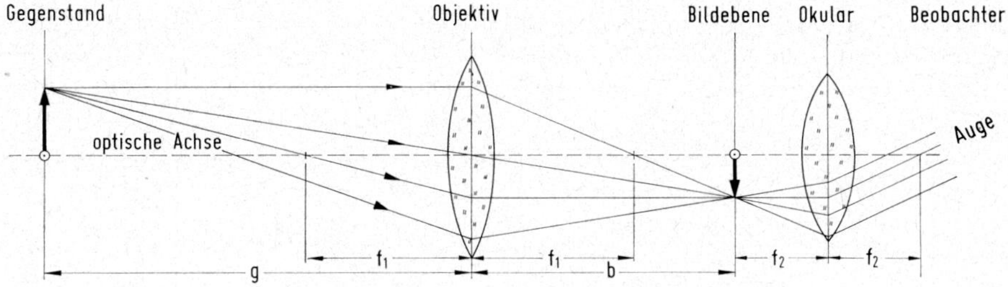

41,1 Strahlengang des astronomischen Fernrohrs

eines Fernrohres, *astronomisches Fernrohr* genannt. Es wurde von dem Astronomen *Johannes Kepler* (1571—1630) erfunden. Bringt man in die Bildebene einen Richtpunkt, so ist das Fernrohr als Meßfernrohr zum Einrichten auf einen Zielpunkt geeignet. Der Richtpunkt wird von einem auf einer Glasplatte eingeätzten feinen *Strichkreuz* erzeugt. Der zweite Richtpunkt im Fernrohr, der zur Festlegung des Zielstrahles nötig ist, ist der unsichtbare optische Mittelpunkt des Objektivs (Definition der Zielachse s. S. 53).

Zur praktischen Verwendung werden die Linsen in ein Rohr eingebaut, wobei das Okular mit dem Strichkreuz wegen der wechselnden Gegenstandsweiten (siehe Linsengleichung) verschiebbar sein muß. Außerdem muß das Okular gegen das Strichkreuz geringfügig veränderlich sein, damit es der Sehschärfe des jeweiligen Beobachters angepaßt werden kann (Bild 41,2). Die *Strichkreuzplatte* ist durch Zug- und Druckschrauben in der Bildebene verschiebbar. Mit Hilfe dieser Justierschrauben kann die Visierlinie (optische Achse) um den optischen Mittelpunkt des Objektivs geringfügig gekippt werden.

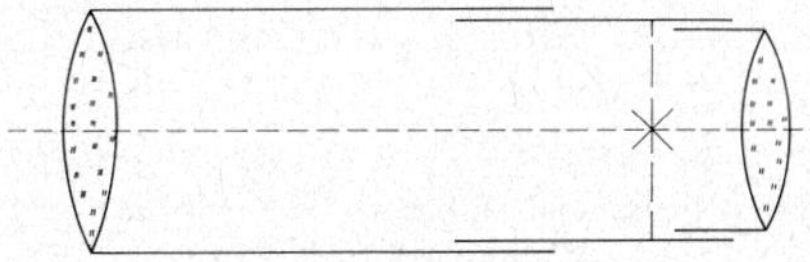

41,2 Astronomisches Fernrohr mit Okularauszug

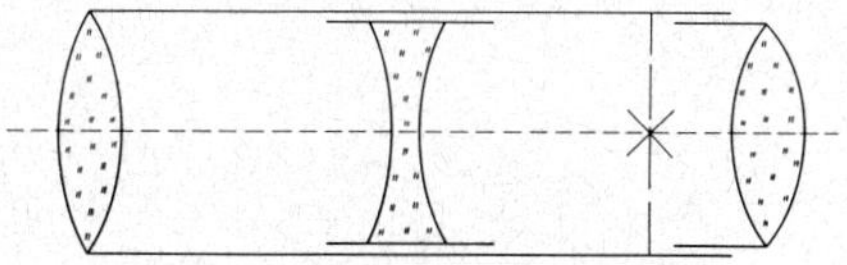

41,3 Astronomisches Fernrohr mit Innenfokussierung

Da sich die veränderliche Länge des *Fernrohrs mit Okularauszug* beim praktischen Gebrauch wegen der Verlagerung des Schwerpunktes beim kippbaren Fernrohr als hinderlich erweist, hat man eine andere Lösung zur Veränderung der Bildweite gefunden. Durch die Einschaltung einer verschiebbaren Zerstreuungslinse zwischen Objektiv und Bildebene (Bild 41,3) lassen sich die Strahlen der veränderten Gegenstandsweite anpassen, ohne daß die Bildweite und damit die Länge des Fernrohres verändert werden muß. Diese Einrichtung nennt man *Innenfokussierung*.

Die in den Bildern 41,2 und 41,3 dargestellten Fernrohre zeigen den einfachsten Fall einer Fernrohrkonstruktion. In den Meßfernrohren werden Linsen aus verschiedenen Glassorten zu *Linsensystemen* zusammengefaßt und die einfallenden Strahlen durch den Einbau von Blenden begrenzt, um Farbabweichungen, Bildkrümmungen, Unschärfen am Rande usw. auf ein Mindestmaß zu beschränken. Bei modernen Instrumenten sind die Linsen mit einem bläulichen Belag versehen (*vergütet*), um die Helligkeit und damit die Leistungsfähigkeit des Fernrohres zu erhöhen.

Als Meßfernrohre werden im allgemeinen astronomische Fernrohre, die das Bild umkehren, verwendet, weil sie eine große Helligkeit besitzen. In Nivellieren werden heute auch *terrestrische Fernrohre* verwendet. Sie liefern ein aufrechtes Bild, das durch den Einbau einer weiteren Linse, die das vom Objektiv entworfene Bild umkehrt, erreicht wird.

Vor dem Gebrauch des Meßfernrohres soll der Beobachter eine etwa vorhandene Parallaxe (Klaffung zwischen Bildebene und Strichkreuzebene) beseitigen. Dazu richtet er das Fernrohr gegen den Himmel und stellt das Okular so ein, daß für sein Auge das Strichkreuz scharf sichtbar ist. Dann wird ein Ziel im Fernrohr scharf eingestellt. Wenn beim Hin- und Herbewegen des Auges (bei der Höhenmessung vertikal, bei der Horizontalwinkelmessung horizontal) keine Verschiebung zwischen Bild und Strichkreuz mehr auftritt, ist die Parallaxe beseitigt. Eine Parallaxe kann auch am Ablesemikroskop und am optischen Lot auftreten.

1.42 Libellen

Zum Horizontieren (Waagerechtstellen) und zum Lotrechtstellen der Vermessungsgeräte bedient man sich der Libellen. Sie bilden einen wichtigen Bestandteil der Instrumente. Man unterscheidet zwischen Dosenlibellen und Röhrenlibellen.

1.421 Dosenlibellen

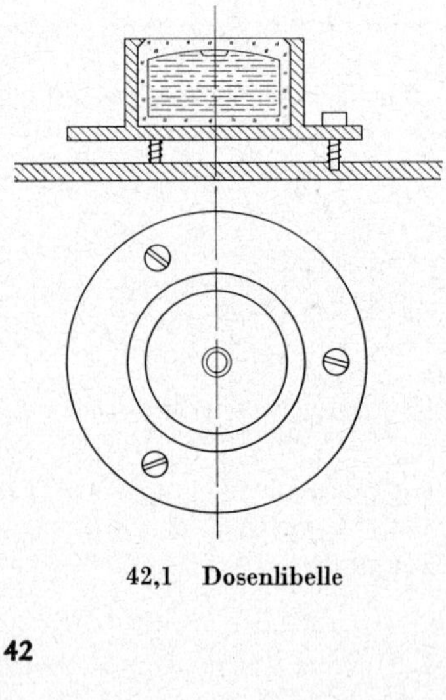

42,1 Dosenlibelle

Die Dosenlibelle ist ein dosenförmiges Glasgefäß, in Metall gefaßt, dessen Boden zugeschmolzen und dessen Deckel innen kugelförmig ausgeschliffen ist. Es ist mit Alkohol oder Äther bis auf einen kleinen Rest, die *Libellenblase*, angefüllt (Bild 42,1). Infolge der Schwerkraft befindet sich die Libellenblase immer an der jeweils höchsten Stelle des Glasgehäuses. Auf dem Deckel ist in Größe der Libellenblase ein Ring als Marke eingeätzt. Wenn die Libellenblase auf diesen Ring *einspielt*, dann befindet sich die Tangentialebene des Ringmittelpunktes in der Waagerechten.

Eine Dosenlibelle wird in der Regel auf ihrer Auflagefläche so befestigt, daß sie mit Hilfe von drei Stellschrauben nach allen Richtungen gegen die Unterlage geringfügig gekippt werden kann. Die Aufgabe besteht darin, die Dosenlibelle so zu *justieren*, daß die

Tangentialebene parallel zur Auflagefläche — z. B. zum Horizontalkreis eines Theodoliten — verläuft. Zum Justieren wird, nachdem mit den Fußstellschrauben die Libelle zum Einspielen gebracht ist, der Teilkreis langsam um 200^g gedreht. Zeigt sich dabei ein Ausschlag der Libellenblase, so wird die Hälfte des Ausschlages mit den Fußstellschrauben und die andere Hälfte mit den Justierschrauben beseitigt. Nach der Justierung ist der Vorgang zu wiederholen.

Dosenlibellen werden in der Regel nur zum groben Horizontieren der Instrumente benutzt.

1.422 Röhrenlibellen

Die Röhrenlibelle ist eine an beiden Enden zugeschmolzene zylindrische Glasröhre, die wie die Dosenlibelle mit Äther oder Alkohol bis auf einen kleinen Rest gefüllt ist. Die obere Innenwandung ist tonnenförmig ausgeschliffen. Auf der Oberseite ist eine Teilung eingeätzt (Bild 43,1). Der Abstand der Teilstriche beträgt bei alten Fertigungen 2,26 mm (= 1 Pariser Linie) und bei den neuen Libellen 2 mm. Der Abstand zweier Teilstriche wird *Pars* genannt. Die Libellen sind in der Regel mit einer Metallfassung versehen, die nur die Oberseite mit der Teilung freiläßt. *Libellenachse* nennt man die bei der Mittelmarke der Teilung an die Innenfläche in der Längsrichtung der Röhre gelegte Tangente (bei berichtigter Libelle).

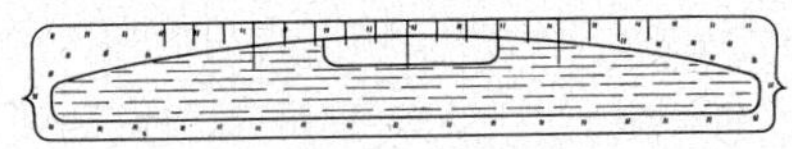

43,1 Röhrenlibelle

Eine Röhrenlibelle *spielt ein,* wenn die beiden Blasenenden gleich weit von der Mittelmarke der Teilung entfernt sind. Wie bei der Dosenlibelle läuft die Libellenblase immer an die jeweils höchste Stelle des Tonnengewölbes. Je flacher dieses Tonnengewölbe — in der Längsrichtung der Libelle gesehen — geschliffen ist, d. h. je größer der Radius des zugehörigen Kreisbogens ist, desto mehr reagiert die Libellenblase auf geringe Neigungsänderungen der Libellenachse. Der Winkel, um den die Neigung der Libellenachse geändert werden muß, damit die Blase um einen Pars weiterwandert, wird die *Angabe der Libelle* genannt. Sie beträgt 5″ bei Feinlibellen und bis zu 30″ bei einfachen Libellen.

Die *Bestimmung der Libellenangabe* soll am Beispiel der Fernrohrlibelle eines Nivelliers gezeigt werden. Bei einspielender Libelle wird im Fernrohr an einer in etwa 20 m Entfernung aufgestellten Nivellierlatte abgelesen (Bild 43,2). Dann wird das Fernrohr mit der Libelle durch Drehung an der Kippschraube oder an der zur Latte zeigenden Fußschraube so weit gekippt, daß sich die Blasenstellung um n Pars geändert hat. Nun wird erneut an der Latte abgelesen. Der entstandene Kippwinkel, geteilt durch n, ist gleich der Libellenangabe.

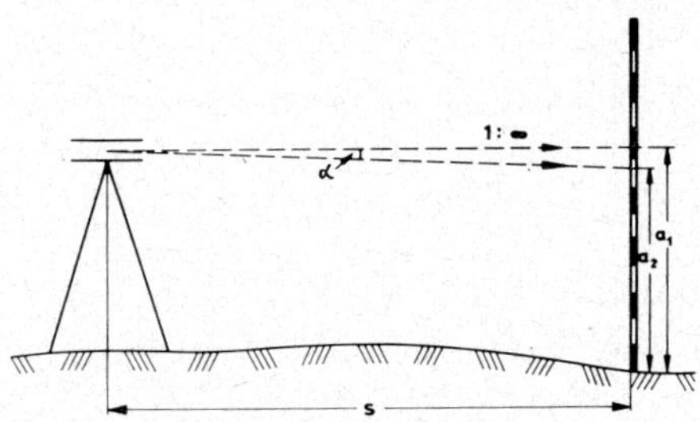

43,2 Bestimmung der Libellenangabe

Formel: $$n \text{ pars} = \frac{a_1 - a_2}{s} \cdot \varrho''$$

$$1 \text{ pars} = \frac{a_1 - a_2}{n \cdot s} \cdot \varrho''$$

Beispiel: $n = 10$; $s = 21{,}50$ m; $a_1 - a_2 = 0{,}021$ m

$$1 \text{ pars} = \frac{0{,}021}{10 \cdot 21{,}50} \cdot 206\,265'' = 20{,}16'' \approx 20''$$

Ergebnis: Bei einer Libellenangabe von 20″ macht ein Einspielfehler der Fernrohrlibelle von einem Teilstrich bei einer Zielweite von 50 m die Fehlablesung von 4,9 mm aus. Nach Seite 12 ist $\alpha : \varrho = b : s \quad b = \frac{\alpha}{\varrho} \cdot s$;

$$b = \frac{20}{206\,265} \cdot 50 = \frac{1000}{206\,265} = 0{,}0049 \text{ m} = 4{,}9 \text{ mm}$$

Das *Justieren einer Röhrenlibelle* sei am Beispiel der Vertikalachsenlibelle eines Theodolits gezeigt. Die Libelle ist in der Regel am Oberbau des Theodolits befestigt. Das eine Ende der Libellenfassung sitzt an einem Scharnier, während das andere Ende mit einer Justierschraube gehoben oder gesenkt werden kann. Der Justiervorgang wird in folgender Reihenfolge durchgeführt (Bild 44,1):

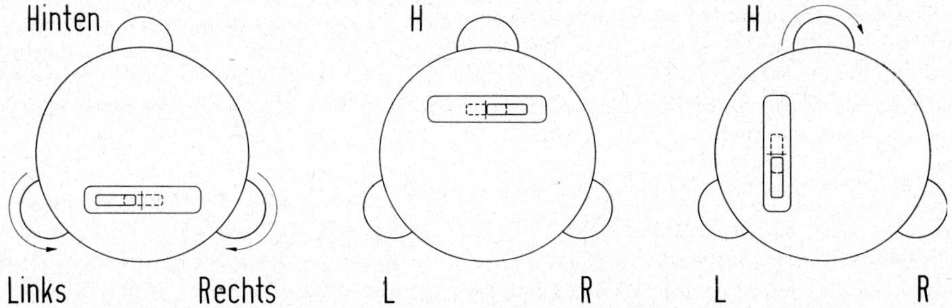

1. Schritt 2. Schritt 3. Schritt

44,1 Justierung einer Röhrenlibelle (Stehachsenlibelle)

1. Das Instrument wird so gedreht, daß die Libelle parallel zu zwei Fußschrauben steht. Eine vorherige grobe Horizontierung mit der Dosenlibelle muß erfolgt sein.
2. Die beiden Fußschrauben werden gegenläufig so gedreht, daß die Libelle einspielt. Die Libelle folgt der Bewegung des rechten Zeigefingers!
3. Der Libellenträger wird um 200^g gedreht und der Libellenstand abgelesen.
4. Eine Hälfte des Blasenausschlages wird mit Hilfe der Justierschraube und die andere Hälfte mit den beiden Fußschrauben beseitigt (Bild 44,2).
5. Die Libelle senkrecht zur ersten Richtung drehen und mit der dritten Fußschraube zum Einspielen bringen. Wenn die Libelle nun justiert ist, darf sie beim Drehen des Instrumentes keinen Ausschlag mehr zeigen, sonst müssen die gleichen Vorgänge nochmals wiederholt werden.

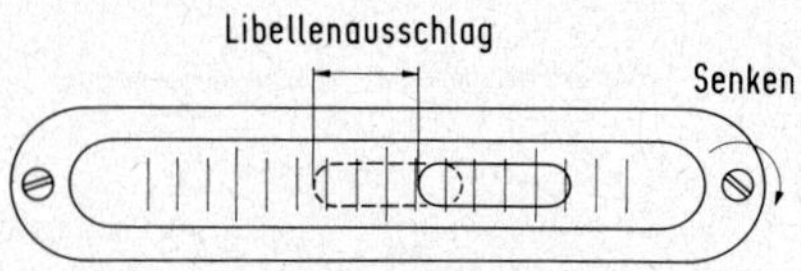

44,2 Libellenausschlag

Wird beim Justiervorgang nur ein sehr geringer Ausschlag der Libelle festgestellt, so kann auch mit dem *Spielpunkt* der Libelle gearbeitet werden. Der Spielpunkt liegt mitten zwischen der Mittelmarke und dem Libellenstand zu 3. des beschriebenen

Justiervorganges. Der *Spielpunkt* muß dann mit den Fußschrauben eingestellt werden; bei einer Drehung des Instrumentes darf sich die Libelle nicht verändern.

Außer der besprochenen am Instrument fest eingebauten Libelle gibt es noch mehrere Arten von Röhrenlibellen, z. B. *Setzlibellen* zum Horizontieren ebener Flächen, *Reiterlibellen* zum Aufsetzen auf die Kippachse eines Theodolits, *Wendelibellen*, die auf der Ober- und Unterseite ausgeschliffen und mit einer Teilung versehen sind, und andere.

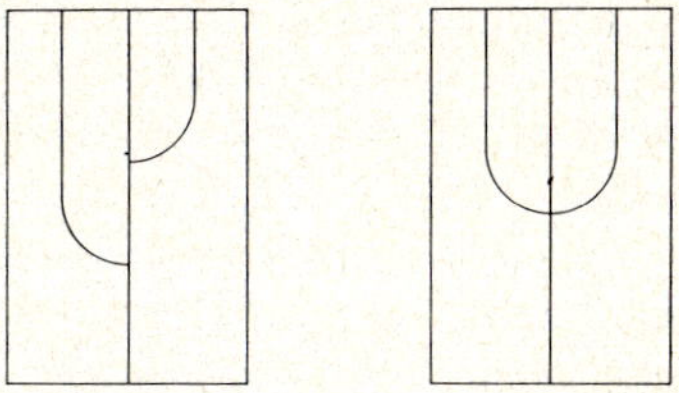

45,1 Koinzidieren der Röhrenlibelle

Bei modernen Instrumenten wird oft durch ein Prismensystem das Bild der Libelle der Länge nach aufgespalten und die beiden Blasenenden nebeneinander gespiegelt. *Koinzidieren* die beiden Blasenenden, so spielt die Libelle ein (Bild 45,1). Das Koinzidieren der Blasenenden läßt sich vom Beobachterstand aus bequem überwachen.

1.43 Stative

Die geodätischen Instrumente müssen zu ihrem Gebrauch auf ein Stativ gesetzt werden. Dieses Stativ muß so stark gebaut sein, daß das aufgesetzte Instrument einen festen Stand hat, nicht wackelt und sich nicht verdrehen läßt. Das Stativ besteht aus dem *Stativteller*, auf den das Instrument aufgesetzt wird, und den drei Beinen, die am Teller mit einem feststellbaren Gelenk befestigt sind. Die Beine sind in der Regel aus zwei hölzernen Stangen gefertigt, die unten durch eine Stahlspitze verbunden sind. Einige Firmen bauen die Stative mit einschiebbaren Beinen, die sich besonders beim Aufstellen an

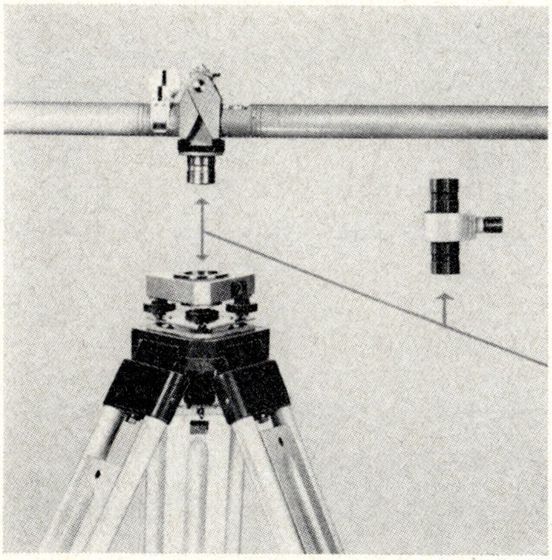

45,2 Stativkopf von Wild mit aufgesetzter Basislatte

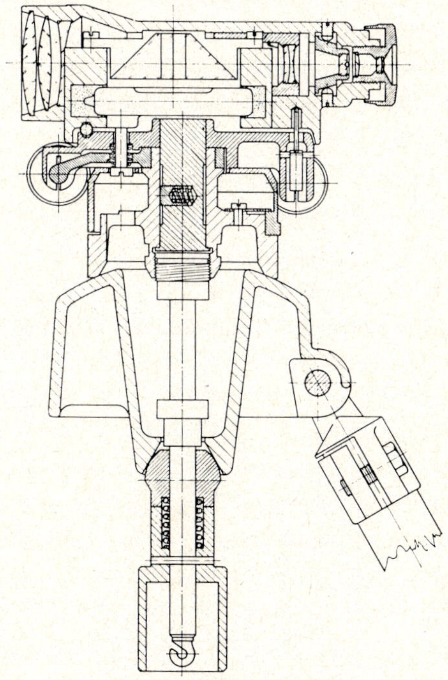

45,3 Stativkopf von Kern mit aufgesetztem Nivellier

Böschungen sehr bewährt haben. Der Stativteller hat in der Mitte ein großes Loch, durch das eine Schraubstange zum Festschrauben des Instrumentenunterbaues auf dem Teller greift. Bei einigen Instrumenten erfolgt die Befestigung des Unterbaues auf dem Stativteller mittels einer Federplatte, die mit der Schraubstange auf dem Teller festgehalten wird (Bild 45,2). Diese Konstruktion erlaubt das Auswechseln der Instrumente, ohne daß ein erneutes Zentrieren nötig wird (Zwangszentrierung, s. auch S. 53).

Eine andere Konstruktion des Stativtellers ist der Kugelgelenkfuß der Firma Kern (Bild 45,3), der ein schnelles Horizontieren des Instruments erlaubt. Die Firma Zeiss, Oberkochen, hat zur Beschleunigung des Horizontiervorgangs anstelle des bekannten Dreifußes einen Kugelfuß konstruiert. Zum groben Horizontieren nach der Dosenlibelle wird das Instrument auf einer Kugelfläche verschoben. Für die Feinhorizontierung sind zwei Einstellknöpfe vorhanden; der dritte Auflagepunkt ist fest angeordnet. Der Kugelfuß läßt sich auf dem Stativteller über einen Rechtwinkelgleiter verschieben. Dadurch bleibt beim Zentrieren die Horizontierung fast erhalten.

Bei der *Aufstellung der Stative* werden zuerst zwei Beine auf den Boden gestellt und dann wird mit dem dritten Bein versucht, den Teller in die Horizontale zu bringen. Muß das Instrument über einem Messungspunkt aufgebaut werden (z. B. bei der Winkelmessung), ist mit einem an die Schraubstange gehängten Schnurlot die lotrechte Stellung über der Vermarkung zu prüfen. Erst dann werden die Stahlspitzen der Beine fest in den Boden getreten und zwar in Richtung der Stativbeine. Gegebenenfalls müssen die Feststellschrauben am Stativteller angezogen werden. Nun wird nochmals die lotrechte Stellung über dem Messungspunkt mit dem Schnurlot geprüft. Drei Bedingungen müssen für ein gut aufgestelltes Stativ erfüllt sein:

1. Die Höhe des Stativtellers muß der Körpergröße des Beobachters angepaßt sein,
2. der Stativteller muß ungefähr horizontal stehen, und
3. die lotrecht über der Vermarkung eingerichtete Schraubstange soll möglichst in der Mitte des Tellerloches sitzen.

1.44 Nivellier

1.441 Bauarten der Nivelliere

Das Nivellier besteht im wesentlichen aus einem Meßfernrohr, dessen Achse mit Hilfe einer Röhrenlibelle horizontal gestellt werden kann. Das Fernrohr muß um eine vertikale

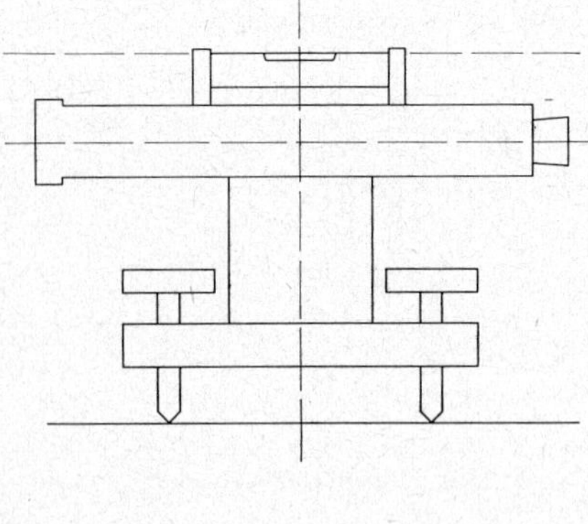

46,1 Nivellier norddeutscher Bauart (Prinzipskizze)

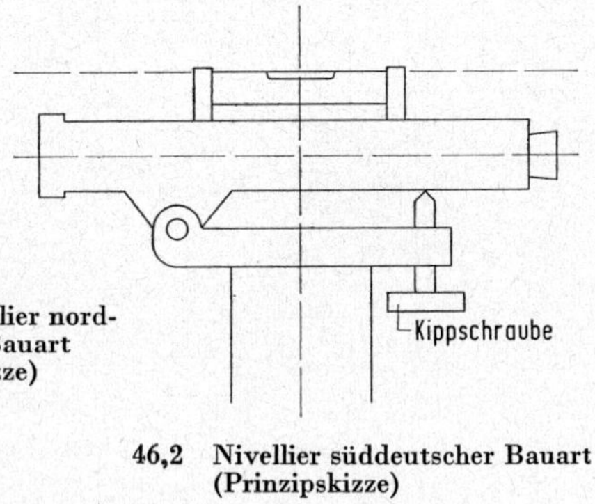

46,2 Nivellier süddeutscher Bauart (Prinzipskizze)

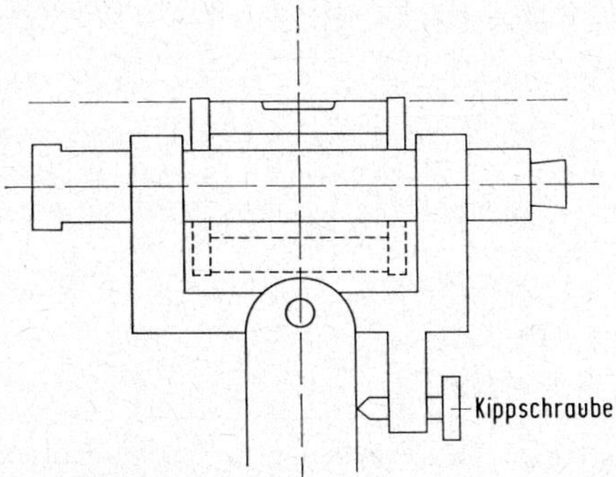

47,1 Nivellier
mit Ringfernrohr (Prinzipskizze)

Achse drehbar sein. Außerdem besitzen die Instrumente meist noch eine Dosenlibelle zum groben Horizontieren.

Nach der Bauart werden vier Instrumententypen unterschieden:

a) Nivellier, bei dem Fernrohr, Libelle und Fernrohrträger miteinander fest verbunden sind — sog. *Norddeutsches Nivellier* — (Bild 46,1).
b) Nivellier, bei dem Fernrohr und Libelle mit einer Kippschraube geringfügig gekippt werden können — sog. *Süddeutsches Nivellier* — (Bild 46,2).
c) Nivellier mit *Kippschraube,* dessen Fernrohr mit Libelle um seine Längsachse gewälzt werden kann (Ringfernrohr) oder bei dem nur die Libelle wälzbar ist. Diese Instrumente werden heute kaum noch oder nur zu Feinnivellements benutzt. Sie werden daher hier nicht weiter besprochen (Bild 47,1).
d) Nivellier mit selbsthorizontierender Zielachse (s. S. 49).

1.442 Justierung der Nivelliere

Wie auf S. 31 besprochen, muß das Nivellier vor dem Gebrauch justiert werden. Zwei Forderungen müssen dabei erfüllt sein:

1. Libellenachse rechtwinklig zur Vertikalachse (nur bei norddeutscher Bauart),
2. Libellenachse parallel zur Zielachse.

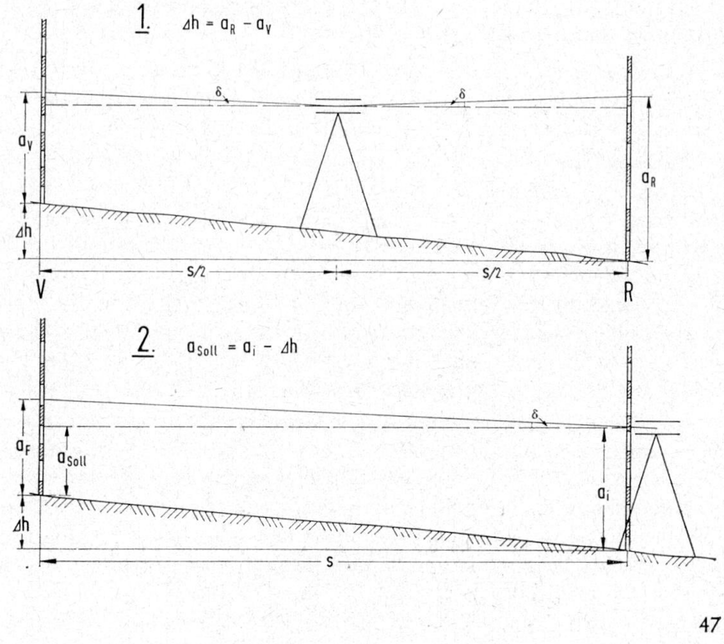

47,2
Justierung des Nivelliers

Die erste Forderung wird nach dem auf S. 44 beschriebenen Verfahren durch Parallelstellen der Röhrenlibelle zu zwei Fußschrauben erreicht. Zur Erfüllung der zweiten Forderung wird das Instrument in die Mitte zwischen zwei 50 — 60 m voneinander entfernten Nivellierlatten gestellt. Mit einspielender Libelle wird an jeder Latte abgelesen und die Differenz beider Ablesungen gebildet. Ein evtl. vorhandener kleiner Winkel zwischen der Libellen- und der Zielachse wirkt sich infolge der gleichen Zielweite bei beiden Ablesungen durch einen gleich großen Fehlbetrag aus (s. S. 43), der durch die Differenzbildung herausfällt. Es wird also der wirkliche Höhenunterschied erhalten. Wenn nun das Instrument ganz nahe an die eine Latte herangestellt wird, muß sich an der zweiten Latte eine vorher berechnete Ablesung ergeben. Wird eine Abweichung von der berechneten Ablesung festgestellt, kann sie nur aus einer Unparallelität zwischen Fernrohrachse und Libellenachse herrühren. Sie wird durch Drehen der Justierschrauben für die Strichkreuzplatte beseitigt. Zur Kontrolle sollte der Justiervorgang nochmals wiederholt werden (Bild 47,2).

Die zuvor beschriebenen beiden Justiervorgänge sind für ein Nivellier norddeutscher Bauart auszuführen. Bei Nivellieren *süddeutscher Bauart* entfällt die erste Forderung (Libellenachse senkrecht zur Vertikalachse), da durch das Vorhandensein der Kippschraube keine feste Verbindung der beiden Achsen besteht und die Libelle vor jeder Ablesung mit der Kippschraube zum Einspielen gebracht werden muß. Die zweite Forderung (Libellenachse parallel zur Zielachse) wird durch den gleichen Justiervorgang wie oben erreicht, mit dem Unterschied, daß die eigentliche Justierung auch mit der Justierschraube der Libelle erfolgen kann. Dazu ist dann vorher die berechnete Ablesung mit der Kippschraube im Fernrohr einzustellen und anschließend der Libellenausschlag mit der Justierschraube zu beseitigen.

1.443 Verwendung der Nivelliere

Moderne Instrumente sind in der Regel verkleidet, so daß man die Bauart nicht ohne weiteres erkennen kann. Sie sind so eingerichtet, daß die Libelle ohne Kopfbewegung des Beobachters zu überwachen ist. Bei einigen Instrumenten wird die Libelle in das Blickfeld des Fernrohres gespiegelt.

Außer nach der Bauart (s. S. 46 und 47) kann man die Nivelliere auch nach ihrer *Zweckbestimmung*, die hauptsächlich von der Libellenangabe (s. S. 43) abhängig ist, einteilen. Man unterscheidet Baunivelliere, Ingenieurnivelliere und Feinnivelliere.

Baunivelliere sind meistens in norddeutscher Bauart hergestellt. Sie bieten den Vorteil, daß sie, nachdem die Vertikalachse lotrecht gestellt ist, viele Ablesungen gestatten, ohne daß die Libelle erneut eingestellt werden muß. Sie haben eine Libellenangabe von etwa 30″ und erreichen eine Genauigkeit von ± 1 cm auf 1 km Nivellementslänge, die für die Nivellierarbeiten auf Baustellen und für Flächenaufnahmen ausreichend ist. Die Baunivelliere können auch mit einem Teilkreis für die Horizontalwinkelmessung und Reichenbachschen Distanzstriche (s. S. 76) ausgerüstet sein, die eine Winkelmessung und eine Streckenmessung mit einer Genauigkeit bis zu einer Minute bzw. etwa 2 dm erlauben. Damit ist aus dem Nivellier ein *Nivelliertachymeter* geworden.

Ingenieurnivelliere gehören in der Regel zur süddeutschen Bauart mit Kippschraube. Sie haben eine Libellenangabe von etwa 20″ und gestatten eine Genauigkeit von rund ± 5 mm auf 1 km Länge. Sie werden zu Festpunktnivellements und Ingenieuraufnahmen benutzt. Beim Gebrauch der Nivelliere mit Kippschraube ist zu beachten, daß die Vertikalachse mit der Dosenlibelle grob lotrecht gestellt sein muß und vor jeder Ablesung die Libelle mit der Kippschraube zum Einspielen zu bringen ist.

Feinnivelliere sind meist wie die Ingenieurnivelliere gebaut, besitzen aber ein Fernrohr und eine Libelle von größerer Leistungsfähigkeit. Sie werden für besonders genaue Messungen ($m = 0{,}3$ bis 1 mm auf 1 km Doppelnivellement) im Nivellementfestpunktfeld verwendet, für die es auch besondere Messungsanordnungen und Ableseverfahren gibt (siehe auch S. 35).

1.444 Selbsthorizontierende Nivelliere

In neuerer Zeit sind Nivelliere mit selbsthorizontierender Zielachse entwickelt worden, bei denen das Einspielen der Röhrenlibelle entfällt und dadurch ein schnelleres Arbeitstempo ermöglicht wird. Die Fernrohre dieser Nivelliere sind von den einzelnen Firmen verschieden gebaut. Allgemein kann gesagt werden, daß ein beweglich aufgehängtes Prisma infolge der Schwerkraft waagerecht eingestellt wird und den Zielstrahl in Verbindung mit anderen Prismen immer in die Horizontale lenkt. Da das Pendelprisma nur wenig Bewegungsfreiheit besitzt (wegen evtl. Beschädigungen beim Transport), muß das Instrument mit der Dosenlibelle vor Beginn der Messung bereits grob horizontiert sein. Eine Justierung kann nach dem Verfahren des Nivellierens aus der Mitte (s. S. 48) vorgenommen werden, wobei das Strichkreuz zu justieren ist. Bild 49,1 zeigt den inneren Aufbau des Nivelliers Ni 2 von Zeiss, Oberkochen.

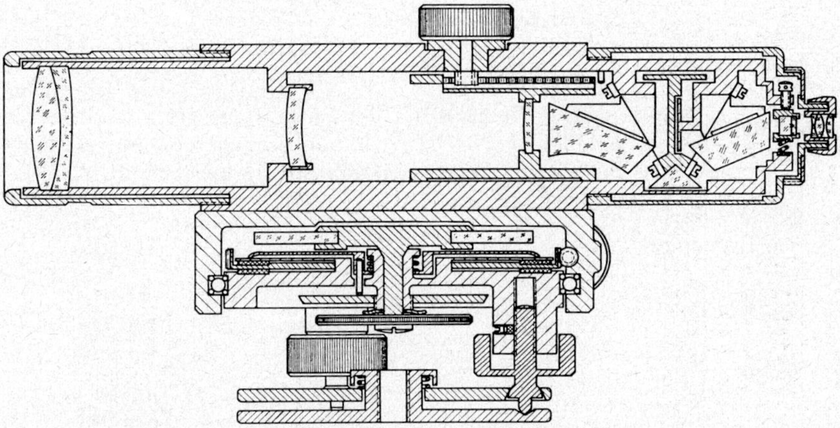

49,1 Schnitt durch das selbsthorizontierende Nivellier Ni 2 von Zeiss

Um das Schätzen an der Latte zu vermeiden, ist heute an verschiedenen Instrumenten (nicht nur an selbsthorizontierenden) ein *optisches Mikrometer* (s. S. 65, Bild 65,3) eingebaut, das eine parallele Verschiebung des Zielstrahles mit Hilfe einer planparallelen Glasplatte erlaubt. Somit kann der Querstrich des Strichkreuzes auf einen Teilstrich der Latte eingestellt und das Verschiebungsmaß an der Mikrometerschraube abgelesen werden. In Verbindung mit dieser Einrichtung werden meistens Invarbandlatten (s. S. 51) mit Halbzentimeterteilung benutzt, die zwei nebeneinander liegende, um einen bestimmten Betrag (Lattenkonstante) gegeneinander verschobene Teilungen besitzen. Die Ablesungen an beiden Teilungen sollen um die Lattenkonstante ($\pm$ 3 Einheiten der letzten Stelle) differieren. Die Ableseeinheit beträgt $^1/_{20}$ mm.

Ein weiteres selbsthorizontierendes Nivellier ist das Baunivellier Ni 4 von Zeiss, Oberkochen, bei dem die Dosenlibelle in den Strahlengang des Meßfernrohres eingeschaltet ist. Die Libellenblase wirkt als optische Linse und lenkt den Meßstrahl in die Waagerechte. Diese Bauart ist sehr robust, da keine mechanisch bewegten Teile vorhanden sind. Diese Art Nivelliere eignen sich besonders für schwankenden Boden.

1.445 Nivellierlatten

Zum Nivelliergerät gehört außer dem Instrument (Nivellier) und dem Stativ noch die Nivellierlatte. Die Nivellierlatte stellt den Maßstab dar, mit dem der Höhenunterschied zwischen der Ziellinie und dem aufzunehmenden Punkt gemessen wird. Mehrere Bedingungen sind gestellt:

Die Nivellierlatte muß

a) eine genügende Länge haben, damit bei einer Instrumentenaufstellung ein möglichst großer Höhenunterschied überwunden werden kann (2, 3 oder 4 m lang),

b) leicht transportabel sein (sie besteht meist aus leichtem Tannenholz und ist zusammenklappbar, soweit es sich nicht um Feinnivellierlatten handelt),

c) eine übersichtliche Teilung besitzen, die trotz des kleinen Gesichtsfeldes des Instrumentenfernrohres einwandfrei abgelesen werden kann.

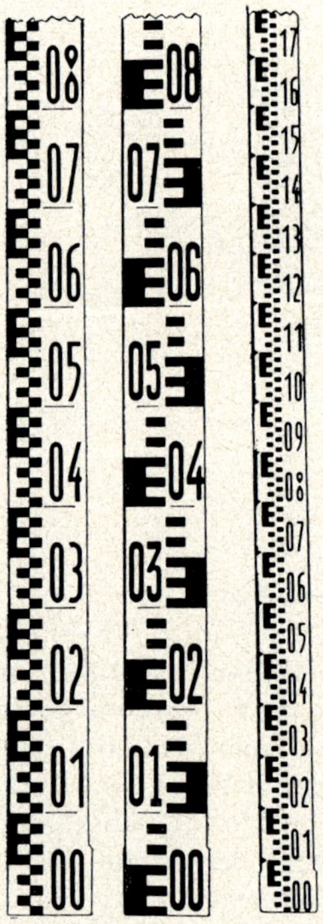

50,1 Einteilungen auf Nivellierlatten (Carl Zeiss, Oberkochen)

Bild 50,1 zeigt drei verschiedene Latteneinteilungen mit aufrechter Bezifferung. Die rechte Latte trägt eine $\frac{1}{2}$-cm-Teilung. Die Ergebnisse sind durch zwei zu teilen.

Eine Überprüfung der Lattenlänge ist vor allem für Feinnivellements bei Überwindung großer Höhenunterschiede nötig. Sie wird mit einem Metallprüfstab vorgenommen.

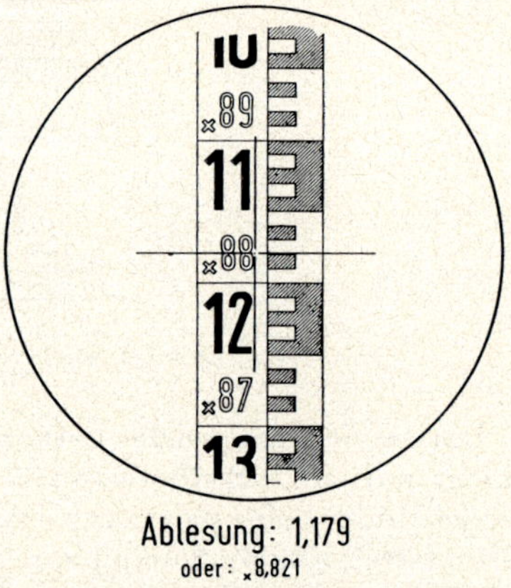

50,2 Beispiel zur Ablesung an einer dekadisch bezifferten Nivellierlatte

Die Nivellierlatten haben in der Regel eine Zentimeterteilung; die Millimeter sind zu schätzen. Die einzelnen Meterlängen sind verschiedenfarbig ausgeführt, um Meterfehler bei der Ablesung zu vermeiden. Infolge der Bildumkehrung des astronomischen Fernrohres muß die Bezifferung der Latten für solche Instrumente auf dem Kopf stehen. Für die Anordnung der Einteilung und der Bezifferung gibt es die verschiedensten Arten. Die Latten lassen sich in vier große Gruppen einteilen:

a) einfache Nivellierlatten;

b) dekadisch bezifferte Latten (Bild 50,2);

c) Wendelatten, die auf beiden Seiten eine Einteilung besitzen, welche aber um einen bestimmten Betrag (Lattenkonstante) gegeneinander versetzt sind;

d) Invarbandlatten für Feinnivellements, die gegen Temperatureinflüsse fast unempfindlich sind (siehe auch Seite 35).

1.45 Theodolit

1.451 Behandlung des Instrumentes

Zur Messung von Winkeln in der Horizontal- und Vertikalebene wird der Theodolit verwendet. Er stellt eine Spitzenleistung der feinmechanischen und optischen Industrie dar und erfordert eine besonders behutsame Behandlung. Beim Aus- und Einpacken des Instrumentes immer nur am Unterbau anfassen! Der Holzkasten oder der Metallbehälter muß leicht zu schließen sein, ohne daß irgend etwas klemmt. Nur im zugehörigen Behälter transportieren! Muß das Instrument während der Messungsarbeit von einem Standpunkt zum anderen gebracht werden, sollte es nur auf kurzen Strecken auf dem Stativ getragen werden; dabei aber nicht über die Schulter legen, sondern möglichst senkrecht tragen.

1.452 Teile des Theodolits

Am Theodolit unterscheidet man als Hauptbestandteile den Unterbau und den Oberbau.

Der *Unterbau* besteht aus dem Dreifuß mit dem Horizontalkreis. Der Dreifuß ist wie beim Nivellier mit drei Füßen versehen, die als Stellschrauben ausgebildet sind, mit denen der Dreifuß horizontal gestellt werden kann (Bild 51,1). Siehe hierzu auch S. 44.

Bei einfachen Instrumenten ist der Horizontalkreis mit dem Dreifuß fest verbunden. Dagegen ist bei den *Repetitionstheodoliten* der Horizontalkreis um die Vertikalachse drehbar angeordnet. Mit einer Klemmschraube läßt er sich am Dreifuß festklemmen.

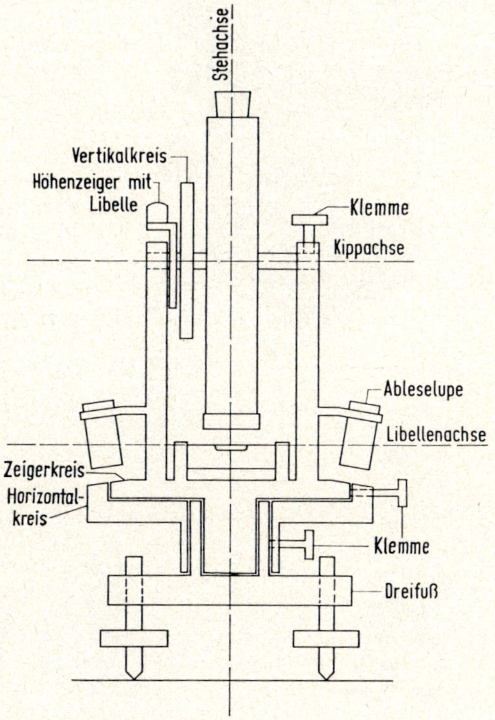

51,1 Repetitionstheodolit (Prinzipskizze)

1 Grundplatte
2 Fußstellschraube
3 Dreifuß
4 Oberteil
5 Dosenlibelle mit Justierschrauben
6 Fokussierring (Scharfeinstellung des Fernrohrs)
7 Diopter
8 Zentrierzapfen für Firstpunkte (Bergbau)
9 Klemmschraube der Fernrohrkippung
10 Fernrohrlibelle
10a Justierschrauben der Fernrohrlibelle
11 Horizontierlibelle
11a Justierschrauben der Horizontierlibelle
12 Alhidaden-(Zeigerkreis-)Klemme
13 Alhidaden-(Zeigerkreis-)Feinstellschraube

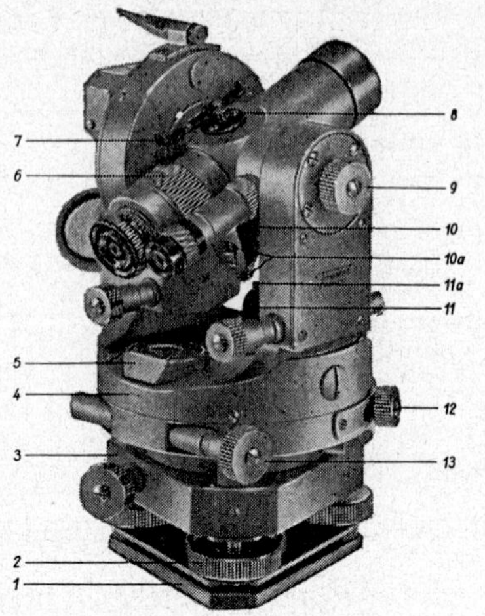

52,1 Bau- und Bedienungselemente des Theodolits, dargestellt am kleinen Ingenieur-Theodolit von Fennel

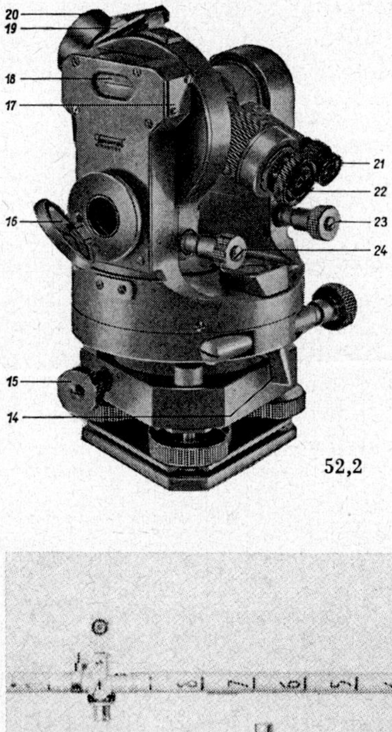

52,2

14 Limbus-(Teilkreis-)Klemme
15 Limbus-(Teilkreis-)Feinstellschraube
16 Reflektor zur Kreisbeleuchtung
17 Abdeckplatte
18 Vertikalalhidaden-(Höhenzeiger-)Libelle
19 Spiegel zur Beobachtung der Libelle 18
20 Objektiv
21 Mikroskopokular zur Ablesung der Teilkreise
22 Fernrohrokular mit Dioptrienring
23 Höhenfeinstellschraube
24 Feinstellschraube der Vertikalalhidade (Höhenzeiger)

Der *Oberbau* besteht in der Hauptsache aus dem Fernrohrträger mit dem kippbaren Fernrohr. Der Fernrohrträger ruht auf dem Zeigerkreis mit der Ablesevorrichtung. Das Ganze ist um die Vertikalachse drehbar. Die Lagerung der Vertikalachse ist bei den einzelnen Fabrikaten verschieden und bestimmt sehr wesentlich die Güte des Instrumentes.

Moderne Instrumente sind meistens so gebaut, daß der Horizontalkreis mit zum Oberbau gerechnet werden muß. Bei diesen Instrumenten läßt sich der Oberbau

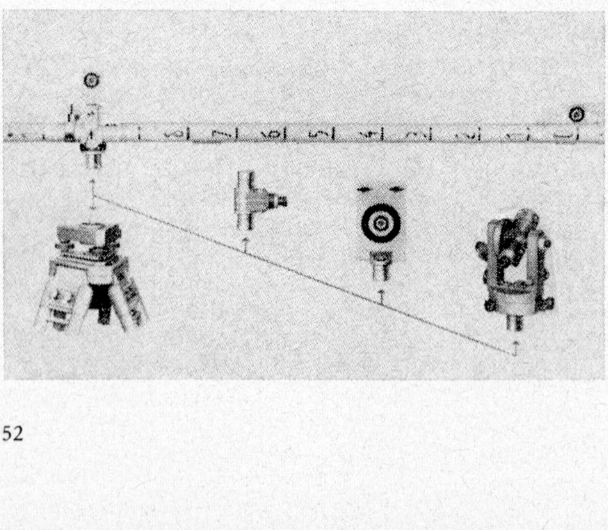

52,3 Zwangszentrierungseinrichtung (Zeiss)

Basislatte, optisches Lot, Zieltafel und Theodolit Th 3 passen mit ihrem gleichartigen Steckzapfen in den Dreifuß. Die Geräte werden dabei zwangsweise genau über dem gleichen Standpunkt zentriert.

(Fernrohrträger, Zeigerkreis und Horizontalkreis) aus dem Unterbau (Dreifuß) herausheben. Die Verbindung zwischen beiden Teilen stellt eine Steckachse am Oberbau dar. Auf diese Weise läßt sich das Instrument gegen eine *Zieltafel* oder Basislatte vertauschen, während der Dreifuß fest auf dem Stativ und damit lotrecht über dem Messungspunkt verbleibt. Diese Einrichtung wird *Zwangszentrierung* genannt (Bild 52,3). Eine andere Art der Zwangszentrierung mittels Federplatte ist auf S. 46 beschrieben.

Die Zwangszentrierung wird bei der Polygonzugmessung zur Erhöhung der Winkelmeßgenauigkeit verwendet. Es müssen mindestens drei Stative mit den zugehörigen Dreifüßen sowie zwei Zieltafeln vorhanden sein.

1.453 Achsen des Theodolits

Folgende Achsen sind am Theodolit zu unterscheiden:

a) Vertikal- oder Stehachse. Um die Stehachse drehen sich der Oberbau und (bei manchen Geräten in einer Buchse des Dreifußes) der drehbare Horizontalkreis.

b) Horizontal- oder Kippachse. Um Ziele verschiedener Höhenlage im Fernrohr einstellen zu können, ist dieses um eine horizontale Achse kippbar angeordnet. Auf dieser Achse sitzt auch — mit dem Fernrohr fest verbunden — der Vertikalkreis zur Winkelmessung in einer senkrechten Ebene.

c) Zielachse. Die Zielachse ist die verlängerte optische Achse des Fernrohres (s. S. 41), die durch das Strichkreuz und den optischen Mittelpunkt des Objektivs festgelegt ist. Eine exaktere Definition lautet: „Die Zielachse des geodätischen Fernrohrs ist der geometrische Ort aller Punkte, in denen der Strichkreuzschnittpunkt durch das Objektiv abgebildet wird.“ Bei Fernrohren mit beweglicher Einstell-Linse ist die Zielachse der geometrische Ort aller Punkte, in denen das Strichkreuz bei Einstellung des Fernrohres auf beliebige Entfernungen durch das Objektiv und die Einstell-Linse abgebildet wird. Da die Mitte der Einstell-Linse sich nicht genau auf einer Geraden bewegt, liegen auch die Bildpunkte nicht mehr genau auf einer Geraden. Die (Ziel-)Linie ist aber nur schwach gekrümmt, die Abweichung von der Geraden ist nur bei sehr kurzen Zielweiten merkbar. Bei der Justierung benutzt man Zielweiten von mindestens 20 m, dann handelt es sich praktisch um eine Gerade, man spricht daher von „Zielachse“ und nicht von „Ziellinie“.

d) Libellenachse (s. S. 43) — Achse der Röhrenlibelle zum Horizontieren des Instrumentes.

e) Achse der Röhrenlibelle am Zeigerkreis des Vertikalkreises für die Ablesung der Zenitdistanzen oder Höhenwinkel.

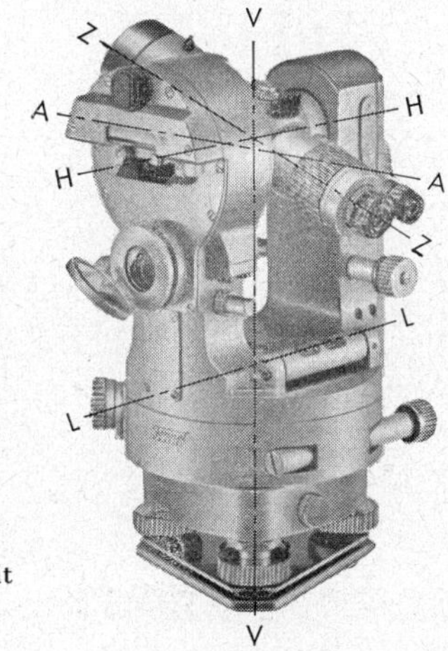

V = Vertikal- oder Stehachse
H = Horizontal- oder Kippachse
Z = Ziel- oder Kollimationsachse
L = Achse der Horizontierlibelle
A = Achse der Höhenzeigerlibelle

53,1 Achsen des Theodolits, dargestellt am Sekunden-Theodolit FT 2 von Fennel

1.454 Klemmvorrichtungen

Zum Einstellen des Zieles im Fernrohr und zur Ablesung an den Teilkreisen müssen die beweglichen Teile des Instrumentes feststellbar sein und trotzdem noch geringfügig verschoben werden können. Zum Feststellen dienen die *Klemmschrauben*, die mit einer *Feinbewegungsschraube* verbunden sind. Eine Druckfeder wirkt der Feinbewegungsschraube entgegen, damit ein Wackeln ausgeschlossen ist. Klemmvorrichtungen gibt es zum Feststellen des Fernrohres auf der Kippachse und des Oberbaues am Teilkreis. Bei den Repetitionstheodoliten kann außerdem der Teilkreis am Unterbau festgeklemmt werden. Für die Bedienung der Feinbewegungsschrauben merke man sich folgende Regel:

Soll ein Ziel im Fernrohr eingestellt oder eine bestimmte Teilkreisablesung erreicht werden, so ist zuerst grob einzustellen und die entsprechende Klemmschraube anzuziehen. Nun ist mit der zugehörigen Feinbewegungsschraube das Ziel bzw. die Ablesung genau einzustellen und zwar durch Rechtsdrehung der Schraube, damit die Druckfeder gespannt wird. Ist über das Ziel hinausgedreht worden, muß ein Stück zurückgedreht und dann mittels Rechtsdrehung die Einstellung erneut versucht werden.

1.455 Ablesevorrichtungen

Die *Teilkreise* des Theodolits sind aus Metall (Messing mit versilberter Oberfläche) oder Glas hergestellt. Am äußeren Rande der Teilkreise ist die Teilung angebracht, die je nach Art der Ablesevorrichtung in ganze oder halbe Grad (bei Altgrad in Drittelgrad) geteilt ist. Da sich etwaige geringe Abweichungen im gleichmäßigen Abstand der Teilstriche beim Gebrauch des Instrumentes sehr stark bemerkbar machen, verwenden die Herstellerfirmen auf das Aufbringen der Teilung besonders große Sorgfalt.

Die Ablesung der Richtungen geschieht an den Ablesevorrichtungen, die auf den Zeigerkreisen an zwei einander gegenüberliegenden Stellen angebracht sind. Es müßte also an beiden Ablesestellen eine um genau 200^g verschiedene Richtung abgelesen werden, wenn keine Teilungsungenauigkeiten und sonstige Instrumentenfehler vorhanden wären.

Bei einfachen Instrumenten ist meistens nur eine Ablesestelle vorhanden.

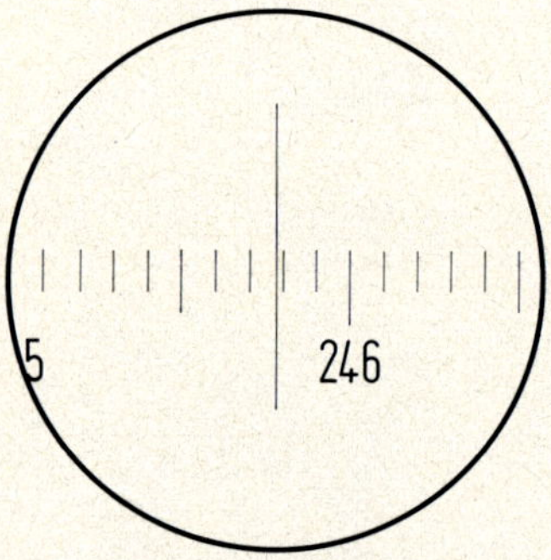

54,1 Strichmikroskop
Ablesung: $245{,}78^g$

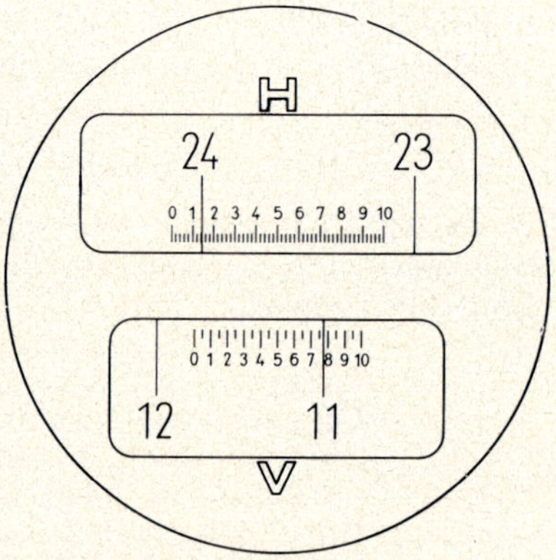

54,2 Skalamikroskopablesung
am Bautheodolit FTS von Fennel
Horizontalkreis: $24{,}145^g$ Vertikalkreis: $11{,}77^g$

Die Ablesevorrichtungen können sehr verschieden gestaltet sein. Die einfachste Art ist die Ablesung an einem *Nonius* (Bild 211,2). Zur deutlicheren Ablesung des Nonius ist eine schwenkbare Lupe darüber angebracht.

Die nächste Art der Ablesung ist die an einem *Mikroskop*, das die Teilung und die Ablesemarke sehr stark vergrößert. Es werden hier wieder drei Arten unterschieden:

a) Strichmikroskop. Teilung in zehntel Grad — Schätzung auf hundertstel Grad (Bild 54,1).

b) Skalamikroskop. Eine Hilfsskala erleichtert und verbessert die Schätzung zwischen den Teilstrichen (Bild 54,2).

c) Koinzidenzmikroskop (Bilder 55,1 und 55,2).

Bei modernen Instrumenten wird meistens ein Skalamikroskop oder ein Koinzidenzmikroskop verwendet. Während beim Skalamikroskop nur an einer Teilkreisstelle abgelesen wird, werden beim Koinzidenzmikroskop die sich gegenüber liegenden Teilkreisstellen zusammengespiegelt. Durch Drehung an einer Mikrometerschraube (Koinzidenzschraube) verschieben sich die beiden Bilder gegeneinander. Zur Ablesung sind die Bilder so zu verschieben, daß sich die Teilstriche beider Teilkreisausschnitte decken (koinzidieren), womit eine optische Mittelbildung erreicht ist. Die Größe der Verschiebung läßt sich an der Koinzidenzschraube oder an einer Hilfsskala ablesen. Das Ablesemikroskop ist bei diesen Instrumenten sowohl bei Verwendung der Ableseskala als auch beim Koinzidenzmikroskop direkt neben dem Okular des Fernrohres angeordnet. So ist

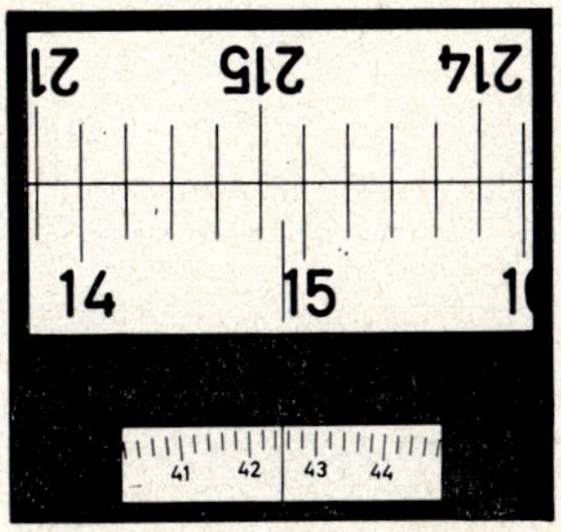

55,1

55,1 Koinzidenzablesung am Ingenieurtheodolit T 2 von Wild, Heerbrugg (Schweiz)

Neugrad
14,9
+ 425
14,9425g

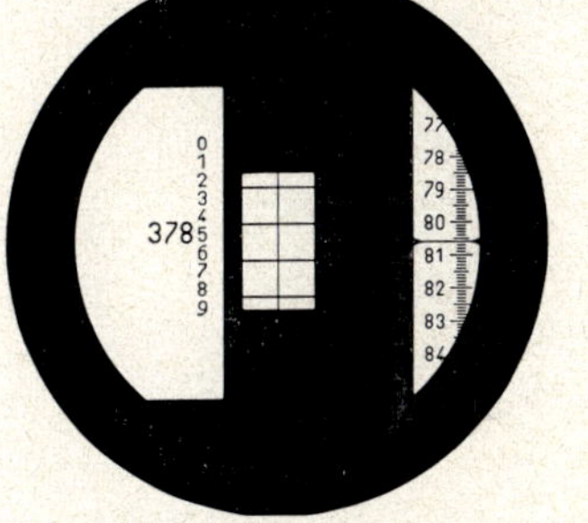

55,2

Bild 55,2 Koinzidenzablesung am Sekundentheodolit Th 2 von Zeiss, Oberkochen. Die im mittleren Fenster sichtbaren Teilungsausschnitte müssen zur Koinzidenz gebracht werden. Ablesung: 378,5806g

eine bequeme und schnelle Ablesung der Kreise möglich. Bild 54,2 zeigt die Skalaablesung im Mikroskop des Theodolits „Fennel FTS"; ein Beispiel der Koinzidenzablesung ist im Bild 55,1 dargestellt. Das Koinzidenzprinzip ermöglicht im allgemeinen eine Schätzung auf 1^{cc}, während die Skalaablesung eine Schätzungsgenauigkeit von 50^{cc} gibt.

An einem Theodolit müssen die Fernrohrvergrößerung, die Libellenangabe, der Durchmesser und die Teilgenauigkeit der Teilkreise sowie die Art der Ablesevorrichtung aufeinander abgestimmt sein, wobei die letztere im wesentlichen die Güte und den Verwendungszweck des Instrumentes bestimmt. Man unterscheidet nach der Verwendung: *Bautheodolit*, *Ingenieurtheodolit* (z. B. Katastervermessungen, Bild 56,1) und *Feinmeßtheodolit* für Vermessungen in trigonometrischen Netzen höherer Ordnung.

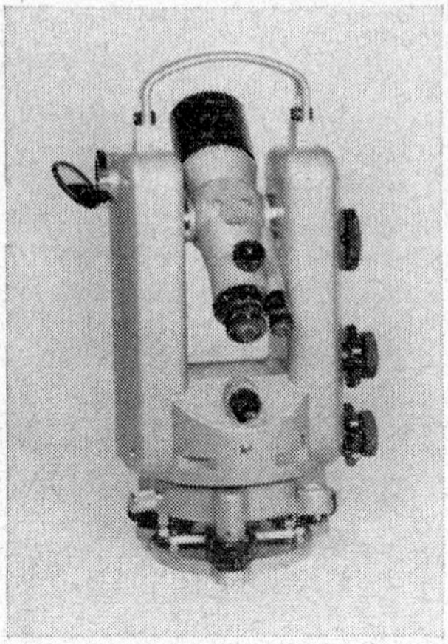

56,1 Sekundentheodolit
Bauart Tu von Askania

1.456 Justierung des Theodolits

Trotz sorgfältigster Herstellungsmethoden gelingt es nicht, einen mathematisch genauen Theodolit zu bauen. Auch können während des Gebrauches geringfügige Veränderungen am Instrument auftreten. Daher soll ein Theodolit vor der Ingebrauchnahme und weiterhin von Zeit zu Zeit auf seine Richtigkeit untersucht werden. Gewisse Restfehler werden sich jedoch nicht vermeiden lassen. An *Fehlern* treten auf: Achsenfehler, Teilungsfehler, Exzentrizitätsfehler u. a.

Achsenfehler

Folgende Bedingungen müssen erfüllt sein:

a) Zielachse rechtwinklig zur Kippachse,

b) Kippachse rechtwinklig zur Vertikalachse,

c) Vertikalachse muß streng lotrecht stehen.

Zielachsenfehler

Die Zielachse weicht um den Winkel α von der Senkrechten zur Kippachse ab. Justiervorgang: Anzielen eines in Höhe des Instrumentes liegenden Zieles und Ablesung des Teilkreises. Durchschlagen des Fernrohres und erneutes Anzielen und Ablesen am Teilkreis. Die Differenz beider Ablesungen, vermindert um 200^g, ist der doppelte Zielachsenfehler (Bild 56,2). Einstellen des Mittels zwischen den Ablesungen und seitliche Verschiebung des Strichkreuzes mit den Justierschrauben, bis das Ziel wieder im Strichkreuz erscheint. Der Teilkreis bleibt während des Vorganges unverändert.

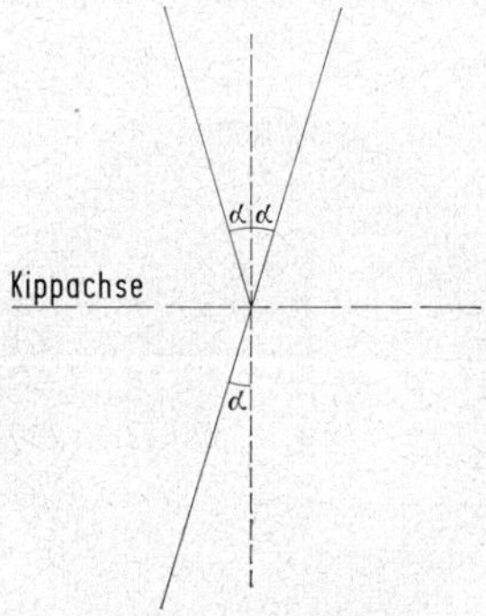

56,2 Bestimmung des Zielachsenfehlers

Kippachsenfehler

Die Kippachse ist bei lotrechter Stellung der Vertikalachse um den Winkel δ gegen die Waagerechte geneigt (Bild 57,1). Justiervorgang: Vorher den Zielachsenfehler beseitigen! Anzielung eines hoch gelegenen Punktes (z. B. oberes Ende einer Hauskante) und Herunterkippen des Fernrohres. Am unteren Ende der Hauskante wird rechtwinklig zur Visurlinie ein Maßstab befestigt und die Stellung des Strichkreuzes am Maßstab abgelesen. Nach dem Durchschlagen des Fernrohres, Drehen und erneuten Abloten wird wieder am Maßstab abgelesen. Die Differenz zwischen beiden Ablesungen ist der doppelte Kippachsenfehler (Bild 57,2). Beseitigung des Fehlers durch Heben oder Senken eines Achslagers mit den Justierschrauben, was aber bei modernen Instrumenten nicht immer möglich ist.

Stehachsenfehler

Die Stehachse steht nicht lotrecht. Der Stehachsenfehler ist kein Instrumentenfehler, sondern ein Aufstellfehler, der sehr schwerwiegende Folgen haben kann. Während alle übrigen Instrumentenfehler (Zielachsen-, Kippachsen-, Exzentrizitäts- und Teilungs-

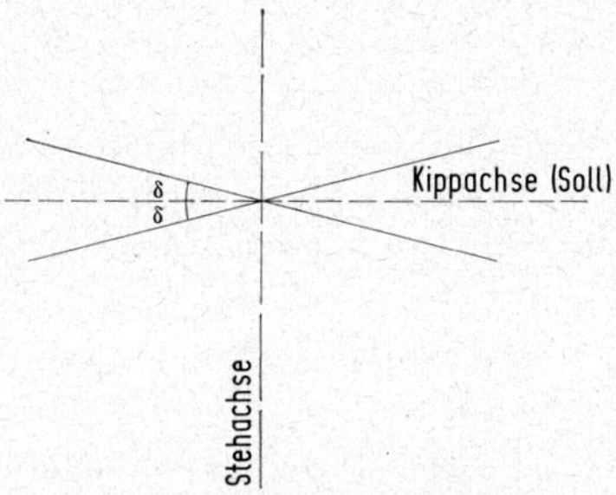

57,1 Kippachsenfehler

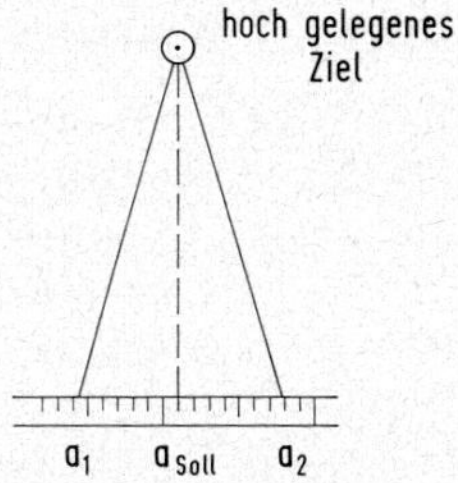

57,2 Bestimmung des Kippachsenfehlers

fehler) durch die Meßanordnung (s. S. 58) unschädlich gemacht werden, kann ein vorhandener Stehachsenfehler das Meßergebnis erheblich beeinflussen, vor allem bei Zielen, die in verschiedenen Höhenlagen liegen. Darum vor Beginn der Messung das genaue Lotrechtstellen des Instrumentes nicht vergessen! Sind Steilsichten zu beobachten, sollte die Stehachse bei älteren Theodoliten mit einer besonderen Reiterlibelle (s. S. 45) horizontiert werden.

1.457 Besondere Einrichtungen am Theodolit

Als besondere Einrichtung am Theodolit sei das *optische Lot* erwähnt, mit dem viele moderne Instrumente ausgerüstet sind. Es ermöglicht ein genaueres Einloten der Stehachse über einem Messungspunkt, vor allem bei windigem Wetter. Nach vorherigem groben Einloten mit dem Schnurlot muß bei horizontiertem Dreifuß die Mitte des Messungspunktes sich mit der Meßmarke in dem kleinen Okularröhrchen am Dreifuß decken. Ist noch keine Deckung vorhanden, muß der Dreifuß auf dem Stativteller verschoben werden. Dabei darf das erneute Einspielen der Dosenlibelle nicht vergessen werden.

Für den *Markscheider* gibt es für seine Arbeit unter Tage besondere Theodolite, die nicht auf ein Stativ gestellt werden müssen, sondern mit einer besonderen Hängevorrichtung an der Decke des Stollens aufzuhängen sind. Der *Kreiseltheodolit* („Meridianweiser") zeigt auf den Meridian (Geographisch Nord) bezogene Richtungswinkel an, was für Arbeiten unter Tage und für Polygonzüge ohne Richtungsanschluß zweckmäßig ist.

Schon seit längerer Zeit gibt es Theodolite mit photographischer Registrierung der Teilkreiseinstellung. Diese Instrumente werden für Messungen in Dreiecksnetzen höherer Ordnung benutzt. Als Zwischenstufe zu den elektronischen Tachymetern (s. S. 68) können die *Code-Theodolite* angesehen werden, z. B. der Fennel FLT 3. Bei ihnen ist die übliche Bezifferung der Teilkreise in codierter Form erfolgt durch besondere Kombinationen von schwarzen und weißen Feldern. Die zur jeweiligen Teilkreisstellung gehörige Kombination der Felder wird photographiert und in einem elektronischen Automaten in Lochkarten- oder Lochstreifen-„Schrift" umgesetzt. Die Messungsergebnisse können dann ohne menschliches Dazutun über Lochkarten oder Lochstreifen in einer elektronischen Rechenanlage ausgewertet werden. Durch den Einsatz solcher Instrumente in Verbindung mit 2-m-Basislatten sollen örtliche Arbeiten bei Polaraufnahmen großer Gebiete, wo viele tausend Teilkreisstellen abzulesen und zu notieren sind, beschleunigt und vereinfacht werden.

1.46 Winkelmessung

1.461 Arten der Winkelmessung

Wie die Streckenmessung muß sich auch die Winkelmessung auf die Bezugsfläche (s. S. 12) beziehen. Winkel werden entweder in der Bezugsfläche bzw. in einer parallelen Ebene dazu oder in einer zur Bezugsfläche senkrecht stehenden Ebene gemessen (Bild 58,1). Es sind demnach zu unterscheiden:

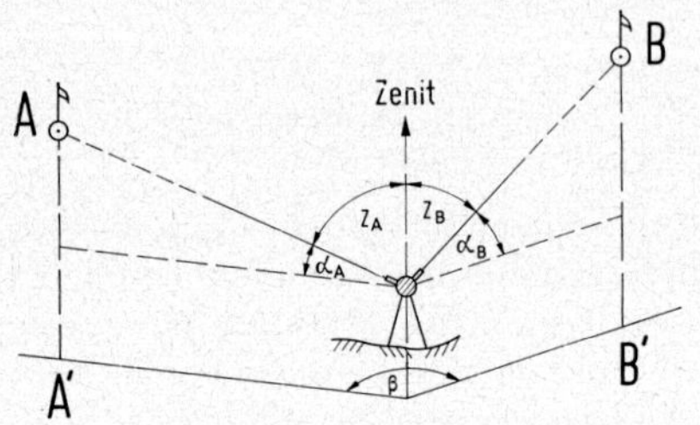

β = Horizontalwinkel zwischen den Zielen A und B

Z_A u. Z_B = Zenitwinkel (Zenitdistanzen) zu den Zielen A und B

α_A u. α_B = Höhenwinkel zu den Zielen A und B

58,1 Horizontal- und Vertikalwinkel

a) Horizontalwinkel (Winkel zwischen den Projektionen der Zielstrahlen in die Bezugsfläche);

b) Höhenwinkel (Winkel zwischen einem Zielstrahl und seiner Projektion in die Bezugsfläche). Die Theodolite geben meistens den Zenitwinkel an (Winkel zwischen der Vertikalen und dem Zielstrahl; Zenitwinkel = 100^g — Höhenwinkel). Siehe auch S. 61.

1.462 Horizontalwinkelmessung

Zur Messung von Horizontalwinkeln ist — nachdem das Instrument lotrecht über dem Messungspunkt aufgebaut und horizontiert (s. S. 46) wurde — das erste Ziel im Strichkreuz des Fernrohres einzustellen. Dazu wird — je nach Anordnung des Strichkreuzes — das Ziel so eingestellt, daß der senkrechte Strich oder die Mitte zwischen den beiden senkrechten Strichen genau die Mitte des Zieles trifft (Bild 59,1). Fluchtstäbe sind möglichst tief anzuzielen. Vor der Anzielung von trigonometrischen Hochpunkten (Kirchtürme, Schornsteine usw.) muß anhand der Festpunktbeschreibung (s. S. 70) der Zielpunkt[1]) festgestellt werden. Beim Zieleinstellen die Feinbewegungsschraube nach rechts drehen (s. S. 54)! Die Klemmschrauben für den Teilkreis und den Zeigerkreis müssen fest angezogen sein. Jetzt erfolgt die Ablesung an beiden Teilkreisstellen bzw. im Ablesemikroskop neben dem Fernrohr und Eintragung im *Winkelbuch*. Nun kann das nächste Ziel im Fernrohr eingestellt werden, wobei der Teilkreis fest bleiben muß. Wiederum erfolgt die Ablesung des Teilkreises.

Sind mehr als zwei Ziele vorhanden (z. B. bei Zugverzweigungen im Polygonnetz oder bei Messungen im trigonometrischen Netz), werden die Ziele der Reihe nach im rechtsläufigen Sinne eingestellt und die entsprechenden Ablesungen am Teilkreis vorgenommen (Bild 59,2). (Bei der Polygonzugmessung wird zuerst — in der Zugrichtung gesehen — der rückwärtige Punkt eingestellt.) Nun wird das Fernrohr durchgeschlagen und die Messung in umgekehrter Reihenfolge wiederholt. Eine Messung in der 1. und 2. Fernrohrlage wird *Satzmessung* genannt, wobei die Messung in der 1. und

---

[1]) z. B. Helmstange, Turmknopf, Blitzableiter usw.

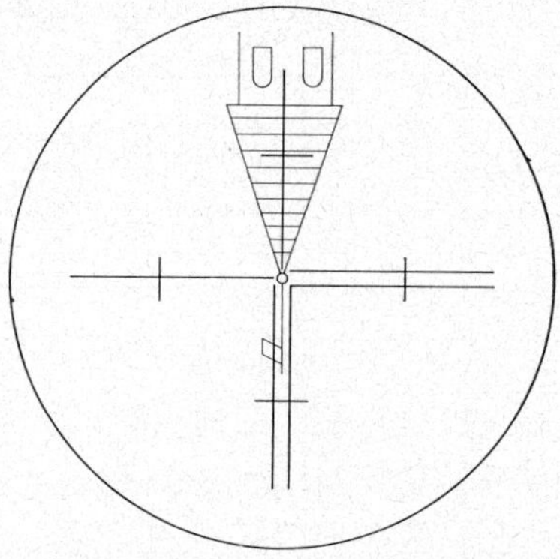

59,1 Zieleinstellung im Strichkreuz

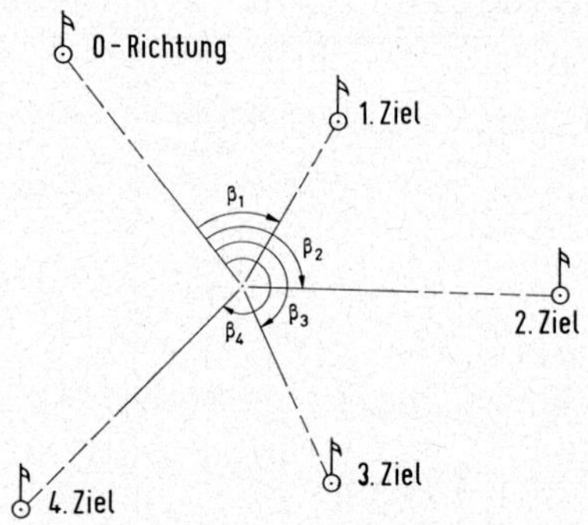

59,2 Satzmessung

2. Fernrohrlage zusammen einen *vollen Satz* ergibt. Die Messung in nur einer Fernrohrlage heißt *Halbsatz.* Sollen mehrere Sätze gemessen werden — z. B. bei der Bestimmung von Dreieckspunkten —, wird zwischen den einzelnen Sätzen der Teilkreis verstellt um den Betrag 2R : *n* (*n* = Anzahl der zu messenden Sätze). Durch diese Messungsanordnung (1. und 2. Fernrohrlage und Messung in mehreren Sätzen) werden die Instrumentenfehler, nicht aber der Stehachsenfehler (s. S. 56) ausgeschaltet. Schon die Erfahrung, daß man bei der Messung mehrerer Sätze kaum jemals gleiche Ergebnisse für dieselbe Richtung erzielt, weist darauf hin, daß man die Genauigkeit durch Messen mehrerer Sätze wohl erhöhen kann, aber niemals ganz fehlerfrei mißt; wobei nur die unvermeidlichen kleinen Fehler gemeint sind (siehe 2.23).

Die *Polygonwinkelmessung* erfolgt in der Regel nur in zwei Halbsätzen. Dazu wird der Teilkreis zwischen den beiden Halbsätzen vor dem Durchschlagen des Fernrohres um etwa 100^g verstellt. Bei Instrumenten, die sich nur an einer Teilkreisstelle ablesen lassen, darf nur um einen geringen Winkel (etwa 3^g) verstellt werden.

Eine andere Art der Horizontalwinkelmessung ist die *Repetitionswinkelmessung* (repetieren = wiederholen), die nur mit einem Repetitionstheodoliten, der einen drehbaren Horizontalkreis besitzt, ausgeführt werden kann. Zur Erhöhung der Meßgenauigkeit wird der Winkel mehrmals gemessen mit nur einer Ablesung am Anfang und am Ende der Messung. Der Winkel wird dabei mechanisch addiert, das heißt, daß der Teilkreis beim Zurückdrehen des Fernrohres vom 2. zum 1. Ziel durch Lockern der Klemme zwischen Teilkreis und Dreifuß mit zurückgenommen werden muß. Die Differenz der beiden Ablesungen ist durch die Anzahl der Wiederholungen zu teilen. Die Repetitionswinkelmessung wird hauptsächlich zur Messung des kleinen *(parallaktischen)* Winkels bei der optischen Streckenmessung mit der Basislatte angewendet (s. S. 63).

Verm.-Vordruck 1

Winkelmessung

Gemarkung: ....

Standpunkt	Zielpunkt	Ablesung Lage I	Ablesung Lage II	Horizontalwinkelmessung: Ablesung I reduziert / Zenitdistanzmessung: I + II, $V_z = \frac{400-(I+II)}{2}$	Horizontalwinkelmessung: Ablesung II reduziert / Zenitdistanzmessung: I — II	Horizontalwinkelmessung: Satzmittel / Zenitdistanzmessung: $z = \frac{I - II}{2}$	Mittel aus allen Beobachtungen	Bemerkungen (Ziel)
1	2	3	4	5	6	7	8	9
		Winkelmessung im Dreiecksnetz						
22/2114	3/2114	1 38 14	201 38 51	0 00 00	0 00 00	0 00 00	0 00 00	Knopf
	24/2114	109 12 83	309 13 28	107 74 69	107 74 77	107 74 73	107 74 74	
	25/2114	275 61 40	75 61 64	274 23 26	274 23 13	274 23 20	274 23 20	
2.	Satz	65 04 17	265 04 53	0 00 00	0 00 00	0 00 00		
		172 79 03	372 79 20	107 74 86	107 74 67	107 74 76		
		339 27 31	139 27 82	274 23 14	274 23 29	274 23 22		
3.	Satz	130 81 54	330 81 80	0 00 00	0 00 00	0 00 00		
		238 56 20	38 56 63	107 74 66	107 74 83	107 74 74		
		5 04 61	205 05 09	274 23 07	274 23 29	274 23 18		
		65 23	68 50				6 · 97 94	
			33 73				= 87 64	
							+ 46 07	
		38 14	38 51				33 71 ✓	
		4 17	4 53					
		81 54	81 80					
			3 · 48 69					
			= 46 07					

Summenkontrollen

Die Summenkontrollen sollen nur eine zusätzliche Probe für die Reduktion schaffen, die sofort und auf jedem Standpunkt nochmals nachzurechnen ist, bevor das Instrument abgebaut werden darf. Es genügt, bei der Summenbildung nur die Minuten und Sekunden zu berücksichtigen.

Folgende Kontrollen sind zu rechnen:

$[Sp. 3] + [Sp. 4] = 2 \cdot [Sp. 7] + [n \cdot (r_o^I + r_o^{II})]$ oder

$[Sp. 3] + [Sp. 4] = 2 \cdot s \cdot [Sp. 8] + [n \cdot (r_o^I + r_o^{II})]$

r_o^I = Nullrichtung in Fernrohrlage I

n = Anzahl der Ziele

s = Anzahl der Sätze

Kleine Abweichungen in den Sekunden können infolge der vorgenommenen Abrundungen entstehen.

Verm.-Vordruck 1

Winkelmessung

Gemarkung: ....

Standpunkt	Zielpunkt	Ablesung Lage I	Ablesung Lage II	Horizontalwinkelmessung: Ablesung I reduziert / Zenitdistanzmessung: $V_z = \frac{I + II}{\frac{400-(I+II)}{2}}$	Ablesung II reduziert / I − II	Satzmittel / $z = \frac{I - II}{2}$	Mittel aus allen Beobachtungen	Bemerkungen (Ziel)
1	2	3	4	5	6	7	8	9
		Winkelmessung im Polygonnetz						
15/2114	27/2114	5 26 3	208 71 0	0 00 0	0 00 0	0 00 00		
	⊙ 61	91 04 7	294 49 6	85 78 4	85 78 6	85 78 50		
	25/2114	261 65 9	65 10 9 (19)	256 39 6	256 39 9	256 39 75		
⊙ 61	15/2114	183 50 3	386 46 1	0 00 0	0 00 0	0 00 00		
	⊙ 62	385 19 4	188 14 7	201 69 1	201 68 6	201 68 85		
		66 6	92 3			2 · 87 10		
			58 9			= 74 20		
						+ 84 7		
		26 3	71 0			58 9 ✓		
			3 · 97 3	= 91 9				
		50 3	46 1					
			2 · 96 4	= 92 8				
				84 7				

1.463 Vertikalwinkelmessung

Zur Winkelmessung in der Vertikalebene muß der Theodolit mit einem Höhenkreis ausgerüstet sein, der fest auf der Kippachse angebracht ist. Er ist so geteilt, daß bei horizontaler Visur sich in der 1. Fernrohrlage eine Ablesung von 100^g ergibt. Das heißt, es wird nicht der *Höhenwinkel* α, sondern die *Zenitdistanz*[1]) $z = 100^g - \alpha$ gemessen (Bild 61,1). Die Ablesung erfolgt am *Höhenzeiger*, der mit einer besonderen Höhenzeigerlibelle vor jeder Ablesung horizontiert werden muß. Einige der neuen Theodolittypen werden mit einem *automatischen Höhenindex* ausgestattet. Diese Vorrichtung arbeitet ähnlich wie die Selbsthorizontierungseinrichtung am Nivellier (s. S. 49) mit einem Kompensationspendel, das eine Höhenzeigerlibelle überflüssig macht (Bild 62,1 und 62,2).

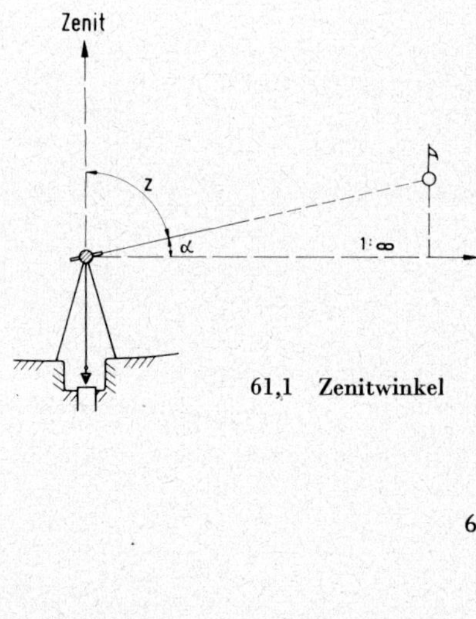

61,1 Zenitwinkel

---
[1]) = Zenitwinkel

Auch der Höhenkreis wird wie der Horizontalkreis an zwei gegenüberliegenden Stellen abgelesen. Bei modernen Geräten erfolgt die Ablesung des Höhenkreises im Ableseokular neben dem Fernrohr. Zur Ausschaltung des *Index-* (=Zeiger-) *fehlers*

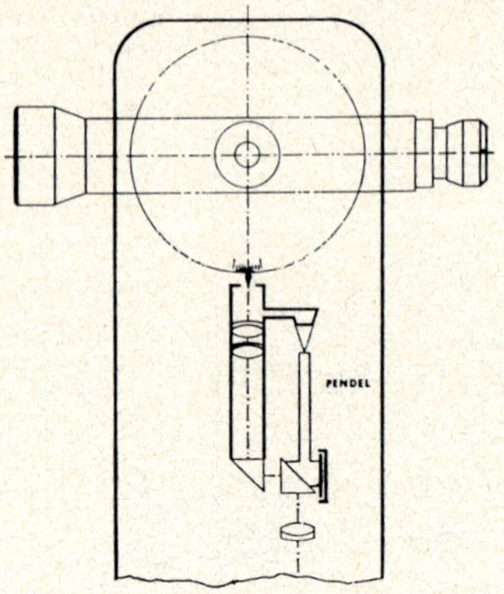

62,1 Automatischer Höhenindex am Theodolit Tu von Askania, Berlin

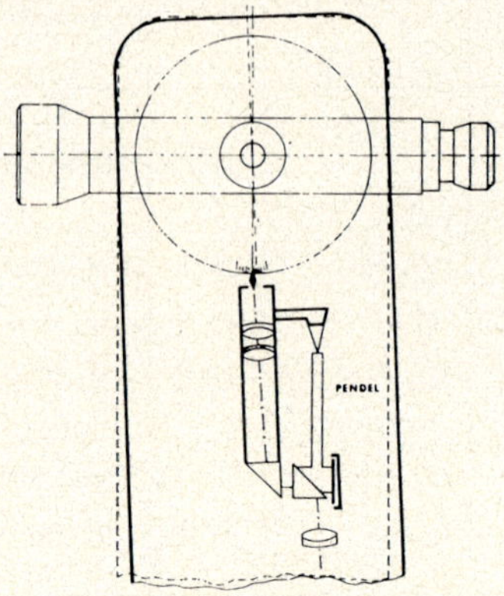

62,2 Horizontierung gestört

muß in beiden Fernrohrlagen beobachtet werden. Beim Vorhandensein eines Indexfehlers verläuft die Verbindungslinie der Teilkreisstellen 100^g und 300^g nicht parallel zur horizontalen Zielachse, und außerdem verläuft die Libellenachse nicht parallel zur Verbindungslinie der Nullmarken des Höhenzeigers.

Das Ziel wird mit dem Horizontalstrich des Strichkreuzes eingestellt. Für die rechnerische Auswertung der Messung müssen die Instrumentenhöhe i (Höhe der Kippachse über dem Messungspunkt) und gegebenenfalls die Zielhöhe t (z. B. Signalhöhe über Abmarkung) bestimmt werden.

Verm.-Vordruck 1

Winkelmessung

Gemarkung: ....

Standpunkt	Zielpunkt	Ablesung Lage I	Ablesung Lage II	Horizontalwinkelmessung: Ablesung I reduziert / Zenitdistanzmessung: I + II, $v_z = \frac{400-(I+II)}{2}$	Ablesung II reduziert / I — II	Satzmittel / $z = \frac{I - II}{2}$	Mittel aus allen Beobachtungen	Bemerkungen (Ziel)
1	2	3	4	5	6	7	8	9
		Zenitdistanzmessung						
22/2114	24/2114	97 14 03	302 84 67	399 98 70	194 29 36	97 14 68 ✓		unterer Tafelrand
i = 1,41	t = 3,82			v_z = + 65				

Die Indexverbesserung v_z muß sich für alle etwa gleichzeitigen Beobachtungen mit dem gleichen Instrument in ungefähr gleicher Größe ergeben.

Als Rechenprobe gilt: Abl. $I + v_z = z$

1.47 Optische Entfernungsmessung

1.471 Meßprinzip

Die in 2.876 besprochene indirekte Streckenmessung läßt sich auch mit einem entsprechenden Gerätesatz über ein gleichschenkliges oder rechtwinkliges Dreieck ausführen. Dabei ist im gleichschenkligen Dreieck die *Basis konstant* und der ihr gegenüberliegende kleine (parallaktische)[1]) Winkel variabel (Bild 63,1), oder im rechtwinkligen

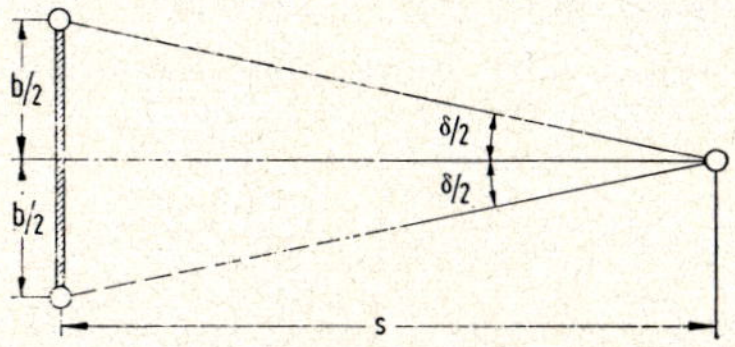

63,1 Entfernungsmessung mit konstanter Basis

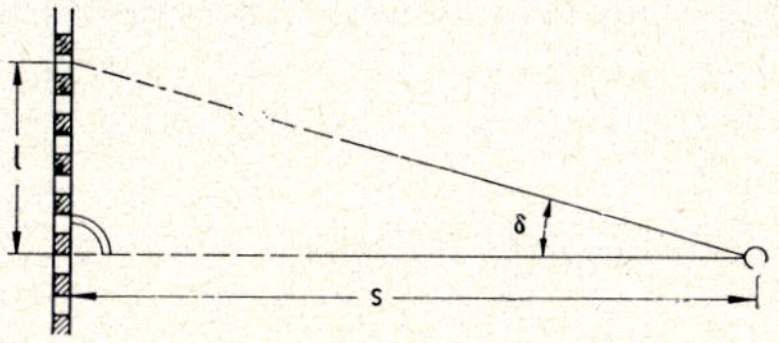

63,2 Entfernungsmessung mit konstantem Winkel

Dreieck ist der *Winkel konstant* und die Basis variabel (Bild 63,2). Im ersten Fall wird als Basis eine horizontale Latte von 2 m Länge und für die Winkelmessung ein Ingenieurtheodolit verwendet, während für den zweiten Fall ein besonderer Theodolit, der zwei Bilder in seinem Fernrohr entwirft, in Verbindung mit einer horizontalen Latte benutzt wird.

Diese Verfahren der optischen Streckenmessung ergeben eine *Meßgenauigkeit*, die auch für die Messung von Polygonstrecken ausreicht. Wegen der Unabhängigkeit von der Geländegestaltung wird die optische Streckenmessung besonders im bergigen Gelände angewendet. Andere Verfahren zur optischen Streckenmessung sollen im Abschnitt „Tachymetrische und topographische Vermessungen" (s. S. 75) besprochen werden.

1.472 Messung mit 2-m-Basislatte

Die optische Streckenmessung mit *konstanter Basis* und variablem Winkel wird Basislattenmessung genannt. Die Basislatte ist in der Regel aus Stahlrohr gefertigt, das zwei Zielmarken im Abstand von 2 m trägt und zum Transport zusammengeklappt werden kann. Der genaue Abstand von 2 m für die Zielmarken wird von einem Invarstab oder Invarband innegehalten. Damit ist die geeichte Basislatte für die Zwecke der praktischen Messung fast temperaturunempfindlich. Die Basislatte wird auf ein Instrumentenstativ mit Dreifuß aufgesetzt (Bilder 45,2 u. 63,3). Sie kann gegen den

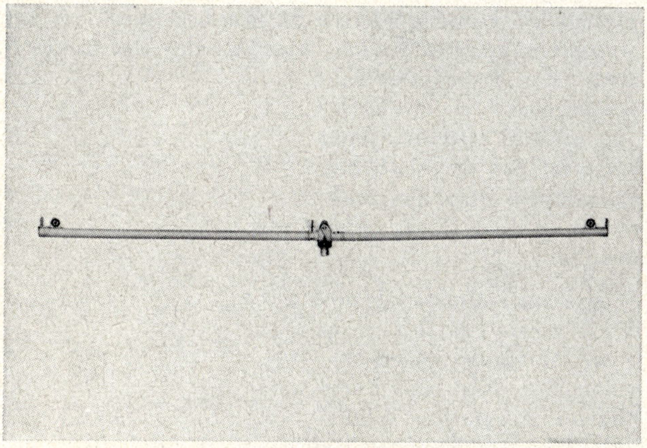

63,3 2-m-Basislatte von Wild, Heerbrugg (Schweiz)

[1]) parallaktisch = abgelenkt.

Theodolit oder eine Zieltafel ausgetauscht werden und ist somit in Verbindung mit der Zwangszentrierungseinrichtung (s. S. 53) für die Messung von Polygonzügen sehr vorteilhaft zu verwenden. In der Mitte trägt die Basislatte ein kleines Röhrchen mit einer Dioptereinrichtung zum Einrichten der Latte auf den Theodolit, damit sie genau rechtwinklig zur Verbindungslinie Lattenmitte — Theodolit steht. Die richtige Aufstellung der Latte kann vom Beobachter im Theodolitfernrohr überprüft werden. Diese Kontrolle sollte vor Beginn der Messung nicht vergessen werden, da die Genauigkeit der Streckenmessung sehr wesentlich von der rechtwinkligen Stellung der Latte zur Strecke und ihrer horizontalen Aufstellung abhängig ist. Der parallaktische Winkel zwischen der

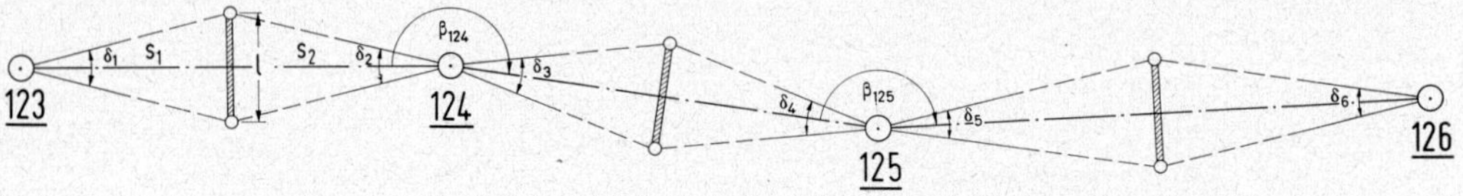

64,1 2-m-Basislatte in der Mitte der Strecke

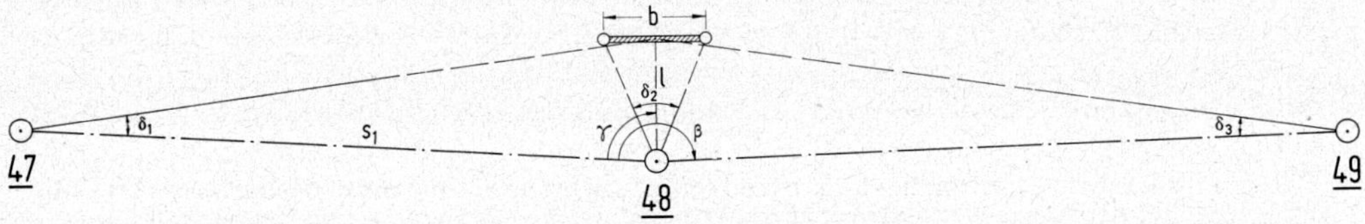

64,2 Basisvergrößerung

linken und rechten Zielmarke wird meistens in vier Sätzen oder acht Repetitionen (s. S. 59) gemessen. Die zu dem gemessenen parallaktischen Winkel gehörige Streckenlänge ist aus einer Tafel zu entnehmen, die zu jeder Basislatte von der Herstellerfirma geliefert wird.

Die *günstige Entfernung* bei der Verwendung der 2-m-Basislatte ist etwa 75 m. Sind längere Strecken zu messen, muß eine Unterteilung der Strecke vorgenommen werden. So kann die Latte im Wechsel mit dem Instrument mehrere Male auf der Strecke aufgestellt werden, oder es kann eine kurze Basis an einem Ende oder in der Mitte der Strecke seitlich herausgelegt werden (Bilder 64,1 u. 64,2). Die Streckenlänge ist bei der seitlichen Basis über die Dreiecksberechnung (s. S. 204) zu ermitteln.

Die Streckenmessung mit der 2-m-Basislatte ist von dem Höhenunterschied zwischen Theodolit und Latte unabhängig, da der Winkel immer in der horizontalen Teilkreisebene zwischen den Projektionen der (geneigten) Zielstrahlen gemessen wird (Bild 64,3).

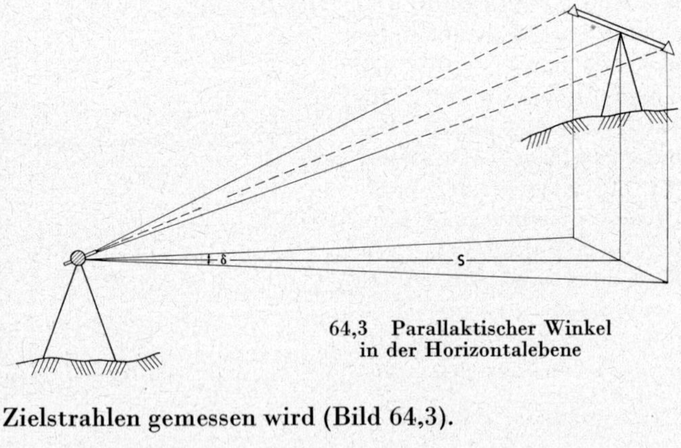

64,3 Parallaktischer Winkel in der Horizontalebene

1.473 Keildistanzmesser

Bei der optischen Streckenmessung mit konstantem Winkel und *variabler Basis* wird der feste Winkel von einem Doppelbildtachymeter erzeugt. Durch einen am Fernrohrobjektiv eingebauten *Glaskeil* wird ein Teil des Zielstrahles aus der Geraden um einen festen Winkel abgelenkt. Der Lattenabschnitt zwischen dem abgelenkten und dem nicht abgelenkten Zielstrahl ist proportional der Strecke (s–c).

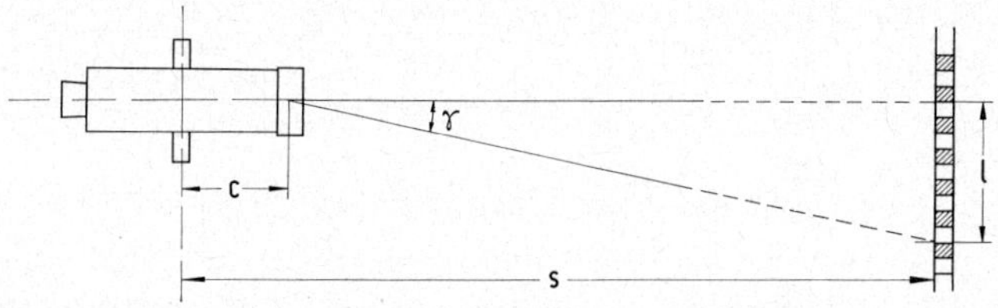

65,1 Keildistanzmessung

$\cot \gamma = \frac{s - c}{l}$; $s = c + l \cdot \cot \gamma$; $c =$ Additionskonstante;

$\cot \gamma = k =$ Multiplikationskonstante.

Gibt man dem Winkel γ die Größe $63{,}66^c$, so ist $\cot \gamma = 100$. Somit gilt zur Streckenberechnung folgende Formel: $s = c + l \cdot 100$ (siehe Bild 65,1).

Bei *geneigter Visur* erhält man die schräge Entfernung. Deshalb muß och der Höhenwinkel α zur Mitte der Latte bestimmt und die erhaltene Entfernung mit $\cos \alpha$ multipliziert werden (Bild 65,2).

$s = (c + l \cdot 100) \cos \alpha.$

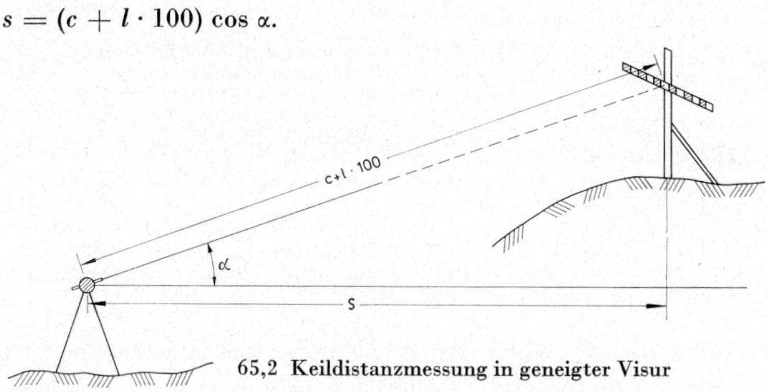

65,2 Keildistanzmessung in geneigter Visur

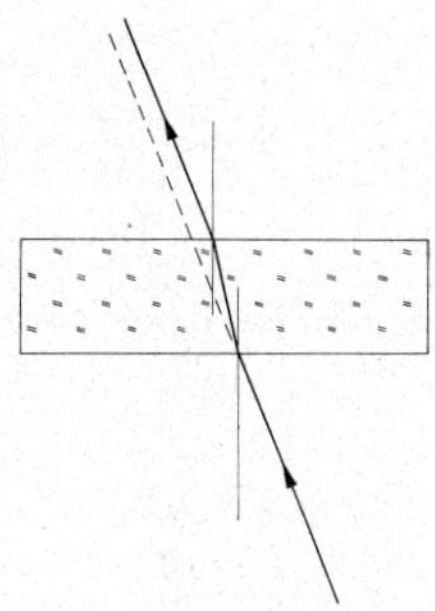

65,3 Strahlablenkung durch eine planparallele Glasplatte

Diese Art der Messung wird *Keildistanzmessung* genannt. Infolge des geteilten Zielstrahles entstehen im Fernrohr zwei Bilder der Latte. Abgelesen wird der Stand der Nullmarke auf der Lattenteilung. Zur Erhöhung der Ablesegenauigkeit kann der durch den Glaskeil abgelenkte Strahl mittels einer planparallelen Glasplatte parallel versetzt werden (Bild 65,3). Diese parallele Verschiebung wird mit einer *Mikrometerschraube* bewirkt, an der die Zentimeterablesung vorgenommen wird, wenn die beiden Bilder so verschoben worden sind, daß die Nullmarke sich mit einem Strich der Hauptteilung deckt.

Zur weiteren Vereinfachung der Messung ist der Nullpunkt an der Mikrometerschraube um die Additionskonstante c versetzt, so daß nur der abgelesene Lattenausschnitt mit 100 multipliziert zu werden braucht, um die waagerechte Entfernung zu erhalten.

1.474 Doppelbildreduktionstachymeter

Eine Weiterentwicklung des Keiltachymeters (s. S. 65) ist das Doppelbildreduktionstachymeter. Bei diesem Tachymeter sind die ablenkenden Glaskeile veränderlich. Sie sind mit der Kippachse so gekoppelt, daß sich mit der Neigung des Fernrohrs

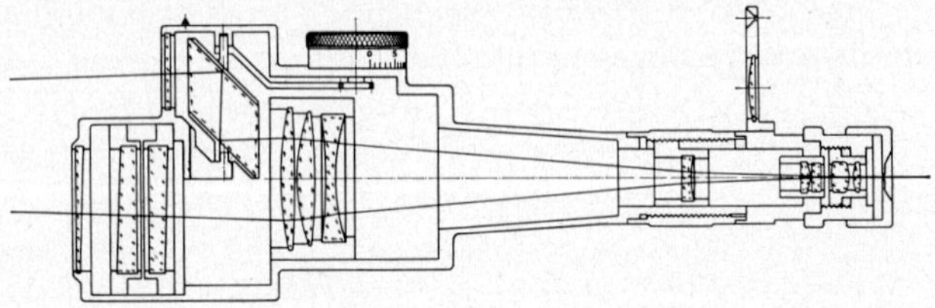

66,1 Strahlengang im Doppelbildreduktionstachymeter RDH von Wild

der *Ablenkungswinkel ändert,* und zwar ist $k = 100 = \cot \gamma \cdot \cos \alpha$. Damit bleibt die Multiplikationskonstante $k = 100$ unverändert, und der bei der Messung auftretende

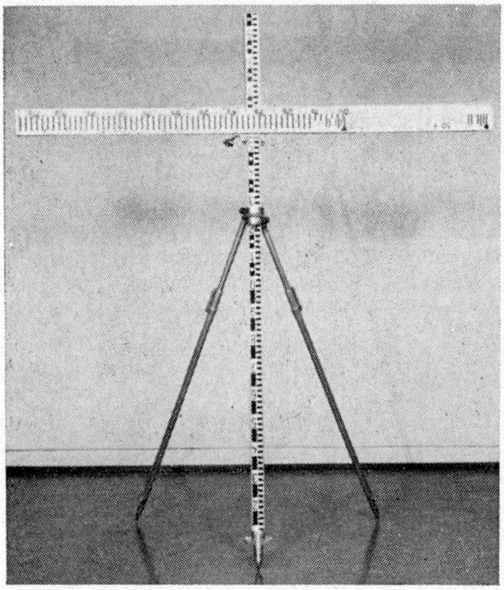

66,2 Latte für Doppelbilddistanzmessung von Kern

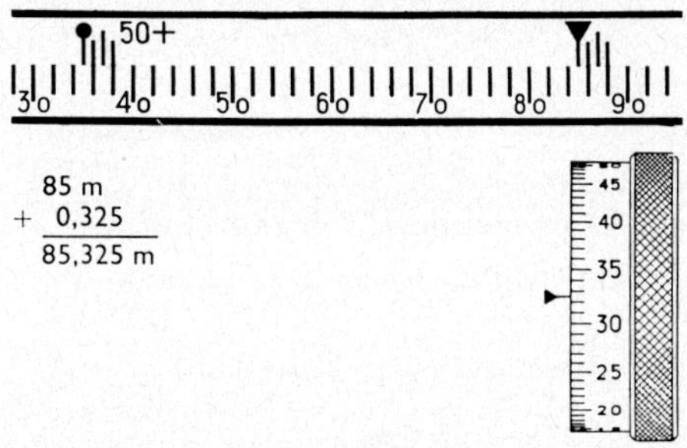

Distanz-Mikrometertrieb drehen, bis Index und Lattenteilung koinzidieren.
Ganze Meter am Nullstrich ablesen (Der Nullstrich ist durch eine Dreieckmarke gekennzeichnet. Der 50er Index ist durch eine Kreismarke gekennzeichnet).
Zentimeter an der Mikrometertrommel direkt ablesen.

66,3 Entfernungsablesung am Doppelkreis-Reduktionstachymeter DK RT von Kern

Höhenwinkel α kann unberücksichtigt bleiben. Im Bild 66,1 ist der Strahlengang im Doppelbildreduktionstachymeter Wild RDH dargestellt.

1.475 Messung mit einem Doppelbildtachymeter

Vor Beginn einer Messung mit einem Doppelbildtachymeter müssen auf einer Prüfstrecke Instrument, Latte und persönlicher Fehler des Beobachters *überprüft* werden. Die Prüfstrecke wird in ebenem Gelände so angelegt, daß in Abständen von etwa 20 m (0—140 m) Punkte abgemarkt und mit einem geprüften Band sorgfältig eingemessen werden. Die Abweichungen der Tachymetermessung gegen die Sollmaße sind zu ermitteln und zur Verbesserung der einzelnen Ablesungen zu verwenden.

Bei der *Aufstellung der Latten* ist wie bei der 2-m-Basislatte auf einen lotrechten Stand über der Abmarkung zu achten. Außerdem muß die Latte horizontal und rechtwinklig zur Ziellinie des Instrumentes stehen. Ferner müssen die Zielstrahlen einen genügenden Abstand vom Erdboden einhalten. Lange Grashalme oder einzelne

Zweige, auch wenn sie bei scharf auf die Latte eingestelltem Fernrohr im Bilde nicht erscheinen, sind unbedingt zu entfernen, da sie das Ergebnis der Messung infolge der Refraktion (Strahlenverbiegung) erheblich beeinflussen können.

Für eine Polygonstreckenmessung soll die Meßweite — je nach der persönlichen Ablesefähigkeit des Beobachters — zwischen 80 und 100 m liegen. Längere Strecken werden in Teilstrecken zerlegt.

1.476 Tachymeter mit Basis im Instrument

Um die optische Entfernungsmessung schneller und bequemer zu gestalten, hat die Firma Jenoptik das Instrument BRT 006 (Basisreduktionstachymeter) entwickelt.

$s = b \cdot \cot \gamma$ ($\cot \gamma = 100$; siehe auch bei 1.473)

Bei diesem Instrument ist die zur Entfernungsmessung notwendige Basis b (Bild 67,1) im Instrument angeordnet. Zwei Prismen, von denen eins auf der Basis verschiebbar ist, zerlegen das Gesichtsfeld in eine obere und eine untere Hälfte. Es entsteht ein vollständiges Bild des Zielgegenstandes, wenn sich die Strahlen im Ziel schneiden. An der Basis kann die Entfernung abgelesen werden. Das Gerät besitzt einen Mechanismus, der den parallaktischen Winkel γ mit dem Höhenwinkel α koppelt, so daß immer die horizontale Entfernung an der Instrumentenbasis abgelesen werden kann.

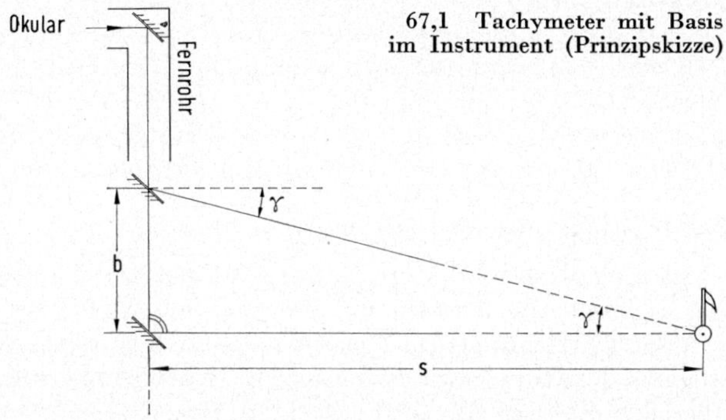

67,1 Tachymeter mit Basis im Instrument (Prinzipskizze)

Zur Polarvermessung (s. S. 28) ist das Gerät gut geeignet, da auf den Zielpunkten keine besondere Latte aufgehalten werden muß. Es lassen sich aber nur Entfernungen von 2—60 m direkt messen.

1.48 Elektronische Entfernungsmessung

Die elektronische Entfernungsmessung umfaßt sowohl die elektromagnetische als auch die elektrooptische Entfernungsmessung. Beide beruhen auf der Wellenlehre der Physik und arbeiten im wesentlichen nach dem gleichen Prinzip. Ein im Anfangspunkt der zu messenden Strecke aufgestellter Sender strahlt gebündelte Wellen ab, die im Endpunkt der Strecke von einem Reflektor zurückgeworfen und im Anfangspunkt durch einen Empfänger wieder aufgefangen werden. Der Reflektor selbst kann aktiv sein, d. h., er kann die empfangenen Wellen verstärken (meist bei elektromagnetischen Wellen), oder passiv sein, d. h., er beschränkt sich nur auf eine Reflektion (z. B. bei elektrooptischen Wellen). Die Welle durchläuft die Strecke zweimal. Die Entfernung D zwischen den beiden Stationen ergibt sich aus der Beziehung $2D = v \cdot t$ (Weg-Zeit-Gleichung), wobei v die Geschwindigkeit der Wellen und t die Zeit ist. Da die Geschwindigkeit der Wellen unter gleichen athmosphärischen Bedingungen konstant ist, besteht die Streckenmessung im Grunde aus einer Zeitmessung.

Diese Laufzeitmessung wird z. B. auch beim **Radar** (**Ra**dio **D**etecting **a**nd **R**anging) angewendet. Die von einem Sender gegebenen kurzen Impulse werden von einem Gegenstand (z. B. Flugzeug) reflektiert und vom Empfänger, der mit dem Sender zusammengefaßt ist, wieder aufgenommen. Sende- und Empfangsimpulse werden auf einer

Kathodenstrahlröhre sichtbar gemacht. Aus dem Abstand der entstehenden Zacken kann die Entfernung zum Gegenstand abgeleitet werden.

Ein anderes Prinzip, das bei den meisten elektromagnetischen Entfernungsmessern angewendet wird, ist die Phasendifferenzmessung. Dabei wird die Phasenverschiebung zwischen der ausgehenden und empfangenen Welle mit einem sog. Phasenschieber, der die Spannungsdifferenzen zwischen den beiden Wellen mißt, bestimmt.

Den *elektrooptischen Meßgeräten* liegt ein ähnliches Prinzip zugrunde. Hier wird die Lichtwelle in bestimmte Schwingungen moduliert und der reflektierte Strahl über eine Photozelle empfangen. Sende- und Empfangslichtwellen werden miteinander verglichen und der Phasenunterschied gemessen.

Die *elektromagnetischen Entfernungmeßgeräte*, auch Mikrowellengeräte genannt, eignen sich besonders zur Messung längerer Strecken bis etwa 100 km, während die elektrooptischen Instrumente für mittlere Längen (etwa 20 km) und kurze Strecken (bis 2 km) besser geeignet sind. Die Genauigkeit der meisten elektromagnetischen Geräte bleibt praktisch unter 1 dm, die der elektrooptischen liegt bei wenigen cm. Die hohe Genauigkeit ist fast unabhängig von der Länge der Strecken.

Nahbereichsentfernungsmesser sind die Geräte Reg Elta 14 und SM 11 von Zeiss, WILD DI 10 u. a. Für mittlere Entfernungen eignen sich die verschiedenen Typen der *Geodimeter* (AGA, Schweden), während für längere Strecken die Geräte WILD DI 50 (DI 60), Elektrotape DM 20 (Cubic Corporation, USA) u. a. eingesetzt werden.

1.481 Elektronische Tachymeter

Die neueste Entwicklung auf dem Gebiet der Tachymeter (siehe auch Seite 76) ergab das *elektronische Tachymeter*, bei dem die Teilkreise elektronisch abgelesen und die schräge Entfernung zum Ziel elektrooptisch gemessen wird. Die horizontale Richtungsangabe, der Höhenwinkel, die schräge Entfernung und eine am Instrument einstellbare 12stellige Zahlenfolge wird auf einem Datenträger (z. B. Lochstreifen) ausgegeben. Ein

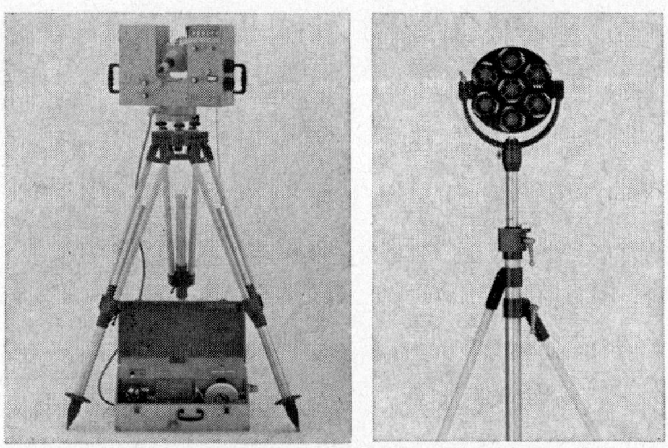

Instrument mit Lochstreifenausgabe

Reflektor mit 7 Tripelprismen für Entfernungen von 500 bis 1200 m

68,1 Elektronisches Tachymeter Reg Elta 14 von Zeiss

solches Instrument ist das Reg Elta 14 von Zeiss (Bild 68,1). Der ausgegebene Lochstreifen ersetzt das bei der herkömmlichen Aufnahme zu führende Feldbuch. Neben den zu der jeweiligen Fernrohreinstellung gehörigen Meßdaten (Horizontalrichtung, Höhenwinkel, Schrägentfernung) müssen alle übrigen sonst im Feldbuch enthaltenen Angaben, wie Standpunkt- und Zielpunktnummern, Instrumenten- und Zielhöhen, Instrumentenkonstanten, Datumsangaben u. a., über das Einstellwerk auf dem Lochstreifen registriert werden. In einem besonderen Schlüsselverzeichnis sind alle vorkommenden Meßvorgänge und besonderen Registrierungen (Standpunkt- und Datumseingabe usw.) mit 2- oder 3stelligen Zahlen (sog. Schlüsselzahlen) verschlüsselt. Diese sind bei jeder Registrierung mit einzugeben, sie machen den bei der Messung entstehenden Lochstreifen für eine elektronische Datenverarbeitungsanlage (EDV-Anlage), für die ein entsprechendes Programm besteht, lesbar. Ein elektronisches Tachymeter ist nur in Verbindung mit einer EDV-Anlage, die die Auswertung der Meßdaten vornimmt, einsetzbar (siehe auch 1.242).

1.5 Lage-, Polygon- und Nivellementfestpunktfelder

Die Vermessungen für die Lage-, Polygon- und Nivellementfestpunktfelder werden auch als *Grundlagevermessungen* bezeichnet. Sie sollen die Grundlage schaffen, um Einzelvermessungen in einen größeren Rahmen einordnen zu können. Soll nur ein kleines Gebiet von einigen Quadratkilometern Größe für einen bestimmten Zweck der Lage nach vermessen werden, würde es genügen, um dieses Gebiet herum einen Polygonzug zu legen, oder wie es bis zur Mitte des vorigen Jahrhunderts vielfach geschehen ist, ein großes Dreieck auszumessen und von diesem Gerüst aus die Einzelaufnahme auszuführen. Auf diese Weise entstanden kleine vermessene Inseln, die untereinander in keinem Zusammenhang standen. Zur Herstellung eines einwandfreien und umfangreichen Kartenwerkes, wie es z. B. die Deutsche Grundkarte 1 : 5000 darstellt, reicht selbstverständlich die *Inselvermessung* nicht aus. Es müssen über das ganze Land verteilt Punkte vorhanden sein, die in einem großen Koordinatensystem berechnet sind. An diese Punkte des *Lagefestpunktfeldes* werden die zur Einzelvermessung nötigen Polygonzüge und Meßlinien angeschlossen. So erhält man die Möglichkeit, alle vermessenen Punkte in einem einheitlichen Koordinatensystem zu berechnen und zu kartieren.

1.51 Lagefestpunktfeld (Dreiecksnetze)

Die Grundlage für das trigonometrische Festpunktfeld ist das *Deutsche Hauptdreiecksnetz* (DHDN). Es reicht über die Ländergrenzen der BRD hinweg. Das DHDN soll u. a. auch für großräumige Zusammenschlüsse mit Hauptdreiecksnetzen benachbarter Staaten geeignet sein.

1.511 Bestimmung der Festpunkte

Zur *Messung und Berechnung* der Lagefestpunkte bedient man sich der Lehrsätze der Trigonometrie. Ein Dreieck läßt sich in allen Stücken berechnen, wenn zwei Winkel und eine Seite bekannt sind. Die Winkelmessung läßt sich sehr genau mit einem guten Theodolit ausführen, auch dann, wenn die Dreieckspunkte weit auseinander liegen. Die Streckenmessung — ohne die heute mögliche elektronische Entfernungsbestimmung — macht viele Schwierigkeiten. Aus diesem Grunde wird nur die Länge einer Dreiecksseite aus einer Basis von einigen Kilometern

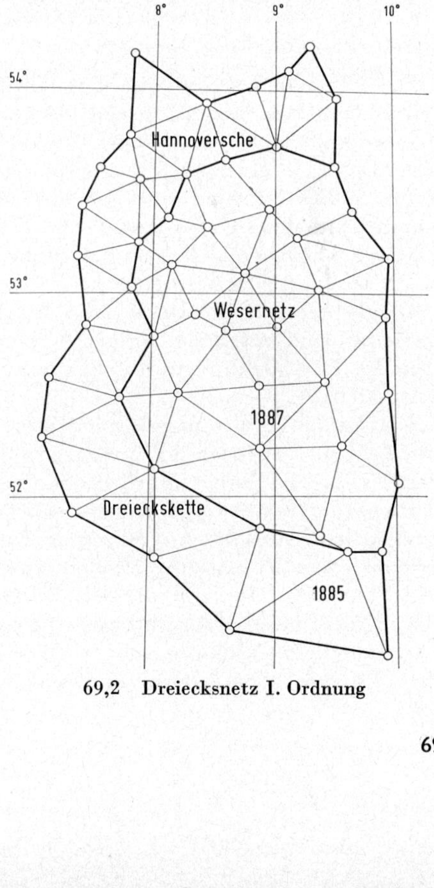

69,2 Dreiecksnetz I. Ordnung

Länge (Basisvergrößerungsnetz) abgeleitet. Die Basis selbst wird unter erheblichen Genauigkeitsvorkehrungen gemessen *(Basismessung)*. Die Längen der beiden nicht gemessenen Seiten eines Dreiecks werden aus der gemessenen errechnet. Wenn nun die Seiten dieses Dreiecks bekannt sind, läßt sich an jede Seite ein weiteres Dreieck anfügen, in dem nur die Winkel zu messen sind, während die Länge einer Seite aus dem ersten Dreieck übernommen wird. In diesen benachbarten Dreiecken lassen sich wiederum die beiden anderen Seiten berechnen. Durch fortgesetztes Anfügen weiterer Dreiecke entstehen Dreiecksketten bzw. Dreiecksnetze, die das Land überziehen (Bild 69,2). Die trigonometrischen Punkte (= TP) haben einen Abstand von etwa 30 bis 60 km (TP-Netz 1. Ordnung). Als Standorte dieser Dreieckspunkte werden Bodenerhebungen oder weithin sichtbare Türme ausgewählt, da die Punkte für die Winkelmessung gegenseitig sichtbar sein müssen. Auf einigen Punkten dieses Netzes 1. Ordnung werden auf Grund astronomischer Beobachtungen geographische Koordinaten ermittelt, von denen im Zusammenwirken mit der ausgeführten Winkelmessung und der Längenmessung einer oder mehrerer Dreiecksseiten die Koordinaten der Punkte im Gauß-Krüger-System berechnet werden. Die Berechnung eines solchen Dreiecksnetzes ist sehr umfangreich und schwierig.

Mit Hilfe der elektronischen Entfernungsmessung können Dreiecksseiten im Lagefestpunktfeld mit sehr hoher Genauigkeit direkt gemessen werden. Dadurch ist es möglich geworden, nicht nur gemessene Winkel für die Koordinatenberechnung zu verwenden (Triangulation), sondern man kann auch direkt gemessene Längen in die Berechnung einsetzen (Trilateration). In der Praxis wird oft eine Mischung aus Triangulation und Trilateration angewendet.

Im TP-Netz niederer Ordnung können TP in sog. TP-Zügen, das sind Polygonzüge mit sehr langen Seiten, bestimmt werden. Für die Streckenmessung wird hier in der Regel das *Geodimeter* eingesetzt.

1.512 Ordnung der Festpunkte

Das TP-Netz 1. Ordnung reicht selbstverständlich zum Anschluß der Einzelvermessungen nicht aus. Es muß durch Einschalten weiterer Punkte verdichtet werden. Die Verdichtung geschieht durch reine Winkelmessung, sofern nicht die Trilateration benutzt wird. Das TP-Netz 1. Ordnung wird in drei Stufen durch die TP-Netze 2., 3. und 4. Ordnung verdichtet. Hierdurch soll bei möglichst gleichmäßiger Verteilung der TP eine Punktdichte der TP von etwa 1 TP auf 50 bis 100 km^2 beim TP-Netz 2. Ordnung, etwa 1 TP auf 5 km^2 beim TP-Netz 3. Ordnung und mindestens 1 TP auf 2 km^2 beim TP-Netz 4. Ordnung erreicht werden.

Die TP werden innerhalb jedes Blattes der Top. Karte 1 : 25 000 in drei Gruppen numeriert und mit einem Namen bezeichnet: TP 1. und 2. Ordnung mit den Nummern 1 bis 10, TP 3. Ordnung mit den Nummern 11 bis 50 und TP 4. Ordnung mit den Nummern ab 51.

Die Landesvermessungsämter führen den *Nachweis der Festpunkte*. In der *Kartei der TP* sind für jeden TP anzugeben die Nummer des TP, die Nummer der Topogr. Karte 1:25 000, Name und Ordnung des TP, Gauß-Krüger-Koordinaten (einschließlich der Koordinaten etwaiger exzentrischer Festlegungen), Höhe über N.N., evtl. Berichtigungen usw. Außerdem wird für jeden TP eine *Beschreibung* angefertigt, aus der die genaue Lage, Abmarkung, Sicherung, Ansicht bei Hochpunkten und der Eigentümer des Flurstücks, in dem der TP liegt, hervorgehen. Die TP-Übersicht ist mit der Nivellementpunkt-Übersicht zur *TP- und NivP-Übersicht* vereinigt und stellt den kartenmäßigen Nachweis dar (1: 25 000). Außerdem werden noch TP-Netzbilder für die TP-Netze 1. bis 4. Ordnung geführt.

1.513 Festlegung und Signalisierung der TP

Die Festlegung eines TP als *Bodenpunkt* besteht aus einem *Granitpfeiler und einer Granitplatte* (Bild 71,1). Das Kreuz auf der Platte stellt den eigentlichen Punkt dar, während der Pfeiler als Tageszeichen gilt. Beim Anschluß von Messungen an einen solchen Punkt hat sich der Meßtruppführer von der richtigen Stellung des Pfeilers über der Platte durch Aufgraben zu überzeugen. Der Pfeiler, der an einer Seitenfläche ein Dreieck und an der gegenüberliegenden die Buchstaben TP trägt, soll so stehen, daß die Bezeichnung „TP" nach Süden zeigt. Jeder TP muß durch mehrere unterirdische Sicherungsmarken gesichert sein.

Ein TP kann auch als sog. *Hochpunkt* bestimmt sein, z. B. Kirchturm, Fabrikschornstein, Aussichtsturm usw. Dann muß die genaue Punktbezeichnung — wie Helmstange, Blitzableiter usw. — aus der Festpunktbeschreibung hervorgehen. Bei diesen Punkten werden noch weitere Punkte abgemarkt und nach Koordinaten berechnet *(Herablegung)*, um Veränderungen am Punktzentrum bei evtl. Erneuerungsarbeiten[1]) feststellen zu können, und um günstig gelegene Bodenpunkte für den Anschluß von Polygonzügen zu haben.

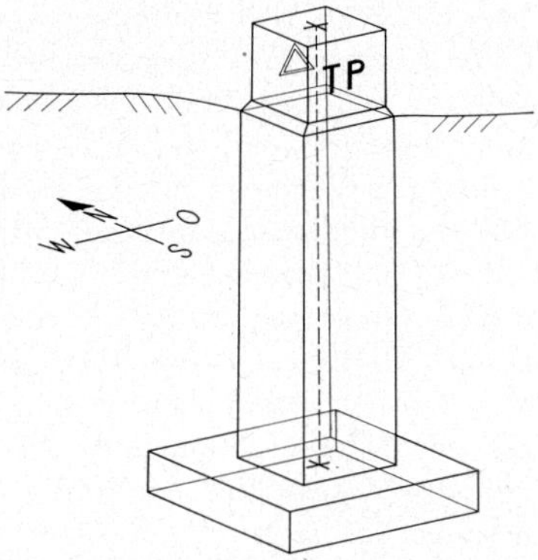

71,1 TP-Pfeiler mit Platte

Für die Vermessungen im Dreiecksnetz müssen die Punkte — mit Ausnahme der Hochpunkte — signalisiert werden. Die *Signale* sind zum Teil, wenn der TP zum Beispiel im Hochwald liegt, sehr hoch. Sie bestehen dann aus zwei voneinander unabhängigen Gerüsten, von denen das niedrigere den Instrumententisch trägt, während das höhere die Beobachterplattform und oben an der Signalspitze zwei gekreuzte Tafelbretter trägt. Bevor mit der Winkelmessung begonnen werden kann, müssen die Lage der Signalspitze und des Instrumentenstandpunktes durch Abloten mit dem vermarkten Punkt in Verbindung gebracht werden. Bild 71,2 zeigt ein kleines trigonometrisches Signal, das aus Holzstangen errichtet ist.

Die TP werden auch der *Höhe nach bestimmt*, entweder durch trigonometrische Höhenmessung (s. S. 38) oder durch Nivellement (s. S. 32). Dazu sind auch die Tafelhöhe und die Instrumentenhöhe über der Abmarkung zu messen.

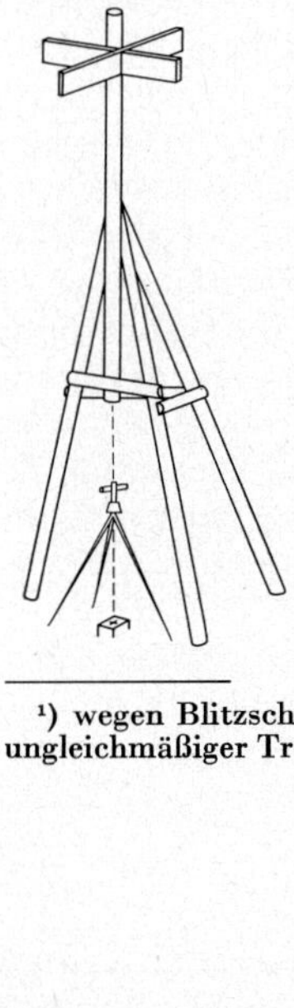

71,2 Kleines trigonometrisches Signal

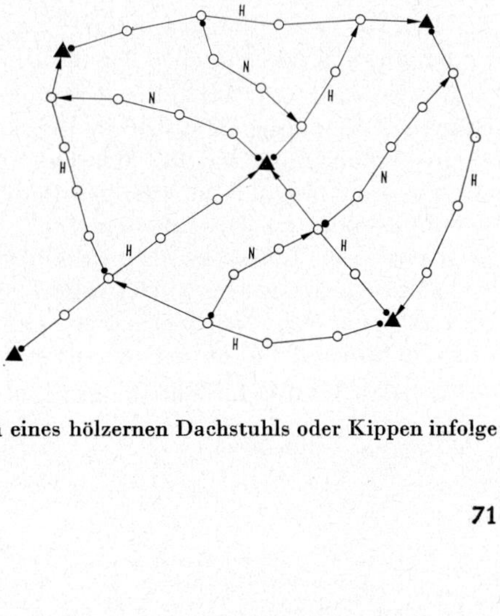

71,3 Polygonnetz
H = Hauptzug
N = Nebenzug

---

[1]) wegen Blitzschlag, Brand usw., einseitigem Verziehen eines hölzernen Dachstuhls oder Kippen infolge ungleichmäßiger Tragfähigkeit des Baugrundes.

1.52 Polygonpunktfeld (Polygonnetze)

Vom Lagefestpunktfeld (trigonometrische Netze) ausgehend, werden weitere koordinierte Festpunkte nach dem geodätischen Grundsatz „vom Großen ins Kleine" durch die Messung von *Polygonzügen*[1]) (auch Streckenzüge genannt) geschaffen. Polygonpunkte werden in der Regel durch Winkel- und Streckenmessung bestimmt. Sie können aber auch durch eine Luftbildauswertung (s. S. 270) entstehen. Um eine günstige Verteilung der Messungsungenauigkeiten zu erhalten, sollen die Polygonzüge eine gestreckte Form und ungefähr gleiche Punktabstände haben. Die Seitenlänge liegt im allgemeinen bei etwa 200 m, jedoch werden auch Polygonzüge mit erheblich längeren oder auch kürzeren Seiten gelegt. Durch die Verwendung der Zwangszentrierung (s. S. 53) lassen sich Meßfehler auf ein Minimum beschränken und daher auch ungünstige Zugformen (stark gekrümmt und ungleiche Seitenlängen) in Kauf nehmen. Das hervorstechendste Merkmal eines Polygonzuges ist, daß er sich an das Aufnahmeobjekt anschmiegen kann. Die Kunst des Vermessungsingenieurs bei der Planung der Polygonzüge besteht darin, die Punkte möglichst günstig für den eigentlichen Vermessungszweck zu legen.

Ein Polygonnetz (Bild 71,3) besteht aus Haupt- und Nebenzügen. Die *Hauptzüge* verbinden die vorhandenen TP und teilen das Vermessungsgebiet in größere Abschnitte ein. Innerhalb dieser Abschnitte wird eine weitere Verdichtung durch *Nebenzüge* geschaffen. Ein Unterschied in beiden Zugarten besteht hauptsächlich in den erweiterten Fehlergrenzen für die Nebenzüge, da infolge der größeren Abhängigkeit von übergeordneten Messungen und Berechnungen die auftretenden Abschlußfehler größere Ausmaße annehmen können.

Bei der Planung eines Polygonnetzes muß auf den Anschluß an die benachbarten und im Innern des Vermessungsgebietes vorhandenen TP und Polygonzüge geachtet werden, um das *Prinzip der Nachbarschaft* (s. auch S. 246) zu wahren. Neu zu bestimmende Punkte sind an den nächstgelegenen bereits bestimmten Punkt höherer oder gleicher Ordnung anzuschließen, damit bei späteren Verbindungsmessungen keine die Grenzwerte überschreitenden Fehler auftreten können.

Die *Abmarkung der Polygonpunkte* besteht im allgemeinen aus zwei lotrecht übereinander gesetzten Hohlziegeln oder Dränrohren. Einige Punkte des Polygonnetzes sollen auch einen sog. Polygonstein (Steinpfeiler mit Loch) als Tagesmarke tragen. Innerhalb ausgebauter Straßen und auf felsigem Untergrund wird mit Eisenrohren, Bolzen usw. abgemarkt. Die Standorte und die Art der Vermessungsmale müssen so ausgewählt werden, daß sie möglichst sicher stehen und nicht durch Ackergeräte oder Baumaßnahmen zerstört werden können. Die Polygonpunkte sind durch Sicherungsmale zu sichern. Eine Einmessung von topographischen Gegenständen und Sicherungsmalen aus soll ein schnelles Aufsuchen und ein genaues Wiederherstellen ermöglichen.

Die Messung der Winkel und Strecken soll bei optischer Streckenmessung, der Messung mit freihängendem 100-m-Band und der elektro-optischen Streckenmessung in einem Arbeitsgang und bei Messung mit aufliegendem 20- oder 50-m-Band innerhalb einer kurzen Zeitspanne erfolgen, um zwischenzeitliche Veränderungen an den Vermessungsmalen auszuschließen. Zur Winkelmessung genügt die Messung in zwei Halbsätzen (s. S. 59). Die Streckenmessung soll zweimal — im Hin- und Rückgang — ausgeführt werden. Die Entfernungsmeßgeräte sind während der Messung von Polygonnetzen des öfteren zu überprüfen. Bei Bandmessungen muß die Temperatur berücksichtigt und mit Spannungsmesser gearbeitet werden (5 kg Zug).

Die Berechnung der Polygonzüge s. S. 199.

[1]) Polygon = Vieleck

1.53 Meßliniennetz

Mit dem Ausdruck „Meßlinie" — auch Messungslinie — wird nach DIN 18 702, Ziffer 2.22, die gerade Linie zur rechtwinkligen Aufnahme von Grenz- usw. Punkten bezeichnet. Die Meßlinien bilden mit den Polygonseiten das Netz der *Vermessungslinien.*

Die unterste Stufe des Lagefestpunktfeldes bildet beim *orthogonalen Aufnahmeverfahren* (s. S. 27) das Meßliniennetz. Für das *polare Aufnahmeverfahren* (s. S. 28) ist im allgemeinen ein Meßliniennetz nicht erforderlich, da das Polygonnetz so gelegt werden soll, daß möglichst jeder Aufnahmestandpunkt selber ein Polygonpunkt ist oder von benachbarten Polygonpunkten polar bestimmt werden kann.

Zur Orthogonalaufnahme, bei der die aufzunehmenden Grenzpunkte rechtwinklig auf eine Meßlinie aufgenommen bzw. in Grenzen oder Linien eingebunden werden, muß das Polygonnetz durch *gerade Linien* weiter verdichtet werden (Bild 73,1). Die Meßlinien müssen so gelegt sein, daß die Ordinaten zu den Grenzpunkten möglichst

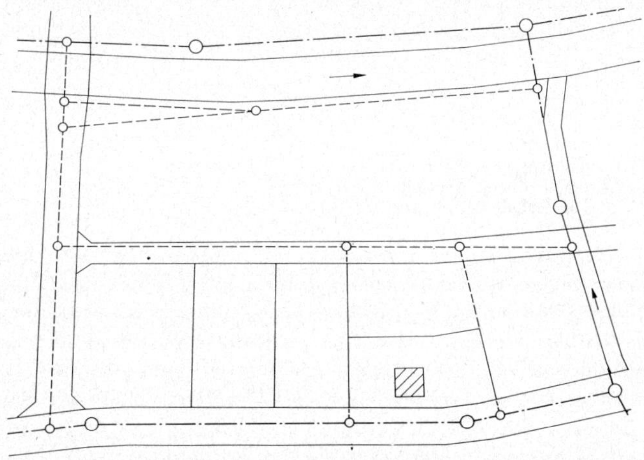

73,1 Meßliniennetz

kurz sind. Vielfach verwendet man gerade Grenzen oder Wegeseiten als Meßlinien. Jedoch ist dieses Verfahren nicht immer ratsam, da z. B. Wegeseiten im Laufe der Zeit verwachsen können und dann bei späteren Ergänzungsvermessungen Schwierigkeiten auftreten. Daher werden vielfach die Wegeachsen oder Parallelen dazu als Meßlinien ausgewählt.

Der *Aufbau des Meßliniennetzes* ist ähnlich wie der des Polygonnetzes. Zu unterscheiden sind Haupt- und Nebenlinien. Die Hauptlinien verbinden die Polygonzüge und schaffen eine Unterteilung des Vermessungsgebietes, während die Nebenlinien die Möglichkeit zur Erfassung des letzten Grenzpunktes bilden. In den Fehlergrenzen wird jedoch kein Unterschied in der Abstufung der Meßlinien gemacht. Das Netz der Meßlinien soll unkompliziert sein, möglichst ohne tote Längen (Strecken, die nicht zur Aufnahme benutzt werden können), Schnitte und Verlängerungen. Wo sich Schnitte nicht vermeiden lassen, sollte eine Linie als die übergeordnete angesehen werden, damit eine Mittelung der Koordinaten entfallen kann.

Die Einbindepunkte des Meßliniennetzes werden als *Kleinpunkte* bezeichnet und meistens flurweise in der Reihenfolge, in der sie zu berechnen sind, numeriert. Die Längen werden in durchlaufender Meßweise (s. S. 27) einmal gemessen, jedoch muß jeder Kleinpunkt kontrolliert sein. Die *Kontrollen* können durch die Konstruktion des Netzes gegeben sein, oder es müssen besondere Kontrollmaße gemessen werden.

Kontrollen im Liniennetz

Bild 74,1: Ein Ablesefehler von ½ m im Einbandmaß auf der Linie *a* macht bei dem dargestellten Winkel auf der Linie *b* eine Abweichung von 0,41 m in der Länge aus. Es gilt die Regel, daß bei einem Einbindewinkel bis $^2/_3$ R keine besondere Kontrolle des Einbandmaßes nötig ist, da sich ein evtl. Meßfehler in der Länge der eingebundenen Linie bemerkbar macht.

Bild 74,2: Die Einbandmaße auf der Linie *a* werden von der fast parallel laufenden Linie *b* einwandfrei kontrolliert. Ist keine solche Kontrollinie vorhanden, muß zwischen den beiden Einbindepunkten ein besonderes Kontrollmaß ermittelt werden.

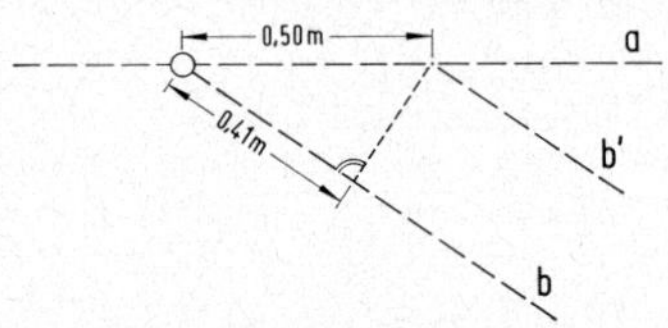

74,1 Kontrolle des Einbandmaßes auf Linie a durch genügend spitzen Winkel zwischen den Linien a und b

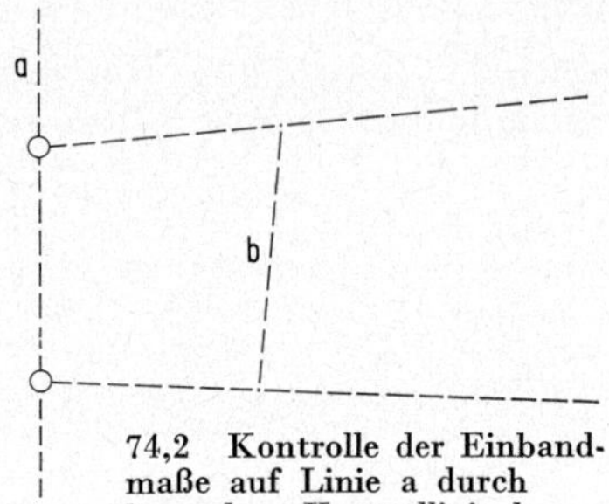

74,2 Kontrolle der Einbandmaße auf Linie a durch besondere Kontrollinie b

Auf eine gute und ausreichende *Abmarkung* des Meßliniennetzes muß besonderer Wert gelegt werden. Die Regelabmarkung bildet das 0,3—0,4 m tief gesetzte Dränrohr. Jedoch können auch unterirdisch gesicherte Grenzsteine oder Eisenrohre, Bolzen, eingemeißelte Kreuze usw. als Vermessungsmale verwendet werden. Auf langen Strecken ist mindestens alle 200 m eine Zwischenabmarkung zu setzen. Die gute Abmarkung ist wichtig, da bei Grenzwiederherstellungen, die in der Katasterpraxis sehr häufig vorkommen, von der aufgefundenen Meßlinie aus die verlorenen Grenzpunkte nach den Aufnahmemaßen abgesetzt werden können.

1.54 Nivellementfestpunktfeld

Die Höhe eines Vermessungspunktes ist gleich der Länge seines Lotes auf die Bezugsfläche (s. S. 13). Diese Bezugsfläche hat die Höhe des am Amsterdamer Pegel beobachteten mittleren Wasserstandes der Nordsee und wird mit *N.N. (= Normalnull)* bezeichnet. S. auch S. 289 u. 298. Für Deutschland ist diese Höhe im Jahre 1879 festgelegt worden. Die Hauptfestlegung, der Höhenbolzen an der alten Sternwarte in Berlin, hatte die Höhe 37,000 m über N.N. erhalten. Im Jahre 1912 trat an ihre Stelle eine neue Hauptfestlegung mit der Höhe 54,638 m über N.N. östlich von Berlin in Hoppegarten. Das N.N. hat sich dabei nicht verändert. Der neue *Normalhöhenpunkt* ist durch einen unterirdischen Granitpfeiler abgemarkt, der noch durch zehn weitere Festlegungen gesichert ist. Von diesem Normalhöhenpunkt ausgehend, sind, über das ganze damalige Reichsgebiet verteilt, weitere *Haupthöhenfestpunkte*, die mit besonders gesicherten unterirdischen Festlegungen umgeben sind, bestimmt worden. Alle Höhenfestpunkte bilden das Nivellementfestpunktfeld.

Ähnlich wie beim Lagefestpunktnetz unterscheidet man das *Deutsche Haupthöhennetz (DHHN)*, Nivellementnetz 1. Ordnung, das die Grundlage für das Nivellementfestpunktfeld bildet, mit Schleifendurchmesser von 30 bis 80 km, das Nivellementnetz 2. Ordnung mit höchstens 20 km Schleifendurchmesser und das Nivellementnetz 3. Ordnung mit höchstens 10 km Schleifendurchmesser. Die Nivellements 4. Ordnung ergänzen die übergeordneten Netze. Die Nivellementlinien 4. Ordnung sollen nicht länger als 4 km sein. In den Städten, in Industriegebieten und an Verkehrswegen sind Nivellementnetze wesentlich engmaschiger als in rein landwirtschaftlichen Gegenden. Die Erhaltung und Neubestimmung der Höhenfestpunkte der Nivellementnetze der Länder obliegt im allgemeinen den Landesvermessungsämtern. Die Höhen der Höhenfestpunkte werden nur durch Messung von Feinnivellements bestimmt.

Die *Abmarkung* des Nivellementfestpunktfeldes richtet sich nach den örtlichen Gegebenheiten. Auf eine besonders gute Standfestigkeit des Bodens muß bei der Abmarkung der Punkte geachtet werden. In der Regel erfolgt die Abmarkung mit einem rostfreien Höhenbolzen (Bild 75,1), der waagerecht im Mauerwerk eines besonders standfesten Gebäudes oder in besonderen Steinpfeilern[1]) eingelassen ist. Die höchste Stelle des Bolzenkopfes ist der Höhe nach bestimmt. In Moor- und Schlickgebieten kann die Abmarkung auch mit langen Rohren erfolgen, die bis in den festen Untergrund getrieben sind[2]).

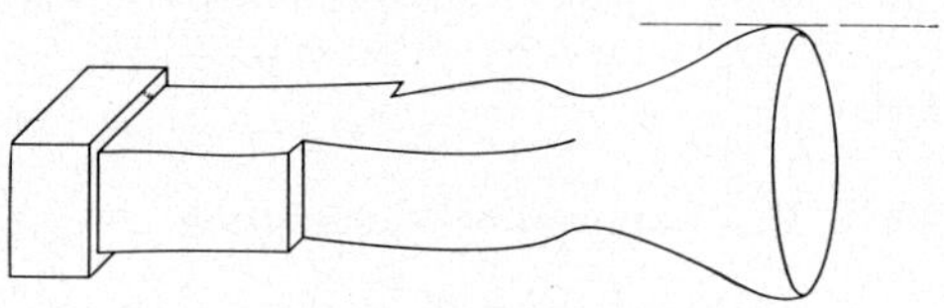
75,1 Höhenbolzen

Seit 1913 werden die Nivellementnetze erneuert. Diese Erneuerung ist noch im Gange. In manchen Gegenden werden daher Höhen im „alten" und im „neuen System" angegeben, die bis zu 1 dm und mehr verschieden sind. Vergleichbare Höhen müssen demselben System angehören. In Abständen von einigen Jahrzehnten sollen die Haupthöhennetze durch Feinnivellements überprüft werden, um Hebungen oder Senkungen feststellen zu können. Der Untertage-Bergbau führt oft zu Senkungen.

Nach geologischen Gesichtspunkten ausgewählte Linien des DHHN bilden einen Teil des „Vereinigten Europäischen Nivellementnetzes".

1.6 Tachymetrische und topographische Vermessungen

In den vorausgegangenen Abschnitten sind Vermessungen besprochen worden, die hauptsächlich der Festlegung, kartenmäßigen Darstellung und Registrierung von Grundstücken dienen. Nun sollen Vermessungen behandelt werden, die zur Herstellung von *topographischen Karten* und *Plänen für Bauentwürfe* notwendig sind. Diese Vermessungen unterscheiden sich von den Grundstücksvermessungen durch ihren Verwendungszweck. Während es bei diesen auf eine möglichst genaue Festlegung von Einzelpunkten (Grundstückseckpunkte) ankommt, soll bei einer topographischen Vermessung die *Geländegestaltung* aufgenommen werden. Auch bei Karten oder Plänen, die als Planungsgrundlage für große Bauwerke (Straßen, Eisenbahnen, Staudämme u. ä.) dienen sollen, kommt es in der Hauptsache auf die geometrisch richtige Darstellung der Geländegestalt an. Unter Geländegestalt versteht man Berge, Täler, Mulden, Dämme, Wasserläufe, Wege usw. Außerdem müssen die vorhandenen Bauwerke, wie Gebäude, Brücken, Hochspannungsmasten usw. und die Bodenbewachsung (Wald, einzelne Bäume, Hecken, Gärten usw.) aufgenommen werden.

---

[1]) Steinpfeiler sind in frostfreie Tiefen zu setzen.

[2]) Z. B. Sand, Kies oder fester Ton.

Als Hilfsmittel für die Aufnahme dienen die verschiedenen Tachymetertheodolite und der Meßtisch. Im Flachland läßt sich oft auch ein Nivellier mit Teilkreis verwenden. Aufnahmeart ist das Polarverfahren (s. S. 28). Für die topographische Vermessung größerer Gebiete wird mehr und mehr das Luftbild verwendet (s. S. 270).

1.61 Tachymeter

Die Vermessung soll im Polarverfahren erfolgen. Daher wird ein Instrument benötigt, mit dem sowohl horizontale Richtung und Entfernung zum Aufnahmegegenstand wie auch der Höhenunterschied bestimmt werden können. Solche Instrumente werden Tachymeter genannt. Neben den auf S. 65 besprochenen Keildistanzmessern (Doppelbildentfernungsmessern) mit und ohne Reduktionseinrichtung werden noch Instrumente mit Reichenbachschen Distanzstrichen oder Diagrammtachymeter zur Aufnahme benutzt.

1.611 Entfernungsmeßeinrichtungen

Die *Reichenbachschen Distanzstriche* sind zwei kurze Querstriche im Strichkreuz des Fernrohres, die den Abstand p voneinander haben. Die von ihnen festgelegten Zielstrahlen schließen den Winkel γ ein (Bild 76,1). Siehe auch Keildistanzmesser S. 65. Der Abstand der Striche ist so gewählt, daß der Winkel $\gamma = 63{,}66^c$ (Fußnote 1) wird und damit die Multiplikationskonstante $k = 100$ ist. Zu beachten ist, daß bei Fernrohren mit Okularauszug (s. S. 41) der Scheitelpunkt des parallaktischen Winkels γ vor dem Objektiv liegt (Bild 76,2). Die modernen Instrumente mit Zwischenlinse sind so konstruiert, daß die Additionskonstante $c \approx 0$ wird und somit unberücksichtigt bleiben kann. Die Meßgenauigkeit bei Verwendung der Reichenbachschen Distanzstriche ist geringer als die der Doppelbildentfernungsmesser. Als Latte kann eine senkrecht stehende Nivellierlatte benutzt werden.

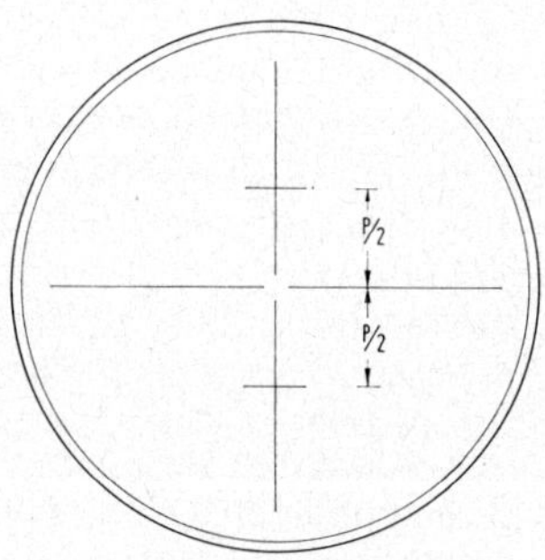

76,1 Reichenbachsche Distanzstriche im Strichkreuz des Fernrohres

Bei *schrägen Sichten* ist der Mittelstrich des Strichkreuzes an der Latte auf die Instrumentenhöhe

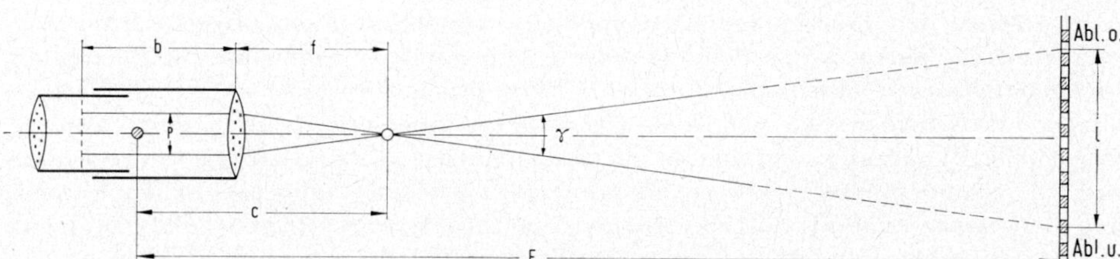

76,2 Reichenbachscher Entfernungsmesser

(meistens $\approx$ 1,4 m) einzustellen und zusätzlich der Höhenwinkel α abzulesen (Bild 77,1.) Die Horizontalentfernung und der Höhenunterschied errechnen sich nach folgender Gebrauchsformel *(Tachymeterformel)*: $E = E' \cdot \cos^2\alpha$ und $\Delta h = \frac{1}{2} E' \cdot \sin 2\alpha$.

---

[1]) Es ist $\cot \dfrac{\gamma}{2} = \dfrac{f}{\frac{p}{2}}$, wobei f konstant ist.

E = waagerechte Entfernung;
E' = Lattenablesung $\times 100 + c$; wird statt des Höhenwinkels α die Zenitdistanz z bestimmt, so lauten die Formeln: $E = E' \cdot \sin^2 z$ und $\Delta h = \frac{1}{2} E' \cdot \cos 2z$.

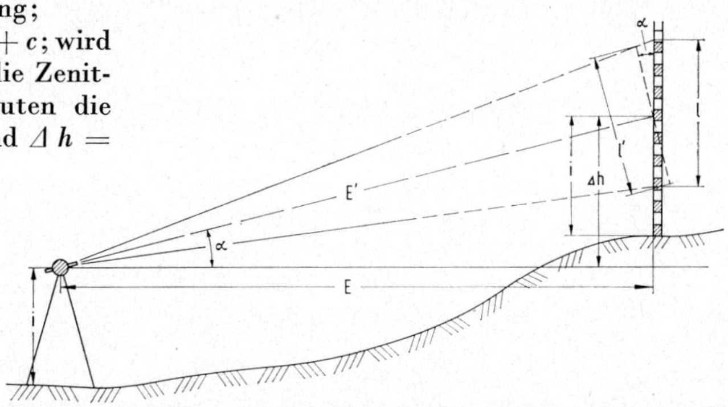

77,1 Geneigte Visur bei der Reichenbachschen Entfernungsmessung

Für die Berechnung der Entfernung und des Höhenunterschiedes gibt es besondere Rechenschieber und Tabellen, die ein schnelles Ermitteln der Werte ermöglichen.

Ein schnelleres Verfahren zur tachymetrischen Streckenmessung ist die *Diagrammdistanzmessung*. Nach anfänglichen Versuchen, den Abstand der Reichenbachschen Distanzstriche mit der Neigung des Fernrohres veränderlich zu machen, um auf diese Weise die Ablesung des Vertikalkreises zu ersparen, baut man nun in den Strahlengang eine Platte mit aufgetragenen Kurven ein. Der Abstand zwischen den Kurven entspricht den Reichenbachschen Distanzstrichen; dieser Abstand ermöglicht bei der jeweiligen Fernrohrneigung die Ermittlung der Entfernung und des Höhenunterschiedes. Die Platte mit dem Diagramm ist so angebracht, daß bei jeder Stellung des Fernrohres der ent-

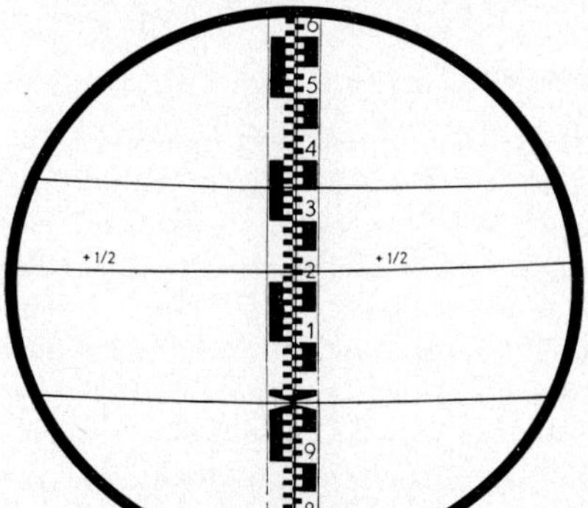

77,2 Diagrammablesung am Reduktions-Distanzmesser RDS von Wild
Entfernung: 35,5 m
Höhenunterschied: $+ \frac{1}{2} \cdot 21{,}8 = 10{,}9$ m

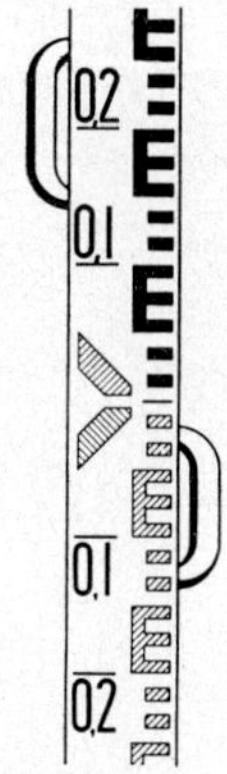

77,3 Tachymeterlatte „Hammer-Fennel" von Fennel, Kassel

sprechende Strichabstand im Gesichtsfeld des Okulars an der senkrechten Latte anliegt (Bild 77,2). Es wird eine Nivellierlatte benutzt. Die besondere *Tachymeterlatte* „Hammer-Fennel" (Bild 77,3) trägt in der ungefähren Instrumentenhöhe (= 1,4 m) eine Nullmarke, auf die der Nullstrich des Diagramms eingestellt werden muß.

1.612 Bussolentachymeter

Bei Tachymeteraufnahmen kann in einigen Fällen die Messung der Horizontalwinkel durch die Bestimmung des *magnetischen Richtungswinkels* ersetzt werden. Dazu ist ein Bussolentachymeter notwendig, bei dem der Horizontalkreis durch einen Kompaß

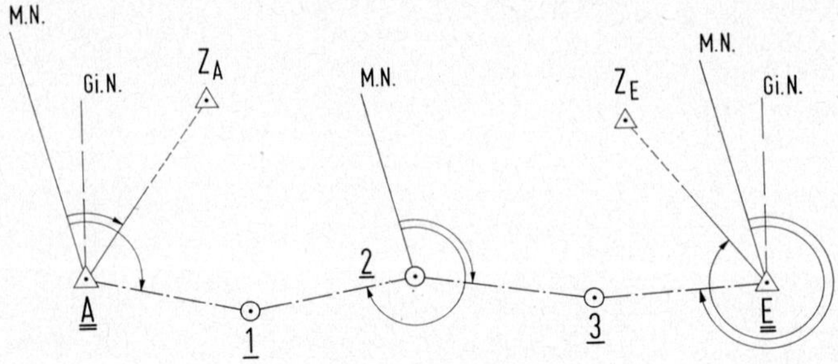

78,1 Bussolenzug
M. N. = Magnetisch Nord
Gi. N. = Gitternord

(Bussole) ersetzt ist. Die einfachste Bussole ist der Marschkompaß (Kompaß mit Visiereinrichtung und Anlegekante), mit dem die „Marschzahl", die dem magnetischen Richtungswinkel entspricht, festgelegt wird.

Das Bussolentachymeter besteht im wesentlichen aus der Bussole, dem Tachymeterfernrohr und dem Höhenkreis. Die Null-Richtung der Bussole des beweglichen, linksläufig bezifferten Teilkreises, soll parallel zur Zielachse liegen, so daß an der Magnetnadel der magnetische Richtungswinkel abgelesen werden kann.

Es werden auch Tachymetertheodolite gebaut, die neben dem Horizontalkreis noch eine Bussole besitzen. Sie können entweder zur Horizontalwinkelmessung oder zur Messung des magnetischen Richtungswinkels eingesetzt werden.

Das Bild 78,1 zeigt einen Bussolenzug, der für Geländeaufnahmen verwendet werden kann.

78,2 Meßtisch
mit Reduktions-Kippregel RK, Kern, Aarau

1.62 Meßtisch

Das älteste Instrument für topographische Vermessungen ist der Meßtisch (Bild 78,2). Mit ihm wird die Aufnahme sofort im Gelände kartiert. Der Meßtisch ist eine Holz- oder Leichtmetallplatte, die mit einem Kartenbogen bespannt wird. Er wird mit Hilfe eines Dreifußes auf einem Stativ befestigt und mit einer Dosenlibelle horizontiert. Das eigentliche Instrument ist die *Kippregel,* die auf den Meßtisch gesetzt wird. Sie dient zum Anvisieren der Zielpunkte und Anreißen der Richtungen auf dem Kartenbogen. Die Kippregel ist mit einem Tachymeterfernrohr und mit einem Höhenkreis zum Einstellen der Ziele und zur Entfernungs- und Höhenmessung ausgestattet. Ein Kartierlineal verläuft parallel zum Fernrohr. Der Horizontalkreis entfällt, da die eingestellten Richtungen direkt auf den Kartenbogen übertragen werden. Für Orientierungszwecke ist meist eine Bussole vorhanden.

1.63 Geländeaufnahme

Wie bereits in der Einleitung dieses Abschnittes angedeutet wurde, ist zwischen einer tachymetrischen Geländeaufnahme zur Fertigung von Lageplänen und einer topographischen Geländeaufnahme zur Herstellung topographischer Karten zu unterscheiden. Während Lagepläne (s. S. 275) in großen Maßstäben (etwa 1 : 200 bis 1 : 2500) gehalten sind und viele Einzelheiten enthalten müssen, beginnen die topographischen Karten im allgemeinen mit dem kleineren Maßstab 1 : 5000. Wegen des kleinen Maßstabs können nicht alle Einzelheiten, sondern nur wichtige und für das Gelände charakteristische Punkte und Gegenstände dargestellt werden.

1.631 Tachymetrische Geländeaufnahme

Der tachymetrischen Geländeaufnahme muß eine eingehende *Geländeerkundung* voraufgehen. Es sind dabei Punkte festzulegen und abzumarken, von denen aus alle für den herzustellenden Plan notwendigen Geländepunkte im Polarverfahren (s. S. 28) erfaßt werden können. Die Dichte der *Aufnahmestandpunkte* ist abhängig von der Zweckbestimmung der Aufnahme, dem verwendeten Tachymetertheodolit und der Geländegestaltung.

Bevor mit der Einzelaufnahme begonnen werden kann, müssen vorher die erkundeten Aufnahmepunkte durch *Tachymeterzüge* verbunden werden. Diese Tachymeterzüge ähneln den Polygonzügen der Grundstücksvermessung. Sie brauchen aber die Genauigkeitsforderungen der Polygonzüge nicht zu erreichen. Dagegen muß auf jeden Fall die Höhe jedes Tachymeterzugpunktes bestimmt werden. Dazu ist auf jedem zweiten Punkt der Höhenunterschied zum vorigen und zum nachfolgenden Punkt zu messen, womit eine Höhenübertragung vom einen zum anderen Zugpunkt vorgenommen werden kann (Bild 79,1).

Nach der rechnerischen Auswertung der Tachymeterzüge (Koordinaten- und Höhenberechnung) kann mit der *Einzelaufnahme* begonnen werden. Jeder aufzunehmende Punkt

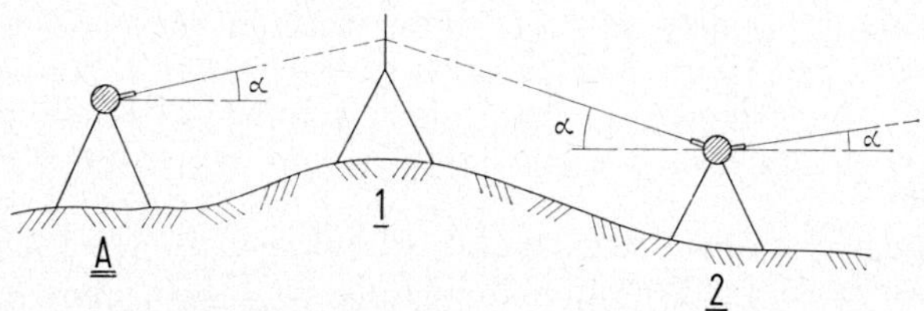

79,1 Höhenübertragung im Tachymeterzug oder Bussolenzug

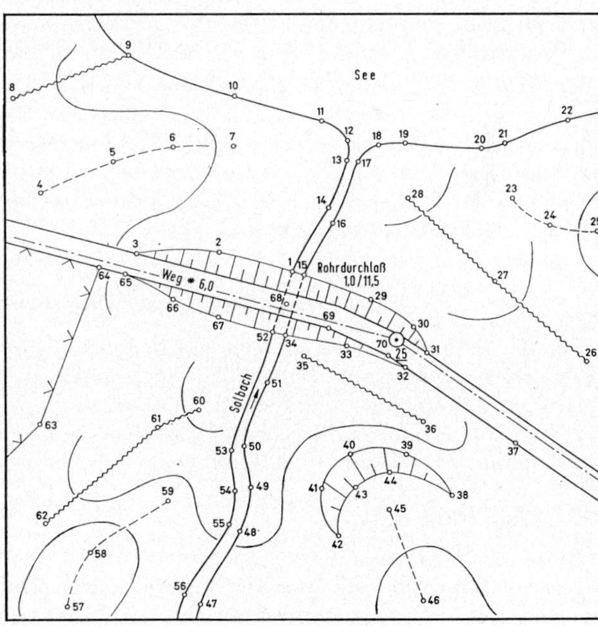

79,2 Tachymeterriß

muß der Lage und der Höhe nach bestimmt werden. Neben der Führung des Feldbuches, in dem die Punktnummern, die Horizontalwinkel, die Ablesungen an der Latte und ggf. die Höhenwinkel notiert werden müssen, ist eine Lageskizze *(Tachymeterriß)*, zu fertigen (Bild 79,2). Diese Lageskizze soll die Herstellung des endgültigen Planes erleichtern und muß daher neben den Punktnummern alle weiter notwendigen Angaben enthalten, z. B. Böschungshöhen, Gebäudeangaben, Andeutung der Linien gleicher Höhe (Höhenlinien), mit dem Meßband gemessene Einzelmaße usw.

1.632 Geländeaufnahme mit Meßtisch

Bei der Geländeaufnahme mit dem Meßtisch bringt der Beobachter zum Unterschied zur Tachymeteraufnahme eine *fertig aufgetragene Karte* aus dem Felde heim, die nur noch der weiteren zeichnerischen Bearbeitung im Büro bedarf. Wie bei der Tachymeteraufnahme muß auch hier eine eingehende Erkundung der Einzelaufnahme vorausgehen. Es müssen genügend Aufnahmestandpunkte festgelegt und durch Tachymeterzüge oder Bussolenzüge verbunden werden. Bei Bussolenzügen wird die Messung der Brechungswinkel durch die Bestimmung der magnetischen Richtungswinkel auf jedem zweiten Punkt ersetzt.

Zur *Aufnahme* wird der Meßtisch über den Aufnahmepunkten zentrisch aufgebaut. Er ist mit einem Kartenbogen bespannt, auf dem die bereits vermessenen Aufnahmepunkte nach Koordinaten aufgetragen sind. Nun können durch Anzielen der einzelnen Geländepunkte bzw. Knickpunkte von Grat- bzw. Muldenlinien und wichtigen Gefälllinien, auf denen ein Gehilfe die Nivellier- bzw. Tachymeterlatte aufhält, die Richtungen und die gemessenen Entfernungen an der Anlegekante der Kippregel sofort auf dem Kartenbogen unter Beifügung der Höhenzahl abgesetzt werden. Ebenfalls werden alle weiteren Ergänzungsvermessungen direkt im Felde kartiert. Auch die Höhenlinien können gleich an Ort und Stelle eingezeichnet werden, so daß ein fertiges Kartenbild entsteht. Diese Aufnahmemethode setzt ein geübtes Auge und die richtige Beurteilung der Geländeformen voraus, wenn sie mit Erfolg angewendet werden soll.

Mit dem Meßtisch sind die topographischen Karten 1 : 25000 aufgenommen worden, daher die frühere Bezeichnung „Meßtischblatt“. In heutiger Zeit bedient man sich bei der topographischen Aufnahme größerer Gebiete (einschl. Höhenauswertung) auch der Luftbildmessung (s. S. 270) und wertet diese auch — in der BRD — im Maßstab 1 : 5000 aus (s. S. 285). Aber für Ergänzungsvermessungen geringen Umfangs wird der Meßtisch seine Bedeutung behalten.

1.7 Ingenieur- und Bauvermessungen

Für die Planung, Absteckung und Überwachung großer Bauwerke sind vielfältige Vermessungsarbeiten auszuführen. Die speziell für die Planung eines bestimmten Bauwerkes auszuführende Geländeaufnahme, zu der mit Vorteil Tachymeter eingesetzt werden, ist bereits auf S. 75 behandelt worden. Im folgenden sollen kurz einige Arbeiten der Planung, Absteckung und Bauüberwachung besprochen werden.

1.71 Trassierung

Bevor der Bau eines Verkehrsweges in Angriff genommen werden kann, muß die günstigste *Linienführung* erkundet und festgelegt sein. Dabei fällt dem Vermessungsingenieur die Aufgabe zu, eine Linie mit möglichst geringer, aber stetiger Steigung zu finden.

Eine solche Linie mit einer vorgegebenen Steigung läßt sich im Gelände mit einem Neigungsmesser (s. S. 18) finden, indem man vom Ausgangspunkt aus einen Gehilfen auf einen Geländepunkt einweist, zu dem die gewünschte Steigung vorhanden ist. Von dem gefundenen Punkt aus wird in gleicher Weise verfahren. Ist eine Karte mit Höhenlinien vorhanden, läßt sich die *Trasse* auch auf dem Papier konstruieren. Nach vorheriger Berechnung der Entfernung *s*, welche die zu entwerfende Trasse braucht, um bei der Steigung *a* % den Höhenunterschied Δh zu erreichen, wird mit dem Zirkel vom Ausgangspunkt aus der Schnittpunkt der Strecke *s* mit der nächsten Höhenlinie im Abstand Δh gefunden (Bild 81,1).

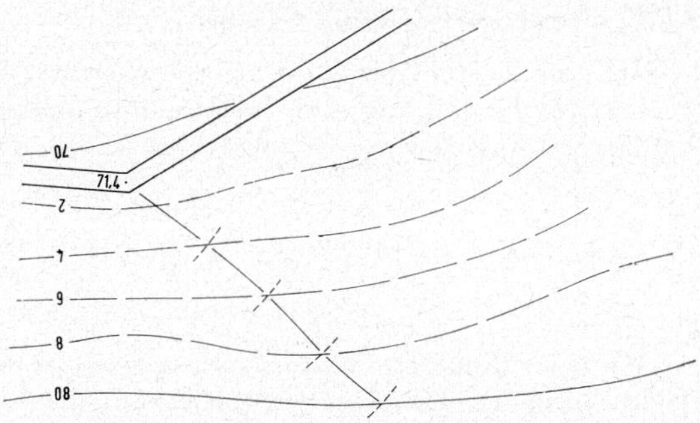

81,1 Trassierung auf der Karte

Beispiel: Auf einer Karte 1 : 5000 sind die Höhenlinien im Abstand von 2 m eingetragen. Die Trasse eines zu bauenden Weges soll die Steigung 5 % haben. Die Entfernung *s* ergibt sich aus der Proportion $s : \Delta h = 100 : a$ mit 40 m oder 8 mm in der Karte 1 : 5000.

Die auf der Karte auf diese Weise konstruierte Trasse ist in das Gelände zu übertragen, entweder von identischen Punkten oder von einer Leitlinie aus. Die so in der Örtlichkeit gefundene Linie ist noch zu verbessern, da die Genauigkeit der Höhenliniendarstellung hierfür nicht hoch genug ist.

Für die Trassierung von Autobahnen im Bergland werden heute schon große elektronische Datenverarbeitungsanlagen (EDV-Anlagen) eingesetzt. Nach einer großräumigen Geländeaufnahme und Speicherung möglichst vieler Geländepunkte kann man die günstigste Trasse errechnen lassen.

1.72 Absteckung von Geraden

1.721 Einfluchten in Geraden

Eine Aufgabe, die sehr oft bei der Übertragung der auf der Karte entworfenen Trasse in die Örtlichkeit auftritt, ist die Absteckung langer Geraden. Die Absteckung von Geraden mit bloßem Auge oder mit dem Fernglas ist auf S. 22 besprochen worden. Wenn sehr lange gerade Linien abzustecken sind, bedient man sich des Theodolits. Dabei ist der Theodolit gut zu horizontieren, besonders bei der Überwindung starker Höhenunterschiede. Beim Einfluchten der Zwischenpunkte ist immer der entfernteste Punkt als erster einzuweisen, damit die nahen Fluchtstäbe nicht die Sicht verdecken (Bild 81,2).

81,2 Geradenabsteckung mit Theodolit

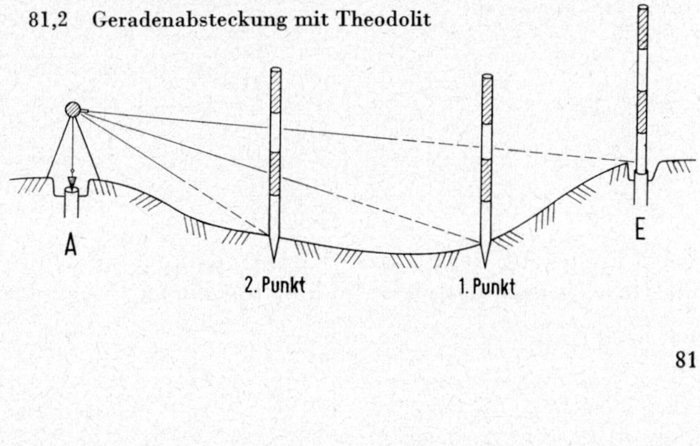

1.722 Verlängerung einer Geraden

Soll eine bestehende Linie verlängert werden, so muß in beiden Fernrohrlagen beobachtet werden, um evtl. Instrumentenfehler auszuschalten. Reihenfolge der Handhabungen: Anzielen des rückwärtigen Zieles; Durchschlagen des Fernrohres und Ein-

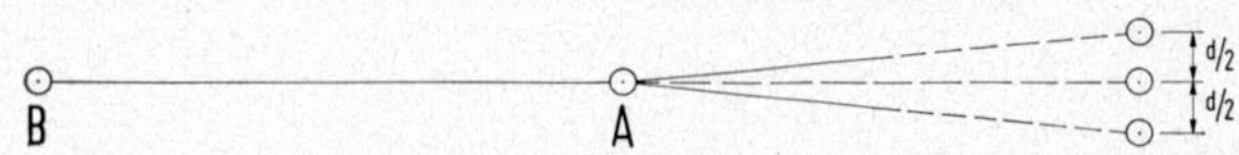

82,1 Verlängerung einer Geraden

weisen eines Fluchtstabes am Endpunkt der Linie; erneutes Anzielen des rückwärtigen Zieles durch Drehen des Fernrohres um die Vertikalachse; Durchschlagen des Fernrohres und Einweisung eines zweiten Fluchtstabes am Endpunkt der Linie; die Mitte zwischen beiden Stäben liegt auf der genauen Verlängerung (Bild 82,1).

1.723 Geradenabsteckung vom Polygonzug aus

Ist in einem dicht bewachsenen Gelände eine lange Gerade abzustecken, so kann es zweckmäßig sein, Anfangs- und Endpunkt der Linie mit einem Polygonzug in möglichster Nähe der Geraden zu verbinden. Diesen Zug berechnet man in einem örtlichen Koordinatensystem, in dem die erste Polygonseite die x-Achse bildet (Bild 82,2). Die Ordinaten der Punkte auf der Geraden (1′, 2′, 3′) lassen sich durch Verhältnisberechnung bestimmen:

$$y_{1'} : y_E = x_1 : x_E; \quad y_{1'} = \frac{y_E}{x_E}\, x_1 \text{ und } y_{2'} = \frac{y_E}{x_E}\, x_2 \text{ usw.}$$

Die Richtung der Ordinaten auf den einzelnen Polygonpunkten gewinnt man auf einfache Weise bei der Polygonwinkelmessung, wenn man mit *Richtungsübertragung* arbeitet (Bild 82,3). Das heißt, der rückwärtige Punkt wird mit der Teilkreiseinstellung, die dem Richtungswinkel der vorigen Seite — vermindert um 200^g — entspricht, angezielt. Die Verbindungslinie 0^g—200^g des Teilkreises verläuft dann immer parallel zur x-Achse des Koordinatensystems. (Auf Punkt 1 wäre A mit 200^g anzuzielen.) Die Ordinatenrichtung kann dann immer bei der Teilkreisstelle 100^g bzw. 300^g abgesteckt werden. Der auf der Ordinatenrichtung abzusteckende Ordinatenunterschied $y_{i'} — y_i$ wird in Zugrichtung gesehen nach rechts abgesetzt, wenn er positiv ist.

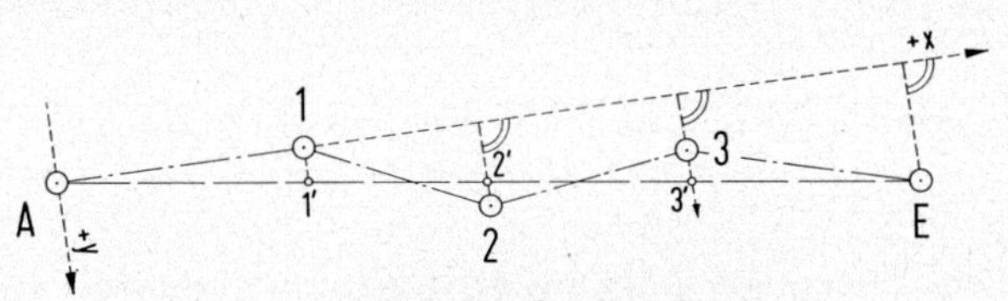

82,2 Geradenabsteckung vom Polygonzug aus

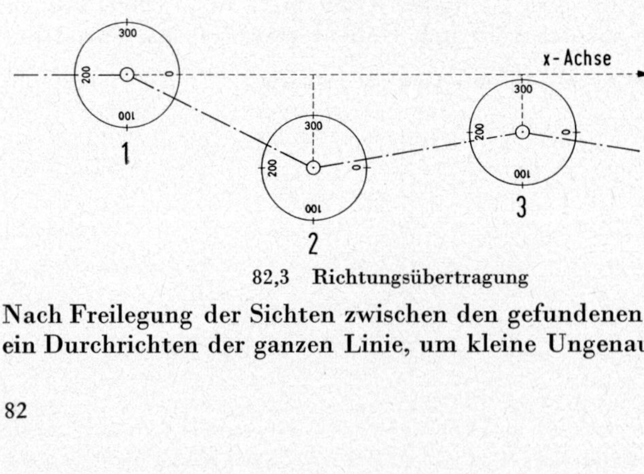

82,3 Richtungsübertragung

Nach Freilegung der Sichten zwischen den gefundenen Geradenpunkten empfiehlt sich ein Durchrichten der ganzen Linie, um kleine Ungenauigkeiten auszugleichen.

1.724 Einfluchten zwischen zwei weit entfernten Punkten

Bild 83,1 zeigt die Messungsanordnung. Die Entfernung des roh eingefluchteten Zwischenpunktes P′ von den beiden Endpunkten muß ungefähr ermittelt werden (z. B. Abgreifen aus einer Karte oder auch Schätzung). Auf Punkt P′ ist der Winkel zwischen den Endpunkten zu messen. Es läßt sich folgende Näherung ableiten:

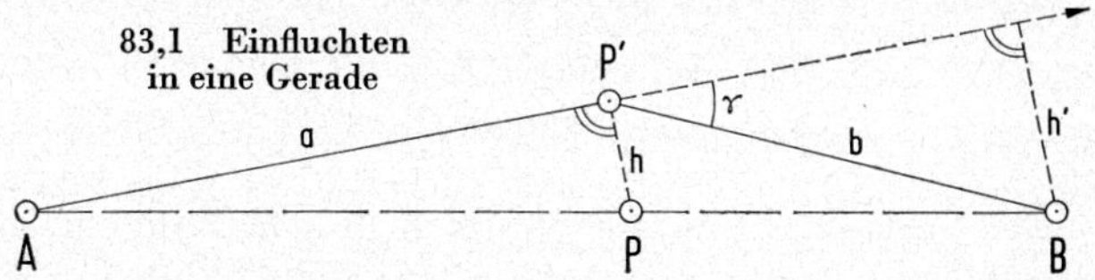

83,1 Einfluchten in eine Gerade

1. $h : h' \approx a : (a + b)$; $h \approx \dfrac{h' \cdot a}{a + b}$ (Proportionssatz);

2. $h' : b \approx \gamma : \varrho$; $h' \approx b \cdot \dfrac{\gamma}{\varrho}$ (Bogenmaß s. S. 12).

Wird der Wert für h' eingesetzt, so folgt:

$$h \approx \frac{a \cdot b}{a + b} \cdot \frac{\gamma}{\varrho}$$

Beispiel: $a = 1000$ m; $b = 1500$ m; $\gamma = 0{,}1^g$

$$h = \frac{1\,500\,000}{2500} \cdot \frac{0{,}1}{63{,}7} = 0{,}94 \text{ m.}$$

Auf dem gefundenen Punkt P ist eine Kontrollwinkelmessung in beiden Fernrohrlagen auszuführen. Ergibt sich noch eine Abweichung, weil die geschätzten Entfernungen zu ungenau waren, ist die Methode nochmals anzuwenden und der Punkt P erneut zu verbessern.

1.73 Absteckung beliebiger Winkel

Bei der Absteckung beliebiger Winkel kommt es darauf an, ob eine hohe Genauigkeit verlangt wird oder ob der ungefähre Winkel genügt.

Zum Absetzen von Winkeln auf einige Zehntelgrade genügt eine *Winkeltrommel*, die auf einen Zentrierstab aufgesetzt werden kann und mit einer Dioptereinrichtung versehen ist. Wird zur Messung des Winkels ein Theodolit benutzt, genügt die Messung in einer Fernrohrlage.

Wird der Winkel in einer möglichst hohen Genauigkeit verlangt, muß dieser mit dem Theodolit in beiden Fernrohrlagen abgesetzt werden. Die Mitte zwischen beiden eingewiesenen Punkten liegt auf dem gesuchten Winkelschenkel.

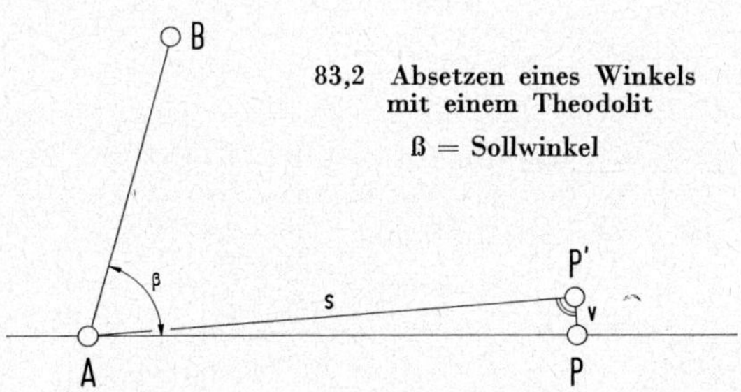

83,2 Absetzen eines Winkels mit einem Theodolit
ß = Sollwinkel

Eine noch *höhere Genauigkeit* kann erreicht werden, wenn der Winkel zu einem Punkt P′ in ungefährer Lage in mehreren Sätzen (s. S. 59) gemessen wird (Bild 83,2). Die Differenz zwischen Soll- und Istwinkel wird zur Berechnung der linearen seitlichen Verschiebung des Punktes verwendet. Nach der Formel (s. S. 12) ist

$$\frac{v}{s} = \frac{\Delta\beta}{\varrho}\,; \quad v = s \cdot \frac{\Delta\beta}{\varrho}$$

Beispiel: $s = 600$ m; $\Delta\beta = +\,30^{cc}$;

$$v = \frac{600 \cdot 30}{636\,620} = \frac{18\,000}{636\,620} = 0{,}03 \text{ m.}$$

Der vorläufige Punkt P′ muß in diesem Fall um 3 cm rechtwinklig zum Schenkel verschoben werden, damit der abgesteckte Winkel größer wird.

Bei der Absteckung von Winkeln ist zu bedenken, daß bei einer Schenkellänge von 100 m eine Winkelungenauigkeit von 1^c eine seitliche Verschiebung von 1,6 cm ausmacht (s. S. 12).

1.74 Absteckung paralleler Wegeseiten

In Flurbereinigungsverfahren müssen oft die Knickpunkte paralleler Wege- oder Grabenseiten abgesteckt werden. Bei gleichbleibender Wegebreite liegen die Knickpunkte auf der Winkelhalbierenden (Bild 84,1). Um den Gegenknickpunkt K′ scharf bestimmen zu können, wird zuerst von der einen Seite (Leitlinie) aus die Richtung der Winkelhalbierenden abgesteckt, indem auf beiden Richtungen in K eine Senkrechte mit der Länge *b* (= parallele Breite) errichtet wird. Die Mitte S der Verbindungslinie liegt auf der Winkelhalbierenden. Auf dieser Winkelhalbierenden wird nun von K aus die parallele Breite *b* abgetragen und um den Differenzbetrag SC = *f* vergrößert. In der Mehrzahl der Fälle ist damit der Gegenknickpunkt K′ bereits gefunden. Der noch verbleibende Differenzbetrag *d* ist im allgemeinen sehr klein und braucht nur bei Knicken über 30^g und Breiten über 10 m besonders berechnet zu werden.

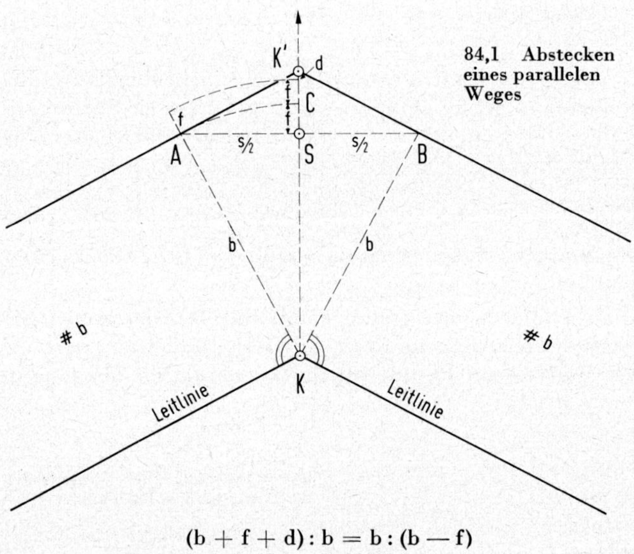

84,1 Abstecken eines parallelen Weges

$$(b + f + d) : b = b : (b - f)$$
$$(b + f + d) \cdot (b - f) = b^2$$
$$b^2 + bf + bd - bf - f^2 - df = b^2$$
$$bd - df = f^2$$
$$d\,(b - f) = f^2$$
$$d = \frac{f^2}{b - f}$$

Beispiel: Abknickung $= 30^g$; $b = 10$ m.
Dann ergibt sich:
$b - f = b \cdot \cos 15^g$;
$b - f = 10 \cdot 0{,}972$
$= 9{,}72$ m;
$f = 0{,}28$ m;
$d = \dfrac{0{,}28^2}{9{,}72} = 0{,}008$ m.

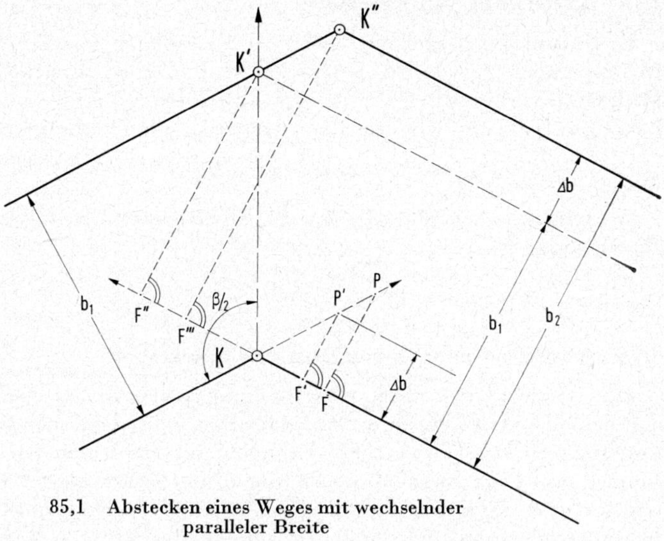

85,1 Abstecken eines Weges mit wechselnder paralleler Breite

Wenn die parallele Breite am Knickpunkt K von b_1 auf b_2 wechselt, ist zuerst der Gegenknickpunkt K′ nach der oben beschriebenen Methode abzustecken (Bild 85,1). Dann wird eine Leitlinie über K verlängert und ein beliebiger Punkt P der Verlängerung auf die zweite Leitlinie aufgewinkelt. In dem entstandenen Dreieck KPF ergeben sich die Proportionen:

$$\mathrm{KP'} : \mathrm{KP} = \Delta b : \mathrm{PF}; \quad \mathrm{KP'} = \frac{\mathrm{KP} \cdot \Delta b}{\mathrm{PF}} \text{ oder}$$

$$\mathrm{KF'} : \mathrm{KF} = \Delta b : \mathrm{PF}; \quad \mathrm{KF'} = \frac{\mathrm{KF} \cdot \Delta b}{\mathrm{PF}}.$$

Da KP′ = K′K″ und KF′ = F″F‴ ist, kann KP′ als Verlängerungsmaß von K′ aus abgesetzt oder KF′ vom Fußpunkt F″ bis zum Fußpunkt F‴ zurückgesetzt werden.

Im stark bergigen Gelände empfiehlt sich zur Bestimmung der Winkelhalbierenden die Benutzung einer *Winkeltrommel* (s. S. 83), sofern dort die Absteckung paralleler Wegeseiten überhaupt in Frage kommt. Die Länge der Winkelhalbierenden w = KK′ ergibt sich aus:

$$\cos\left(\frac{\beta}{2} - 100^g\right) = \frac{b}{w}; \quad w = \frac{b}{\cos\left(\frac{\beta}{2} - 100^g\right)}.$$ Bei wechselnder Breite ergibt sich:

$$\sin(\beta - 200^g) = \frac{\Delta b}{\mathrm{K'K''}}; \quad \mathrm{K'K''} = \frac{\Delta b}{\sin(\beta - 200^g)}$$

$$\text{oder } \tan(\beta - 200^g) = \frac{\Delta b}{\mathrm{F''F'''}}; \quad \mathrm{F''F'''} = \frac{\Delta b}{\tan(\beta - 200^g)}$$

Die einzelnen Flurbereinigungsbehörden haben für ihre Dienstbereiche Tafeln herausgegeben, aus denen sich die auf der Winkelhalbierenden abzusetzenden Längen entnehmen lassen.

1.75 Absteckung von Kreisbogen

Es sind in der Regel nur Teile der Kreisbogen abzustecken. Zum Beispiel sind die Achsen zweier gerader Wegestrecken durch einen Kreisbogen mit einem bestimmten Radius zu verbinden. Dabei ist die Aufgabe des Vermessungsingenieurs, dem Straßenbauer die Bogenanfänge auf den beiden Geraden und mindestens einen weiteren Punkt auf dem Bogen anzugeben. Meistens werden Bogenzwischenpunkte in regelmäßigen Abständen verlangt.

Weiteres über die Berechnung der abzusteckenden Bogenpunkte siehe im Abschnitt Fachrechnen (S. 174).

1.76 Abstecken und Überwachen von Bauwerken

Die Absteckungs- und Überwachungsarbeiten auf Großbaustellen (Brückenbau, Tunnelbau, Staumauern u. ä.) erfordern von dem Vermessungsfachmann die vollkommene Beherrschung seines Fachgebietes. Sämtliche Zweige der Vermessungskunde können dabei zur Anwendung kommen, und zwar von der vorbereitenden Geländeaufnahme für die Planung über die Bestimmung von Festpunkten bis zur katastermäßigen Schlußvermessung und der Überwachung des fertigen Bauwerkes auf etwaige Deformationen oder Setzungen. Von der Präzision der Vermessung sind weitgehend der Fortgang der Bauarbeiten und die damit verbundenen Kosten abhängig. Darum ist es unbedingt notwendig, die Messungen und Berechnungen durch unabhängige Kontrollen zu überprüfen. Diese Forderung wird deutlich am Beispiel des Brückenbaues: Das einzufahrende große Brückenteil muß zwischen die vorher gebauten Widerlager passen.

Vor Beginn der eigentlichen Absteckungsarbeiten muß ein ausreichendes Netz von Festpunkten geschaffen werden. Je nach Art des Bauvorhabens müssen diese Festpunkte durch eine Triangulation oder durch eine Polygonierung vermessen werden. So wird man für einen Tunnelbau ein Dreiecksnetz legen müssen, das über den zu durchfahrenden Berg hinweg eine genaue Verbindung beider Bergseiten schafft, während man bei einem Straßenbau wegen seiner langgestreckten Form mit einem Polygonzug auskommen kann. Die Festpunkte müssen möglichst so ausgesucht und abgemarkt werden, daß sie während der Bauarbeiten nicht verloren gehen können (Abgrabungen, Aufschüttungen, Lagerung von Baumaterial usw.). Es empfiehlt sich, die Punkte mit farbigen Lattengerüsten zu versehen. Das Festpunktnetz muß sehr engmaschig angelegt sein, um zerstörte Punkte schnell ersetzen zu können. Da die Festpunkte in der Regel auch als Höhenfestpunkte dienen müssen, ist auch ihre Höhe zu bestimmen.

Von dem gelegten Festpunktnetz aus werden die für den Bau notwendigen Punkte abgeleitet. Sie sind im Einvernehmen mit den Bauleuten so auszuwählen, daß die Baumaße von ihnen mit einfachen Mitteln abgenommen werden können. Bei Tunnelbauten muß das Festpunktfeld in die bereits fertigen Tunnelstrecken hinein vorgetrieben werden, um von dort aus erneut Richtung und Höhe für den Weiterbau angeben zu können. Auch wird das Netz der Festpunkte zur Überprüfung fertiger Bauteile und zur laufenden Überwachung des Bauwerks benutzt. So werden beispielsweise auf einer Staumauer mehrere Punkte abgemarkt, die von den außerhalb des Bauwerks liegenden Festpunkten aus eingemessen werden. Die Einmessung wird während des Aufstauens mehrere Male wiederholt und auch später in bestimmten Zeitabständen vorgenommen. Aus den Messungsergebnissen lassen sich etwaige Lage- oder Höhenänderungen erkennen.

1.8 Organisation und Tätigkeit der Vermessungsstellen

1.81 Organisation des amtlichen Vermessungswesens

Unter dem Begriff *amtliches Vermessungswesen* soll hier die Landesvermessung und die Katastervermessung verstanden werden. Daneben gibt es andere behördliche Vermessungsstellen (z. B. Flurbereinigungsbehörden, Stadtvermessungsämter, Straßenbaubehörden usw.) und die Öffentlich bestellten Vermessungsingenieure.

In der Zeit bis 1934 hatte das amtliche Vermessungswesen den damaligen Ländern unterstanden. Nur die Bearbeitung der trigonometrischen Netze höherer Ordnung und der topographischen Karten war Aufgabe des *Reichsamts für Landesaufnahme* in Berlin gewesen. Durch das *Gesetz über die Neuordnung des Vermessungswesens* vom 3. 7. 1934 wurde eine Entwicklung eingeleitet, in deren Verlauf sämtliche Zuständigkeiten, die das amtliche Vermessungswesen betrafen, auf das Reich übergehen sollten. Der Reichsminister des Innern wurde ermächtigt, die dazu erforderlichen Rechts- und Verwaltungsvorschriften zu erlassen. Bis zu diesem Zeitpunkt unterstand das Vermessungswesen allgemein den Finanzministern der Länder, da das Kataster (wie z. B. in Norddeutschland) ursprünglich für steuerliche Zwecke eingerichtet worden war. In der nun folgenden Zeit von 1934 bis 1944 wurden fast alle Zweige des amtlichen Vermessungswesens durch Verordnungen und Runderlasse des Reichsministers des Innern einer Neuordnung unterzogen. Im folgenden seien die wichtigsten Vorschriften genannt, die zum Teil — soweit sie nach Gründung der Bundesrepublik Deutschland nicht durch die *Gesetzgebung der Länder* aufgehoben oder geändert sind — noch Gültigkeit besitzen:

Reichsfestpunktfeld — FP-Erl. — vom 15. 8. 1940 / 13. 6. 1944;

Deutsche Grundkarte 1 : 5000 und Katasterplankarte — GrdKartErl. — vom 1.10.1941;

Laufendhaltung der amtlichen Kartenwerke — TopMeldErl. — vom 20. 1. 1941;

verschiedene Vorschriften zur Regelung der Ausbildung und Prüfung der Berufsträger im höheren, gehobenen und mittleren Dienst sowie der vermessungstechnischen Angestellten und Lehrlinge;

Berufsordnung der Öffentlich bestellten Vermessungsingenieure vom 20. 1. 1938;

Aufstellung des Reichskatasters im Zuge der Übernahme der Ergebnisse aus der Reichsbodenschätzung — Erlasse vom 23. 9. 1936 und 22. 2. 1938 mit Ergänzungsvorschriften;

Fortführung des Reichskatasters — FortfErl. — vom 30. 9. 1940;

Neuordnung des Geodätischen Instituts in Potsdam zur wissenschaftlichen Forschung;

Einführung der Neugrad-Winkelteilung (400^g) am 18. 10. 1937;

Bildung der Hauptvermessungsabteilungen am 18. 3. 1938;

Übernahme der Kataster- und Vermessungsbehörden auf das Reich — 1944.

Die letzte Verordnung von 1944 kam infolge der Kriegsereignisse nicht mehr zur Durchführung.

Heute unterliegt das amtliche Vermessungswesen der Gesetzgebung der Bundesländer nach den Artikeln 70, 72 und 74 des Grundgesetzes. In den Ländern Baden-Württemberg, Niedersachsen, Rheinland-Pfalz und Schleswig-Holstein sind die Innenminister der Länder als *Fachminister für das Vermessungswesen* zuständig und sind damit oberste Vermessungs- und Katasterbehörden. In den Ländern Bayern, Bremen, Hessen und Saarland nimmt diese Aufgabe der Finanzminister bzw. -senator wahr. In Nordrhein-

Westfalen ist dafür der Minister für Wohnungsbau und öffentliche Arbeiten, in Hamburg die Obere Baubehörde und in Berlin (West) der Senator für Bau- und Wohnungswesen zuständig. In Berlin (West), Bremen, Saarland und Schleswig-Holstein ist die oberste Vermessungs- und Katasterbehörde (Minister bzw. Senatoren) zugleich höhere Vermessungs- und Katasterbehörde (Mittelinstanz), in Hamburg gibt es keine Mittelinstanz, in Niedersachsen, Nordrhein-Westfalen und Rheinland-Pfalz sind die Regierungspräsidenten höhere Vermessungs- und Katasterbehörden, der in Niedersachsen noch die Abteilung Landesvermessung des Landesverwaltungsamtes nebengeordnet ist. In Baden-Württemberg und Hessen sind die Landesvermessungsämter, in Bayern die Bezirksfinanzdirektionen höhere Vermessungs- und Katasterbehörden; in Berlin, Bremen und Hamburg gibt es keine Landesvermessungsämter. Die unteren Vermessungs- und Katasterbehörden heißen in den meisten Bundesländern Katasterämter, in Bayern und Hamburg Vermessungsämter, in Baden-Württemberg Messungsämter. Die Aufgaben der Katasterämter nehmen in Nordrhein-Westfalen die kreisfreien Städte und Landkreise wahr, in Baden-Württemberg neben den Messungsämtern 26 kommunale Messungsämter. In Berlin (West) sind die Bezirksvermessungsämter für diese Aufgaben zuständig. Die von den Fachministern herausgegebenen Anweisungen sind auch von den anderen behördlichen Vermessungsstellen und den Öffentlich bestellten Vermessungsingenieuren zu beachten, wenn die Ergebnisse der von ihnen ausgeführten Vermessungen in die Festpunktnetze oder das Liegenschaftskataster übernommen werden sollen.

In sieben Bundesländern sind inzwischen Gesetze beschlossen und verkündet worden, die sich mit dem Vermessungswesen befassen. Die einzelnen Gesetze sind in ihrem Aufbau und Umfang sehr verschieden. Am Beispiel des Niedersächsischen Gesetzes über die Landesvermessung und das Liegenschaftskataster (Vermessungs- und Katastergesetz) vom 8. November 1961 seien die wichtigsten Abschnitte eines Vermessungsgesetzes aufgezeigt:

a) Einrichtung und Fortführung der Landesvermessung einschließlich der Landeskartenwerke und des Liegenschaftskatasters sind Aufgaben des Landes;
b) Vermessungsbehörden und Öffentlich bestellte Vermessungsingenieure;
c) Betreten der Grundstücke bei Vermessungsarbeiten;
d) Aufgaben der Landesvermessung und des Liegenschaftskatasters;
e) Bestandteile des Liegenschaftskatasters;
f) Rechte und Pflichten der Grundstückseigentümer;
g) Neueinrichtung des Liegenschaftskatasters und Mitteilung der Fortführungs- und Neueinrichtungsergebnisse an die Eigentümer;
h) Abmarkung von Grenzpunkten (bis auf wenige Ausnahmen sollen alle Grenzpunkte ober- und unterirdisch abgemarkt werden);
i) Abmarkung der Vermessungspunkte;
k) Verhandlung mit den Eigentümern über die Abmarkung bzw. Mitteilung über erfolgte Abmarkungen an die beteiligten Grundstückseigentümer;
l) Verfahren bei Ordnungswidrigkeiten (z. B. Entfernen von Grenzmalen);
m) Ermächtigung des Fachministers zur Herausgabe von Vorschriften über das Verfahren bei den Vermessungen und Abmarkungen sowie über die Beschaffenheit der Grenzmale.

Die obersten Fachbehörden haben sich zu einer *Arbeitsgemeinschaft der Vermessungsverwaltungen der Länder der Bundesrepublik Deutschland (AdV)* zusammengeschlossen, in der anstehende Fragen in technischer und verwaltungsmäßiger Hinsicht besprochen werden. Die Ergebnisse dieser Besprechungen werden als Empfehlungen an die Länderverwaltungen gegeben.

An übergebietlichen Vermessungsstellen, die praktische Vermessungen durchführen und zum Teil eigene Karten in verschiedenen Maßstäben herausgeben bzw. im Dienste der Forschung tätig sind, seien genannt:

a) *Institut für Angewandte Geodäsie* in Frankfurt (Main)
Der Aufgabenkreis des Instituts umfaßt die wissenschaftliche Forschung auf allen Gebieten des Vermessungswesens einschließlich der Kartographie und der Reproduktionstechnik und die Aufbereitung der Forschungsergebnisse für die Praxis. Außerdem führt das Institut gewisse übergebietliche Aufgaben durch und pflegt die Verbindungen zum Ausland. Die Kartenwerke 1 : 200 000 bis 1 : 1 000 000 werden vom Institut auf Grund von Verwaltungsabkommen in Zusammenarbeit mit den einzelnen Landesvermessungsämtern bearbeitet.
b) *Vermessungstechnischer und kartographischer Dienst des Deutschen Hydrographischen Instituts* in Hamburg, der für die Seevermessung und Seekartenherstellung sorgt.
c) *Militärgeographischer Dienst der Bundeswehr.* Innerhalb der Bundeswehr sind Vermessungseinheiten gebildet, die die Angehörigen der Vermessungs- und kartographischen Berufe unter den Wehrpflichtigen für die besonderen militärischen Vermessungsaufgaben ausbilden.
d) *Fachgremien im Deutschen Normenausschuß,* die die vermessungstechnischen und kartographischen Normblätter bearbeiten.
e) *Deutsche Geodätische Kommission* und das *Deutsche Geodätische Forschungsinstitut,* die reine Forschungsarbeit auf dem Gebiete der Geodäsie betreiben.
f) Geodätische, Topographische, Photogrammetrische und Kartographische Institute der wissenschaftlichen Hochschulen.

1.82 Landesvermessung

Die Landesvermessung hat die Aufgabe, das Gebiet des Landes trigonometrisch und topographisch aufzunehmen und kartographisch darzustellen. Bis zum zweiten Weltkrieg nahm diese Aufgaben das Reichsamt für Landesaufnahme in Berlin für das damalige Reichsgebiet wahr. Die im Jahre 1938 gebildeten *Hauptvermessungsabteilungen,* die diese Aufgaben für kleinere Gebiete übernahmen, wurden nach Inkrafttreten des Grundgesetzes (1949) in den meisten Bundesländern in Landesvermessungsämter umgebildet, die nun für das Gebiet ihres Landes die Aufgaben der Landesvermessung wahrnehmen.

Als wichtigste Aufgaben der Landesvermessungsämter seien genannt:

a) *Lagefestpunktfeld, Nivellementfestpunktfeld*
Neubestimmung und Erhaltung der trigonometrischen Netze. Neubestimmung und Erhaltung des Nivellementfestpunktnetzes (Landesnetzes). Die Ergebnisse werden in Festpunktkarteien zusammengestellt, die behördlichen und privaten Vermessungsstellen zur Verfügung stehen.

Außerdem werden die Landesvermessungsämter zu Sonderaufgaben eingesetzt, wie z. B. zur Mitarbeit an einem nordwesteuropäischen Küstennivellement, das sich von Dänemark bis zu den Niederlanden erstreckt.

b) *Topographie*
Aufnahmen der Grundrisse und der Höhen für die Ausgangsmaßstäbe 1 : 5000 und z. T. noch 1 : 25 000 sowie die Auswertung von Luftbildern für diese Maßstäbe.

Für die Herstellung der Deutschen Grundkarte 1 : 5000 werden meist nur Höhenaufnahmen notwendig sein, da die Grundrißherstellung und -berichtigung von den unteren Vermessungsbehörden besorgt wird. Dagegen müssen die Blätter der Topographischen Karte 1 : 25 000 (Meßtischblätter) lage- und höhenmäßig in gewissen Zeitabständen überarbeitet bzw. berichtigt werden.

c) *Kartographie*
Die kartographischen Abteilungen der Landesvermessungsämter befassen sich mit der Auswertung der Arbeitsergebnisse der trigonometrischen und topographischen Abteilungen. Als Ergebnis ihrer Arbeiten werden folgende Karten hergestellt. Deutsche Grundkarte 1 : 5000, Topographische Karte 1 : 25 000, Topographische Karte 1 : 50 000 und Topographische Karte 1 : 100 000. Außerdem werden Sonderkarten, z. B. Kreiskarten, Wanderkarten usw. herausgegeben (siehe hierzu S. 290).

d) *Neuvermessung*
Zur Unterstützung der unteren Vermessungsbehörden ist z. B. in Niedersachsen beim Landesverwaltungsamt — Landesvermessung — noch ein Dezernat Neuvermessung eingerichtet worden. Dieses hilft den Katasterämtern bei der Neuvermessung und Flurkartenherstellung größerer Gebiete.

e) *Automation*
Erarbeitung und Durchführung neuer Methoden, um die Arbeitsweisen bei geodätischen Berechnungen, Herstellung von Flurkarten und die Führung des Liegenschaftskatasters rationeller zu gestalten. Hierfür stehen elektronische Rechen- und Zeichenanlagen zur Verfügung.

1.83 Liegenschaftskataster

Im Liegenschaftskataster werden sämtliche Liegenschaften (Grundeigentum) in Karten und Büchern dargestellt und beschrieben, auch wenn sie steuerfrei oder buchungsfrei (nicht in das Grundbuch einzutragen) sind. Der eigentumsrechtliche Nachweis der Liegenschaften wird im Grundbuch geführt.

Die *Geschichte des Katasters* ist in den einzelnen Bundesländern sehr unterschiedlich. Während in den süddeutschen Ländern, im Rheinland und in Westfalen bereits im Anfang des 19. Jahrhunderts nach französischem Beispiel ein Kataster angelegt wurde, ist diese Einrichtung in den norddeutschen Ländern erst etwa 100 Jahre alt. Der Zweck des damaligen Katasters bestand in der Schaffung einer Grundlage für die Erfassung des grundsteuerpflichtigen Bodens und die gerechte Verteilung der Grundsteuer. Alle Ländereien sollten in Karten und dazugehörigen Registern verzeichnet sein. Da in den norddeutschen Ländern die Anlegung des Katasters innerhalb weniger Jahre erfolgen sollte, mußte aus Zeitmangel auf eine allgemeine Neuvermessung verzichtet und oft auf schon bestehende Karten zurückgegriffen werden. Diese waren bei Gemeinheitsteilungen (Separationen), Umlegungen (Verkoppelungen), Gutsvermessungen, Forstvermessungen usw. entstanden. Die Folge dieser Übernahme war ein in der Darstellung und im Maßstab uneinheitliches und vielfach ungenaues Kartenwerk.

Das anfänglich vorhandene *Steuerkataster* wurde schon bald auch für andere Zwecke in Anspruch genommen. Mit der fortschreitenden Industrialisierung, der Anlage neuer Verkehrswege, der vermehrten Siedlungstätigkeit usw. wurden die Anforderungen, die an das Kataster gestellt wurden, immer vielfältiger. Eine besondere Bedeutung erlangte der Katasternachweis, als er zum *amtlichen Verzeichnis* im Sinne des § 2, Abs. 2 der

Grundbuchordnung eingesetzt wurde (s. S. 93). Infolge der Aufnahme der Reichsbodenschätzung in den Katasternachweis, der angestrebten vollständigen Gebäudedarstellung, der vermehrten Aufnahme der Topographie usw. ist das Kataster heute mehr und mehr zu einem *Mehrzweckkataster* geworden.

Das Kataster hat seine Nachweise nach Gemeinden geordnet. Da die Bezirke der Gemeinden aus mehreren Teilen[1]) bestehen können, auf den Karten aber ein abgerundetes Gebiet dargestellt werden sollte, ist der Begriff der *Gemarkung* eingeführt worden. Die Gemarkung (in Süddeutschland = Markung) ist ein in sich geschlossener und möglichst natürlich begrenzter Bezirk des Katasters. Sie deckt sich nicht immer[1]) mit dem Gebiet einer Gemeinde. Die Gemarkungen werden in der Regel weiter in *Fluren* unterteilt. Die kleinste im Kataster nachgewiesene Einheit bildet das *Flurstück*, das nicht mit dem Grundstück im Sinne des Grundbuchs identisch ist, aber nur zu *einem* Grundbuchgrundstück gehören darf (s. S. 93). Das Flurstück ist ein abgegrenzter Teil der Erdoberfläche, der in der Flurkarte unter einer besonderen Nummer — der Flurstücksnummer — aufgeführt wird.

Zu den Nachweisen des Liegenschaftskatasters gehören das Flurkartenwerk und die Katasterbücher. Die *Flurkarten* (s. S. 280) enthalten Flurstücksgrenzen, Gebäude, Nutzungsart und Ertragsfähigkeit des Bodens, Flurstücksnummern, Lagebezeichnungen und z. T. auch die Topographie. Für die Darstellung der Bodenschätzung kann auch eine besondere *Schätzungskarte* (s. S. 279) geführt werden. Die Katasterbücher bilden den beschreibenden Teil des Nachweises.

Die Grundlage für die kartenmäßige Darstellung der Grenzen, die Flächenangaben und die Wiederherstellung der örtlichen Grenzen im Falle der Zerstörung der Grenzmale bildet eine Vermessung. Sie muß daher mit besonderer Sorgfalt und mit genügenden Kontrollen durchgeführt werden, damit Messungsfehler mit Sicherheit aufgedeckt werden können. Die Grundeigentümer sollen die richtige Lage der gesetzten Grenzmale in einer Abmarkungsniederschrift anerkennen. Die teilweise noch vorhandenen älteren Flurkarten, die eine einwandfreie Vermessung noch nicht zur Grundlage haben, müssen durch neue Karten ersetzt werden, deren Herstellung im allgemeinen eine Neuvermessung erforderlich macht. Nähere Einzelheiten über Inhalt, Herstellung, Zeichenträger, Inselkarten, Rahmenkarten usw. befinden sich im Teil 3, Fachzeichnen.

Die Buchnachweise des Liegenschaftskatasters werden heute meist in Karteiform geführt. Als Ziel ist gesetzt, die gesamten Nachweise in EDV-Anlagen zu speichern. Damit würde sich z. B. die Fortführung der Nachweise und die Herstellung von Auszügen vereinfachen. Der Buchnachweis gliedert sich in Flurbuch, Liegenschaftsbuch, Eigentümerverzeichnis und Namenskartei.

Das *Flurbuch* registriert sämtliche Flurstücke eines Gemeindebezirks, geordnet nach Fluren und Flurstücksnummern. Neben der Nummer des zugehörigen Bestandsblattes im Liegenschaftsbuch sind für jedes Flurstück die Lagebezeichnung, die Nutzungsarten und die Flächen mit Wertzahlen und Ertragsmeßzahlen der einzelnen Klassenabschnitte der Bodenschätzung verzeichnet.

Das *Liegenschaftsbuch* ist nach Eigentümern aufgestellt und wird in der Regel in Karteiform geführt. Die Bestandsblätter sind laufend numeriert (Liegenschaftsbuchnummer = LB). Für jedes Blatt des Grundbuchs wird ein Bestandsblatt angelegt. Auch jedes mit einem Erbbaurecht belastete Grundstück erhält ein besonderes Bestands-

---

[1]) Außerhalb einer Gemeinde liegende Teile nennt man Exklaven, fremde Gebietseinschlüsse Enklaven. Durch die Gebietsreformen der Bundesländer werden viele Gemeinden zu Großgemeinden zusammengelegt.

blatt. Sind für einen Eigentümer mehrere Bestandsblätter anzulegen, müssen gegenseitige Hinweise angebracht werden. Die Flurstücke sind mit ihrer kartenmäßigen Bezeichnung, der Lage, den verschiedenen Nutzungsarten mit Fläche und Ertragsmeßzahl sowie der Gesamtfläche aufgeführt. Im Kopf des Bestandsblattes werden der Eigentümer und das zugehörige Grundbuchblatt eingetragen.

Das *Eigentümerverzeichnis* ist in der Reihenfolge der Nummern des Liegenschaftsbuchs eingerichtet. Es dient in der Hauptsache zum Auffinden der Eigentümerangaben bei Benutzung des Flurbuchs.

Außer diesen Katasterbüchern wird noch eine *Namenskartei* geführt, in der die Eigentümer alphabetisch geordnet sind. Aus dieser Kartei kann die zum Eigentümer gehörige Nummer des Liegenschaftsbuchs entnommen werden.

Die Karten und Bücher des Liegenschaftskatasters müssen immer auf dem laufenden gehalten (*fortgeführt*) werden. Jede Veränderung, die im Grundstücksbestand eintritt, muß in die Nachweise eingearbeitet werden. Zu diesen Veränderungen gehören: Eigentumsänderungen, Änderung der Bodennutzung, Änderungen im Gebäudebestand, Umgemeindungen u. a. Die Veränderungen, die den größten Arbeitsaufwand verursachen, sind die Veränderungen in der Form der Flurstücke. Zu ihnen gehören: Grundstücksteilungen bei Verkauf, Erbauseinandersetzung und Grundstückstausch, Grenzbegradigungen, Anlage von Verkehrswegen, Gewässerausbauten, Anlage neuer Siedlungen, Umlegungen nach dem Bundesbaugesetz, Übernahme von Flurbereinigungen usw. Für diese Formveränderungen ist eine *Fortführungsvermessung* auszuführen, soweit nicht eine Neuvermessung (wie z. B. bei größeren Flurbereinigungen) in Frage kommt. Nach Feststellung der Grenzen des Stammflurstücks werden bei einer Fortführungsvermessung die neuen Grenzen abgemarkt und so vermessen, daß sie in die Karten eingetragen werden können und eine möglichst genaue Flächenberechnung erfolgen kann. Sie muß an das Lagefestpunktfeld (1.51 bis 1.53) angeschlossen sein und sich in das vorhandene Meßliniennetz einfügen lassen. Die beteiligten Grundstückseigentümer haben bei der Abmarkung der alten und neuen Grenzen mitzuwirken. Siehe hierzu auch den Abschnitt über das Grundbuch und seine Verbindung mit dem Kataster (S. 93).

Das Liegenschaftskataster wird von den *Vermessungs- oder Katasterämtern* geführt. Die Amtsbezirke der Katasterämter sind in der Regel mit den Landkreisen identisch. Sämtliche Vermessungen am Grundstücksbestand, auch wenn sie von anderen Vermessungsdienststellen oder Öffentlich bestellten Vermessungsingenieuren ausgeführt sind und den Katasterbestimmungen entsprechen, müssen in die Karten und Bücher übernommen werden. Die eingetretenen Veränderungen sind den Grundbuchämtern und den Finanzämtern (Grundbesitzkataster) mitzuteilen. Neben der Ausführung und Übernahme von Fortführungsvermessungen werden von den Katasterämtern auch die Arbeiten zur Erhaltung und Verdichtung des Lage- und Höhenfestpunktfeldes durchgeführt, soweit diese Arbeiten nicht den Landesvermessungsämtern vorbehalten sind. Besonderes Augenmerk richten die Katasterämter auf die Erhaltung und Neubestimmung des Polygonpunktfeldes. Auch andere Vermessungen können auf Antrag erledigt werden.

Ferner nehmen die topographischen Vermessungen und die zeichnerischen Arbeiten zur Herstellung und Laufendhaltung der Deutschen Grundkarte 1 : 5000 einen erheblichen Teil der Arbeiten eines Katasteramts ein. An weiteren Tätigkeiten und Arbeitsbereichen seien genannt: Ausfertigung von Abzeichnungen und Auszügen aus dem

Katasternachweis, Beglaubigung[1]) und Herstellung von Lageplänen für Bauvorhaben, Bereitstellung der Kartenunterlagen für die nach dem Bundesbaugesetz aufzustellenden Bauleitpläne, Erstattung von Gutachten, Auskünfte über Grundstückswerte usw. In einigen Bundesländern sind bei den Katasterämtern die Geschäftsstellen der Gutachterausschüsse für Grundstücksbewertung nach dem Bundesbaugesetz eingerichtet worden.

1.831 Das Grundbuch und seine Verbindung mit dem Kataster

Das Grundbuch bildet den Nachweis der Eigentumsverhältnisse an einem Grundstück, der auf ihm ruhenden Lasten und Beschränkungen sowie der Rechte an einem Grundstück. Zu diesem eigentumsrechtlichen Nachweis liefert das Liegenschaftskataster mit seinem Flurkartenwerk und seinen Büchern das amtliche Verzeichnis der Grundstücke im Sinne des § 2, Abs. 2 der Grundbuchordnung, in dem die einzelnen Grundstücke eindeutig bezeichnet sind. Da jeder Katasterkarte eine Vermessung zugrunde liegt, können die Grenzen der Grundstücke in der Örtlichkeit wiederhergestellt und den Beteiligten vorgezeigt werden. Als *Grundstück* wird im Grundbuch eine Bodenfläche bezeichnet, die den gleichen rechtlichen Bedingungen unterliegt und unter einer laufenden Nummer im Bestandsverzeichnis eines Grundbuchblattes aufgeführt ist. Es kann aus mehreren Katasterflurstücken bestehen, auch wenn diese räumlich voneinander getrennt liegen.

Das Grundbuch wurde durch die Reichsgrundbuchordnung von 1897, die aber nur Rahmenvorschriften enthielt, im damaligen Reichsgebiet eingeführt. Die speziellen Vorschriften über die Führung des Grundbuchs erließen die Länderregierungen. Erst seit 1935 wurde das Grundbuch im ganzen Reichsgebiet einheitlich gestaltet. Das Grundbuch fußt auf den eigentumsrechtlichen Bestimmungen des Bürgerlichen Gesetzbuches (BGB), das am 1.1. 1900 in Kraft trat. Wichtig sind hierin vor allem die §§ 873—936, 1008—1203, 1371, 1922—1941. Seine Einrichtung und Führung ist in der *Grundbuchordnung* (Fassung von 1935) und der *Grundbuchverfügung* (Fassung von 1941) niedergelegt. Es wird bei den Amtsgerichten vom Grundbuchamt geführt.

Das Grundbuchblatt besteht aus mehreren Teilen.

Bestandsverzeichnis: Es enthält die einzelnen Grundstücke unter laufenden Nummern mit den Katasterangaben und Vermerken über Grund und Zeit evtl. Fortführungen.

Abteilung I: Eintragung des Eigentümers mit Einzelheiten über den Erwerb.

Abteilung II: Vermerk der auf den Grundstücken ruhenden Lasten und Beschränkungen. Zum Beispiel Wegerechte für einen Nachbarn, Nießbrauchrecht für die Eltern des Eigentümers usw.

Abteilung III: Grundpfandrechte (Hypotheken, Grundschulden, Rentenschulden).

Mehrere Grundbuchblätter einer Gemeinde, in großen Gemeinden eines Ortsteiles, werden zu einem Grundbuchband zusammengefaßt; daher die Bezeichnung: *Grundbuch von... Band... Blatt....* Zu jedem Grundbuchblatt wird eine Grundakte geführt, in welcher die rechtlichen Belege wie Kaufvertrag und Auflassung, Vollmachten, Altenteilsverträge, Hypothekenbriefe, Auszüge aus dem Liegenschaftskataster, Erbscheine usw. gesammelt werden. Für Erbbaurechte werden besondere *Erbbaugrundbücher* sowie für Wohnungseigentum *Wohnungsgrundbuchblätter* geführt.

---

[1]) Unterschied von Beglaubigung und Beurkundung: *Beglaubigt* wird die Richtigkeit einer Unterschrift oder Abschrift; *beurkundet* wird aber auch der Inhalt, für den eine Urkunde vollen Beweis begründet, z.B. die Abmarkungsniederschrift, die als öffentliche Urkunde den vollen Beweis des von der Urkundsperson (in diesem Falle Vermessungsrat oder -inspektor, Öffentlich bestellter Vermessungsingenieur) beurkundeten Vorgangs und der vor ihr abgegebenen Erklärungen gibt.

Die Eintragungen im Grundbuch genießen *öffentlichen Glauben* einschließlich der Katasterangaben, aber mit Ausnahme der Flächengrößen.

Die Angaben des Katasters sollen mit den Eintragungen in Bestandsverzeichnis und Abteilung I des Grundbuchs übereinstimmen. Bei der Neuanlegung des Liegenschaftskatasters (Übernahme der Bodenschätzung, Neuvermessung, Übernahme der Ergebnisse einer Flurbereinigung) wird die Übereinstimmung mit dem Grundbuch hergestellt. Bei allen im Laufe der Zeit eintretenden Veränderungen und Berichtigungen muß die Übereinstimmung erneut hergestellt werden. Dabei ist zu unterscheiden, ob die Veränderung vom Grundbuch (z. B. Eigentumsänderung, Neuanlegung eines Grundbuchblattes, Vereinigung[1]) oder vom Kataster (z. B. Flurstücksteilung, Berichtigung oder Verschmelzung[1]) ausgeht. Das Grundbuchamt gibt die Veränderungen mit einer *Veränderungsliste* dem Katasteramt bekannt. Veränderungen im Bestand des Liegenschaftskatasters werden vom Katasteramt im *Veränderungsnachweis* oder einem entsprechenden Vordruck registriert und dem Grundbuchamt sowie dem Antragsteller (z. B. Käufer eines Teilstückes) zusammen mit einem Auszug aus dem Flurkartenwerk übergeben. Beide Auszüge ergeben die Abschreibungsunterlagen. Bei einer Flurstücksteilung können die Beteiligten die Umschreibung im Grundbuch beantragen unter Vorlage der Abschreibungsunterlagen, des notariell beurkundeten Kaufvertrages, der Auflassung[2]) und der Eintragungsbewilligung, die vor dem Grundbuchrichter oder einem Notar zu erklären sind. Die Erhaltung der Übereinstimmung zwischen Grundbuch und Kataster richtet sich nach den Vorschriften des Fortführungserlasses vom 30. 9. 1940 — Fortführung des Reichskatasters —, soweit nicht neuere Vorschriften eingeführt sind. Für die technische Ausführung der Fortführungsvermessungen des Liegenschaftskatasters gibt es besondere Vorschriften (in den meisten Ländern „Fortführungserlaß“ genannt).

1.832 Reichsbodenschätzung und Reichskataster

Die Reichsbodenschätzung wurde auf Grund des im Zuge der Reichssteuerreform erlassenen Gesetzes über die Schätzung des Kulturbodens (Bodenschätzungsgesetz) vom 16. 10. 1934 durchgeführt. Sie erfaßt den gesamten landwirtschaftlich genutzten Boden und soll nicht nur steuerlichen Zwecken dienen, sondern soll auch eine planvolle Gestaltung der Bodennutzung ermöglichen und einwandfreie Beleihungsunterlagen schaffen. Die Reichsbodenschätzung ist heute im wesentlichen abgeschlossen.

Die Übernahme der Schätzungsergebnisse in das Kataster machte eine Umgestaltung der Katasternachweise notwendig. In den *Bodenschätzungsübernahmeerlassen* und den ergänzenden Vorschriften (s. S. 87) wurden die Bestimmungen zur reichseinheitlichen Neuaufstellung des Katasters (sogenanntes *Reichskataster*) niedergelegt. Die heute vorhandenen Karten und Nachweise des Liegenschaftskatasters sind nach diesen Grundsätzen eingerichtet. Es wurden z. B. die heute gebräuchlichen Bezeichnungen Flur, Flurstück, Flurkarte, Schätzungskarte, Flurbuch und Liegenschaftsbuch eingeführt. Auch wurden einheitliche Bestimmungen über die *Numerierung der Flurstücke* und ihre Fortführung nach der Abstammung gegeben. Zum Beispiel wird das Flurstück 65 in die neuen Flurstücke 65/1, 65/2 usw. geteilt, oder es kann auch in gewissen Fällen eine „freie Numerierung“ erfolgen. Soll das neue Flurstück 65/2 erneut geteilt werden, so muß die Stammnummer 65 durch weitere an die letzte Unternummer anschließende

[1]) *Vereinigung* (mehrerer Grundbuchgrundstücke zu einem) ist nur bei gleicher (Hypotheken- usw.) Belastung auf Antrag des Eigentümers möglich. *Verschmelzung* ist die vom Eigentümer beantragte Zusammenfassung mehrerer unter einer Nummer des Bestandsverzeichnisses des Grundbuches registrierten Flurstücke zu einem, wenn die Flurstücke örtlich und wirtschaftlich ein Grundstück bilden.

[2]) Auflassung ist die formelle Einigung über den Eigentumserwerb zwischen Verkäufer und Käufer.

Unternummern unterteilt werden. Die „2“ als Unternummer zur Stammnummer 65 darf nicht wieder vergeben werden. Bei der alten (preußischen) Art der Numerierung stand bzw. steht die Stammnummer nicht im Zähler, sondern im Nenner. Wenn also z. B. das Flurstück 65 geteilt wurde, so entstanden daraus die neuen Flurstücke 156/65 und 157/65, wobei 155 die zuletzt vergebene Flurstücksnummer der Flur war.

Die Reichsbodenschätzung teilt die eigentlichen landwirtschaftlichen Nutzflächen in Acker- und Grünlandflächen ein. Bei der Schätzung wird der Boden eingruppiert nach seiner Zusammensetzung aus mineralischen Bestandteilen, klimatischen Verhältnissen, Wassereinflüssen usw. So werden bei Ackerflächen die Bodenart, die Zustandsstufe und die Entstehung, beim Grünland der Boden, das Klima und das Wasser festgestellt. Neben diesen Feststellungen werden die Böden nach zwei Verhältniszahlen eingeschätzt, der Bodenzahl und der Ackerzahl beim Acker bzw. der Grünlandgrundzahl und der Grünlandzahl beim Grünland. Diese Zahlen geben den Ertrag an. Der beste Boden gibt den Ertrag 100, der schlechteste den Ertrag 0. Die zu den Verhältniszahlen gehörigen Bodenzusammensetzungen sind in einem *Schätzungsrahmen* (Ackerschätzungsrahmen und Grünlandschätzungsrahmen) einheitlich für alle deutschen Länder festgelegt. Die erste Zahl (Bodenzahl bzw. Grünlandgrundzahl) gibt den absoluten (d. h. unter der Annahme mittlerer klimatischer Verhältnisse) Ertrag an, die zweite Zahl (Ackerzahl bzw. Grünlandzahl) bezeichnet den Ertrag unter Berücksichtigung der besonderen örtlichen Verhältnisse. Aus der Ackerzahl bzw. Grünlandzahl wird durch Multiplikation mit der Fläche (in m^2) und Teilung durch 100 die Ertragsmeßzahl ermittelt, die der Einheitsbewertung zugrunde gelegt wird. Darauf fußen die Grundsteuer und andere Steuern.

Bei der Bodenschätzung werden auch die *Nutzungsarten* jeder Fläche festgestellt. Es wird eingeteilt nach den (landwirtschaftlichen) Kulturarten und den übrigen Nutzungsarten und Unland. Zu den Kulturarten zählen: Acker, Gartenland, Grünland, sonstige landwirtschaftliche Kulturarten (z. B. Rebflächen) und Wald. Die übrigen Nutzungsarten und Unland gliedern sich in: Wasser-, Moor- und Heideflächen, Abbauland (z. B. Kiesgruben), Unland (z. B. Felsen) und sonstige Nutzungsarten (z. B. Hofräume, Parks usw.). Die Ergebnisse der Schätzung werden in Schätzungskarten (s. S. 279) dargestellt.

1.84 Bundesbaugesetz und Städtebauförderungsgesetz

Das Bundesbaugesetz vom 23. 6. 1960 ist für das Vermessungswesen von besonderer Bedeutung, da es für gesetzlich vorgeschriebene Maßnahmen die Unterlagen zu liefern hat und die Ergebnisse dieser Maßnahmen zu berücksichtigen sind. Diese sind dann in das Liegenschaftskataster zu übernehmen. Hinzugekommen ist das Gesetz über städtebauliche Sanierungs- und Entwicklungsmaßnahmen in den Gemeinden (Städtebauförderungsgesetz) vom 27. 7. 1971.

1.841 Bauleitpläne

Nach dem Bundesbaugesetz sind zur Ordnung der städtebaulichen Entwicklung in Stadt und Land sogenannte *Bauleitpläne* von den Gemeinden aufzustellen, die den Zielen der Raumordnung und Landesplanung anzupassen sind. Die Bauleitpläne gliedern sich in *Flächennutzungsplan* und *Bebauungsplan* (s. S. 284). Während der Flächennutzungsplan für das gesamte Gemeindegebiet aufzustellen ist und die beabsichtigte Art der Flächennutzung nach den voraussehbaren Bedürfnissen der Gemeinde in den Grundzügen darstellen soll, legt der Bebauungsplan die Einzelheiten der vorgesehenen Nutzung für die im Flächennutzungsplan ausgewiesenen Teilgebiete fest. Es soll Straßen- und Vorgartenbreiten, Radien und Klotoiden-Parameter enthalten. Die Daten sollen eindeutig und nicht überbestimmt sein. Der Bebauungsplan setzt durch Zeichnung und Text (Begründung, die der Gemeinde entstehenden Kosten, beabsichtigte bodenordnende Maßnahmen) fest für

1. das Bauland und für das Bauland
   a) die Art und das Maß der baulichen Nutzung,
   b) die Bauweise, die überbaubaren und die nicht überbaubaren Grundstücksflächen sowie die Stellung der baulichen Anlagen,
   c) die Mindestgröße der Baugrundstücke,
   d) die Höhenlage der baulichen Anlagen,
   e) Einstellflächen für Kraftwagen,
   f) Baugrundstücke für den Gemeinbedarf,
2. Grundstücke, die von der Bebauung freizuhalten sind, und ihre Nutzung,
3. die Verkehrsflächen und
4. die Höhenlage der anbaufähigen Verkehrsflächen, außerdem die Grünflächen (Parkanlagen, Kleingärten, Friedhöfe usw.) sowie Flächen für die Land- und Forstwirtschaft.

Die *Art der baulichen Nutzung* wird durch die Festsetzung bestimmter *Baugebiete*, z. B. allgemeines Wohngebiet, Mischgebiet, Kerngebiet, Industriegebiet, Wochenendhausgebiet, im verbindlichen Bauleitplan bestimmt.

Das *Maß der baulichen Nutzung* wird festgesetzt durch die Zahl der Vollgeschosse, den zulässigen Höchstwert für die Grundfläche der baulichen Anlage und die Geschoßflächenzahl (= Verhältnis der Fläche aller Geschosse zur Grundstücksfläche).

Im Bebauungsplan muß auch der bebaubare Grundstücksteil von dem nicht überbaubaren Teil durch *Baulinien* und *Baugrenzen*[1]) abgegrenzt werden.

Gemäß § 10 des Städtebauförderungsgesetzes sind Bebauungspläne nach § 30 des Bundesbaugesetzes für die Neugestaltung des Sanierungsgebiets aufzustellen. Hierin sind u. a. die Gebäude und sonstigen baulichen Anlagen kenntlich zu machen, die bei der Durchführung der Sanierung ganz oder teilweise beseitigt werden müssen, weil sie den Festsetzungen des Bebauungsplans nicht entsprechen, oder erhalten bleiben sollen. Das förmlich festgelegte Sanierungsgebiet ist im Bebauungsplan einzutragen.

Ist bereits ein Bebauungsplan vorhanden, so sind in ihm durch Berichtigung das Sanierungsgebiet und die o. a. Gebäude und Anlagen kenntlich zu machen.

Die Bebauungspläne, in der Regel im Maßstab 1 : 1000 auf der Grundlage von Flur- oder Stadtkarten (s. S. 280 u. 284), werden von den Gemeinden unter Beteiligung der Stellen, die Träger öffentlicher Belange sind, aufgestellt. Die Entwürfe mit der Begründung werden einen Monat lang öffentlich ausgelegt. Während dieser Zeit können Bedenken und Anregungen von den Beteiligten vorgebracht werden. Die Gemeinde prüft diese und teilt das Ergebnis mit. Die nicht berücksichtigten Bedenken gibt die Gemeinde mit ihrer Stellungnahme an die höhere Verwaltungsbehörde weiter.

Die Bebauungspläne werden nach Genehmigung durch die höhere Verwaltungsbehörde (z. B. Regierungspräsident) rechtsverbindlich. Rechtsmittel hiergegen gibt es nicht.

Für diese Bauleitpläne hat das amtliche bzw. kommunale Vermessungswesen die Kartengrundlagen zu liefern. Für die Ausführung und Übernahme von Teilungsvermessungen für Grundstücke im Bebauungsgebiet und in gewissen Fällen auch außerhalb dieses Gebiets muß die *Bodenverkehrsgenehmigung* nach § 19 des B Bau G vorliegen.

---

[1]) Auf einer Baulinie muß gebaut werden, hinter einer Baugrenze darf man zurückbleiben (§ 23 der Baunutzungsverordnung).

1.842 Baulandumlegung

Als Bodenordnungsmaßnahme ist vom BBauG die *Umlegung* von Bauland (§§ 45—79) eingeführt. Auch hier ist das amtliche und kommunale Vermessungswesen an der Lieferung der Kartenunterlagen und Nachweise sowie bei der Übernahme der Umlegungsergebnisse beteiligt. Die Vermessungsstellen (Katasteramt, Stadtvermessungsamt oder Öffentlich bestellter Vermessungsingenieur) sind zur Durchführung des Umlegungsverfahrens, das nach ähnlichen Grundsätzen wie eine Flurbereinigung (s. S. 99) abläuft, auf Grund der Ausbildung des Personals besonders geeignet.

Voraussetzung einer Umlegung ist ein rechtsverbindlicher Bebauungsplan. Man unterscheidet zwischen Erschließungsumlegung (bei unbebauten Grundstücken) und Neugestaltungsumlegung (bei bebauten Grundstücken). Durch die Umlegung entstehen günstig geschnittene Baugrundstücke. Angeregt durch die planende Stelle, ordnet die Gemeinde die Umlegung an. Durchgeführt wird das Verfahren durch den *Umlegungsausschuß*. Ihm gehören 7 Personen an: ein Volljurist als Vorsitzender, ein zum höheren vermessungstechnischen Verwaltungsdienst Befähigter, ein zum höheren bautechnischen Verwaltungsdienst Befähigter, ein Sachverständiger für Grundstücksbewertung und drei Ratsmitglieder der Gemeinde. Dem Ausschuß steht eine Umlegungsstelle zur Verfügung, die von der Gemeinde eingerichtet wird. Diese führt die Verfahren durch.

Nach Bekanntmachung des Umlegungsbeschlusses besteht eine Verfügungs- und Veränderungssperre. Im Grundbuch ist an den betroffenen Stellen ein entsprechender Vermerk einzutragen. Die Grundstücke des Umlegungsgebietes werden nach ihrer Fläche rechnerisch zu einer Masse vereinigt. Aus dieser sind vorweg die Flächen, die nach dem Bebauungsplan als öffentliche Verkehrs- und Grünflächen festgesetzt sind, auszuscheiden und der Gemeinde zuzuteilen. Für die Errechnung der den beteiligten Grundeigentümern an der Verteilungsmasse zustehenden Anteile ist entweder von dem Verhältnis der Flächen oder — was die Regel ist — von dem Verhältnis der Werte auszugehen, in dem die früheren Grundstücke vor der Umlegung zueinander gestanden haben. Im letzten Falle ist jedem Eigentümer möglichst ein Grundstück mit dem gleichen Verkehrswert zuzuteilen, den sein früheres Grundstück im Zeitpunkt des Umlegungsbeschlusses hatte. Kann ein Eigentümer die errechneten Anteile nicht ganz in Grundstücken erhalten, so ist er mit Geld oder grundstücksgleichen Rechten, z. B. Miteigentum, Wohnungseigentum, Erbbaurecht, abzufinden.

Der *Umlegungsplan* ist nach Erörterung mit den Eigentümern durch Beschluß aufzustellen. Aus dem Umlegungsplan muß der künftige Neuzustand mit allen Änderungen hervorgehen. Der Umlegungsplan, bestehend aus Umlegungskarte und -verzeichnis, muß nach Form und Inhalt zur Übernahme in das Liegenschaftskataster geeignet sein.

Nach der öffentlichen Auslegung der Umlegungskarte und Zustellung eines Auszuges aus dem Umlegungsplan wird ortsüblich bekanntgemacht, wann der Umlegungsplan unanfechtbar geworden ist. Bis zur Berichtigung des Liegenschaftskatasters dienen Umlegungskarte und -verzeichnis als amtliches Verzeichnis der Grundstücke im Sinne des § 2, Abs. 2 der Grundbuchordnung. Zur Berichtigung des Grundbuchs erhält das Grundbuchamt entsprechende beglaubigte Abschriften von der Umlegungsstelle.

Das Umlegungsverfahren kann beschleunigt werden durch *Vorwegnahme der Entscheidung* (§ 76) und durch vorzeitige Besitzeinweisung (§ 77) für Teile des Umlegungsgebietes.

1.843 Grenzregelung

Als weitere bodenordnende Maßnahme kann die Gemeinde zur „Herbeiführung einer ordnungsmäßigen Bebauung oder zur Beseitigung baurechtswidriger Umstände“ im Geltungsbereich eines Bebauungsplanes oder innerhalb der im Zusammenhang bebauten Ortsteile Teile benachbarter Grundstücke gegeneinander austauschen oder einseitig zuteilen (= Grenzregelung), wenn dies im öffentlichen Interesse geboten ist und der Wert der Grundstücke nur unerheblich geändert wird (höchstens 15%). Der Umlegungsausschuß wird hierbei nicht tätig. Katastermäßig wird die Grenzregelung (§ 80) wie eine Fortführungsvermessung (s. S. 92) behandelt.

1.844 Enteignung nach dem Bundesbaugesetz

Wenn nichts anderes zum Ziele führt, muß die plangerechte städtebauliche Ordnung durch Entziehung des Grundeigentums (= Enteignung) durchgesetzt werden. Jede in einem Bebauungsplan festgesetzte Nutzung kann durch Enteignung ermöglicht werden, wenn diese Nutzung im öffentlichen Interesse liegt. Die Maßnahme wird von der höheren Verwaltungsbehörde auf Antrag der Gemeinde durchgeführt. Für das entzogene Grundeigentum ist, soweit nicht Ersatzland geboten werden kann, eine Geldentschädigung in Höhe des Verkehrswertes zu zahlen.

1.845 Erschließung

Die Erschließung ist Aufgabe der Gemeinde, soweit sie nicht nach anderen gesetzlichen Vorschriften oder öffentlich-rechtlichen Verpflichtungen einem anderen obliegt. Ziel der Erschließung ist es, alle technischen Voraussetzungen außerhalb des Grundstücks zu schaffen, damit diese den städtebaulichen Grundsätzen entsprechend genutzt werden können. Es müssen also Verkehrsflächen (Straßen, Wege), Versorgungsanlagen (Wasser, Energie, Wärme, Nachrichtenübermittlung und Beseitigung von flüssigen und festen Abfallstoffen) den Bedürfnissen entsprechend zur rechten Zeit und in technisch einwandfreier Form geschaffen werden. Die Kosten für die Herstellung der öffentlichen zum Anbau bestimmten Verkehrsflächen mit all ihrem Zubehör einschließlich der Parkplätze und Kinderspielplätze können bis zu 90% in Form von *Erschließungsbeiträgen* von den anliegenden Grundstückseigentümern erhoben werden.

1.85 Öffentlich bestellte Vermessungsingenieure

Der Öffentlich bestellte Vermessungsingenieur (ÖbVI) ist als freischaffender Vermessungsingenieur Träger eines öffentlichen Amtes[1]). Er ist Mithelfer aller behördlichen Vermessungsstellen. Seine Tätigkeit umfaßt ein weites Gebiet. Die Verantwortlichkeit des Öffentlich bestellten Vermessungsingenieurs für seine Arbeiten richtet sich nach der *Berufsordnung für Öffentlich bestellte Vermessungsingenieure* vom 20. 1. 1938, soweit

---

[1]) In Niedersachsen nach § 2 des Vermessungs- und Katastergesetzes.

die Länder seit 1948 noch keine neuen Vorschriften erlassen haben. Der Öffentlich bestellte Vermessungsingenieur wird von der Verwaltungsbehörde für ein bestimmtes Gebiet zugelassen und erhält somit seine „öffentliche Bestellung". Nach der Berufsordnung gliedert sich seine Tätigkeit folgendermaßen:

a) Vermessungen mit amtlichem Charakter und öffentlichem Glauben, z. B. Grenzfeststellungen, Grundstücksteilungen, Ausfertigung von Lage- und Höhenplänen für Bauanträge, Ausstellung von Grenzattesten für Kreditinstitute, Ermittlung von Bodensenkungen, Fertigung von Unterlagen für Enteignungsverfahren und Bebauungspläne, Vermessungsarbeiten für Flurbereinigungen, Schlußvermessungen für Straßen- und Gewässerbauten, Durchführung von Baulandumlegungen nach dem Bundesbaugesetz usw.

b) Ingenieurvermessungen

Außer den Planungsarbeiten werden hauptsächlich Absteckungs- und Überwachungsarbeiten für große Bauvorhaben ausgeführt, z. B. Straßenbauten, Gewässerbauten, Gleisbauten, Bau großer Industrieanlagen, Brücken- und Spezialbauten, Montage großer Maschinen usw.

c) Beratende und gutachtliche Tätigkeit bei Grenzstreitigkeiten, Bewertung des Bodens, Grundstücksverwaltung usw.

Der Öffentlich bestellte Vermessungsingenieur bedient sich der Mithilfe seiner Mitarbeiter, die sich wegen des weit gespannten Aufgabengebietes in allen Sparten des Vermessungswesens betätigen können.

1.86 Behördliche Vermessungsstellen mit besonderen Aufgaben

1.861 Flurbereinigung

In den landeskulturellen Verfahren der Flurbereinigung und der ländlichen Siedlung bietet sich dem Vermessungsingenieur ein weites Betätigungsfeld. Die Flurbereinigung soll der Landwirtschaft helfen, sich zu mechanisieren; d. h. die Einteilung der Feldfluren, die sich aus der mittelalterlichen Dreifelderwirtschaft entwickelt hat und infolge Erbteilungen und Verkäufe viele kleine unwirtschaftlich geformte Acker- und Wiesenstücke aufweist, soll nach modernen Gesichtspunkten gestaltet werden. Es kommt oft vor, daß Bauern 25 und mehr einzelne weit voneinander entfernte Besitzstücke bewirtschaften müssen. Nach der Beendigung des Verfahrens sind vielleicht nur noch 3 bis 5 entsprechend größere Besitzstücke vorhanden. Eine Flurbereinigung kann aber auch zur Aufbringung des Landbedarfs für Autobahnen, Kanäle usw. eingeleitet werden. Gleichzeitig können die wirtschaftlichen Schäden, die durch die Anlage eines solchen Verkehrsweges infolge der Zerschneidung der Feldflur für die Landwirtschaft entstehen, in einem Flurbereinigungsverfahren behoben oder erheblich gemildert werden. Eine durchgreifende Rationalisierung der Landwirtschaft zur Erhöhung ihrer Wettbewerbsfähigkeit innerhalb der Europäischen Wirtschaftsgemeinschaft (EWG) kann nur einen vollen Erfolg haben, wenn die Äcker und Wiesen mit Maschinen erreichbar und so geformt sind, daß sich ihr Einsatz lohnt.

Bei der *Neugestaltung der Feldflur* soll gleichzeitig ein gutes Wegenetz und ein ausreichendes Grabennetz zur Ent- und Bewässerung geschaffen werden. Auch kann eine Umgestaltung des Dorfes durch Aussiedlung einzelner Gehöfte in die Feldflur, Ausweisung von Schulplätzen, Friedhöfen, Sportanlagen usw. erfolgen. Das sind Aufgaben, bei denen viele vermessungstechnische Probleme zu lösen sind und die von dem Vermessungsfachmann außer seinem fachtechnischen Können auch kulturtechnisches Wissen und viel Menschenkenntnis verlangen. Im einzelnen sind folgende Vermessungsarbeiten durchzuführen: Vermessung der Bodenschätzungsgrenzen und ihre kartenmäßige Darstellung; Planung des neuen Wege- und Gewässernetzes; Grenzfeststellung für die Gebietsgrenze; Planung und Vermessung des trigonometrischen und polygonometrischen Netzes; Absteckung, Vermessung und Kartierung des neuen Wege- und Gewässernetzes; Planung und Berechnung der neuen Grundstücke, wobei die Abfindungen in der Regel nach dem Schätzungswert der eingebrachten Grundstücke, abzüglich eines Beitrags zum Mehrbedarf für Wege, gemeinschaftliche Anlagen usw., erfolgen müssen; Übertragung der Neueinteilung in das Feld und ihre Vermessung; Herstellung der Unterlagen zur Berichtigung des Grundbuches und des Liegenschaftskatasters. Daneben sind Höhenaufnahmen und Erdmassenberechnungen für das Wege- und Gewässernetz zu fertigen und noch vieles andere.

Bereits 1802 wurde im damaligen Kurfürstentum Hannover eine Behörde für Angelegenheiten der Landeskultur gegründet. Die erste reichseinheitliche Regelung für das Flurbereinigungsverfahren erging 1936, die 1954 durch das Flurbereinigungsgesetz im Bundesgebiet abgelöst wurde.

In einigen Ländern sind die Flurbereinigungsbehörden gleichzeitig Siedlungsbehörden. Auch hier muß der Vermessungsingenieur ein Wege- und Gewässernetz planen, die Einteilung in Siedlerstellen vornehmen und die Absteckung und Vermessung besorgen.

Da die Flurbereinigungen und Siedlungen große Gebiete umfassen, müssen zur Bewältigung der Vermessungsaufgaben moderne Methoden, wie z. B. die Luftbildmessung, eingesetzt werden. Zur häuslichen Bearbeitung der Vermessungen bedient man sich weitgehend automatischer Rechen- und Zeichenanlagen.

1.862 Stadtvermessung

Die meisten größeren Städte[1]) bedienen sich bei ihren umfangreichen Planungs- und Bauaufgaben eines eigenen Vermessungsamtes. Die Notwendigkeit zur Einrichtung dieser Vermessungsstellen ergab sich vielfach schon gegen Ende des vorigen Jahrhunderts, als die Städte sehr schnell zu wachsen begannen. Schon damals wurden sogenannte Fluchtliniengesetze erlassen, die die Bebauung in geordnete Bahnen lenken sollten. Leider stand kein geeignetes Kartenmaterial zur Aufstellung und Durchführung der Fluchtlinienpläne zur Verfügung, weil das Kataster — soweit es schon bestand — vor allem in den norddeutschen Ländern nur auf steuerliche Zwecke ausgerichtet war. Es mußten daher neue Karten hergestellt werden, die den Anforderungen des Städtebaues gerecht wurden. Besonders nach den Zerstörungen des letzten Krieges ergaben sich für die Stadtvermessungsämter viele und außerordentlich umfangreiche Aufgaben. Ohne die Mithilfe dieser Vermessungsstellen wäre der schnelle und großzügige Wiederaufbau zerstörter oder schwerbeschädigter Städte nicht möglich gewesen.

Im einzelnen ergeben sich für ein Stadtvermessungsamt folgende Aufgaben: Verdichtung und Erhaltung des Lage- und Höhenfestpunktnetzes, Polygonierung, Neu- und Fortführungsvermessungen, soweit die Stadt Eigentümer ist oder wird, Ingenieur- und topographische Vermessungen, Höhenvermessung, Kartenherstellung, -laufendhaltung und -vervielfältigung, Ausfertigung von Grenzattesten, Gebäudeeinmessungen,

[1]) Auch andere große Gemeinden (ohne Stadtrechte) und Zusammenschlüsse o. ä. (z. B. Ämter, Samtgemeinden) mehrerer Gemeinden sowie Landkreise haben z. T. eigene Vermessungsstellen. Man faßt sie insgesamt auch unter dem Begriff „kommunales Vermessungswesen" zusammen.

Versorgung der einzelnen Dienststellen der Stadtverwaltung mit Sonder- und thematischen Karten, Verwaltung städtischen Grundeigentums, z. T. Anfertigung von Bebauungsplänen, Baulandumlegungen nach dem Bundesbaugesetz, Absteckung von Hoch-, Tief-, Straßen- und Gewässerbauten, Überwachung von Bodensenkungsgebieten, Baugrunduntersuchungen, Festlegung und Anweisung von Baulinien und -grenzen, Anfertigung und Beglaubigung (Ausfertigung) von Lageplänen für Bauanträge nach der Bauordnung, Ermittlung von Grundstückswerten sowie z. T. auch die Anlage und Laufendhaltung von Leitungskatastern.

Im allgemeinen haben nur größere Städte ein eigenes Vermessungsamt. In den kleineren Städten müssen die anfallenden Vermessungsaufgaben von Katasterämtern oder Öffentlich bestellten Vermessungsingenieuren wahrgenommen werden. In Nordrhein-Westfalen, wo die Katasterämter den Landkreisen und kreisfreien Städten zugeordnet sind, ist in großen Städten das Katasteramt mit dem Stadtvermessungsamt vereint. In Baden-Württemberg sind 26 Städten die Aufgaben des Katasters übertragen worden. Im übrigen gibt es viele Berührungspunkte zwischen den Aufgaben der Stadtvermessung und des Katasters, so daß eine gute Zusammenarbeit notwendig ist.

1.863 Eisenbahnvermessung

In früheren Jahren hatten die eigenen Vermessungsstellen der Eisenbahnen die Hauptaufgabe, bei der Anlage neuer Strecken mitzuwirken. Es war die Trasse zu entwerfen, und die nötigen Vermessungen waren auszuführen. Außerdem gehörten der Grundstückserwerb und die katastermäßige Vermessung der neuen Strecke zu ihren Aufgaben.

Infolge der dauernden Geschwindigkeitserhöhungen mußten die Schienen immer sorgfältiger verlegt werden. Heute müssen komplizierte Berechnungen angestellt werden, um die Kurven so zu gestalten, daß sie mit hohen Geschwindigkeiten ohne Gefahr durchfahren werden können. So gehören heute die Berechnung und Vermessung der Gleise zum wichtigsten Aufgabengebiet der Eisenbahnvermessungsstellen.

Besonders der Wiederaufbau nach den Zerstörungen des letzten Krieges und die seitdem angelaufene Modernisierung der Bundesbahn hat die Vermessungsstellen zu einem unentbehrlichen Glied der Bauabteilungen werden lassen. Die Mitarbeit der Vermessungsstellen sei am Beispiel der Elektrifizierung einer Hauptbahn aufgezählt: Verlängerung der Bahnsteige auf 400 m; Verlängerung der Ein- und Ausfahrgleise sowie der Überholungsgleise auf 750 m; Auflösung von Rangieranlagen; Erweiterung von Tunneln und Hebung oder Neubau von Brücken; Planung und Bau von Schnellbahnabschnitten neben den bestehenden Strecken; Beseitigung von Bahnübergängen und Schaffung von Überbrückungen im Zuge von Verkehrsstraßen. Diese Aufzählung läßt sich noch wesentlich verlängern. Neben den anfallenden Ingenieurvermessungen sind auch noch Arbeiten im Rahmen der Landesvermessung und der Katastervermessung auszuführen, wie z. B. Verdichtung und Erhaltung des Lage- und Höhenfestpunktnetzes, Vermessungen für Grundstückserwerb im Zuge der Erweiterung von Betriebsanlagen usw. Einen großen Teil der Arbeiten nimmt die kartenmäßige Darstellung in Strecken- und Bahnhofsplänen, der (zentralen) Herstellung von Übersichtskarten in mehreren kleinen Maßstäben, ihre Laufendhaltung und Vervielfältigung sowie die Liegenschaftsverwaltung ein.

Die Vermessungsstellen sind als Dezernate bei den Bundesbahndirektionen eingerichtet.

1.864 Vermessungsstellen der Straßenbaubehörden

Infolge des ständig anwachsenden Straßenverkehrs muß das bestehende Straßennetz erweitert und modernisiert werden. Diese Ergänzungs- und Neubauten (Autobahnen, Umgehungsstraßen, Neubaustrecken der Bundesstraßen usw.) erfordern eine sorgfältige Planung der Linienführung, exakte Berechnung der Kurven, Absteckung der Trassen, Überwachung der Bauausführung und vieles andere. Neben diesen Ingenieurvermessungen fallen auch Katastervermessungen an, die mit dem Grunderwerb und der Übernahme der neuen Anlagen in das Liegenschaftskataster zusammenhängen.

Die den einzelnen Bundesländern unterstehenden Straßenbaubehörden haben zur Bewältigung dieser Aufgaben eigene Vermessungsstellen aufgebaut, welche die speziellen Vermessungen, Berechnungen und Bauüberwachungen ausführen. Der liegenschaftsrechtliche Bestand der Straßen soll in einem *Straßenkataster* aufgeführt werden. Straßenvorentwürfe (nach RE[1]) erfolgen im allgemeinen in der Deutschen Grundkarte 1:5000 (s. S. 285) und in Karten 1:2500; Bauentwürfe (ebenfalls nach RE) im Kartenmaßstab 1:1000. Außerdem werden *Straßenübersichtskarten* geführt.

1.865 Vermessungsstellen der Wasser- und Schiffahrtsbehörden

Auch bei den Wasser- und Schiffahrtsdirektionen (Bundesbehörden) sind zur Ausführung der beim Neubau und der Unterhaltung der Wasserstraßen (Kanäle und Gewässer I. Ordnung) anfallenden Vermessungsaufgaben eigene Vermessungsstellen eingerichtet. Auch hier machen die Ingenieurvermessungen zur Planung und Ausführung der Neubauten einen erheblichen Teil der Gesamtaufgaben aus. Daneben fallen viele Nivellementsarbeiten zur Schaffung und Erhaltung des notwendigen dichten Höhenfestpunktnetzes an den Wasserstraßen an. Ähnlich wie bei der Eisenbahnvermessung sind die Vermessungsstellen zur Schaffung und Berichtigung von *Strom-* und *Kanalkarten* in den Maßstäben 1:1000, 1:2000 und 1:2500 eingesetzt. Diese Karten, deren Blattschnitt dem Stromverlauf angepaßt ist, enthalten alle Einzelheiten des Gewässers einschließlich aller Bauwerke. Außerdem gehören die Verwaltung der Grundstücke, die Vorbereitungen für den nötigen Grundstückserwerb bei Neubauten sowie die notwendigen Katastervermessungen zum vermessungstechnischen Aufgabenbereich.

1.866 Forstvermessung

Zur Durchführung einer intensiven Forstwirtschaft ist es notwendig, ein einwandfreies und für die besonderen Zwecke geeignetes Kartenmaterial sowie der Wirklichkeit entsprechende Flächenangaben zur Verfügung zu haben. Darum sind in einigen Bundesländern zur Unterstützung der Forstbehörden zentrale Vermessungsstellen[2]) eingerichtet worden. Die Katasterunterlagen sind für die großen Waldgebiete meist von alten Unterlagen abgeleitet und daher veraltet und fehlerhaft. Die Forstbehörde muß daher selbst für eine Neuaufnahme und Kartenherstellung sorgen Als Grundmaßstab dürfte in allen Ländern der Maßstab 1:5000 dienen, aus dem für größere Übersichtskarten weitere Maßstäbe abgeleitet werden können. Selbstverständlich werden diese Arbeiten (Vermessung und Kartenherstellung) in Zusammenarbeit mit der Landesvermessung und der Katasterverwaltung durchgeführt.

---

[1]) RE = Richtlinien für die Entwurfsgestaltung im Straßenbau (RE) von 1966

[2]) z. B. Nieders. Forsteinrichtungs- u. Vermessungsamt, jetzt Nds. Forstplanungsamt.

Neben den Arbeiten zur Herstellung und Ausarbeitung von Karten haben die Vermessungsstellen auch noch andere Aufgaben. So sind bei der Neueinrichtung von Forsten Linien abzustecken und die Neuaufforstungen aufzumessen und in die Karten zu übernehmen. Außerdem sind Holzabfuhrwege, besonders im bergigen Gelände, zu planen, abzustecken und endgültig zu vermessen. Auch in Fragen der Grundstücksverwaltung stehen die Vermessungsstellen den einzelnen Forstdienststellen zur Seite.

1.87 Markscheidewesen

Der Zweig der Vermessungskunde, der sich mit der Vermessung im Bergbau befaßt, wird als Markscheidekunde bezeichnet. Der Bergbau ist schon seit Jahrhunderten auf eine gute Vermessung der Abbaugerechtigkeiten und der Bergwerksanlagen über und unter Tage angewiesen. Darum hat sich dieser Zweig des Vermessungswesens sehr selbständig entwickelt. Die Eigenheiten im Markscheidewesen treten besonders in der Ausdrucksweise und in der Ausarbeitung der Karten und Risse hervor. Der Name *Markscheider* ist aus Mark = Grenze und scheiden = einteilen oder abtrennen entstanden. Heute werden unter dem Begriff Markscheidewesen alle Messungen, Berechnungen und Kartenherstellungen zusammengefaßt, die bergbaulichen Zwecken dienen, einschließlich der geologischen Beobachtungen zur Erschließung neuer Lagerstätten.

Im einzelnen kann man nach *H. Scharf* (s. auch Literaturverzeichnis) die heutigen Aufgaben des Markscheiders folgendermaßen beschreiben:

a) die Festlegung der Fundpunkte, der Markscheiden und sonstigen Grenzen von Bergbauberechtigungen;

b) die Anfertigung und Nachtragung der durch Gesetz, Verordnung oder Verfügung über die Planung, Führung und Überwachung des Bergwerksbetriebes geforderten Karten-, Riß- und Planungsunterlagen sowie die hierzu erforderlichen markscheiderischen Messungen, Berechnungen und Beobachtungen einschließlich der geologischen und lagerstättenkundlichen Aufnahmen;

c) die für den Aufschluß der Lagerstätte und den Bergbaubetrieb sonst erforderlichen Vermessungen und markscheiderischen Aufgaben;

d) die Anlegung und Fortführung des Lagerstättenarchivs;

e) die Feststellung bergbaulicher Einwirkungen auf Schächte, Grubenbaue und Tagesgegenstände sowie die markscheiderische Bearbeitung von Bergschadensangelegenheiten;

f) die Bewertung von Bergwerksfeldern, Mineralvorräten und Grubenbauen;

g) die Mitwirkung bei der Abbauplanung und bei der Aufstellung von Betriebsplänen;

h) die Mitwirkung bei geologischen, lagerstättenkundlichen, geophysikalischen und wasserwirtschaftlichen Untersuchungen;

i) die Mitwirkung bei Angelegenheiten des bergbaulichen Grundbesitzes;

k) die Mitwirkung bei der Durchführung der für den Wege-, Eisenbahn- und Wasserbau des Bergbaues sowie für die Wiedernutzbarmachung der Tagesoberfläche erforderlichen geodätischen Arbeiten;

l) die Mitwirkung bei der Laufendhaltung der amtlichen topographischen Karten.

2 FACHRECHNEN

2.0 Allgemeines

Für das Fachrechnen wird in diesem Lehrbuch ein mathematisches Wissen vorausgesetzt, wie es auf den Berufsschulen im ersten Berufsschuljahr gelehrt wird. Wer also durch Selbstunterricht Fachwissen erwerben will, muß neben diesem Buch ein mathematisches Lehrbuch verwenden (Beispiele siehe Literaturverzeichnis). Soweit es didaktisch zweckmäßig schien, sind die Gebrauchsformeln abgeleitet. Da sich das Fachrechnen und die Trigonometrie verzahnen, ist die Trigonometrie, soweit es nötig schien, eingehend dargestellt, allerdings mit den geodätischen Eigentümlichkeiten, wie Neugradteilung, Quadrantenzählung rechts herum, positive x-Achse nach oben, positive y-Achse nach rechts.

Das Rechnen mit Logarithmen wird in diesem Lehrbuch zwar nicht mehr entwickelt, aber geübt. In der Praxis wird wohl nur noch im Außendienst logarithmisch gerechnet, soweit nicht Kleinrechenmaschinen benutzt werden. Solange die meisten Berufsschulen nur mit einer kleinen Anzahl Rechenmaschinen ausgestattet sind, wird das Rechnen mit Logarithmen noch einen Teil des Unterrichts einnehmen, da bei Klassenarbeiten meistens logarithmisch gerechnet wird. Daß man manche Aufgaben auch mit dem Rechenschieber rechnen kann, werden wir auf Seite 105 lernen. Um allerdings nicht allzu langsam voranzukommen, werden im Unterricht etwa die Hälfte der Aufgaben mit der Maschine gerechnet werden müssen. Deswegen wird in diesem Lehrbuch öfter ein logarithmisches Rechenmuster neben dem für Maschinenrechnung behandelt. Nach Möglichkeit wurden die neuen Vermessungsvordrucke nach dem Vorschlage der Arbeitsgemeinschaft der Vermessungsverwaltungen der Länder der Bundesrepublik (AdV) — Arbeitskreis Kataster —, die für Doppelmaschinen gedacht sind, berücksichtigt. Soweit die Rechengenauigkeit es zuläßt, wird auch das Rechnen mit Rechenschieber für den Vermessungstechniker nützlich bleiben.

2.1 Rechenmittel

Der Vermessungstechniker rechnet viel und genau. Er erleichtert sich das Rechnen durch Anwendung vo Rechenmitteln. Dazu gehören:

Rechentafeln (Produkttafeln, Quadrattafeln, Tachymetertafeln, Bogentafeln)[1])
Logarithmentafeln (insbesondere 5- und 6stellige Tafeln)[1])
Rechenschieber (Firmen Aristo-Werke, Dennert & Pape KG, Nestler und Faber)
Rechenbilder (Nomographie), z. B. Bilder 143,3 und 303,2.
Rechenmaschinen, elektronische Rechenanlagen, Maschinentafeln (der natürlichen Werte der trig. Funktionen)
Rechenvordrucke

2.11 Genauigkeit der Rechnung und Auswahl des Rechenmittels

Die Genauigkeit des *Rechenschiebers* liegt bei 3 Stellen ($\pm\, ^1/_{500}$), die Genauigkeit der *5stelligen Logarithmentafel* bei 5 Stellen ($\pm\, ^3/_{100\,000}$). Ist in Ausnahmefällen — etwa bei der Berechnung von Dreieckspunkten — eine größere Genauigkeit erforderlich, so empfiehlt sich

[1]) S. Literaturverzeichnis.

eine 6- oder 7stellige Tafel. Je mehr Stellen man braucht, desto fühlbarer wird der Vorteil der Maschinenrechnung. Der tüchtige Vermessungstechniker sollte sich daran gewöhnen, über die erforderliche Genauigkeit der Vermessung und Rechnung in jedem Falle nachzudenken.

Die Rechengenauigkeit soll zur Meßgenauigkeit passen.

Koordinaten werden im allgemeinen auf Zentimeter genau, *Polygonpunktkoordinaten* in größeren Städten meist auf Millimeter genau berechnet und dann auf volle Zentimeter auf- oder abgerundet. Siehe 2.21 und 2.24. Bei *Absteckungen* (Ingenieurbauten) wird meist auf Zentimeter genau gerechnet und gemessen, in gewissen Fällen, z. B. bei Brückenwiderlagern und Standortfestlegungen für Präzisionsmaschinen auf Millimeter genau. Bei *topographischen Lagevermessungen* mißt man auf 1 dm genau. Dies entspricht etwa der Genauigkeit einer Karte im Maßstabe 1 : 1000, aus der meist Karten in kleineren Maßstäben abgeleitet werden. Für diese genügt eine geringere Genauigkeit in Vermessung und Rechnung. *Höhenfestpunkte* werden meist auf $^1/_{10}$ oder $^1/_{20}$ mm genau gemessen und ihre gerechneten Höhen auf mm genau abgerundet. *Straßenhöhen* werden auf 1 cm genau angegeben, Geländehöhen auf 0,5 bis 1 dm genau. Entsprechend der erforderlichen Genauigkeit wählt man das Meßinstrument, die Sichtweite, die Nivellierlatte oder das Streckenmeßgerät und -verfahren aus. Eine größere Genauigkeit verlangt auch einen größeren Zeitaufwand.

2.12 Rechenschieber

Das Rechenmittel, das für schnelle Überschlagsberechnungen geeignet ist, ist der Rechenschieber. Mit ihm kann man etwa auf $2^0/_{00}$ genau mechanisch multiplizieren, dividieren, die 2. und 3. Potenz sowie die 2. und 3. Wurzel bilden. Eine gewisse Übung gehört aber dazu.

Der Rechenschieber besteht aus dem *Körper*, dem *Schieber*, der sich in einer Aussparung des Körpers mittels Nuten verschieben läßt, und dem *Läufer*. Üblich sind Rechenschieber von 25 cm Skalenlänge und Taschenrechenschieber von 12,5 cm Länge; es gibt aber auch Schreibtischrechenschieber von 50 cm Länge. Körper und Schieber sind aus Edelholz mit weißer Zelluloidauflage oder aus Kunststoff gefertigt. Die Teilungen sind schwarz oder rot auf weißem Grund. Der Läufer besteht aus Plexiglas. Auf ihm ist eine Strichmarke angebracht, mit der einzelne Stellen der Skalen markiert werden können.

Das Bild 108,1 zeigt einen Rechenschieber, der für vermessungstechnische Anwendungen gut brauchbar ist. In den Bildern 106,1 und 107,1 ist ein Taschenrechenschieber mit den notwendigsten Teilungen dargestellt. Die Vorderseite trägt die Teilungen für Multiplikation bzw. Division und Quadrierung bzw. Radizierung. Die Rückseite trägt die Teilungen für Sinus und Tangens, die im Vermessungswesen für Kontrollrechnungen verwendet werden können.

Wie schon der Name *logarithmischer Rechenschieber* sagt, beruht seine Konstruktion auf den Sätzen über die Multiplikation bzw. Division mit Logarithmen:

$$\lg (a \cdot b) = \lg a + \lg b$$

$$\lg \frac{a}{b} = \lg a - \lg b$$

Trägt man auf einer Geraden die einer Logarithmentafel entnommenen Werte von lg 1 = 0,0000; lg 2 = 0,3010; lg 3 = 0,4771; lg 4 = 0,6021; lg 5 = 0,6990 usw. bis lg 9 = 0,9542 u. lg 1,1 = 0,0414; lg 1,2 = 0,0792 usw. auf und schreibt ihre Numeri, also 1, 2, 3 usw. heran, so erhält man die Hauptteilung des Rechenschiebers. Auf unserem Taschenrechenschieber ist die unterste gleichförmige Teilung L 12,5 cm lang. An ihrem rechten Ende ist der Wert 1.0 angeschrieben, in ihrer Mitte der Wert .5, der 0,5 bedeutet, im ersten Zehntel der Wert .1, der 0,1 bedeutet (die Nullen sind auf dieser Teilung wie auf der Haupt-, der quadratischen und der kubischen Teilung des Rechenschiebers weggelassen).

Auf der Teilung darüber, D genannt, hat man die logarithmischen Werte aufgetragen, also über 0,3010 den Wert 2, über 0,4771 den Wert 3 usw. Die Teilung C auf der Zunge ist gleich der Teilung D. Die Unterteilung auf D und C ist so weit fortgeführt, daß die kleinsten Intervalle 0,5 bis 1,2 mm groß sind, also der Bereich von 1 bis 1,1 und ebenso der Bereich von 1,1 bis 1,2; 1,2 bis 1,3 usw.; 1,9 bis 2,0 ist in 10 Teile unterteilt[1]). Zwischen 2 und 4 ist jede Einheit, also z. B. der Bereich von 2,0 bis 2,1 in 5 Teile unterteilt, zwischen 4 und 10 ist jede Einheit in 2 Teile unterteilt. Die Breiten der Einheiten nehmen also nach rechts erheblich ab. Auf die wechselnde Bedeutung der kleinsten Intervalle muß man achten, um keine Ablesefehler zu machen. Auf den Teilungen B und A sind die Quadrate der Zahlen der Teilungen D und C aufgetragen, also über der 2 die 4, über der 3 die 9 usw. Auf der Teilung K sind die Kuben (3. Potenzen) der Zahlen der Teilungen D und C aufgetragen, also über der 2 der Teilung D die 8 auf Teilung K, über der 3 27 usw.

2.121 Multiplikation und Division auf Haupt- und quadratischer Teilung

Die *Multiplikation* $2 \cdot 3 = 6$ wird nun so vorgenommen, daß man die linke 1 der Zungenteilung C über die 2 der Teilung D stellt (Bild 106,1); dann liest man unter der 3 der Teilung C das Produkt 6 auf Teilung D ab. Gleichzeitig, also mit derselben Zungenstellung, kann man auch $2 \cdot 4 = 8$ oder $2 \cdot 4{,}5 = 9$ ablesen[2]); man führt dabei eine graphisch-mechanische Addition der Logarithmen von 2 und 3 usw. aus.

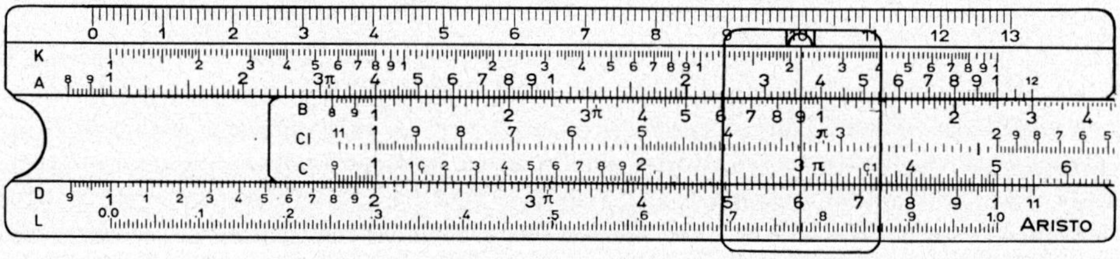

106,1 Taschenrechenschieber, Dennert & Pape KG

Die *Division* ist die Umkehrung der Multiplikation. Durch entsprechende graphisch-mechanische Subtraktion des Logarithmus der Zahl 3 vom Logarithmus der Zahl 6 erhält man den Quotienten 2. Man stellt also über die 6 der Teilung D die 3 der Teilung C und liest dann unter der linken 1 das Ergebnis 2 ab.

Will man $2 \cdot 6$ rechnen, reicht die Teilung D rechts nicht aus. Dann schiebt man die Zunge nach links, bis die rechte 1 (am rechten Zungenende) über der 2 der Teilung D steht, und liest unter der 6 das Produkt 12 auf der Teilung D ab. Man könnte dieselbe Aufgabe auch mit den quadratischen Teilungen B und A rechnen. Da dort aber die Intervalle kleiner sind, ist die Ablesegenauigkeit etwas geringer.

Die quadratische Teilung wird in der Hauptsache bei Ausdrücken wie $\frac{5 \cdot 6^2}{7}$ benutzt. Man liest erst über der 6 (Teilung D) die 36 (Teilung A) ab, subtrahiert mechanisch die 7 auf Teilung A und addiert dann mechanisch die 5 auf Teilung A (Bild 107,1). Das Ergebnis ca. 257 liest man auf Teilung A ab.

---

[1]) Siehe Bilder 107,2 und 108,1.

[2]) Der Rechenschieber eignet sich ganz besonders gut zur Ausrechnung von Proportionen, zumal wenn mehrere Faktoren mit dem gleichen Quotienten zu multiplizieren sind. Der Quotient ist zunächst zu bestimmen. Alle Faktoren kann man bei derselben Zungenstellung ablesen.

Das Komma (für die Dezimalstellen) erhält man beim Rechenschieberrechnen stets durch Überschlagsrechnung, also $5 \cdot 36 = 180$; $\frac{180}{7} \approx 26$. Das Ergebnis muß also 25,7 heißen.

Um den Ausdruck $34{,}56 \cdot \sqrt{11025}$ auszurechnen, muß man zunächst die Quadratwurzel suchen. Dabei muß man ebenso wie bei Anwendung der Quadrattafel den Radikandus, also 11 025, von rechts aus in Gruppen zu 2 Ziffern teilen $\sqrt{1\ 10\ 25}$

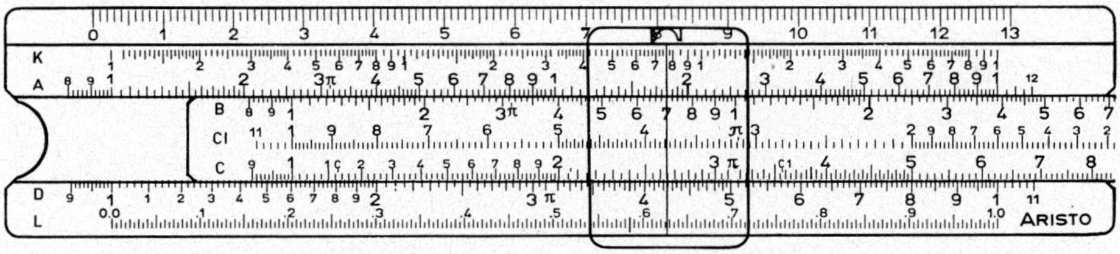

107,1 Aristo-Taschenrechenschieber

Dann erhält man 3 Gruppen. Demnach muß die Wurzel 3 Stellen vor dem Komma haben. Die Wurzel aus der ersten Gruppe — das ist 1 — ist ebenfalls 1. Daher muß die Wurzel mit 1 anfangen.

Oder:

$$100 \cdot 100 = 10\,000$$
$$200 \cdot 200 = 40\,000$$
$$200 > \sqrt{11025} > 100$$

In Worten: $\sqrt{11025}$ muß zwischen 100 und 200 liegen. Auf der quadratischen Teilung haben wir aber 2 Stellen 110, nämlich links und in der Mitte der Teilung. Wollte man die Wurzel unter der 11 025 der Mitte suchen, fände man 332. Dieser Wert scheidet also aus. Unter 11 025 nahe dem linken Rande der Teilung A findet man dagegen den richtigen Wert 105, der mit 1 anfängt und zwischen 100 und 200 liegt. Bei dieser Aufgabe erkennt man auch die Notwendigkeit des Läufers, um Teile eines Intervalles markieren zu können. Der Wert 105 liegt wieder auf Teilung D.

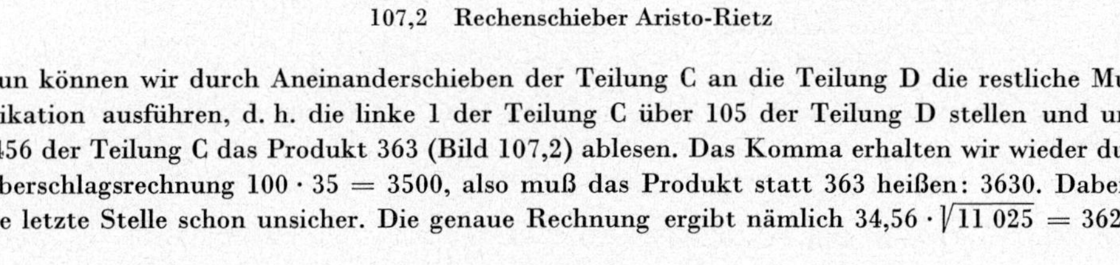

107,2 Rechenschieber Aristo-Rietz

Nun können wir durch Aneinanderschieben der Teilung C an die Teilung D die restliche Multiplikation ausführen, d. h. die linke 1 der Teilung C über 105 der Teilung D stellen und unter 3456 der Teilung C das Produkt 363 (Bild 107,2) ablesen. Das Komma erhalten wir wieder durch Überschlagsrechnung $100 \cdot 35 = 3500$, also muß das Produkt statt 363 heißen: 3630. Dabei ist die letzte Stelle schon unsicher. Die genaue Rechnung ergibt nämlich $34{,}56 \cdot \sqrt{11\,025} = 3628{,}8$.

2.122 Erhöhung der Genauigkeit durch Zahlenzerlegung

Man kann nun die Genauigkeit des Rechenschieberrechnens noch um eine Stelle erhöhen, indem ein geeigneter Faktor geschickt zerlegt wird. Dafür einige Beispiele:

1. Beispiel: 123,45 · 1,1111

Man zerlegt den Faktor 1,1111 in 1 und 0,1111. Dann ist
123,45 · 1,1111 = 123,45 · (1 + 0,1111) = 123,45 + 13,71; 123,45 · 1 rechnet man im Kopf und 123,45 · 0,1111 mit dem Schieber. Durch die Zerlegung erhalten wir 137,16. Rechnet man das unzerlegte Produkt mit dem Rechenschieber, erhält man 137,20 gegen 137,165 als Sollwert. Es wurde übrigens nur mit dem 12,5 cm langen Rechenschieber gerechnet.

2. Beispiel: 111,23 · 0,98765
= 111,23 · (1 — 0,01235)
= 111,23 (im Kopf) — 111,23 · 0,01235 (Schieber)
= 111,23 — 1,373
= 109,857
gegen 109,60 ohne Zerlegung
und 109,856 Sollwert

3. Beispiel: 3,1234 · 7,6543
= 3,1234 · (10 — 2,3457)
= 31,234 — 7,33 (Bild 108,1)
= 23,904
gegen 23,85 ohne Zerlegung
und 23,907 Sollwert

4. Beispiel: 432,11 · 0,61234
= 432,11 · (0,5 + 0,11234)
= 216,055 + 48,550
= 264,605
gegen 264,50 ohne Zerlegung
und 264,598 Sollwert

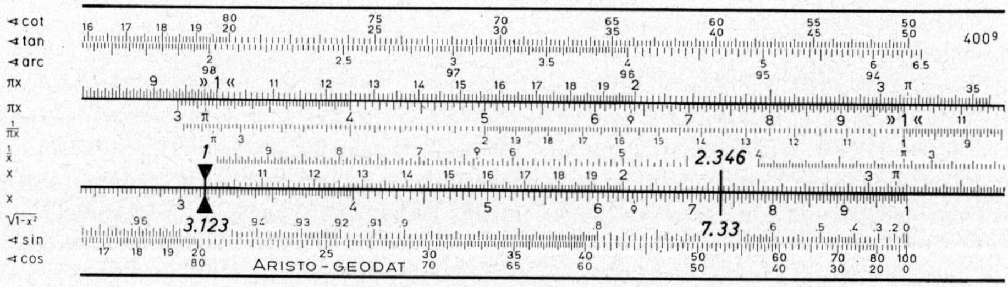

108,1 Rechenschieber Aristo-Geodät

5. Beispiel: 109,86 : 111,23
= (111,23 — 1,37) : 111,23
$= 1 - \frac{1,37}{111,23}$
= 1 — 0,01232
= 0,98768
gegen 0,987 ohne Zerlegung
und 0,9876 Sollwert

Die Beispiele dürften zeigen, daß sich eine Zerlegung lohnt und die vierte Stelle meistens genau erhalten wird.

2.123 Kehrwertskala und πx - Skala

Beim Multiplizieren reicht oft das Produkt über den Endpunkt der Skala hinaus. Man muß dann die Zunge um ihre ganze Länge nach links schieben. Um diesen lästigen Vorgang zu vermeiden, ist bei einigen Rechenschiebertypen die Kehrwertskala angebracht. (Es wird dasselbe erreicht, wenn man die Zunge verkehrt einschiebt, also das linke und rechte Ende vertauscht.

Die Zahlen der Zunge stehen dann auf dem Kopf und man muß Skalen aneinanderreihen, die nicht unmittelbar untereinanderliegen.) Man macht aus der Aufgabe $\lg (a \cdot b) = \lg a + \lg b$ die Aufgabe $\lg \frac{a}{\frac{1}{b}} = \lg a - \lg \frac{1}{b}$. Statt a und b auf der logarithmischen Skala aneinanderzureihen, ziehen wir von a den Kehrwert (reziproken Wert) $\frac{1}{b}$ ab. *Beispiel:* $41{,}2 \cdot 3{,}05 = 125{,}65$, wobei 3,05 auf der Kehrwertskala liegt (Bild 109,1).

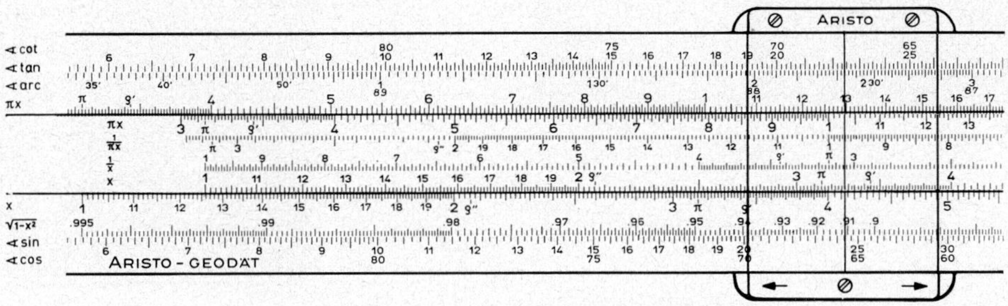

109,1 Gebrauch der Kehrwertskala beim Aristo-Geodät

Außer der Kehrwertskala ist bei manchen Rechenschiebermodellen eine um π versetzte Skala πx vorhanden. Dabei kommt man mit der normalen Zungenstellung (ohne Verschiebung) aus. Man sucht nur mit dem Läufer in unserem Beispiel über 3,05 auf der πx-Skala der Zunge den Wert 125,65 der darüberliegenden πx-Skala des Aristo-Geodäten. Das ist, wenn man nur mit 2 Faktoren rechnet, bequemer als das Arbeiten mit der Kehrwertskala, wo man noch eine Zungenverschiebung vornehmen muß, die in unserem (ungünstigsten) Falle halb so groß ist wie bei der normalen Methode.

2.124 Konstanten

Oft wiederkehrende Konstanten sind auf dem Rechenschieber markiert, so z. B. auf dem Aristo-Geodät die Konstanten π und ϱ neuer oder alter[1]) Teilung. Auch Skalen zum leichten Ausrechnen der Tachymeterformeln finden wir auf diesem Rechenschieber.

2.13 Rechenmaschinen

Die Rechenmaschine hat sich seit langem im Vermessungswesen durchgesetzt. Bisweilen wird im Felde noch mit Logarithmen gerechnet, vor allem dann, wenn die Berechnung nicht so lange Zeit hat, daß man sie im Büro ausführen kann. Oft werden aber auch schon Kleinrechenmaschinen im Außendienst benutzt.

Es gibt eine große Auswahl an Rechenmaschinen. Die Spezialisierung schreitet auch im Rechenmaschinenbau fort. Es wird von den Hauptgruppen nur je ein Beispiel gezeigt, ohne daß damit ein Werturteil abgegeben werden soll. Wir haben neben den bewährten Doppelmaschinen (siehe Bild 112,1) die preiswerteren Einfachmaschinen, die (vor allem für die Division) bequemen und schnellen elektrischen Rechenmaschinen (Automaten), die teilweise als selbstschreibende Rechenmaschinen ausgebildet sind, die elektronischen Tischrechner (Bild 110,1 und 110,2) und die leicht zu transportierenden Klein- und Kleinstmaschinen.

[1]) Beim Kauf auf neue Teilung achten!

110,1 Olivetti P 203 (Maßstab ~ 1 : 18)

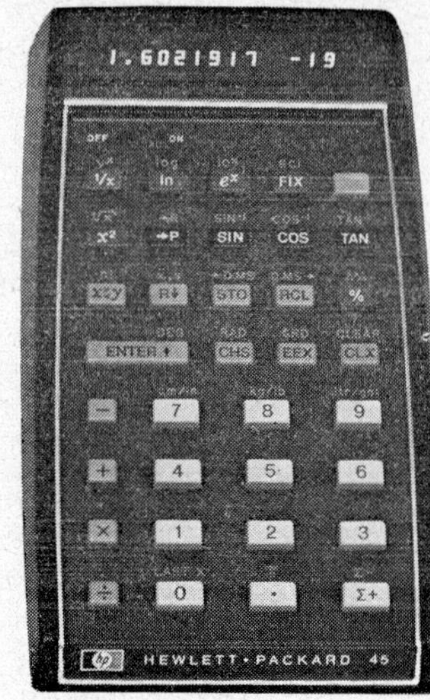

110,2 Taschenrechner mit Wurzelautomatik und Funktionen

2.131 Die einfache Rechenmaschine

Sie besteht aus 3 Teilen:

a) dem Einstellwerk E mit Stellhebeln oder Tasten,

b) dem Umdrehungszählwerk U mit Kurbel K für Handbetrieb oder mit elektrischem Antrieb und

c) dem Resultatwerk R (auch Hauptzählwerk genannt). Man denke sich in Bild 108,1 nur den rechten Maschinenteil mit U_r, E_r und R_r.

Alle Werke besitzen Kommaschieber und Löschhebel L; U und R auch Zehnerübertragung. Oft ist ein Schaltwerk vorhanden, das gestattet, U oder R auf Rückwärtsgang zu stellen. Ist ein Rückübertragungshebel Rü vorhanden, so läßt sich mit ihm E löschen und die Zahl in R nach E rückübertragen.

Wir wollen hier nicht die besonderen Regeln für alle die vielen angebotenen Rechenmaschinen aufführen, sondern statt dessen das Gemeinsame herausarbeiten:

In R trennt man so viele Stellen durch den Kommaschieber ab, wie in E und U zusammen.

Wir benutzen soviel wie möglich Zehnerergänzungen. Die Multiplikation mit der Zahl 99 würde $2 \cdot 9 = 18$ Kurbelumdrehungen und eine Schlittenverschiebung erfordern. Statt dessen arbeiten wir mit 100 — 1, das nur 2 Kurbelumdrehungen, 1 Schlittenverschiebung (dazu dient Knopf Schv) und ein Wechseln der Umdrehungsrichtung benötigt. Bei 88 kurbelt man mit 100 — 10 — 2, wobei statt 16 Kurbelumdrehungen nur 4, dazu 2 Schlittenverschiebungen und ein Wechseln der Umdrehungsrichtung nötig sind.

In R liest man das Produkt aus E und U ab.

Bei der Division unterscheidet man zwei Verfahren:

a) *reines Divisionsverfahren:* z. B. $\frac{190{,}83}{213{,}47}$. Der Dividendus[1]) kommt ins R (8 Stellen), der Divisor[2]) ins E (2 Stellen)[3]). Das R wird nun durch fortgesetzte Subtraktion auf Null bzw. den kleinsten Rest 9999, 999 987 790 gekurbelt. In U erscheint der Quotient 0, 893 943 mit (6). Will man die fünfte Stelle sicher haben, muß man wegen der Abrundung sechsstellig rechnen. Für die Ausführung der Division und für andere Rechenoperationen müssen die Werte des U wachsen, wenn die Angaben in R kleiner werden. Dafür sind die Rädchen des U mit einer zweiten, roten Zahlenreihe versehen, die im entgegengesetzten Sinne wächst. Die Schaulöcher verschieben sich

[1]) Die zu teilende Zahl, der Zähler eines Bruches, hier 190,83.

[2]) Der Teiler, hier 213,47.

[3]) Wir werden künftig die Stellenzahl nur noch als einzelne Ziffer in Klammern angeben.

ein bißchen seitlich, wenn man linksläufig dreht. Dann erscheinen die roten Ziffern. Es hängt[1]) vom Sinne der ersten Umdrehung ab, ob rote oder weiße Ziffern erscheinen. Nach der ersten Umdrehung kann man im beliebigen Sinne weiterdrehen. Ist eine neue Umstellung nötig, so muß man vorher die Ziffern des U löschen.

b) *zweite Art (Division durch Multiplikation):* Man macht aus der Division $x = \frac{190{,}83}{213{,}47}$ die Multiplikation $213{,}47 \cdot x = 190{,}83$. Ins E bringt man 213,47 (2), im U werden 6, im R 8 Stellen eingestellt. Man kurbelt nun solange vorwärts (fortgesetzte Addition), bis im R 190, 830 012 21 (Soll 190, 830 000 00) steht. Dann findet man im U den gesuchten Quotienten 0,893 943. Welche der beiden Divisionsarten angewendet wird, hängt etwa davon ab, was von der vorhergehenden Rechnung noch in der Maschine steht oder wie man mit dem Ergebnis weiterrechnen will.

Für das Quadratwurzelziehen ist die Rechenmaschine im allgemeinen[2]) wenig geeignet. Man arbeitet viel bequemer mit einer Quadrattafel. Will man auf der Maschine Quadratwurzeln ziehen, so dividiert man durch einen im Kopf oder mit Rechenschieber gerechneten Näherungswert und erhält das Mittel von Divisor und Quotient als Ergebnis. Nötigenfalls wiederholt man das Verfahren, indem man das bisherige Ergebnis als neuen Näherungswert bei der Wiederholung benutzt. Zum Beispiel $\sqrt{12345{,}6} = ?$

Näherungswert $\quad 111$, denn $111^2 = 12\,321$

$12\,345{,}6 : 111 = 111{,}222$

Daher $\quad \sqrt{12\,345{,}6} = \frac{1}{2}(111 + 111{,}222) = 111{,}111$

Diese Wurzelrechnung mit der Rechenmaschine findet Anwendung bei der Berechnung des Fehlers d zwischen der aus Koordinaten gerechneten Strecke $S = \sqrt{\Delta y^2 + \Delta x^2}$ und der gemessenen Strecke s im Vermessungsvordruck 22 (Seite 183). Wir wollen die dabei benutzte Näherungsformel, nach der wir auch das letzte Zahlenbeispiel rechneten, ableiten:

$$s + d = S$$
$$(s + d)^2 = S^2$$
$$s^2 + 2ds + d^2 = S^2;$$

da d ein verhältnismäßig kleiner Wert ist, ist sein Quadrat noch kleiner und kann näherungsweise gleich Null gesetzt werden. Dann bleibt

$$2ds \approx S^2 - s^2$$
$$2\,d \approx \frac{S^2}{s} - s$$
$$d \approx \frac{1}{2}\left(\frac{S^2}{s} - s\right).$$

Der Näherungswert ist in unserem Falle die gemessene Strecke. Als fehlerfreier Wert wird die aus Koordinaten ermittelte Strecke angesehen.

In einer Aufgabe nach Vermessungsvordruck 22 sind gegeben:

$$\Delta y = -50{,}34;\ \Delta x = +43{,}61;\ s = 66{,}66$$

Lösungsgang:

50,34 ins E (2); ins U ebenfalls 50,34 (2) kurbeln. Im R steht dann $50{,}34^2 = 2\,534{,}115\,6$ und bleibt stehen. U löschen. Anstelle von 50,34 kommt 43,61 ins E. Ins U wird 43,61 eingekurbelt. Im R steht dann $S^2 = 50{,}34^2 + 43{,}61^2 = 4435{,}9477$. Es wird nun $S^2 : s$ nach der ersten Art gerechnet.

---

1) Bei manchen Maschinen, z. B. bei den Brunsviga-Maschinen.

2) Ausnahme Olympia-Brunsviga, Faber-Radizierautomatik.

Ins E kommt 66,66. U wird gelöscht. R wird auf 999 999 999, 724 7 (dekadisch) gekurbelt (Soll 0,00). Rote Farbe, Rückwärtsdrehung. Im U steht jetzt 66,55. Es ist also:

$$d = \frac{1}{2}(66{,}55 - 66{,}66) = -0{,}055 \approx -0{,}06.$$

Weiter ist zu rechnen $o = -\frac{50{,}34}{66{,}66}$ und $a = \frac{43{,}61}{66{,}66}$ je (5).

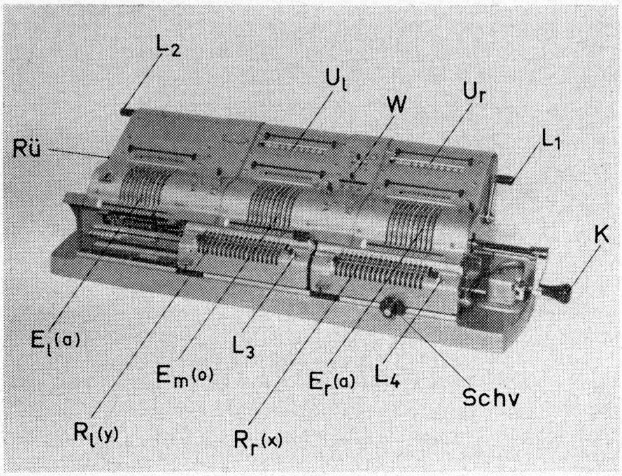

Günstig ist jetzt die zweite Divisionsart durch Multiplikation. Im E steht noch 66,66 (2), R und U wird gelöscht. R wird zuerst auf 50,340 298 8 (Soll 50,34) und dann, ohne zu löschen, auf 43,6103052 (Soll 43,61) gekurbelt. In U lesen wir zunächst die Absolutwerte von o und a ab. Die Vorzeichen ergeben sich aus den Quotienten; also ist
$o = -0{,}75518$ und dann
$a = +0{,}65422$.

112,1 Doppelrechenmaschine Olympia-Brunsviga D 183; 65 cm breit

2.132 Die Doppelrechenmaschine

Für Zwecke des Vermessungswesens sind folgende Doppelrechenmaschinen gebaut worden: Olympia-Brunsviga, Thales-Geo und Odhner. Sie sind für Handbetrieb eingerichtet und haben je 2 oder 3 E-Werke (Bild 112,1, siehe S. 188 und S. 194), 2 R-Werke und 1 oder 2 U-Werke. Die meisten Regeln der einfachen Maschine gelten auch für die Doppelmaschine, so sind z. B. die Kommaeinstellungen in beiden Maschinenteilen vorzunehmen. Man kann die beiden Maschinenteile gleichsinnig oder gegensinnig laufen lassen (Wendeschalter W)[1]).

1. Beispiel: Es ist eine Aufgabe nach dem Sinussatz (Seite 163) zu lösen. Gegeben sind die Winkel $\alpha = 73{,}2646^g$; $\beta = 58{,}2416^g$; $\gamma = 68{,}4938^g$ und die Seite $a = 224{,}36$ m. Die Seiten b und c sind zu berechnen.

Es ist $b = \sin\beta \cdot \frac{a}{\sin\alpha}$ und $c = \sin\gamma \cdot \frac{a}{\sin\alpha}$;

$$b = 0{,}79248\,\frac{224{,}36}{0{,}91311};\quad c = 0{,}88002\,\frac{224{,}36}{0{,}91311}$$

Es wird eingestellt im linken E 224,36 (2) und im rechten E 0,91311 (5). Im U sind 5 und im rechten R 5 + 5 = 10 Stellen, im linken R 5 + 2 = 7 Stellen einzustellen. Kurbelt man bei Gleichschaltung beider Maschinenteile das rechte R auf 0,880 018 893 6 (Soll 0,88002), so finden wir im U den nicht interessierenden Quotienten $\frac{0{,}88002}{0{,}91311} = 0{,}96376$. Dieser Quotient hat aber unterdessen mit

[1]) Bei der normalen Doppelrechenmaschine muß man sich das linke E-Werk des Bildes 112,1 wegdenken.

dem im linken E stehenden Faktor 224,36 das Produkt $c = 216{,}23$ gebildet, das wir im linken R ablesen. Drehen wir jetzt, ohne zu löschen, das rechte R auf 0,792 479 037 9 (Soll 0,79248) weiter, so sehen wir im linken R $b = 194{,}72$.

2. Beispiel: Die Gleichungen zur Bestimmung des Geradenschnitts (siehe Seite 196)

$$y_s = 310{,}82 + (x_s - 34{,}06) \cdot 0{,}31776$$
$$y_s = 173{,}59 + (x_s - 34{,}06) \cdot 3{,}11182$$

kann man auf der Doppelmaschine durch *Gleichkurbeln* auflösen. Allgemein heißen die Gleichungen:

$$y_s = y_1 + (x_s - x_1) \cdot \tan t_1$$
$$y_s = y_3 + (x_s - x_3) \cdot \tan t_2$$

In unserem Falle sind die zweiten Glieder in der Klammer in beiden Gleichungen gleich. Sind sie ungleich, so muß vor dem Gleichkurbeln bei stillgelegter rechter Maschine (d. h. rechtes E leer) das rechte U von x_1 auf x_3 gekurbelt werden. Nun steht die rechte Maschine auf dem Hilfspunkt H_1, der die gleiche Abszisse wie Punkt P_3 hat. x_1 und x_3 sind gleich. Wir stellen ein im linken R 310,82; im rechten R 173,59; im U 34,06; im linken E 0,31776; im rechten E 3,11182. Die Unbekannten y_s und x_s bestimmt man durch Gleichkurbeln der beiden R. Bei gleichen Vorzeichen der Werte des linken E und des rechten E sind die beiden R gleichzuschalten, andernfalls entgegenzuschalten. Außerdem sind wie bei der einfachen Maschine negative Werte (bei örtlichen und Soldnersystemen) in die R als Zehnerergänzungen (dekadisch) einzustellen. Man achtet beim Gleichkurbeln auf das (im vorliegenden Falle) rascher laufende rechte R, das das linke einzuholen hat. Wir finden nach dem Gleichkurbeln im linken R 326,425 193 6, im rechten R 326,411 480 2; im U 83,17.

Es ist also $y_s = 326{,}42$; $x_s = 83{,}17$. Die Differenz zwischen den Werten der R ist 0,014. Größeres Gewicht hat die Zahl des langsameren R: 326,42.

Doppelrechenmaschinen sind weit verbreitet und sehr haltbar. Sie werden jedoch nicht mehr hergestellt.

2.133 Elektronische Datenverarbeitungsanlagen

Bei großen Flurbereinigungsämtern (Landeskulturämtern), Landesvermessungsämtern und Vermessungsämtern großer Städte, mathematischen Instituten an Hochschulen und einzelnen öffentlich bestellten Vermessungsingenieuren, die auch für andere rechnen, sind in den letzten Jahren vielfach programmgesteuerte elektronische Rechenanlagen mit Erfolg eingesetzt worden. Beispiele sind die Zuse Z 23, Z 31, IBM 360/40 und 1130 sowie Siemens 4004. Da die Mieten hierfür hoch sind, rentieren sie sich nur, wenn sie dauernd in Betrieb sind. Ein großes Flurbereinigungsamt (Landeskulturamt) rechnet deshalb zentral für mehrere Dienststellen seines Landes. Diese Organisation ist deshalb besonders wirtschaftlich, weil es sich um umfassende und massenweise anfallende Berechnungen großer Umlegungs- oder Siedlungsgebiete handelt. Derartige Geräte brauchen für die Berechnung besonders programmierter Aufgaben, wie Flächenberechnungen mit gleichzeitiger mehrfacher Abstimmung auf große Massen, Polygonzüge, Kleinpunkte, Schnittpunkte, Koordinatenumformungen, Dreiecks- und Höhennetzberechnungen usw., eine sehr kurze Zeit. Die Vorbereitungszeiten der Berechnung können allerdings nicht gekürzt werden. Die Programme sind entweder verdrahtet oder werden auf Lochstreifen eingegeben, die z. B. im internationalen Fernschreibecode gelocht sind (Bild 114,1). Bei Anlagen mit großer Speicherkapazität werden die Programme gespeichert und brauchen nur durch eine besondere Schlüsselzahl aufgerufen zu werden.

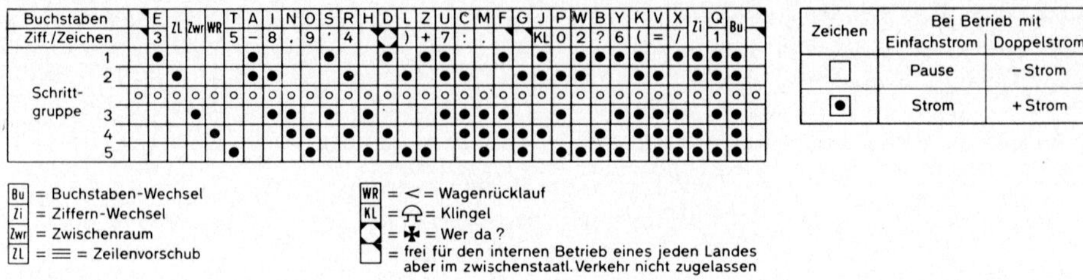

114,1 Lochstreifenschlüssel des internationalen Fernschreibecodes

Die elektronische Rechnung verlangt die Umwandlung der Zahlen vom dezimalen in das duale (lat. duo = 2) System. Das Ergebnis muß dann wieder in das Dezimalsystem zurückverwandelt werden. Vgl. Bild 114,3. Zwischenergebnisse, wie Koordinaten oder Flächen, können in großer Anzahl gespeichert und nach Bedarf abgerufen werden. Als Beispiel sei die im Bild 114,2 gezeigte Zuse Z 23 dargestellt. Von rechts nach links sehen wir das Bedienungspult, die Fernschreibmaschine mit Streifenlocher, den Lochstreifenleser und im Hintergrund die Schränke für das

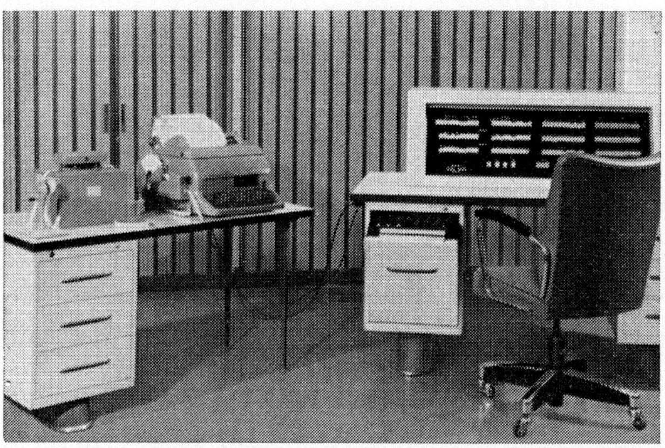

114,2 Zuse Z 23, programmgesteuerte elektronische Rechenanlage

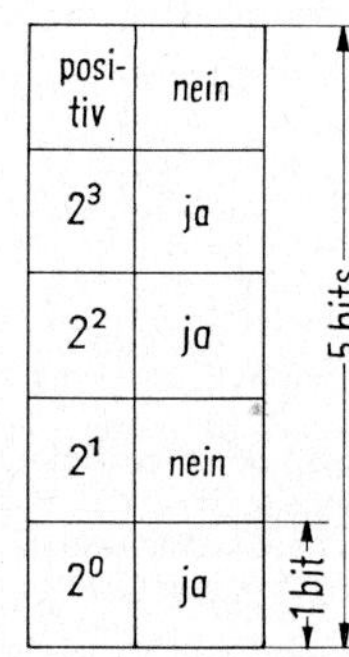

114,3 Darstellung der Zahl —13 im Dualsystem [1])

eigentliche Rechenwerk sowie die Trommelspeicher und Schnellspeicher. Magnetbandspeicher lassen sich anschließen. In kürzester Form können dem Gerät mit dem Bedienungspult zahlreiche Befehle gegeben werden. Diese Befehle können von bestimmten Bedingungen abhängig gemacht werden, die sich in der Hauptsache auf den Zustand der beiden Rechenregister und der Schnellspeicherzellen beziehen. Die Daten (Koordinaten, Punktnummern, Maße, Winkel) werden dem Automaten über Lochstreifen (Zuse-Maschinen), Lochkarten (IBM- und Siemens-Maschinen) oder Magnetbänder zugeführt. Eine zweckmäßige Erweiterung der automatischen Rechenanlagen kann durch Aufstellung weiterer automatisch arbeitender Geräte erfolgen, z. B. des elektronischen Planimeters Zuse Z 80 (s. Bild 147,1) oder des automatischen Zeichengerätes Graphomat Zuse Z 64 (s. Bild 215,1).

[1]) 1 bit ist eine Nachrichteneinheit. Die einfachste Nachricht ist die Übertragung eines Zeichenelementes von zwei möglichen gleicher Wahrscheinlichkeit, z. B. „0 oder 1“ bzw. „ja oder nein“. Zur Bezeichnung einer Zahl oder eines Buchstabens braucht man mehrere bits.

Besonders vorteilhaft ist es, wenn bei der Messung die Lochstreifen unmittelbar entstehen, wei beim Reg Elta 14 von Zeiss (s. S. 68).

Für die Zuse Z 23 ist eine einfache und schnelle Wartung der Anlage möglich

Die Richtigkeit der Rechnung kann in verschiedenster Weise kontrolliert und die Anlage geprüft werden. Altersschwache Teile werden zweckmäßig rechtzeitig ausgewechselt.

Die Rechenanlagen der 3. Generation erlauben größere Geschwindigkeit (Schnelldrucker), größeren Speicherraum (Plattenspeicher), Rechnen mehrerer Programme praktisch gleichzeitig (Simultan), Abruf von gespeicherten Informationen (z. B. aus dem Kataster) auf einem Bildschirm in Klarschrift, schnelle Erteilung von Auszügen, Zugriffsmöglichkeit mehrerer externer Nebenstellen zu einer zentralen Rechenstelle.

Die Entwicklung der Schaltungen lief von den Röhren (1. Generation) bis zu den integrierten Schaltkreisen (3. Generation).

Der Aufbau von *Datenbanken* ist jetzt schon im Gespräch (Kataster-, Grundbuch-, Gemeindeeigentumsdaten u. a.).

2.134 Elektronischer Tischrechner (Klein-Computer)

Der *Olivetti P 203* (Bild 110,1), ein Büro-Klein-Computer, rechnet elektronisch, führt mittels gegebener Programme einen Rechenablauf selbständig aus, speichert Programme und Daten und trifft selbständige logische Entscheidungen im Programmablauf. Die Programme werden durch Tastendruck auf Magnetkarten im Format 7×24 cm aufgenommen. Auf einer Magnetkarte können zwei Programme (z. B. Polygonpunktberechnung mit gleichzeitiger Bestimmung der Winkelfunktionen auf einer Seite, Zentrierungsberechnung auf der anderen Seite) gespeichert werden. Nach Eingeben einer Magnetkarte hat der Bedienende die Veränderlichen einzugeben und die Starttaste zu drücken. Der Computer schreibt die Ergebnisse nur in Klarschrift in einem Formblatt (Breitformat) nieder. Die Magnetkarte entspricht dem Magnetband eines Tonbandgerätes.

Andere elektronische Tischrechner entsprechen etwa den herkömmlichen Typen. Vielfach haben sie Wurzelautomatik.

2.2 Grundrechnungen

2.21 Auf- und Abrundung der Zahlen

Schon bei der Messung ergeben sich nur selten runde Maße. Mißt man beispielsweise auf Zentimeter genau, so wird man meist keine runden Zentimeter erhalten, sondern Maße, die einige mm darüber- oder darunterliegen. Man wird sich für denjenigen cm-Wert entscheiden, der der Grenz- oder Meßmarkierung am nächsten liegt. Aus 19,954 m wird also 19,95 m und aus 19,956 wird 19,96. Wie steht es aber, wenn genau 19,955 abgelesen wird? Man pflegt dann, um die Abrundungsfehler sich nicht zufällig häufen zu lassen, immer die nächste gerade Zahl aufzuschreiben, also wird aus 19,955 die notierte Zahl 19,96; aus 19,945 wird 19,94.

Bei einer großen Zahl von Abrundungen wird also Auf- und Abrunden etwa gleich vorkommen und sich fast aufheben. Genauso hält man es beim Rechnen und beim Herstellen von Rechentafeln sowie beim Interpolieren (Einschalten von Zwischenwerten) in Rechentafeln. In der Gaußschen fünfstelligen Logarithmentafel unterscheidet man sogar noch eine $\dot{5}$ („große Fünf") mit einem Punkt über der Ziffer, die stets nach oben aufzurunden ist, eine „runde Fünf", für die die allgemeine Regel gilt, und eine $\bar{5}$ („kleine Fünf"), die stets nach unten abzurunden ist. Vgl. auch Normblatt 1333.

2.22 Zehnerergänzungen

Für manche Zwecke im Vermessungswesen (bei der Nivellementausrechnung, beim Logarithmenrechnen und beim Maschinenrechnen) ist es praktisch, statt negativer Zahlen dekadische Zahlen anzuwenden (Zehnerergänzung). Um aus einer negativen Zahl eine dekadische zu machen, ergänzt man jede Ziffer zu 9, die letzte aber zu 10.

— 13579 heißt dekadisch: 86421 — 100000 oder ×86421
— 2,4568 heißt dekadisch: 7,5432 — 10 oder ×7,5432

	3,456		3,456
Statt	— 2,567	rechnet man	×7,433
	0,889		0,889

Das Kreuz bedeutet „minus eins“ in der Stelle, in der es steht. Man addiert also die Ziffern der drei letzten Stellen wie üblich, und dann rechnet man 3 und 7 ist 10, 10 weniger 10 ist 0. Man spart das Subtrahieren und kommt mit dem Addieren aus. Das ist besonders nützlich, wenn man eine lange Reihe von Zahlen hat, die teils zu addieren, teils zu subtrahieren sind, wie beim Nivellementsvordruck. Schreibt man die negativen Zahlen dekadisch, so braucht man nur noch *eine* Rechenart anzuwenden und vermeidet Fehler. Muß man aber eine dekadische Zahl dividieren, so bedarf es eines Kunstgriffs.

Beispiel: ×9,35684 : 2

Damit man wieder eine Ergänzung zu 10 (oder eine Potenz von 10 bei anderen Zahlen) erhält, muß man aus ×9,35684 = 9,35684 — 10
= 19,35684 — 20 machen, ehe man durch 2 dividieren kann.

(19,35684 — 20) : 2 = 9,67842 — 10 = ×9,67842

Probe: ×9,35684 = — 0,64316; — 0,64316 : 2 = — 0,32158
×9,67842 = — 0,32158

Anderes Beispiel: ×7,53124 : 3
7,53124 — 10 = 27,53124 — 30
(27,53124 — 30) : 3 = 9,17708 — 10 = ×9,17708

Probe: — 2,46876 : 3 = — 0,82292
×9,17708 = — 0,82292

Statt den Logarithmus einer Zahl von dem Logarithmus einer anderen Zahl abzuziehen, kann man auch die Zehnerergänzung des Logarithmus der ersten Zahl zum Logarithmus der zweiten Zahl zuzählen. Man nennt die Zehnerergänzung des Logarithmus „cpl lg“[1]). Beispiel: Fünfstellige Logarithmentafel von Gauß (neue Teilung) Seite VI.

2.23 Mittelbildung

Das gewöhnliche arithmetische Mittel

Mißt man eine Größe unter gleichen Bedingungen mehrfach, und sind die Abweichungen vom wahren Wert zufälliger Art, so ist der wahrscheinlichste Wert das arithmetische Mittel der Einzelmessungen $x = \frac{l_1 + l_2 + \ldots + l_n}{n} = \frac{[l]}{n}$

(n = Anzahl der Messungen)

Hat man z. B. folgende Zahlenreihe:

Tabelle 7

	— 200	Probe +	Probe —
216	16		2
217	17		3
212	12	2	
221	21		7
209	9	5	
207	7	7	
$n = 6$	82	14	12
		— 12	
		+ 2 ∼ 0	

[1]) „Komplement Logarithmus“; cpl, Abkürzung von complementum (lat.) = Ergänzung.

Man zieht dann von allen 6 Zahlen der ersten Spalte den runden Wert 200 ab und erhält die zweite Spalte. Die Summe der zweiten Spalte addiert man auf zu 82. Diese Summe dividiert man durch die Anzahl der Beobachtungen $n = 6$.

Der Mittelwert ist dann $M = 200 + \frac{82}{6} = 213{,}66..$, abgerundet $\underline{\underline{214}}$.

Zur Probe bildet man die Verbesserung, die man jeder Zahl geben muß, um das arithmetische Mittel zu erreichen. Die Summe der positiven und negativen Verbesserungen muß nahezu Null ergeben. In dem Rest + 2 stecken die Abrundefehler.

Das allgemeine arithmetische Mittel

Sind Beobachtungsgrößen $l_1, l_2, l_3 \ldots l_n$ mit verschiedener Genauigkeit ermittelt worden, so gibt man ihnen ein verschiedenes Gewicht $p_1, p_2, p_3 \ldots p_n$ und bildet das allgemeine arithmetische Mittel. Eine Messung hat das Gewicht p, wenn sie dieselbe Genauigkeit hat wie das arithmetische Mittel aus p Messungen mit dem Gewicht 1. Die Gewichte sind demnach Verhältniszahlen. Das allgemeine arithmetische Mittel ist

$$x = \frac{l_1 \cdot p_1 + l_2 \cdot p_2 + \ldots . + l_n \cdot p_n}{p_1 + p_2 \quad + \ldots . + p_n} = \frac{[l \cdot p]}{[p]}$$

Beispiel: Tabelle 8

Beobachtungswert l	Gewicht p	— 50,00	$(l–50)p$ Probe
50,10	Gewicht 1	0,10 · 1 = 0,10	+ 0,24 · 1 = + 0,24
50,33	Gewicht 3	0,33 · 3 = 0,99	+ 0,01 · 3 = + 0,03
50,40	Gewicht 4	0,40 · 4 = 1,60	— 0,06 · 4 = — 0,24
	8	2,69	+ 0,03 ∼ 0,00

Wir gehen von dem abgerundeten Wert 50,00 aus und multiplizieren den Überschuß mit dem zugehörigen Gewicht. Das allgemeine arithmetische Mittel ist gleich der Summe der drei Produkte, dividiert durch die Summe der Gewichte, wozu noch der Ausgangswert 50,00 addiert wird.

Also: $50{,}00 + \frac{2{,}69}{8} = 50{,}336$, abgerundet $\underline{\underline{50{,}34}}$

Um eine Probe zu erhalten, multipliziert man die Abweichungen von dem Mittelwert mit dem zugehörigen Gewicht und addiert die Produkte. Die Summe darf nur wenig von Null abweichen.

Nehmen wir an, die Beobachtungsgrößen unseres Beispiels seien Flächen, die teils unter Benutzung von Feldmaßen, teils graphisch ermittelt wurden, so könnte vielleicht der Wert mit dem Gewicht 4 aus Feldmaßen, der mit dem Gewicht 3 halbgraphisch und der mit dem Gewicht 1 graphisch ermittelt worden sein (s. S. 135 und 140).

2.24 Überschlagsrechnung

Zur schnellen groben Kontrolle, vor allem zur Kontrolle der Kommastelle, empfiehlt sich eine Überschlagsrechnung. Dabei rundet man die einzelnen Faktoren usw. ab. Es genügt Kopfrechnung.

Beispiele: a) $$x = \frac{0{,}160 \cdot 6366}{43{,}20 \cdot 11{,}8}$$

Auf dem Rechenschieber wurde 200 abgelesen.

Überschlag: $$x \approx \frac{0{,}15 \cdot 6000}{40 \cdot 12} \approx \frac{6000 \cdot 15}{40 \cdot 1200} \approx 1{,}9$$

Ergebnis kann ungefähr stimmen, Komma gehört hinter die 2, also 2,00

b) $$x = \frac{15{,}131 \cdot 636\,620 \cdot 0{,}80717}{2471{,}0}$$

Mit der Rechenmaschine wurde $x = 31\,466$ gerechnet.

Überschlag: $$x \approx \frac{15 \cdot 600\,000 \cdot 0{,}8}{2500} \approx 2900;$$

also ist eine Dezimalstelle abzustreichen: $\underline{x = 3146{,}6}$. In der Regel wird man allerdings die Stellenzahl nach 2.131 bestimmen.

c) $$F = \frac{r^2 \cdot \pi \cdot \alpha^g}{400^g} = \frac{4900 \cdot \pi \cdot 81{,}135}{400}$$

Auf wieviel Dezimalstellen muß π bekannt sein, damit F auf volle qm genau erhalten wird?

Überschlag: $$F \approx \frac{4900 \cdot 80 \cdot \pi}{400} \approx 980 \cdot \pi \approx 3120 \text{ m}^2;$$

man rechnet immer eine Stelle genauer, als das Ergebnis Dezimalstellen haben soll. Dann können keine Abrundungsfehler auftreten. Genaues Ergebnis: $\frac{4900 \cdot 80 \cdot 3{,}1416}{400} = 3122{,}5$, abgerundet 3122 m^2; also war π *auf 4 Stellen (hinter dem Komma)* genau anzugeben.

2.25 Rechenproben im allgemeinen

Mit der groben Kontrolle der Überschlagsrechnung kommt man bei vermessungstechnischen Berechnungen wegen der vielfachen Fehlermöglichkeiten, z. B. beim Aufschlagen von Tafelwerten, Übernahme in oder Entnahme aus der Maschine oder gar wegen falschen Rechenansatzes, nicht aus. Man wendet strenge Rechenproben an, indem man mathematische Beziehungen zwischen Rechengrößen ausnutzt. Zum Beispiel ist im rechtwinkligen Dreieck mit den Katheten a und b und der Hypotenuse c

$$a^2 + b^2 = c^2$$

Dabei sind aber die vermessungstechnischen Rechenelemente aus gemessenen Größen entstanden, enthalten also die unvermeidlichen Messungsfehler. Wir schreiben dann in unserem Beispiel zum Vergleich mit dem gerechneten Wert c den gemessenen Wert c' darunter. Die Differenz zwischen beiden darf die amtlichen Fehlergrenzen nicht überschreiten.

Ähnlich benutzt man die Winkelsumme im Dreieck oder n-Eck[1]) zur Kontrolle. Man berechnet gern dieselbe Größe auf verschiedenen Wegen. Mittelbildungen oder Differenzbildungen wie beim einfachen Nivellement prüft man durch *Summenproben.* Die amtlichen Vermessungsvordrucke schreiben meist bestimmte Proben vor. Es gibt aber auch in diesen Vordrucken unkontrollierte Rechengänge. Man denke auch daran, daß schon beim Übertragen der Ausgangswerte in die Rechenvordrucke Fehler entstehen können, und suche auch die richtige Übertragung

[1]) Siehe Seite 202.

zu prüfen. Man soll sich überlegen, wie weit die vordruckmäßige oder nichtvordruckmäßige Rechnung kontrolliert ist.

Wenn man selbst die Aufgabe auf demselben Wege noch einmal rechnet, wiederholt man oft den Fehler. Man muß dann wenigstens bis zur Wiederholung 24 Stunden vergehen lassen oder besser die Rechnung in umgekehrter Reihenfolge wiederholen. Findet man gar keine andere Kontrolle, kann man auch einmal mit der Rechenmaschine, das zweite Mal logarithmisch rechnen. Oft lassen sich Formeln umformen, so daß man für die Kontrolle andere Zahlenwerte erhält. Gut sind Kontrollen, wie die der Flächenberechnung, wenn man erstens *aus Maßzahlen* und zweitens *graphisch* rechnet. Zu erstreben sind Rechenvordrucke, in denen der ganze Rechengang *durchgreifend kontrolliert* ist.

2.26 Rechnen mit oder ohne Benutzung von Rechenvordrucken

Man kann sich für jede anfallende Aufgabe seinen Rechengang und seine Rechenformeln selbst zusammenstellen. Bei Prüfungsarbeiten wird dies oft verlangt. Man kann umständlich oder mit einem Minimum von Rechenaufwand rechnen. Oft gibt es mehrere Lösungswege. Die Kunst besteht darin, den günstigsten Weg zu finden. Da aber im Vermessungswesen fast alle Aufgaben sich oft wiederholen, ist man früh darauf gekommen, *Rechenvordrucke* zu schaffen. Darin ist die Ausrechnung der Standardaufgaben in zweckmäßiger und übersichtlicher Form mit möglichst durchgreifenden Kontrollen vorbereitet. Man braucht nur noch die Zahlenwerte einzusetzen und die Rechnung mit der Rechenmaschine oder mit Logarithmen durchzuführen. Eine Reihe solcher Vordrucke werden wir in diesem Buche kennenlernen.

2.27 Pythagorasprobe und Fehlerbetrachtung

Nach dem Lehrsatz des Pythagoras ist im rechtwinkligen Dreieck die Summe der Kathetenquadrate gleich dem Hypotenusenquadrat. Ziehen wir auf beiden Seiten die Wurzel, so ist $c = \sqrt{a^2 + b^2}$. Diese Formel läßt sich für die rechnerische Prüfung vieler bei der orthogonalen Vermessung (s. Seite 27) ermittelten Kontrollmaße verwenden. Man rechnet dabei die Hypotenuse aus der Wurzel der Summe der Kathetenquadrate und vergleicht dann den Wert der errechneten Hypotenuse mit dem der gemessenen. Die Differenz darf die amtlichen Fehlergrenzen nicht überschreiten. Bei genaueren technischen Vermessungen wird man nur einen entsprechend kleineren Fehler zulassen. Darf man nun auch in unserem Beispiel (Bild 120,1) $b = \sqrt{c^2 - a^2}$ rechnen? Darf man also die kleine Kathete aus der Hypotenuse und der großen Kathete errechnen? Wir wollen eine Fehlerbetrachtung anstellen, um diese Frage zu beantworten.

Im rechtwinkligen Dreieck mit den Seiten a, b und c seien f_a, f_b und f_c die entsprechenden kleinen positiven oder negativen Fehlerbeträge. Dann kann man ansetzen:

$$(a + f_a)^2 + (b + f_b)^2 = (c + f_c)^2$$

Löst man die Klammern auf, so erhält man

$$a^2 + 2a\,f_a + f_a^2 + b^2 + 2b\,f_b + f_b^2 = c^2 + 2c\,f_c + f_c^2$$

Es ist aber $a^2 + b^2 = c^2$, und da f_a, f_b und f_c im Verhältnis zu a, b und c sehr klein sind, kann man die noch viel kleineren Quadrate f_a^2, f_b^2 und f_c^2 vernachlässigen. Dann fallen also erstens links a^2 und b^2 und rechts c^2 weg, und zweitens fallen f_a^2, f_b^2 und f_c^2 weg. Es bleibt also von unserer Gleichung nur übrig

$$2a\,f_a + 2b\,f_b = 2c\,f_c$$

Teilt man jedes Glied durch 2, so bleibt

$$a \cdot f_a + b \cdot f_b = c \cdot f_c$$

Für $f_c = 0$ wird $$f_a = -\frac{b}{a} f_b \text{ und } f_b = -\frac{a}{b} f_a$$

Für $f_a = 0$ wird $$f_c = \frac{b}{c} f_b \text{ und } f_b = \frac{c}{b} f_c$$

Das bedeutet für ein rechtwinkliges Dreieck mit der großen Kathete a, der kleinen Kathete b und der Hypotenuse c:

Ein Fehler f_b der kleinen Kathete b geht im Verhältnis $\frac{b}{a}$ bzw. $\frac{b}{c}$ verkleinert auf die große Kathete a bzw. die Hypotenuse c über. Jedoch ein Fehler f_a der großen Kathete a bzw. ein Fehler f_c der Hypotenuse c geht im Verhältnis $\frac{a}{b}$ bzw. $\frac{c}{b}$ vergrößert auf die kleine Kathete b über.

Man darf also nicht die kleine Kathete aus der Hypotenuse und der großen Kathete berechnen.

Beispiel: $a = 5{,}00$; $b = 1{,}00$; $c = 5{,}10$; $f_a = 0{,}01$; $f_b = 0{,}01$; $f_c = 0{,}01$

Dann geht ein Fehler $f_a = 0{,}01$ der großen Kathete $a = 5{,}00$ im Verhältnis $\frac{5}{1}$ vergrößert auf die kleine Kathete $b = 1{,}00$ über.

Wer der Fehlerformelableitung mißtraut, kann deren Richtigkeit durch Ansetzen der Pythagorasprobe nachprüfen:

	n	n^2
c	5,10	26,0100
$a + f_a$	5,01	25,1001
$b + f_b$	0,954	0,9099
c	5,10	26,0100
$b + f_b$	1,01	1,0201
$a + f_a$	4,999	24,9899

$a + f_a = 5{,}001$ für $f_b = 0$

	n	n^2
$c + f_c$	5,11	26,1121
a	5,00	25,0000
$b + f_b$	1,055	1,1121

$b + f_b = 1{,}005$ für $f_c = 0$

Wieder sehen wir, daß ein Fehler von 0,01 in a bzw. c den fünffachen Fehler 0,05 in b ergibt, ein Fehler von 0,01 in b dagegen nur mit einem Bruchteil, hier mit 0,001, auf a übergeht.

Eine Anwendung findet diese Erkenntnis auch bei dem Vermessungsvordruck 15 (s. S. 122), wo derjenige Wert für die Höhe h angehalten wird, der aus dem kleineren Teildreieck errechnet wurde (Bild 120,2). h errechnet sich aus $\sqrt{b^2 - q^2}$ genauer als aus $\sqrt{a^2 - p^2}$, wenn die Größenverhältnisse des Bildes zugrunde gelegt werden und nur Rundungsfehler angenommen werden. Rechnet man mindestens auf mm genau (wie beim elektronischen Rechnen), so spielen Rundungsfehler keine Rolle mehr und der Rechengang ist beliebig.

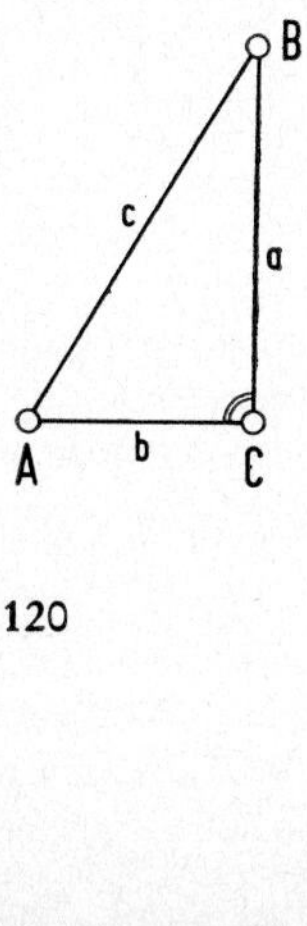

120,1 Pythagoras, Fehlerbetrachtung

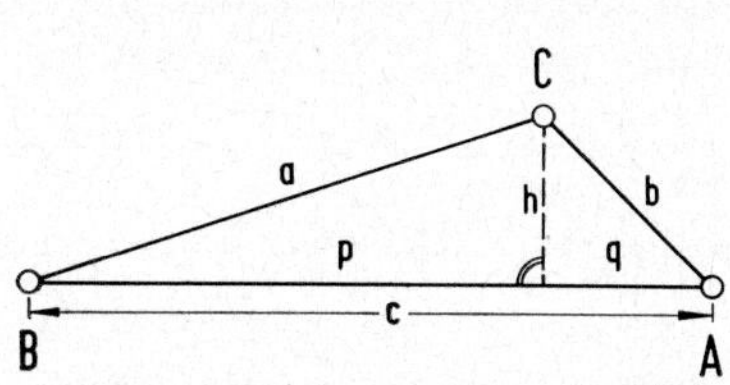

120,2 Berechnung der Höhe und des Höhenfußpunktes aus den drei Seiten

2.28 Berechnung der Höhe und des Höhenfußpunktes eines Dreiecks aus den drei Seiten

In Bild 120,2 sind gegeben: Die Dreiecksseiten a, b und c. Gesucht sind die Hypotenusenabschnitte p und q und die Höhe h, die nicht meßbar waren.

h sei die Höhe auf c, p die Projektion von a, q die Projektion von b. Es ist

$$h^2 = a^2 - p^2$$
$$= b^2 - q^2, \text{ also}$$
$$p^2 - q^2 = a^2 - b^2$$
$$(p + q)(p - q) = a^2 - b^2$$
$$p - q = \frac{a^2 - b^2}{p + q}; \text{ da aber } p + q = c \text{ ist, so}$$
$$\text{folgt} \quad p - q = \frac{a^2 - b^2}{c}$$
$$\text{und} \quad \frac{p+q}{2} = \frac{c}{2} \qquad \ldots(1)$$
$$\frac{p-q}{2} = \frac{a^2 - b^2}{2c} \qquad \ldots(2)$$
$$\ldots(1) + \ldots(2) = p$$
$$\ldots(1) - \ldots(2) = q$$
$$p = \frac{c}{2} + \frac{a^2 - b^2}{2c}.$$

Erweitert man das 1. Glied der rechten Seite mit c, so erhält man

$$p = \frac{c^2}{2c} + \frac{a^2 - b^2}{2c}$$
$$= \frac{c^2 + a^2 - b^2}{2c}$$
$$q = \frac{c}{2} - \frac{a^2 - b^2}{2c}$$
$$= \frac{c^2 - a^2 + b^2}{2c}$$
$$h = \sqrt{a^2 - p^2} \quad \text{oder}$$
$$= \sqrt{b^2 - q^2}$$
$$h \cdot h = a^2 - p^2$$
$$h = \frac{a^2 - p^2}{h} \quad \text{(zur Rechenprobe mit Rechenmaschine)}$$

Nach Abschnitt 2.27 auf S. 120 rechnet man, wenn $a > b$,

$$p = \frac{c^2 + a \quad - b^2}{2c}; \; q = c - p; \; h_1 = \sqrt{b^2 - q^2}$$
$$\text{Probe:} \quad \frac{a^2 - p^2}{h_1} = h_2; \; 2d_h = h_1 - h_2$$

Wenn aber $b > a$,

$$q = \frac{c^2 + b^2 - a^2}{2c}; \; p = c - q; \; h_1 = \sqrt{a^2 - p^2}\;;$$
$$\text{Probe:} \quad \frac{b^2 - q^2}{h_1} = h_2$$

Keinesfalls darf man verschieden genaue Werte für h mitteln.

Je spitzer der der Seite c gegenüberliegende Winkel ist, desto genauer wird h und desto ungenauer der Fußpunkt bestimmt. Fällt aber bei sehr spitzem gegenüberliegendem Winkel der Fußpunkt außerhalb des Dreiecks, so wird außer dem Fußpunkt auch die Höhe h um so ungenauer bestimmt, je weiter der Fußpunkt außerhalb liegt. Dies folgt aus den Überlegungen auf Seite 121.

Der Fehler, der sich für den zur Probe nach dem Näherungsverfahren bestimmten Wert $h_2 = \frac{a^2 - p^2}{h_1}$ gegen h_1 ergibt, ist doppelt so groß wie bei strenger Rechnung nach $h_2 = \sqrt{a^2 - p^2}$.

Es entspricht dies dem Verfahren der Berechnung von f_s im Vermessungsvordruck 22 (s. S. 190). Der Wert des größeren Höhenabschnitts ist stets positiv! Darauf muß man vor allem bei Dreiecken achten, deren Höhenfußpunkt außerhalb des Dreiecks fällt.

Es folgt je eine Berechnung der Höhe und des Höhenfußpunktes mit Rechenmaschine und mit Logarithmen. Man prüfe, ob die Benennungen in praktischen Beispielen mit denen der Figur des Vordrucks 15 übereinstimmen.

Höhe und Höhenfußpunkt

Verm.-Vordruck 15

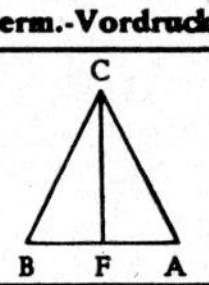

Wenn a > b: $p = \frac{c^2 + a^2 - b^2}{2c}$ $q = c - p$ $h = \sqrt{b^2 - q^2}$ Probe: $\frac{a^2 - p^2}{h} = h$

Wenn b > a: $q = \frac{c^2 + b^2 - a^2}{2c}$ $p = c - q$ $h = \sqrt{a^2 - p^2}$ Probe: $\frac{b^2 - q^2}{h} = h$

1			2				±	3	
Nr. 1			HP 2 (a, b, h, p, q, c)			a		5	45
Messungslinie Maße für Seite c und Höhenfußpunkt			⊙ 42		⊙ 41	b		80	25
B	81	13	Probe	2 d = 0,04	39	c		81	13
F	80	07	h( )	5	35	p	+	1	06
A	0	00	2c	162	26	q	+	80	07
Nr. 3			(a, b, h, p, q, c)			a		35	820
Messungslinie Maße für Seite c und Höhenfußpunkt						b		49	830
B	15	810	Probe		502	c		15	810
F	45	855	h( )	19	503	p	-	30	045
A	0	000	2c	31	620	q	+	45	855

1			2				±	3	
Nr. 2			Klp. 416 (a, b, h, p, q, c)			a		26	11
Messungslinie Maße für Seite c und Höhenfußpunkt			„ 37		Klp 31	b		154	19
B	175	68	Probe		61	c		141	26
F	186	79	h( )	23	63	p	-	11	11
A	34	42	2c	282	52	q	+	152	37
Nr.			(a, b, h, p, q, c)			a			
Messungslinie Maße für Seite c und Höhenfußpunkt						b			
B			Probe			c			
F			h( )			p			
A			2c			q			

Rechenmaschinenvordruck

Logarithmenrechnung $\frac{p + q}{2} = \frac{c}{2}$

$$\frac{p - q}{2} = \frac{(a + b)(a - b)}{2c} = \frac{a^2 - b^2}{2c}$$

Addiert man die beiden Gleichungen, so erhält man p, subtrahiert man sie, so erhält man q

$$p = \frac{p + q}{2} + \frac{p - q}{2} \qquad q = \frac{p + q}{2} - \frac{p - q}{2}$$

1. Fall $a > b$ $\quad h = \sqrt{b^2 - q^2}$; $\quad$ Probe: $p = \sqrt{(a + h)(a - h)}$

2. Fall $b > a$ $\quad h = \sqrt{a^2 - p^2}$; $\quad$ Probe: $q = \sqrt{(b + h)(b - h)}$

Beispiel: $a = 26{,}11$ $\quad (a + b) = 180{,}30$

$b = 154{,}19$ $\quad (a - b) = -128{,}08$

$c = 141{,}26$ $\quad 2c = 282{,}52$

$\frac{p+q}{2} = \frac{c}{2} = 70{,}63$ $\quad p = -11{,}11$

$\frac{p-q}{2} = -81{,}74$ $\quad q = +152{,}37$

Probe: $c = +141{,}26$

$\lg(a+b) = 2.25\,600$ $\quad a^2 = 681{,}73$

$\lg(a-b) = 2.10\,748\,n$ $\quad p^2 = 123{,}43$

$\text{cpl.}\lg 2c = 7.54\,895$ $\quad b^2 = ——$

$\lg \frac{1}{2}(p-q) = 1.91\,243\,n$ $\quad q^2 = ——$

$h^2 = 558{,}30$

$h = 23{,}63$

$b = 154{,}19$

$b + h = 177{,}82$

$b - h = 130{,}56$

Probe: $2b = 308{,}38$

$\lg(b+h) = 2.24\,998$

$\lg(b-h) = 2.11\,581$

$\lg q^2 = 4.36\,579$

$\lg q = 2.18\,290$; $\quad q = 152{,}37$ (Probe)

Eine andere Lösung derselben Aufgabe stützt sich auf die Heronsche Flächenformel (s. 2.421):

$F = \sqrt{s(s-a)(s-b)(s-c)}$; $\quad s = \frac{a+b+c}{2}$ und man rechnet weiter

$h = \frac{2F}{c}$;

1. Fall $\quad a > b \quad p = \sqrt{a^2 - h^2} \quad q = c - p \quad$ Probe: $h = \sqrt{b^2 - q^2}$

2. Fall $\quad b > a \quad q = \sqrt{b^2 - h^2} \quad p = c - q \quad$ Probe: $h = \sqrt{a^2 - p^2}$

2.29 Proportionen

Werden die Schenkel eines Winkels durch Parallelen geschnitten, so verhalten sich die Abschnitte des einen Schenkels wie die entsprechenden Abschnitte des anderen Schenkels (Bild 123,1).

$$\frac{AB}{AD} = \frac{AC}{AE} = \frac{BC}{DE} \text{ und } \frac{AB}{BD} = \frac{AC}{CE} = \frac{BC}{DE - BC}$$

Kennt man in der Proportion $\frac{AB}{AD} = \frac{AC}{AE}$ drei Stücke, so läßt sich das vierte daraus berechnen:

$$AB = \frac{AC \cdot AD}{AE} \text{ oder } AD = \frac{AB \cdot AE}{AC}$$

123,1 Proportionen

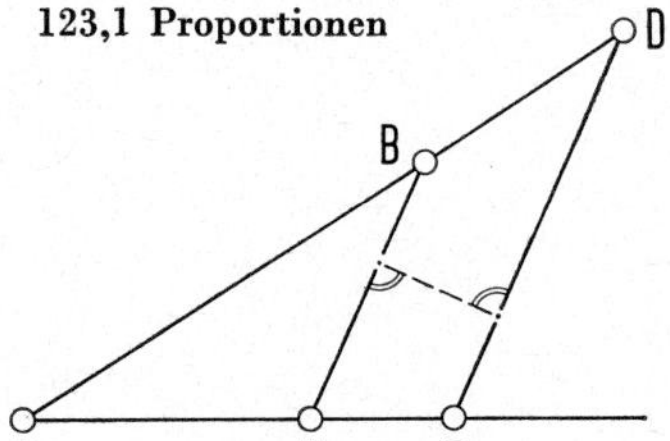

Diese Beziehungen werden im vermessungstechnischen Rechnen oft benutzt, z. B. bei der Kleinpunktberechnung (auch für seitwärts gelegene Punkte), beim Geradenschnitt, bei der Koordinatenumformung nach Vermessungsvordruck 24, für die Fehlerverteilung beim Kartieren, für die Verteilung der Koordinatenabschlußfehler f_y und f_x bei der Polygonzugberechnung, bei der Berechnung der Temperaturverbesserung eines Meßbandes, bei Flächenteilungen parallel zu einer Seite des n-Ecks, bei Bestimmung der Angabe einer Libelle, bei Bestimmung der Linsengleichung in der Optik, bei der Umrechnung von Bogenmaß in Grade neuer Teilung, bei der Umrechnung von Kreisbogenelementen vom Einheitskreis, der in einigen Bogentafeln benutzt wird, auf den Kreis mit einem gegebenen anderen Halbmesser (1) und bei der Interpolation in Zahlentafeln. Siehe auch Anm. 2, Seite 106.

Beispiele:

1. Es ist der Logarithmus des tan $6{,}5075^g$ aufzuschlagen. lg tan $6{,}50^g = 9.01055 - 10$. Tafeldifferenz je $1^c = 67$ Einheiten der letzten Stelle. Es ist zu rechnen:

$$\frac{x}{67} = \frac{75}{100}; \; x = 67\,\frac{75}{100} = 50$$

$$\begin{array}{r} 9.01055 - 10 \\ + \quad 50 \\ \hline \end{array}$$

Also lg tan $6{,}5075^g = 9.01105 - 10$

Die Interpolationstäfelchen, in diesem Falle das für 67, erleichtern die Ausrechnung der Proportion. Man könnte auch gut den Rechenschieber benutzen, vor allem beim Aufschlagen des lg sin oder lg tan von sehr kleinen Winkeln ist dieser nützlich.

2. Gegeben die durchlaufenden Maße der Punkte A, B und C und die Koordinaten der Punkte A und C, bezogen auf die Meßlinie DE; gesucht die Koordinaten des Punktes B (Bild 124,1). Siehe Seite 186.

$$\Delta x = 9{,}95\,\frac{32{,}66}{34{,}35} = 9{,}46 \qquad \begin{array}{r} 38{,}81 \\ -\ 6{,}15 \\ \hline 32{,}66 \end{array} \qquad \begin{array}{r} 34{,}35 \\ -\ 24{,}40 \\ \hline 9{,}95 \end{array}$$

$$\Delta y = 10{,}65\,\frac{9{,}46}{32{,}66} = 3{,}08$$

$$\begin{array}{r} 38{,}81 \\ -\ 9{,}46 \\ \hline x_B = 29{,}35 \end{array} \qquad \begin{array}{r} 19{,}69 \\ -\ 3{,}08 \\ \hline y_B = 16{,}61 \end{array} \qquad \begin{array}{r} 19{,}69 \\ -\ 9{,}04 \\ \hline 10{,}65 \end{array}$$

Probe:

n	n^2
32,66	1066,68
10,65	113,42
34,35	1180,10
34,35	gemessen

$$\begin{array}{r} 16{,}61 \\ -\ 9{,}04 \\ \hline 7{,}57 \end{array} \qquad \begin{array}{r} 29{,}35 \\ -\ 6{,}15 \\ \hline 23{,}20 \end{array}$$

n	n^2
23,20	538,24
7,57	57,30
24,40	595,54
24,40	gemessen

Wir sehen, es handelt sich auch um eine Interpolation. Mathematisch gesehen, ist es derselbe Fall wie bei der Interpolation in der Zahlentafel.

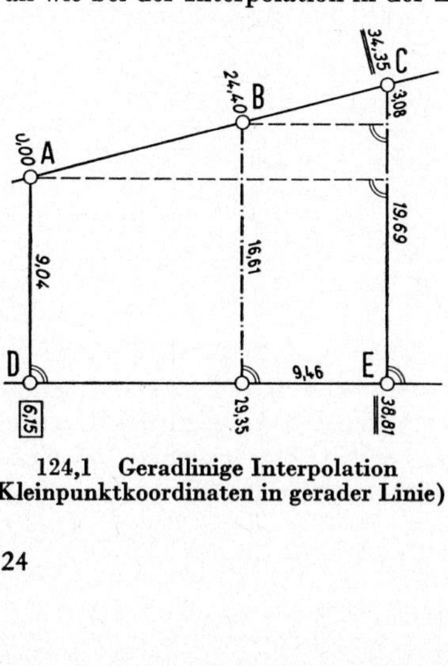

124,1 Geradlinige Interpolation (Kleinpunktkoordinaten in gerader Linie)

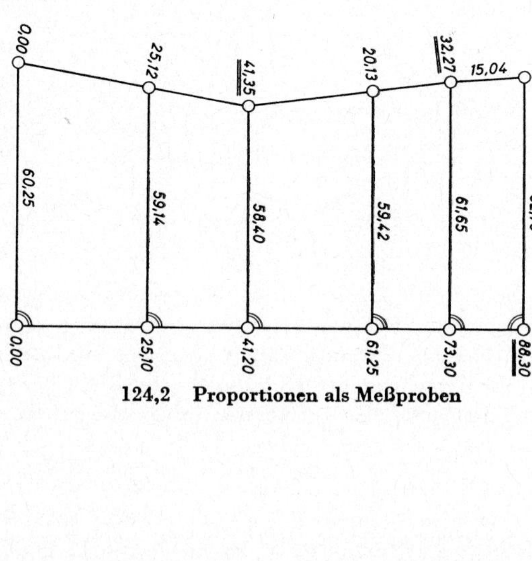

124,2 Proportionen als Meßproben

3. Eine wichtige Anwendung finden Proportionen und Pythagoras als Meßproben, die möglichst sofort im Felde zu rechnen sind. Im Bild 124,2 sehen wir einen häufiger vorkommenden Fall paralleler Grenzen verschiedener Länge, die gruppenweise in proportionalem Verhältnis stehen.

Wir rechnen:

$$\begin{array}{r} 60{,}25 \\ -\,59{,}14 \\ \hline 1{,}11 \end{array} \qquad \begin{array}{r} 60{,}25 \\ -\,58{,}40 \\ \hline 1{,}85 \end{array}$$

$$\begin{array}{r} 59{,}42 \\ -\,58{,}40 \\ \hline 1{,}02 \end{array} \qquad \begin{array}{r} 61{,}65 \\ -\,58{,}40 \\ \hline 3{,}25 \end{array}$$

$$\begin{array}{r} 62{,}70 \\ -\,61{,}65 \\ \hline 1{,}05 \end{array} \qquad \begin{array}{r} 60{,}43 \text{ gerechnet} \\ -\,58{,}40 \\ \hline 2{,}03 \end{array}$$

$$60{,}25 - x_1 = \frac{60{,}25 - 58{,}40}{41{,}2} \cdot 25{,}1$$

$$x_1 = 60{,}25 - \frac{46{,}435}{41{,}2} = 60{,}25 - 1{,}13$$

$$x_1 = \underline{59{,}12} \text{ gerechnet}$$

$$59{,}14 \text{ gemessen}$$

$$61{,}65 - x_2 = \frac{61{,}65 - 58{,}40}{73{,}3 \;- 41{,}2}(73{,}3 - 61{,}25)$$

$$x_2 = 61{,}65 - \frac{3{,}25}{32{,}1} \cdot 12{,}05$$

$$= 61{,}65 - 1{,}22$$

$$x_2 = \underline{60{,}43} \text{ gerechnet}$$

$$59{,}42 \text{ gemessen (vermutlich 1-m-Fehler)}$$

n	n²	n	n²	n	n²	n	n²	n	n²	n	n²
1,11	1,23	1,85	3,42	1,02	1,04	3,25	10,56	1,05	1,10	2,03	4,12
25,10	630,01	41,20	1697,44	20,05	402,00	32,10	1030,41	15,00	225,00	20,05	402,00
25,12	631,24	41,24	1700,86	20,08	403,04	32,26	1040,97	15,04	226,10	20,15	406,12
25,12	gemessen	41,35	gemessen	20,13	gemessen	32,27	gemessen	15,04	gemessen	20,13	gemessen
		Messungsfehler?									

Die Maßzahlen 59,42 und 41,35 müßten also sofort nachgeprüft werden, nachdem man durch Nachrechnen festgestellt hat, daß kein Rechenfehler vorliegt. Es könnte ein Ablesefehler des Meßgehilfen, ein Hörfehler des Meßtruppführers, eine Zahlenverwechslung beim Aufschreiben, eine falsche oder unsorgfältige Abmarkung oder eine falsche Auffassung der Grenze vorliegen (z. B. Zaun oder Mauer wird für Grenze gehalten, die richtig stehende Abmarkung steht tief und wird zunächst nicht entdeckt).

4. Eine weitere Anwendung ist die Schnittpunkteinrechnung (Bild 125,1). Braucht man die Maße des Schnittpunktes S (was für die Flächenberechnung des verschränkten Vierecks nicht nötig ist), so kann man sie nach folgender Proportion berechnen, wobei wir das Vorzeichen von $y_B = 24{,}00$ positiv einsetzen, weil über die Lage keine Unklarheit besteht:

$$\frac{x_B - x_S}{y_B} = \frac{x_B - x_A}{y_A + y_B};\; x_B - x_S = \frac{x_B - x_A}{y_A + y_B} \cdot y_B$$

$$\frac{x_S - x_A}{y_A} = \frac{x_B - x_A}{y_A + y_B};\; x_S - x_A = \frac{x_B - x_A}{y_A + y_B} \cdot y_A$$

Zahlenbeispiel:

$$x_B - x_S = +\frac{18{,}00}{40{,}00}\, 24{,}00 = \underline{\underline{10{,}80}}$$

$$x_S - x_A = \frac{18{,}00}{40{,}00} \cdot 16{,}00 = \underline{\underline{7{,}20}}$$

Probe: $18{,}00 = (x_B - x_S) + (x_S - x_A)$

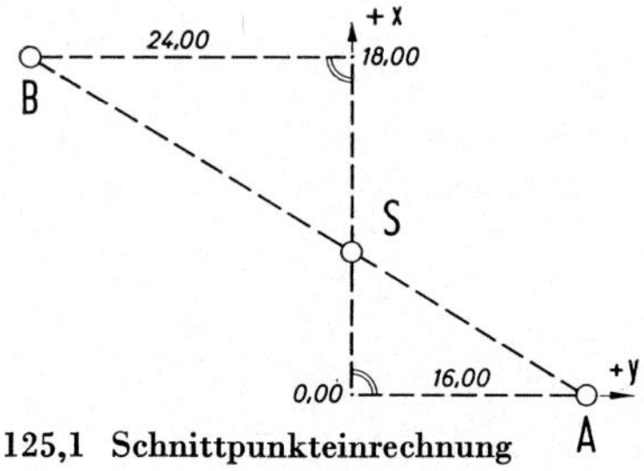

125,1 Schnittpunkteinrechnung

Die Strecke AB finden wir nach dem Pythagoras $\sqrt{40^2 + 18^2} = 43{,}86$. Das Schnittmaß auf AB könnte man nun mit dem Pythagoras oder mit Proportionen rechnen, muß aber auch diese Rechnung kontrollieren, AS = 17,55.

5. In alten Katasterflurkarten lassen sich die Ergebnisse neuerer Vermessungen oft nur unter Verteilung einer merkbaren Differenz eintragen (z. B. Bild 126,1).

Gemessen	Kartenmaß	Differenz
106,65	105,3	1,35
45,58	45,0 } ber.	0,58 } berechnet
25,32	25,0 } ber.	0,32 } berechnet

Die in diesem Zusammenhang nicht interessierenden Maße wurden fortgelassen. Die Differenz wurde proportional verteilt.

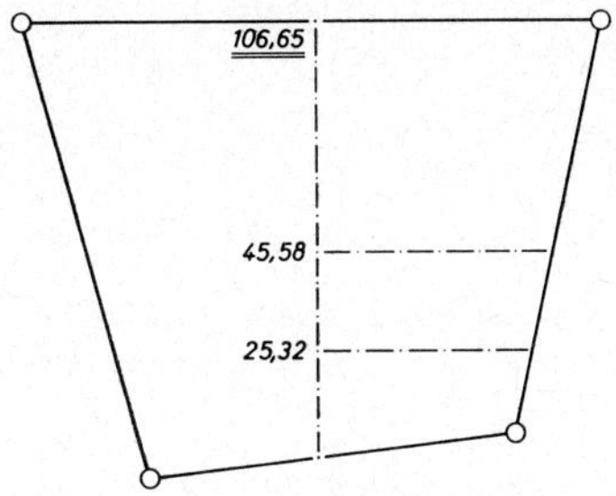

126,1 Proportionale Verteilung der Differenz zwischen Örtlichkeit und alter Katasterflurkarte

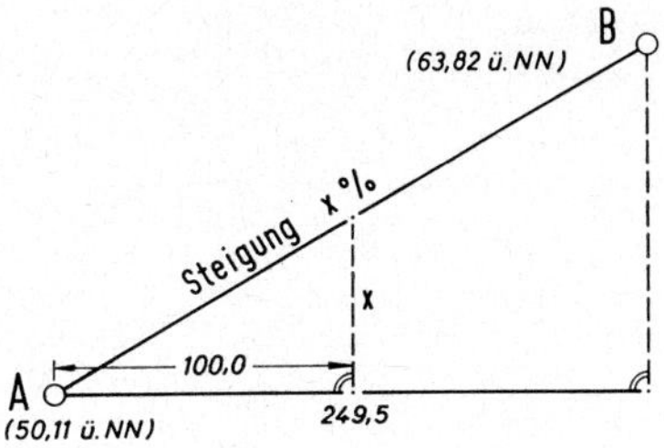

126,2 Steigung einer Straße

6. Bild 126,2. Wieviel % Steigung hat eine Straße, die von A (50,11 m ü. N.N.) nach B (63,82 m ü. N.N.) ansteigt? Die (waagerechte) Strecke von A nach B ist 249,5 m lang.

$$\frac{x}{100} = \frac{13{,}71}{249{,}5};\ x = \underline{5{,}5\%} \qquad \begin{array}{r} 63{,}82 \\ -\ 50{,}11 \\ \hline 13{,}71 \end{array}$$

7. Die vier Teilflächen $F_1 = 2502\ \text{m}^2$, $F_2 = 1877\ \text{m}^2$, $F_3 = 625\ \text{m}^2$ und $F_4 = 3126\ \text{m}^2$ sollen auf die Sollfläche $F = 8150\ \text{m}^2$ abgestimmt werden.

	F_i
	2502 m²
	1877 m²
	625 m²
	3126 m²
Istfläche	8130 m²
Sollfläche	8150 m²
Gesamtverbesserung	+ 20 m²

Die Verbesserungen der Flächen sind den Flächen proportional; daher benutzt man mit Vorteil den Rechenschieber:

	V_i	$F_i + V_i$
$V_1 = \frac{20}{8130} \cdot 2502 =$	$+\ 6\ m^2$	$2508\ m^2$
$V_2 = \frac{20}{8130} \cdot 1877 =$	$+\ 5\ m^2$	$1882\ m^2$
$V_3 = \frac{20}{8130} \cdot 625 =$	$+\ 1\ m^2$	$626\ m^2$
$V_4 = \frac{20}{8130} \cdot 3126 =$	$+\ 8\ m^2$	$3134\ m^2$
$\sum =$	$+20\ m^2$	$8150\ m^2$

2.3 Verzerrungen in Koordinatensystemen und Reduktion auf den Meeresspiegel

Geographische Koordinaten (s. S. 229) sind Winkelkoordinaten, die für die Berechnung der Triangulierung, Polygonierung und Flächenberechnung nicht geeignet sind. Wohl aber eignen sich dafür die Soldnerschen und noch mehr die Gauß-Krügerschen Koordinaten. Zur Anbringung von Verbesserungen wegen der Verzerrungen der Abbildungen und der Reduktion auf den Meeresspiegel hat man Tabellen berechnet. Diese beruhen auf den Formeln, die in den folgenden drei Abschnitten angegeben und erläutert sind.

2.31 Soldnersche Koordinaten

Soldnersche Koordinaten werden meist die Koordinaten genannt, die bei der ordinatentreuen Kugelabbildung (und auch bei der Ellipsoidabbildung) in ein ebenes kartesisches System entstehen (s. S. 228). Die Ellipsoidreduktionen stimmen genügend genau mit den Kugelreduktionen überein, wenn die Gebietsgröße der Systeme und die geforderte Genauigkeit mit der der alten preußischen Soldnersysteme (s. Bild 233,1) übereinstimmen und man den mittleren Krümmungshalbmesser für das betrachtete Gebiet einführt. Ist der Abstand der sphärischen Ordinate y vom Ausgangsmeridian klein, so kann man im Soldnersystem nach den Formeln der ebenen Trigonometrie rechnen. Mit wachsendem y treten Verzerrungen auf, wenn man die sphärischen Koordinaten auf die Ebene abbildet.

Nennen wir S, α und F Strecke, Richtungswinkel und Fläche auf der Erdkugel, s, t und f die verzerrten entsprechenden Werte nach der Verebnung, so ist

$$S - s = -s \cdot \frac{y^2}{2r^2} \cdot \cos^2 t \text{ oder } s = S + s\frac{y^2}{2r^2} \cdot \cos^2 t; \quad s \approx S\left(1 + \frac{y^2}{2r^2}\cos^2 t\right); \; y = \frac{y_1 + y_2}{2}$$

$$\alpha - t = \varrho \frac{y}{2r^2} \cdot \Delta x + \varrho \frac{y^2}{4r^2} \sin 2\,t$$

$$F - f = -F\frac{y^2}{2r^2} \text{ oder } f = F + F\frac{y^2}{2r^2},$$ wenn r den mittleren Krümmungshalbmesser der Erde (ca. 6370 km), y die mittlere Ordinate, Δx den Abszissenunterschied und $\varrho = 636620^{cc}$ bedeutet (Bild 128,1).

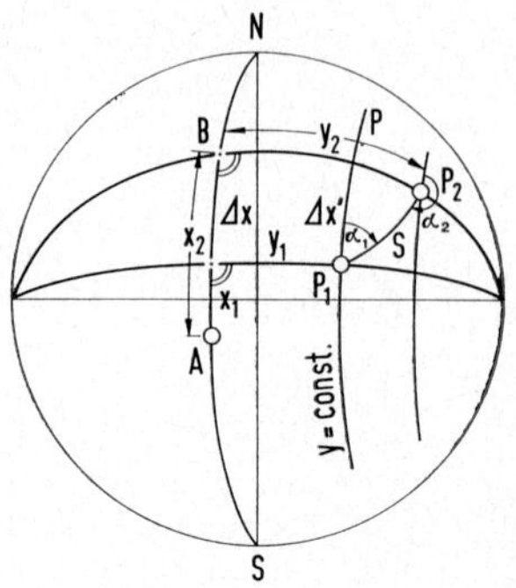

128,1 Soldner-Koordinaten, Sphärisches Urbild, P_1P Parallelkreis zum Meridian NAS

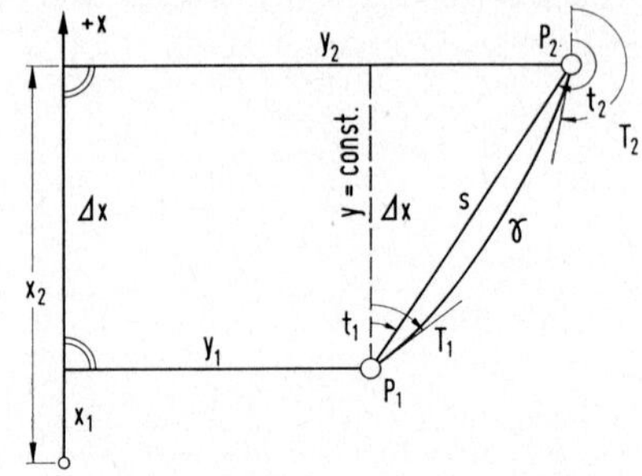

128,2 Soldnersche bzw. Gaußsche Koordinaten im ebenen Abbild

Die Streckenverzerrung ($S - s$) wird für $t = 0$ oder 200^g (Nord-Süd-Richtung) am größten, für $t = 100^g$ oder $300^g = 0$. Ein im Abstand $y = 100$ km (1,5° entsprechen bei der geographischen Breite $\varphi = 50°$ ca. 108 km) vom Ausgangsmeridian in Nord-Süd-Richtung verlaufender nahezu gestreckter Polygonzug (s. S. 199) von 4 km Länge wird bei ebener Rechnung um 49 cm zu groß erhalten. Bei Bild 128,2 ist zu bemerken, daß auf der Kugel der Großkreisbogen S die kürzeste Verbindung der Kugelpunkte P_1, P_2 ist, die verebnete Strecke $P_1 P_2 = s$ also nur länger sein kann. Im verebneten Bild erscheint es umgekehrt.

Die Richtungsverzerrung ist in Nord-Süd-Richtung gering, in Ost-West-Richtung = 0, am größten aber unter $t = 50^g$ oder 150^g, 250^g und 350^g. Für $y = 100$ km, $t = 50^g$ und $\Delta x = 1000$ m wird $(\alpha - t) = 40^{cc}$. Dieser Betrag muß bei der Triangulation schon berücksichtigt werden und macht sich auch bei Polygonzügen störend bemerkbar.

Die Flächenverzerrung kann im allgemeinen vernachlässigt werden. Denn sie beträgt bei $y = 100$ km und $F = 1$ ha erst $F - f = -1\text{ m}^2$; also $f = F + 1\text{ m}^2$.

2.32 Gaußsche Koordinaten

Die Gaußschen (oder Gauß-Krügerschen) Koordinaten entstehen durch eine konforme (= winkeltreue) Abbildung (s. S. 234). Es sollen S, T und F Strecke, Richtungswinkel und Fläche auf der Kugel, s, t und f die ebenen Werte der Gaußschen Abbildung (Bild 128,2) sein, dann lauten die Formeln für die Verzerrungen:

$$S - s = -s\frac{y^2}{2r^2} \quad \text{oder} \quad s = S + s\frac{y^2}{2r^2} \approx S\left(1 + \frac{y^2}{2r^2}\right)$$

$$T - t = \varrho\frac{y}{2r^2} \cdot \Delta x$$

$$F - f = -F\frac{y^2}{r^2}\,;\; f = F + F\frac{y^2}{r^2} = F\left(1 + \frac{y^2}{r^2}\right)$$

Die Streckenverzerrung ist nach allen Richtungen gleich groß, nämlich gleich dem Höchstbetrag der Streckenverzerrung bei der Soldnerschen Abbildung. Die Konformität dieser Abbildung bringt die Ähnlichkeit von Figuren auf der Kugel und in der Gaußschen Abbildung mit sich. Bei $y = 100$ km und $s = 1000$ m ist $S - s = -12$ cm.

Die Richtungsverzerrung ist bei $y = 100$ km und $x = 1000$ m nur $T - t = 1^{cc}$, kann also, wenn y nicht größer wird, bei der Triangulation III. und in jedem Falle bei der IV. Ordnung vernachlässigt werden. Dadurch ist die Gaußsche Abbildung der Soldnerschen überlegen.

Die Flächenverzerrung ist doppelt so groß wie bei der Soldnerschen Abbildung. Doch spielen bei $y = 100$ km und $F = 1$ ha $F - f = -2\text{ m}^2$ auch kaum eine Rolle. Erst wenn es sich um mehrere ha handelt, wird man die Verzerrung berücksichtigen. Die Berechnung kann in einfachster Weise mit dem Rechenschieber erfolgen.

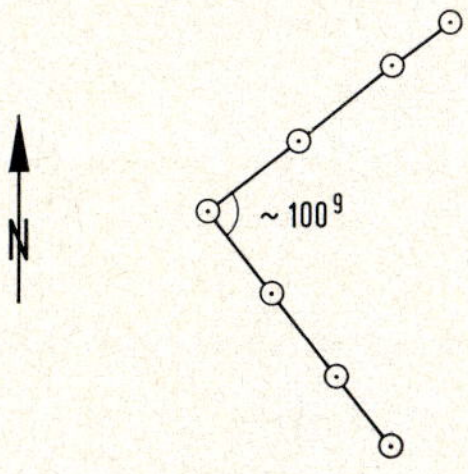

129,1 Polygonzug

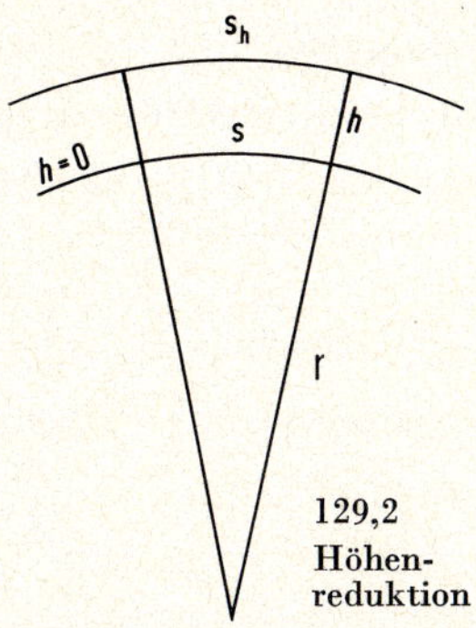

129,2 Höhenreduktion

Beim Rechnen eines gestreckten Polygonzuges (s. S. 199) mit Anschluß an zwei Dreieckspunkten (Bild 71,3) ist die Anbringung der Streckenverzerrung an den örtlich gemessenen Strecken vor der Berechnung nicht nötig, weil die Verbesserung automatisch proportional der Entfernung verteilt wird. Sie wird aber oft berechnet, um im Abschlußfehler Projektionsverzerrung und Messungsfehler voneinander trennen zu können. Beim Rechnen eines 4 km langen Polygonzuges für $y = 60$ km Abstand vom Hauptmeridian mit einem rechtwinkligen Knick in der Mitte (Bild 129,1) müßte man aber die Verzerrung vor der Berechnung als Verbesserung an den Strecken anbringen, da die seitliche Verschiebung in der Zugmitte schon 3 cm ausmacht. Der Fehler wächst mit dem Quadrat des Abstandes vom Hauptmeridian.

2.33 Reduktion auf den Meeresspiegel

Die *Höhenreduktion* sei hier auch gleich erklärt, obwohl sie mit der Abbildungsart nicht zusammenhängt. Sie ist anzusetzen, wenn das zu vermessende Gebiet erheblich über dem der Landesvermessung zugrunde liegenden Landeshorizont (meistens der Meeresoberfläche und seiner Verlängerung unter dem Kontinent) liegt. Ist s_h eine in der Höhe h über dem Meeresspiegel (= Normal-Null) mit geeichtem Meßgerät gemessene Strecke, s ihre Projektion auf den Landeshorizont, $r \approx 6370$ km der mittlere Erdhalbmesser, so ist (Bild 129,2)

$$s = s_h \frac{r}{r+h} = s_h \frac{1}{1+\frac{h}{r}} \approx s_h \left(1 - \frac{h}{r}\right)$$

$$s = s_h - \frac{s_h \cdot h}{r}$$

Diese Reduktion bewirkt also eine Verkleinerung der gemessenen Strecke. Sie hat das umgekehrte Vorzeichen wie die durch die Gaußsche Abbildung verursachte Streckenreduktion.

Für $h = 500$ m und $s_h = 1000$ m wird $s = 999{,}92$ m.

2.4 Flächenberechnung

2.41 Arten der Flächenberechnungen

Oft ist es ein wichtiges Ziel der Lagevermessung, die Flächengröße von Grundstücken zu bestimmen. Hat man keine Karte, so rechnet man 1. aus Feldmaßen oder 2. aus Koordinaten. Die Berechnung aus Feldmaßen und die aus Koordinaten haben in der Regel den gleichen Genauigkeitswert, da die Koordinaten aus Feldmaßen entstanden oder damit identisch sind. Fertigt man eine Karte, so läßt sich die Flächengröße der Grundstücke auch 3. halbgraphisch oder 4. graphisch bestimmen. Zu den graphischen Methoden gehört die Zerlegung in Grundfiguren, die Figurenverwandlung, die Anwendung von Quadratglastafel, Planimeterharfe, Hyperbeltafel und der verschiedenen Planimeter. Die Genauigkeit der Methoden 3 und 4 hängt vom Maßstab und der Auftrage- bzw. Kartiergenauigkeit (s. S. 247) ab und ist im allgemeinen geringer als die der ersten beiden Methoden.

2.42 Flächenberechnung aus Feldmaßen

2.421 Flächenberechnung von Rechteck, Parallelogramm und Dreieck

Schneidet man von dem Parallelogramm ABCD (Bild 130,1) das rechtwinklige Dreieck BCF ab und fügt es an die Seite AD wieder an, so erhält man das flächengleiche Rechteck CDEF mit dem Flächeninhalt $F = g \cdot h$.

Zieht man in dem Parallelogramm die Diagonale AC (Bild 130,2), so erhält man zwei flächengleiche Dreiecke, deren jedes den Flächeninhalt $F = \frac{gh}{2}$ hat; denn CD ist = AB.

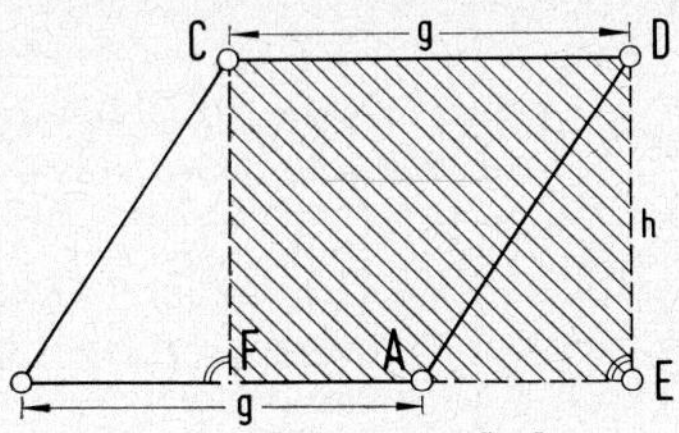

130,1 Parallelogrammfläche

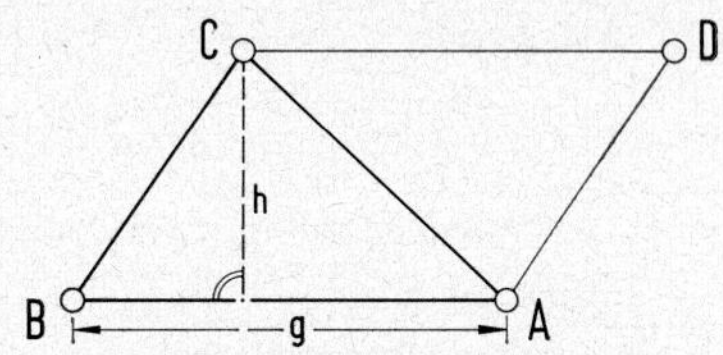

130,2 Parallelogrammfläche und Dreiecksfläche mit gleicher Grundseite und Höhe

Für die Berechnung der Dreiecksfläche unterscheiden wir folgende Fälle:

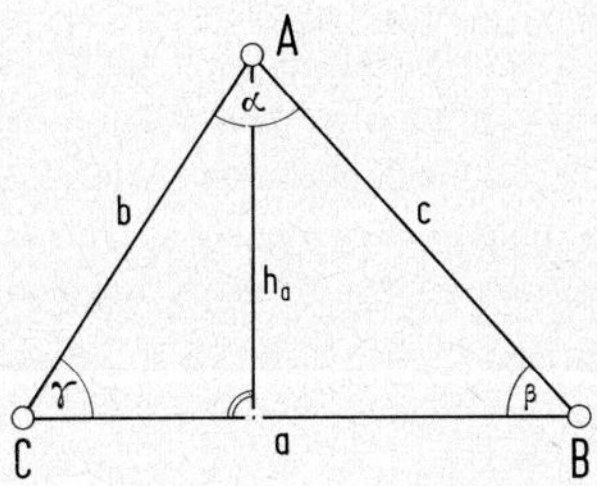

a) Gegeben Grundseite $a = 65{,}43$ und Höhe $h_a = 48{,}70$ (Bild 130,3), dann ist die Dreiecksfläche, wie wir sehen,

$$F = \frac{ah}{2}.$$

b) Gegeben die 3 Seiten a, b und c. Dann ist

$$F = \sqrt{s\,(s-a)\,(s-b)\,(s-c)}; \quad \text{wobei } s = \frac{a+b+c}{2}$$

(Heronsche Formel).

130,3 Dreiecksfläche

Formt man den Ausdruck um, so wird er für das Maschinenrechnen einfacher:

$$F = \frac{a}{2}\sqrt{b^2 - \left(\frac{a^2+b^2-c^2}{2a}\right)^2}$$

Ableitung:

$$F^2 = s\,(s-a)\,(s-b)\,(s-c)$$

$$= \frac{a+b+c}{2} \cdot \frac{a+b+c-2a}{2} \cdot \frac{a+b+c-2b}{2} \cdot \frac{a+b+c-2c}{2}$$

$$2^4 \cdot F^2 = (a+b+c)\,(b+c-a)\,(a+c-b)\,(a+b-c)$$

$$= (b^2+c^2-a^2+2bc)\,(a^2-b^2-c^2+2bc)$$

$$= 2a^2b^2 + 2b^2c^2 + 2a^2c^2 - a^4 - b^4 - c^4$$

$$= 4a^2b^2 - 2a^2b^2 + 2b^2c^2 + 2a^2c^2 - a^4 - b^4 - c^4$$

$$= 4a^2b^2 - (a^4 + b^4 + c^4 + 2a^2b^2 - 2b^2c^2 - 2a^2c^2)$$

$$F^2 = \frac{4a^2}{16}\left(\frac{4a^2b^2 - (a^4 + b^4 + c^4 + 2a^2b^2 - 2b^2c^2 - 2a^2c^2)}{4a^2}\right)$$

$$F^2 = \frac{a^2}{4}\left(b^2 - \frac{a^4 + a^2b^2 - a^2c^2 + a^2b^2 + b^4 - b^2c^2 - a^2c^2 - b^2c^2 + c^4}{4a^2}\right)$$

$$\underline{\underline{F = \frac{a}{2}\sqrt{b^2 - \left(\frac{a^2+b^2-c^2}{2a}\right)^2}}}$$

c) Gegeben zwei Seiten und der eingeschlossene Winkel. Dann gilt die Formel

$$F = \frac{1}{2}\, ab \cdot \sin\gamma = \frac{1}{2}\, bc \cdot \sin\alpha = \frac{1}{2}\, ac \cdot \sin\beta$$

Beweis: Nach Formel a) ist $2F = ah_a \ldots (1)$

Es ist aber [1]) $\sin\beta = \frac{h_a}{c} \ldots (2)$ oder $h_a = c \cdot \sin\beta \ldots (3)$

Setzt man Formel (3) in Formel (1) ein, so erhält man $\underline{\underline{2F = a \cdot c \cdot \sin\beta}}$

d) Gegeben eine Seite und die anliegenden Winkel. Dann ist

$$F = \frac{1}{2}\,\frac{a^2}{\cot\beta + \cot\gamma} = \frac{1}{2}\,\frac{b^2}{\cot\alpha + \cot\gamma} = \frac{1}{2}\,\frac{c^2}{\cot\alpha + \cot\beta}$$

e) Kennt man im Dreieck zwei Winkel, so kennt man auch den dritten Winkel $\alpha = 200^g - (\beta + \gamma)$. So kann man, wenn im Dreieck eine Seite und zwei Winkel gegeben sind, auch nach der Formel rechnen

$$F = \frac{a^2 \cdot \sin\beta \cdot \sin\gamma}{2 \cdot \sin\alpha} = \frac{b^2 \cdot \sin\alpha \cdot \sin\gamma}{2 \cdot \sin\beta} = \frac{c^2 \cdot \sin\alpha \cdot \sin\beta}{2 \cdot \sin\gamma}$$

$a = 65{,}43$ [2])		
$b = 58{,}76$	Gegeben	
$c = 58{,}57$		
$s - a = 25{,}95$		
$s - b = 32{,}62$	Gerechnet	
$s - c = 32{,}81$		
$s = 91{,}38$		

Beispiele:

Zu a) $F = \frac{65{,}43 \cdot 48{,}70}{2} = \underline{\underline{1593{,}2\ \text{m}^2}}$

Zu b) 1. $s = \frac{65{,}43 + 58{,}76 + 58{,}57}{2} = \underline{\underline{91{,}38}}$

$$F = \sqrt{91{,}38 \cdot 25{,}95 \cdot 32{,}62 \cdot 32{,}81}$$

$$F = \sqrt{2\,53\,79\,12} = \underline{\underline{1593{,}1\ \text{m}^2}}$$

2. $F = 32{,}715 \sqrt{3452{,}74 - \left(\frac{4281{,}08 + 3452{,}74 - 3430{,}44}{130{,}86}\right)^2}$

$$= 32{,}715 \sqrt{3452{,}74 - 32{,}885^2}$$

$$= 32{,}715 \cdot 48{,}70$$

$$\underline{\underline{F = 1593{,}2\ \text{m}^2}}$$

Zu c) $F = \frac{1}{2} \cdot 65{,}43 \cdot 58{,}76 \cdot \sin 62{,}19^g$

$$= 65{,}43 \cdot 29{,}38 \cdot 0{,}8287$$

$$\underline{\underline{F = 1593{,}1\ \text{m}^2}}$$

Zu d) $F = \frac{1}{2} \cdot \frac{4281{,}08}{0{,}6684 + 0{,}6752} = \frac{2140{,}54}{1{,}3436} = \underline{\underline{1593{,}1\ \text{m}^2}}$

Zu e) $F = \frac{4281{,}08 \cdot \sin 62{,}49^g \cdot \sin 62{,}19^g}{2 \cdot \sin 75{,}32^g}$

$$= \frac{2140{,}54 \cdot 0{,}8314 \cdot 0{,}8287}{0{,}9258} = \underline{\underline{1593{,}1\ \text{m}^2}}$$

---

[1]) Das wissen wir aus der Trigonometrie (s. S. 155).

[2]) Werden Zahlen im Vermessungswesen ohne Maßeinheit angegeben, so ist als Maßeinheit das Meter (= m) anzunehmen.

2.422 Flächenberechnung von Trapezen und beliebigen Vierecken

Zieht man in einem Trapez (Bild 132,1) die Mittellinie $m = \frac{a+b}{2}$, die von den Seiten a und b den gleichen Abstand $\frac{h}{2}$ hat, und weiter durch die Endpunkte der Mittellinie die Senkrechten, so entstehen nach Verlängerung von b die schraffierten Dreiecke, von denen je zwei an einer Ecke zusammenstoßen und flächengleich sind. Dann ist $F = \frac{a+b}{2} \cdot h$; *Beispiel* $a = 13$; $b = 6$; $h = 4$; $F = 19 \cdot \frac{4}{2} = \underline{\underline{38}}$

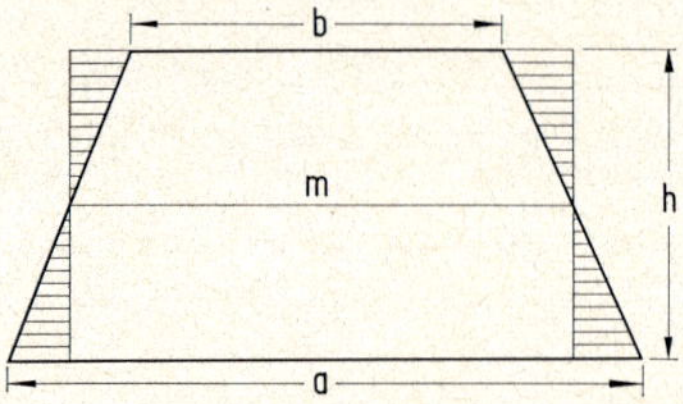

132,1 Trapezfläche

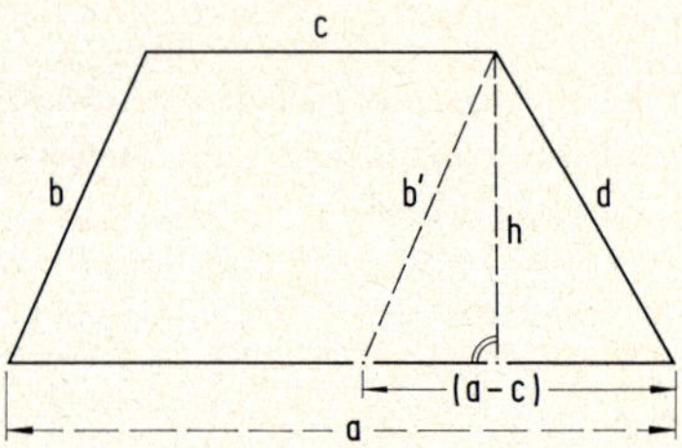

132,2 Trapezfläche aus den vier Seiten

Sind im Trapez die vier Trapezseiten a, b c, und d gegeben (Bild 132,2), so erhält man durch Parallelverschiebung von b nach b' ein Hilfsdreieck, aus dem man zunächst die Höhe h und dann $F = \frac{a+c}{2} \cdot h$ rechnet.

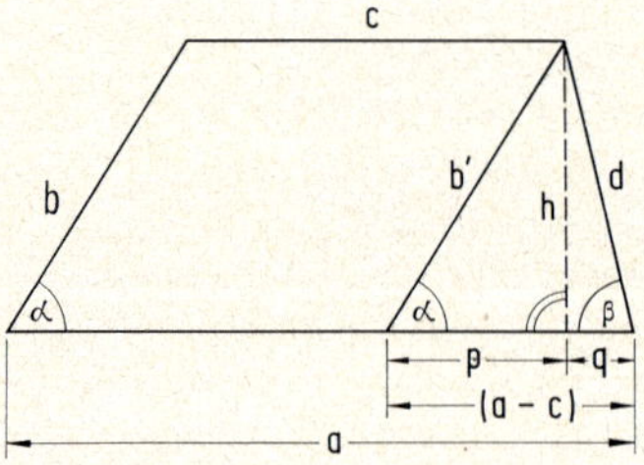

132,3 Trapezfläche aus den beiden Grundseiten und den der einen anliegenden Winkeln

Beispiel: Gegeben $a = 13$; $b = 5$; $c = 6$; $d = 5{,}657$.

Lösung $\underline{\underline{h = 4; \quad F = 38}}$

Bild 132,3: Setzt man $\cot\alpha = \frac{p}{h}$ und $\cot\beta = \frac{q}{h}$,

dann ist $p = h \cdot \cot\alpha$ und $q = h \cdot \cot\beta$

$$p + q = a - c = h \cdot (\cot\alpha + \cot\beta); \quad h = \frac{a-c}{\cot\alpha + \cot\beta}$$

$$F = \frac{a+c}{2} \cdot h = \frac{(a-c)(a+c)}{\cot\alpha + \cot\beta} \cdot \frac{1}{2}; \quad \underline{\underline{F = \frac{1}{2} \cdot \frac{a^2 - c^2}{\cot\alpha + \cot\beta}}}$$

Man kann also F berechnen, wenn die beiden parallelen Seiten a und c sowie die einer dieser Seiten anliegenden Winkel gegeben sind.

Beispiel: Gegeben $a = 13$; $c = 6$; $\alpha = 59{,}026^g$; $\beta = 50{,}003^g$

Lösung: $\cot\alpha = 0{,}7502$; $\cot\beta = 0{,}9999$

$$F = \frac{1}{2} \cdot \frac{169 - 36}{0{,}7502 + 0{,}9999} = \frac{66{,}5}{1{,}750} = \underline{\underline{38}}$$

Verschränkte Trapeze (Bild 133,1): Um die Fläche des verschränkten Trapezes AEGH berechnen zu können, klappen wir über das große Dreieck BEG das kleinere ähnliche Dreieck ABH = FED (Klappverfahren). Die Fläche, die rechts von der Meßlinie HG liegt, bezeichnen wir als positiv, die links von ihr liegende Fläche als negativ. Nachdem wir also von der größeren, positiven Fläche, die kleinere, negative abgezogen haben, erhalten wir als positive Restfläche das Trapez

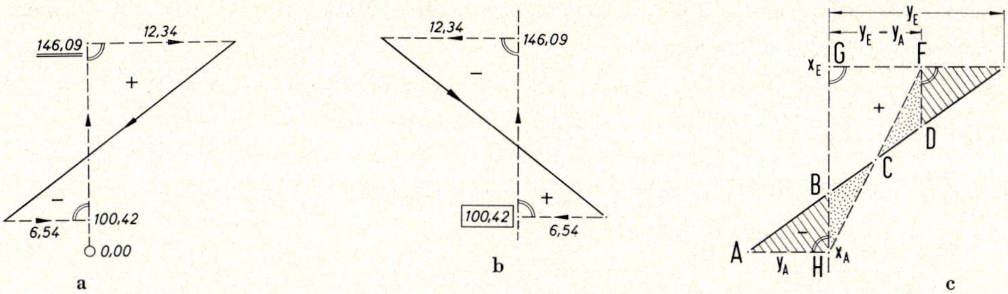

133,1 Verschränkte Trapeze

GFDB. Ziehen wir eine Hilfslinie von F nach H, so sind die Scheiteldreiecke BCH und CFD flächengleich; denn die Grundseiten BH und DF sind gleich groß und parallel, und alle Winkel sind gleich. Damit verwandelt man das Trapez GFDB in das flächengleiche rechtwinklige Dreieck HGF. Dieses aber hat den Flächeninhalt:

$$\frac{GH \cdot FG}{2} = \frac{x_E - x_A}{2} \cdot (y_E - y_A) = \frac{\Delta x}{2} (y_E - y_A)^{1)}$$

Das Produkt erhält das Vorzeichen der größeren Ordinate. Ein verschränktes Trapez kann auch eine negative Fläche haben. Die Einrechnung des Schnittpunktes ist nicht nötig.

Beispiel:

$$F = \frac{1}{2} \cdot (146{,}09 - 100{,}42)(12{,}34 - 6{,}54)$$

$$= \frac{1}{2} \cdot 45{,}67 \cdot 5{,}80 = \underline{\underline{+\,132{,}4\ \text{m}^2}} \quad \text{(Bild 133,1a)}$$

Bild 133,1b hat den Flächeninhalt $\underline{\underline{F = -\,132{,}4\ \text{m}^2}}$

Beliebiges Viereck aus den Diagonalen und dem Schnittwinkel (Bild 133,2).

$$F = \frac{1}{2} pq \cdot \sin \varphi = \frac{1}{2} pq \cdot \sin \psi$$

Beispiel: Gegeben $p = 10{,}77;\ q = 9{,}85;\ \varphi = 149{,}151^g$

Lösung: $\underline{\underline{F = 38}}$

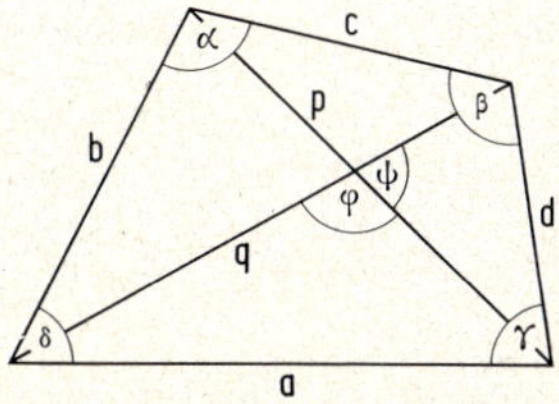

133,2 Beliebiges Viereck aus der Diagonalen und ihrem Schnittwinkel

Beliebige Vierecksfläche aus zwei Gegenseiten und den vier Winkeln (Bild 133,2).

$$2F = \frac{a^2}{\cot \delta + \cot \gamma} + \frac{c^2}{\cot \alpha + \cot \beta}$$

Beispiel: Gegeben $a = 13;\ c = 6;\ \alpha = 140{,}974^g;\ \beta = 149{,}997^g;\ \gamma = 50{,}003^g;\ \delta = 59{,}026^g$

Lösung:

$$2F = \frac{169}{0{,}7502 + 0{,}9999} + \frac{36}{-0{,}7502 - 0{,}9999}$$

$$2F = \frac{133}{1{,}7501} = 76; \quad \underline{\underline{F = 38}}$$

$59{,}026^g$
$50{,}003^g$
$149{,}997^g$
$140{,}974^g$
Probe: $400{,}000^g$

Wenn diese ganzen Formeln alle auf dasselbe Viereck angewandt worden sind, so soll das darauf hindeuten, wie man auch die Berechnung von Flächen mit verschiedenen Formeln kontrollieren kann. Die allgemeinen Vierecksformeln gelten nicht nur für das Trapez.

---

1) Wobei man y_A so behandelt, als hätte es das gleiche Vorzeichen wie y_E.

Gegeben drei Seiten und die von ihnen eingeschlossenen Winkel (Bild 134,1). Es ist dann $2\,F = ab \cdot \sin\alpha + ac \cdot \sin\beta - bc \cdot \sin(\alpha + \beta)$.

Beispiel: Gegeben $a = 13{,}00$; $b = 5{,}00$; $c = 5{,}657$; $\alpha = 59{,}026^g$; $\beta = 50{,}003^g$

Lösung:
$$\begin{aligned} 2\,F &= 13 \cdot 5 \cdot \sin 59{,}026^g + 13 \cdot 5{,}657 \cdot \sin 50{,}003^g \\ &\quad - 5 \cdot 5{,}657 \cdot \sin(59{,}026 + 50{,}003)^g \\ &= 65 \cdot 0{,}7999 + 73{,}541 \cdot 0{,}7071 - 28{,}285 \cdot 0{,}9899 \\ &= 51{,}994 + 52{,}00 - 28{,}00 = 75{,}994 \\ \underline{F} &\underline{= 38\ \mathrm{m}^2} \end{aligned}$$

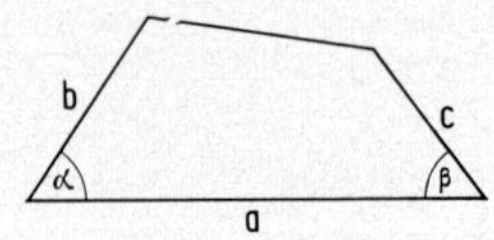

134,1 Viereck

2.423 Flächenberechnung von regelmäßigen und unregelmäßigen Vielecken

Vielecke zerlegt man in Dreiecke und Trapeze und berechnet ihre Fläche. Die in Bild 134,2 dargestellte Fläche kann man nach der Art der Aufmessung entweder

1. in die Dreiecke F_1 und F_4 und die Trapeze F_2 und F_3 oder
2. (Bild 134,3) in die vier Dreiecke F_5, F_6, F_7 und F_8 oder

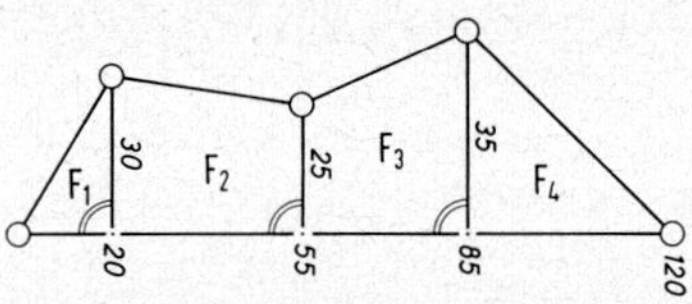

134,2 Vielecksfläche, zerlegt in Dreiecke und Trapeze

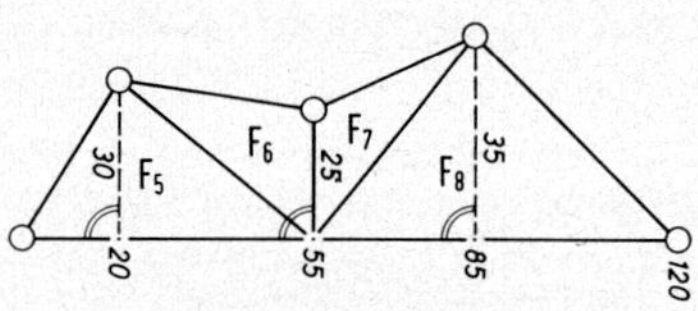

134,3 Dasselbe Fünfeck, zerlegt in Dreiecke

3. (Bild 134,4) in die zwei Dreiecke F_9 und F_{11} sowie in das Viereck F_{10} zerlegen. Die Berechnung ergibt dann:

1. Fall:
$$\begin{aligned} 20 \cdot 30 &= 600 \\ 35 \cdot 55 &= 1925 \\ 30 \cdot 60 &= 1800 \\ 35 \cdot 35 &= \underline{1225} \\ 2\,(F_1 + F_2 + F_3 + F_4) = \underline{2\,F} &\underline{= 5550;} \end{aligned}$$

2. Fall:
$$\begin{aligned} 55 \cdot 30 &= 1650 \\ 25 \cdot 35 &= 875 \\ 25 \cdot 30 &= 750 \\ 65 \cdot 35 &= \underline{2275} \\ 2\,(F_5 + F_6 + F_7 + F_8) = \underline{2\,F} &\underline{= 5550} \end{aligned}$$

3. Fall:
$$\begin{aligned} 55 \cdot 30 &= 1650 \\ 25 \cdot 65 &= 1625 \\ 65 \cdot 35 &= \underline{2275} \\ 2\ \ F_9 + F_{10} + F_{11}) = \underline{2\,F} &\underline{= 5550} \end{aligned}$$

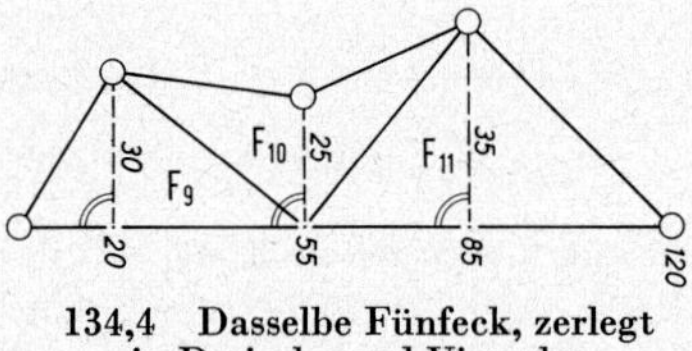

134,4 Dasselbe Fünfeck, zerlegt in Dreiecke und Vierecke

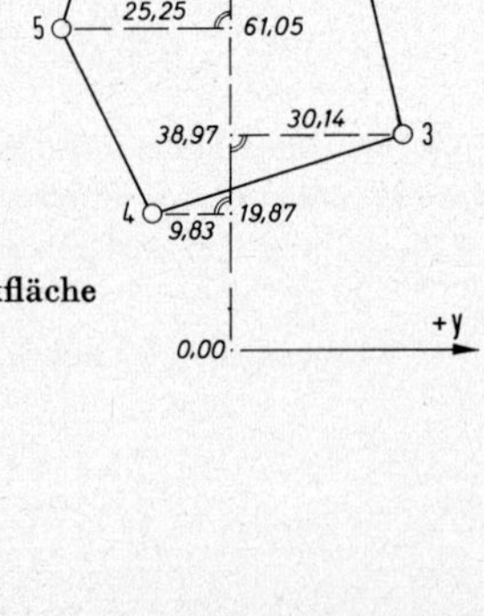

134,5 Sechseckfläche

Die Sechseckfläche soll berechnet werden. Wir haben vier Trapeze und zwei verschränkte Trapeze (Bild 134,5). Denjenigen Ordinaten, die außerhalb des Sechsecks fallen, geben wir ein negatives Vorzeichen. In unserem Fall sind das 29,85 und 9,83.

$$\begin{aligned} &(109{,}86 - 75{,}43)(29{,}85 + 27{,}65) + (75{,}43 - 38{,}97)(27{,}65 + 30{,}14) \\ &+ (38{,}97 - 19{,}87)(30{,}14 - 9{,}83) + (61{,}05 - 19{,}87)(9{,}83 + 25{,}25) \\ &+ (92{,}13 - 61{,}05)(25{,}25 + 18{,}91) + (109{,}86 - 92{,}13)(18{,}91 - 29{,}85) \\ &= 34{,}43 \cdot 57{,}50 + 36{,}46 \cdot 57{,}79 + 19{,}10 \cdot 20{,}31 + 41{,}18 \cdot 35{,}08 + 31{,}08 \cdot 44{,}16 \\ &+ 17{,}73 \cdot (-10{,}94) \end{aligned}$$

$$2\,F = 7097{,}79; \quad F = 3548{,}9 \text{ m}^2.$$

Zu denselben Werten der Einzelprodukte kommt man auch, wenn man die Sechseckfläche aus der systematisch aufgebauten Trapezformel berechnet, wobei man die Koordinaten der Eckpunkte mit der Überbezeichnung P_7 für den Punkt P_1 einsetzt.

$$\begin{aligned} 2\,F = &(x_1 - x_2)(y_1 + y_2) \\ &+ (x_2 - x_3)(y_2 + y_3) \\ &+ (x_3 - x_4)(y_3 + y_4) \\ &+ (x_4 - x_5)(y_4 + y_5) \\ &+ (x_5 - x_6)(y_5 + y_6) \\ &+ (x_6 - x_7)(y_6 + y_7) \end{aligned}$$

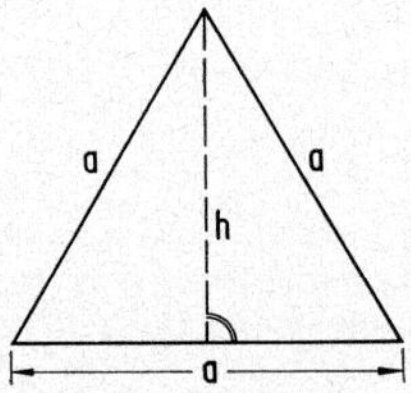

135,1 Fläche des gleichseitigen Dreiecks

Zur Flächenberechnung des regelmäßigen n-Ecks ist Voraussetzung: Flächenberechnung im *gleichseitigen Dreieck* (Bild 135,1).

$$h = \sqrt{a^2 - \left(\frac{a}{2}\right)^2} = \sqrt{\frac{4\,a^2}{4} - \frac{a^2}{4}} = \frac{1}{2}\,a\sqrt{3}$$

$$F_\triangle = \frac{a^2}{4}\sqrt{3} \qquad \text{Für } a = 2 \text{ ist } F = \sqrt{3} = \underline{1{,}73}$$

Fläche des *gleichschenkligen Dreiecks* (Bilder 135,2 und 135,3)

1. $h = \sqrt{b^2 - \frac{a^2}{4}}; \quad 2\,F = a\sqrt{b^2 - \frac{a^2}{4}}$

2. $h = \frac{a}{2}\cot\frac{\alpha}{2}; \quad 2\,F = \frac{a^2}{2}\cot\frac{\alpha}{2}$

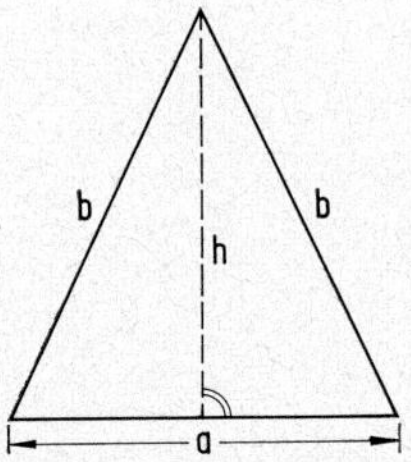

135,2 Fläche des gleichschenkligen Dreiecks aus den drei Seiten

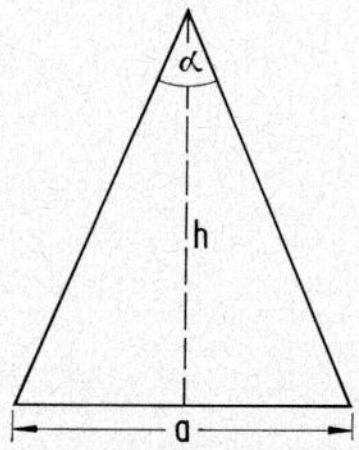

135,3 Fläche des gleichschenkligen Dreiecks aus Grundseite und Winkel an der Spitze

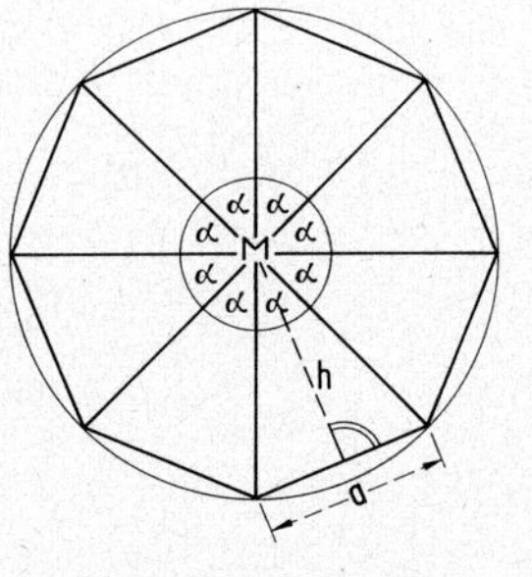

135,4 Fläche des regelmäßigen n-Ecks

Fläche des *regelmäßigen n-Ecks* (Bild 135,4). Wir haben n (in unserem Beispiel $n = 8$) gleiche gleichschenklige Dreiecke mit dem gemeinsamen Scheitelpunkt M der Winkel α.

$\alpha = 400^g : n$ (bei uns $\alpha = \frac{400^g}{8} = 50^g$). Die Seite des regelmäßigen Vielecks sei a.

Dann ist $\tan \frac{200^g}{n} = \frac{a}{2h}$; $h = \frac{a}{2 \tan \frac{200^g}{n}} = \frac{a}{2} \cot \frac{200^g}{n}$ und $2F = \frac{a^2}{2} \cot \frac{200^g}{n}$; (s. S. 163)

also jede Teilfläche $F_T = \frac{a^2}{4} \cdot \cot \frac{200^g}{n}$ (Dreieck)

und die Gesamtfläche $F_G = \frac{n \cdot a^2}{4} \cdot \cot \frac{200^g}{n}$ (n-Eck)

1. Beispiel: $n = 8$; $a = 10$; $\alpha = 50^g$

Lösung: $F_G = \frac{8}{4} \cdot 100 \cdot 2{,}4142 = \underline{\underline{482{,}84 \text{ m}^2}}$, denn $\cot \frac{\alpha}{2} = \cot \frac{50^g}{2} = \cot 25^g = 2{,}4142$

2. Beispiel: $n = 6$; $a = 10$

dann ist $\alpha = 66{,}667^g$; $F = \frac{6 \cdot 100}{4} \cdot 1{,}7320 = \underline{\underline{259{,}8}}$

oder nach der Formel für das gleichseitige Dreieck

$$6 \cdot F_T = \frac{6a^2}{4} \cdot \sqrt{3} = \frac{6 \cdot 100}{4} \cdot \sqrt{3} = 150 \cdot 1{,}732 = \underline{\underline{259{,}8}}$$

2.424 Flächenberechnung von Kreisteilen

1. Die Formel für die Kreisfläche lautet: $F = r^2 \cdot \pi$
2. Die Fläche für den Kreisausschnitt (Bild 136,1) ist

$$\frac{\alpha^g}{400^g} = \frac{F_A}{F}; \quad F_A = \frac{r^2 \pi \alpha^g}{400^g} = \frac{r^2 \alpha}{2\varrho}; \quad \varrho = \frac{200^g}{\pi} = 63{,}662^g = 6366{,}2^c = 636620^{cc} \text{ (s. S. 12)}$$

Manchmal benötigt man auch den Wert $\frac{1}{\varrho^g} = \frac{\pi}{200} = 0{,}015708 = \text{arc } 1^g$

Der arc-Wert[1]) bezieht sich auf den Einheitskreis ($r = 1$) und muß daher stets mit r multipliziert werden: Also $b = r \cdot \text{arc}\,\alpha$ (Bild 136,2). Für $r = 10$ und $\alpha = 100^g$ ist

1. Formel: $F_A = \frac{100 \cdot 100^g}{2 \cdot 63{,}662^g} = \frac{10\,000}{127{,}324} = \underline{\underline{78{,}54 \text{ m}^2}}$

2. Formel: $F_A = \frac{1}{2} b\, r = \frac{1}{2} 15{,}708 \cdot 10 = 5 \cdot 15{,}708 = \underline{\underline{78{,}54 \text{ m}^2.}}$

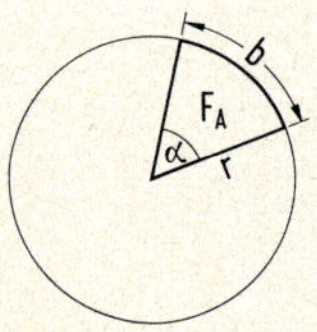

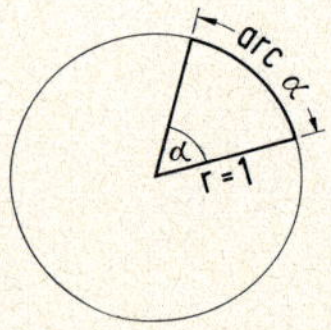

136,1 136,2
Kreisausschnittflächen

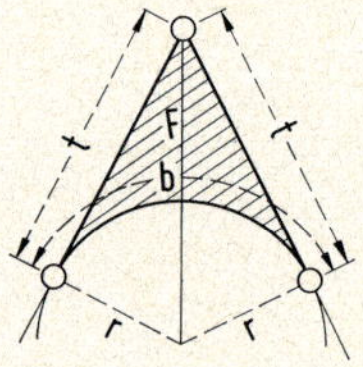

136,3
Fläche zwischen Kreisbogen und den Tangenten

Die Fläche zwischen dem Bogen und den Tangenten (Bild 136,3) ist

$$F = 2 \cdot \frac{t \cdot r}{2} - \frac{1}{2} \cdot br = \left(t - \frac{b}{2}\right) \cdot r$$

für $b = 20$; $r = 10$ ist

$t = 15{,}57$ und $\underline{\underline{F = 55{,}7 \text{ m}^2}}$; denn $\frac{\alpha}{2} = 63{,}662^g$ $\tan \frac{\alpha}{2} = 1{,}557$

(siehe 2.72)

[1]) arcus (lat.) = Kreisbogen. Vgl. auch S. 11 u. 12: 1 rad = ρ.

2.43 Flächenberechnung aus Koordinaten

2.431 Gaußsche Trapezformeln

Mit den Formeln der Berechnung, S. 134, 2.423, haben wir schon den Übergang zur Flächenberechnung aus Koordinaten erreicht. Wir können die eben benutzte Trapezformel in allgemeiner Form folgendermaßen schreiben:

$$2F = \sum_{i=1}^{i=n} (x_i - x_{i+1})(y_i + y_{i+1})\ ^{1)}$$

und in anderer Form

$$2F = \sum_{i=1}^{i=n} (x_i + x_{i+1})(y_{i+1} - y_i) \quad \text{(Gaußsche Trapezformeln)}$$

$\sum_{i=1}^{i=n}$ bedeutet: Es ist der Reihe nach $i = 1, 2, 3, 4 \ldots$ bis n zu setzen.

Dann erhalten wir also bei einem Vieleck mit n Ecken n Klammerprodukte. Die Ecken sind im Uhrzeigersinn zu beziffern. Beziffert man entgegengesetzt dem Uhrzeigersinn, so erhält man die Fläche negativ (Bild 137,1)

	y	x
(6) 1	+ 183,59	+ 211,22
2	+ 208,97	+ 153,21
3	+ 149,01	+ 60,45
4	+ 64,36	+ 86,64
5	+ 97,98	+ 185,73

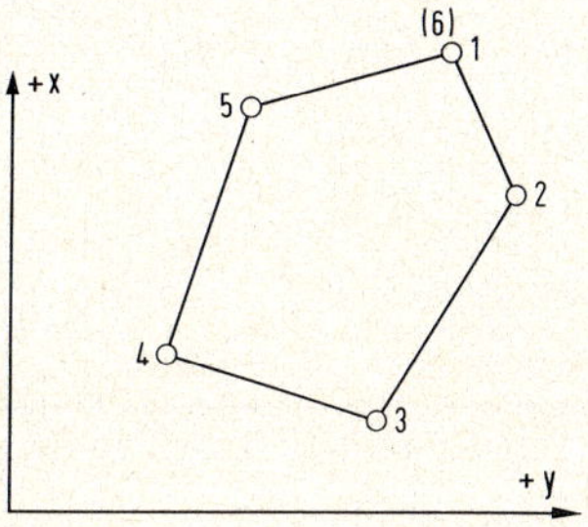

137,1 Fläche nach den Gaußschen Trapezformeln

Nach der ersten Trapezformel ist

$$\begin{aligned} 2F = {} & (211{,}22 - 153{,}21)(183{,}59 + 208{,}97)^{2)} \\ & + (153{,}21 - 60{,}45)(208{,}97 + 149{,}01) \\ & + (60{,}45 - 86{,}64)(149{,}01 + 64{,}36) \\ & + (86{,}64 - 185{,}73)(64{,}36 + 97{,}98) \\ & + (185{,}73 - 211{,}22)(97{,}98 + 183{,}59) = +27126{,}98 \end{aligned}$$

$$\underline{F = +13563{,}49\ \text{m}^2.}$$

Nach der zweiten Trapezformel ist

$$\begin{aligned} 2F = {} & (211{,}22 + 153{,}21)(208{,}97 - 183{,}59) \\ & + (153{,}21 + 60{,}45)(149{,}01 - 208{,}97) \\ & + (60{,}45 + 86{,}64)(64{,}36 - 149{,}01) \\ & + (86{,}64 + 185{,}73)(97{,}98 - 64{,}36) \\ & + (185{,}73 + 211{,}22)(183{,}59 - 97{,}98) = +27126{,}98 \end{aligned}$$

$$\underline{F = +13563{,}49\ \text{m}^2}$$

$$F_M \sim 13563\ \text{m}^2$$

---

1) Σ ist das große S des griechischen Alphabets als Abkürzung von „Summe".

2) Man rechnet die Einzelprodukte auf $\frac{1}{10}$ m² genau und rundet erst das Gesamtergebnis auf volle m² ab, was bei Rechnung ohne Maschine zu beachten ist.

2.432 Gaußsche Dreiecksformeln

Die Gaußsche Dreiecksformel entsteht aus der Trapezformel, wenn man die Klammerausdrücke für ein n-Eck ausmultipliziert und die Glieder anders ordnet.

Wir erhalten dann

$$2\,F = \sum_{i=1}^{i=n} x_i\,(y_{i+1} - y_{i-1}) \text{ und } 2\,F = \sum_{i=1}^{i=n} y_i\,(x_{i-1} - x_{i+1}) \quad \text{(Gaußsche Dreiecksformeln)}$$

Beispiel: Berechnung der Sechsecksfläche

	$x_{i-1} - x_{i+1}$	y_i	x_i	$y_{i+1} - y_{i-1}$	$x_i\,(y_{i+1} - y_{i-1})$		$y_i\,(x_{i-1} - x_{i+1})$	
		3550000	5805000					
11		129,85	109,86					
12	+ 70,89	127,65	75,43	+ 0,29	+ 21,9		+ 9 049,0	
13	+ 55,56	130,14	38,97	— 37,48		— 1 460,6	+ 7 230,5	
14	— 22,08	90,17	19,87	— 55,39		— 1 100,6		— 1 991,0
15	— 72,26	74,75	61,05	— 9,08		— 554,4		— 5 401,5
16	— 48,81	81,09	92,13	+ 55,10	+ 5 076,3			— 3 958,0
11	+ 16,70	129,85	109,86	+ 46,56	+ 5 115,0		+ 2 168,5	
12		127,65	75,43					
	+ 143,15			+ 101,95	+10 213,2	— 3 115,6	+18 448,0	—11 350,5
	— 143,15			— 101,95	— 3 115,6		—11 350,5	
	0,00			0,00	+ 7 097,6		+ 7 097,5	

Die Sechsecksfläche ist 3548,9 m² groß.

Auch bei diesen Formeln muß das n-Eck im Uhrzeigersinn beziffert sein, damit sich eine positive Fläche ergibt (Bild 138,1).

Haben die Koordinaten, wie bei Gauß-Krüger-Koordinaten, neun Ziffern, so zieht man von den Rechts- und Hochwerten jeweils eine entsprechend ausgewählte, möglichst große, etwa auf volle 1000 oder 500 m abgerundete Zahl ab, damit sich die anschließende Rechnung vereinfacht.

Die Gauß-Krügersche Flächenverzerrung (s. S. 128) macht hier nur 0,2 m² aus, kann also unberücksichtigt bleiben, da man im allgemeinen, z. B. für Katasterzwecke, auf volle m² abrundet.

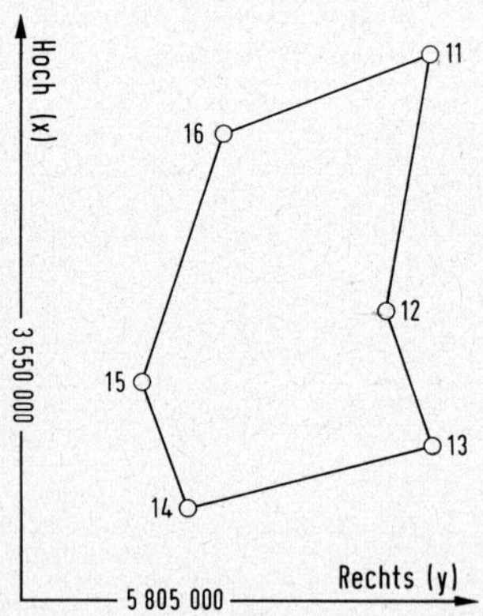

138,1 Gaußsche Dreiecksformel, Beispiel

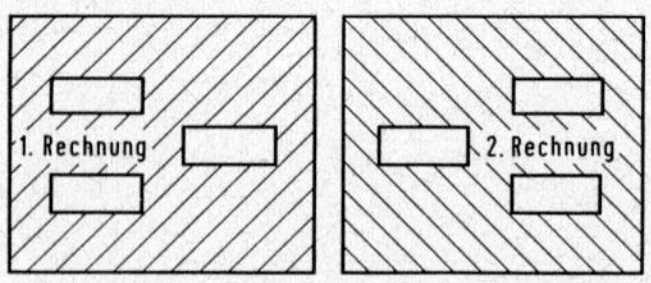

138,2 Maske zum Ellingschen Verfahren

2.433 Verfahren von Elling

Dieses Verfahren für die einfache Rechenmaschine benutzt ebenfalls die Gaußschen Dreiecksformeln

$$2\,F = \sum_{i=1}^{i=n} x_i\,(y_{i+1} - y_{i-1}) \text{ und } 2\,F = \sum_{i=1}^{i=n} y_i\,(x_{i-1} - x_{i+1})$$

Die Differenzen in den Klammern werden mechanisch gebildet, indem man z. B. den Wert y_{i-1} des U in den Wert y_{i+1} umkurbelt. Haben wir z. B. ein Fünfeck, so stellt man ins E der Reihe nach die x-Werte der Punkte 1, 3, 5 (ungerade Nummern) und dann die x-Werte der Punkte 2 und 4 (gerade Nummern). Im U wird jeweils y_{i-1} in y_{i+1} umgekurbelt, also z. B. y_2 in y_4, wenn x_3 in E, und y_4 in y_1, wenn x_5 in E eingestellt ist. Die Produkte werden also ohne Löschung und Zwischennotierung gebildet und addiert:

$$2\,F = x_1\,(y_2 - y_5) + x_3\,(y_4 - y_2) + x_5\,(y_1 - y_4) + x_2\,(y_3 - y_1) + x_4\,(y_5 - y_3).$$

Zur Rechenerleichterung kann man eine Maske aus Pappe (Bild 138,2) auf das Koordinatenverzeichnis legen, die immer nur die benötigten Werte entsprechend der Formel freigibt. Es genügt aber schon, die Werte der ersten drei Produkte unseres Beispiels mit Bleistift zu unterstreichen, damit man die richtige Reihenfolge einhält. In unserem Beispiel hat das n-Eck eine ungerade Zahl Ecken ($n = 5$). Hat das n-Eck aber eine gerade Zahl von Ecken, so findet man nach Durchrechnung des ersten Teils nicht den Anschluß in U. Man hilft sich dadurch, daß man den ersten oder auch den letzten Punkt doppelt aufschreibt. Dadurch verwandelt man das geradzahlige Vieleck in ein flächengleiches ungeradzahliges (Bild 139,1). Das Sechseck (Bild 138,1) rechnet man nach Elling folgendermaßen:

$$2\,F = x_{12}\,(y_{13} - y_{11}) + x_{14}\,(y_{15} - y_{13}) + x_{16}\,(y_{11} - y_{15}) + x_{11}\,(y_{12} - y_{11}) + x_{13}\,(y_{14} - y_{12}) + x_{15}\,(y_{16} - y_{14}) + x_{11}\,(y_{11} - y_{16}) = 75{,}43\,(130{,}14 - 129{,}85) + 19{,}87\,(74{,}75 - 130{,}14) + \ldots$$

Man erhält also zwei Produkte mit x_1; das nicht nötige $x_1 y_1$ fällt heraus, da es einmal mit positivem, einmal mit negativem Vorzeichen auftritt.

Das gibt $2\,F = 7097{,}8$ oder $F = 3548{,}9\ \text{m}^2$, wenn man das Beispiel 2.432 durchrechnet. Koordinatenverzeichnis mit Rechenweg, wenn

n gerade (z. B. $n = 4$)

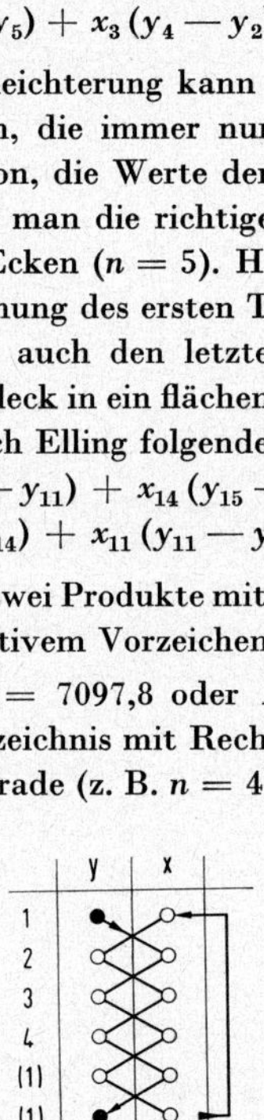

139,1 Rechenschema

n ungerade (z. B. $n = 5$)

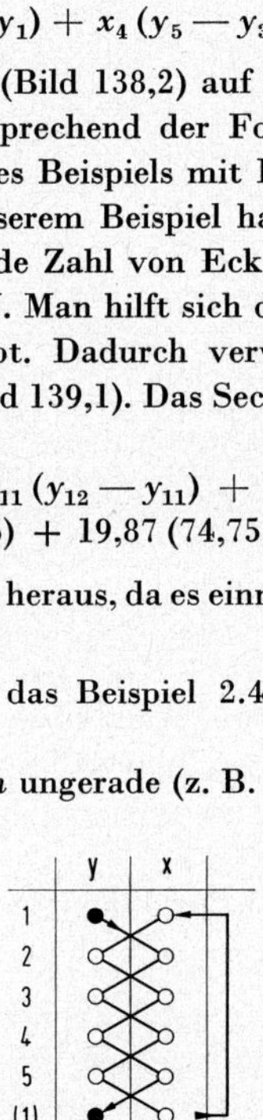

139,2 Rechenschema

Die Probe wird man mit der zweiten Gaußschen Dreiecksformel rechnen. Will man das Ergebnis positiv erhalten, rechnet man von unten nach oben, umfährt das Vieleck also entgegengesetzt dem Uhrzeigersinne: $y_{16}\,(x_{15} - x_{11}) + y_{14}\,(x_{13} - x_{15}) + y_{12}\,(x_{11} - x_{13}) + y_{11}\,(x_{16} - x_{12}) + y_{15}\,(x_{14} - x_{16}) + \ldots$

Durchschneidet eine Koordinatenachse das Vieleck, so nimmt man vor der Rechnung eine Parallelverschiebung vor, so daß die ganze Figur in den I. Quadranten rückt. Das erreicht man, indem man allen x bzw. y dieselbe Zahl — etwa 100 oder 1000 — zufügt, so daß nur noch positive Werte vorkommen. Dadurch vermeidet man Hebelumschaltungen während der Rechnung.

2.434 Verfahren von Reek (für die Doppelrechenmaschine)

Das Ellingsche Verfahren ist für eine Maschine mit nur einem Werk gedacht. Die Probe mit der zweiten Gaußschen Dreiecksformel kann man nur *nach* der Berechnung mit der ersten Formel ausführen. Hat man aber, wie dies heute meistens der Fall ist, eine Doppelrechenmaschine zur Verfügung, so kann man eine dieser Formeln umformen.

$$2F = \sum_{i=1}^{i=n} x_i (y_{i+1} - y_{i-1}) = + \sum_{i=1}^{i=n} x_i\, y_{i+1} - \sum_{i=1}^{i=n} x_i \cdot y_{i-1}$$

oder $2F = - \sum_{i=1}^{i=n} x_i\, y_{i-1} + \sum_{i=1}^{i=n} x_i y_{i+1}$; es ist aber

$\sum_{i=1}^{i=n} x_i\, y_{i+1} = \sum_{i=1}^{i=n} y_i\, x_{i-1}$ und $\sum_{i=1}^{i=n} x_i\, y_{i-1} = \sum_{i=1}^{i=n} y_i\, x_{i+1}$; deswegen

kann man auch schreiben $2F = + \sum_{i=1}^{i=n} y_i\, x_{i-1} - \sum_{i=1}^{i=n} x_i\, y_{i-1}$

$$2F = - \sum_{i=1}^{i=n} y_i\, x_{i+1} + \sum_{i=1}^{i=n} x_i\, y_{i+1}$$

Benutzt man diese Formeln für die Doppelrechenmaschine, so stellt man im ersten Teil der Berechnung im linken Einstellwerk E_1 der Reihe nach die Werte von $x_n, x_1, x_2, \ldots, x_{n-1}$ und im rechten Einstellwerk E_2 die Werte von $-x_2, -x_3, -x_4, \ldots, -x_n, -x_1$ ein, ins U aber kurbelt man der Reihe nach $y_1, y_2, \ldots, y_n$ ein. Im zweiten Berechnungsteil kurbelt man dann in E_1 die Werte von $-y_n, -y_1, -y_2, \ldots, -y_{n-1}$ und in E_2 die Werte von $y_2, y_3, \ldots, y_n, y_1$ und in U die Werte von $x_1, x_2, \ldots, x_n$ ein. Die beiden R zeigen dann als endgültiges Ergebnis den gleichen Wert von $2F$. Negative Zahlen sind in U als dekadische Ergänzungen einzustellen. Sie erscheinen auch im R als dekadische Ergänzungen. Die entsprechenden Regeln für die R-Schaltung und U-Schaltung sind zu beachten. Die Schaltung ist bekanntlich bei Brunsviga und Thales-Geo verschieden.

2.44 Halbgraphische Flächenberechnung (FK)[1]

Bei der Verwendung von gemessenen und abgegriffenen Maßen für die gleiche Flächenberechnung empfiehlt sich folgende Methode. Oft sind nur die schmalen Seiten von langgestreckten Flurstücken gemessen (Bild 140,1). Dann zerlegt man diese durch Ziehung von Diagonalen (mit Bleistift) in Dreiecke und greift die Höhen ab. Dazu nimmt man am besten die Parallelglastafel. Hat man nur einen Anlegemaßstab zur Hand, so beachte man, daß die Höhe von allen Verbindungslinien zwischen der Grundlinie und der gegenüberliegenden Ecke den kleinsten Wert hat.

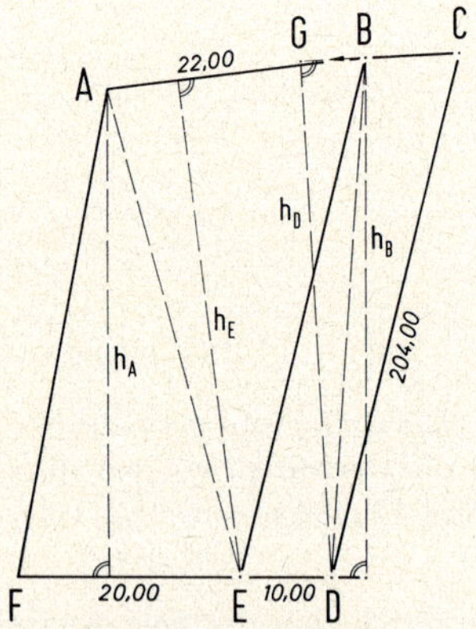

140,1 Halbgraphische Flächenberechnung

Beispiel: Die Grundseite sei zu 20,00 m gemessen worden. Aus der Karte ist h_A zu 200,0 m abgegriffen worden, die Abgreifgenauigkeit sei $f_h = 0{,}3$ m. Die gemessene Strecke ist dem-

[1]) FK bedeutet: aus Feldmaßen und Karte; K bedeutet nur Karte, d. h. graphisch.

gegenüber als fast fehlerfrei anzusehen. Dann ist der Fehler der berechneten Fläche $f_F = \frac{1}{2} g \cdot f_h$
$f_F = 10{,}00 \cdot 0{,}3 = 3\ \text{m}^2$. F selbst ist $\frac{20}{2} \cdot 200 = 2000\ \text{m}^2$. Müßte man die Grundseite EF abgreifen und wäre h_A gemessen zu 200,00 m, so ergäbe sich der Flächenfehler $f_F = 100 \cdot 0{,}3 = 30\ \text{m}^2$. *Wir messen* also in solchem Falle stets die *kleine* Grundseite und *greifen die lange Höhe ab.* Dann ist der Fehler der Flächenbestimmung verhältnismäßig klein. Ihre Genauigkeit kommt der einer Flächenbestimmung aus Feldmaßen nahe und liegt wesentlich über der einer rein graphischen Flächenermittlung. Bleiben wir bei unserem Beispiel, so müßten wir jetzt noch h_E und h_B abgreifen, um die Inhalte der beiden entsprechenden Dreiecke zu bestimmen. Die Höhe h_D allerdings würden wir nicht abgreifen, da man sie genauer aus der gemessenen Seite CD gleich 204,00 und dem abgegriffenen Grundseitenabschnitt CG rechnen kann (Pythagoras).

2.45 Graphische Flächenermittlung

Werden Flächen nur nach der Karte oder einem Plan berechnet, weil keine Maßzahlen ermittelt worden sind, so spricht man von einer graphischen Flächenberechnung (K).

Normalfall (Bestimmung mit Lineal und Anlegemaßstab). Ähnlich wie bei der halbgraphischen Flächenbestimmung zerlegt man das zu berechnende Vieleck in (möglichst gleichseitige) Dreiecke, Rechtecke und Trapeze. Die Längen der Grundlinien und Höhen liest man am Anlegemaßstab am besten mittels einer Lupe ab. Dann werden die Teilflächen und schließlich die Gesamtfläche errechnet. Soweit erforderlich, sollte hierbei eine Papieränderung berücksichtigt werden

2.451 Figurenverwandlung

Man kann ein Vieleck vorher in eine einfachere Figur und schließlich gar in ein Dreieck verwandeln, dessen Flächeninhalt sich dann leicht nach Abgreifen von Grundseite und Höhe bestimmen läßt. Das Verfahren verwendet den Lehrsatz: Dreiecke mit gleicher Grundseite und gleicher Höhe sind flächengleich (Anwendung beim Becker-Planimeter).

Beispiel: Das Fünfeck ABCDE (Bild 141,1) soll in ein flächengleiches Dreieck verwandelt werden. Man schiebt zunächst die Spitze D des Dreiecks CDE parallel zu CE nach D′, dann die Spitze B des Dreiecks ABC parallel zu AC nach B′. Dann liegen D′ und B′ auf der Verlängerung der Seite AE. Wir haben sozusagen zwei Ecken des Fünfecks abgeschnitten und ein dem Fünfeck flächengleiches Dreieck B′CD′ erhalten, dessen Grundseite B′D′ und dessen Höhe CC′ wir abgreifen, um daraus den Flächeninhalt zu berechnen.

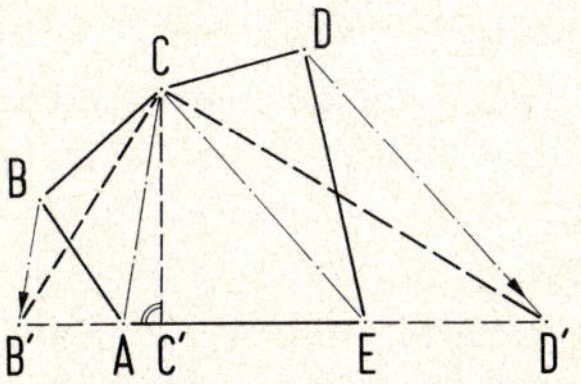

141,1 Figurenverwandlung

2.452 Planimeterharfe

Die Planimeterharfe (Bild 142,1) dient zur Berechnung langer schmaler Figuren von unregelmäßiger Breite (z. B manche Wasserläufe und Wege), welche sich nicht zur Bestimmung mit dem Planimeter (2.455) eignen. Eine Parallelenschar ist auf transparentem Papier aufgetragen. Der Parallelenabstand ist eine runde Zahl, etwa $a = 2$ mm, ihr Abstand sollte aber vorsichtshalber nochmals als Mittelwert einer größeren Zahl solcher Abstände bestimmt werden. Die auf den Plan gelegte Parallelenschar zerlegt die Figur in mehrere schmale Flächenstreifen, die man näherungsweise als Trapeze betrachten kann. Die Längen der Mittellinien dieser Trapeze werden mit einem

Stechzirkel abgegriffen und mechanisch summiert. Diese Summe wird mit dem Parallelenabstand multipliziert und so die Fläche der Figur ermittelt. Bei den unregelmäßigen Enden einer solchen Figur (Bild 142,2) nimmt man einen Flächenaustausch nach Augenmaß vor, indem man die erste Parallele entsprechend legt.

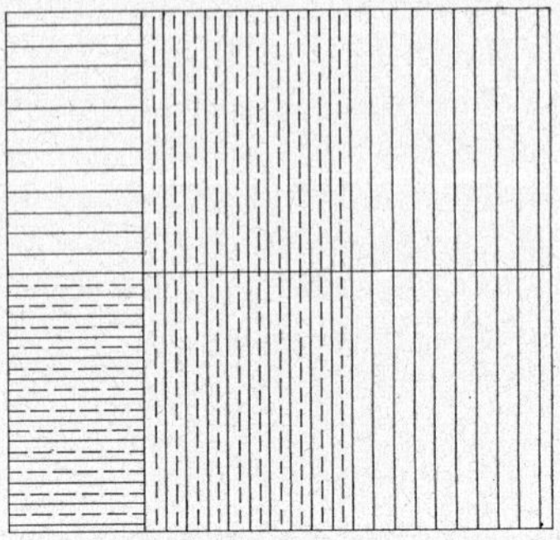

142,1 Planimeterharfe (Ausschnitt)

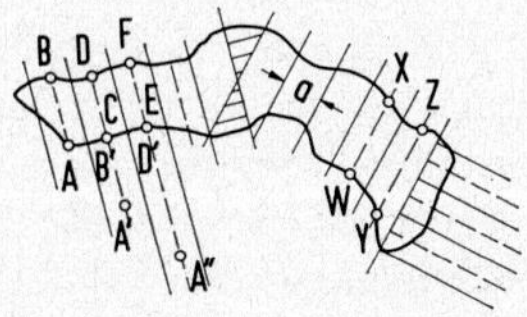

142,2 Gebrauch der Planimeterharfe

Bei einem Richtungswechsel der Achse der Figur dreht man die Harfe so, daß ein Flächenaustausch oberhalb und unterhalb des Drehpunktes (Zirkelstich) entsteht. Im Bild 142,2 sieht man, wie die Zirkelspanne AB auf der Verlängerung von DC unterhalb C angetragen wird. Der Zirkel wird mit seinem einen Schenkel in A′ festgestellt, der freie Schenkel wandert nach D. Nun trägt man A′D unterhalb E auf der verlängerten Mittellinie an. Der eine Schenkel bleibt in A″ stehen, der freie Schenkel wandert nach F usw. Wie wir drei Mittellinien summiert haben, geht es fort bis zur letzten Mittellinie.

Ist AB $= b_1$, CD $= b_2$, EF $= b_3, \ldots,$ WX $= b_{n-1}$, YZ $= b_n$, so ist

$$F = a\,(b_1 + b_2 + b_3 + \ldots + b_{n-1} + b_n) = \underline{a \sum b}$$

2.453 Quadratglastafel und Parallelglastafel

Auf Glas ist ein rechtwinkliges Millimeternetz mit Quadraten von 1 mm Seitenlänge aufgetragen, wobei jedes zehnte mm verstärkt gezeichnet wird. Die Quadratglastafel eignet sich zum Messen von Dreieckshöhen, Trapezmittellinien u. ä. Man kann damit aber vor allen Dingen die Flächen unregelmäßig begrenzter Figuren bestimmen, indem man die vollen Quadrate abzählt, die Randquadrate aber abschätzt (siehe Bild 143,1).

Man kann auch streifenweise vorgehen. Der unterste Zentimeterstreifen wird so auf die Figur gelegt, daß links und unten ein Flächenaustausch stattfinden. Voraussetzung ist, daß der linke Rand stärker gezackt ist als der rechte. Anderenfalls macht man den Flächenaustausch rechts. Man mißt nun die Mittellinie des ersten Zentimeterstreifens. An einem unten angelegten Lineal verschiebt man die Glastafel so weit, daß der Rand eines Zentimeterquadrates des zweiten Zentimeterstreifens den am stärksten gezackten seitlichen Rand ausgleicht. Auch der gegenüberliegende seitliche Rand muß notfalls durch Schätzung oder mit der Kante eines durchsichtigen Lineals ausgeglichen werden, bevor man die Länge der Mittellinie des zweiten Streifens abliest. Nun wird der dritte Zentimeterstreifen entsprechend verschoben usw. Beim obersten Reststreifen mißt man die Mittellinie senkrecht zur Linealrichtung, indem man die Ränder wieder schätzend ausgleicht. Die Fläche erhält man in mm². Das sind im Maßstab 1:1000 ebenso viele m², im Maßstab 1: 2000 viermal soviele m².

Dieses Verfahren ähnelt der Flächenermittlung mit der Planimeterharfe. Ein ähnliches Verfahren wird auch bei dem Planimeter nach Mönkemöller angewendet, wo die Längen der Mittellinien von einer Meßrolle gemessen und summiert werden.

Zur graphischen Bestimmung von Dreiecks- usw. Höhen eignet sich auch die *Parallelglastafel*, die mit der Quadratglastafel und der Planimeterharfe manches gemeinsam hat.

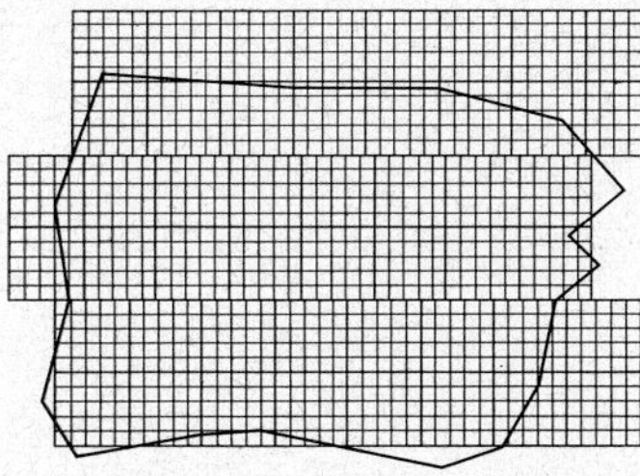

143,1 Streifenweise Flächenermittlung mit der Quadratglastafel

1. Streifen (unten)	328
2. Streifen	363
3. Streifen	48 + 46 + 42 + 14
Summe	841 mm²

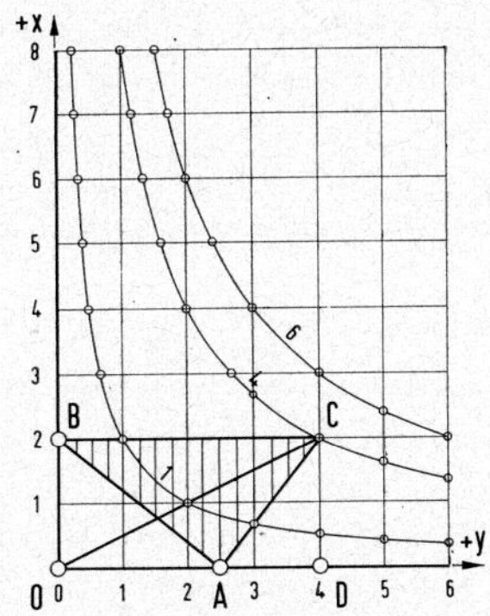

143,2 Prinzip der Klothschen Hyperbeltafel

2.454 Hyperbeltafeln

Enie Hyperbeltafel besteht aus einer Glastafel, auf der zwei halbe Hyperbelscharen aufgetragen sind, welche in m² entsprechend einem bestimmten Kartenmaßstab (etwa 1:1000 oder 1:2000) beziffert sind. Mit dieser Tafel kann man Dreiecksflächen bestimmen (Bild 143,3).

Klothsche Hyperbeltafel. Bei der Klothschen Hyperbeltafel bilden die Achsen (Asymptoten) einen rechten Winkel. Eine Hyperbel ist der geometrische Ort für ein konstantes Produkt $x \cdot y$. Die Konstruktion dieser Hyperbelscharen kann man so vornehmen, daß man in der Gleichung $2F = x \cdot y$ für F der Reihe nach runde Flächenwerte einsetzt und dann der Reihe nach $x = 1, 2,$

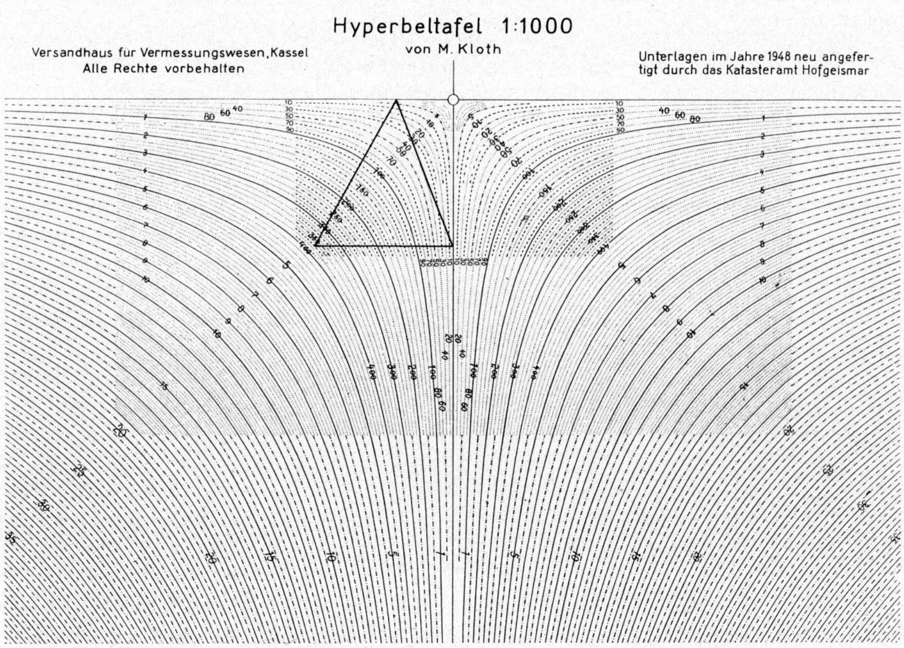

143,3 Hyperbeltafel (Verkleinerter Ausschnitt auf etwa 1 : 1400)

3 ... usw. setzt und dafür die entsprechenden y-Werte ausrechnet. Für jeden Wert F erhält man eine bestimmte Hyperbel. Zum Beispiel für $F = 1$ und $x_1 = 1$ ist $y_1 = 2$, für $x_2 = 2$ ist $y_2 = 1$, für $x_3 = 3$ ist $y_3 = \frac{2}{3}$ usw. Bild 143,2 zeigt, daß Dreieck ABC flächengleich BCO (gleiche Grundseiten und gleiche Höhen) und flächengleich dem halben Rechteck OBCD ist. In diesem Bilde ist F = 4.

Ein Vieleck zerlegt man erst in Dreiecke, damit man die Hyperbeltafel benutzen kann.

Um ein Dreieck zu berechnen, wird seine eine Seite BC so auf den Plan gelegt, daß sie auf einer Achse und ein Punkt B auf dem Achsenschnittpunkt liegt. Dann verschiebt man die Tafel an einer Linealkante so, daß der dritte Dreieckspunkt A auf einer Achse zu liegen kommt, während sich B auf der anderen Achse befindet. Bei Punkt C kann man dann durch Interpolieren die Fläche ablesen. In Bild 143,3 ist F gleich 370 m².

Herrmannsche Hyperbeltafel. Herrmann konstruierte eine Hyperbeltafel, deren Achsen einen Winkel von 50^g einschließen (Bild 144,1). Da die einzelnen Hyperbeln einen größeren Abstand als bei Kloth haben, kann man die Flächen etwas genauer ablesen. Die Genaugkeit hängt natürlich auch vom Karten- bzw. Hyperbeltafelmaßstab ab.

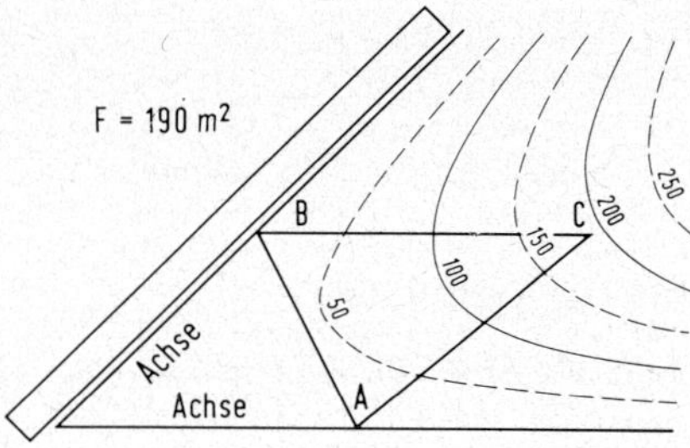

144,1 Herrmannsche Hyperbeltafel 1:1000

2.455 Planimeter

Mit einem Planimeter (Flächenmesser) kann man graphisch beliebig begrenzte Flächen bestimmen. Dabei sind die Polarplanimeter mehr für Flächen mit möglichst großem Inhalt bei verhältnismäßig kleinem Umfang, die Rollplanimeter mehr für lange schmale Flächen geeignet.

Amslersches Polarplanimeter. Das Amslersche Polarplanimeter (Bild 144,2 und 145,1) besteht aus dem Pol P, dessen Spitze unten in die Zeichnung gedrückt wird, dem Polarm PG, der sich um P dreht und an seinem anderen Ende das Gelenk G trägt. Der Gelenkpunkt G kann sich also auf einem Kreis mit dem Halbmesser PG um P herumbewegen. Ein zweiter Arm GF, der Fahrarm, kann sich um den Gelenkpunkt G wiederum so bewegen, daß der andere Endpunkt F mit dem Halbmesser GF einen Kreis um G beschreibt. Der Endpunkt F ist bei Amsler ein Stift mit etwas abgestumpfter Spitze unten, bei der neuen Ausführung der Firma A. Ott, Kempten, eine Kreismarke in einer parallaxenfrei arbeitenden Fahrlupe (Bild 144,2). Diese steigert die Genauigkeit. Unter dem Fahrarm befindet sich eine Meßrolle, deren Umdrehungen proportional der umfahrenen Fläche sind und von einem Zählwerk gezählt werden. An einem Nonius kann man Tausendstel einer Umdrehung ablesen.

144,2 Polarplanimeter, Ott, Kempten

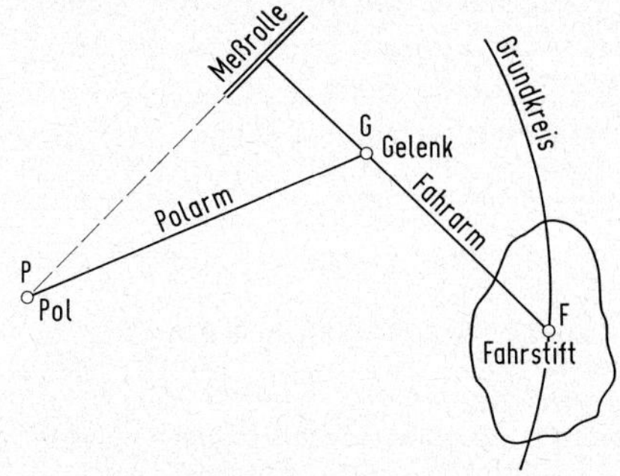

145,1 Polarplanimeter und Grundkreis

Um den Inhalt einer Figur zu bestimmen, stellt man den Fahrstift ungefähr in die Mitte der Fläche und den Pol so, daß er in der Verlängerung der Rollenebene liegt. Wenn man das genau ausführen könnte, befände sich der Fahrstift genau auf dem Grundkreis (Bild 145,1). Eine Bewegung des Fahrstiftes auf dem Grundkreis verändert die Ablesung des Zählwerkes nicht, es gibt dann also keine Rollenabwicklung. Stellt man den Fahrstift so, daß der Grundkreis einen größeren Abstand von der zu berechnenden Fläche hat, so wird die Bestimmung ungenauer. Man beginnt die Umfahrung an einer Stelle, wo die Rollenabwicklung gering ist, und macht dort vorher einen Bleistiftstrich auf dem Umring der Figur. Man umfährt die Figur meist zweimal, wobei man vor der ersten und nach der ersten und zweiten Umfahrung am Nonius abliest und die Ergebnisse notiert. Der Vergleich einer Umfahrung mit dem Mittel mehrerer Umfahrungen gibt eine Probe. Man umfährt die Figur stets freihändig, nicht etwa bei geraden Strecken an einer Linealkante, damit sich die Abweichungen ausgleichen. Voraussetzung ist auch eine horizontale Tischfläche.

Ein Beispiel einer Polarplanimetermessung, bei der allerdings mehr als die üblichen drei Ablesungen aufgeschrieben wurden, weil die Zwischenwerte für die Genauigkeitsuntersuchung auch von Interesse waren, wird im folgenden gezeigt:

Polstellung I		Polstellung II	
Ablesungen	Differenzen	Ablesungen	Differenzen
5879 Ablesung 1		2943	
	1857 cm²		1843 cm²
7736 „ 2		4786	
	1855 cm²		1841 cm²
9591 „ 3		6627	
	1859 cm²		1846 cm²
(1) 1450 „ 4		8473	
	1858 cm²		1839 cm²
(1) 3308 „ 5		0312	
5 — 1 = 7429 : 4	Mittel 185,72 cm²	5 — 1 = 7369 : 4	Mittel 184,22 cm²
= 185,72		= 184,22	
n Gesamtmittel 184,97 cm²			

Auf dem Planimeter kann man kein Komma ablesen, es wird nach der Überschlagsrechnung eingefügt.

Der Unterschied zwischen den Mitteln der beiden Polstellungen beträgt 1,5 cm² oder 0,8%. Der reichlich große Unterschied (s. oben) wird hauptsächlich an einer *Schiefe der Rollenachse* gegen die Fahrarmachse liegen. Solche Fehler kann das Kompensationsplanimeter[1]) ausgleichen, das so konstruiert ist, daß man mit dem Fahrarm unter dem Polarm durchfahren und dadurch das Instrument in zwei zum Schwerpunkt der zu bestimmenden Figur symmetrische Lagen bringen kann. Das Mittel beider Bestimmungen ist nahezu fehlerfrei. Beträgt der Wert der Noniuseinheit $k = 10\ \text{m}^2$, so beträgt der Flächeninhalt $F = n \cdot k = 184{,}97 \cdot 10\ \text{m}^2$ bei einem Kartenmaßstab 1 :1000.

[1]) Kompensieren (lat.) = ausgleichen, gegenseitig aufheben.

Man sollte *nicht* die Figur mit *Pol innerhalb* umfahren, weil der Inhalt des Grundkreises schwer zu bestimmen ist. Große Flächen zerlegt man und umfährt ihre Teile mit Außenpol. Für diese Flächenbestimmung mit Außenpol (Bild 145,1) ist die zu bestimmende Fläche F bei fester Fahrarmlänge ein bestimmtes Vielfaches der Rollenabwicklung a, also

$$F = k \cdot a$$

Genaue Konstantenbestimmung

Die Bestimmung von k aus den Instrumentenmaßen ist nicht genau genug. Deswegen bestimmt man k aus Probeumfahrungen von Flächen mit bekanntem Inhalt.

Ist die Karte oder der Plan mit einem Quadratnetz versehen, so umfährt man nach den oben aufgestellten Grundsätzen einige Quadrate mit bekanntem Inhalt und bestimmt

$$k = \frac{F}{a}$$

Dabei nimmt man üblicherweise F in m^2 des Kartenmaßstabes und a in Nonius-Einheiten. Die Konstante k ist also diejenige Fläche, die der Noniuseinheit im vorliegenden Kartenmaßstabe bei gleichem Papierzustand entspricht. Für jeden anderen Maßstab ist die Konstante eine andere. Hat man kein Gitternetz, so benutzt man ein dem Instrument beigegebenes Probelineal, das den Halbmesser eines Probekreises abgibt. Dazu muß der Fahrarm einen Fahrstift mit Spitze haben, die in eine entsprechende Vertiefung des Probelineals gesetzt wird. Auch bei Instrumenten mit Fahrlupe ist dieses Verfahren anwendbar. Dem Gerät ist ein besonderes Kontroll-Lineal mit Aussparung für die Fahrlupe beigegeben. Man umfährt wie üblich mehrmals den Probekreis (beim Kompensationsplanimeter in zwei Lagen) und entnimmt den Flächenwert des Probekreises einer beiliegenden Tafel. Ergab eine mehrfache Umfahrung des Probekreises im Mittel 998 Noniuseinheiten am Zählwerk der Meßrolle und ist für die Probekreisfläche $k = 10\,021\ mm^2$ angegeben, so beträgt die Planimeterkonstante

$$k = \frac{10\,021}{998} = 10{,}04\ mm^2$$

Dies ist der Wert der Noniuseinheit im Maßstab 1 : 1. Für den Maßstab 1 : 500 ist der Wert der Noniuseinheit $w = 10{,}04\ mm^2 \cdot 500^2 = 2{,}51\ m^2$;
für 1 : 1000 $w = 10{,}04\ m^2$

Dabei ist die Papieränderung aber noch nicht berücksichtigt.

Zwecks Rechenvereinfachung tut man gut, vor der Konstantenbestimmung die Fahrarmlänge nach der dem Instrument beigegebenen Tabelle für den entsprechenden Maßstab einzustellen.

Weitere Planimeter. Stellt man sich den Polarm des Polarplanimeters unendlich lang vor, so wird aus dem Kreis, auf dem das Gelenk G (Bild 145,1) entlang geführt wird, eine Gerade. Man gelangt so zur Konstruktion der *Linear- oder Rollplanimeter*. Man mißt damit langgestreckte Figuren. Die Gebrauchsregeln entsprechen denen des Polarplanimeters. Beim *Scheibenplanimeter* rollt die Meßrolle nicht auf dem Zeichenpapier, sondern auf einer Scheibe. Am Rande einer kreisrunden Platte, deren Mitte den Planimeterpol bildet, läuft auf einem Zahnkranz ein Zahnrad, dessen Drehungen auf die Scheibe übertragen werden, die ihrerseits die Meßrolle bewegt. Schließlich gibt es noch eine Konstruktion, bei der die Meßrolle auf einer Kugel abrollt. Diese Planimeter nennt man deshalb *Kugelplanimeter*. Außer Ott stellen u. a. die Firmen Coradi in Zürich und die Aristo-Werke Dennert & Pape KG in Hamburg-Altona Planimeter her.

Bild 147,1 stellt das *Zuse-Ott-Planimeter* mit digitaler (= zahlenmäßiger) Meßwertanzeige dar. Das Scheibenrollplanimeter mit normal bedienter Fahrlupe und normaler Genauigkeit ist dabei mit einer photoelektrischen Abtasteinrichtung und einem elektronischen Zählgerät verbunden.

Durch den Lichtstrahl abgetastet wird nicht der Umfahrungsweg, sondern ein Rädchen, das am Rande mit schmalen Sektoren, die abwechselnd lichtdurchlässig und lichtundurchlässig sind, ausgestattet ist. Die Umdrehung dieses Rädchens ist proportional der des Meßrades auf der Scheibe.

147,1
Zuse Z 80 mit Planimeter

Der Transistorzähler Zuse Z 80 (s. S. 114) registriert automatisch Daten, die als Impulse[1]) anfallen. Er kann vorwärts und rückwärts zählen und daher automatisch Drehwinkel oder Strecken messen und registrieren. Ein photoelektrischer Impulsgeber verwandelt analoge[2]) Meßwerte — gemessene Strecken oder Winkel — in Vor- oder Rückwärtsimpulse. Die Meßeinrichtung liefert über den Impulsgeber Impulse, die auf den Zähler übertragen und dort addiert bzw. subtrahiert werden, bis der Zählstand abgelocht und ausgedruckt wird.

Ausgelocht wird auf einem Lochstreifen im internationalen Fernschreibcode, gedruckt wird auch auf diesem Lochstreifen und auf der Schreibeinrichtung einer Addiermaschine. Die ausgegebenen Lochstreifen können von einer elektronischen Rechenanlage ausgewertet werden, d. h., die berechneten Flächen können gemittelt oder auf Sollflächen unter Berücksichtigung von Fehlergrenzen abgestimmt werden. Bei der Berechnung von Schätzungsabschnitten werden auf Grund der bei der Berechnung eingegebenen Kennzeichen die Flächen der abgestimmten Abschnitte mit den Wertzahlen multipliziert. Die Ergebnisse der Auswertung können wieder auf Lochstreifen, Lochkarten oder auch in Klarschrift als zur weiteren Bearbeitung dienender Nachweis herausgegeben werden. Angewendet wird diese Gerätekombination vor allem in der Flurbereinigung, wo sehr umfangreiche Flächen- und Wertberechnungen anfallen. Eine elektronische Rechenanlage nimmt vor allem die Abstimmung der Flächen bzw. Flächenwerte der einzelnen Klassenabschnitte auf die Summenwerte der Klassen, Flurstücke, Blöcke und Planblätter vor, wobei viel Zeit gespart wird, so daß mehr geleistet werden kann.

2.456 Flächenberechnung in Stufen

Nach den Katastervorschriften wird eine größere Zahl von Flurstücken als „Masse" zusammengefaßt. Als „große Masse" nimmt man in der Regel ein Kartenblatt. Die vom Blattrand zerschnittenen Flurstücke rechnet man zu demjenigen Kartenblatt, auf dem der größere Flurstücksteil liegt.

Berechnet wird die große Masse nach einem der folgenden Verfahren:

---

[1]) Impuls = Stromstoß, hier durch Lichtstrahl.
[2]) analog = gleichartig

1. Berechnung aus den Koordinaten der Eckpunkte des Umfangs

Wenn nicht von allen Eckpunkten des Umfangs Koordinaten bestimmt sind, kann man sie auch aus der Katasterkarte abgreifen. Kleine Restflächen darf man halbgraphisch oder graphisch ermitteln.

2. Abzählen der Netzquadrate oder Netzteilquadrate

Dabei werden die positiven und negativen Restflächen graphisch bestimmt. Sie sollen sich möglichst gegenseitig aufheben, was bei der Begrenzung der Netzquadrate berücksichtigt werden muß (s. Bild 148,1).

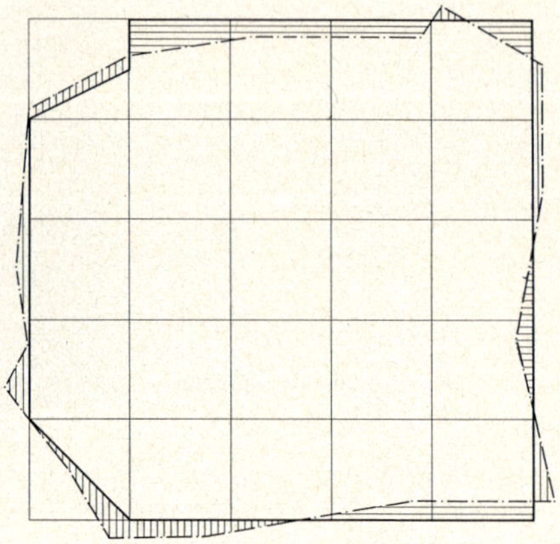

148,1 Berechnung der großen Masse

3. Planimeterberechnung

Die Probe rechnet man stets nach einem anderen Verfahren als die erste Berechnung. Ein Beispiel solcher Massenberechnung zeigt Bild 148,1. Dargestellt ist die Verkleinerung einer Karte 1 : 1000 mit 10-cm-Quadratnetz. Die Fläche des gestrichelten Vielecks ist zu bestimmen. Der Flächeninhalt eines einzelnen Quadrates ist $100 \cdot 100\ m^2 = 1$ ha. Zunächst zählt man die 23 vollen Quadrate, das eine halbe und das eine Viertelquadrat zusammen. Dann gilt es noch, die Summe der zuzuzählenden (senkrechte Schraffur) und abzuziehenden (waagerechte Schraffur) Restflächen graphisch zu bestimmen. In dem Beispiel ergibt sich

$$\begin{aligned} 237\,500 + 9\,270 - 12\,628 &= 234\,142\ m^2 \\ &= \underline{\underline{23{,}4142\ \text{ha}}} \end{aligned}$$

Liegt das Gebiet weit vom Hauptmeridian des Gauß-Krüger-Systems entfernt, so ist noch die Projektionsverzerrung (Seite 128) zu berücksichtigen. Bei diesem Verfahren wird die Papieränderung nahezu ausgeschaltet. Als „kleine Massen" werden die Flurstücke dann blockweise zusammengefaßt, flächenmäßig berechnet und auf die große Masse abgestimmt.

Die Einzelberechnung der Flurstücke geschieht aus Feldmaßen oder Koordinaten (F), halbgraphisch (Feldmaße und Karte FK) oder graphisch (Karte K).

Man hat stets zwei Berechnungen auszuführen. Die Ergebnisse werden bei gleich genauen Berechnungsarten gemittelt, bei ungleicher Genauigkeit unter Anwendung verschiedener Gewichte (s. S. 117). Die beiden Berechnungen sollen möglichst unabhängig voneinander sein. Die Flurstücksflächen werden auf die kleinen Massen abgestimmt. Die Flächen der Nutzungsarten, Klassen und Klassenabschnitte der Flurstücke bestimmt man graphisch und stimmt sie auf die Flurstücksflächen ab.

2.46 Genauigkeit der Flächenbestimmung

Die Planimetergenauigkeit ist abhängig von Rollenschiefe, Achsenschiefe, Fahrstifthöhe, totem Gang, Karten- oder Planmaßstab und Karten- oder Planfehlern. Baer setzt den *Umfahrungsfehler* $f = 0{,}1\sqrt{U}$, wobei f in Noniuseinheiten ausgedrückt und U der Umfang in cm ist.

Die Firma A. Ott gibt für ihr Scheibenpolarplanimeter an, es habe die 2,5fache Meßgenauigkeit gegenüber gewöhnlichen Planimetern. Man muß sich allerdings darüber klar sein, daß die Genauigkeit der Flächenermittlung auch von dem Maßstab und den Fehlern der Karte oder des Planes abhängt.

Der frühere Beirat für das Vermessungswesen hat als *Fehlergrenze*[1]) *für die graphische Flächenberechnung* im Maßstab 1 : *M* vorgeschlagen:

$f = 0{,}0004 \cdot M \cdot \sqrt{F} + 0{,}0003 \cdot F$,
z. B. für $1 : M = 1 : 1000$
und $F = 18497\ \text{m}^2$
$\underline{f = 60\ \text{m}^2}$ (s. Bild 149,1), und für die Flächenberechnung aus Feldmaßen in günstigem Gelände
$f_\text{I} = 0{,}20\ \sqrt{\text{F}} + 0{,}00030\ \text{F}$ usw. (s. Bild 149,1).

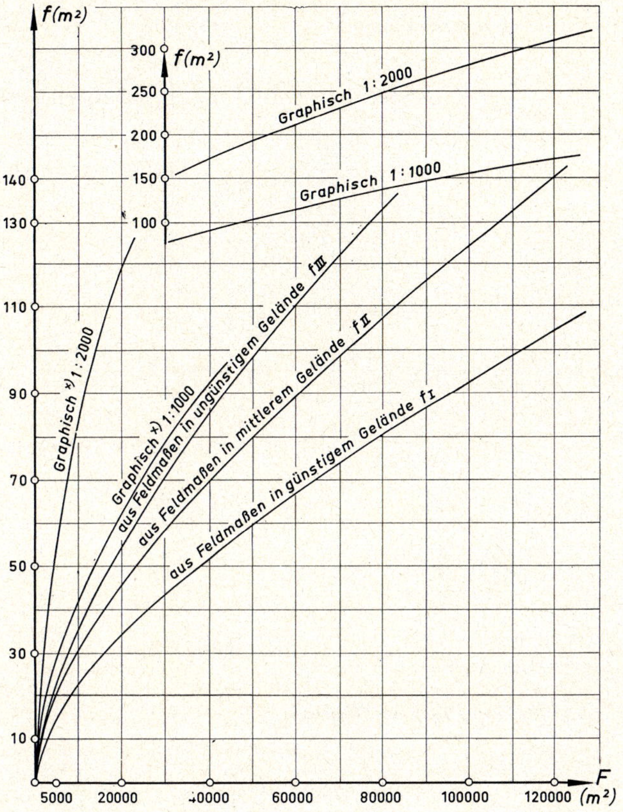

149,1 Fehlergrenzen für die graphische Flächenberechnung

2.5 Flächenteilung

2.51 Teilung des Dreiecks

Parallelteilung (Bild 150,1). Aufgabe: Die Höhe und die Seiten der abzutrennenden Fläche $F_1 = 1456\ \text{m}^2$ sind zu berechnen, wenn die Gesamtfläche $F = 2112\ \text{m}^2$ des Dreiecks die Höhe $h = 60{,}03$ m und die Seiten $b = 65{,}00$ m und $c = 75{,}29$ m hat. Zur Lösung sei die bei Flächenteilungsaufgaben oft angewandte Formel abgeleitet. Es ist in dem größeren der ähnlichen Dreiecke

$$2\,F = a \cdot h \ldots (1), \text{ in dem kleineren}$$

$$\underline{2\,F_1 = a_1 \cdot h_1 \ldots (2)}, \text{ also gilt auch}$$

$$\frac{2\,F}{2\,F_1} = \frac{a \cdot h}{a_1 \cdot h_1} \ldots (3); \qquad \frac{F}{F_1} = \frac{a \cdot h}{a_1 \cdot h_1} \ldots (3\,\text{a})$$

[1]) Zulässiger Unterschied der Ergebnisse zweier unabhängiger Flächenberechnungen derselben Figur.

Es verhalten sich aber auch $\frac{a_1}{h_1} = \frac{a}{h} \ldots (4)$

oder $a_1 = \frac{a \cdot h_1}{h} \ldots (5)$. Setzt man Gleichung (5) in (3a) ein, so ergibt sich

$$\frac{F}{F_1} = \frac{a \cdot h^2}{a \cdot h_1^2} \ldots (6) \text{ und nach Kürzung}$$

$$\frac{F}{F_1} = \frac{h^2}{h_1^2} \ldots (7)$$

$$\text{oder } h_1 = h \sqrt{\frac{F_1}{F}} \ldots (8)$$

Da $h = \frac{2\,F}{a}$, ist $h^2 = \left(\frac{2\,F}{a}\right)^2 \ldots (9)$, ebenso $h_1^2 = \left(\frac{2\,F_1}{a_1}\right)^2 \ldots (10)$.

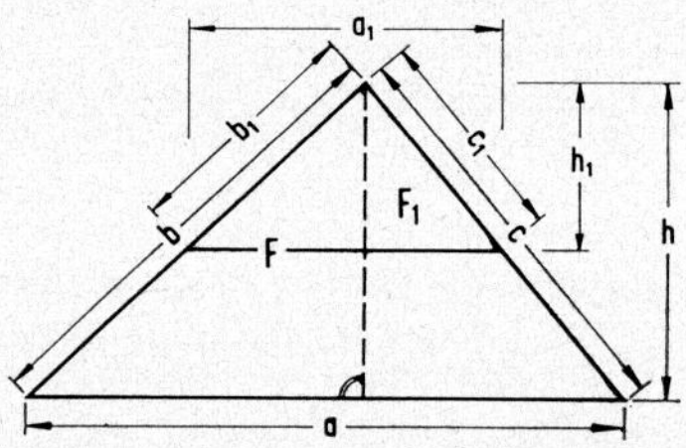

150,1 Parallelteilung des Dreiecks

Setzt man (9) und (10) in (7) ein, so wird

$$\frac{F}{F_1} = \frac{4\,F^2 \cdot a_1^2}{a^2 \cdot 4\,F_1^2} \ldots (11)$$

$$\text{oder } \frac{F_1}{F} = \frac{a_1^2}{a^2} \ldots (12)$$

Da weiter $\frac{b_1}{b} = \frac{c_1}{c} = \frac{a_1}{a}$ ist, so gilt auch

$$\frac{b_1^2}{b^2} = \frac{c_1^2}{c^2} = \frac{F_1}{F} \ldots (13)$$

$$\text{oder } a_1 = a \sqrt{\frac{F_1}{F}};\ b_1 = b \sqrt{\frac{F_1}{F}};\ c_1 = c \sqrt{\frac{F_1}{F}} \ldots (14)$$

Lehrsatz: In ähnlichen Dreiecken verhalten sich die Quadrate gleichliegender Seiten und Höhen wie die zugehörigen Flächeninhalte.

In unserem Beispiel wird nach ... (8)

$$h_1 = 60{,}03 \sqrt{\frac{1456}{2112}} = 60{,}03 \sqrt{0{,}689394} = 60{,}03 \cdot 0{,}8303 = \underline{\underline{49{,}84 \text{ m}}}$$

$$a = \frac{2\,F}{h} = \frac{4224}{60{,}03} = \underline{\underline{70{,}36 \text{ m}}};\ \text{nach} \ldots (14) \text{ ist}$$

$$a_1 = 70{,}36 \sqrt{\frac{F_1}{F}} = \underline{\underline{58{,}42 \text{ m}}}$$

Zur Kontrolle rechnet man dann nochmal $2\,F_1$ aus $a_1 \cdot h_1 = 2912 \text{ m}^2$

$$b_1 = b \sqrt{\frac{F_1}{F}} = \underline{\underline{53{,}97 \text{ m}}};\ c_1 = c \sqrt{\frac{F_1}{F}} = \underline{\underline{62{,}51 \text{ m}}}$$

Kontrolle: $\frac{70{,}36}{58{,}42} = \frac{65{,}00}{53{,}97} = \frac{75{,}29}{62{,}51}$ mit dem Rechenschieber.

Teilung durch einen gegebenen Punkt

Der gegebene Punkt ist die Dreiecksecke A (Bild 151,1). Aufgabe: Von dem Dreieck ABC, das die Fläche F hat, ist die schraffierte Fläche F_1 abzuteilen. Wir suchen das Absteckmaß a'.

Lösung: Es ist $F_1 = \frac{a' h}{2}$; $F = \frac{a \cdot h}{2}$

Durch Division erhalten wir: $\frac{F_1}{F} = \frac{a' \cdot h \cdot 2}{2 \cdot a \cdot h} = \frac{a'}{a}$; $a' = \frac{a F_1}{F}$

Lehrsatz: Flächen von Dreiecken mit gemeinsamer Höhe verhalten sich wie ihre Grundseiten.

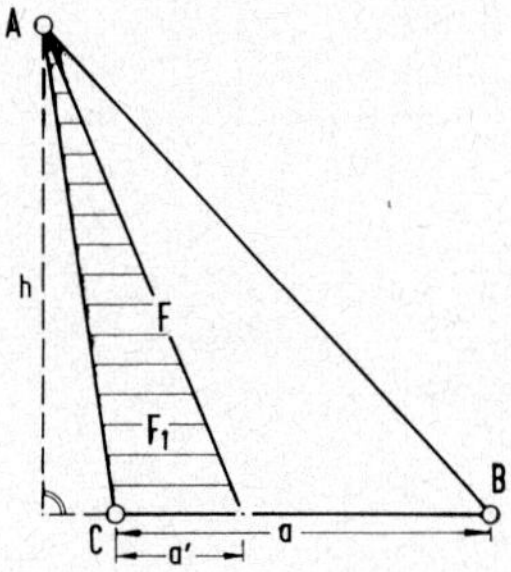

151,1
Dreiecksteilung,
Teilungslinie durch Dreiecksecke

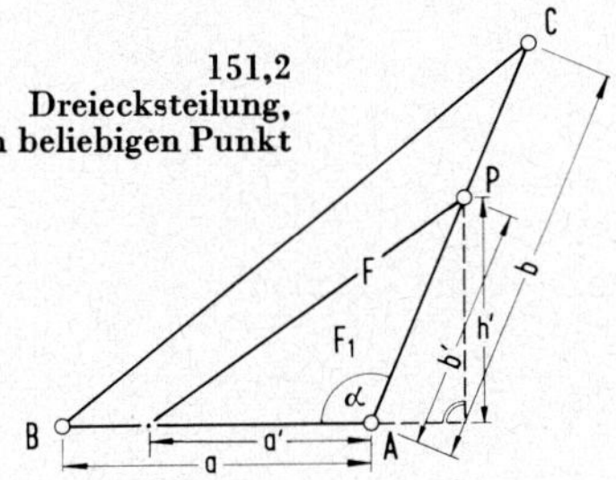

151,2
Dreiecksteilung,
Teilungslinie durch beliebigen Punkt

Normalfall: Der gegebene Punkt liegt auf einer Seite.

Gegeben Dreieck ABC (Bild 151,2) mit der Fläche F und Punkt P auf AC. Das abzuschneidende Dreieck habe die Teilfläche F_1. Wie groß ist das Absteckmaß a'?

Ist die Lage von P durch seinen Abstand h′ von AB bzw. der Verlängerung dieser Strecke gegeben, so ist $a' = \frac{2 F_1}{h'}$ . . . (1);

wenn aber α, a, b und b' gegeben sind, so ist $2 F_1 = a' b' \sin \alpha$ und $2 F = a b \sin \alpha$.

Durch Division kommt man zur Gleichung $\frac{2 F_1}{2 F} = \frac{a' b' \sin \alpha}{a b \sin \alpha}$

oder nach Kürzung zu $\frac{F_1}{F} = \frac{a' b'}{a b}$

Es ist also $a' = \frac{a b F_1}{b' F}$ . . . (2)

Lehrsatz: In Dreiecken mit einem gemeinsamen Winkel verhalten sich die Flächen wie die Produkte der anliegenden Seiten.

Beispiel: Gegeben $a = 50{,}00$ m; $b = 45{,}00$ m; $b' = 27{,}10$ m; $F = 1000$ m²; $F_1 = 400$ m².

Dann wird nach (2) $a' = \frac{50 \cdot 45 \cdot 400}{27{,}10 \cdot 1000} = \underline{33{,}21 \text{ m}}$

	lg
900	2.95424
27,10	1.43297
33,21	1.52127

Teilung senkrecht zur Grundlinie

Vom Dreieck ABC mit der Fläche F und den gegebenen Seiten a, b und c ist eine Sollfläche F_1 so abzutrennen, daß die Teilungslinie senkrecht auf der Grundlinie steht. Die Absteckungsmaße p′ und b' sind gesucht (Bild 152,1).

Man verwendet das Dreieck AHC.

Sieht man darin AH als Grundlinie an, so liegt ein Fall der Parallelteilung vor. Wenn h, p und q noch nicht gegeben sind, berechnet man zunächst diese Stücke aus den Seiten a, b und c nach 2.28, Seite 121.

Es sei $a = 60{,}00$ m; $b = 60{,}21$ m; $c = 42{,}72$ m; F_1 soll 580 m² groß werden;
dann ist $p = \text{CH} = 45{,}00$ m; $q = 15{,}00$ m; $h = 40{,}00$ m; $F = 1200$ m².

Die Fläche F_2 des Dreiecks AHC ist $45 \cdot \frac{40}{2} = 900$ m². Dann ist nach S. 150... (14)

$$p' = p \sqrt{\frac{580}{900}} = 45 \cdot 0{,}80278 = \underline{\underline{36{,}13\text{ m}}}; \quad b' = b \sqrt{\frac{580}{900}} = \underline{\underline{48{,}34\text{ m}}}$$

$$h' = h \sqrt{\frac{580}{900}} = \underline{\underline{32{,}11\text{ m}}}$$

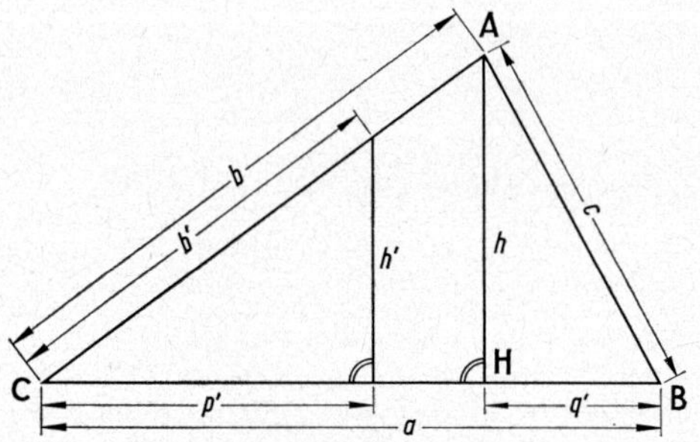

152,1 Teilung des Dreiecks senkrecht zur Grundlinie

Kontrolle 1

n	n^2
36,13	1305,38
32,11	1031,05
48,34	2336,43

Kontrolle 2

$18{,}065 \cdot 32{,}11 = 580{,}1$ m² $\sim$ 580 m² (Soll).

2.52 Allgemeines zur Gestaltung von Grundstücken

Die Aufgaben über die Dreiecksteilung sollen nur grundsätzliche Kenntnisse über das Rechnen von Flächenteilungen vermitteln. Man wird heute möglichst parallel oder senkrecht zur Straßengrenze usw. teilen; besser ist, vor oder statt der Dreiecks- oder Trapezteilung einen Flächenausgleich (Grenzregelung) mit Nachbargrundstücken durchzuführen. Keilige Grundstücke sind unerwünscht. Bei gekrümmten Straßen sind schwach keilförmige Baugrundstücke nicht zu vermeiden. Die beste Form für ein Grundstück, ob es als Baugrundstück oder landwirtschaftlich genutzt wird, ist die des Rechtecks. Bei Aufteilung größerer Flächen und bei städtischen Baulandumlegungen und ländlichen Umlegungen (Flurbereinigungen) legt man alle Pläne parallel an und macht, wenn ein Restkeil unvermeidlich ist, aus diesem eine Grünfläche, einen Parkplatz, ein Vogelschutzgehölz o. ä. Ein großes Grundstück verträgt einen Keil eher als ein kleines.

Keilige Pläne sind bei den heutigen großen landwirtschaftlichen Maschinen, dem Personalmangel sowie der durch die Europäische Wirtschaftsgemeinschaft (EWG) vorhandenen Konkurrenz unerwünschter als je. Wir können daher auf Verhältnisteilungen von Vierecken, die jedes Flurstück keilig machen, verzichten; auch Teilungen durch einen gegebenen Punkt haben heute nur noch theoretischen Wert. Vielfach führt ein Näherungsverfahren am schnellsten zum Ziel. Man greift die Absteckmaße aus einem Plan ab und verbessert in der Örtlichkeit die Lage der Teilungslinie noch ein wenig, bis die gestellten Bedingungen hinreichend erfüllt sind. Die mathematisch strengen Lösungen führen manchmal schnell zum Ziel und sollen deswegen auch gezeigt werden, sie sind aber entbehrlich. Wenn die Vermessungsunterlagen ausreichen, wird man die Absteckmaße im Büro berechnen, da Feldstunden mehr als doppelt so teuer wie Bürostunden sind.

2.53 Trapezteilung

Strenge Lösung. Von dem Trapez ABCD mit der Fläche F ist eine Sollfläche F_1 so abzutrennen daß die Teilungslinie $\text{EG} = x$ parallel zur Grundlinie $\text{AB} = a$ verläuft.
Gegeben sind a, b, h, F_1 (Bild 153,1). Gesucht sind x und y.

Lösung 1: Wir ziehen durch Punkt E und Punkt D je eine Parallele zu BC. Dann erhalten wir zwei ähnliche Hilfsdreiecke. In dem Trapez ABGE ist

$$F_1 = \frac{a+x}{2} \cdot y \ldots (1)$$

$$2\,F_1 = (a+x) \cdot y \ldots (2)$$

In den beiden ähnlichen Dreiecken verhält sich

$$\frac{y}{a-x} = \frac{h}{a-b} \ldots (3), \text{ also}$$

$$y = h\,\frac{a-x}{a-b} \ldots (4)$$

Das sind zwei Gleichungen mit zwei Unbekannten. ... (4) in ... (2) eingesetzt, ergibt

$$2\,F_1 = \frac{(a+x)\,(a-x)}{a-b}\,h \ldots (5)$$

$$= \frac{(a^2-x^2)}{a-b}\,h \ldots (6)$$

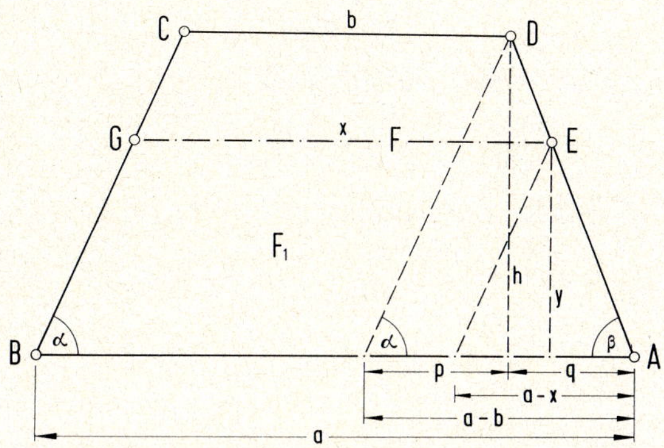

153,1 Trapezteilung, strenge Lösung

$$\frac{2\,F_1}{h}(a-b) = a^2 - x^2 \ldots (7)$$

$$x^2 = a^2 - \frac{2\,F_1}{h}(a-b) \ldots (8)$$

$$\underline{x = \sqrt{a^2 - \frac{2\,F_1}{h}(a-b)}} \ldots (9)$$

$$\underline{y = h\,\frac{a-x}{a-b}} \qquad \frac{a+x}{2} \cdot y = F_1 \text{ (Probe)}$$

Beispiel: Gegeben $a = 100$ m; $b = 50$ m; $h = 50$ m; $F_1 = 1800$ m²

Daraus ergibt sich $x = \sqrt{10\,000 - \frac{3600 \cdot 50}{50}} = \underline{80 \text{ m}}$

$$y = 50 \cdot \frac{20}{50} = 20 \qquad F_1 = \frac{100+80}{2} \cdot 20 = 1800 \text{ (Probe)}$$

Lösung 2: (Bild 153,1).

Führt man die der Grundseite anliegenden Winkel α und β ein und teilt, wie in Vermessungsvordruck 15 (Seite 122), die Grundseite des größeren Dreiecks $(a-b)$ in die Abschnitte p und q, so ist

$$\cot\alpha = \frac{p}{h} \ldots (1) \text{ und } \cot\beta = \frac{q}{h} \ldots (2)$$

Dann wird $p + q = a - b = h \cot\alpha + h \cot\beta = h\,(\cot\alpha + \cot\beta) \ldots (3)$

Setzt man ... (3) in ... (9) der vorigen Lösung ein, ergibt sich

$$\underline{x = \sqrt{a^2 - 2\,F_1\,(\cot\alpha + \cot\beta)}} \ldots (4)$$

$$\underline{y = \frac{a-x}{\cot\alpha + \cot\beta}} \ldots (5) \quad \textit{Probe: } \frac{x+a}{2} \cdot y = F_1$$

Diese Formeln sind unabhängig von Größe und Richtung von b und der Höhe h. Sie gelten daher nicht nur für Trapeze und können auch zur Parallelteilung von Vier- und Vielecken verwendet werden. Es müssen allerdings die Winkel α und β gegeben sein, oder sie müssen sich dadurch leicht errechnen lassen, daß die Ecken C und D auf die Grundseite AB aufgewinkelt und aufgemessen sind.

Beispiel: $a = 100$ m; $F_1 = 1800\ \text{m}^2$; $\cot\alpha = \frac{22}{54}$; $\cot\beta = \frac{28}{46}$ (Bild 154,1).

$$x = \sqrt{10\,000 - 3600\,(0{,}40741 + 0{,}60870)}$$

$$x = \sqrt{10\,000 - 3658} = \sqrt{6342} = \underline{79{,}64\ \text{m}}$$

$$y = \frac{20{,}36}{1{,}0161} = \underline{20{,}04}$$

$$\frac{x+a}{2}\,y = 179{,}64 \cdot 10{,}02 = 1800\ \text{m} = F_1\ \text{(Probe)}$$

	lg		lg
22	1.34242	1,01611	0.00694
54	1.73239	3600	3.55630
0,40741	9.61003	3658	3.56324
28	1.44716	20,36	1.30878
46	1.66276	1,0161	0.00694
0,60870	9.78440	20,037	1.30184

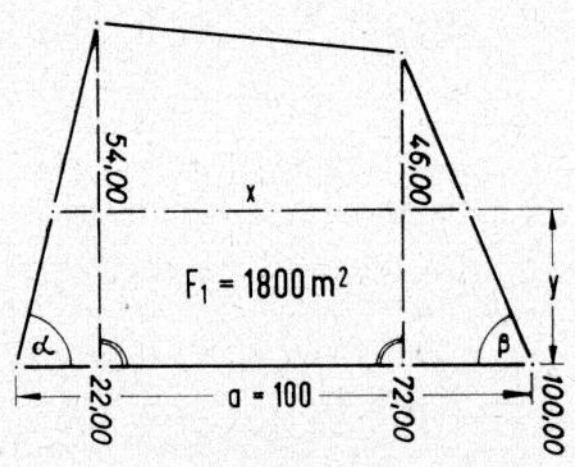

154,1
Trapez oder Vieleck, parallel zur Grundlinie geteilt

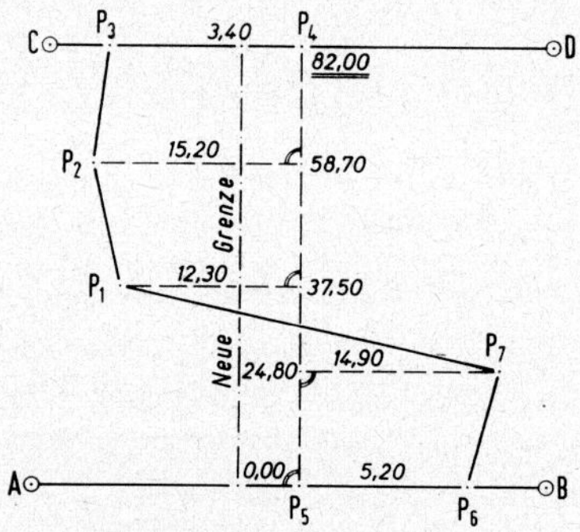

154,2 Grenzbegradigung

2.54 Grenzbegradigung

Die mehrfach geknickte Grenze P_6, P_7, P_1, P_2, P_3 (Bild 154,2) ist ohne Flächenänderung der Nachbargrundstücke zu begradigen. Die neue Grenze soll senkrecht auf den Geraden AB und CD stehen.

Zur Lösung ist die Grenze schon auf eine Meßlinie $P_4\,P_5$, die parallel zur neuen Grenze liegt, aufgemessen. Aus den Maßzahlen wird die Fläche des verschränkten Siebenecks P_1, P_2, P_3, P_4, P_5, P_6, P_7 berechnet. Rechtsumfahrene Flächen sind positiv, linksumfahrene negativ.

$$2\,F = \Sigma\, x_i\,(y_{i+1} - y_{i-1})$$

Ist die Fläche positiv, so ist die ausgleichende Gerade nach links um das Maß v zu verschieben. Zur Kontrolle wird die Fläche des Siebenecks mit den neuen Ordinaten noch einmal gerechnet. Dann muß sich Null ergeben.

Zahlenwerte: $2\,F = -37{,}50 \cdot 30{,}10 + 58{,}70 \cdot 8{,}90 + 82{,}00 \cdot 3{,}40 + 82{,}00 \cdot 15{,}20 - 24{,}80 \cdot 17{,}50$

$$= 484{,}88\ \text{m}^2$$

$$v = \frac{242{,}44}{82} = \underline{2{,}96\ \text{m}}\quad \text{(mit Rechenschieber)}$$

Die Probe ergibt $F = -0{,}56\ \text{m}^2$. Auf eine Rückverschiebung um 0,7 cm kann man verzichten.

2.6 Trigonometrische Funktionen und ihre Anwendung

2.61 Mathematische Grundbegriffe

In der Vermessungskunde ist die Kenntnis der Trigonometrie notwendig. Wir wollen in diesem Lehrbuche nur die ebene Trigonometrie behandeln, deren Aufgabe es ist, aus Strecken, Winkeln und Verhältnissen eines ebenen Dreiecks die anderen Stücke dieser Figuren zu bestimmen. Der Name „Trigonometrie“ kommt aus dem Griechischen und bedeutet wörtlich „Dreiecksmessung“. Die Grundaufgabe der Trigonometrie ist, aus drei gegebenen Stücken die restlichen zu berechnen.

Das rechtwinklige Dreieck

In einem rechtwinkligen Dreieck ist *ein* Winkel $90° = 100^g$ = ein rechter Winkel. In den beiden ähnlichen Dreiecken des Bildes 155,1 ist dies jeweils der Winkel γ. In ähnlichen rechtwinkligen Dreiecken stehen Seiten, die den gleichen Winkeln gegenüberliegen, in gleichem Verhältnis zueinander. Diese Verhältnisse werden trigonometrische oder goniometrische Funktionen (Goniometrie, griech. Winkelmessung, Winkelberechnung) genannt. Man hat folgende vier trigonometrische Funktionen für spitze Winkel eingeführt:

Der Sinus eines Winkels ist das Verhältnis der Gegenkathete zur Hypotenuse.

$$\sin\alpha = \frac{a}{c}$$

Der Kosinus eines Winkels ist das Verhältnis der Ankathete zur Hypotenuse.

$$\cos\alpha = \frac{b}{c}$$

Der Tangens eines Winkels ist das Verhältnis der Gegenkathete zur Ankathete.

$$\tan\alpha = \frac{a}{b} \text{ (früher schrieb man: } \operatorname{tg}\alpha = \frac{a}{b}\text{)}$$

Der Kotangens eines Winkels ist das Verhältnis der Ankathete zur Gegenkathete.

$$\cot\alpha = \frac{b}{a} \text{ (früher schrieb man: } \operatorname{ctg}\alpha = \frac{b}{a}\text{)}$$

Im Vermessungswesen legt man in Koordinatensystemen — anders als sonst in der Mathematik — die x-Achse nach oben, die y-Achse nach rechts. Die Quadranten zählen im Uhrzeigersinn, wie die Bilder 155,2 und 155,3 zeigen. Um darzustellen, wie sich die Werte der trigonometrischen Funktionen ändern können, zeichnen wir einen Viertelkreis mit dem Halbmesser (Radius) $R = 1$ (Einheitskreis) um M (I. Quadrant). Siehe Bild 155,3.

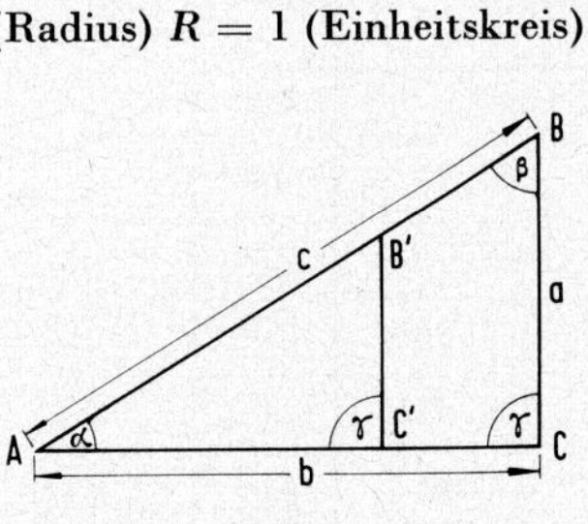

155,1
Trigonometrische Funktionen

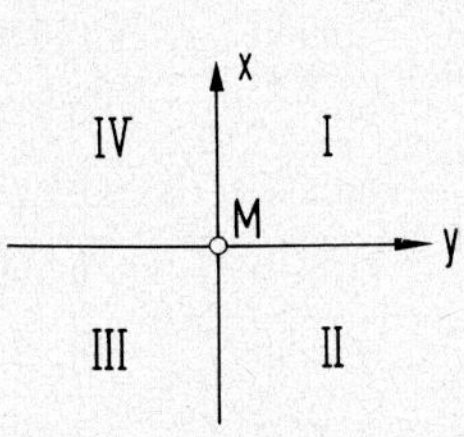

155,2
Quadranten

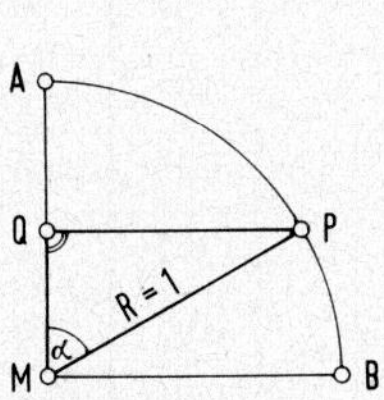

155,3 Ableitung der Sinus- und der Kosinusfunktion im Einheitskreis

Dreht man den freien Schenkel MP im Uhrzeigersinn von MA nach MB, so wächst α von 0^g bis 100^g; $\sin\alpha = \frac{PQ}{MP} = PQ$; $\cos\alpha = \frac{MQ}{MP} = MQ$

Im Einheitskreis ist der Sinus eines Winkels gleich der Maßzahl PQ des zugehörigen Lotes von P auf AM, der Kosinus gleich der Maßzahl der zugehörigen Projektion QM. Es ist $\sin 0^g = 0$; $\sin 100^g = 1$; $\cos 0^g = 1$; $\cos 100^g = 0$. Wächst der Winkel α von 0^g bis 100^g, so wächst seine Sinusfunktion von 0 bis 1, die Kosinusfunktion fällt von 1 bis 0.

Wollen wir auch bei den Quotienten für die Tangens- und Kotangensfunktion im Nenner eine Zahl vom Wert 1 erhalten, so zeichnen wir in A und B die Tangenten an den Einheitskreis (Bild 156,2). Diese waagerechten und senkrechten Tangenten werden vom beweglichen Schenkel des Winkels α in den Punkten T und K geschnitten. Es ist

$$\tan\alpha = \frac{AT}{AM} = AT; \quad \cot\alpha = \frac{BK}{BM} = BK$$

Am Einheitskreis ist der Tangens (Kotangens) eines Winkels gleich der Maßzahl des zugehörigen Tangentenabschnitts auf der waagerechten (senkrechten) Tangente (Bild 156,1).

Wächst der Winkel α von 0^g bis 100^g, so wächst seine Tangensfunktion von 0 bis über alle Grenzen. Man sagt, $\tan\alpha$ wird, wenn α sich 100^g nähert, „unendlich groß" (∞). Also setzt man fest: $\tan 0^g = 0$; $\tan 100^g = \infty$. An einer entsprechenden Figur kann man die Schnittpunkte für die Kotangensfunktion bestimmen und erkennt: $\cot 0^g = \infty$; $\cot 100^g = 0$.

156,2
Ableitung der Tangens- und Kotangensfunktion

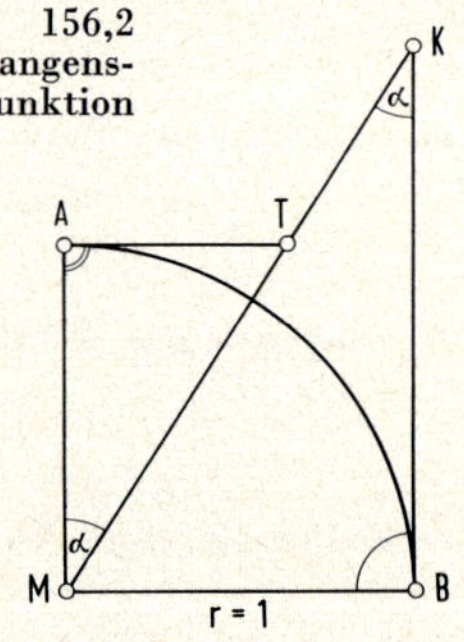

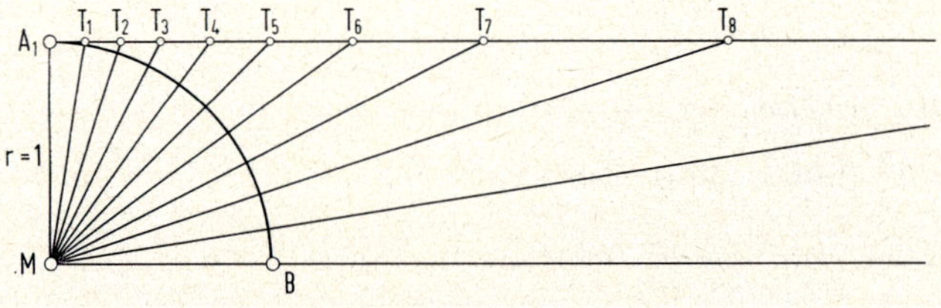

156,1 Anwachsen der Tangensfunktion

Die trigonometrischen Funktionen lassen sich beliebig genau berechnen. Einige dieser Werte seien in folgender Tabelle aufgeführt:

Tabelle 9

α	sin	cos	tan	cot	
0^g	0,0000	1,0000	0,0000	∞	100^g
10^g	0,1564	0,9877	0,1584	6,3138	90^g
20^g	0,3090	0,9511	0,3249	3,0777	80^g
30^g	0,4540	0,8910	0,5095	1,9626	70^g
40^g	0,5878	0,8090	0,7265	1,3764	60^g
50^g	0,7071	0,7071	1,0000	1,0000	50^g
	cos	sin	cot	tan	α

Für spitze Winkel gelten die Grundformeln

$$\frac{\sin\alpha}{\cos\alpha} = \tan\alpha; \frac{\cos\alpha}{\sin\alpha} = \cot\alpha; \tan\alpha \cdot \cot\alpha = 1$$

In Bild 155,1 sind α und β Komplementwinkel. Die Ankathete (Gegenkathete) des Winkels α ist Gegenkathete (Ankathete) des Winkels $\beta = 100^g - \alpha$: Also ist

$$\sin\alpha = \frac{a}{c} = \cos\beta \qquad \cos\alpha = \frac{b}{c} = \sin\beta$$

$$\tan\alpha = \frac{a}{b} = \cot\beta \qquad \cot\alpha = \frac{b}{a} = \tan\beta \quad \text{oder}$$

$$\sin\alpha = \cos(100^g - \alpha) \qquad \cos\alpha = \sin(100^g - \alpha)$$

$$\tan\alpha = \cot(100^g - \alpha) \qquad \cot\alpha = \tan(100^g - \alpha)$$

Die Funktion eines (spitzen) Winkels ist gleich der Kofunktion seines Komplementwinkels. Wenn man die Werte aller vier trigonometrischen Funktionen zwischen 0^g und 50^g kennt, so sind sie durch ihre Kofunktionen auch zwischen 50^g und 100^g bekannt, wie die Tabelle 9 auf S. 156 zeigt.

Graphische Darstellung der Funktionen im I. Quadranten

Um die trigonometrischen Funktionen graphisch darzustellen, trägt man in der Richtung der y-Achse eines rechtwinkligen Koordinatensystems die Winkel und in Richtung der x-Achse die zugehörigen Funktionswerte ab, die man der Darstellung am Einheitskreis entnimmt. Die Winkel werden im Bogenmaß abgetragen.

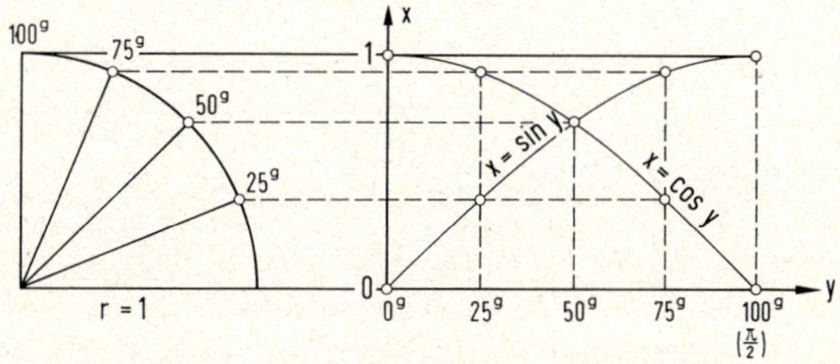

157,1 Sinus- und Kosinusfunktion im 1. Quadranten

arc α, $\sin\alpha$ und $\tan\alpha$ unterscheiden sich für kleine Winkel wenig voneinander. Die Komplementbeziehung $\cos\alpha = \sin(100^g - \alpha)$ kommt in dem Schaubild (Bild 157,1) dadurch zum Ausdruck, daß sich die Kurven für $y = 50^g$ schneiden und daß die eine aus der anderen durch Spiegelung an der Geraden hervorgeht, die parallel zur x-Achse durch den Punkt $y = \frac{\pi}{4} = 50^g$ auf der y-Achse läuft. Entsprechend erhält man auch mit Einheitskreis und Bogenmaß ein Schaubild für die Tangens- und Kotangensfunktion (B. 157,2). Die beiden Kurven schneiden sich wieder bei 50^g, wo beide Funktionen den Wert 1 annehmen. Wieder kann man eine Funktion aus der anderen durch Spiegelung erhalten.

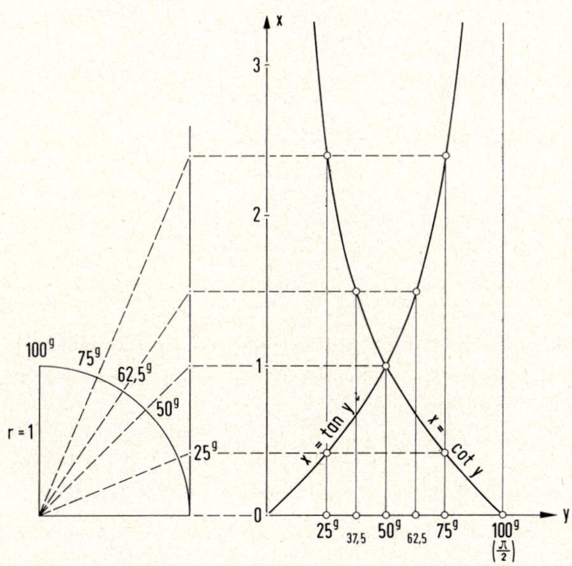

157,2 Tangens- und Kotangensfunktion im 1. Quadranten

2.62 Übungsaufgaben

Wir finden z. B. in der Gaußschen Fünfstelligen Logarithmentafel neuer Teilung in den Tabellen die natürlichen Werte der Funktionen und die logarithmischen Werte der Funktionen.

$$\sin 21^g = 0{,}3239; \quad \cos 36^g = 0{,}8443; \quad \tan 59^g = 1{,}3319$$

(Die Winkelwerte stehen rechts, der Fortschritt geht von unten nach oben!)

$\cot 28^g = 2{,}1251$;	$\sin 5^g\,40^c = 0{,}0847$;	$\sin 53^g\,32^c = 0{,}7430$;
$\tan 25^g\,10^c = 0{,}4161$;	$\cot 74^g\,90^c = 0{,}4161$;	$\cot 41^g\,20^c = 1{,}3232$;
$\sin 5{,}70^g = 0{,}0894$;	$\cos 94{,}30^g = 0{,}0894$;	$\sin 0{,}90^g = 0{,}0141$;
$\tan 0{,}90^g = 0{,}0141$;	$\cot 99{,}10^g = 0{,}0141$;	$\tan 99{,}10^g = 70{,}7308$

Beispiele zum Interpolieren

Beispiel 1: Bestimme $\sin 23{,}25^g$. In der Tafel liest man als nächstkleineren Wert 0,3564 ab, als nächstgrößeren $\underline{0{,}3579}$. Für 10^c beträgt also die Tafeldifferenz 15 Einheiten der letzten Stelle.

Für 5^c beträgt die Differenz $15 \cdot \frac{5}{10} = 7{,}5$, also

$$\begin{array}{r} 0{,}3564 \\ +\quad 7{,}5 \\ \hline 0{,}3571\,5 \end{array}$$

$$\sin 23^g\,25^c \sim \underline{0{,}3572}$$ (Siehe Seite 115)

Beispiel 2: Bestimme $\cot 58^g\,33^c$

$$\begin{array}{r} 0{,}7682 \\ 0{,}7657 \\ \hline \text{Tafeldifferenz} \quad -25 \end{array}$$

$$d = -25 \cdot \frac{3}{10} = -7{,}5$$

$$\begin{array}{r} 0{,}7682 \\ -\quad 7{,}5 \\ \hline 0{,}7674\,5 \end{array}$$

$$\cot 58^g\,33^c \sim \underline{0{,}7674}$$

Beispiel 3: Bestimme $\tan 69^g\,44{,}1^c$

$$\begin{array}{r} 1{,}9177 \\ +\quad 29{,}6 \\ +\quad 0{,}7 \\ \hline 1{,}9207\,3 \end{array}$$

$$\tan 69^g\,44^c\,10^{cc} \sim \underline{1{,}9207}$$

Beispiele zum Aufschlagen des Winkels mit Interpolieren

Beispiel 1: Bestimme den Winkel α aus $\sin\alpha = 0{,}3447$. Der nächstniedrigere und der nächsthöhere Tafelwert ist

$$\sin 22^g\,40^c = 0{,}3446$$
$$\sin 22^g\,50^c = 0{,}3461$$

Differenz 10^c entspricht 15 Einheiten der letzten Stelle.

$\frac{10^c}{15} = 0{,}7^c$ entspricht $\frac{15}{15}$ Einheiten der letzten Stelle, also ist $\alpha = \underline{22{,}407^g}$. Die Einersekunden gibt die Tafel nicht mehr genau genug an.

Beispiel 2: Welcher Winkel α gehört zu $\tan \alpha = 3{,}8800$?

$$\tan 83{,}90^g = 3{,}8695$$
$$\tan 84{,}00^g = 3{,}8947$$

Die Differenz $0{,}10^g$ entspricht 252 Einheiten der letzten Dez.-Stelle

$$\frac{0{,}10^g \cdot 105}{252}\ 252 \text{ entspricht } \frac{105}{252} \text{ Einheiten der letzten Dez.-Stelle}$$

$0{,}042^g$ entspricht 105 Einheiten der letzten Dez.-Stelle

Also ist $\underline{\underline{\alpha = 83{,}942^g}}$

Aufgabe: Für welche Winkel α ist $2 \sin \alpha = \sin (2\,\alpha)$?

Lösung: Es kommt dabei auch auf die Stellenzahl der Tafel an. Nehme ich die Tafel der natürlichen Werte, die vier Dezimalstellen gibt, so erkenne ich, daß

$$2 \sin 2^g = 2 \cdot 0{,}0314 \quad \text{und} \quad \sin 4^g = 0{,}0628$$
$$2 \sin 3^g = 2 \cdot 0{,}0471 \quad \text{und} \quad \sin 6^g = 0{,}0941$$

Hier beginnen also schon die Abweichungen. $2 \sin 50^g = 2 \cdot 0{,}7071$; $\sin 100^g = 1{,}0000$; hier ist der Unterschied am deutlichsten. Rechne ich aber fünfstellig, so kommt der Unterschied schon früher zum Vorschein: $2 \sin 2^g = 2 \cdot 0{,}03141$; $\sin 4^g = 0{,}06279$.

Aufgabe: Für welche Winkel α ist $\sin \alpha = \tan \alpha$?

Lösung: Wir sehen wieder, daß in vierstelligen Tafeln etwa bei 2^g die gesuchte Grenze liegt.

$$\sin 2^g = \tan 2^g = 0{,}0314$$
$$\sin 3^g = 0{,}0471; \quad \tan 3^g = 0{,}0472$$
$$\sin 50^g = 0{,}7071; \quad \tan 50^g = 1{,}0000$$
$$\sin 100^g = 1{,}0000; \quad \tan 100^g = \infty$$

2.63 Logarithmen der trigonometrischen Funktionen

Rechnet man mit Logarithmen, wie es in den Berufsschulen heute noch vielfach nötig ist, so braucht man auch Tafeln der Logarithmen der trigonometrischen Funktionen (s. Literaturverzeichnis). Die Logarithmen aller Funktionswerte unter 1, das sind alle sin- und cos-Werte, die tan-Werte für α von 0 bis 50^g und die cot-Werte zwischen 50^g und 100^g, sind negativ. Die negative Form wird durch die Schreibweise in Zehnerergänzungen (s. S. 115) getarnt. Zum Beispiel ist $\lg \sin 49^g = 0.84255 - 1 = -0.15745$, was in den Tafeln in der Form $9.84255 - 10$ verzeichnet ist. Die Ziffern -10 sind meist weggelassen und müssen ergänzt werden (s. S. 124).

Beispiel 1: Prüfe die Interpolation nach dem oben besprochenen Verfahren.

$$\lg \tan 6^g\,06^c\,60^{cc} = 8.98034 \text{ (ergänze } -10) = \lg \cot 93^g\,93^c\,40^{cc}$$
$$\lg \cot 65^g\,65{,}6^c = 9.77722 = \lg \tan 34^g\,34{,}4^c$$
$$\lg \sin 15^g\,15{,}5^c = 9.37257 = \lg \cos 84^g\,84{,}5^c$$
$$\lg \tan 75^g\,75{,}2^c = 0.39746 = \lg \cot 24^g\,24{,}8^c$$

Beispiel 2:

$$\lg \sin \alpha = 9.72251\ (-10); \qquad \alpha = 35^g\,40^c$$
$$\lg \tan \alpha = 0.95820; \qquad \alpha = 93^g\,01{,}9^c$$
$$\lg \cot \alpha = 0.80000; \qquad \alpha = 10^g\,0{,}7^c$$

Die Bestimmung der Werte der trigonometrischen Funktionen mit dem Rechenschieber ist für vermessungstechnische Zwecke meist zu ungenau und hat daher keine praktische Bedeutung.

Berechnung des rechtwinkligen Dreiecks

1. In einem rechtwinkligen Dreieck sind gegeben: die Hypotenuse $c = 43{,}21$ m und der Winkel $\beta = 48{,}496^g$. Gesucht sind beide Katheten (Bild 160,1).

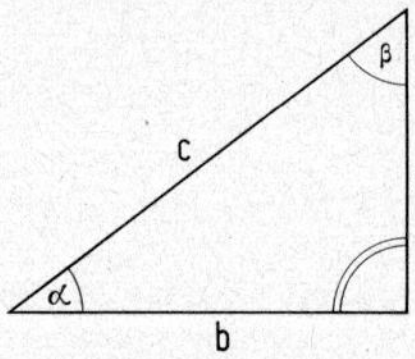

160,1 Berechnung des rechtwinkligen Dreiecks

Lösung: $\sin\beta = \dfrac{b}{c}$; $b = c \cdot \sin\beta = 43{,}21 \cdot \sin 48^g\, 49{,}6^c$

$\cos\beta = \dfrac{a}{c}$; $a = c \cdot \cos\beta = 43{,}21 \cdot \cos 48^g\, 49{,}6^c$

$b = 43{,}21 \cdot 0{,}6903 \quad = 29{,}83$ m

$a = 43{,}21 \cdot 0{,}7236 \quad = 31{,}27$ m

2. Die beiden Katheten $a = 30{,}25$ m und $b = 37{,}46$ m sind gegeben. Gesucht sind die Hypotenuse c und der Winkel α.

$$\tan\alpha = \frac{a}{b} = \frac{30{,}25}{37{,}46}$$

$$\sin\alpha = \frac{a}{c}\,; \quad c = \frac{a}{\sin\alpha} = \frac{30{,}25}{\sin 43{,}246^g}$$

Logarithmische Berechnung:

num.	lg
30,25	1.48073
37,46	1.57357
tan 43,246g	9.90716
30,25	1.48073
sin 43,246g	9.79813
$c = 48{,}15$	1.68260

Zur Probe rechnen wir nach dem Pythagoras:

	n	n^2
a	30,25	915,06
b	37,46	1403,25
c	48,15	2318,31

Diese Rechnung ergibt das gleiche Ergebnis.

2.64 Funktionen der Winkel über 100g

In der Vermessungskunde zählt man, wie bereits ausgeführt, die Quadranten im Gegensatz zur Mathematik rechtsläufig. Läßt man (Bild 160,2) den Strahl $0A_0$ rechts herum um den Mittelpunkt 0 des Kreises, der gleichzeitig Koordinatennullpunkt ist, herumlaufen, so wird der Winkel zwischen der positiven x-Achse, die der Nullrichtung entspricht, und der jeweiligen Stellung des Strahls immer größer, er wird der Reihe nach die Stellung $0A_1$, $0A_2$, $0A_3$, $0A_4$ erreichen und schließlich wieder bei $0A_0$ ankommen.

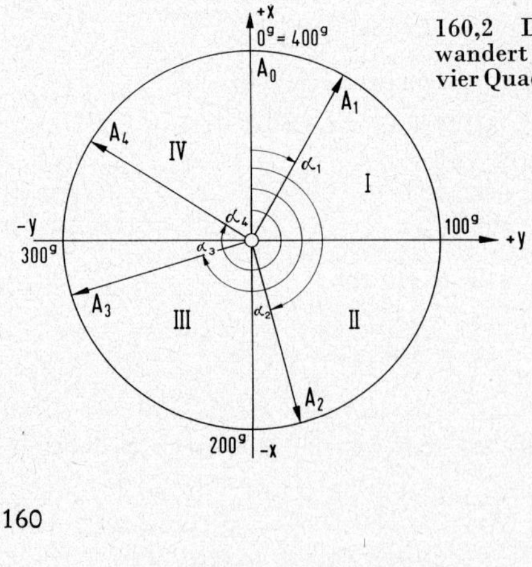

160,2 Der Strahl $0A_0$ wandert durch alle vier Quadranten

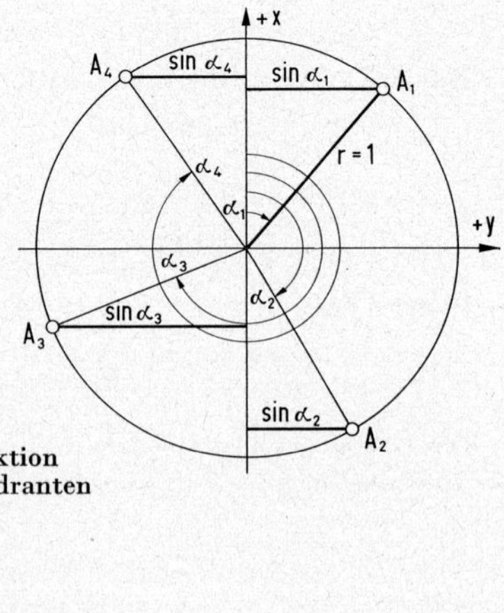

160,3 Sinusfunktion in allen vier Quadranten

Überschreitet der Strahl die positive y-Achse, so wird der Winkel größer als 100°, er überschreitet die Grenze des I. Quadranten (= Viertelkreises), im Bild mit I bezeichnet, und tritt in den II. Quadranten ein. Zwischen

$\alpha = 100^g$ und $\alpha = 200^g$ liegt also der zweite Quadrant (II), zwischen
$\alpha = 200^g$ und $\alpha = 300^g$,, ,, dritte ,, (III) und zwischen
$\alpha = 300^g$ und $\alpha = 400^g$,, ,, vierte ,, (IV).

Punkt A_1 liegt im ersten Quadranten, Punkt A_2 im zweiten Quadranten, Punkt A_3 im dritten Quadranten und Punkt A_4 im vierten Quadranten. Die Vorzeichen der Koordinaten von Punkten in den vier Quadranten ergeben sich zu:

Tabelle 10

Quadrant	x	y
I	+	+
II	—	+
III	—	—
IV	+	—

Untersuchen wir jetzt die Größe der Sinusfunktion, wie wir es bei der Betrachtung des Bildes 155,3 taten, auch für die übrigen Quadranten, so kommen wir zu Bild 160,3. Rotiert der Punkt A wieder auf dem Einheitskreis, so bewegt sich der sin

von 0 bis 1, wenn α von 0^g auf 100^g ansteigt,
von 1 bis 0, wenn α von 100^g auf 200^g ,, ,
von 0 bis —1, wenn α von 200^g auf 300^g ,, ,
von —1 bis 0, wenn α von 300^g auf 400^g ,, .

Der Sinus hat immer das Vorzeichen der Ordinate (siehe Bild 160,3), der Kosinus immer das Vorzeichen der Abszisse (siehe Bild 161,1).

Steigt α von 0^g bis 100^g, bewegt sich der cos von 1 nach 0
,, α ,, 100^g ,, 200^g, ,, ,, ,, ,, ,, 0 ,, —1
,, α ,, 200^g ,, 300^g, ,, ,, ,, ,, ,, —1 ,, 0
,, α ,, 300^g 400^g, ,, ,, ,, ,, ,, 0 ,, 1

Der tan ist nach Bild 161,2

$$\tan \alpha_1 = \frac{A_1\,T_1}{A_1\,O} \text{ bzw. } \tan \alpha_2 = \frac{A_2\,T_2}{A_2\,O} = \frac{A_2\,T_2}{-r} = \frac{A_2\,T_2}{-1} = -(A_2\,T_2) \text{ usw.}$$

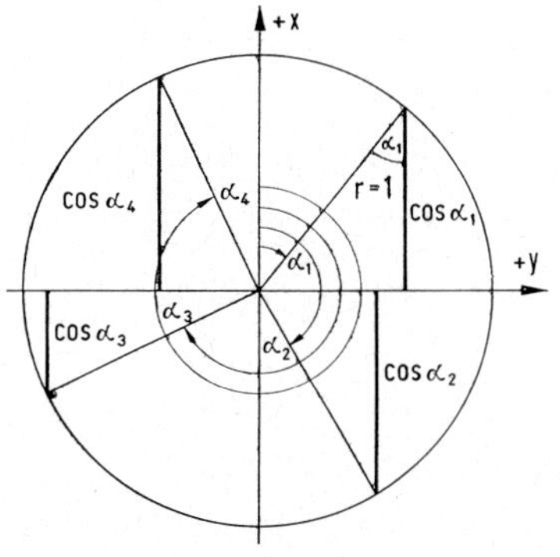

161,1
Kosinusfunktion in den 4 Quadranten

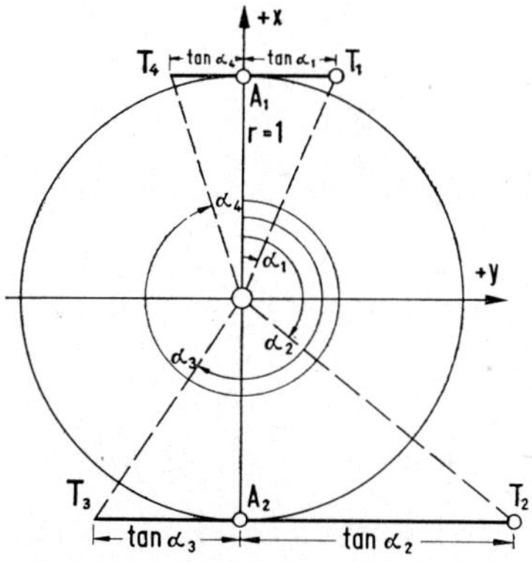

161,2
Tangensfunktion in allen Quadranten

Für die Untersuchung der Veränderung des tan in den vier Quadranten betrachten wir Bild 162,2.

Steigt α von 0^g bis 100^g, bewegt sich der tan von 0 bis $+\infty$
,, α ,, 100^g ,, 200^g, ,, ,, ,, ,, ,, $-\infty$,, 0
,, α ,, 200^g ,, 300^g, ,, ,, ,, ,, ,, 0 ,, $+\infty$
,, α ,, 300^g ,, 400^g, ,, ,, ,, ,, ,, $-\infty$,, 0

Zur Untersuchung des cot diene Bild 162,1. Es ist $\cot \alpha_1 = \frac{BK_1}{BO}$, $\cot \alpha_2 = \frac{BK_2}{BO}$ usw.

Steigt	α	von	0^g	bis	100^g,	bewegt sich der cot von	$+\infty$	bis	0		(Bild 162,2)
„	α	„	100^g	„	200^g,	„ „ „ „ „	0	„	$-\infty$		
„	α	„	200^g	„	300^g,	„ „ „ „ „	$+\infty$	„	0		
„	α	„	300^g	„	400^g,	„ „ „ „ „	0	„	$-\infty$		

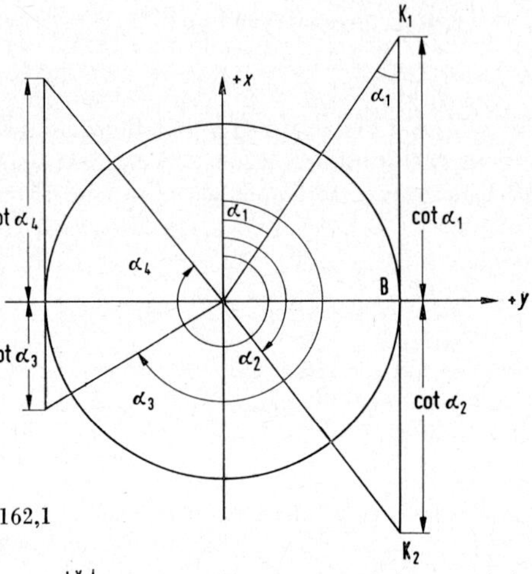

162,1

Die Vorzeichen der Funktionen in den vier Quadranten sind in nachstehender Tabelle aufgeführt:

Tabelle 11

Quadrant	sin	cos	tan	cot
I	+	+	+	+
II	+	—	—	—
III	—	—	+	+
IV	—	+	—	—

Es gilt auch in allen vier Quadranten

$$\frac{\tan \alpha}{1} = \frac{\sin \alpha}{\cos \alpha}$$

wegen der Ähnlichkeit der Dreiecke

$$\tan \alpha = \frac{\sin \alpha}{\cos \alpha} \quad \text{(Bild 162,4).}$$

Entsprechend gilt

$\cot \alpha = \frac{\cos \alpha}{\sin \alpha}$ in allen vier Quadranten.

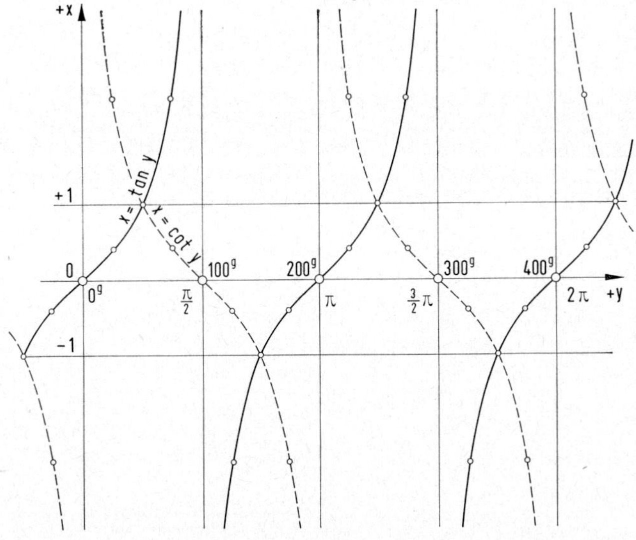

162,2
Tangens- und Kotangenskurve in allen Quadranten (Schaubild)

162,3 Sinus- und Kosinuskurve in allen Quadranten (Schaubild)

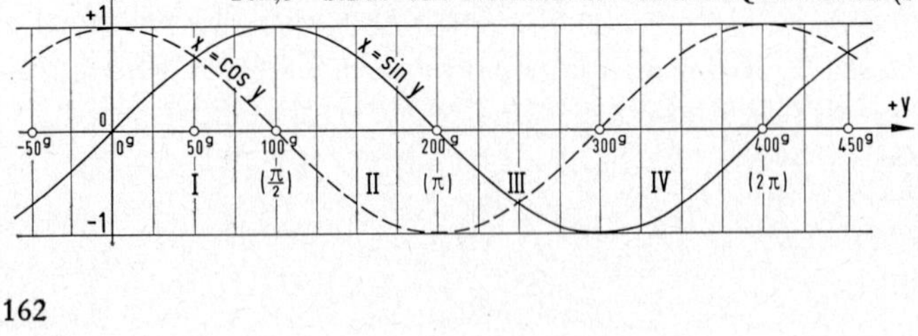

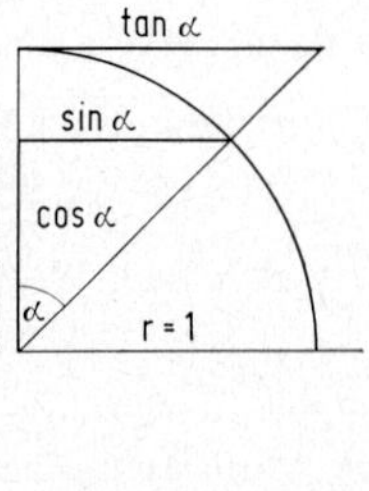

162,4 Beziehung zwischen den Funktionen tan, sin und cos

Die Schaubilder 157,1 und 157,2 können wir nun erweitern:

Es ist $\sin(200^g - \alpha) = \sin\alpha$, was man aus Bild 162,3 ablesen kann; außerdem

$$\sin(200^g + \alpha) = -\sin\alpha$$
$$\sin(400^g - \alpha) = -\sin\alpha$$

Weiter ist

$$\cos(100^g - \alpha) = \sin\alpha \qquad \tan(200^g + \alpha) = \tan\alpha$$
$$\cos(100^g + \alpha) = -\sin\alpha \qquad \tan(200^g - \alpha) = -\tan\alpha$$
$$\cos(300^g - \alpha) = -\sin\alpha \qquad \tan(400^g - \alpha) = -\tan\alpha$$
$$\cos(300^g + \alpha) = \sin\alpha$$
$$\cot(100^g - \alpha) = \tan\alpha$$
$$\cot(300^g - \alpha) = \tan\alpha$$
$$\cot(100^g + \alpha) = -\tan\alpha$$
$$\cot(300^g + \alpha) = -\tan\alpha$$

Wenn man zu einem gegebenen Winkel α zwischen 100^g und 400^g den Logarithmus oder den natürlichen Wert einer trigonometrischen Funktion aufzusuchen hat, so zieht man davon 100^g, 200^g oder 300^g ab und nimmt aus der Tabelle 12 die folgenden Funktionen des verbleibenden Winkels σ.

Tabelle 12

Funktion	I. Quadrant $\alpha = \sigma$	II. Quadrant $\alpha = 100^g + \sigma$	III. Quadrant $\alpha = 200^g + \sigma$	IV. Quadrant $\alpha = 300^g + \sigma$
$\sin\alpha$	$+\sin\sigma$	$+\cos\sigma$	$-\sin\sigma$	$-\cos\sigma$
$\cos\alpha$	$+\cos\sigma$	$-\sin\sigma$	$-\cos\sigma$	$+\sin\sigma$
$\tan\alpha$	$+\tan\sigma$	$-\cot\sigma$	$+\tan\sigma$	$-\cot\sigma$
$\cot\alpha$	$+\cot\sigma$	$-\tan\sigma$	$+\cot\sigma$	$-\tan\sigma$

2.65 Schiefwinkliges Dreieck

2.651 Sinussatz

Wir sind jetzt in der Lage, auch schiefwinklige Dreiecke zu berechnen. Es sollen die fehlenden Stücke im Dreieck berechnet werden, wenn gegeben ist α, β und a. Zunächst ist b gesucht. Wir zeichnen in dem spitzwinkligen wie in dem stumpfwinkligen Dreieck je die Höhe $h_c = CD$. Dadurch entstehen je zwei rechtwinklige Teildreiecke. Im Dreieck BCD berechnen wir (Bild 163,1): $h_c = a \cdot \sin\beta$ und $h_c = b \cdot \sin\alpha$ und nach Bild 163,2 $h_c = b \cdot \sin\alpha$ und $h_c = a \cdot \sin(200^g - \beta)$ $h_c = a \cdot \sin\beta$.

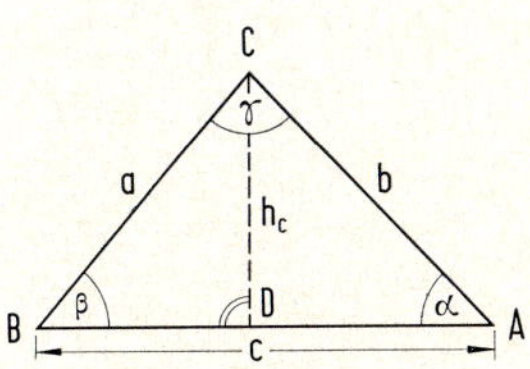

163,1 Sinussatz am spitzwinkligen Dreieck

In beiden Fällen erhält man $b \cdot \sin\alpha = a \cdot \sin\beta$

oder $\dfrac{\sin\alpha}{\sin\beta} = \dfrac{a}{b}$

oder $b = a \cdot \dfrac{\sin\beta}{\sin\alpha}$

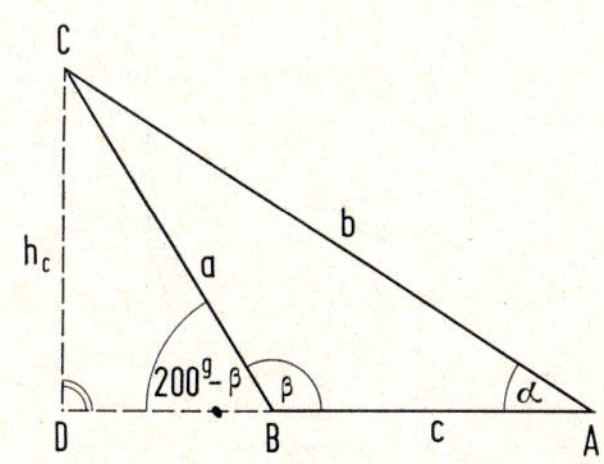

163,2 Sinussatz am stumpfwinkligen Dreieck

Zur Berechnung von c erhalten wir mit Hilfe der Höhe h_b entsprechend:

$\dfrac{a}{c} = \dfrac{\sin\alpha}{\sin\gamma}$ und ebenso mit h_a $\dfrac{b}{c} = \dfrac{\sin\beta}{\sin\gamma}$. Die drei Proportionen gehen durch zyklische[1]) Ver-

[1]) Griech. Zyklos = Kreis.

tauschung (d. h. aus a wird b, aus b wird c, aus c wird a, aus α wird β, aus β wird γ, aus γ wird α.) auseinander hervor. Sie lassen sich als Kettenproportion schreiben

$$a : b : c = \sin\alpha : \sin\beta : \sin\gamma$$

Diese Beziehung nennt man den Sinussatz.

In Worten: In jedem Dreieck verhalten sich die Seiten wie die Sinus der ihnen gegenüberliegenden Winkel.

Nun wieder zu unserem Beispiel: Kennt man im Dreieck zwei Winkel α und β, so kennt man auch den dritten Winkel $\gamma = 200^g - (\alpha + \beta)$.

Nachdem wir $b = a \cdot \dfrac{\sin\beta}{\sin\alpha}$ berechnet haben, rechnen wir

$$c = a \cdot \frac{\sin\gamma}{\sin\alpha}$$

Zur Kontrolle rechnen wir c noch einmal aus $\dfrac{b \cdot \sin\gamma}{\sin\beta}$

Den Sinussatz können wir benutzen, wenn in einem Dreieck entweder zwei Seiten und ein einer dieser Seiten gegenüberliegender Winkel oder zwei Winkel und die Gegenseite eines Winkels gegeben sind.

Beispiel: Gegeben $a = 111{,}23$ m; $b = 170{,}65$ m; $\alpha = 37{,}963^g$.

Lösung: $\sin\beta = \dfrac{b}{a} \cdot \sin\alpha$; $\gamma = 200^g - (\alpha + \beta)$; $c = a \cdot \dfrac{\sin\gamma}{\sin\alpha}$

Aus $b > a$ folgt $\beta > \alpha$. Daher können sowohl ein stumpfer wie ein spitzer Winkel β zu $\sin\beta$ gehören. Es ergeben sich also zwei verschiedene Dreiecke mit den Grundseiten c_1 und c_2. Dies ist der im Vermessungswesen seltene Fall, daß nur *ein* Winkel gegeben ist, nämlich neben den zwei Seiten der der kleineren Seite gegenüberliegende Winkel. Fast immer sind aber in der Vermessungspraxis mehr Winkel als Seiten gemessen, weil die Winkelmessung im allgemeinen leichter ist als die Messung einer langen Seite (Basis). Siehe auch 1.512 und 2.67.

Logarithmische Lösung:

	num.	lg
b	170,65	2.23210
$\sin\alpha$	$37{,}963^g$	9.74943
		1.98153
a	111,23	2.04622
$\sin\beta_1$	$66{,}108^g$	9.93531
$\alpha =$	$37{,}963^g$	
$\alpha + \beta_1 =$	$104{,}071^g$	
a	111,23	2.04622
$\sin\gamma_2$	$28{,}145^g$	9.63128
		1.67750
$\sin\alpha$	$37{,}963^g$	9.74943
c_2	84,74	1.92807

	$200{,}000^g$
$-(\alpha + \beta_1) =$	$104{,}071^g$
$\gamma_1 =$	$95{,}929^g$
	$37{,}963^g$
$\beta_2 = 200^g - \beta_1 =$	$133{,}892^g$
	$171{,}855^g$
	200,000
$\gamma_2 =$	$28{,}145^g$

	num.	lg
a	111,23	2.04622
$\sin\gamma_1$	$95{,}929^g$	9.99911
		2.04533
$\sin\alpha$	$37{,}963^g$	9.74943
c_1	197,65	2.29590

Kontrolle: $\sin\alpha = \dfrac{a \sin\gamma_1}{c_1}$

und $\sin\alpha = \dfrac{a \sin\gamma_2}{c_2}$

a	111,23	2.04622
$\sin\gamma_1$	95,929ᵍ	9.99911
		2.04533
c_1	197,65	2.29590
$\sin\alpha$	37,963ᵍ	9.74943

a	111,23	2.04622
$\sin\gamma_2$	28,145ᵍ	9.63128
		1.67750
c_2	84,74	1.92809
$\sin\alpha$	37,961ᵍ	9.74941

Erklärlicher Abrundefehler

Eine grobe Kontrolle ergibt auch eine Kartierung, wobei beim Maßstab 1 : 5000 nur eine Genauigkeit von etwa 1 m erreicht wird.

Siehe auch S. 112 1. Beispiel (Maschinenrechnung).

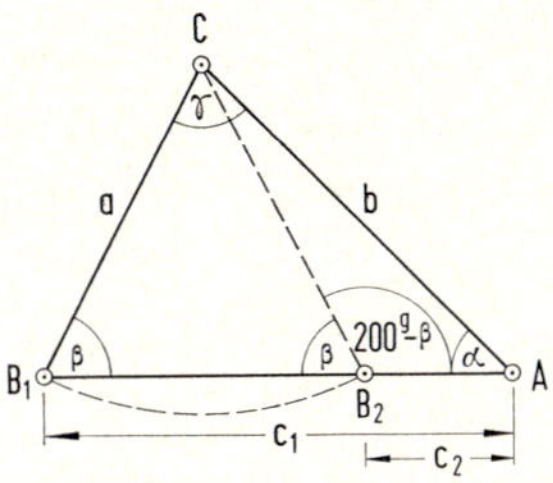

165,1 Sinussatz, Fall der Doppellösung

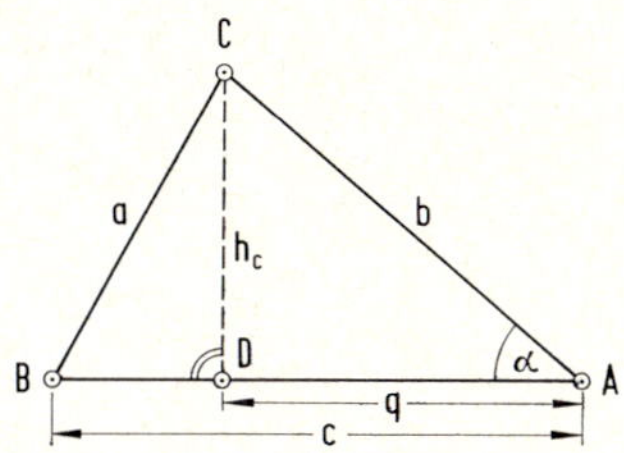

165,2 Kosinussatz am spitzwinkligen Dreieck

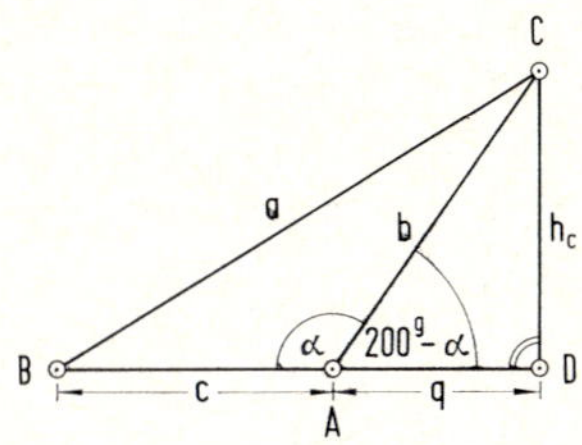

165,3 Kosinussatz am stumpfwinkligen Dreieck

2.652 Kosinussatz

Es gibt noch eine andere Formel, mit der man einen Winkel im Dreieck berechnen kann wenn man die Seiten, allerdings *alle drei* Seiten, kennt. Auch für den Fall, daß zwei Seiten und der eingeschlossene Winkel bekannt sind, ist dieser Satz brauchbar. Es ist dies der Kosinussatz.

Ableitung: Im rechtwinkligen Teildreieck BDC gilt nach dem Lehrsatz des Pythagoras

im spitzwinkligen Dreieck (Bild 165,2)

$a^2 = h_c^2 + (c - q)^2 \ldots (1)$

$a^2 = h_c^2 + c^2 - 2cq + q^2 \ldots (2),$

im stumpfwinkligen Dreieck gilt (Bild 165,3)

$a^2 = h_c^2 + (c + q)^2 \ldots (1a)$

$a^2 = h_c^2 + c^2 + 2cq + q^2 \ldots (2a)$

Aus dem rechtwinkligen Teildreieck ADC ergibt sich $h_c^2 = b^2 - q^2 \ldots (3)$; setzt man Gleichung ... (3) in ... (2) bzw. ... (2a) ein, so ergibt sich

$a^2 = b^2 + c^2 - 2cq \ldots (4)$; da aber

$q = b \cdot \cos\alpha \ldots (5)$, ist

$a^2 = b^2 + c^2 - 2bc \cdot \cos\alpha \ldots (6)$

$a^2 = b^2 + c^2 + 2cq \ldots (4a)$; da aber

$q = b \cdot \cos(200^g - \alpha) \ldots (5a)$, ist

$a^2 = b^2 + c^2 - 2bc \cdot \cos\alpha \ldots (6a)$; denn

$\cos(200^g - \alpha) = -\cos\alpha$

Das Ergebnis ist also im spitzwinkligen und stumpfwinkligen Dreieck gleich. Durch zyklische Vertauschung ergeben sich im ganzen drei Formeln:

$a^2 = b^2 + c^2 - 2bc \cdot \cos\alpha;\quad b^2 = a^2 + c^2 - 2ac \cdot \cos\beta;$

$c^2 = a^2 + b^2 - 2ab \cdot \cos\gamma \ldots (7)$, oder

$a = \sqrt{b^2 + c^2 - 2bc \cdot \cos\alpha}$ usw. ... (8)

Formt man die Gleichung um, so erhält man die Formel

$$\cos\alpha = \frac{b^2 + c^2 - a^2}{2bc};\quad \cos\beta = \frac{a^2 + c^2 - b^2}{2ac};\quad \cos\gamma = \frac{a^2 + b^2 - c^2}{2ab} \ldots (9)$$

Kennt man also zwei Seiten und den eingeschlossenen Winkel, so rechnet man nach den Formeln ... (7) bzw. ... (8); kennt man die drei Seiten, rechnet man nach einer Formel ... (9), die anderen Winkel bequemer nach dem Sinussatz.

Beispiel:

Gehen wir wieder von den Zahlenwerten des Beispiels beim Sinussatz (1. Lösung) aus, so tun wir gut, mit der Berechnung des Gegenwinkels der größten Seite zu beginnen. Wir haben nämlich die Absicht, die restlichen Stücke mit dem bequemeren Sinussatz zu berechnen; dieser ist aber, wie wir gesehen haben, in diesem Falle nicht eindeutig. Begännen wir also mit der Berechnung des Winkels α nach dem Kosinussatz, so hätten wir anschließend dieselbe Schwierigkeit, wie im vorigen Beispiel. Allerdings könnten wir uns schon durch eine rohe Kartierung Gewißheit darüber verschaffen, welcher der beiden β-Werte der richtige ist.

$a = 111{,}23;\ b = 170{,}65;\ c = 197{,}65$

Es ist $\cos\gamma = \dfrac{a^2 + b^2 - c^2}{2\,a\,b} = \dfrac{Z}{2ab}$

	n	n^2
a	111,23	12 372
b	170,65	29 121
		41 493
c	197,65	39 066
Z		2 427

$\sin\beta = \dfrac{b \cdot \sin\gamma}{c}$

$\sin\alpha = \dfrac{a \cdot \sin\gamma}{c}$

Kontrolle: $\alpha = 37{,}963^g$
$\beta = 66{,}108^g$
$\gamma = 95{,}927^g$

$199{,}998^g$

Soll $200{,}000^g$

	num.	lg
$2a$	222,46	2.34725
b	170,65	2.23210
$2\,ab$		4.57935
Z	2427	3.38507
$2\,ab$		4.57935
$\cos\gamma$	$95{,}927^g$	8.80572
b	170,65	2.23210
$\sin\gamma$	$95{,}927^g$	9.99911
		2.23121
c	197,65	2.29590
$\sin\beta$	$66{,}108^g$	9.93531
a	111,23	2.04622
$\sin\gamma$	$95{,}927^g$	9.99911
		2.04533
c	197,65	2.29590
$\sin\alpha$	$37{,}963^g$	9.74943

Die 20^{cc}, die an 200^g fehlen, dürfen bei der fünfstelligen Berechnung des Winkels γ entstanden sein. Der Zähler $a^2 + b^2 - c^2$ wäre bei sechsstelliger Maschinenrechnung genauer herausgekommen. Man beachte, daß von Zwischenwerten, wie $2\,ab$ oder $b \cdot \sin\gamma$ kein Numerus aufgeschlagen zu werden braucht. Leicht berechenbare Produkte wie $2\,a$ berechnet man im Kopf. Es wird am besten mit der Quadrattafel quadriert, sofern nicht überhaupt mit Maschine gerechnet wird. Man überlege gut, was logarithmisch und was mit natürlichen Zahlen zu rechnen ist. Eine Schlußprobe und eine rohe Kartierung ist unbedingt zu empfehlen.

2.653 Tangenssatz

Der Tangenssatz gestattet die Bestimmung zweier Dreieckswinkel, wenn der dritte Winkel und dessen anliegende Seiten bekannt sind (Bild 167,1).

Ableitung: Nach dem Sinussatz ist $a : b = \sin\alpha : \sin\beta$. Durch Addition bzw. Subtraktion erhält

man $\dfrac{a+b}{a-b} = \dfrac{\sin\alpha + \sin\beta}{\sin\alpha - \sin\beta}$

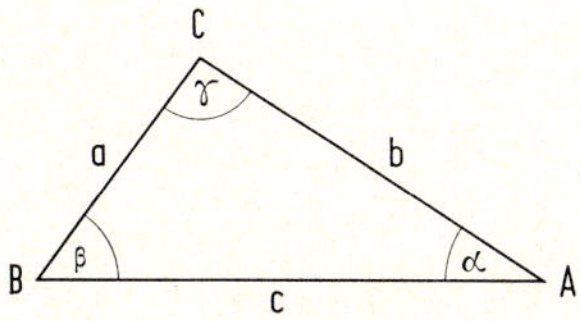

167,1 Zum Kosinussatz und Tangenssatz

Nach den Additionstheoremen[1]) ist

$$\frac{\sin\alpha + \sin\beta}{\sin\alpha - \sin\beta} = \frac{2\sin\frac{\alpha+\beta}{2}\cos\frac{\alpha-\beta}{2}}{2\cos\frac{\alpha+\beta}{2}\sin\frac{\alpha-\beta}{2}}$$

Da $\dfrac{\sin\alpha}{\cos\alpha} = \tan\alpha$ und $\dfrac{\cos\alpha}{\sin\alpha} = \cot\alpha$, so wird aus

$$\frac{2\sin\frac{\alpha+\beta}{2}\cos\frac{\alpha-\beta}{2}}{2\cos\frac{\alpha+\beta}{2}\sin\frac{\alpha-\beta}{2}} = \tan\frac{\alpha+\beta}{2}\cot\frac{\alpha-\beta}{2} = \frac{\tan\frac{\alpha+\beta}{2}}{\tan\frac{\alpha-\beta}{2}}$$

Also $\dfrac{a+b}{a-b} = \dfrac{\tan\frac{\alpha+\beta}{2}}{\tan\frac{\alpha-\beta}{2}}$ und durch zyklische Vertauschung

$$\frac{b+c}{b-c} = \frac{\tan\frac{\beta+\gamma}{2}}{\tan\frac{\beta-\gamma}{2}}; \qquad \frac{c+a}{c-a} = \frac{\tan\frac{\gamma+\alpha}{2}}{\tan\frac{\gamma-\alpha}{2}}$$

Beispiel:

Gegeben die Seiten $a = 111{,}23$; $b = 170{,}65$ und der Winkel $\gamma = 95{,}929^g$. Wie groß sind α und β?

Lösung: Es ist $\alpha + \beta = 200^g - \gamma$

$$\begin{array}{rr} & 200{,}000^g \\ - & 95{,}929^g \\ \hline \alpha+\beta = & 104{,}071^g \end{array}$$

$$\frac{\alpha+\beta}{2} = 52{,}0355^g$$

$$\tan\frac{\alpha-\beta}{2} = \frac{\tan\frac{\alpha+\beta}{2}(a-b)}{a+b}$$

$$\tan\frac{\alpha-\beta}{2} = \frac{\tan 52{,}0355^g\cdot(-59{,}42)}{281{,}88}$$

$$\frac{\alpha-\beta}{2} = -14{,}0725^g \;\ldots\; (1)$$

$$\frac{\alpha+\beta}{2} = +52{,}0355^g \;\ldots\; (2)$$

$\ldots(1) + \ldots(2) = \alpha = +37{,}9630^g$

$\ldots(2) - \ldots(1) = \beta = +66{,}1080^g$

Probe $\alpha + \beta = 104{,}0710^g$

[1]) die wir hier nicht ableiten wollen.

	$a =$	111,23
	$b =$	170,65
	$a + b =$	281,88
	$a - b =$	$-$ 59,42
Probe	$2\,a =$	222,46

	num.	lg
$\tan \frac{\alpha + \beta}{2}$	52,0355^g	0.02779
$a - b$	$-$ 59,42	1.77393 n
		1.80172 n
$a + b$	281,88	2.45007
$\tan \frac{\alpha - \beta}{2}$	$-$ 14,0725^g	9.35165 n

2.654 Projektionssatz

Jede Dreiecksseite ist gleich der Summe der Projektionen der beiden anderen auf sie (Bild 168,1).

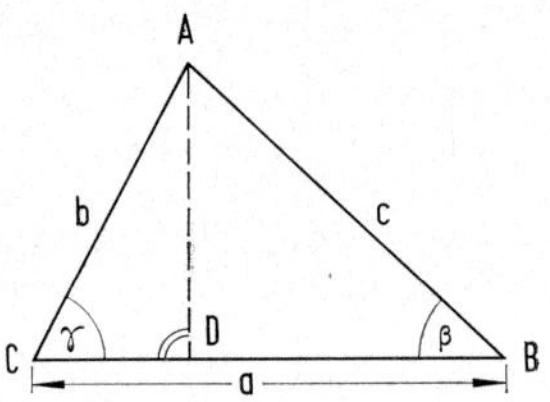

168,1 Zum Projektionssatz

Ableitung: $\cos\beta = \frac{\mathrm{BD}}{c}$; $\mathrm{BD} = c\cos\beta$

$$\cos\gamma = \frac{\mathrm{CD}}{b}\ ;\ \mathrm{CD} = b\cos\gamma$$

$$\mathrm{BC} = \mathrm{BD} + \mathrm{CD} = b\cos\gamma + c\cos\beta$$

$$a = b\cos\gamma + c\cos\beta$$
$$b = c\cos\alpha + a\cos\gamma$$
$$c = a\cos\beta + b\cos\alpha$$

Die beiden anderen Formeln ergeben sich durch zyklische Vertauschung. Der Projektionssatz gestattet die Berechnung einer Dreiecksseite, wenn die beiden anderen und ihre Gegenwinkel gegeben sind. Die Dreiecksberechnung mit Sinussatz, Kosinussatz und Projektionssatz führt man formularmäßig mit einer Doppelrechenmaschine nach den Vorschlägen der AdV nach Vermessungsvordruck 14 aus (2.655).

2.655 Dreiecksberechnung mit der Doppelrechenmaschine

In den Schemata, die man am Kopf der Vordrucke findet, bedeuten:

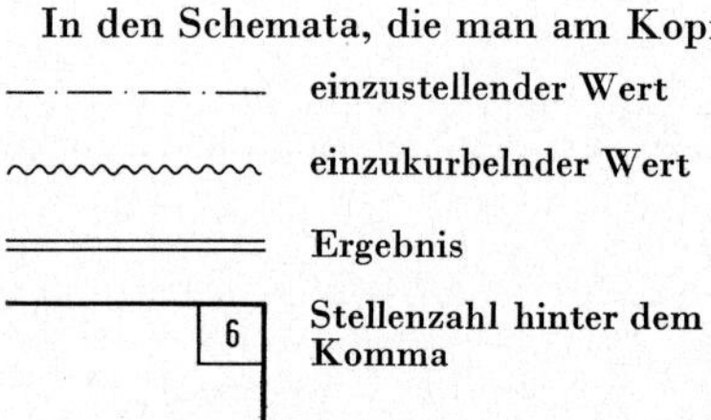

168,2 Schema

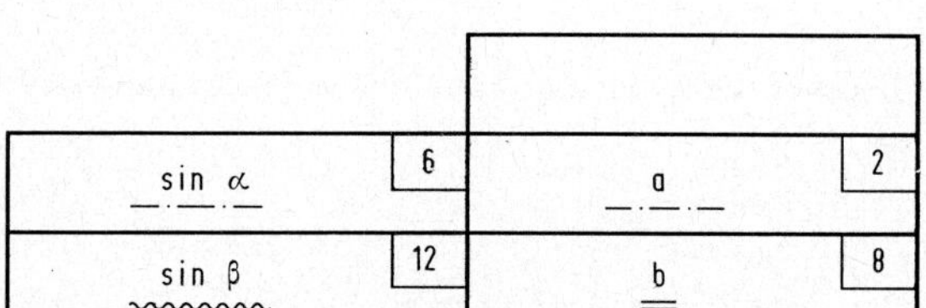

168,3 Schema zum Sinussatz

Beim Einkurbeln von Werten richtet sich die Drehrichtung nach dem Vorzeichen der zugehörigen Formel.

Beim Vordruck 14 sind die Winkel vor der Rechnung auf 200^g abzustimmen, falls alle drei Winkel des Dreiecks gemessen wurden. Dabei erhält jeder Winkel die gleiche Verbesserung, wenn nicht ein Winkel mit besonderer Genauigkeit gemessen wurde (z. B. parallaktischer Winkel). (Die gemessenen Zahlen sind lesbar durchzustreichen, die verbesserten Werte darüberzuschreiben.)

Das Schema für den Sinussatz (gegeben eine Seite und zwei Winke oder zwei Seiten und der einer Seite gegenüberliegende Winkel):

$$\frac{\sin\alpha}{\sin\beta} = \frac{a}{b}, \text{ gesucht } b \text{ (Bild 168,3)}$$

Man bringt $\sin\alpha$ und a in E und kurbelt $\sin\beta$ in das unter $\sin\alpha$ stehende R ein; dann erscheint b in R unter a. Die Proberechnung wird mit dem Projektionssatz ausgeführt, wenn nicht schon eine andere Sicherung der Rechnung, etwa durch Messen und Berechnen eines zweiten Dreiecks, gegeben ist. — Bei der Berechnung nach dem Kosinussatz berechnet man am besten zunächst $2\,ab$. Wird die Seite c gesucht, so bildet man danach a^2, b^2 und $2\,ab \cdot \cos\gamma$ und addiert gleich im R der Maschine. Das Vorzeichen vom $\cos\gamma$ ist zu beachten! Wenn aber Winkel γ gesucht wird, so sind nacheinander a^2, b^2 und $-c^2$ zu bilden und im R zu addieren. Dividiert man nun durch das zuvor berechnete Produkt $2\,ab$, so erhält man $\cos\gamma$. Sucht man noch andere Dreieckswinkel, so rechnet man am einfachsten nach dem Sinussatz. Bei Berechnung mit dem Projektionssatz bildet man beide Produkte einzeln und addiert sie in R. Auch hier sind die Vorzeichen von $\cos\alpha$ und $\cos\beta$ zu beachten. Man benutzt im allgemeinen 6stellige Tafeln.

Verm.-Vordruck 14

Dreiecksberechnung

Sinussatz	Kosinussatz		Projektionssatz
$\sin\alpha : \sin\beta : \sin\gamma = a : b : c$	(wenn a, b, γ gegeben) $c^2 = -2ab\cos\gamma + a^2 + b^2$; α und β nach Sinussatz	(wenn a, b, c gegeben) $\cos\gamma = \frac{a^2+b^2-c^2}{2ab}$; Probe: $\alpha+\beta+\gamma = 200^g$	(wenn a, b, α, β gegeben) $c = a\cos\beta + b\cos\alpha$; Probe: $\frac{-2ab\cos\gamma + a^2 + b^2}{c} = c$

1	2 Winkel entnommen	2 Seiten entnommen		3 Winkel	4 Sinus		5 Seiten	±	6 Kosinus
Nr. 1 ⊙ 14	1,6	2a,1	α	37 96 30	0 561 603	a	111 23	+	0 827 407
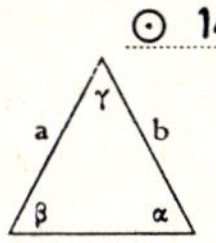	ber.	"	β	66 10 95	0 861 616	b	170 65	+	0 507 560
	"	ber.	γ	95 92 75	0 997 954	c	197 65		
⊙ 15 ⊙ 13	Probe: α + β + γ			200 00 00	Proben: c = 197,65			2 a b	
	Winkelverbesserung							c²	
Nr. 2 Hn	ber.	2 Z.1	α	47 17 8$\overset{5}{9}$	0 675 088	a	567 05		
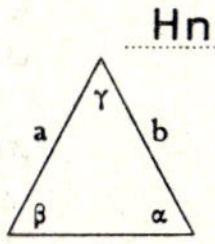	ber.	"	β	93 05 3$\overset{1}{5}$	0 994 053	b	834 97		
	1,2	ber.	γ	59 76 84	0 806 874	c	677 746	+	0 590 725
⊙ 20 ⊙ 22	Probe: α + β + γ			200 00 08	Proben:			2 a b	946 939,5
	Winkelverbesserung			- 8				c²	459 339,8

2.66 Richtungswinkel und Entfernung

Bei trigonometrischen Berechnungen und für Anschlußrichtungen von Polygonzügen benötigt man den Richtungswinkel und vielfach auch die Entfernung. Unter dem Richtungswinkel $t_1^2 = (P_1P_2)$, auch *Neigung* oder nur kurz *Richtung* genannt, einer Strecke von P_1 nach P_2 versteht man den in P_1 von der Parallelen zur positiven x-Achse aus im Uhrzeigersinne bis zur Richtung P_1 nach P_2 gedrehten Winkel. Der Richtungswinkel $t_1^2 = (P_1P_2)$ und sein Gegenrichtungswinkel $t_2^1 =$ $P_2\,P_1)$ unterscheiden sich um 200^g.

Sind in Bild 170,1 die Koordinaten von P_1 (y_1; x_1) und von P_2 (y_2; x_2) gegeben, so bildet man die Koordinatenunterschiede ($y_2 - y_1$) und ($x_2 - x_1$) und erhält den Richtungswinkel t_1^2 aus der Gleichung $\tan t_1^2 = \frac{y_2 - y_1}{x_2 - x_1} = \frac{\Delta y}{\Delta x} \ldots (1)$.

Man beachte die Richtung von P_1 nach P_2 und die Vorzeichen der Koordinatenunterschiede. Der Richtungswinkel ist immer positiv und liegt zwischen 0^g und 400^g. Wird er größer als 400^g, so zieht man 400^g ab. Für das Aufschlagen der Richtungswinkel in der Tabelle gilt:

Tabelle 13

Zähler	+	+	—	—
Nenner	+	—	—	+
$t_1^2 =$	σ	$100^g + \sigma$	$200^g + \sigma$	$300^g + \sigma$
Es wird aufgeschlagen	tan	cot	tan	cot
Hierzu zählt man	0^g	100^g	200^g	300^g

Als *Probeformel* benutzt man $\tan(t + 50^g) = \frac{\Delta x + \Delta y}{\Delta x - \Delta y} \ldots (2)$

Ableitung: Nach dem Additionstheorem ist $\tan(\alpha + \beta) = \frac{\tan\alpha + \tan\beta}{1 - \tan\alpha \cdot \tan\beta}$

Setzt man für $\beta = 50^g$, so ist $\tan 50^g = 1$; also $\tan(\alpha + 50^g) = \frac{\tan\alpha + 1}{1 - \tan\alpha \cdot 1}$

$$\tan(\alpha + 50^g) = \frac{1 + \tan\alpha}{1 - \tan\alpha} = \frac{1 + \frac{\Delta y}{\Delta x}}{1 - \frac{\Delta y}{\Delta x}} = \frac{\frac{\Delta x}{\Delta x} + \frac{\Delta y}{\Delta x}}{\frac{\Delta x}{\Delta x} - \frac{\Delta y}{\Delta x}} = \frac{\Delta x + \Delta y}{\Delta x - \Delta y} = \frac{(x_2 - x_1) + (y_2 - y_1)}{(x_2 - x_1) - (y_2 - y_1)}$$

Wir schreiben t statt α.

Die Probeformel, die auch in die amtlichen Vordrucke aufgenommen wurde, *versagt allerdings*, wenn Δy oder Δx falsch gebildet wurden. Gegen diesen Fehler *schützt* die Umstellung der Formel in:

$$\tan(t + 50^g) = \frac{(x_2 + y_2) - (x_1 + y_1)}{(x_2 - y_2) - (x_1 - y_1)} \cdots (3) \quad \text{Es ist } P_1 P_2 = s$$

Aus dem Bild 170,1 folgt auch $\sin t = \frac{\Delta y}{s} \ldots (4)$; $s = \frac{\Delta y}{\sin t} \cdots (5)$

oder $\cos t = \frac{\Delta x}{s} \ldots (6)$; $s = \frac{\Delta x}{\cos t} \cdots (7)$

Um s möglichst scharf zu berechnen, benutzt man $\sin t$, wenn $\Delta y > \Delta x$,
$\cos t$, wenn $\Delta x > \Delta y$.

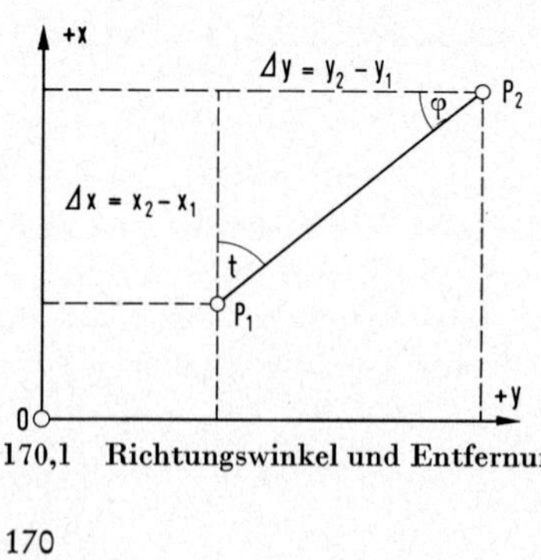

170,1 Richtungswinkel und Entfernung

tan t	6	tan φ	6
Δx	2	Δy	2
y_1 ⟿ y_2	8	x_1 ⟿ x_2	8

170,2 Berechnung von tan *t* (1. Rechengang) und tan φ (2. Rechengang)

Um gegen ein falsches Aufschlagen von s in der Logarithmentafel geschützt zu sein, rechnet man s noch einmal mit der Quadrattafel, was den genauesten Wert von s liefert.

Ein amtliches Maschinenformblatt sei nachstehend erläutert und dargestellt:

Die Punktnummern und Koordinaten werden in den Vordruck eingetragen und die Differenzen von Hand gebildet. Mit Hilfe der Vorzeichentafel oben links schreibt man die Quadranten der Winkel t und φ (Bild 170,2) vorn in die Spalte 6. Bei der weiteren Berechnung brauchen dann keine Vorzeichen berücksichtigt zu werden. tan t und tan φ (Bedeutung s. Bild 170,1) werden nach folgendem Rechenschema behandelt (Bild 170,2):

(y_1 in R, Δx in E bringen; den Wert von y_1 in R umkurbeln in y_2. In U erscheint dann tan t. Entsprechend wird auch tan φ ermittelt.) Es ist wesentlich, daß die Koordinaten in R durch Umkurbeln gebildet werden. Fehler durch falsche Ermittlung von Δy und Δx entfallen dadurch.

Bei der Proberechnung von $s = \frac{|\Delta y|}{|\sin t|}$ oder $s = \frac{|\Delta x|}{|\cos t|}$ gibt wieder die Formel mit dem größeren Zähler den genaueren Wert.

In Bild 170,1 ist $\tan t = \frac{y_2 - y_1}{\Delta x}$; $\tan \varphi = \frac{x_2 - x_1}{\Delta y}$

s wird zur Kontrolle zweimal berechnet. Wir gehen aus von der Pythagorasformel für

$$s^2 = \Delta y^2 + \Delta x^2 \ldots (1)$$

Dividiert man beide Seiten der Gleichung durch s, erhält man $s = \frac{\Delta y\, \Delta y}{s} + \frac{\Delta x\, \Delta x}{s} \ldots (2)$

Setzt man $\sin t = \frac{\Delta y}{s} \ldots (3)$ und $\cos t = \frac{\Delta x}{s} \ldots (4)$ nach Eliminierung von Δy und Δx in ... (2) ein, ergibt sich $s = |\Delta y \cdot \sin t| + |\Delta x \cdot \cos t| \ldots (5)$. Man addiert also beide Produkte ohne Vorzeichenberücksichtigung.

Aus ... (3) und ... (4) ergibt sich auch

$$s = \frac{|\Delta y|}{|\sin t|} = \frac{|\Delta x|}{|\cos\ |} \ldots (6)$$

... (5) und ... (6) sind die benutzten Formeln für s.

Richtungswinkel und Entfernung

VermVordruck 8

Zähler	+	+	−	−
Nenner	+	−	−	+
Quadrant	I	II	III	IV

P_2 P_1	Koord. entn.	y_2 y_1 $\Delta y = y_2 - y_1$ |sin t|	x_2 x_1 $\Delta x = x_2 - x_1$ |cos t|	$\tan t = \frac{y_2 - y_1}{\Delta x}$ *) $\tan \varphi = \frac{x_2 - x_1}{\Delta y}$ *) $s = \|\Delta y \sin t\| + \|\Delta x \cos t\|$ $s = \frac{\|\Delta y\|}{\|\sin t\|}$ bzw. $\frac{\|\Delta x\|}{\|\cos t\|}$	t φ $t + \varphi = 100^g$ oder 500^g
1	2	3	4	5	6
		57 632 29	83 046 56	0,69468	II 161 34 8
		57 420 83	83 350 96	1,43952	IV 338 65 2
Nr. 1		+ 211 46	− 304 40	370 64	500 00 0
		0,570 52	0,821 28	63	
		59 521 18	84 457 67	1,08661	III 252 64 1
		59 948 89	84 851 29	0,92030	III 247 35 9
Nr. 2		− 427 71	− 393 62	581 27	500 00 0
		0,735 82	0,677 17	27	

2.67 Trigonometrische Turmhöhenbestimmung

Der einfachste Fall einer solchen Aufgabe ist folgender (Bild 172,1): Man kennt die N.N.-Höhe von P_1: $H_1 = 50,42$ aus einem Nivellement. Gemessen sind die Entfernung $s = 75,00$ m; die Zenitdistanz $z_1 = 85,32^g$; die Instrumentenhöhe $i = 1,35$ m; die Tafelhöhe $t = 2$ m. Gesucht ist die N.N.-Höhe von P_2.

Lösung: $H_2 = H_1 + i + h_2 - t$, wobei $h_2 = s \cdot \cot z_1$ ist. Die Höhe von P_2 ist

$$H_2 = 50,42 + 1,35 + 75 \cdot 0,23477 - 2,00 = \underline{67,38 \text{ m}} \text{ über N.N.}$$

Eigentliche Turmhöhenmessung

Direkte Messung. Kann die horizontale Entfernung s des Standpunktes P_1 von der Turmspitze T (die durchaus nicht senkrecht über der Turmmitte in Geländehöhe liegen muß) direkt gemessen werden (Bild 172,1), so ist die N.N.-Höhe von T $H_t = H_1 + i + h_2$, wobei $h_2 = s \cdot \cot z_1$ ist. Hat man die Turmhöhe t über Gelände zu bestimmen, so ist $t = h_2 - h_1 = s\,(\cot z_1 - \cot z_2)$.

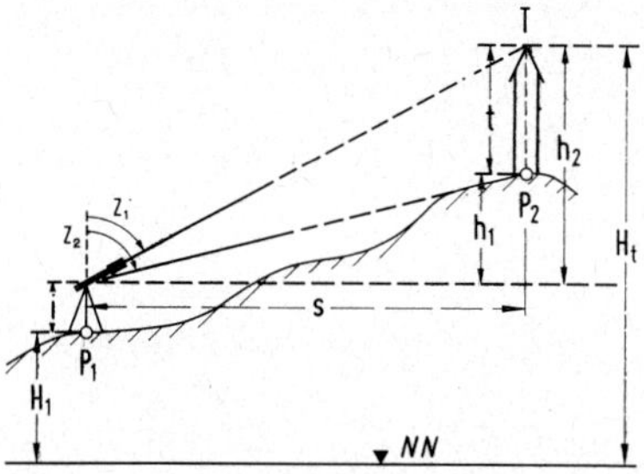

172,1 Trigonometrische Turmhöhenbestimmung (s direkt meßbar)

Horizontales Hilfsdreieck. Läßt sich die Entfernung b des Standpunktes P_1 von der Turmspitze T (Bild 172,2) nicht messen, so arbeitet man mit einem Hilfsdreieck $P_1\,TP_2$, indem man die Grundlinie g und die anliegenden

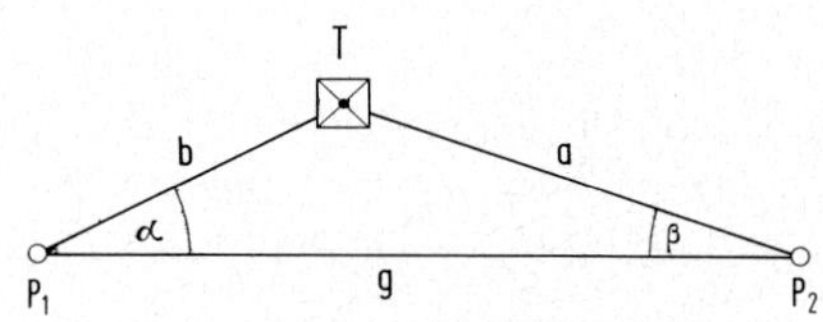

172,2 Horizontales Hilfsdreieck

Winkel α und β mißt. Die waagerechten Entfernungen a und b ergeben sich dann nach dem Sinussatz (man kann dann die Turmhöhe von P_1 und P_2 aus bestimmen)

$$a = \frac{g \sin \alpha}{\sin(\alpha + \beta)} \quad \text{und} \quad b = \frac{g \sin \beta}{\sin(\alpha + \beta)}\,; \text{ denn } \sin[200^g - (\alpha + \beta)] = \sin(\alpha + \beta)$$

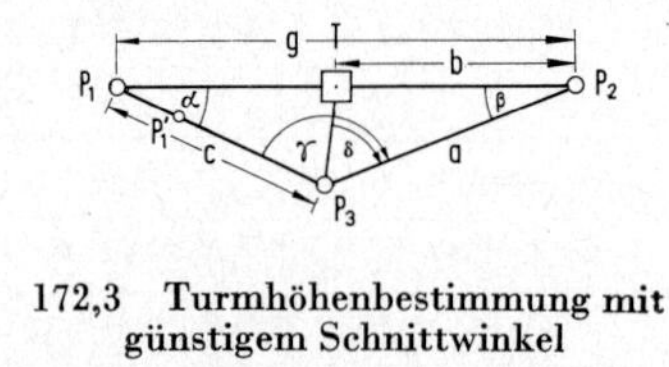

172,3 Turmhöhenbestimmung mit günstigem Schnittwinkel

In der Regel bietet sich eine platzartige Erweiterung vor dem Turmbau zu dieser Anordnung des Horizontaldreiecks an. Auch eine Anordnung nach Bild 172,3 würde keinen spitzen Schnitt bei T und daher eine genauere Bestimmung der Turmhöhe¹) liefern. Sie ist leider wegen der Raumverhältnisse selten möglich. Wir haben dabei ein horizontales Hilfsdreieck $P_1\,P_2\,P_3$, wobei T in der Geraden $P_1\,P_2$ liegen soll und z_1 und z_2 möglichst etwa 50^g groß sein sollen. Winkel γ soll möglichst stumpf sein. Man mißt β, a und γ nach einem vorläufigen Punkt P_1' und steckt P_1, nach Berechnung von $c = \dfrac{a \cdot \sin \beta}{\sin \alpha}$ genau ab. Schließlich berechnet man auch b und g nach dem Sinussatz.

¹) als nach Bild 173,2.

Verzichtet man auf den Strahl P_3T, also auf die Messung des Winkels δ im Horizontaldreieck, so sieht das Vertikaldreieck so aus:

Es ist (Bild 173,1)

$$\cot z_1 = \frac{h_2}{g_1}\,;\ h_2 = g_1 \cot z_1 \qquad \cot z_2 = \frac{h_2 - h_1}{g - g_1}\,;\ (g - g_1)\cot z_2 = h_2 - h_1$$

$$h_2 = h_1 + (g - g_1)\cot z_2$$
$$g_1 \cot z_1 = h_1 + (g - g_1)\cot z_2$$
$$g_1 \cot z_1 = h_1 + g \cot z_2 - g_1 \cot z_2$$
$$g_1(\cot z_1 + \cot z_2) = h_1 + g \cot z_2$$
$$g_1 = \frac{h_1 + g \cot z_2}{\cot z_1 + \cot z_2} \qquad h_2 = g_1 \cdot \cot z_1\ ^{1)}$$

Dann ist $h_2 = h_1 + (g - g_1)\cot z_2$ (Probe)

Beispiel: $h_1 = 19{,}32$[2]; $g = 85{,}34$; $z_1 = 62{,}42^g$; $z_2 = 50^g$;

Lösung: $\cot z_1 = 0{,}67$; $\cot z_2 = +1$; $g_1 = \dfrac{19{,}32 + 85{,}34 \cdot 1}{0{,}67 + 1} = \dfrac{104{,}66}{1{,}67} = 62{,}67$

$$h_2 = 62{,}67 \cdot 0{,}67 = 41{,}99$$

Probe: $h_2 = 19{,}32 + 22{,}67 \cdot 1 = 41{,}99$. Wir haben in Bild 172,3 g und b indirekt aus dem Horizontaldreieck ermittelt. Dasselbe gilt für g und g_1 in Bild 173,1. Die soeben benutzten Formeln stellen aber schon die Formeln zum Standlinienverfahren dar.

Standlinienverfahren. Man legt P_1 und P_2 so, daß sie mit T eine Gerade bilden (Bild 173,2), also in derselben Vertikalebene liegen. Dabei führen wir noch die durch geometrisches Nivellement erhaltenen Höhen H_1 und H_2 und die Instrumentenhöhen i_1 und i_2 ein. Man findet dann die Höhe H_t von T über N.N. zweimal.

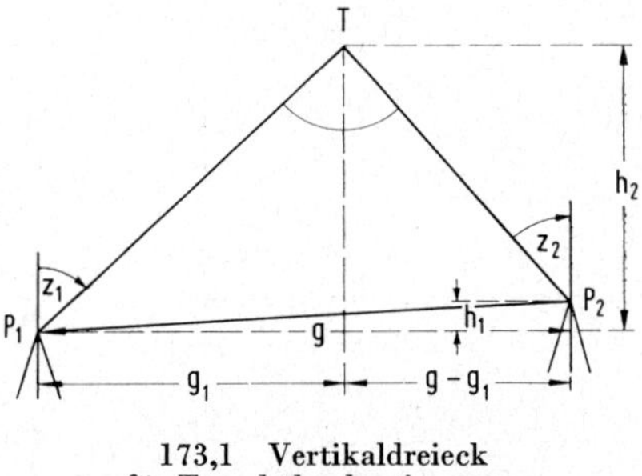

173,1 Vertikaldreieck
für Turmhöhenbestimmung

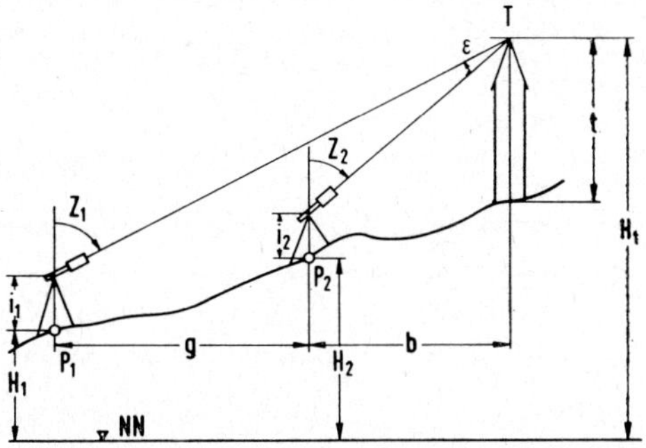

173,2 Standlinienverfahren

$$H_t = H_1 + i_1 + (g + b)\cot z_1 \ldots (1)$$
$$H_t = H_2 + i_2 + b \cdot \cot z_2 \ldots (2)$$

b findet man durch Abzug der ersten von der zweiten Gleichung:

$$b = \frac{(H_2 - H_1) + (i_2 - i_1) - g \cot z_1}{\cot z_1 - \cot z_2} \ldots (3)$$

(Die Gleichungen ...(1) bis ...(3) sind verwandt mit denen für g_1 und h_2 oben. Es sind nur die Nivellementshöhen und Instrumentenhöhen dazugekommen.)

---

[1]) Man kann die Aufgabe auch mit den Formeln des Vorwärtsschnitts über Richtungswinkel (s. S. 198) lösen.

[2]) Im Flachland wird sich h_1 mindestens um eine Dezimalstelle kleiner durch geometrisches Nivellement (s. S. 38) ergeben.

Den besseren Schnittwinkel ε bei T erhält man nach Bild 172,3. Müssen infolge örtlicher Hindernisse beide Standpunkte auf der gleichen Turmseite angeordnet werden, so ist der vordere Standpunkt möglichst dicht an den Turm heranzulegen, der hintere Winkel etwa dreimal so oft wie der vordere (mit jedem der drei Fäden mit drei verschiedenen Indexverbesserungen) zu beobachten. Liegt der höchste Turmpunkt auf einer Kugel, so zielt man zweckmäßig die Kugel oben und unten an, mittelt und zählt zum Ergebnis der Höhenberechnung den Kugelhalbmesser zu, den man mit der Schrägentfernung errechnet. Wenn es nicht auf größere Genauigkeit ankommt, kann man auf die genannten Verfeinerungen verzichten.

Zahlenbeispiele:

1. *Standpunkte auf derselben Turmseite*

$g = 40{,}00; \quad H_2 = 40{,}00$ ü. N.N.; $z_1 = 62{,}42^g$; $\cot z_1 = 0{,}67$

$i_1 = i_2 = 1{,}40 \quad H_1 = 20{,}68$ ü. N.N.; $z_2 = 50{,}00^g$; $\cot z_2 = 1{,}00$. Es ist nach

$$(3)\ldots\ b = \frac{40 - 20{,}68 + 0 - 40 \cdot 0{,}67}{0{,}67 - 1} = \frac{19{,}32 - 26{,}80}{-0{,}33} = \frac{7{,}48}{0{,}33} = \underline{\underline{22{,}67 \text{ m}}}$$

$$(1)\ldots\ H_t = 20{,}68 + 1{,}40 + 62{,}67 \cdot 0{,}67 = 22{,}08 + 41{,}99 = \underline{\underline{64{,}07 \text{ m ü. N.N.}}}$$

Probe: $H_t = 40{,}00 + 1{,}40 + 22{,}67 \cdot 1 = 64{,}07$ nach ...(2)

2. *Standpunkte auf verschiedenen Turmseiten*

Läge P_2 in der Entfernung $b = 22{,}67$ rechts vom Turm, aber in der gleichen Höhe, so würde die Rechnung so aussehen:

$g = 85{,}34$ (um $2b$ größer als das frühere g); $\cot z_2 = -1$

$$b = \frac{40 - 20{,}68 + 0 - 85{,}34 \cdot 0{,}67}{0{,}67 - (-1)} = \frac{19{,}32 - 57{,}18}{1{,}67} = \underline{\underline{-22{,}67}}$$

$$H_t = 20{,}68 + 1{,}40 + 62{,}67 \cdot 0{,}67 = 64{,}07 \text{ m ü. N.N.}$$

Probe: $H_t = 40{,}00 + 1{,}40 - 22{,}67 \cdot (-1) = 64{,}07$ m ü. N.N.

2.7 Kreisbogenberechnung

2.71 Ermittlung des Tangentenschnittwinkels ohne Theodolit

Bei der Anlage von Eisenbahnen, Land- und Wasserstraßen sowie anderen Bauten sind Kreisbogen abzustecken. Die Tangentenrichtungen sind meist gegeben. Den erforderlichen Tangentenschnittwinkel γ (Bild 174,1) kann man entweder mit einem Theodolit messen oder aus den gemessenen Längen a und c (Bild 174,2) ableiten. a wird beliebig, am besten gleich einer Bandmaßlänge 20,00 abgesetzt. Es ist dann $\sin\frac{\gamma}{2} = \frac{c}{2a}$. Der Kreishalbmesser r ist abhängig von der Ausbaugeschwindigkeit der Straße oder Bahn (Mindesthalbmesser; zu größeren Geschwindigkeiten gehören größere Halbmesser; auch das Quergefälle muß berücksichtigt werden). Für den Entwurf gibt

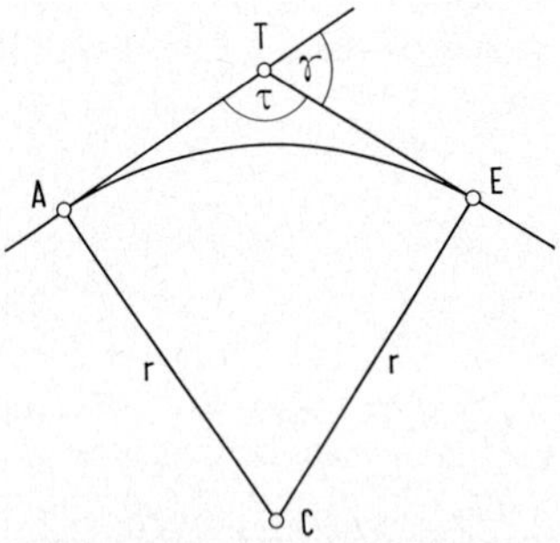

174,1 Tangentenschnittwinkel bei der Kreisbogenberechnung

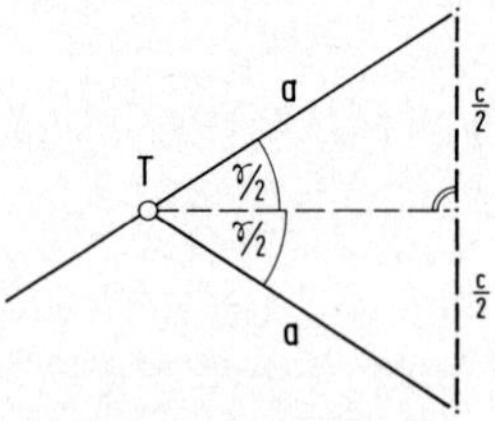

174,2 Ermittlung des Tangentenschnittwinkels ohne Theodolit

es besondere Vorschriften der Straßenbau- und Bundesbahnverwaltungen. Oft sind Zwangspunkte für Bogenanfang, -ende und -verlauf gegeben. Meist dient als Grundlage der Berechnung ein gezeichneter Entwurf, wobei genormte Kurvenlineale (s. Seite 207) verwendet werden.

2.72 Hauptpunkte eines Kreisbogens

A, S und E sind drei Hauptpunkte eines Kreisbogens mit dem Halbmesser r. Aus γ und r sind die Absteckmaße zu errechnen (Bild 175,1).

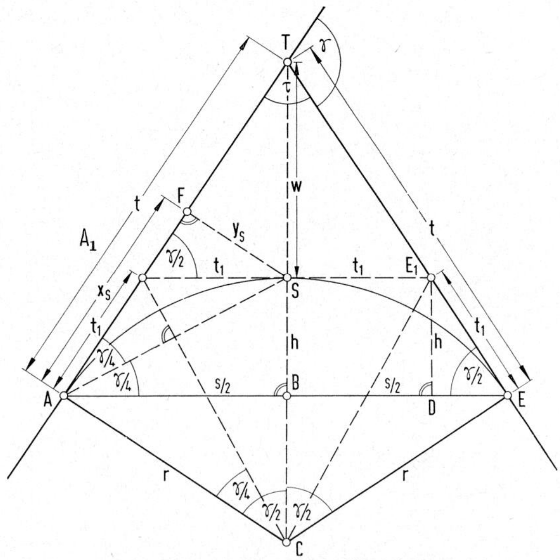

175,1 Hauptpunkte eines Kreisbogens

Im Dreieck ATC ist $t = r \cdot \tan \frac{\gamma}{2}$

Im Dreieck AA_1C ist

$$t_1 = r \tan \frac{\gamma}{4} \text{ (Hilfstangente)}$$

$t_1 = AA_1 = EE_1$

Der Scheitelabstand $w = TS$ läßt sich zweimal ableiten. Da $A_1S = t_1$, ist im Dreieck A_1ST

$$w = t_1 \tan \frac{\gamma}{2}$$

oder $w = r \tan \frac{\gamma}{2} \tan \frac{\gamma}{4}$

oder $w = t \tan \frac{\gamma}{4}$; zum anderen ist

$$w = CT - r; CT = \frac{r}{\cos \frac{\gamma}{2}}; \quad w = \frac{r}{\cos \frac{\gamma}{2}} - r = r\left(\frac{1}{\cos \frac{\gamma}{2}} - 1\right)$$

Die Scheitelabszisse $x_s = \frac{s}{2} = r \cdot \sin \frac{\gamma}{2}$, da die Dreiecke AFS und SBA spiegelgleich sind (Winkel FAS ist als Sehnentangentenwinkel gleich dem Peripheriewinkel $\frac{\gamma}{4}$ über der gleichen Sehne oder gleich dem halben Zentriwinkel $= \frac{1}{2} \cdot \frac{\gamma}{2}$; bei F und B ist je ein rechter Winkel; AS gehört beiden Dreiecken an).

Die Scheitelordinate y_s ist gleich $BS = h = r\left(1 - \cos \frac{\gamma}{2}\right) = t_1 \sin \frac{\gamma}{2}$ (aus Dreieck EDE_1).

Die Bogenlänge ergibt sich (s. S. 136) zu $b = 0{,}015708 \cdot r \cdot \alpha^g$, wobei α der zum Bogen b gehörige Mittelpunktswinkel ist. Außerdem ist im Dreieck TSA_1

$$TA_1 = \frac{w}{\sin \frac{\gamma}{2}} \text{ und } A_1S = \frac{w}{\tan \frac{\gamma}{2}}$$

Das ergibt die Rechenproben: $TA_1 + t_1 = t$ und $t_1 = A_1S$

Wenn man die Bogen AS und SE halbiert, erhält man fünf Hauptpunkte mit acht Hilfstangenten $t_2 = r \cdot \tan \frac{\gamma}{8}$; $x_{s1} = r \sin \frac{\gamma}{4}$; $y_{s1} = r\left(1 - \cos \frac{\gamma}{4}\right)$.

In der Praxis benutzt man oft Sondertafeln für die Kreisbogenabsteckung, z. B. Höfer - Sarrazin - Overbeck (siehe Literaturverzeichnis).

Zahlenbeispiel:

$\gamma = 160{,}5050^g \quad r = 150$ m. Gesucht sind die Hauptpunkte.

$\gamma = 160{,}5050^g$

$\frac{\gamma}{2} = 80{,}2525^g$

$\frac{\gamma}{4} = 40{,}12625^g$

$\tan 80{,}2525^g = 3{,}1198$

$\cos 80{,}2525^g = 0{,}30524$

$\sin 80{,}2525^g = 0{,}95228$

$\frac{1}{\cos 80{,}2525^g} = 3{,}2761$

$\tan 40\ 12625^g = 0{,}72958$

$$t = r \tan \frac{\gamma}{2} = 150 \cdot \tan 80{,}2525^g = 467{,}970$$

$$t_1 = r \tan \frac{\gamma}{4} = 150 \cdot \tan 40{,}12625^g = 109{,}437$$

$$w = t \tan \frac{\gamma}{4} = 467{,}97 \tan 40{,}1262 = 341{,}422$$

$$= r\left(\frac{1}{\cos \frac{\gamma}{2}} - 1\right) = 150 \cdot 2{,}2761 = 341{,}42$$

$$x_s = \frac{s}{2} = r \cdot \sin \frac{\gamma}{2} = 150 \cdot \sin 80{,}2525 = 142{,}842$$

$$y_s = h = r\left(1 - \cos \frac{\gamma}{2}\right) = 150 \cdot (1 - 0{,}30525) = 104{,}214$$

$$= t_1 \sin \frac{\gamma}{2} = 109{,}437 \cdot 0{,}95228 = 104{,}215$$

$$b = 0{,}015708 \cdot 150 \cdot 160{,}5050 = 378{,}182$$

$$\mathrm{TA}_1 = \frac{w}{\sin \frac{\gamma}{2}} = \frac{341{,}42}{0{,}95228} = 358{,}529$$

$$\mathrm{A}_1\mathrm{S} = \frac{w}{\tan \frac{\gamma}{2}} = \frac{341{,}42}{3{,}1198} = 109{,}436$$

$$\mathrm{TA}_1 + t_1 = t; \qquad 358{,}529 + 109{,}437 = 467{,}966$$

$$t_1 = \mathrm{A}_1\mathrm{S}; \ 109{,}437 \sim 109{,}436$$

2.73 Kleinpunkte eines Kreisbogens

Nach Absteckung der Hauptpunkte steckt man die Kleinpunkte des Bogens ab. Nimmt man die Tangente im Berührungspunkt A als Abszissenachse und wählt *gleiche Bogenabstände*, so ist im Bild 177,1

$$x = r \sin \gamma \quad \text{und} \quad y = r - z = r - r \cos \gamma$$

mit $\gamma = \frac{\varrho \cdot b}{r}$, wenn die Bogenlänge gegeben ist. Oft wird die Bedingung gestellt, daß die Pfeilhöhe des Bogens b zwischen benachbarten Bogenkleinpunkten $h \approx 0{,}10$ m groß ist. Aus 2.75 folgt $s \approx \sqrt{8rh}$; z. B. $s \approx \sqrt{8 \cdot 150 \cdot 0{,}10} = 10{,}955 \approx 11$ m; $y \approx 4h \approx 0{,}40$; $\cos \gamma = 1 - \frac{y}{r} = 0{,}997336$; $\gamma = 4{,}65^g$; $b = \frac{\gamma}{\varrho} r = 10{,}96$ m $\approx s$. Man teilt nun den Mittelpunktswinkel durch eine gerade Zahl, so daß $\gamma_1 \approx 4{,}65^g$ wird. Am besten aber teilt man den meist gegebenen Mittelpunktswinkel, z. B. in der vorigen Aufgabe (Seite 175/176) $40{,}12625^g$, in gleiche Teile (Bild 177,2), etwa in acht gleiche Teile ($40{,}12625 : 4{,}65 = 8{,}63 \sim 8$) und berechnet die zugehörigen y, x.

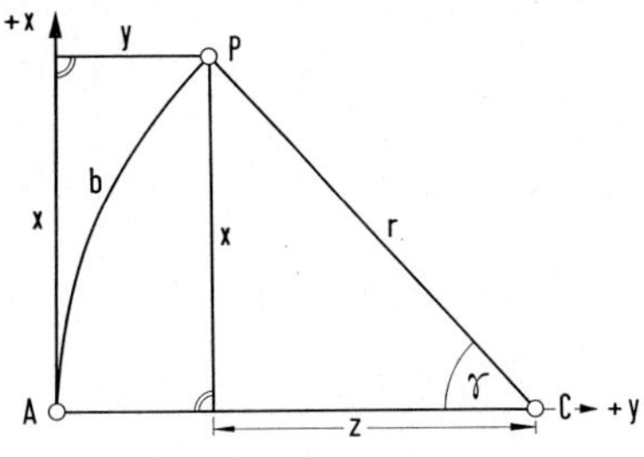

177,1 Kleinpunkte eines Kreisbogens

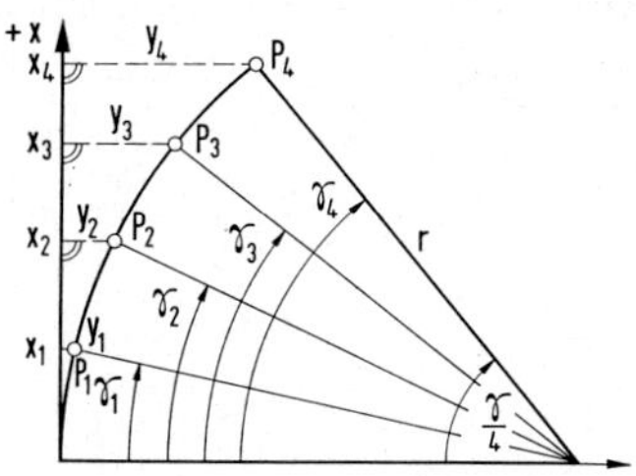

177,2 Kleinpunkte bei gleichen Bogenlängen

Dann wird man prüfen, ob $y_8 < 30$ m ist. Andernfalls führt man noch eine weitere Hilfstangente $t_2 = r\,\gamma_8$ ein.

$40{,}12625^g : 8 =$	$5{,}01578^g = \gamma_1$	$\sin\gamma_1 = 0{,}0787$	$\cos\gamma_1 = 0{,}9969$
	$10{,}03156^g = \gamma_2$	$\sin\gamma_2 = 0{,}1569$	$\cos\gamma_2 = 0{,}9876$
	$15{,}04734^g = \gamma_3$	$\sin\gamma_3 = 0{,}2342$	$\cos\gamma_3 = 0{,}9722$
	$20{,}06312^g = \gamma_4$	$\sin\gamma_4 = 0{,}3099$	$\cos\gamma_4 = 0{,}9508$
	$25{,}07890^g = \gamma_5$	$\sin\gamma_5 = 0{,}3838$	$\cos\gamma_5 = 0{,}9234$
	$30{,}09468^g = \gamma_6$	$\sin\gamma_6 = 0{,}4553$	$\cos\gamma_6 = 0{,}8903$
	$35{,}11046^g = \gamma_7$	$\sin\gamma_7 = 0{,}5239$	$\cos\gamma_7 = 0{,}8517$
	$40{,}12625^g = \gamma_8$	$\sin\gamma_8 = 0{,}5894$	$\cos\gamma_8 = 0{,}8079$

$x_1 = r\sin\gamma_1 = 150\cdot 0{,}0787 = 11{,}80;\quad y_1 = r - r\cos\gamma_1 = 150 - 150\cdot 0{,}9969 = 0{,}46$

$x_2 = r\sin\gamma_2 = 150\cdot 0{,}1569 = 23{,}54;\quad y_2 = r - r\cos\gamma_2 = 150 - 150\cdot 0{,}9876 = 1{,}86$

$x_3 = r\sin\gamma_3 = 150\cdot 0{,}2342 = 35{,}13;\quad y_3 = r - r\cos\gamma_3 = 150 - 150\cdot 0{,}9722 = 4{,}17$

$x_4 = r\sin\gamma_4 = 150\cdot 0{,}3099 = 46{,}48;\quad y_4 = r - r\cos\gamma_4 = 150 - 150\cdot 0{,}9508 = 7{,}38$

$x_5 = r\sin\gamma_5 = 150\cdot 0{,}3838 = 57{,}57;\quad y_5 = r - r\cos\gamma_5 = 150 - 150\cdot 0{,}9234 = 11{,}49$

$x_6 = r\sin\gamma_6 = 150\cdot 0{,}4553 = 68{,}30;\quad y_6 = r - r\cos\gamma_6 = 150 - 150\cdot 0{,}8903 = 16{,}45$

$x_7 = r\sin\gamma_7 = 150\cdot 0{,}5239 = 78{,}58;\quad y_7 = r - r\cos\gamma_7 = 150 - 150\cdot 0{,}8517 = 22{,}24$

$x_8 = r\sin\gamma_8 = 150\cdot 0{,}5894 = 88{,}41;\quad y_8 = r - r\cos\gamma_8 = 150 - 150\cdot 0{,}8079 = 28{,}82$

$$A_1C = \sqrt{r^2 + t^2{}_1}$$
$$= \sqrt{22\,500 + 11\,976}$$
$$= \sqrt{34\,476} = \underline{185{,}68} - 150 =$$

n	n^2
28,82	83 059
21,03	44 226
35,68	127 285

Die Bilder 175,1 und 178,1 zeigen, wie die Gesamtheit der Bogenkleinpunkte aus mehreren symmetrischen Teilen, entsprechend den Hilfstangenten t_1, zusammengesetzt wird. Die Absteckung wird also von A nach A_1 und von S nach A_1 vor sich gehen. Eine Kontrolle ergibt sich bei P_8, wo die Absteckung von beiden Seiten auf den gleichen Punkt führen muß. Kleine Abweichungen verteilt man in tangentialer Richtung auf die benachbarten Bogenpunkte. Im übrigen ergeben sich die gleichen Sehnen (Bild 178,2) $s = 2r\cdot\sin\frac{\gamma_1}{2} = \sqrt{x_1{}^2 + y_1{}^2}$ als leichte Meßproben, wobei man wenigstens jede zweite Sehne messen sollte.

$$5{,}01578^g : 2 = 2{,}50789^g = \frac{\gamma_1}{2};\quad \sin\frac{\gamma_1}{2} = 0{,}039384;\quad s = 300\cdot 0{,}039384 = 11{,}815$$

Probe: $s = \sqrt{11{,}80^2 + 0{,}46^2} = \sqrt{139{,}24 + 0{,}21} = \sqrt{139{,}45} = 11{,}81$

Genauso würde man im rechten Bogenteil des Bildes 175,1 verfahren, wo man von S nach E_1 und von E nach E_1 die oben berechneten Werte x_1, y_1; x_2, y_2 usw. abzustecken hat.

Eine andere Methode zur Bestimmung der Kreisbogenkleinpunkte arbeitet mit *gleichen Abszissenunterschieden.*

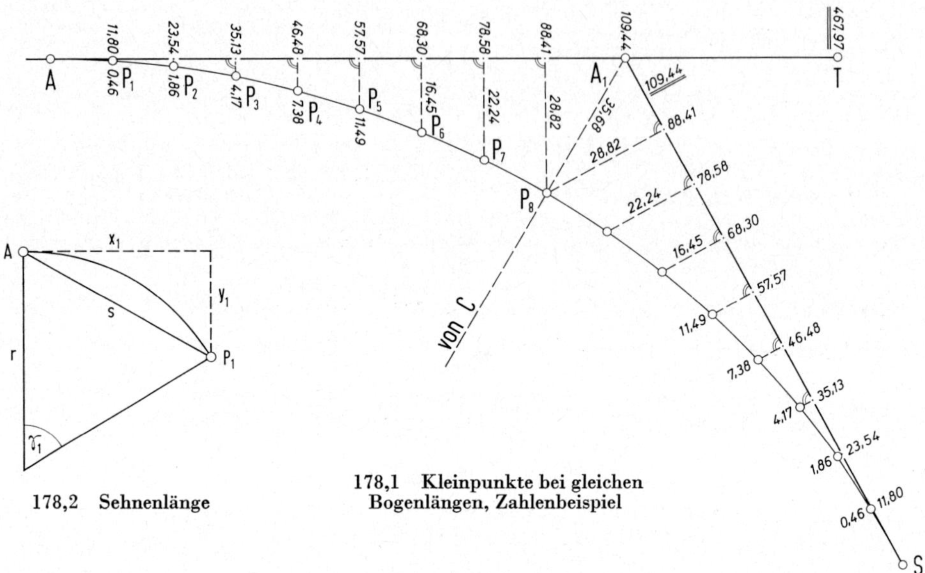

178,2 Sehnenlänge

178,1 Kleinpunkte bei gleichen Bogenlängen, Zahlenbeispiel

In Bild 177,1 ist $y = r - z = r - \sqrt{r^2 - x^2}$ ... (1). Setzt man in ... (1) x der Reihe nach gleich 5,00; 10,00; 15,00 usw., so erhält man mit Benutzung der Quadrattafel die entsprechenden y-Werte.

Zum Beispiel für $r = 1000$ m und $x_1 = 5{,}00$ m ist $y_1 = 1000 - \sqrt{1\,000\,000 - 25}$

$= y_1 = 1000 - \sqrt{999\,975} = 1000 - 999{,}99 = 0{,}01$ m

Für $x_2 = 10{,}00$ erhalten wir $y_2 = 1000 - \sqrt{999\,900} = 1000 - 999{,}95 = 0{,}05$ m

Für $x_3 = 15{,}00$ erhalten wir $y_3 = 1000 - \sqrt{999\,775} = 1000 - 999{,}89 = 0{,}11$ m usw.

Da die Bogenlängen bei dieser Methode ungleich sind, entfällt die entsprechende Meßprobe.

Quadriert man Gleichung ... (1), so erhält man $(r - y)^2 = r^2 - x^2$ ... (2)

oder nach Auflösung der Klammer $r^2 - 2ry + y^2 = r^2 - x^2$ ... (3)

Vernachlässigt man den verhältnismäßig kleinen Wert von y^2, so ergibt sich

$$+ 2ry = x^2 \quad \ldots (4)$$

$$y = \frac{x^2}{2r} \quad \ldots (5)$$

Diese Näherungsformel ist brauchbar etwa bis $x = \frac{r}{10}$.

Zum Beispiel für $r = 200$ m und $x = 20{,}00$ ist $y = \frac{20^2}{400} = 1{,}00$ m

Will man die Formel ... (5) verfeinern, so nimmt man noch das nächste Glied y^2 in ... (3) mit und erhält

$$y = \frac{x^2}{2r} + \frac{y^2}{2r} \ldots (6)$$

Nun berechnet man zunächst y nach ... (5) und setzt den Wert von y in ... (6) ein. In unserem Beispiel würden wir also $\frac{y^2}{2r} = \frac{1}{400} = 0{,}0025$ m Verbesserung erhalten, was vernachlässigt werden kann.

Für $r = 200$ m und $x = 50{,}00$ würden wir erhalten:

$$y = \frac{2500}{400} = 6{,}25 \text{ m}$$

$$\frac{y^2}{2r} = \frac{39}{400} = 0{,}10 \text{ m}$$

Wir sehen, daß der endgültige Wert nach ... (6) hier $y = 6{,}25 + 0{,}10 = 6{,}35$ m sein würde. Die Verbesserung $\frac{y^2}{2r}$ darf hier also nicht vernachlässigt werden.

2.74 Abstecken von der Sehne aus

Ist das Abstecken von der Tangente aus wegen örtlicher Hindernisse nicht möglich, so kann man die zur Absteckung von der Tangente aus ermittelten Werte leicht auf die Sehne umrechnen. Es ist nämlich $y' = h - y$ (Bild 179,1). Wenden wir dies auf unser Beispiel von Bild 178,1 an, so erhalten wir

$$28{,}82 - 0{,}46 = 28{,}36$$
$$28{,}82 - 1{,}86 = 26{,}96$$
$$28{,}82 - 4{,}17 = 24{,}65$$
$$28{,}82 - 7{,}38 = 21{,}44$$

usw. (Bild 179,3)

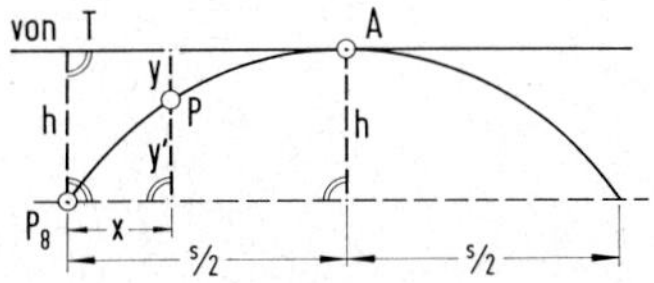

179,1 Abstecken der Kleinpunkte von der Sehne aus

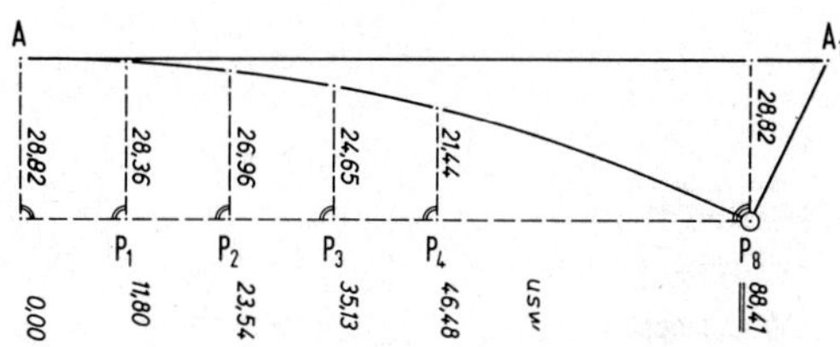

179,3 Abstecken von der Sehne

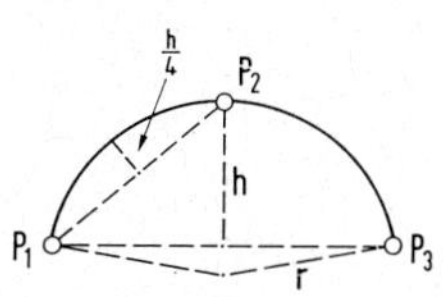

179,2 Viertelsmethode

2.75 Viertelsmethode

Setzt man (Bild 179,1) in die Gleichung $y = \frac{x^2}{2r}$; $x = \frac{s}{2}$ und $y = h$, so erhalten wir für die „Pfeilhöhe“ $h = \frac{\frac{s^2}{4}}{2r} = \frac{s^2}{8r}$; setzen wir $x = \frac{s}{4}$, so ergibt sich $h_1 = \frac{s^2}{16 \cdot 2r} = \frac{s^2}{32r}$. Es verhalten sich $h : h_1 = 1 : 4$ (Bild 179,2). Das ergibt die sogenannte *Viertelsmethode*, die allerdings wie die Ausgangsformel $y = \frac{x^2}{2r}$ nur eine Näherungsformel ist. Haben die Bogenteile P_1P_2 und P_2P_3 die gleichen Längen, so kann man im halben Abstand P_1P_3 die Pfeilhöhe h messen. Die Pfeilhöhe des Bogens P_1P_2 (im halben Abstand P_1P_2) ist dann gleich $\frac{h}{4}$. Diese Methode wird beim Einbau von Bordkanten zur Verdichtung von Bogenpunkten gern benutzt.

2.76 Stationieren von Kreisbogen

Zur Abrechnung im Straßenbau und überhaupt zur Einteilung der Straßen ist eine Stationierung erforderlich. In der Geraden ist das einfach. Meist teilt man in volle Kilometer und 100-Meter-Abschnitte unter. Der Bogenanfang hat im allgemeinen ein unrundes Stationierungsmaß, z. B. 129,35 m. Gesucht werden jetzt die Kleinpunkte der Stationen 200,00 und 300,00 (von der Tangente AT, Bild 175,1, aus abzustecken) und 400,00 sowie 500,00 (von der Tangente ET aus abzustecken).

129,35		$\frac{b_g}{2} =$ 189,09	200,00	300,00
$b_g =$ 378,18 ganze Bogenlänge		129,35 Bogenanfang	− 129,35	− 129,35
507,53 Bogenende		318,44 Bogenmitte	70,65	170,65

$$\gamma_{200} = \frac{63{,}662 \cdot 70{,}65}{150} = 29{,}9848^g \qquad x_{200} = r \sin 29{,}9848^g = 150 \cdot 0{,}45378 = 68{,}07$$
$$y_{200} = r\,(1 - \cos 29{,}9848^g) = 150 \cdot 0{,}10888 = 16{,}33$$

$$\gamma_{300} = \frac{63{,}662 \cdot 170{,}65}{150} = 72{,}4261^g \qquad x_{300} = r \sin 72{,}4261^g = 150 \cdot 0{,}90766 = 136{,}15$$
$$y_{300} = r\,(1 - \cos 72{,}4261^g) = 150 \cdot 0{,}58029 = 87{,}04$$

$$\gamma_{400} = \frac{63{,}662 \cdot 107{,}53}{150} = 45{,}6372^g \qquad x_{400} = r \sin 45{,}6372^g = 150 \cdot 0{,}65702 = 98{,}55;$$
$$y_{400} = r\,(1 - \cos 45{,}6372^g) = 150 \cdot 0{,}24613 = 36{,}92$$

$$\gamma_{500} = \frac{63{,}662 \cdot 7{,}53}{150} = 3{,}1958^g \qquad x_{500} = r \sin 3{,}1958^g = 150 \cdot 0{,}05018 = 7{,}53;$$
$$y_{500} = r\,(1 - \cos 3{,}1958^g) = 150 \cdot 0{,}00126 = 0{,}19$$

Zur Kontrolle wollen wir die zu einem Bogen $b = 100{,}00$ gehörige Sehne berechnen und mit den aus Koordinatenunterschieden berechneten Sehnen $P_{200}\,P_{300}$ und $P_{400}\,P_{500}$ vergleichen.

Nach Bild 175,1 ist $\quad s = 2r \sin \frac{\gamma}{2}; \quad \gamma = \frac{63{,}662 \cdot 100}{150} = 42{,}4413^g$

$$s = 300 \cdot 0{,}3272 = \underline{98{,}16} \qquad \frac{\gamma}{2} = 21{,}2207^g$$

									n	n^2		n	n^2
y_{400}	36,92	x_{400}	98,55	y_{300}	87,04	x_{300}	136,15	Δy_{400}^{500}	36,73	1349,09	Δy_{300}^{200}	70,71	4999,90
$-y_{500}$	0,19	$-x_{500}$	7,53	$-y_{200}$	16,33	$-x_{200}$	68,07	Δx_{400}^{500}	91,02	82,84,64	Δx_{300}^{200}	68,08	4634,89
Δy_{400}^{500}	36,73	Δx_{400}^{500}	91,02	Δy_{300}^{200}	70,71	Δx_{300}^{200}	68,08	s_{Ist}	98,15	9633,73	s_{Ist}	98,16	9634,79
								s_{Soll}	98,16		s_{Soll}	98,16	

Diese Sehne wird man gern als Meßprobe zur Absteckung benutzen, wenn y groß ist, z. B. bei P_{300}, falls man nicht vorzieht, von der näher gelegenen Hilfstangente aus abzustecken, und die Absteckungsmaße von dieser aus berechnet.

2.77 Zweiteiliger Korbbogen

Haben zwei Kreisbogen mit verschiedenen Halbmessern eine Tangente und einen Berührungspunkt gemeinsam, so nennt man beide Bogen zusammen einen Korbbogen. Wie sich die Aufgabe in der Praxis etwa ergibt, möge folgendes Beispiel zeigen (Bild 181,1). Die Grundstücksecke A_1 soll durch einen Kreisbogen von $r = 70{,}00$ m Länge ausgerundet werden, der die Grenze $A_1 E_1$ im Punkt D berührt. In diesem Punkt D soll ein zweiter Kreisbogen ansetzen, der die Ecke E_1 ausrundet. Auf den Grenzsteinen A_1 und E_1 konnten wegen örtlicher Schwierigkeiten (Zaun) keine Winkel gemessen werden. Daher wurde der Schnittpunkt T der Grenzverlängerungen bestimmt und dann Winkel $A_1 TE_1 = \gamma = 71{,}9892^g$ sowie die Längen $A_1 T = 52{,}62$ m und $E_1 T = 74{,}95$ m gemessen. Zu berechnen ist:

1. Lage der Punkte D, A und E
2. Halbmesser des kleineren Kreisbogens
3. Grenzlänge (Korbbogen) ADE
4. Länge der geradlinigen Verbindung AE

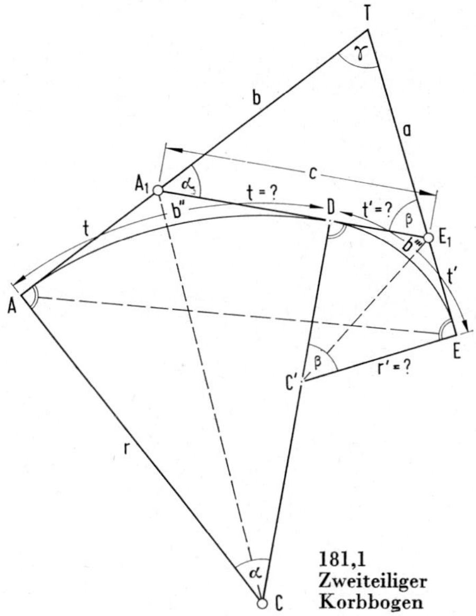

181,1 Zweiteiliger Korbbogen

Allgemeine Lösung:

1. Nach dem Kosinussatz ist $A_1E_1 = c = \sqrt{a^2 + b^2 - 2\,ab\cos\gamma}$
2. Nach dem Sinussatz ist $\sin\alpha = \frac{a}{c}\cdot\sin\gamma$; $\beta = 200^g - (\alpha + \gamma)$
3. $\cot\frac{\alpha}{2} = \frac{r}{t}$; $t = AA_1 = A_1D = \frac{r}{\cot\frac{\alpha}{2}} = r\tan\frac{\alpha}{2}$
4. $t' = DE_1 = EE_1 = A_1E_1 - t$
5. $r' = C'E = DC' = t'\cdot\cot\frac{\beta}{2}$
6. $b'' = \frac{\alpha}{\varrho}r$; $b''' = \frac{\beta}{\varrho}r'$; $\text{ADE} = \frac{1}{\varrho}(\alpha\, r + \beta\, r')$
7. $\text{AE} = \sqrt{a'^2 + b'^2 - 2\,a'\,b'\cos\gamma}$; $a' = a + t'$; $b' = t + b$
8. Geschlossenes Polygon $AA_1E_1EC'CA$ (s. S. 200) rechnen
9. Pythagoras-Kontrolle für AE.

Numerische Lösung: Wir wollen dieses Beispiel mit Logarithmen rechnen.

1. $A_1\,E_1 = c = \sqrt{a^2 + b^2 - 2\,a\,b\cos\gamma} = \underline{70{,}90}$

2. $\sin\alpha = \frac{a}{c}\sin\gamma$; $\beta = 200^g - (\alpha + \gamma)$

$200{,}00\ 00^g$		$\alpha = 81{,}1350^g$	$a^2 = 5617{,}50$
—	$153{,}12\ 42^g$	$\gamma = 71{,}9892$	$b^2 = 2768{,}86$
$\beta =$	$46{,}87\ 58^g$	$\alpha + \gamma = 153{,}12\ 42^g$	$a^2 + b^2 = 8386{,}36$

3. $\frac{\beta}{2} = 23{,}43\,79^g \quad \frac{\alpha}{2} = 40{,}56\,75^g$

$$-2ab\cos\gamma = -3359{,}6$$
$$c^2 = 5026{,}76$$

$$t = r\tan\frac{\alpha}{2} = \underline{51{,}818}$$

$$A_1E_1 = c = \sqrt{5026{,}76} = 70{,}90$$

4. $t' = DE_1 = A_1E_1 - t = 70{,}900 - 51{,}818 = 19{,}082;$

5. $r' = t'\cot\frac{\beta}{2} = \underline{49{,}468}$

6. $b'' = \frac{\alpha \cdot r}{\varrho}; \quad b''' = \frac{\beta \cdot r'}{\varrho}; \quad b'' + b''' = \widehat{ADE}$

$$\widehat{ADE} = \frac{1}{\varrho}(\alpha r + \beta r') = \underline{125{,}64}$$

7. $AE = \sqrt{a' + b' - 2a'b'\cos\gamma} = \underline{106{,}69}; \quad a' = a + t'; \; b' = b + t$

$$\begin{array}{rl} a &= 74{,}950 \\ +t' &= 19{,}082 \\ \hline a' &= 94{,}032 \end{array} \qquad \begin{array}{rl} b &= 52{,}62 \\ +t &= 51{,}818 \\ \hline b' &= 104{,}438 \end{array}$$

$$\begin{array}{rl} a'^2 = & 8842{,}02 \\ +b'^2 & 10907 \\ \hline a'^2 + b'^2 = & 19749{,}0 \\ -2a'b'\cos\gamma = & 8365{,}8 \\ \hline AE^2 = & 11383{,}2 \\ AE = & \sqrt{11383{,}2} \\ AE = & \underline{106{,}69} \end{array}$$

8. Siehe Seite 194

9.

	n	n^2
Δx	= 64,39	4146,07
Δy	= 85,07	7236,90
AE	=106,69	11382,97

	num.	lg
a	74,95	1.87477
b	52,62	1.72115
	2	0.30103
$\cos\gamma$	71,9892^g	9.62934
$2ab\cos\gamma$	3359,6	3.52629
$\sin\gamma$	71,9892^g	9.95653
a	74,95	1.87477
$a\sin\gamma$		1.83130
c	70,900	1.85065
$\sin\alpha$	81,1350^g	9.98065

	num.	lg
r	70,00	1.84510
$\tan\frac{\alpha}{2}$	40,5675^g	9.86938
$AA_1 = t = A_1D$	51,818	1.71448
t'	19,082	1.28063
$\cot\frac{\beta}{2}$	23,4379^g	0.41369
r'	49,468	1.69432
α	81,1350^g	1.90921
r	70,00	1.84510
$\alpha \cdot r$	5679,5	3.75431
β	46,8758^g	1.67095
r'	49,468	1.69432
$\beta \cdot r'$	2318,8	3.36527
$\alpha r + \beta r'$	7998,3	3.90300
$\frac{1}{\varrho}$	0,015708	8.19612
$\widehat{ADE}$	125,64	2.09912
$2 \cdot a'$	188,064	2.27431
b'	104,438	2.01886
$\cos\gamma$	71,9892	9.62934
$2a'b'\cos\gamma$	8365,8	3.92251

2.78 Klotoide[1])

Bei der Anlage von Straßen und Plätzen, die mit mäßigen Geschwindigkeiten befahren werden, kommt man mit Korbbogen aus und kann von der Geraden in einen möglichst nicht zu kleinen Halbmesser übergehen. Bei Schnellstraßen und -bahnen muß man Übergangsbogen zwischenschalten, um jähe Wechsel der Fliehkraft zu vermeiden, d. h. keinen Ruck beim Fahren zu spüren. Der mathematisch und technisch idealste Übergangsbogen ist die *Klotoide, deren Halbmesser sich stetig ändert.*

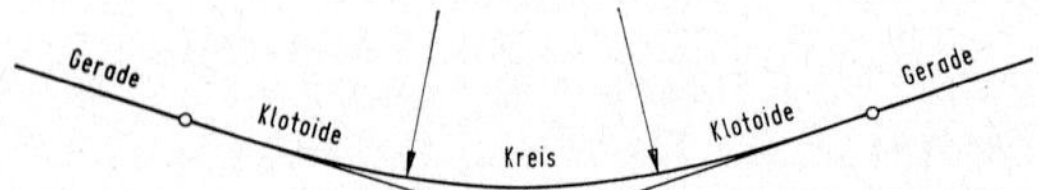

183,1 Klotoide als Übergang von einer Geraden zum Kreis

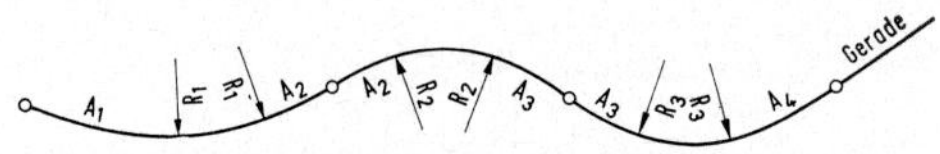

183,2 Klotoide als Übergang von einem Kreis zum Kreis mit anderem Halbmesser

Die beiden Bilder 183,1 und 183,2 zeigen, wie die Klotoide den stetigen Übergang von der Geraden (= Grenzfall des Kreises mit $r = \infty$) zum Kreis mit dem beliebigen Halbmesser r oder von einem Kreis mit größerem Halbmesser r_1 zu einem Kreis mit kleinerem Halbmesser r_2 vermittelt. Man schneidet sozusagen aus der spiralenförmigen Klotoide (Bild 183,3) *den Teil* heraus, der an die gegebenen Kreise Anschluß hat. In diesem Zusammenhang muß man den Begriff der Krümmung erläutern. Unter der Krümmung k versteht man den Kehrwert $\frac{1}{r}$ des Halbmessers r.

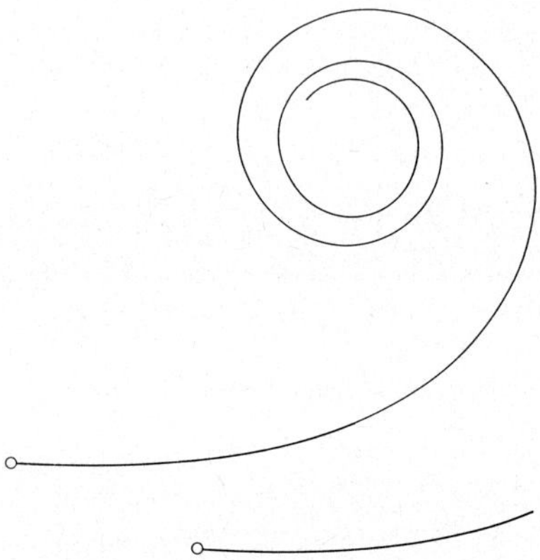

183,3 Die Klotoide, eine Spirale

Ein Kreis mit dem Halbmesser $r = 1000$ hat also die Krümmung $\frac{1}{1000}$. Um verschiedene Kurven vergleichen zu können, betrachten wir Bild 183,4, auf dem die Krümmung eines Kreises als Funktion der Weglänge (Bogenlänge 1), und Bild 183,5, wo dasselbe für eine Klotoide dargestellt ist. Die Klotoidengleichung lautet demnach $k = c \cdot b$, worin c eine Verhältniszahl ist.

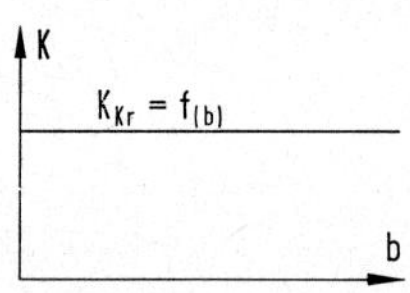

183,4 Krümmung eines Kreises als Funktion der Bogenlänge

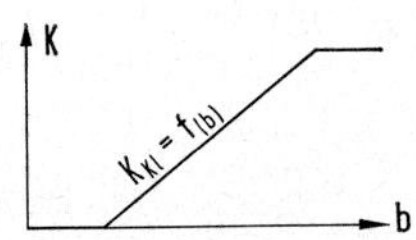

183,5 Krümmung einer Klotoide

In der Tafel[2]) wird die Formel $R \cdot L = A^2$ geschrieben, wobei $A^2 = c$ in der vorigen Gleichung zu setzen ist. Den Wert A nennt man den *Parameter*, R ist der jeweilige Halbmesser an der Stelle L des Bogens. Die Krümmung von Klotoiden mit großem Parameter nimmt langsam zu. Sie eignen sich deshalb für schnelle Fahrt. Einer Geschwindigkeit von $v = 100$ km entspricht ein Mindestparameter $A \geqq 250$, einer Geschwindigkeit von $v = 50$ km entspricht ein Mindestparameter $A \geqq 90$. Klotoiden mit kleinem Parameter nehmen schnell an Krümmung zu. Sie werden angewandt, wo langsamer gefahren wird. Es seien zwei Klotoiden mit den Parametern $A = 200$ und $A = 300$ verglichen:

---

[1]) Teilweise auch „Klothoide" geschrieben.

[2]) Die folgenden Beispiele sind entnommen aus der Tafel von Kasper-Schürba-Lorenz: Die Klotoide als Trassierungselement (s. auch Literaturverzeichnis).

Tabelle 14

A	L_1	R_1	$\frac{1}{R_1}$	L_2	R_2	$\frac{1}{R_2}$	Krümmungszunahme von L_1 bis L_2
200	100	400	0,0025	200	200	0,0050	0,0025
300	100	900	0,0011	200	450	0,0022	0,0011

Bogenlänge und Richtungsänderungswinkel des gewählten Klotoidenstückes sind *Differenzen der Tafelwerte*, d. h. $L = L_2 - L_1$; $\tau = \tau_2 - \tau_1$

Beispiel:

Übergang von $R = 700$ auf $R = 400$ im gleichen Krümmungssinn. Zur Auswahl stehen etwa $A = 600, 400, 200$.

Tabelle 15

	L_2	τ_2	L_1	τ_1	$L = L_2 - L_1$	$\tau = \tau_2 - \tau_1$
	für $R_2 = 400$		für $R_1 = 700$		für das Klotoidenstück	
$A = 600$	900	$71{,}62^g$	514,29	$23{,}39^g$	385,71	$48{,}23^g$
$A = 400$	400	$31{,}83^g$	228,57	$10{,}39^g$	171,43	$21{,}44^g$
$A = 200$	100	$7{,}96^g$	57,14	$2{,}60^g$	42,86	$5{,}36^g$

Je größer der Parameter der verwendeten Klotoide ist, desto größer werden die Übergangsbogenlängen, aber auch die Richtungsänderungen. Alle in den Tafeln enthaltenen Elemente eines Klotoidenpunktes sind mit der E-Tafel (für die Einheitsklotoide $L \cdot R = 1$ oder $A = 1$) einfach zu bestimmen.

Beispiel:

Für einen Klotoidenpunkt im Bogenabstand $L = 200$ einer Klotoide mit dem Parameter $A = 250$ sind anzugeben τ, R, ΔR, X_M, X, Y, T_K, T_L.

Man bildet $l = \frac{L}{A} = \frac{200}{250} = 0{,}800$ und liest aus der E-Tafel für diesen Wert ab:

$x = 0{,}7918467$ $\quad \tau = 20{,}37183^g$
$y = 0{,}0847112$ $\quad r = 1{,}250000$
$t_K = 0{,}269295$ $\quad \Delta r = 0{,}021255$
$t_L = 0{,}536222$ $\quad x_M = 0{,}398638$

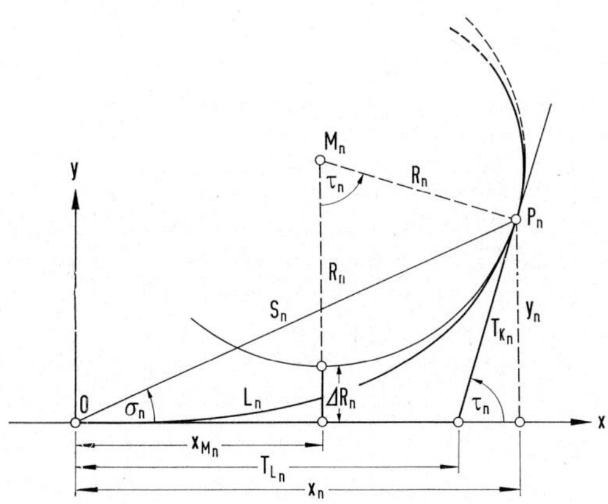

184,1 Elemente eines Klotoidenpunktes

τ bleibt als Winkelwert unverändert, die übrigen Werte werden mit A multipliziert, und man erhält für $A = 250$ und $L = 200$, $\tau = 20{,}372^g$ (Bild 184,1) den Krümmungshalbmesser $R = 312{,}50$, die Tangentenabrückung $\Delta R = 5{,}31$, die Abszisse des Krümmungsmittelpunktes $X_M = 99{,}66$, die rechtwinkligen Koordinaten des Klotoidenpunktes $X = 197{,}96$ und $Y = 21{,}18$, die kurze Tangente $T_K = 67{,}32$ und die lange Tangente $T_L = 134{,}06$.

In Bild 184,1 erkennt man noch die Klotoidensehne OP_n und ihren Richtungswinkel σ_n. Es gibt keine geschlossene y, x-Funktion für die Klotoide. Man hat aber Klotoidentafeln aufgestellt, mit deren Hilfe man Klotoidenpunkte von der Anfangstangente aus absteckt. Bei ein und derselben Klotoide ist der Parameter unverändert. Wird der Parameter größer, so ändert sich die Klotoidengröße. Er ist also ein Vergrößerungsfaktor. Alle Klotoiden sind einander geometrisch ähnlich. Sie lassen sich durch photographische Vergrößerung oder Verkleinerung ineinander überführen.

Der Tangentenwinkel τ zur Grundtangente ist an jeder Stelle der Klotoide ein anderer. $\hat{\tau} = \frac{L}{2R}$ (τ im Bogenmaß). Es gibt eine Stelle, an welcher $R = L = A$ ist. Für diese „Kennstelle" ist $\tau = 31{,}8310^g = 0{,}5\,\hat{\tau}$. Bei der Bogenlänge $L = A$ ist der Radius $R = A$ ohne Berechnung bekannt. Die Klotoide kann auch bei einer S-Kurve eingeschaltet werden. Eine Klotoide hat mit zunehmender Länge und Richtungsänderung immer kleinere Radien. *Beispiel:* $A = 150$

Tabelle 16

L	τ^g	R
28,125	1,1191	800
56,250	4,4762	400
112,500	17,9049	200

Die mannigfaltigen Aufgaben, die man mit Hilfe der Tafel lösen kann, sind in den reichhaltigen Erläuterungen dazu klar dargestellt. Klotoidenlineale (Bild 207,2) oder Biegestäbe (über dargestellte Zwangspunkte gebogen) dienen zum zeichnerischen Auftragen dieser Übergangsbogen.

2.79 Nalenzverfahren

Bei der Absteckung von Eisenbahngleisen führt man zunächst eine rohere *Linienabsteckung* aus, verlegt das Gleis vorläufig und benutzt es dann als Standlinie für die millimetergenaue *Gleisabsteckung*. Wir unterteilen das Gleis in 10-Meter-Abschnitte und messen mit einem „*Pfeil-*

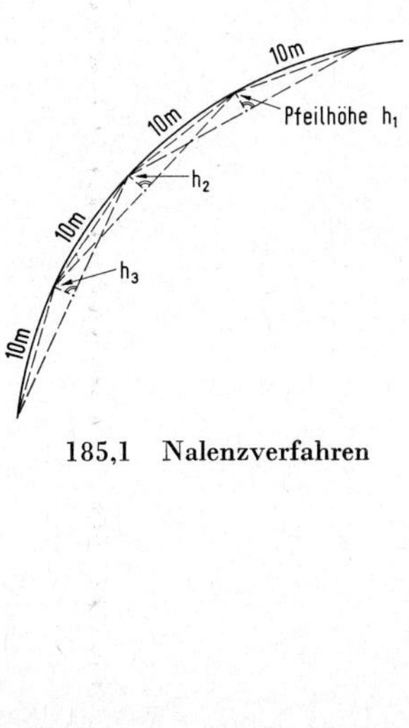

185,1 Nalenzverfahren

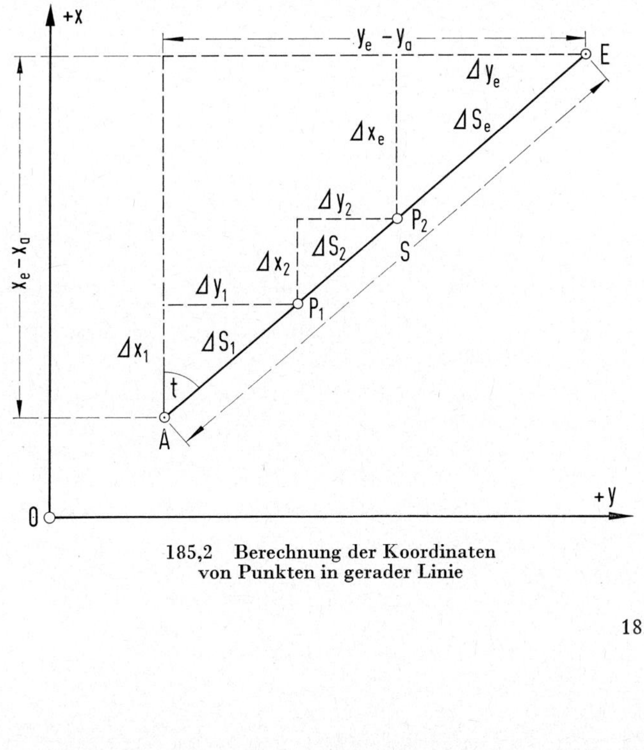

185,2 Berechnung der Koordinaten von Punkten in gerader Linie

höhenmesser“ die jeweiligen Pfeilhöhen h_1, h_2 usw. (Bild 185,1), die teilweise auch negativ werden können. Dann bilden wir die Summe der Pfeilhöhen und tragen sie in einem passenden Maßstabe auf Millimeterpapier auf. In dieser Darstellung erkennt man die unerwünschten Abweichungen von der Soll-Lage. Man gleicht zeichnerisch aus und schafft am Anfang und Ende parabelförmige Übergangsbogen. Dann greift man aus einer dritten Linie, die durch Übertragen der Ordinatensummen gebildet wird, die gesuchten Abstände ab. Die Endtangente wird erreicht, wenn die Endordinate der Summenlinie Null wird.

Auch die Lage von *ausgefahrenen* Gleisen läßt sich nach diesem Verfahren wieder in Ordnung bringen.

2.8 Koordinatenberechnung

2.81 Zwischenpunkte in gerader Linie

Formelableitung: Auf S. 123 haben wir unter *Proportionen* die Koordinatenberechnung eines Zwischenpunktes (Kleinpunktes) einer Meßlinie (Bild 124,1) ausgeführt. Dort war die gemessene Strecke gleich der aus den Koordinaten der Endpunkte gerechneten Strecke. Nun wollen wir den Fall untersuchen, daß die genannten beiden Strecken voneinander abweichen. Dabei setzen wir voraus, daß die Abweichungen fs ein gewisses Maß nicht überschreiten, das durch die amtlichen Fehlergrenzen festgelegt ist.

Wir betrachten Bild 185,2, in dem die Punkte P_1 und P_2 Kleinpunkte darstellen,

$$S = \sqrt{(y_e - y_a)^2 + (x_e - x_a)^2}$$

die aus Koordinaten gerechnete Strecke und ΔS_1, ΔS_2, ΔS_e die entsprechenden Streckenteile, die nach proportionaler Verteilung des Fehlers $f_s = S - s$ oder, wenn $f_s = 0$ ist, vorhanden sind. Dabei ist s die gemessene Gesamtstrecke, die dazugehörigen Teilstrecken sind Δs_1, Δs_2, Δs_e.

Wir stellen wieder die Proportion auf

$$\frac{\Delta y_1}{y_e - y_a} = \frac{\Delta S_1}{S} \text{ und } \frac{\Delta x_1}{x_e - x_a} = \frac{\Delta S_1}{S} \ldots (1)$$

Da sämtliche Maße mit demselben Meßband zur gleichen Zeit ermittelt worden sind, werden die Abweichungen in der Hauptsache Maßstabsfehler sein. Dann ist aber das Bild der „Treppe“ $\Delta x_1, \Delta y_1, \Delta x_2, \Delta y_2, \Delta x_e, \Delta y_e$ und der Teilstreckenlängen für die gerechnete und die gemessene Strecke ähnlich. Es ist also

$$\frac{\Delta s_1}{s} = \frac{\Delta S_1}{S} \ldots (2)$$

Setzen wir ... (2) in ... (1) ein, so erhalten wir

$$\Delta y_1 = \frac{(y_e - y_a)}{s} \cdot \Delta s_1; \; \Delta x_1 = \frac{(x_e - x_a)}{s} \cdot \Delta s_1 \ldots (3)$$

Nun schreibt man für $\frac{y_e - y_a}{s} = o$ und für $\frac{x_e - x_a}{s} = a \ldots (4)$

o ist nur gleich dem Sinus des Richtungswinkels t der Strecke AE gegen die x-Achse, a gleich dem Kosinus des Richtungswinkels t, wenn $s = S$ ist.

Die Werte o und a nennt man Umformungskonstanten. Die Gleichungen zur Berechnung der Koordinaten sind dann für

P_1	$\Delta y_1 = o \cdot \Delta s_1$	$\Delta x_1 = a \cdot \Delta s_1$
P_2	$\Delta y_2 = o \cdot \Delta s_2$	$\Delta x_2 = a \cdot \Delta s_2$
E	$\Delta y_e = o \cdot \Delta s_e$	$\Delta x_e = a \cdot \Delta s_e \ldots (5)$

Als Summenprobe: $y_e - y_a = [\Delta y] = o \cdot [\Delta s]$; $x_e - x_a = [\Delta x] = a \cdot [\Delta s] \ldots (6)$
Dabei bedeutet [ ] ein Summenzeichen.

Kleine Abrundungsfehler der Δy_i und Δx_i werden proportional den Δs verteilt, bis . . .(6) erfüllt ist. Die Koordinatenunterschiede Δy und Δx werden der Reihe nach addiert.

$$\left.\begin{array}{ll} y_1 = y_a + \Delta y_1 & x_1 = x_a + \Delta x_1 \\ y_2 = y_1 + \Delta y_2 & x_2 = x_1 + \Delta x_2 \\ y_e = y_2 + \Delta y_e & x_e = x_2 + \Delta x_e \end{array}\right\} \ldots (7)$$

Die so berechneten Werte müssen mit den gegebenen Koordinaten von E genau übereinstimmen.

In den neuen Vermessungsvordrucken 22 der AdV steht für

$$\begin{array}{c|c} s & \mathfrak{S} = \mathfrak{x}_e - \mathfrak{x}_a \\ & \\ s_1 & \mathfrak{x}_1 - \mathfrak{x}_0 \\ s_2 & \mathfrak{x}_2 - \mathfrak{x}_1 \\ s_3 & \mathfrak{x}_3 - \mathfrak{x}_2 \end{array}$$

Es folgt ein Beispiel für logarithmische Rechnung von Punkten in gerader Linie.

Logarithmische Berechnung der Koordinaten für Punkte in gerader Linie

$o = \frac{y_e - y_a}{s} \quad a = \frac{x_e - x_a}{s} \quad f_s = S - s$	$\Delta y_i = o\,\Delta s_i \qquad \Delta x_i = a\,\Delta s_i$
$(y_e - y_a)^2 + (x_e - x_a)^2 = S^2$	$y_i = y_{i-1} + \Delta y_i$
Probe: $[\Delta y_i] = y_e - y_a \qquad [\Delta x_i] = x_e - x_a$	$x_i = x_{i-1} + \Delta x_i$

$(y_e - y_a)^2$ $(x_e - x_a)^2$ S^2 S	lg $(y_e - y_a)$ lg $(x_e - x_a)$ lg s s	lg o lg a f_s	Strecken s durch- laufend gemessen	Strecken- unter- schiede Δs_i ——— $[\Delta s_i] = s$ Meter	lg Δs_i lg Δy_i lg Δx_i	Δy_i y_i	Δx_i x_i	
2534,12	1.70191 *n*	9.87804 *n*				471,43	292,92	40
1901,83 4435,95 66,60	1.63959 1.82387 66.66	9.81572 -0.06	32,10	32,10	1.50651 1.38455 *n* 1.32223	—24,24 447,19	+21,00 313,92	49
			43,21	11,11	1.04571 0.92375 *n* 0.86143	—8,39 438,80	+7,27 321,19	50
			66,66	23,45 66,66	1.37014 1.24818 *n* 1.18586	—17,71 421,09	+15,34 336,53	41
						—50,34	+43,61	

2.82 Seitwärts liegende Punkte

Damit ist die Verbindung hergestellt zu S. 27, wo die Verwendung der Meßlinie als x-Achse eines örtlichen Koordinatensystems besprochen wurde.

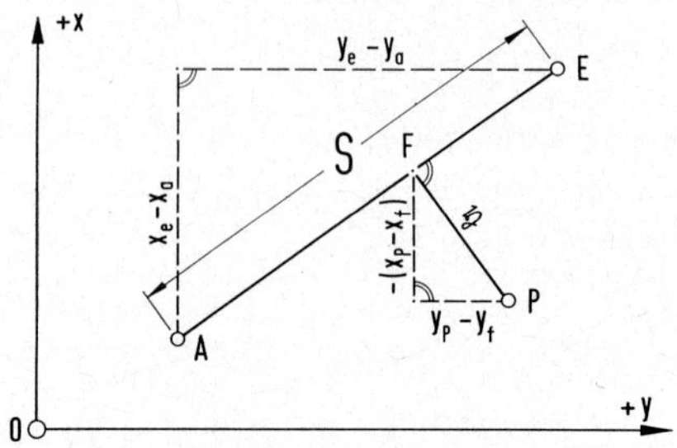

188,1 Berechnung der Koordinaten von seitwärts liegenden Punkten

In dem Vermessungsvordruck 22 kann man auch *seitwärts liegende Kleinpunkte* berechnen. Zum Verständnis der Rechenformeln betrachten wir Bild 188,1. Den Fußpunkt F können wir mit den eben abgeleiteten Formeln bestimmen. Die zum Fußpunkt F gehörende gemessene Ordinate heißt $\mathfrak{y}$, die koordinatenmäßige $\mathfrak{Y}$ und ihr Endpunkt P. Für die Ordinate gelten[1]) folgende Proportionen:

$$\frac{y_P - y_F}{\mathfrak{Y}} = \frac{x_e - x_a}{S}$$

$$\text{und} \quad \frac{-(x_P - x_F)}{\mathfrak{Y}} = + \frac{y_e - y_a}{S} \quad \ldots (8)$$

$$\text{oder} \quad \frac{y_P - y_F}{x_e - x_a} = \frac{\mathfrak{Y}}{S} \qquad \text{bzw.} \quad \frac{-(x_P - x_F)}{y_e - y_a} = \frac{\mathfrak{Y}}{S} \quad \ldots (9)$$

Da wir voraussetzen, daß die Ordinate mit dem gleichen Gerät zur gleichen Zeit wie die Strecke s_f (ungefähr AF) und s (ungefähr AE) gemessen ist, so verhält sich

$$\frac{\mathfrak{y}}{s} = \frac{\mathfrak{Y}}{S} \quad \ldots (10)$$

d. h., es verhält sich die gemessene Ordinate $\mathfrak{y}$ zur gemessenen Gesamtstrecke s wie die koordinatenmäßige Ordinate $\mathfrak{Y}$ zur koordinatenmäßigen Strecke $S = AE$. Dann können wir also ... (10) in ... (9) einsetzen und erhalten

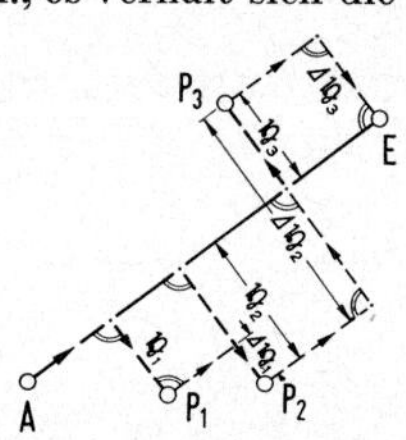

188,2 Seitwärts liegende Punkte, mit Ordinatendifferenzen gerechnet

$$\frac{y_P - y_F}{x_e - x_a} = \frac{\mathfrak{y}}{s} \ \text{bzw.} \ \frac{-(x_P - x_F)}{y_e - y_a} = \frac{\mathfrak{y}}{s} \quad \ldots (11)$$

$$\text{oder} \ y_P - y_F = \frac{x_e - x_a}{s} \cdot \mathfrak{y} \ \text{bzw.} \ x_P - x_F = -\frac{y_e - y_a}{s} \mathfrak{y} \quad \ldots (12)$$

und wenn wir wieder $\dfrac{x_e - x_a}{s} = a$ und $\dfrac{y_e - y_a}{s} = o$ setzen,

$$y_P - y_F = a \cdot \mathfrak{y} \ \text{bzw.} \ x_P - x_F = -o \cdot \mathfrak{y} \quad \ldots (13)$$

Sind mehrere seitwärts liegende Punkte vorhanden, so kann man zur Kontrolle statt mit den ganzen Ordinaten $\mathfrak{y}$ mit den Ordinatendifferenzen $\Delta\,\mathfrak{y}$ rechnen. Man würde also nach Bild 188,2 rechnen, wobei $\Delta\,\mathfrak{y}_1 = \mathfrak{y}_2 - \mathfrak{y}_1$ und $\Delta\,\mathfrak{y}_2 = \mathfrak{y}_2 - \mathfrak{y}_3$ ist.

Die gesamten Koordinatenunterschiede summieren sich aus den Formeln ...(5) und ...(13):

$$\Delta y = o \cdot \Delta s_f + a \cdot \Delta \mathfrak{y} \ \text{und} \ \Delta x = a \cdot \Delta s_f - o \cdot \Delta \mathfrak{y} \quad \ldots (14)$$

Für die Berechnung von seitwärts liegenden Punkten gilt die Vorzeichenregel: Punkte in Meßrichtung gesehen rechts der Messungslinie erhalten positive Ordinaten, Punkte links der Messungslinie negative Ordinaten.

---

[1]) Wegen der Ähnlichkeit der beiden rechtwinkligen Dreiecke mit den Hypotenusen s und $\mathfrak{y}$.

Logarithmische Berechnung der Koordinaten für seitwärts liegende Punkte

$$o = \frac{y_e - y_a}{s};\ a = \frac{x_e - x_a}{s};\ f_s = S - s;\quad \Delta y_i = o\,\Delta s_i;\quad \Delta x_i = a\,\Delta s_i$$

$$(y_e - y_a)^2 + (x_e - x_a)^2 = S^2 \quad y_i = y_{i-1} + \Delta y_i;\ x_i = x_{i-1} + \Delta x_i$$

Probe: $[\Delta y_i] = y_e - y_a$; $[\Delta x_i] = x_e - x_a$

$(y_e - y_a)^2$ $(x_e - x_a)^2$ S^2 S	$\lg (y_e - y_a)$ $\lg (x_e - x_a)$ $\lg s$ s	$\lg o$ $\lg a$ f_s	Strecken-unterschiede $\varDelta s_i$ $[\Delta s_i] = s$ Meter	$\Delta\mathfrak{y}$	$\lg \Delta s_i$ $\lg \Delta\mathfrak{y}_i$ $\lg \Delta x_i$ $\lg \Delta y_i$	Δy_i y_i	Δx_i x_i	Punkt-Nr.
2534,12	1.70191 n	9.87804 n				471,43	292,92	40
1901,83	1.63959	9.81572	32,10		1.50651			
4435,95	1.82387					— 24,24	+ 21,00	
66,60	66,66	—0,06			1.38455 n			
					1.32223	447,19	313,92	51 *f*
					1.19629			
					1.25861	+ 15,71	+ 18,14	
				+ 24,02	1.38057	462,90	332,06	51
			11,11		1.04571			
						— 8,39	+ 7,27	
					0.92375 n			
					0.86143	454,51	339,33	52 *f*
					1.45937			
					1.52169 n	— 28,80	— 33,24	
				—44,02	1.64365 n	425,71	306,09	52
			7,50		0.87506			
						— 5,66	+ 4,91	
					0.75310 n			
					0.69078	420,05	311,00	53 *f*
					0.66698			
					0.72930	+ 4,64	+ 5,36	
				+ 7,10	0.85126	424,69	316,36	53
			15,95		1.20276			
						— 12,04	+ 10,43	
					1.08080			
					1.01848	412,65	326,79	41 *f*
					0.92631			
					0.98863	+ 8,44	+ 9,74	
				+ 12,90	1.11059	421,09	336,53	41
			66,66	± 0,00		— 50,34	+ 43,61	

Seitwärts liegende Kleinpunkte: $y_i = y_{fi} + a \cdot \varDelta\mathfrak{y}_i$ $\quad x_i = x_{fi} - o \cdot \varDelta\mathfrak{y}_i$

Der Ablauf der Berechnung nach dem Vermessungsvordruck 22 sei nachfolgend beschrieben:

Die Punktnummern, Koordinaten des Anfangs- und Endpunktes sowie die gemessenen Maße werden eingeschrieben. In Spalte 2 erscheinen die auf der Messungslinie durchlaufenden Maße, die Werte für $\mathfrak{x}$, in Spalte 1 die Ordinaten seitwärts liegender Punkte $\mathfrak{y}$. Nun werden nach den im Kopf des Vordrucks angegebenen Formeln $\frac{S^2}{\mathfrak{S}}$, f_s[1]) (s. S. 111), *o* und *a* berechnet und eingetragen. Der zulässige Grenzfehler der betreffenden Geländeklasse ist in Klammern anzugeben.

Die Koordinaten der Punkte bzw. Fußpunkte auf der Messungslinie berechnet man durchlaufend in einem Rechengang. Die Anfangskoordinaten werden in die R, *o* und *a* in die E eingestellt, und die Strecken $\mathfrak{x}$ von Punkt zu Punkt in das U gekurbelt. *Probe:* die Koordinaten des Endpunktes müssen in den R erscheinen, wenn die Gesamtstrecke $\mathfrak{S}$ in U steht. Seitwärts liegende Punkte werden in einem besonderen Rechengang ermittelt. Dabei sind die Werte von *o* und *a* in den E zu vertauschen (*o* erhält negatives Vorzeichen). Der zweite Rechengang fällt fort, wenn Maschinen mit durchlaufendem Schlitten (s. Bild 112,1) benutzt werden. Die Schlittenverschiebung bewirkt dann die Vertauschung von *o* und *a*.

Kleinpunktberechnung

VermVordruck 22

$S^2 = (y_e - y_a)^2 + (x_e - x_a)^2$, $\mathfrak{S} = \mathfrak{x}_e - \mathfrak{x}_a$ | $f_s = S - \mathfrak{S} \approx \frac{1}{2}\left(\frac{S^2}{\mathfrak{S}} - \mathfrak{S}\right)$ | $o = \frac{y_e - y_a}{\mathfrak{S}}$, $a = \frac{x_e - x_a}{\mathfrak{S}}$ | $y_i = y_{i-1} + o\,(\mathfrak{x}_i - \mathfrak{x}_{i-1})$, $x_i = x_{i-1} + a\,(\mathfrak{x}_i - \mathfrak{x}_{i-1})$

Nr. $\mathfrak{y}_i$ $S^2 : \mathfrak{S}$	$\mathfrak{x}_i$ $\mathfrak{S}$	o y_i $y_e - y_a$	a x_i $x_e - x_a$	Punkt Nr.	Nr. $\mathfrak{y}_i$ $S^2 : \mathfrak{S}$	$\mathfrak{x}_i$ $\mathfrak{S}$	o y_i $y_e - y_a$	a x_i $x_e - x_a$	Punkt Nr.
1	2	3	4	5	1	2	3	4	5
S² = 90 S =	04 34 94,89	0,349 80 59 910 01	0,936 28 08 062 34	A	761,47	-775,51 -14,03	= 0,93628 =- 14,03	(-14,99)	
	20 00	(+ 7 00 59 917 01	+ 18 73) 08 081 07	1 f	313,98	- 308,74 5,24	= - 14 99 = 5,24	(- 0,3498)	
- 10 00		(- 9 36 59 907 65	+ 3 50) 08 084 57	1					
	30 00	(+ 3 50 59 920 50	+ 9 36) 08 090 43	2 f					
+ 15 00		(+ 14 04 59 934 55	- 5 25) 08 085 18	2					
	80 00	(+ 17 49 59 937 99	+ 46 81) 08 137 24	3 f					
- 19 99		(- 18 72 59 919 27	+ 6 99) 08 144 23	3					
	94 94	(+ 5 23 59 943 22	+ 13 99) 08 151 23	E					
- 14,99 fs =	94 94 - 0 05	+ 33 21	+ 88 89						

Seitwärts liegende Kleinpunkte: $y_i = y_{fi} + a \cdot \mathfrak{y}_i$, $x_i = x_{fi} - o \cdot \mathfrak{y}_i$

Probe: $[y_i] - [y_{fi}] = a \cdot [\mathfrak{y}_i]$, $[x_i] - [x_{fi}] = - o \cdot [\mathfrak{y}_i]$

Gerechnet mit Doppelrechenmaschine

[1]) f_s hieß auf Seite 111 *d*.

Man prüft die richtige Niederschrift der Koordinaten aller auf der Messungslinie liegenden Punkte dadurch, daß man zum Schluß nochmal jeden zweiten Koordinatenunterschied errechnet, in den Vordruck einträgt und die Richtigkeit durch Addition von Hand prüft. Zur Prüfung der Koordinaten seitwärts liegender Punkte dienen die am Fuß des Vordrucks angegebenen Summenproben.

$[y_i] - [y_{fi}] = a \cdot [\mathfrak{y}_i]$; $[x_i] - [x_{fi}] = - o \cdot [\mathfrak{y}_i]$

Seite 189 zeigt ein Beispiel für logarithmische Rechnung von seitwärts liegenden Punkten, sodann folgt auf Seite 190 ein Beispiel für Maschinenrechnung nach einem amtlichen Vermessungsvordruck.

2.83 Koordinatenumformung

Die Umformungsgleichungen für die Koordinatenumformung in der Ebene

$$\Delta y = o \cdot \Delta s_f + a \cdot \Delta \mathfrak{y} \qquad \Delta x = a \cdot \Delta s_f - o \cdot \Delta \mathfrak{y} \; \ldots \; (1)$$

kennen wir schon (s. S. 188) von der Berechnung seitwärts liegender Kleinpunkte. Sie sind für Umformungen allgemeingültig. Die Koordinaten des alten Systems, des Urbildes, werden in den bisherigen Formblättern verschieden benannt. Um die mögliche Verwirrung nicht noch zu vergrößern, wollen wir uns an die Benennungen des neuen Vermessungsvordruckes 24 halten. Danach sind die Bezeichnungen für das

Urbild (Ausgangssystem) $\mathfrak{y}$, $\mathfrak{x}$, $\mathfrak{S}$ (entspricht der früher bei uns üblichen deutschen Schrift),
Abbild (Endsystem) y, x, S (entspricht der heute bei uns verwandten lateinischen Schrift).

Entsprechend den Bezeichnungen des Bildes 191,2 wird aus Gleichung ... (1)

$$\Delta y = o \, \Delta \mathfrak{x} + a \, \Delta \mathfrak{y} \qquad \Delta x = a \cdot \Delta \mathfrak{x} - o \cdot \Delta \mathfrak{y} \; \ldots \; (2)$$

Kennt man also im Urbild zwei Punkte und damit $\Delta \mathfrak{y}$ und $\Delta \mathfrak{x}$, so lassen sich die Koordinatenunterschiede Δy und Δx des Abbildes daraus berechnen, wenn die Umformungskonstanten o und a gegeben sind. Diese müssen aber aus den beiden Gleichungen ... (2) erst bestimmt werden. Zur Ausführung der *Drehstreckung* sind zwei Deckpunkte (identische Punkte) A und E mit ihren Koordinaten in beiden Systemen nötig (Bild 191,2). Δy, Δx, $\Delta \mathfrak{y}$ und $\Delta \mathfrak{x}$ sind dann bekannt. Zur Elimination von o und a wenden wir das Additionsverfahren an:

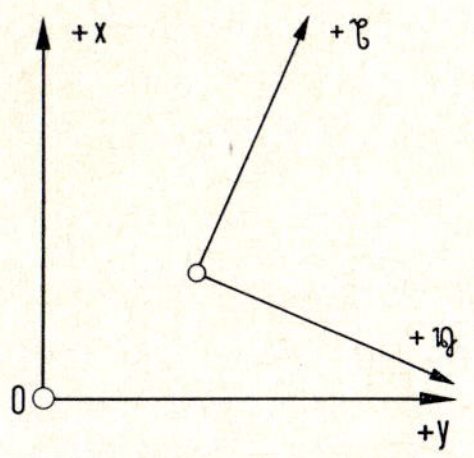

191,1 Koordinatensysteme des Urbildes und des Abbildes bei der Koordinatenumformung

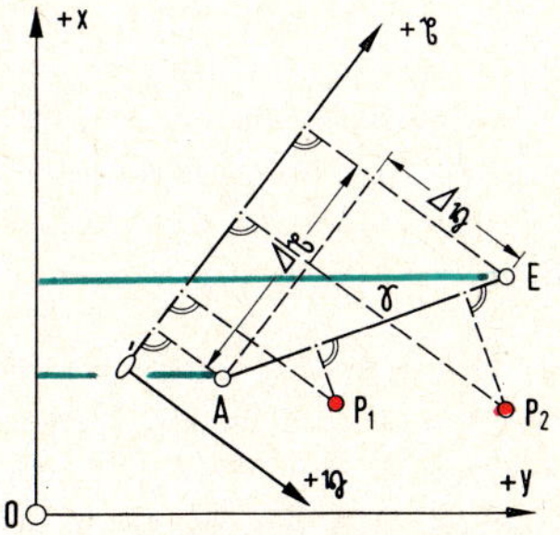

191,2 Koordinatenumformung zweier Punkte

Erweitern wir die Gleichung . . . (2) für $\varDelta y$ mit $\varDelta \mathfrak{x}$, die für $\varDelta x$ mit $\varDelta \mathfrak{y}$, so erhalten wir:

$$\varDelta \mathfrak{x} \, \varDelta y = o \, \varDelta \mathfrak{x} \, \varDelta \mathfrak{x} + a \, \varDelta \mathfrak{x} \, \varDelta \mathfrak{y}$$

$$\varDelta \mathfrak{y} \, \varDelta x = a \, \varDelta \mathfrak{y} \, \varDelta \mathfrak{x} - o \, \varDelta \mathfrak{y} \, \varDelta \mathfrak{y}.$$

Wir ziehen die zweite von der ersten Gleichung ab und erhalten

$$\varDelta \mathfrak{x} \, \varDelta y - \varDelta \mathfrak{y} \, \varDelta x = o \, (\varDelta \mathfrak{x}^2 + \varDelta \mathfrak{y}^2)$$

Die Glieder mit a fielen heraus. Es ist aber der Klammerausdruck $(\varDelta \mathfrak{x}^2 + \varDelta \mathfrak{y}^2) = \mathfrak{S}^2$ (Bild 191,2), so daß wir vereinfachen können $o = \dfrac{\varDelta \mathfrak{x} \, \varDelta y - \varDelta \mathfrak{y} \, \varDelta x}{\mathfrak{S}^2}$

Entsprechend erhalten wir für a, indem wir diesmal die Gleichung . . . (2) für $\varDelta y$ mit $\varDelta \mathfrak{y}$, die für $\varDelta x$ mit $\varDelta \mathfrak{x}$ erweitern:

$$\varDelta \mathfrak{y} \, \varDelta y = o \, \varDelta \mathfrak{y} \, \varDelta \mathfrak{x} + a \, \varDelta \mathfrak{y} \, \varDelta \mathfrak{y}$$

$$\varDelta \mathfrak{x} \cdot \varDelta x = a \cdot \varDelta \mathfrak{x} \, \varDelta \mathfrak{x} - o \, \varDelta \mathfrak{x} \cdot \varDelta \mathfrak{y}.$$

Wir addieren beide Gleichungen und erhalten $\varDelta \mathfrak{y} \, \varDelta y + \varDelta \mathfrak{x} \, \varDelta x = a \, (\varDelta \mathfrak{x}^2 + \varDelta \mathfrak{y}^2)$

Die Glieder mit o fallen heraus. Also wird $a = \dfrac{\varDelta \mathfrak{y} \, \varDelta y + \varDelta \mathfrak{x} \, \varDelta x}{\mathfrak{S}^2}$

Stellen wir die für die Drehstreckung nötigen Formeln noch einmal zusammen, so ist

$$\mathfrak{S}^2 = \varDelta \mathfrak{x}^2 + \varDelta \mathfrak{y}^2 \ldots (1); \quad S^2 = \varDelta x^2 + \varDelta y^2 \ldots (2); \quad f_s = S - \mathfrak{S} = \frac{1}{2}\left(\frac{S^2}{\mathfrak{S}} - \mathfrak{S}\right) \ldots (3)$$

$$o = \frac{\varDelta \mathfrak{x} \, \varDelta y - \varDelta \mathfrak{y} \, \varDelta x}{\mathfrak{S}^2} \ldots (4); \quad a = \frac{\varDelta \mathfrak{y} \, \varDelta y + \varDelta \mathfrak{x} \, \varDelta x}{\mathfrak{S}^2} \ldots (5)$$

Probe: $o \, [\varDelta \mathfrak{x}] + a \, [\varDelta \mathfrak{y}] = y_e - y_a \ldots (6)$

Aus f_s erkennt man die Streckung. Fehlergrenze beachten!

$$\varDelta y_i = o \cdot \varDelta \mathfrak{x}_i + a \cdot \varDelta \mathfrak{y}_i; \quad \varDelta x_i = a \cdot \varDelta \mathfrak{x}_i - o \cdot \varDelta \mathfrak{y}_i \ldots (7);$$

$$y_i = y_{i-1} + \varDelta y_i \qquad x_i = x_{i-1} + \varDelta x_i \ldots (8)$$

wobei i der Reihe nach gleich 1; 2; 3 usw. zu setzen ist.

Bildet man die Produkte $o\varDelta \mathfrak{x}$, $a\varDelta \mathfrak{y}$, $a\varDelta \mathfrak{x}$ und $o\varDelta \mathfrak{y}$ einzeln und schreibt sie einzeln auf, so ergibt sich eine Zwischenprobe

$$[o\varDelta \mathfrak{x}] = y_e - y_a; \; [a\varDelta \mathfrak{x}] = x_e - x_a; \; [a\varDelta \mathfrak{y}] = 0; \; [-o\varDelta \mathfrak{y}] = 0 \ldots (9)$$

Bei dem Vordruck 24 hat man folgendes zu beachten:

Der Vordruck gilt sowohl für die Umformung von einem Koordinatensystem in ein anderes als auch von einer Meßlinie auf eine andere. Nach Eintragen der Punktnummern und der Koordinaten im alten System sowie der Koordinaten des Anfangs- und Endpunktes im neuen System werden zunächst die Werte für $\mathfrak{S}^2$, o und a entsprechend den Formeln im Kopf des Vordruckes ermittelt. Sind alte und neue Koordinaten ungleichartig, ist auch der Längsfehler f_s zu berechnen und dem zulässigen Grenzfehler gegenüberzustellen. Für die eigentliche Umformungsrechnung haben wir *drei Formelgruppen.*

1. **Die erste Formelgruppe** benutzt einen Hilfspunkt, dessen Koordinaten im alten System gleich 0 sind und dessen Koordinaten im neuen System y_0 und x_0 entsprechend dem Vordruck berechnet werden. Man geht von diesem Punkt 0 aus und berechnet die gesuchten Koordinaten der Punkte P_i jeweils durch Multiplikation der Koordinaten $\mathfrak{y}_i$ und $\mathfrak{x}_i$ mit den Umformungskonstanten, wie in der Formel angegeben. Nach jedem Rechengang löscht man die Werte in der Maschine und stellt die Koordinaten y_0 und x_0 wieder in das R ein.

2. **Die zweite Formelgruppe** entspricht der geläufigen Rechnungsweise. Vor Beginn der Maschinenrechnung ermittelt man die Koordinatenunterschiede im alten System $\Delta\mathfrak{y}_i$ und $\Delta\mathfrak{x}_i$. Danach rechnet man folgendermaßen: Man bringt die Anfangskoordinaten im neuen System y_a und x_a

Verm.-Vordruck 24

Koordinatenumformung

$\mathfrak{S}^2 = (\mathfrak{y}_e - \mathfrak{y}_a)^2 + (\mathfrak{x}_e - \mathfrak{x}_a)^2 \qquad o = \frac{(\mathfrak{x}_e - \mathfrak{x}_a)(y_e - y_a) - (\mathfrak{y}_e - \mathfrak{y}_a)(x_e - x_a)}{\mathfrak{S}^2} \qquad a = \frac{(\mathfrak{y}_e - \mathfrak{y}_a)(y_e - y_a) + (\mathfrak{x}_e - \mathfrak{x}_a)(x_e - x_a)}{\mathfrak{S}^2}$

$S^2 = (y_e - y_a)^2 + (x_e - x_a)^2 \qquad f_s = S - \mathfrak{S} \approx \frac{1}{2}\left(\frac{S^2}{\mathfrak{S}} - \mathfrak{S}\right)$

Nr. der Berechnung / Koord. entn.	Altes System (gegeben)		Neues System (gesucht)				Sonderfall:
	$\mathfrak{y}_o = 0{,}00$; $\mathfrak{y}_i$ oder $\mathfrak{y}_i$; $\Delta\mathfrak{y}_i = \mathfrak{y}_i - \mathfrak{y}_{i-1}$ oder $\mathfrak{y}_i$	$\mathfrak{x}_o = 0{,}00$; $\mathfrak{x}_i$ oder $\mathfrak{x}_i$; $\Delta\mathfrak{x}_i = \mathfrak{x}_i - \mathfrak{x}_{i-1}$ oder $\mathfrak{x}_i$	$y_o = y_a - o\mathfrak{x}_a - a\mathfrak{y}_a$; $y_i = y_o + o\mathfrak{x}_i + a\mathfrak{y}_i$ oder $y_i = y_{i-1} + o\Delta\mathfrak{x}_i + a\Delta\mathfrak{y}_i$ oder $y_i = y_{i-1} + o(\mathfrak{x}_i - \mathfrak{x}_{i-1}) + a(\mathfrak{y}_i - \mathfrak{y}_{i-1})$; $y = y_i + v_y$		$x_o = x_a - a\mathfrak{x}_a + o\mathfrak{y}_a$; $x_i = x_o + a\mathfrak{x}_i - o\mathfrak{y}_i$ oder $x_i = x_{i-1} + a\Delta\mathfrak{x}_i - o\Delta\mathfrak{y}_i$ oder $x_i = x_{i-1} + a(\mathfrak{x}_i - \mathfrak{x}_{i-1}) - o(\mathfrak{y}_i - \mathfrak{y}_{i-1})$; $x = x_i + v_x$		$y_a = y_e$ und $x_e - x_a = \mathfrak{S}$; $o = \frac{\mathfrak{y}_e - \mathfrak{y}_a}{\mathfrak{S}}$, $a = \frac{\mathfrak{x}_e - \mathfrak{x}_a}{\mathfrak{S}}$ / Punkt-Nr.
	$\mathfrak{y}_e - \mathfrak{y}_a$	$\mathfrak{x}_e - \mathfrak{x}_a$	v_y	$y_e - y_a$	v_x	$x_e - x_a$	
1	2	3	± 4	5	± 6	7	8
1	$\mathfrak{S}^2$ =	128 87,41		o = 0,19.811		a = − 0,98.095	S² = 12906,81
	$\mathfrak{S}$ =	1 13,52		fs = 0,09			113,61
	36 40	125 15		27 60		42 48	A
	+ 1 70	− 31 79		− 6 30		− 0 34	
				− 1 67		+ 31 18	
	38 10	93 36		+ 19 63		73 32	B
	− 14 35	− 56 66		− 11 22		+ 2 84	
				+ 14 08		+ 55 59	
	23 75	36 70		+ 22 49		131 75	C
	+ 50 35	+ 26 84		+ 5 32		− 9 97	
				− 49 39		− 26 33	
	74 10	63 54		− 21 58		95 45	D
	− 9 25	− 48 29		− 9 57		+ 1 83	
				+ 9 07		+ 47 37	
	64 85	15 25		− 22 08		144 65	E
	+ 28 45	− 109 90		− 49 68		+ 102 17	

Berechnung zu Bild 194,1

in die R, die Umformungskonstanten *o* und *a* in die E, wählt die Hebelstellung entsprechend den Vorzeichen von *o* und *a*, kurbelt $\Delta\mathfrak{x}_i$ ins U-Werk ein (Drehrichtung wegen der Vorzeichen beachten!), löscht U und E, bringt die Werte für *o* und *a* vertauscht in die E, stellt die Schalthebel um und kurbelt $\Delta\mathfrak{y}_i$ in U ein. In den R erscheinen die gesuchten Koordinaten y_i und x_i des nächsten Punktes. Ebenso ist bis zum Endpunkt weiterzurechnen, dessen Koordinaten y_e und x_e bis auf Abrundungsfehler richtig herauskommen müssen.

3. **Die dritte Formelgruppe** ist für Rechenmaschinen mit durchfahrbarem Schlitten und zwei U (z. B. Olympia-Brunsviga 183 [Bild 112,1] oder Thales Geo) vorgesehen. Bei diesen Maschinen vertauscht man *o* und *a* durch Schlittenverschiebung. Man kann also die Koordinaten der Punkte Pi nacheinander in einem Rechengang ohne Löschen irgendwelcher Werke nur durch Umkurbeln der Werte in den U (d. h. der Koordinaten im alten System) ermitteln. Die Rechnung

ist richtig, wenn die Koordinaten des Endpunktes y_e und x_e am Schluß fehlerfrei in den R erscheinen. Zur Prüfung des richtigen Niederschreibens der Koordinaten aus der Maschine wird jeder zweite *Koordinatenunterschied* nochmals gesondert errechnet, aufgeschrieben und durch Addition von Hand geprüft.

Bei der Umformung von einer Meßlinie auf eine andere vereinfacht sich die Berechnung der a und o manchmal, dies ist im Kopf des Vordrucks als „Sonderfall" angegeben. Dabei ist zu beachten, daß die Werte für o und a immer mit der aus $\sqrt{(\mathfrak{y}_e - \mathfrak{y}_a)^2 + (\mathfrak{x}_e - \mathfrak{x}_a)^2}$ ermittelten Strecke $\mathfrak{S}$ berechnet werden müssen. Weicht diese Strecke von der gemessenen Strecke $P_a - P_e$ ab, so muß der Längsfehler f_s nach der Berechnung proportional verteilt werden. Empfehlenswerter ist in solchen Fällen jedoch die Rechnung nach der oben erläuterten 2. Formelgruppe.

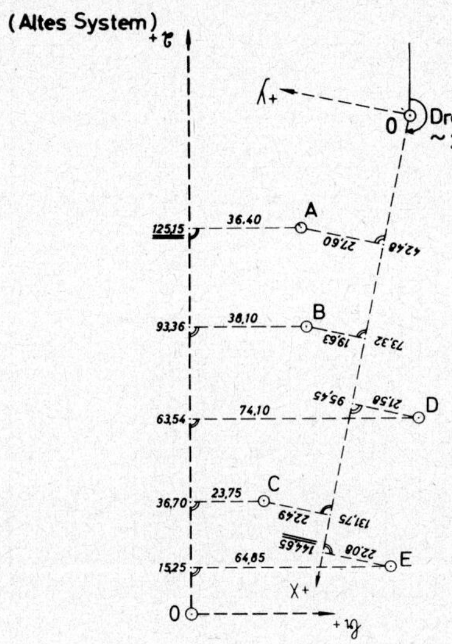

194,1 Koordinatenumformung

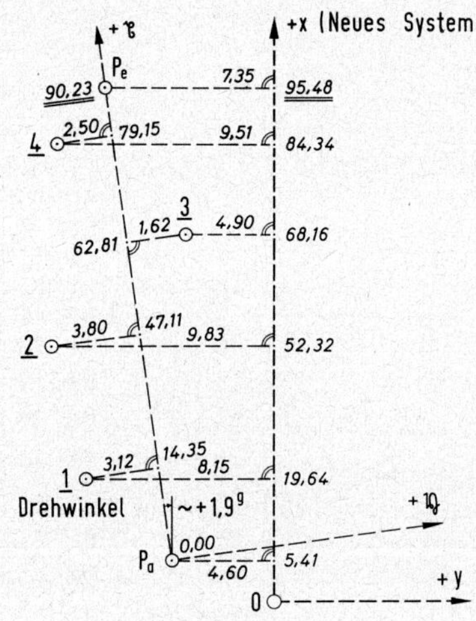

194,2 Koordinatenumformung

Zur Erläuterung der Formeln sei noch folgendes gesagt: Ist die Länge der Standlinie nicht gegeben, so ist $x_e = \mathfrak{S}$, und man führt die Umformung ohne Maßstabsänderung durch nach den Formeln:

$$o = -(\mathfrak{y}_e - \mathfrak{y}_a) : \mathfrak{S} \quad \text{und} \quad a = (\mathfrak{x}_e - \mathfrak{x}_a) : \mathfrak{S}$$

Für den Fall, wo $\mathfrak{y}_a = \mathfrak{x}_a = \mathfrak{y}_e = 0$, wird

$$o = \frac{(y_e - y_a)\, \mathfrak{x}_e}{\mathfrak{S}^2} \quad \text{und} \quad a = \frac{(x_e - x_a)\, \mathfrak{x}_e}{\mathfrak{S}^2}$$

Die Umformungsgleichungen lauten dann:

$$y_1 = y_a + o\,\mathfrak{x}_i + a\,\mathfrak{y}_i \quad \text{und} \quad x_i = x_a + a\,\mathfrak{x}_i - o\,\mathfrak{y}_i$$

Jede Koordinate $\mathfrak{x}_i$ und $\mathfrak{y}_i$ kann man auffassen als einen Koordinatenunterschied gegen $\mathfrak{x}_a$ bzw. $\mathfrak{y}_a$, die ja gleich Null sind. Jede Produktensumme $(o\,\mathfrak{x}_i + a\,\mathfrak{y}_i)$ wird aber immer zu der Anfangsordinate y_a addiert, nicht etwa zu der vorhergehenden Ordinate y_{i-1}, entsprechend gilt dies für $(a\,\mathfrak{x}_i - o\,\mathfrak{y}_i)$.

Zum Übungsbeispiel (Bild 194,2) ist noch zu sagen: Der Drehwinkel der x-Achse gegen die $+\mathfrak{x}$-Achse ist, wie meist in solchen Fällen, sehr klein. Das kann man aus *o* und *a* ersehen. Er ist hier etwa $+ 1{,}9^g$. Man braucht nur jeden zweiten Koordinatenunterschied für das alte System zu bilden.

Der Leser rechne zur Übung das Beispiel nach Bild 194,2.

2.84 Geradenschnitt, allgemeiner Fall

Die Koordinaten für Geradenschnittpunkte werden zu Flächen- und Absteckungsberechnungen, für Kartierungen und zu Grenzherstellungen bebenötigt.

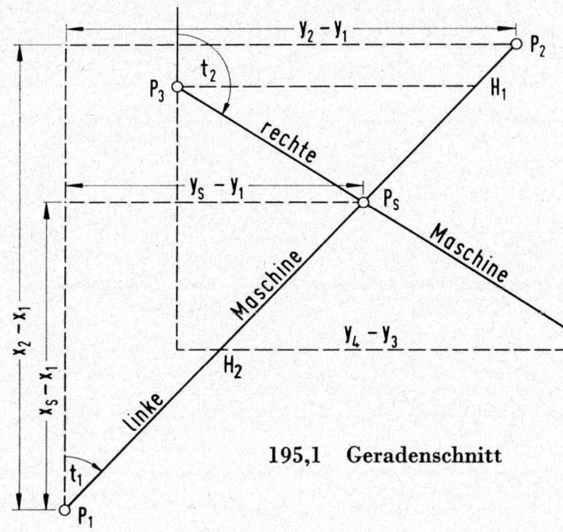

195,1 Geradenschnitt

Gegeben sind die rechtwinkligen Koordinaten der Punkte P_1, P_2, P_3, P_4. Gesucht sind die rechtwinkligen Koordinaten des Schnittpunktes P_s (y_s, x_s) der Geraden P_1P_2 mit der Geraden $P_3\,P_4$. Man kann aus dem Bild 195,1 die Gleichungen ablesen.

$$\tan t_1 = \frac{y_2 - y_1}{x_2 - x_1} \qquad \tan t_2 = \frac{y_4 - y_3}{x_4 - x_3} \quad \ldots (1)$$; denn im II. Quadranten ist $\tan t_2 = - \cot (t_2 - 100^g)$

$$\tan t_1 = \frac{y_s - y_1}{x_s - x_1} \qquad \tan t_2 = \frac{y_s - y_3}{x_s - x_3} \quad \ldots (2)$$; P_s erfüllt beide Gleichungen

$$y_s - y_3 = (x_s - x_3) \tan t_2; \quad y_s = y_3 + (x_s - x_3) \tan t_2 \quad \ldots (3)$$

$$y_s - y_1 = (x_s - x_1) \tan t_1; \quad y_s = y_1 + (x_s - x_1) \tan t_1 \quad \ldots (4)$$

$$y_s = y_1 + (x_3 - x_3 + x_s - x_1) \tan t_1 \quad \ldots (5),$$

wobei $(x_3 - x_3)$ in der Klammer zugefügt wurde. Man faßt jetzt anders zusammen:

$$y_s = y_1 + (x_3 - x_1) \tan t_1 + (x_s - x_3) \tan t_1 \quad \ldots (6)$$

Die Formeln ... (3) und ... (6) sind die Rechenformeln für das Gleichkurbeln mit der Doppelrechenmaschine. Siehe Seite 196.

Wir wollen die Gleichungen nun nach x_s und y_s auflösen, so daß sie für logarithmische Rechnung und Rechnung mit einfacher Maschine, z. B. elektronischem Kleinrechner, geeignet sind.

$$y_3 + x_s \tan t_2 - x_3 \tan t_2 = y_1 + x_s \tan t_1 - x_1 \tan t_1$$

$$x_s (\tan t_2 - \tan t_1) = y_1 - y_3 + x_3 \tan t_2 - x_1 \tan t_1$$

$$x_s = \frac{y_1 - y_3 + x_3 \tan t_2 - x_1 \tan t_1}{\tan t_2 - \tan t_1}; \quad y_s = y_3 + (x_s - x_3) \tan t_2$$

Probe: $y_s = y_1 + (x_s - x_1) \tan t_1$

Verm.-Vordruck 9

Geradenschnitt (mit Doppelrechenmaschine)

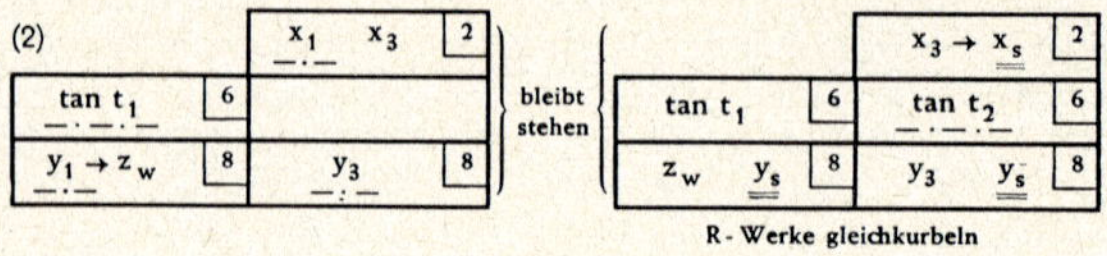

(1) $\tan t_1 = \frac{y_2 - y_1}{x_2 - x_1}$ $\tan t_2 = \frac{y_4 - y_3}{x_4 - x_3}$

(2) $y_s = y_1 + (x_3 - x_1) \tan t_1 + (x_s - x_3) \tan t_1$

$y_s = y_3$ $+ (x_s - x_3) \tan t_2$

(3) Probe:

Wenn man x_s im Z-Werk umkurbelt in:

x_2, muß y_2 im linken R-Werk erscheinen
x_4, muß y_4 im rechten R-Werk erscheinen

Außerdem ist für eine Teilstrecke zu rechnen:

$\triangle x \cdot \tan t = \triangle y$

(4) $s = \sqrt{\triangle y^2 + \triangle x^2}$

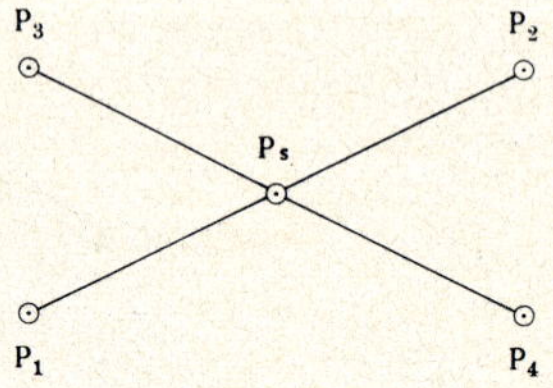

Schaltung			
tan		Werk	
t_1	t_2	links	rechts
+	+	↑	↑
+	—	↑	↓
—	—	↓	↓
—	+	↓	↑

	±	y	±	x	Strecken		±	y	±	x	Strecken
1		2		3	4	5		6		7	8
P_1 = ⊙11	-	4 00	+	69 65		P_3 = ⊙13	-	41 67	+	61 09	
$P_s - P_1$	-	0 12	+	2 89	2 89	$P_s - P_3$	+	37 55	+	11 45	39 26
P_s = ⊙14	-	4 12	+	72 54		P_s = ⊙14	-	4 12	+	72 54	
$P_2 - P_s$	-	1 10	+	27 09	27 11	$P_4 - P_s$	-	9 48	-	2 89	9 91
P_2 = ⊙12	-	5 22	+	99 63		P_4 = ⊙15	-	13 60	+	69 65	
$P_2 - P_1$	-	1 22	+	29 98	30 01	$P_4 - P_3$	+	28 07	+	8 56	29 35
$\tan t_1$	-	0,04 06 94				$\tan t_2$	+	3,27 92 06			

Im Beispiel liegt P_s auf der Verlängerung der Geraden P_3P_4

Wegen des *Gleichkurbelns* siehe Seite 113. Für den Vordruck 9 gilt noch folgendes zur Erläuterung: Nach dem Bilden der Koordinatenunterschiede von Hand errechnet man die Tangenten der Richtungswinkel beider Geraden. Anschließend ermittelt man die gesuchten Koordinaten des Punktes P_s als Vorwärtsschnitt über Richtungswinkel. Die im Vordruck 9 unter (3) angegebene Probe prüft, ob der errechnete Punkt P_s tatsächlich auf den Geraden P_1P_2 und P_3P_4 liegt. Durch die Rechnung $\Delta x \cdot \tan t = \Delta y$ für eine Teilstrecke wird ferner das richtige Niederschreiben der Schnittpunktkoordinaten geprüft. Schließlich werden nach $s = \sqrt{\Delta y^2 + \Delta x^2}$ die Teilstrecken und die Gesamtstrecken errechnet und durch Addition von Hand kontrolliert.

2.841 Geradenschnitt, zweiter Fall: Parallele

Durch den die Grenze P_1P_2 halbierenden Punkt P_5 ist eine Parallele zu P_1P_4 zu legen und mit der Grenze P_3P_4 zum Schnitt zu bringen (Bild 197,1). Der Schnittpunkt soll P_6 heißen. Die ganze Rechnung läuft wie bei dem allgemeinen Fall, nur daß man die Richtung t_2 der Geraden P_5P_6 von der parallelen Geraden P_1P_4 übernimmt. An die Stelle des Ausgangspunktes P_1 tritt P_5.

Zahlenbeispiel:

	Rechts	Hoch
1	$y = 203{,}78$	$x = 872{,}77$
2	214,89	960,81
3	312,55	982,23
4	323,64	861,15
5	209,34	916,79

$$\tan t_1 = \frac{y_3 - y_4}{x_3 - x_4} = \frac{-11{,}09}{+121{,}08} = -0{,}091592$$

$$\tan t_2 = \frac{y_4 - y_1}{x_4 - x_1} = \frac{+119{,}86}{-11{,}62} = -10{,}3150$$

$$y = 312{,}55 \qquad +(x - 982{,}23)(-0{,}091592)$$

$$y = 209{,}34 + (282{,}34 - 916{,}79) \qquad +(x - 982{,}23)(-10{,}3150)$$

Kurbelt man mit der Doppelrechenmaschine gleich, so erhalten wir das Ergebnis: Der Schnittpunkt P_6 hat die Koordinaten

$$y_6 = 319{,}52; \; x_6 = 906{,}11$$

Probe: Kurbelt man x_6 auf x_3 bzw. x_5 um, so ergeben sich die Werte y_3 im linken R, bzw. y_5 im rechten R. Die Aufgabe ist auch mit den Vordrucken 15 und 22 sowie mit Proportionen lösbar.

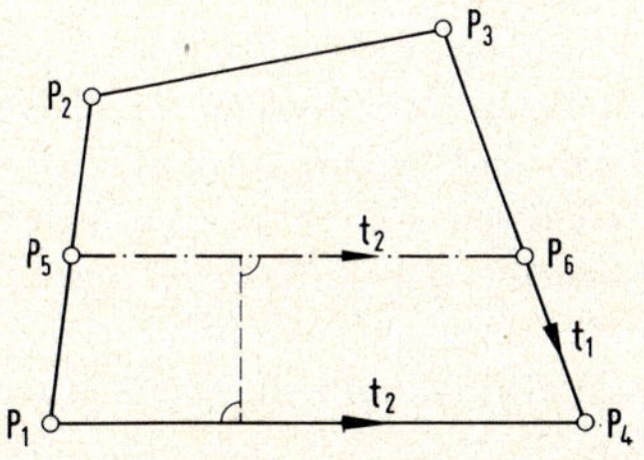

197,1 Schnitt einer Geraden mit einer Parallelen zu einer anderen Geraden

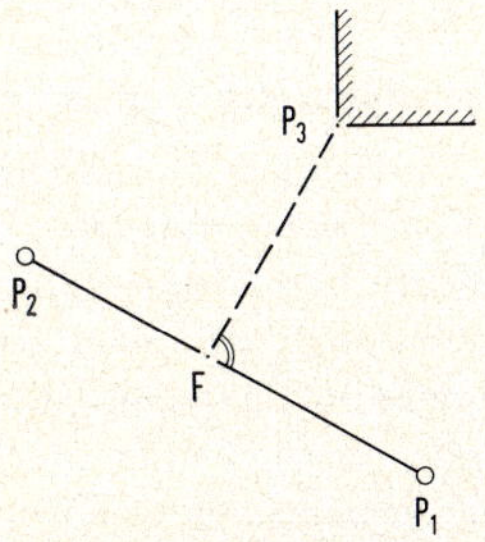

197,2 Schnitt einer Geraden mit einer Senkrechten durch einen gegebenen Punkt

2.842 Senkrechte

Der rechtwinklige Abstand P_3F der Hausecke P_3 (Koordinaten $y_3 = 497{,}16$; $x_3 = 337{,}65$) von der Straßengrenze P_1P_2 ist gesucht (Bild 197,2). Die Koordinaten von P_1 sind $y_1 = 502{,}07$; $x_1 = 317{,}73$, von P_2 $y_2 = 486{,}03$; $x_2 = 334{,}13$.

Lösung: Es ist zu beachten, daß die tan-Werte zweier Geraden, die aufeinander senkrecht stehen, umgekehrte Vorzeichen haben und reziprok sind. Also $\tan t_2 = -\frac{1}{\tan t_1}$. Sonst geht man vor wie beim allgemeinen Fall. Es ist $\tan t_1 = -0{,}97805$, also $\tan t_2 = +1{,}02244$ und der Schnittpunkt F ($y_F = 489{,}71$; $x_F = 330{,}37$). Die Strecke FP_3 ergibt sich aus Koordinaten zu 10,42, FP_1 zu 17,68. Die Aufgabe ist auch mit den Vordrucken 15 und 22 lösbar.

2.843 Sonderfälle

Die Benutzung der bisherigen Formeln wird schwierig, wenn einer der beiden tan-Werte sehr groß wird. Ist also ein Richtungswinkel t nahe 100^g, so muß die 5. Dezimalstelle noch genau gerechnet werden, damit die cm noch sicher sind.

Manchmal rechnet man z. B. auf der Doppelrechenmaschine einfacher nach den Kotangens-Formeln.

$$x_s = x_3 + (y_s - y_3) \cot t_2$$

$$x_s = x_1 + (y_3 - y_1) \cot t_1 + (y_s - y_3) \cot t_1$$

$$\text{wobei} \quad \cot t_1 = \frac{x_2 - x_1}{y_2 - y_1} \quad \text{und} \quad \cot t_2 = \frac{x_4 - x_3}{y_4 - y_3} \quad \text{ist.}$$

Wenn wir Bild 197,2 (Senkrechte) noch einmal betrachten, so erinnert dies an den Normalfall der Umformung eines Einzelpunktes. P_1P_2 ist eine Polygonseite oder Meßlinie, P_3 ein Punkt, der früher einmal von einer anderen Linie aus eingemessen und im gleichen Koordinatensystem bestimmt worden ist, in dem P_1 und P_2 bestimmt worden sind. P_3 soll auf P_1P_2 bezogen berechnet und von P_1P_2 aus abgesteckt werden, weil die Absteckung von der anderen Linie aus nicht mehr möglich ist (verbaut oder ähnliches). Der Praktiker rechnet wie im Beispiel unter Senkrechte (Seite 197) und anschließend die Maße P_2F und zur Meßkontrolle FP_1 als Kleinpunkt in gerader Linie. Selbst zwei Punkte, die womöglich von derselben Polygonseite aus abgesteckt werden, kann man noch auf diese Weise rechnen. Wird die Zahl der umzuformenden Punkte größer, so rechnet man wirtschaftlicher nach Vermessungsvordruck 24.

2.85 Umformung und gleichartige Koordinaten

Eine Umformung von Koordinaten darf nur vorgenommen werden, wenn es sich um gleichartige Koordinaten handelt. Diese liegen vor, wenn alte und neue Koordinaten die gleichen geodätischen Grundlagen haben, wenn also Bezugsfläche, Maßstab und Orientierung gleich sind. Sie müssen auch aus einer einheitlichen Berechnung hervorgegangen sein. Stammen also die Koordinaten aus verschiedenen Triangulationen mit anschließenden Polygonberechnungen, so sind Spannungen zwischen den Koordinaten des alten und neuen Netzes zu vermuten, und man soll keine gemeinsame Umformung vornehmen, selbst wenn alle Koordinaten z. B. Gauß-Krüger-Koordinaten sind.

Die Umformungsgleichungen gelten streng nur für ebene kartesische Koordinaten. Man kann sie aber auch zur Umformung von einem Gauß-Krüger-System in ein benachbartes oder Soldnersches System verwenden (bzw. umgekehrt), wenn die Umformungsachse AE nicht größer als 2 km ist. Dabei muß eine Ungenauigkeit von 1 bis 2 cm hingenommen werden.

2.86 Vorwärtsschnitt über Richtungswinkel

Bild 198,1. Gegeben P_1 (x_1, y_1); P_2 (x_2, y_2); gesucht P_s (x_s, y_s). Rechenformeln und Rechengang entsprechen denen beim Geradenschnitt.

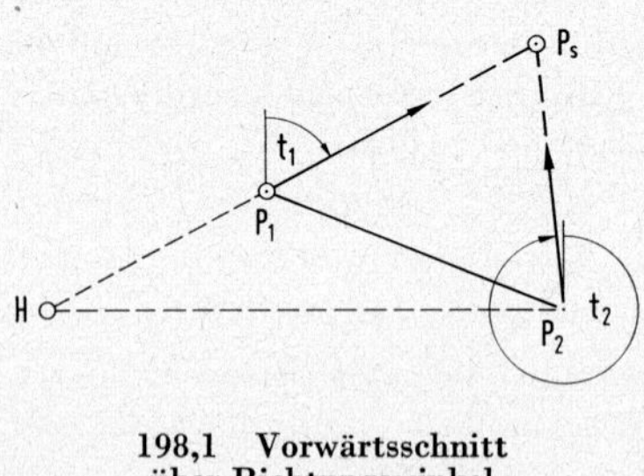

198,1 Vorwärtsschnitt über Richtungswinkel

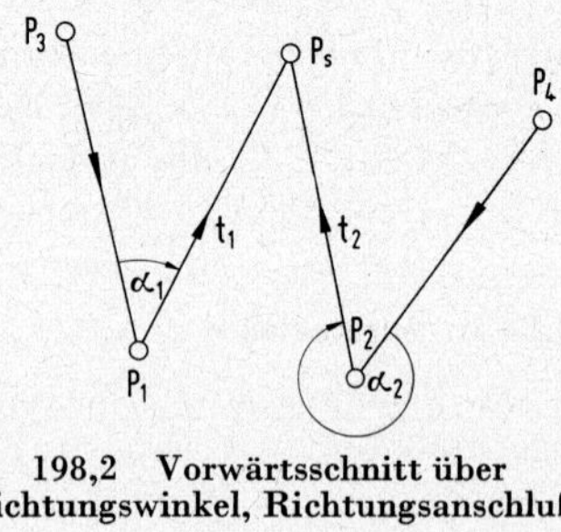

198,2 Vorwärtsschnitt über Richtungswinkel, Richtungsanschluß

Die Richtungswinkel t_1 und t_2 erhält man, indem man (Bild 198,2) auf P_1 zwischen dem Trigonometrischen Punkt[1]) (oder Polygon-Punkt) P_3 (x_3, y_3) und dem Neupunkt P_s den Winkel α_1 und auf P_2 zwischen P_s und dem TP (oder ähnl.) P_4 (x_4, y_4) den Winkel α_2 mißt.

Im einfachsten Falle sind die gegenseitigen Sichten zwischen P_1 und P_2 möglich, und es werden dann die Winkel $P_sP_1P_2$ und $P_1P_2P_s$ an der Grundseite P_1P_2 des Dreiecks gemessen.

Man berechnet die Richtungswinkel von P_3P_1 und P_4P_2 und berechnet aus ihnen und α_1 bzw. α_2 die benötigten Richtungswinkel t_1 bzw. t_2.

2.87 Polygonzug

1. *Normalfall* (beidseitiger Richtungs- und Koordinatenanschluß)

Gegeben sind die Polygonpunkte[1]) 62 und 85 mit ihren Koordinaten[2]) (Bild 201,1 und Verm.-Vordruck S. 200), dazu die Anschlußrichtungswinkel TP 111 — PP 62 und PP 85 — TP 211 und die gemessenen Brechungswinkel und Strecken. Gesucht sind die Koordinaten der Polygonpunkte 112 und 113.

Rechengang:

a) Berechnung des *Anschlußrichtungswinkels* aus $\tan t_a = \dfrac{y_{62} - y_{111}}{x_{62} - x_{111}}$ und des Abschlußrichtungswinkels aus $t_e = \dfrac{y_{211} - y_{85}}{x_{211} - x_{85}}$ in Vermessungsvordruck 8. Richtungssinn der Zugberechnung beachten! In unserem Fall sind t_a und t_e schon gegeben.

b) Berechnung des *Winkelabschlußfehlers* $f_\beta = t_e - (t_a + \beta_1 + \beta_2 + \beta_3 + \beta_4 - 4 \cdot 200^g)$. Ergibt sich eine große Abweichung, so prüft man, ob die Winkel alle richtig rechtsläufig im Winkelbuch gebildet und im richtigen Richtungssinn aus dem Winkelbuch übernommen sind. Ein ungefährer Lageplan der Polygonpunkte wird zu Hilfe gezogen. Anfänger setzen manchmal bei einigen Punkten fälschlich statt β_i in die Polygonberechnung $(400^g - \beta_i)$ ein. Das Vorzeichen von f_β ist im Sinne: „Soll minus Ist" zu setzen. Feststellung des zulässigen Fehlers und *gleichmäßige Verteilung* von f_β auf die Brechungswinkel.

c) Bestimmung der *Richtungswinkel* t aus den verbesserten Brechungswinkeln:

$$t_1 = t_a + \beta_1 + v_\beta \pm 200^g;\ t_2 = t_1 + \beta_2 + v_\beta \pm 200^g \text{ usw.}$$

d) Berechnung der *Koordinatenunterschiede* $\Delta y = s \cdot \sin t$ und $\Delta x = s \cdot \cos t$. Vorzeichen beachten! Hat man eine Doppelrechenmaschine, so stellt man im linken E $\sin t$, im rechten E $\cos t$ ein und bringt s ins U zum Multiplizieren. Dann findet man Δy und Δx in den R-Werken.

Probe nach $\Delta y = s \dfrac{\sqrt{2}}{2} \sin (t + 50^g) - s \dfrac{\sqrt{2}}{2} \cos (t + 50^g)$

$\dfrac{\sqrt{2}}{2} = 0{,}70711$; $\Delta x = s \dfrac{\sqrt{2}}{2} \sin (t + 50^g) + s \dfrac{\sqrt{2}}{2} \cos (t + 50^g)$

Günstig ist auch die Probe mit der Prokes-Tafel, wenn man mit Koordinatenunterschieden rechnet: $s + dy + dx = s(1 + \sin t + \cos t)$.

e) Bestimmung der *Koordinatenabschlußfehler* $f_y = y_{85} - y_{62} - [\Delta y]$

und $f_x = x_{85} - x_{62} - [\Delta x]$

Verteilung der Fehler f_y und f_x auf die einzelnen Koordinatenunterschiede im Verhältnis der *Polygonseite zur Gesamtzuglänge*. Δy_1 erhält demnach die Verbesserung

$$+ 0{,}07 \cdot \frac{119{,}81}{509{,}95} \sim + 0{,}02;\ \Delta x_1 \text{ die Verb. } + 0{,}02 \cdot \frac{119{,}81}{509{,}95} \sim + 0{,}00 \text{ (siehe 2.32)}$$

---

[1]) Trigonometrischer Punkt, abgekürzt TP, Polygonpunkt, abgekürzt PP.

[2]) Zur Verkleinerung der Koordinaten vor der Rechnung. Siehe S. 138.

Polygonpunktberechnung

VermVordruck 19

t β entn.	Richtungswinkel t Brechungswinkel β g c cc	sin t s cos t	Proberechnung sin (t + 50g) 0,70711 bzw. 1,41421 · s cos (t + 50g)	y′ oder Δy x′ oder Δx bzw. Δy + Δx ±	Verb. Δy Y ±	Verb. Δx x ±	Zug Nr. Punkt Nr.
1	2	3	4	5	6	7	8
				Geschlossenes Polygon			
					0 00	0 00	A
	0 00 00	0 00 000 104 438			0 00	104 44	
	328 01 08	1 00000			0 00	+ 104 44	T
	128 01 08	0 90475 94 033			+ 85 08	− 40 05	
	300 00 00	− 0 42593			+ 85 08	+ 64 39	E
	228 01 08	− 0 42593 49 468			− 21 07	− 44 76	
	153 12 42	− 0 90475			+ 64 01	+ 19 63	C′
	181 13 50	0 29 201 20 532			+ 6 00	− +1 19 64	
	318 86 50	− 0 95641			+ 70 00	0 00	C
	300 00 00	− 1 00 000 70 000			− 70 00	0 00	
	300 00 00	0 00 000			0 00	0 00	A
	0 00 00						T
				Angeschlossenes Polygon			
	91 11 15						△ 111
	+ 17 189 99 85				76 301 11	67 108 89	62
	81 11 17	+ 0 95631 119 81	+ 0 88294 84 719	+ 74 802	+ +2 114 58	+ 35 03	
	+ 18 252 99 79	+ 0 29236	− 0 46948	− 39 774	76 415 71	67 143 92	112
	134 11 14	+ 0 85 985 180 09	+ 0 24 699 127 343	+ 31 452	+ +2 154 85	− +1 91 94	
	+ 18 235 99 86	− 0 51 055	− 0 96 902	− 123 395	76 570 58	67 051 99	113
	170 11 18	+ 0 45 242 210 05	− 0 310 69 148 528	− 46 146	+ +3 95 03	− +1 187 32	
	+ 18 125 99 75	− 0 89 180	− 0 95 051	− 141 177	76 665 64	66 864 68	85
	96 10 40				$y_e - y_a$ = +364 53	$x_e - x_a$ = −244 21	soll
	96 11 11	[s] 509 95					
	f_β 0 71				+ 364 46 f_y = + 0 07	− 244 23 f_x = + 0 02	ist △ 211
	f_H 4 00						

f) Berechnung der *Koordinaten* von PP 112 und PP 113 aus den verbesserten Koordinatenunterschieden. Man kann auch die (vorläufigen) Koordinaten nach Einbringung der Anfangskoordinaten durchlaufend rechnen, muß aber anschließend noch die Koordinatenverbesserungen anbringen, wobei dann die Verbesserung für $y_{113} = v_1 + v_2$, für $y_{85} = v_1 + v_2 + v_3 = f_y$ ist.

g) Die Bestimmung des Längs- und Querfehlers wird im nächsten Abschnitt behandelt. Vergleich mit den Fehlergrenzen.

2.871 Längs- und Querfehler

Bei Polygonzügen (Bild 201,1) ermittelt man (am einfachsten graphisch) den Längsfehler L und den Querfehler W. Es ist

$$L = f_y \cdot \sin t + f_x \cdot \cos t$$
$$W = f_y \cdot \cos t - f_x \cdot \sin t$$

Zur graphischen Darstellung trägt man mit $[\Delta y]$ und $[\Delta x]$ die Anfangs- und Endkoordinaten des Zuges in kleinem Maßstab so auf, daß die Zuglänge P_aP_e etwa 5—10 cm beträgt. Dann trägt man von P_e (hier PP. 85) aus f_y und, darauf senkrecht stehend, f_x mit umgekehrten Vorzeichen in großem Maßstabe (etwa 1 : 5 oder 1 : 2) ab und fällt von dem Endpunkt (s. Bild 201,1) das Lot auf P_aP_e. Das Lot stellt den Querfehler W, der Abstand zwischen Lotfußpunkt und P_e den Längsfehler L dar, deren Größe mit dem Maßstab abgegriffen wird.

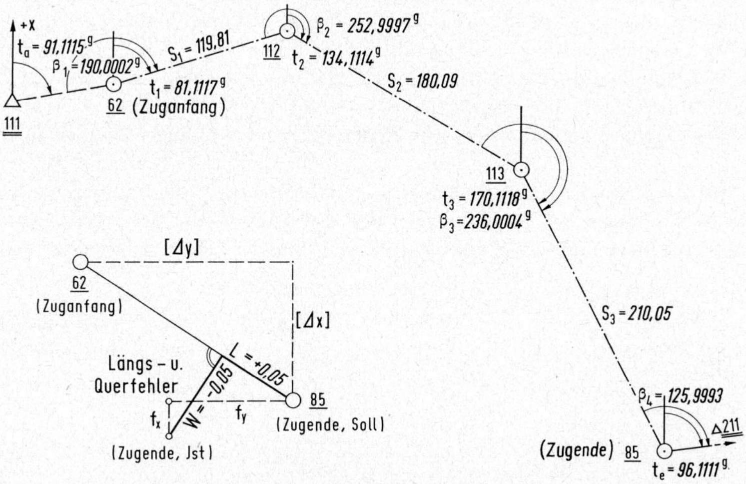

201,1 Polygonzug, Normalfall

Vorzeichenregel: L ist positiv, wenn die Projektion des Ist-Punktes auf die Zuggerade *zwischen* Anfangspunkt und Soll-Endpunkt liegt (Zug zu kurz gemessen, daher Verbesserung positiv). W ist positiv, wenn der Ist-Punkt in Zugrichtung gesehen links von der Zuggeraden liegt (Drehung von Ist auf Soll im Uhrzeigersinne). Hinter W und L sind in Klammern die zulässigen Grenzfehler zu schreiben. Siehe 2.32.

2.872 Polygonzug, einseitig richtungsmäßig angeschlossen

In diesem Falle ist keine Feststellung und Verteilung des Winkelabschlußfehlers möglich. Besteht wenigstens Koordinatenanschluß auf beiden Seiten, so ist immerhin die Verteilung der Koordinatenabschlußfehler möglich.

2.873 Geschlossener Polygonzug

Wir haben diesen Fall zur Kontrolle des Korbbogens (Bild 181,1) gerechnet und in Vermessungs-Vordruck 19, (s. S. 200) mit dargestellt. Es handelt sich oft um ein örtliches System, das man meist damit ausreichend kontrolliert, daß Anfangs- und Endkoordinaten übereinstimmen müssen. Die Summe der Außenwinkel im geschlossenen Polygon mit n Eckpunkten ist $[\beta] = (n + 2) \cdot 200^g$, die Summe der Innenwinkel $[\beta] = (n - 2) \cdot 200^g$. Hängt man das geschlossene Polygon an einem Punkt mit einer Anschlußrichtung an das Hauptnetz an, so hängt die Richtigkeit der Koordinaten ohne Kontrolle von der Richtigkeit der Anschlußkoordinaten, des Anschlußbrechungswinkels und des Anschlußrichtungswinkels ab.

2.874 Kein Richtungsanschluß, aber Koordinatenanschluß

Dieser Fall ist möglichst zu vermeiden. Koordinaten lassen sich aber auf folgende Weise ermitteln: Man rechnet zunächst im örtlichen System (etwa Richtung der ersten Polygonseite — in Zugrichtung gesehen — gleich positiver x-Achse, Anfangspunkt der ersten Seite gleich Nullpunkt des Systems) den Zug durch und formt dann die Koordinaten im Vermessungsvordruck 24 auf die bekannten Koordinaten des Anfangs- und Endpunktes des Zuges um. Siehe Bild 82,2.

2.875 Polares Anhängen (toter Strahl), toter Zug

Hat man den Koordinaten- und Richtungsanschluß nur auf einer Seite, so spricht man von polarem Anhängen oder totem Strahl, wenn nur ein Punkt mit einer Seite angehängt ist, und von einem toten Zug, wenn mehrere Brechpunkte[1]) mit mehreren Seiten angehängt sind (Bild 202,1). Will man z. B. Gebäude aufnehmen, die nur vom Hof aus erreichbar sind und nur Zugang von einer Seite, etwa durch eine Toreinfahrt, haben, so wird man von dem toten Strahl oder, wenn nötig, vom toten Zug Gebrauch machen. Zur Meßkontrolle wird mindestens nach einem Halbsatz oder nach einem vollen Satz der Teilkreis um ein unrundes Maß verstellt und zur Streckenkontrolle ein zweites Mal die Strecke mit „unrundem Anlegen" gemessen. Will man ganz sicher gehen, so legt man dicht bei (wegen des Platzmangels) den Polygonpunkten des toten Zuges zusätzlich Polygonpunkte (in unserem Bild 202,1 PP 16 und 17) und schließt damit den Zug wieder bei

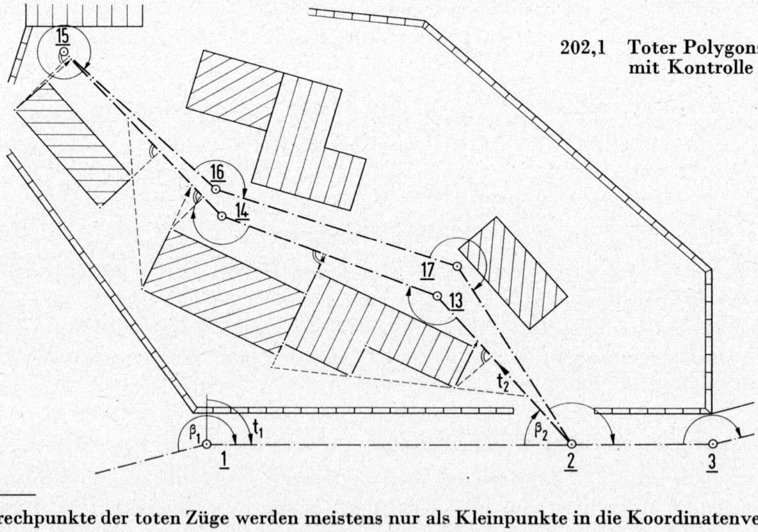

202,1 Toter Polygonzug mit Kontrolle

1) Die Brechpunkte der toten Züge werden meistens nur als Kleinpunkte in die Koordinatenverzeichnisse übernommen.

PP 2 an (auch richtungsmäßig). Nun ist er kein toter Zug mehr. Das wird meist nicht gemacht, bildet aber die einzige durchgreifende Probe. Die Formel für das polare Anhängen eines Punktes ist die beim Polygonzug benutzte, beispielsweise $\Delta y_2^{13} = s \cdot \sin t_2$; $\Delta x_2^{13} = s \cdot \cos t_2$ (s. Bild 202,1), wobei t_2 mit dem Anschlußbrechungswinkel β_2 und dem Richtungswinkel t_1 der Ausgangsseite (hier $P_1 P_2$) berechnet wird.

Eine Anwendung des polaren Anhängens besteht darin, daß man die Berechnung von Polygonzügen mit exzentrischen Standpunkten (s. nächsten Abschnitt) über die Exzentren laufen läßt und die Zentren immer nur polar anhängt. So wird die zeitraubende Zentrierungsberechnung entbehrlich.

Schließlich läßt sich jeder polar aufgenommene Punkt (s. S. 28) entsprechend berechnen. Anschlußrichtung ist meist die Richtung einer Polygonseite. Mit dieser als Orientierungsrichtung läßt sich die Richtung jedes anderen polar aufgenommenen Punktes berechnen. Im übrigen benutzt man für alle Punkte die Formel:

$$\Delta y_i = s_i \sin t_i; \ \Delta x_i = s_i \cdot \cos t_i$$
$$i = 1, 2, 3, \ldots, n$$

2.876 Hilfsdreieck beim Polygonzug

Kreuzt der Polygonzug einen Fluß, eine Schlucht, einen Sumpf o. ä. (Bild 203.1), so mißt man die Polygonseite AB indirekt aus dem Hilfsdreieck ABC, indem man die Basis BC und die anliegenden Winkel, womöglich auch den dritten Dreieckswinkel bei A mißt und AB nach dem Sinussatz errechnet. Läßt sich der dritte Winkel nicht messen, nimmt man noch ein zweites Hilfsdreieck ABD dazu, so daß sich die Seite AB doppelt berechnen läßt.

Buchtet der Zug, der ja im Idealfall (wegen der Fehlerverteilung) möglichst gestreckt verlaufen soll, an einer Stelle unvermeidbar stark aus, etwa in der Form BCA (BA sei also etwa verbaut; den Fluß denken wir uns in Bild 203,1 jetzt weg), so rechnen wir den Zug über BA und setzen nachher das Dreieck ABC darauf, am besten als Vorwärtsschnitt (wir können wegen der besseren Probe aber BCA auch als Nebenpolygonzug berechnen). BA rechnen wir dann aus den zwei Seiten BC und CA und dem eingeschlossenen Winkel (Kosinussatz oder Tangenssatz).

2.88 Zentrierung eines exzentrisch beobachteten Polygonwinkels

Wir wollen hier nur den Fall einer Polygonwinkel-Zentrierung betrachten, der in der Praxis etwa so aussieht (Bild 203,2): In einem Polygonzuge sind die Strecken $P_5 P_6 = a$ und $P_6 P_7 = b$ gemessen (vielleicht durch Parallelabsetzen). Da der Polygonwinkel auf dem Zentrum P_6 wegen

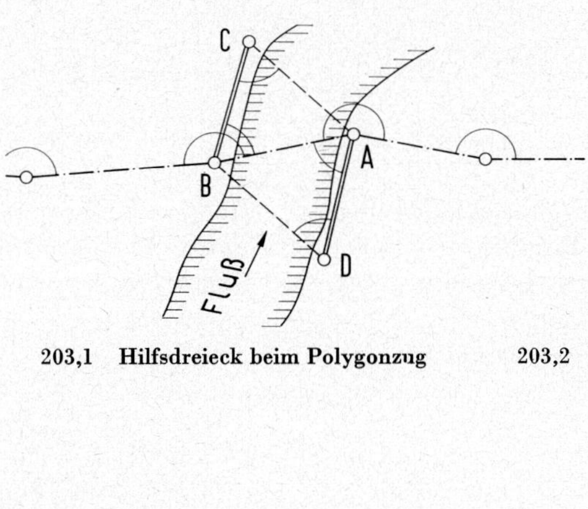

203,1 Hilfsdreieck beim Polygonzug

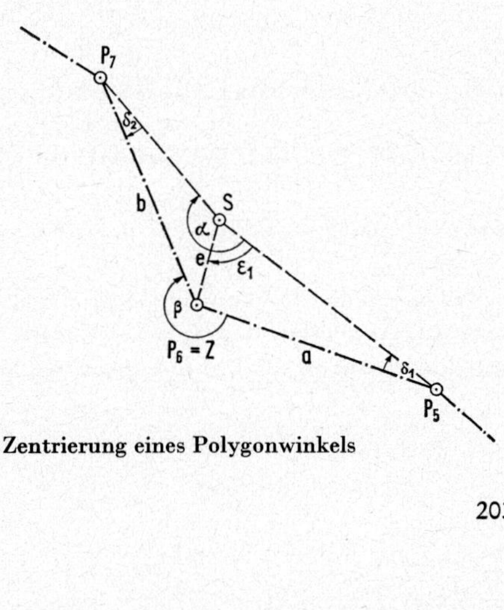

203,2 Zentrierung eines Polygonwinkels

(vorübergehend) mangelnder Sicht nicht zu beobachten war, wurde der exzentrische Winkel α auf einem Hilfspunkt (dem Exzentrum S) in 2 Sätzen gemessen, außerdem wurde noch eine dritte Richtung nach dem Zentrum Z bei der Winkelmessung mitbeobachtet. Dazu wurde die Exzentrizität e = SZ scharf auf mm (und zur Kontrolle noch einmal unrund angelegt) gemessen. Gesucht ist der Polygonwinkel auf Z.

Lösung: Allgemein ist $\frac{\sin \delta_1}{\sin \varepsilon_1} = \frac{e}{a}$; oder $\sin \delta_1 = \frac{e}{a} \cdot \sin \varepsilon_1$;

entsprechend ist $\sin \delta_2 = \frac{e}{b} \cdot \sin (\alpha - \varepsilon_1)$

und schließlich ist $\beta_6 = \alpha + \delta_1 + \delta_2$.

Zahlenbeispiel: $\alpha = 202{,}5435^g$; $\alpha_1 = 95{,}1230^g$; $e = 6{,}514$; $a = 90{,}13$; $b = 123{,}54$;

$$-\alpha_1 = -95{,}1230^g$$
$$\alpha - \alpha_1 = 107{,}4205^g$$

Es wird $\sin \delta = \frac{6{,}514}{90{,}13} \cdot 0{,}99705$

$\sin \delta = 0{,}072060$; $\delta = 4{,}5914^g$

$\sin \varepsilon = \frac{6{,}514}{123{,}54} \cdot 0{,}99320 = 0{,}052369$

$\varepsilon = 3{,}3354^g$

$$\alpha = 202{,}5435^g$$
$$\varepsilon = 3{,}3354^g$$
$$\delta = 4{,}5914^g$$
$$\underline{\beta_6} = \alpha + \delta + \alpha = \underline{\underline{210{,}4703^g}}$$

Zur Probe berechnet man $\sin \delta_1$ und $\sin \delta_2$ einmal logarithmisch und einmal numerisch.

Wenn auf den Punkten P_5 und P_7 das Exzentrum *S* statt Z angezielt wurde, so muß man von den dort gemessenen Winkeln δ_1 bzw. δ_2 abziehen. Könnten auch die Polygonseiten nicht nach Z, sondern nur nach *S* gemessen werden, so rechnet man den Zug über *S* und hängt Z polar an. Z als den eigentlichen Polygonpunkt anzusehen, hat natürlich nur dann Sinn, wenn in absehbarer Zeit Sicht und Streckenmessung für die Strecken $P_5 P_6$ und $P_6 P_7$ wieder frei werden.

Es folgt auf Seite 205 der Vordruck 4 für die Zentrierung exzentrisch beobachteter Richtungen. Die Probe stimmt, wenn der von Abrundungsfehlern stammende Fehler f bei fünfstelliger Rechnung 0,000 020 (absoluter Wert) nicht übersteigt.

2.89 Streckenmessung mit Basislatte

Formel (siehe Bild 64,1 und Seite 64) $\cot \frac{\delta_1}{2} = \frac{2 \cdot s_1}{l}$; $s_1 = \frac{l}{2} \cdot \cot \frac{\delta_1}{2}$[1]; da aber $l = 2$ m ist,

wird $s_1 = \cot \frac{\delta_1}{2}$; z. B. für $\frac{\delta_1}{2} = 0{,}7000^g$ wird $s_1 = \underline{\underline{90{,}942 \text{ m}}}$

Man nimmt die Strecke nicht viel größer als in unserem Zahlenbeispiel. Wird eine etwa doppelt so lange Strecke gebraucht, so setzt man sie nach Bild 64,1 zusammen. Die Basislatte wird etwa in der Mitte der Strecke ⊙ <u>123</u> ⊙ <u>124</u> aufgestellt, so daß also $s_1 \sim s_2$ wird. Noch längere Strecken mißt

[1]) Aus berechneten Tafeln läßt sich *s* entnehmen, wenn man δ kennt.

man in einer Anordnung, wie es Bild 64,2 zeigt. Die Hilfsbasis wird dann etwa rechtwinklig zu der zu messenden Strecke $\odot\,\underline{47}$ $\odot\,\underline{48}$ gelegt. Die Endpunkte der Hilfsbasis müssen natürlich so signalisiert werden, daß die Punkte von $\odot\,\underline{47}$ aus zu sehen sind. Nun bestimmt man die Hilfsbasis l durch Messung des Winkels δ_2. Dann wird der Winkel δ_1 auf $\odot\,\underline{47}$ gemessen, wobei also jetzt l an die Stelle der 2-m-Basis im kleinen Dreieck tritt. Günstig ist es, wenn δ_1 etwa gleich δ_2 ist.

Da $\frac{l}{b} \sim \frac{s_1}{l}$, ist $l \sim \sqrt{b\,s_1}$ · Ist also $s_1 \sim 400$ m[1]) lang, so wählt man die Hilfsbasis $l = \sqrt{2 \cdot 400}$ $= 28{,}28 \text{ m} \sim 28$ m. Da $l = \frac{b}{2} \cot \frac{\delta_2}{2}$, wird $s_1 = l \frac{\sin(\gamma + \delta_1)}{\sin \delta_1}$.

Sinussatz, wobei wieder daran zu denken ist, daß $\sin\,[200^g - (\gamma + \delta_1)] = \sin(\gamma + \delta_1)$ ist.

Zahlenbeispiel: $l = \cot \frac{4{,}5452^g}{2} = \cot 2{,}2726^g = 28{,}007$ m; δ_1 gemessen zu $4{,}4482^g$, $\gamma = 100^g$ gemessen; dann wird $s_1 = 28{,}007 \frac{\sin(100^g + 4{,}4482^g)}{\sin 4{,}4482} = \underline{\underline{400{,}09 \text{ m}}}$. Statt $\gamma = 100^g$ hätte man auch etwa $\gamma = 97{,}7759^g$ messen können. Dann hätte sich $s_1 = 393{,}78$ m ergeben. Für die Berechnung verwendet man in der Praxis den Vermessungs-Vordruck 14.

Zentrierung

VermVordruck 4

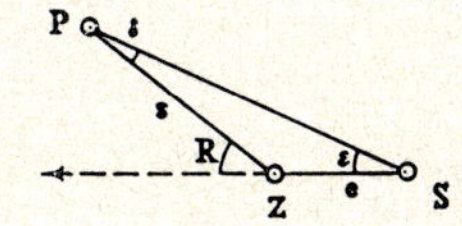

$\sin \delta = \frac{e}{s} \cdot \sin \varepsilon$

$R = \varepsilon + \delta$

Z = Zentrum
S = Standpunkt
r = gemessene Richtungen
R = zentrische Richtungen

Rechenschema ↑↑

s [2]	sin ε [6]
e [8]	sin δ [12]

Rechenproben:

(1) $[r] = [\varepsilon] + n \cdot r_z$

(2) $f = -(\cos R + \frac{e}{s}) \cdot \sin \varepsilon + \sin R \cdot \cos \varepsilon$

($|f| \leq 0{,}000020$ bei fünfstelligen Funktionen)

Rechenschema zu (2):

cos R → Zw [6] } bleibt stehen	Zw ⇝ 0	sin R [6]
s [2]	sin ε [6]	cos ε [6]
e [8]	$-(\cos R + \frac{e}{s}) \cdot \sin \varepsilon$ [12] } bleibt stehen	f [12]

Zielpunkt	r s e entn.	r	± $\varepsilon = r - r_z$ δ $R = \varepsilon + \delta$	± sin ε sin δ cos ε	± s sin R	± cos R f (Probe (2))
1	2	3	4	5	6	7
Nr. 1 Standpunkt: P_6 Exz.						
Z			0 00 00		e = 6,514	
			95 12 30	+ 0,99 705	90,13	+ 0,00 449
P_5			4 59 14	+ 0,07 206		0,000 0.0...
			99 71 44	+ 0,07 653	+ 1,0000	
			107 42 05	+ 0,99 320	123,54	− 0,16 815
P_7			3 33 54	+ 0,05 237		0,000 0.1...
			110 75 59	− 0,11 630	+ 0,98 577	

[1]) Die ungefähre Länge kennt man meist vom Projektieren im Plan oder von der Absteckung her.

3 FACHZEICHNEN

3.0 Allgemeines

Der 3. Teil dieses Buches faßt unter der Bezeichnung „Fachzeichnen“ das vermessungstechnische Kartieren und Zeichnen, die hierfür zu verwendenden Geräte usw. zusammen und erläutert in den Grundzügen auch einige andere Gebiete, die z. T. nur mittelbar hiermit zu tun haben. Es ist wohl richtig und zweckmäßig, den angehenden oder jungen vermessungstechnischen Angestellten, Vermessungstechnikern und -praktikanten das Wichtige ausführlicher, das andere aber, um ihnen wenigstens die Zusammenhänge und Verflechtungen klarzumachen, nur kurzgefaßt zu bringen. Die Schwergewichte der vermessungstechnischen Arbeiten im mittleren Dienst (hierzu rechnet man im allgemeinen den Vermessungstechniker), liegen sehr oft auch auf zeichnerischem Gebiet. Der immer größer werdende Bedarf und Verbrauch an Plänen und Karten in großen Maßstabsverhältnissen für die verschiedensten Zwecke einerseits sowie die weitere Entwicklung der Zeichen-, Kopier- und Vervielfältigungstechniken andererseits, macht es vielfach gerade mit Rücksicht auf diese Auswirkungen erforderlich, schon bei der Plan- und Kartenherstellung die verschiedenen Verfahren zu beachten.

Erläuterungen und Darstellungen perspektivischer Zeichnungen bzw. Abwicklungen (darstellende Geometrie) wurden dagegen im Rahmen dieses Buches nicht für erforderlich gehalten.

3.1 Zeichenmaterial und Kartiergeräte

3.11 Zeichenmaterial

Für das vermessungstechnische Zeichnen werden die verschiedenartigsten Materialien und Geräte in guter Qualität benötigt. Die genaue und saubere Ausführung aller zeichnerischen Arbeiten hängt hiervon, neben dem Können des Ausführenden, in starkem Maße ab.

Es sind folgende Materialien und Geräte erforderlich und gebräuchlich:

Gute *Bleistifte* in mehreren Härtegraden, z. B. Faber Castell H bis 7 H, KOH-I-NOOR H bis 7 H oder z. B. Fedra-Stifte mit auswechselbaren Minen, ebenfalls in verschiedenen Härten.

Ein gutes *Reißzeug* sollte mehrere Zieh(Reiß)federn, einen kleinen und einen großen Einsatzzirkel, einen Stechzirkel, einen Nullenzirkel sowie eine Stech- oder Kopiernadel (Pikiernadel) enthalten, dazu noch eine Kurvenziehfeder oder ein Kurvenziehgerät und eine Schwedenfeder für das Ausziehen dicker Linien. Reißfedern der Fa. Haff gestatten die direkt ablesbare Einstellung von 6 verschiedenen genormten Strichbreiten von 0,13—0,7 mm. Neben den normalen Ziehfedern kann auch ein Tuschefüller, z. B. der technos der Firma Günther Wagner, Hannover, oder ein rotring foliograph, graphos oder micronorm, Riepe-Werk, Hamburg, u. a. zum Zeichnen und Beschriften verwendet werden.

Zeichenfedern guter Qualität, wie z. B. die der Firma Soennecken oder englische der Firmen Brandauer oder Sommerville, erleichtern das Schreiben und Zeichnen.

Mehrere *Zeichendreiecke* in rechtwinkliger und spitzwinkliger Form in verschiedenen Größen aus durchsichtigem Material, z. B. Astralon oder Plexiglas.

Zeichenlineale in verschiedenen Längen aus Holz, Astralon oder Plexiglas. Außerdem sollte ein sogenanntes *Sägeblattlineal* aus Stahl mit Dezimetereinteilung und $\sqrt{2}$ -Teilung zur Konstruktion von Quadratnetzen nicht fehlen.

Kurvenlineale aus Holz, Astralon oder Plexiglas, Kreisbogenlineale mit verschiedenen Radien in Form einer Schablone aus Astralon (207,1), Eisenbahn-Kurvenlineale im Maßstab 1:1000 in verschiedenen Radien aus Werkstoff oder glasklarem Kunstharz sowie *Biegestäbe* (s. S. 185).

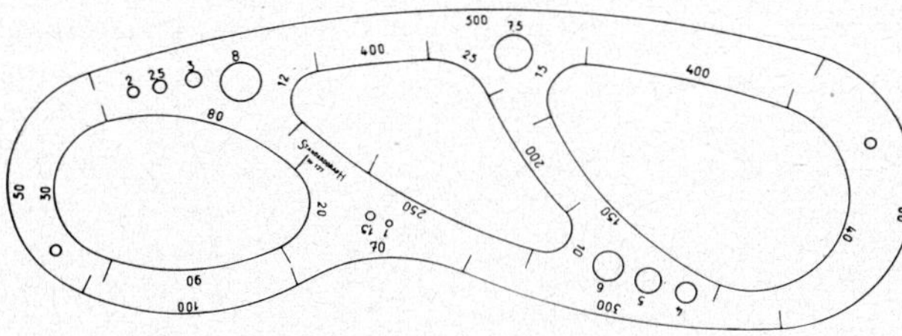

207,1 Kreisbogenlineal, Standardgraph

Klotoidenlineale zum Zeichnen von Übergangsbogen in der Form von Klotoiden im Maßstab 1:1000 mit verschiedenen Parametern und mit Richtungsanzeigen der Radien, aus Plexiglas (Bild 207,2). Ausführungen auch mit Radien und Kreisbogen.

Anlegemaßstäbe aus Holz, Kunststoff oder Neusilber in verschiedenen Maßstabsverhältnissen, z. B. 1 : 1000, 1 : 2000 (1 : 200), 1 : 500 (1 : 5000) usw. (Bild 210,2).

Ein durchsichtiger *Vollkreis-Transporteur* mit 400^{g}-Teilung und möglichst großem Durchmesser aus Astralon oder Plexiglas (Bilder 216,1 und 216,2).

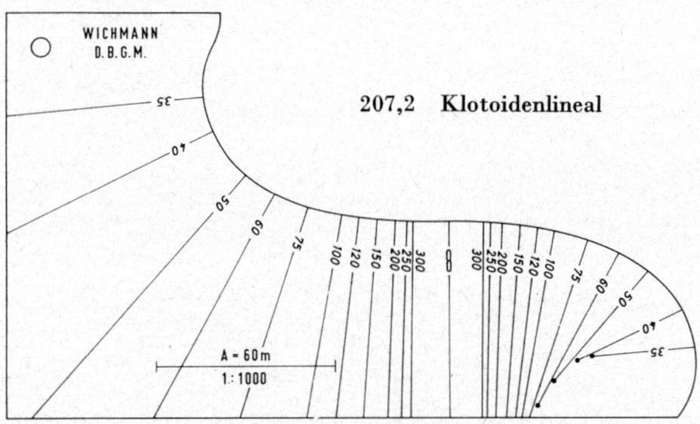

207,2 Klotoidenlineal

Ein *Ölstein* (Arkansasstein) zum Anschleifen der Zieh- und Zeichenfedern, von Gravier- oder Ritznadeln usw.

Mehrere *Zeichnungsbeschwerer* aus Blei und mit Leder bezogen. Radiergummi in verschiedenen weichen und harten Sorten. Bleistiftanspitzer, Stahlfeilen, Schmirgel- oder Glaspapierblöcke zum Schärfen der Bleistiftspitzen.

Ein *Handbesen* zum Entfernen von abradierten Gummiresten. Mehrere Farbstifte in verschiedenen Farben, z. B. Castell-Polychromos, Mars-Chroma, Stabilo-Dünnkern, Technicolor usw. Aquarellfarben zum Anlegen (Kolorieren) von Zeichnungen. Einige Marderhaarpinsel in verschiedenen Größen und Stärken. Ausziehtuschen in mehreren Farben und Spezialtuschen für Transparentfolien.

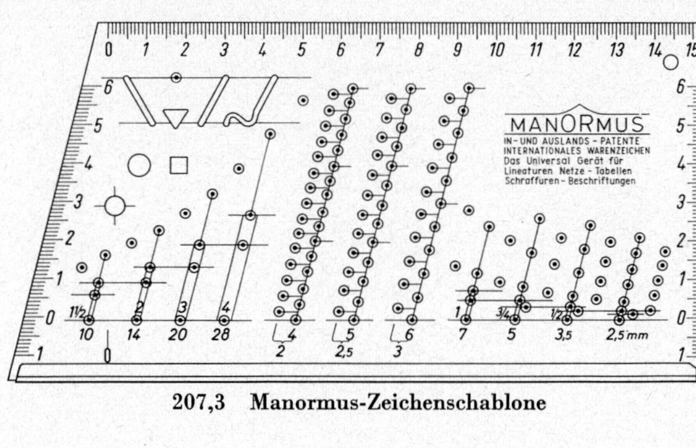

207,3 Manormus-Zeichenschablone

Zeichenschablonen, z. B. Manormus (Bild 207,3) oder andere zum Ziehen von Hilfslinien bei Beschriftungen, Abrundungsschablonen für Kreisbogen (Bild 208,1), Kataster-Schablonen zum Zeichnen von Grenzzeichen, Dreieckspunkten und Nordpfeilen (Bild 208,2) und andere.

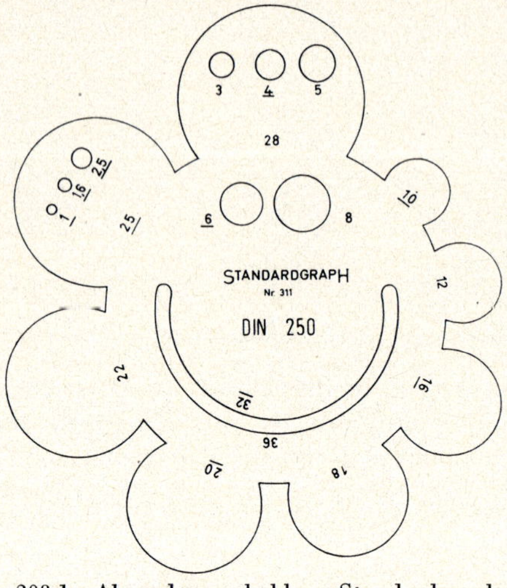

208,1 Abrundungsschablone, Standardgraph

Zeichenpapiere und -kartone, Transparentpapiere, Kunststoff-Folien.

Die aufgeführten Materialien sind noch zu ergänzen durch mehrere andere Geräte, die für Spezialzwecke oder in größeren Vermessungsdienststellen oder -büros Verwendung finden. Diese Geräte sind zum größten Teil in den folgenden Abschnitten aufgeführt und erläutert.

3.12 Maßstabsverhältnisse

Jeder Lageplan oder jede Karte wird im Vergleich zur Natur in einem bestimmten Verkleinerungs- oder Verjüngungsverhältnis hergestellt. Dieses Verhältnis, ausgedrückt durch eine Zahl, gibt an, wie sich die Längen in dem Plan oder in der Karte zu denen in der Natur verhalten. So bedeutet z. B. das Verhältnis 1 zu 1000, geschrieben 1 : 1000, daß 1 mm in der Zeichnung 1000 mm = 1 m in der Natur entsprechen. Weitere Beispiele in der nachstehenden Tabelle:

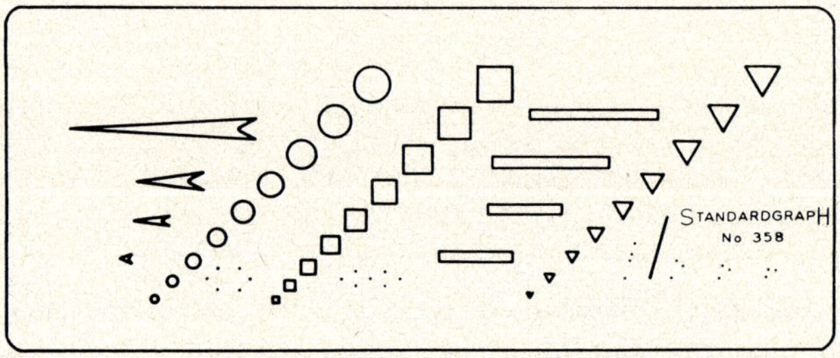

208,2 Kataster-Schablone, Standardgraph

Tabelle 17

Maßstab 1 :	Längen Plan oder Karte	Natur	Maßstab 1 :	Längen Plan oder Karte	Natur
50	2 cm	1 m	2 500	4 cm	100 m
100	1 cm	1 m	5 000	2 cm	100 m
200	1 cm	2 m	10 000	1 cm	100 m
250	8 mm	2 m	15 000	6,67 cm	1 km
500	2 cm	10 m	20 000	5 cm	1 km
1 000	1 mm	1 m	25 000	4 cm	1 km
1 250	4 mm	5 m	50 000	2 cm	1 km
1 500	6,67 cm	100 m	100 000	1 cm	1 km
2 000	5 cm	100 m	1 000 000	1 mm	1 km

Das Verkleinerungsverhältnis oder eben der *Maßstab* kann aber auch — obgleich dies weniger üblich ist — als Quotient, z. B. $\frac{1}{1000}$, $\frac{1}{5000}$, $\frac{1}{10\,000}$, $\frac{1}{25\,000}$, $\frac{1}{50\,000}$ usw., bezeichnet werden. Es können auch umgekehrte Maßstabsverhältnisse auftreten, z. B. in der Feinmechanik, wo die Zeichnung in einem größeren Maßstab herzustellen ist, als das Werkstück groß ist. Ist die Zeichnung 10 mal so groß, schreibt man 10 : 1.

Bei den Längenmaßstäben spricht man auch noch von *großen* und *kleinen* Maßstäben. *Groß* bedeutet hier eine kleine Verhältniszahl und *klein* eine große Verhältniszahl. Dies führt häufig zu Verwechslungen. *Merke deshalb:* Großmaßstäbige (oder großmaßstäbliche) Pläne oder Karten sind solche in 1 : 100, 1 : 200, 1 : 500, 1 : 1000, 1 : 2000 und 1 : 5000. Kleinmaßstäbige (oder kleinmaßstäbliche) Pläne oder Karten sind solche in 1 : 10 000, 1 : 15 000, 1 : 20 000, 1 : 50 000, 1 : 100 000 usw. Eine klare Trennung zwischen *groß* und *klein* gibt es allerdings nicht. Es kommt hierbei auf den Standpunkt an. Hat man z. B. nur mit den Maßstäben 1 : 500 bis 1 : 5000 zu tun, so ist 1 : 500 ein großer, 1 : 5000 aber bereits ein kleiner Maßstab. Ein Kartograph dagegen, der sich mit den Kartenmaßstäben 1 : 25 000 bis 1 : 200 000 beschäftigt, wird 1 : 25 000 als großen Maßstab ansehen.

Große Maßstabsverhältnisse wird man also wählen, wenn die Grundstücke, Bauwerke usw. im Plan oder in der Karte groß dargestellt werden sollen. Bei größeren Gebieten hängt die Wahl des Maßstabs manchmal auch von dem Format des Planes oder der Karte ab. Hierbei ist zu berücksichtigen, daß die Zeichenfläche sich auf ein Viertel verringert, wenn z. B. statt des Maßstabs 1 : 1000 der Maßstab 1 : 2000 gewählt wird. Daraus ergibt sich, daß das grundrißtreue Kartieren und Darstellen der Vermessungsergebnisse mit kleiner werdendem Maßstab nicht nur schwieriger, sondern (bei sehr kleinen Maßstäben) durch das starke Schrumpfen der Flächen allmählich unmöglich wird. Man muß deshalb immer mehr weglassen und damit den Karteninhalt mehr und mehr vereinfachen. Dieses Verfahren wird *Generalisierung* genannt. Anwendung hauptsächlich in der kleinmaßstäbigen Kartographie. Vergleiche hierzu Abschnitt 3.813 und die Bilder 300,1, 301,1 und 302,1.

Die Wahl des richtigen und zweckmäßigen Maßstabsverhältnisses ist vor allem bei der Anlage oder Herstellung von Kartenwerken außerordentlich wichtig. So werden z. B. großmaßstäbige Flurkarten oder Stadtkartenwerke fast alle in den Maßstäben 1 : 1000, 1 : 2000 oder 1 : 500 angelegt. Diese bilden dann vielfach die Ausgangsmaßstäbe für die Herstellung von Karten in kleineren Maßstäben.

Erwähnt seien auch die sogenannten „krummen" Maßstabsverhältnisse. Noch zahlreiche alte Kataster(Flur)karten sind im Gebrauch, die vor der Einführung des Meters entstanden sind (s. S. 8). Diese wurden z. B. in den früheren Gebieten des heutigen Landes Niedersachsen in Rutenmaßstäben (1 hannoversche Rute = 4,673 m) hergestellt. Die Kartierung von 100 Ruten auf 6 Duodezimal(=zwölfteilig)zoll[1]) ergab den Maßstab 1 : 3200, die Kartierung von 100 Ruten auf 9 Duodezimalzoll den Maßstab 1 : 2133$^1/_3$.

Es ist üblich, auf den Plänen und Karten die Verhältniszahl des Maßstabs und einen eigentlichen Maßstab, einen Linearmaßstab

209,1 Maßstabsskala

[1]) 1 Zoll ≈ 0,0243 m.

oder eine Maßstabsskala (Bild 209,1), aufzuzeichnen. Nach dieser Skala können dann nicht nur Maßzahlen, Strecken oder Entfernungen aus dem Plan oder der Karte entnommen (s. S. 304), sondern auch die unvermeidlichen Längenänderungen des Zeichen- oder Transparentpapieres (wenigstens in einer Richtung) ermittelt werden. Ist dagegen der Plan oder die Karte mit einem Quadratnetz versehen, so ist eine Maßstabsskala nicht unbedingt erforderlich.

3.13 Maßstäbe und Kartiergeräte

3.131 Maßstäbe

Welcher Art sind nun die Maßstäbe, mit denen Pläne und Karten in einem ganz bestimmten Verkleinerungsverhältnis hergestellt werden?

Zunächst sind die *Transversalmaßstäbe* zu nennen, obgleich diese heute weniger Verwendung finden. Ein solcher Transversalmaßstab (Bild 210,1) besteht aus einer Metallplatte, meistens Neusilber, worauf in einem rechteckigen Rahmen waagerechte, senkrechte und *transversale*, d. h. schräg- oder querlaufende Linien graviert sind.

Von diesem Maßstab werden die Maßzahlen mit einem Stechzirkel, dessen Schenkelspitzen in den gravierten Linien gleiten, abgegriffen. Hierbei muß darauf geachtet werden, daß die Zirkelschenkel etwas schwer beweglich sind; denn das abgegriffene Maß wird jetzt in den Plan oder in die Karte übertragen und darf sich auf diesem Wege nicht verändern. Die hohe Abgreifgenauigkeit, die durch die transversalen Linien erreicht wird, sollte man nicht durch ein unbeabsichtigtes Öffnen oder Schließen des Zirkels beeinträchtigen. Die im Bild 210,1 eingetragene Länge ist z. B. l = 31,53 m im Maßstab 1 : 500.

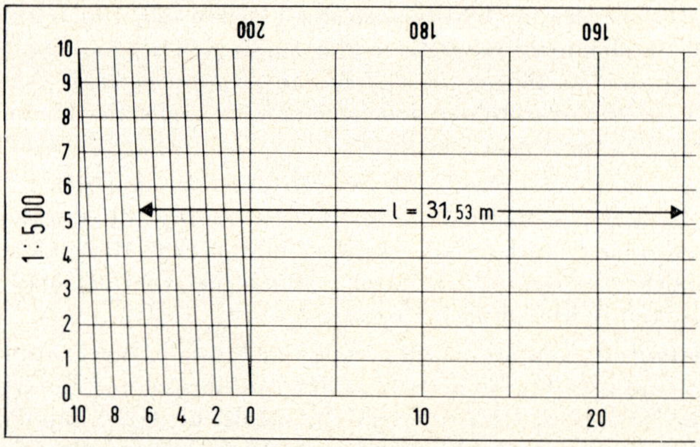

210,1 Transversalmaßstab

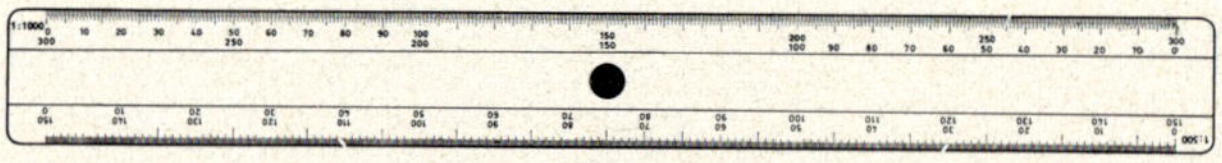

210,2 Anlegemaßstab

Zum Kartieren werden aber mehr und mehr *Anlegemaßstäbe* verwendet. Das Arbeiten hiermit ist nicht nur bequemer und schneller, sondern auch — bei sorgfältigem Abtragen — ebenso genau.

Ein Anlegemaßstab dient zum Abtragen von Strecken in Plänen oder Karten durch unmittelbares „Anlegen" der Maßstabsteilung an die Vermessungs- oder Gitterlinien. Der Maßstab sollte aus einem praktisch unveränderlichen Material hergestellt sein; das ist Neusilber (eine Legierung aus Kupfer, Zink und Nickel), Birnbaumholz und Kunststoff. Hieraus sind z. B. die Aristomaßstäbe hergestellt (Bild 210,2). Die Teilstriche der Skalen haben 1-mm- oder $^1/_2$-mm-Abstände und müssen sehr genau eingetragen sein. Die abgeschrägten Kanten des Maßstabs müssen so flach oder niedrig (facettiert)[1]

[1]) Facettiert = abgeschrägt.

sein, daß beim Ansetzen der Kopiernadel keine Abweichung oder „Verschiebung der Sichtlinie“ (= Parallaxe) entsteht, daß sich also immer derselbe Punkt der Teilung mit der Spitze der Kopiernadel deckt, auch wenn das Auge ein wenig seitlich hin und her wandert. Die Strecken zwischen den Teilstrichen werden geschätzt. Die Teilungen dieser Maßstäbe werden nicht nur von links nach rechts beziffert, sondern auch umgekehrt, also rückläufig. Für manche Fälle ist das sehr bequem.

Metallmaßstäbe aus Neusilber haben den großen Vorteil einer guten Maßbeständigkeit, jedoch den Nachteil der nicht immer guten Lesbarkeit der Teilstriche. Außerdem schmiert Metall auf Zeichenpapier leicht. Bei den Holzmaßstäben ist die schwarze (oder rückläufige rote) Skala auf dem weißen Kunststoff sehr gut lesbar. Die bei den Aristo-Kartiergeräten verwendeten Materialien sind Plexiglas und weißes Astralon. Bei normalen Temperaturen verhalten sich beide Materialien ebenso maßbeständig wie Metall.

Zum Entnehmen von Strecken aus dem Plan oder aus der Karte werden auch *Dreikantmaßstäbe* (prismatische Maßstäbe) mit 6 verschiedenen Maßstabsverhältnissen, meistens aus Holz gefertigt, benutzt. Diese sind vielfach in den im Vermessungswesen gebräuchlichsten Verhältnissen 1 : 500, 1 : 1000, 1 : 1250, 1 : 1500, 1 : 2000 und 1:2500 hergestellt. Beim Anlegen wird die in Betracht kommende Seite des Dreikantmaßstabes mit dem Nullstrich der jeweiligen Maßstabsteilung an den Anfang der zu messenden Strecke gelegt. Zum Kartieren eignet sich diese Form der Maßstäbe weniger, weil die Handhabung unbequem ist.

Glasmaßstäbe mit eingeritzten Teilungen auf der Unterseite finden Verwendung für besonders genaue Streckenentnahmen oder zum Prüfen von Maßstäben aus anderem Material. Glas ist praktisch keinen Längenänderungen unterworfen.

Beim Kartieren wird das Schätzen der Strecken zwischen den Teilstrichen erleichtert, wenn man der Kopiernadel eine kleine Lupe aufsetzt. Um die Abtrage- oder Ablesegenauigkeit zu steigern, sind Längen- und Kreisteilungen vielfach mit *Nonien* versehen. Der Nonius ist eine Hilfsteilung, die auf oder an dem Hauptmaßstab (Hauptteilung) bewegt werden kann. Meistens hat der Nonius zehn Teilungseinheiten, die insgesamt so lang sind wie neun Teilungseinheiten des Hauptmaßstabes. Dieser wird auch als *nachtragender Nonius* bezeichnet. Die *Angabe* des Nonius ist der Unterschied zwischen dem Abstand zweier Striche des Hauptmaßstabes und dem Abstand zwischen zwei Strichen des Nonius. Bei der Ablesung sucht man den Teilstrich des Nonius, der mit einem Teilstrich des Hauptmaßstabes zusammenfällt (koinzidiert). Dann zählt man auf dem Hauptmaßstab die ganzen ungeteilten Teilungseinheiten dazu. Beispiele in Bild 211,1 für Längenmessung und in Bild 211,2 für Winkelmessung. Zum bequemeren Ablesen werden meistens über den Nonien noch Lupen angebracht. In Bild 211,1 beträgt die abgelesene Strecke 7,6 m, in Bild 211,2 der abgelesene Winkel $285{,}5^{g}$. Vielfach ist der Nonius am Anfang und am Ende auch mit Überstrichen versehen.

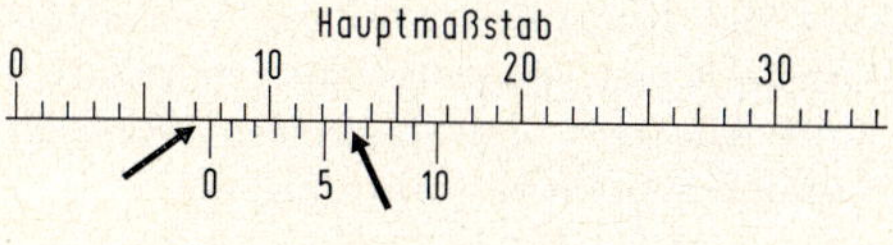

211,1 Nonius, Längenteilung

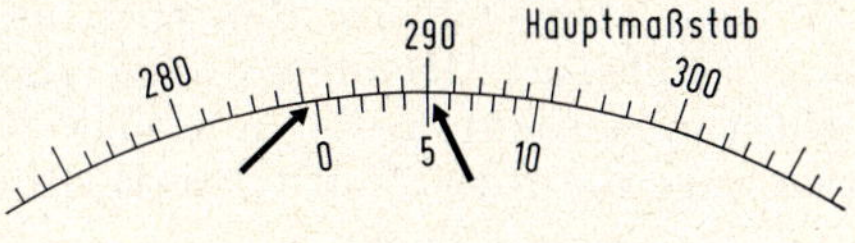

211,2 Nonius, Kreisteilung

Als Erfinder des Nonius gilt fälschlich der Portugiese Pedro Nũnez, der 1542 wohl den Anstoß zu dieser neuartigen Ablesung gegeben hat (sein eigener Vorschlag war undurchführbar). Der eigentliche Erfinder ist der Franzose Pierre Vernier (1631). Aber fast gleichzeitig und wahrscheinlich unabhängig davon hat der Schwede Hedraeus die gleiche Erfindung gemacht.

3.132 Kleinkartiergeräte

Wir unterscheiden Kartiergeräte für rechtwinklige (orthogonale) und für polare Aufnahmen oder Vermessungsmethoden. Die rechtwinkligen Geräte lassen sich schließlich noch in Klein- und Großkartiergeräte sowie in automatische Zeichenanlagen trennen. Alle diese Geräte sollen dazu dienen, umfangreiche Kartierungsarbeiten schneller, genauer und auch bequemer auszuführen.

Im Laufe der Zeit sind die verschiedensten Kartiergeräte entworfen und hergestellt worden. Aus der großen Anzahl der Konstruktionen seien die Geräte aufgeführt, die zweckvoll sind und einen Fortschritt bedeuten.

Das *Wauesche Universalkartierungsgerät* ist eine Weiterentwicklung des Homeyerschen Koordinatenschiebers. Es ist oder war für verschiedene Maßstabsverhältnisse anwendbar. Soweit bekannt, wird dieses Gerät nicht mehr hergestellt. Dennoch soll es hier kurz erläutert werden.

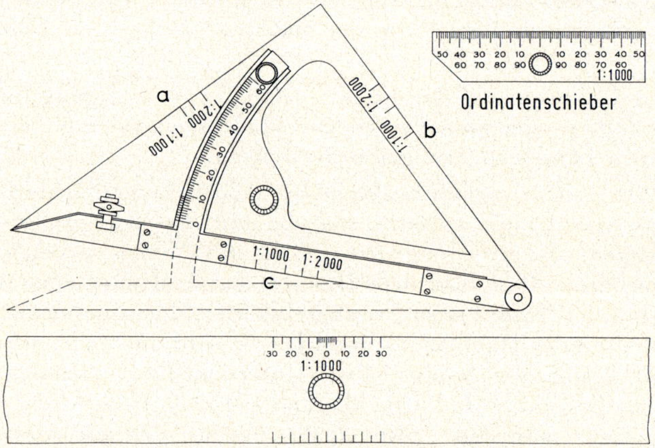

212,1 Wauesches Universalkartierungsgerät

Bemerkenswert an diesem Gerät ist die Vorrichtung, mit der kleinere Vermessungsungenauigkeiten oder ein Papiereingang berücksichtigt werden können. Wie Bild 212,1 zeigt, besteht das Gerät aus einem 60 cm langen Metall-Lineal, auf dem Maßstäbe mit $\sqrt{2}$-Teilungen graviert sind, und einem rechtwinklig-gleichschenkligen Dreieck. Alle Seiten des Dreiecks sind mit Nonien versehen, die Hypotenuse des Dreiecks läßt sich außerdem mit Hilfe einer besonderen Vorrichtung verstellen. Hierdurch ist es möglich, das Gerät nicht nur für verschiedene Maßstäbe zu verwenden, sondern auch durch geringfügiges Verstellen die obengenannten Ungenauigkeiten oder eine Papieränderung proportional zu verteilen. Das Maß der Verstellung ist aus einer dem Gerät beigegebenen Tabelle zu entnehmen. Etwaige Einstell-Ungenauigkeiten auf dem Anzeigestrich (= Index) dieser Hypotenuse mit dem abzusetzenden Teilstrich auf der Skala des Lineals werden im Verhältnis sin α verkleinert. Hierdurch wird eine sehr scharfe Kartierung erreicht. Schließlich gehört zum Gerät noch ein kleiner Schieber zum Absetzen der Ordinaten. Hier ist allerdings für jedes Maßstabsverhältnis ein besonderer Schieber erforderlich.

Die Arbeitsweise des Gerätes: Das Dreieck wird mit der Hypotenuse c so an das Lineal gelegt, daß die Kathete a an der Vermessungslinie oder parallel dazu liegt. Die Maßzahlen der Abszissen werden nacheinander am Lineal (Null ist in der Mitte) nach links oder rechts genau (mit Hilfe des Nonius an der Hypotenuse c) abgesetzt. An der

Kathete *b* werden die Abszissen durch scharfe Bleistiftlinien gekennzeichnet. Sodann setzt man in gleicher Weise die Ordinaten nacheinander ab und markiert diese ebenfalls. Die Schnittpunkte der Bleistiftlinien sind dann die vermessenen Punkte. Soll der Ordinatenschieber benutzt werden, so ist dieser mit der gewünschten Ordinatenlänge an die Kathete *a* anzulegen. Durch Druck auf eine in dem Schieber angebrachte Kopiernadel wird mit einem Stich der Punkt markiert.

Der *Klein-Koordinator* für rechtwinkliges Auftragen von Vermessungspunkten oder Koordinaten (Bild 213,1) besteht aus einem Abszissenmaßstab, auf dem ein Ableseschieber angebracht ist. Dieser trägt den Ordinatenmaßstab. Außerdem gehört eine Orientierungsplatte aus Plexiglas dazu. Mit dieser läßt sich das Gerät genau an die Vermessungs- oder Koordinatengitterlinien legen. Die Feineinstellung der Ableseschieber erfolgt mit Daumenrollen und wird an Nonien abgelesen. Eine Aufhellblende kann die Ablesung erleichtern. Die Ablesegenauigkeit beträgt 0,1 mm. Die Punkte werden mit einem kleinen Stechapparat (Punktieraufsatz) gestochen. Durch zwei Stahlspitzen wird das Gerät auf dem Zeichenblatt unverrückbar festgehalten.

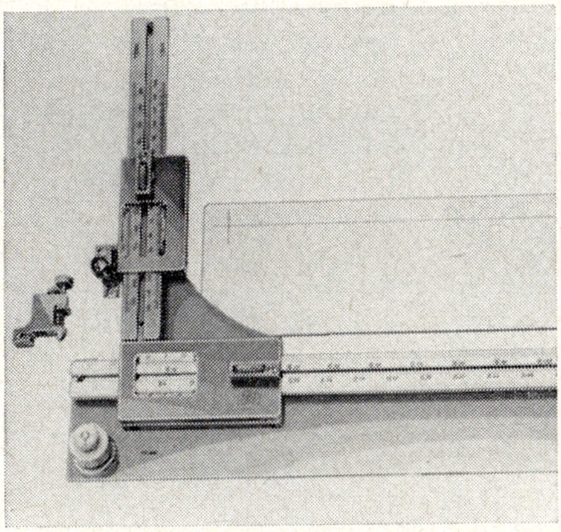

213,1 Ott-Klein-Koordinator

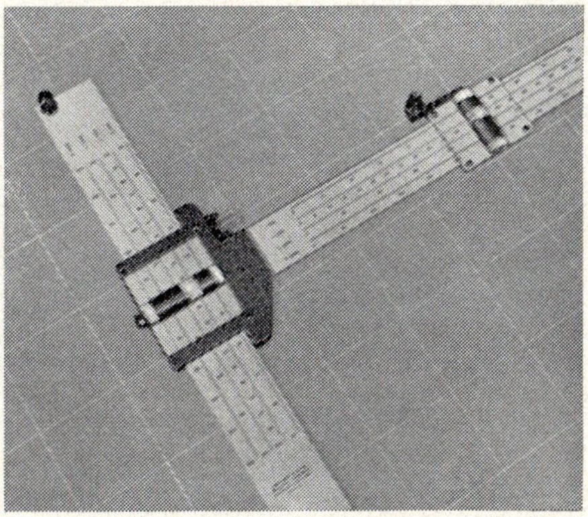

213,2 Aristo-Kleinkoordinator, Dennert & Pape KG

Die beiden Ausführungen des Gerätes haben Arbeitsbereiche von 240 und 400 mm für die Abszissen und 50 bzw. 100 und 100 bzw. 200 mm für die Ordinaten. Die Maßstabsverhältnisse sind 1 : 1000 und 1 : 2500 bzw. 1 : 500 und 1 : 1000.

In ähnlicher Weise ist der *Aristo-Kleinkoordinator* ausgeführt (Bild 213,2). Auch dieses Gerät dient zum schnellen Auftragen von Punkten, deren Lage zu einer Vermessungs- oder Gitterlinie durch Abszissen und Ordinaten bekannt ist. Der Auftragebereich beträgt 200×200 mm. Abszissen- und Ordinatenlineal sind aus dem Kunststoff Aristopal hergestellt und mit je vier Teilungen in den Maßstabsverhältnissen 1:500, 1:1000, 1:2000 und 1:2500 versehen. Beide Ableseläufer besitzen Halbzylinderlupen über den Einstellstrichen. Durch verschiebbare Reiter können die nicht benutzten Skalen abgedeckt werden. Der Abszissenläufer trägt eine Punktiernadel. Die Punktiergenauigkeit wird mit $\pm 0{,}1$ mm angegeben.

Das kleine und handliche Gerät läßt sich schnell einrichten. Nach dem Einsetzen der Punktiernadel des Abszissenläufers im Endpunkt der Vermessungslinie wird die

Nullpunktmarke des Ordinatenläufers auf den Anfangspunkt der Vermessungslinie eingestellt. Um das Gerät in dieser Lage festzuhalten, werden Sicherungsnadeln am oberen und unteren Ende der Ordinatenschiene in die Zeichenunterlage gedrückt.

3.133 Großkartiergeräte

Die Großkartiergeräte sind im allgemeinen nur in größeren Vermessungsstellen vorhanden. Die Auftragebereiche dieser Geräte sind bis zu 150×200 cm groß. Auf stabil konstruierten und verwindungsfreien Holz- oder Metallrahmen sind ebene dicke Tischplatten befestigt. Die Tischoberflächen können auch mattierte Glasplatten erhalten, die von unten her beleuchtet werden. Solche Leuchttische werden dann bevorzugt, wenn auch auf Kunststoff-Folien kartiert oder gezeichnet werden soll. Die Abszissen- und Ordinatenwagen dieser Geräte laufen über schwere Schienenlineale. Die Feinmeßtrommeln gestatten sehr genaue Einstellungen. Die Punktgenauigkeit beträgt im ganzen Bereich ±0,05 mm. Der Zeichentisch muß einwandfrei mit Hilfe einer Röhrenlibelle horizontiert sein. Ein solcher Koordinatograph ist besonders geeignet für das genaue und schnelle rechtwinklige Auftragen von Grenz- und anderen Punkten, die durch Koordinaten bestimmt wurden. Auch Quadratnetze lassen sich mit diesem Gerät sehr genau anfertigen.

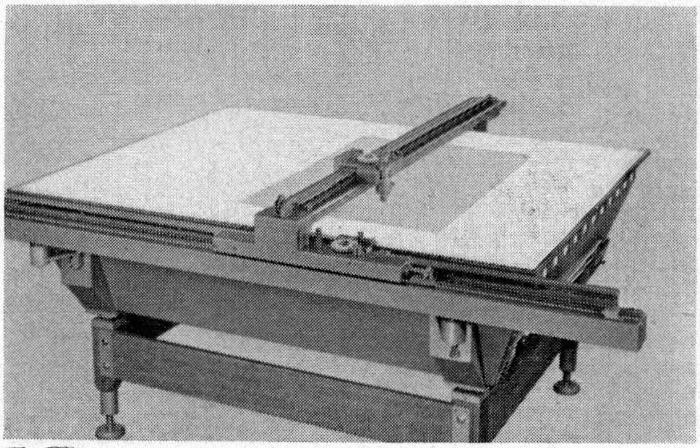

Bild 214,1 Aristo-Koordinatograph, Dennert & Pape KG

Bild 214,1 zeigt einen *Aristo-Koordinatographen*. Der Auftragebereich ist 120×150 cm groß. Als Zeichenfläche dient eine Glasplatte mit einer aufgelegten durchscheinenden Aristopalplatte. Das Feinmeßwerk zeigt den Meßweg zehnfach vergrößert an, so daß man 0,1 mm einstellen und zwischen den Teilstrichen 0,01 mm schätzen kann. Damit läßt sich eine Punktiergenauigkeit von ±0,03 mm erreichen.

Die Vorteile eines Großkartiergerätes mit der Bequemlichkeit einer verschwenkbaren Laufwagen-Zeichenmaschine bietet der *Posigraph* der Nestler KG, Lahr. Dieser neuartige Koordinatograph hat Arbeitsflächen bis 168×83 cm. Neben den x- und y-Schienen kann dem Gerät zusätzlich ein Zeichenkopf eingesetzt werden. Dann lassen sich auch beliebige Winkel und Strecken, z. B. für das polare Kartieren, zeichnen.

3.134 Automatische Zeichenanlagen

Die Entwicklung der elektronischen Datenverarbeitung führte zur Konstruktion automatischer Zeichenanlagen. Mit diesen werden eingegebene Werte, z. B. Koordinaten, die vorher auf Lochstreifen, Lochkarten oder anderen Datenträgern und nach aufgestellten Programmen automatisch eingestellt und punktiert sind, geradlinig oder kurvenförmig mit Bleistift, Tusche oder in Schichtgravur verbunden. Gleichzeitig können Zeichen, Kreise, Zahlen, Symbole, Schraffuren usw. dargestellt werden, wenn auch hierfür entsprechende Eingaben (Befehle) erfolgen. Diese Vorbereitungszeiten kommen zu den Zeiten für die eigentlichen Auftrage- bzw. Zeichenarbeiten. Dennoch erfordern diese nur einen sehr geringen Zeitaufwand im Vergleich zu den in den vorhergehenden Abschnitten erläuterten Kartiergeräten. Mit der neuen *AEG-Lichtzeicheneinrichtung* können an Stelle von Bleistift-, Tusche- oder Gravurlinien nun auch Filme belichtet werden, die nach der Entwicklung Zeichnungen mit besonders randscharfen Linien und Zeichen ergeben.

Automatische Zeichenanlagen werden von mehreren Firmen hergestellt. Genannt seien u. a. der *Aristomat* von den Aristo-Werken Dennert & Pape KG mit der von der AEG entwickelten numerischen Steuerung *Geagraph*, der *Coradomat* mit elektronischer Positionssteuerung von Coradi in Zürich, der programmgesteuerte Koordinatograph *Coragraph DC2* mit dem Steuerrechner *Cora II* der Firma Contraves AG in Zürich, der *Graphomat* der Zuse KG in Bad Hersfeld[1]) in Verbindung mit dem Zuse *Interpolator*, der mit Lochkarten gesteuerte *Koordimat* von Zeiss, Oberkochen, und der automatische Präzisionskoordinatograph *Cartimat* mit Spezialrechner von Jenoptik Jena GmbH, Jena.

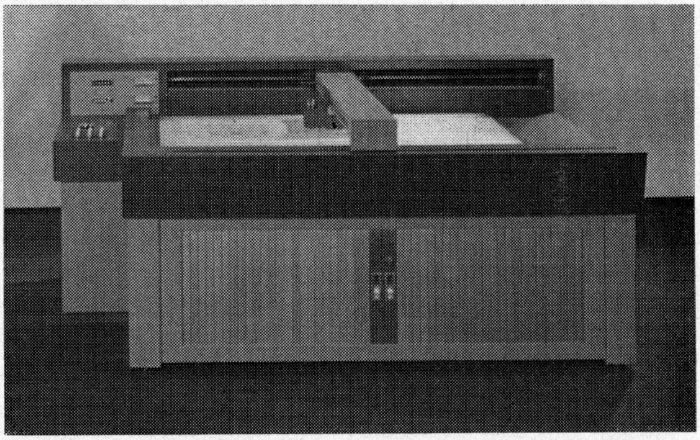

215,1 ZUSE Z 64 Graphomat. Automatisches Zeichengerät

Das u. a. für vermessungstechnische Arbeiten in Betracht kommende Modell des Graphomaten von Zuse hat eine nutzbare Zeichenfläche von 120 × 140 cm bzw. von DIN A 1. Die Zeichengeschwindigkeit beträgt durchschnittlich 11 mm/sec, die Zeichengenauigkeit ± 0,15 mm beim Zeichnen mit einem Stift und ± 0,2 mm über die gesamte Fläche bei voller Geschwindigkeit und mit mehreren Stiften sowie die Genauigkeit der Positions (= Lage) anzeige ± 0,03 mm (Angaben nach Firmenprospekt).

Der Eingabeweg ist folgender: Ablochen oder Übernehmen der Koordinaten an Lochstreifenleser oder Lochkartenleser bzw. über Magnetband- und Plattenspeicher an die Kleinrechenanlage Interpolator (oder beliebig programmgesteuerte Rechenanlage), weiter über Lochstreifen- bzw. Lochkartenstanzer und Lochstreifen- bzw. Lochkartenleser an die Zeichenanlage.

3.135 Polare Kartiergeräte

Zum Auftragen polar vermessener Punkte werden polare Kartiergeräte verwendet. Die Elemente der polaren Methode sind mit Winkelmeßgeräten ermittelte Richtungen und optisch oder auf andere Weise gemessene Entfernungen, eben die Polarkoordinaten (vgl. hierzu auch die Seiten 28 und 229). Bei der polaren Aufnahme größerer Gebiete, z. B. solcher in der Flurbereinigung, kann es zweckmäßiger sein, für die vermessenen Punkte rechtwinklige Koordinaten zu berechnen und diese mit (automatischen) Großkartiergeräten aufzutragen. Die rechtwinkligen Koordinaten können dann auch für Flächenberechnungen Verwendung finden.

---

[1]) Konrad Zuse baute die erste arbeitsfähige programmgesteuerte Rechenanlage der Welt. Zuse KG jetzt in Verbindung mit Siemens AG bzw. der Hagen Systeme.

Das einfachste Gerät zum Auftragen von Polarkoordinaten ist der (Karten-)*Winkelmesser*, oft als *Transporteur* bezeichnet. Diese werden fast nur noch aus durchsichtigem Material, Astralon oder Plexiglas, hergestellt und können einen verschiedenen, meistens aber einen kleinen Durchmesser haben. Die 400^g-Winkelteilung ist auf $\frac{1}{2}^g$ genau angegeben. Mit diesem einfachen Gerät können die Winkel abgetragen werden. Die Strecken müssen daran anschließend ausgezogen und dann mit einem Maßstab abgesetzt (kartiert) werden.

Eine Verbesserung bedeutet hier der *Aristo-Tachymeter-Transporteur* (Bild 216,1). Dieses einfache Gerät aus 0,5 mm starkem transparentem Aristopal hat einen Ausschnitt, der mit einer Maßstabsskala 1 : 5000 versehen ist, und eine linksläufige Kreisteilung. Das Gerät wird mit einer Kopiernadel über dem Stationspunkt zentriert; alle Punkte dieser Station lassen sich dann absetzen. Der Kartierbereich dieses kleinen Gerätes beträgt an der Skala 320 m (im Maßstab 1 : 5000) bei einem Durchmesser von 150 mm. Für größere Maßstabsverhältnisse reicht dieses Gerät natürlich nicht aus.

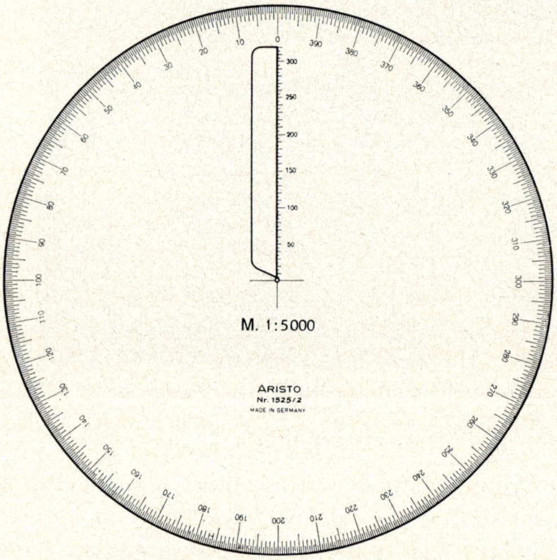

216,1 Tachymeter-Transporteur

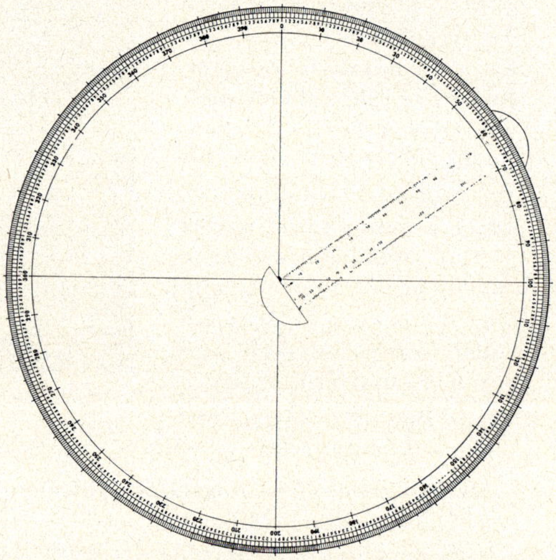

216,2 Kartameter mit Schwenklineal

Ein neuartiges Kartiergerät zum Auftragen von Polarkoordinaten ist das *Kartameter*. Wie Bild 216,2 zeigt, besteht das Gerät aus einer 1 mm starken durchsichtigen Astralonplatte mit dem sehr großen Kreisdurchmesser von 500 mm und einer tiefgeätzten rechtsläufigen Neugrad- oder Neu- und Altgradteilung. Der durchbohrte Kreismittelpunkt der Platte nimmt ein Schwenklineal aus glasklarem Plexiglas auf, dessen Seiten die Maßstäbe 1: 500 und 1: 1000 aufweisen. Außerdem ist ein weiteres Lineal mit den Maßstäben 1: 2000 und 1: 2500 lieferbar. Somit lassen sich an den Linealen lange Entfernungen bis zu 125, 250, 500 oder 625 m absetzen. Zum Auftragen der Polarkoordinaten wird die Astralonplatte unter den transparenten Zeichnungsträger oder — auf einem Leuchttisch — unter den nicht zu starken Zeichenkarton gelegt und darauf drehbar mit einer Polnadel das Schwenklineal befestigt. Das Lineal kann nun in die gewünschten Richtungen auf dem durchscheinenden Teilkreis eingedreht und am Lineal können die Entfernungen in einem der vier Maßstabsverhältnisse unmittelbar auf dem Zeichnungsträger abgesetzt werden. Neben der hohen Auftragegeschwindigkeit wird durch den großen Kreisdurchmesser des Gerätes eine gute Richtungsgenauigkeit erreicht.

Mit großen Auftragebereichen und für umfangreiche und sehr genaue Arbeiten sind *Polarkoordinatographen* von verschiedenen Firmen konstruiert worden. Bei dem Gerät von den Aristo-Werken Dennert & Pape KG dienen zwei Feinbewegungsschrauben zur Zentrierung über dem Stationspunkt. Der drehbare Teilkreis läuft auf Kugellagern. Die Teilkreisbezifferung ist verstellbar. Dadurch wird eine einfache Orientierung erreicht. Der Wagen zur Einstellung der Entfernung ist mit einem Meßwerk, einem Punktiermikroskop und mit Meßscheiben für die gewünschten Maßstäbe ausgestattet. Der Auftragebereich ist 400 mm, d. h. vom Mittelpunkt nach jeder Richtung 200 mm. Im Maßstab 1 : 500 sind das 100 m, im Maßstab 1 : 1000 = 200 m. Die Kreisteilung ist in $^1/_5{}^g$ (20^c) angegeben. Die Ablesung am Nonius beträgt $^1/_{100}{}^g$ (1^c). Die Punktiergenauigkeit erreicht $\pm$ 0,03 mm.

Der schon seit langer Zeit hergestellte *Polarkoordinatograph* der Firma Haag-Streit ist ähnlich konstruiert (Bild 217,1). Der Teilkreis ruht ebenfalls auf Kugellagern. Der schwere Rahmen verhindert ein Verrutschen auf der Zeichenfläche. Auch hier ist eine gut zugängliche und große Zeichenfläche vorhanden, die durch die einseitige Anordnung des frei vorstehenden Punktiermikroskops erreicht wurde. Das Gerät hat Mikrometerschrauben zum Feinstellen. Die Teilungen befinden sich auf weißem Zelluloid, die Nonien auf Glas. Im Punktiermikroskop ist der Punktierstift (Nadelspitze) und das Mikroskop in einem Körper vereinigt. Das Punktiermikroskop ermöglicht ein gleichzeitiges Punktieren und Kontrollieren. Die Punktiernadel befindet sich vor dem Objektiv, sie ist beim Blick durch das Mikroskop unsichtbar. Auch bei diesem Gerät ist der Aktionsradius 200 mm groß.

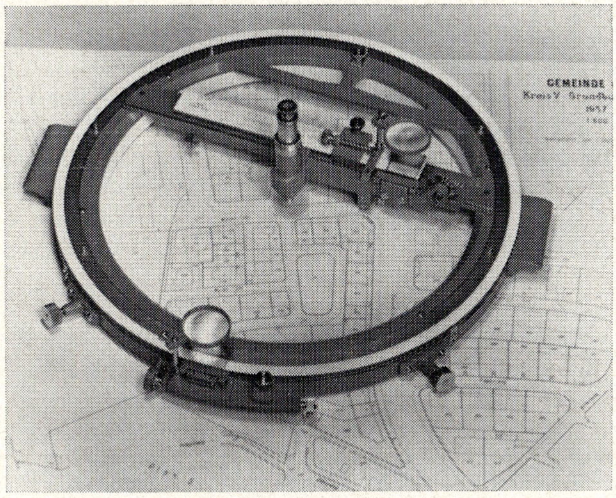

217,1 Polar-Koordinatograph

Eine Besonderheit ist der *Polar-Koordinator*. Dieses an sich kleine Gerät hat Arbeitsbereiche von 500 und 600 mm = 250 bzw. 300 mm Arbeitslänge. Die beiden Ausführungen besitzen die gebräuchlichen Maßstabsverhältnisse. Die günstige Form läßt die Arbeitsfläche frei und ermöglicht somit

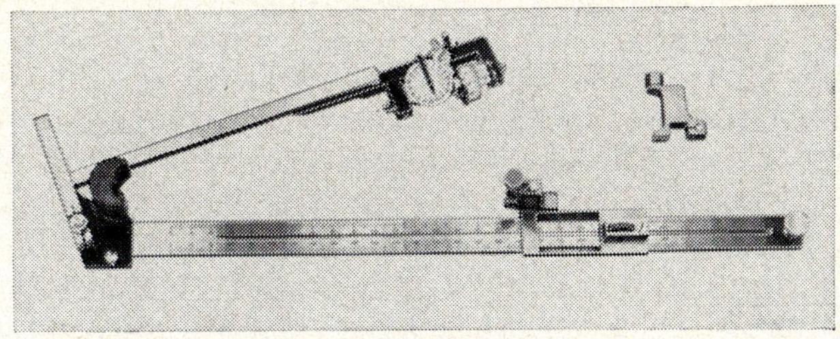

217,2 Ott-Polar-Koordinator

ein rasches und genaues Arbeiten (Bild 217,2). Das Gerät besteht im wesentlichen aus einem langen Maßstab, mit dem ein Winkelmeßwerk verbunden ist. Der Maßstab mit dem Winkelmeßwerk läßt sich um einen durch eine Nadel gebildeten Pol schwenken. Die Meßrolle des Meßwerkes führt dem Drehwinkel proportionale Umdrehungen aus. Bruchteile eines Teilungszwischenraumes (= Intervalls) der Meßrolle können an einem Nonius ermittelt, die vollen Umdrehungen an einer Zählscheibe und einer Zähltrommel abgelesen werden. Der Maßstab hat zwei verschiedene Teilungen, z. B. 1: 500 und 1: 1000, und einen Ableseschieber mit zwei Nonien für Arbeiten mit einem Punktier- oder Lupenaufsatz. Die Feineinstellung des Ableseschiebers erfolgt durch eine Daumenrolle. Die Ablesegenauigkeit ist nach Angabe des Herstellers 0,1 mm, die des Winkelmeßwerkes $0{,}02^g$ (2^c).

3.14 Automatische Ausmeßgeräte

Werden bei den automatischen Zeichenanlagen Werte eingegeben — Datendarstellung —, so können umgekehrt auch Werte aus vorhandenen Karten mit der diesen innewohnenden Genauigkeit entnommen werden — Datenerfassung —. Diese Werte werden auf Datenträgern gespeichert und stehen zur anderweitigen Verwendung, z. B. Flächenbestimmungen, jederzeit wieder zur Verfügung.

Die hierfür entwickelten Geräte sind z. B. der *Aristometer* in Verbindung mit der digitalen Meßelektronik *Geameter 1000* für halbautomatisches und dem *Geameter 2000* für vollautomatisches Arbeiten mit photoelektrischer Abtasteinrichtung von Dennert & Pape KG sowie von Coradi in Verbindung mit dem Coradomat (s. 3.134) zwei Geräte: das *Orthogonal-Digimeter* mit x-y-Meßtisch und das *Polar-Digimeter* mit Meßkopf für den Polarkoordinatenabgriff.

3.15 Zeichenträger

Für das vermessungstechnische Zeichnen und Kartieren finden die verschiedenartigsten Zeichenträger (auch Zeichnungsträger) Verwendung: Weiße Zeichenpapiere, weiße Zeichenkartone, dünne durchsichtige (transparente) Pauspapiere, Zeichenfolien, Zeichenplatten mit eingearbeiteten Aluminiumfolien, Zeichenkarton mit Polyesterfolie als Zwischenschicht sowie mehr und mehr Kunststoff-Folien.

3.151 Zeichenpapiere, -kartone, -folien und -platten

Pläne oder Karten, die hohen Ansprüchen genügen sollen, wie z. B. Dauerhaftigkeit, Fortführungsfähigkeit, Grundlagewert, vielseitiger Gebrauch u. a., werden auch heute noch auf hochwertigem Papier als Zeichengrundlage kartiert. Wir kennen von den Zeichenpapieren u. a. die Schoellers-Hammer-Fabrikate aus Düren und unterscheiden hierbei:

Zeichenpapiere mit glatter oder rauher Oberfläche und verschiedenen Flächengewichten, etwa zwischen 150 und 300 g/m^2;

Zeichenkartone, bestehend aus zwei oder mehreren aufeinandergeklebten Zeichenbogen derart, daß sich diese, wie bei Sperrholz, mit ihrer Lauf- und Dehnrichtung kreuzen;

Zeichenfolien, die aus einer etwa $^1/_{20}$ mm dicken Aluminiumfolie, die beiderseitig mit Zeichenpapier bezogen ist, hergestellt werden;

Zeichenplatten, die aus meist $^1/_2$ oder $^3/_4$ mm dicken Aluminiumfolien, die ebenfalls beiderseitig mit Zeichenpapier nach einem Spezialverfahren bezogen sind, gefertigt werden.

Zeichenkarton, bestehend aus einer Polyesterfolie, die auf beiden Seiten mit Zeichenpapier kaschiert ist. Dieser Safir PKO Zeichenkarton der Firma Renker-Belipa GmbH, Düren, ist maßbeständig und unzerreißbar. Der Zeichenkarton Herkules z. B., beiderseits kaschiert auf eine 0,08 mm dicke Polyesterfolie, ist gleichfalls praktisch maßhaltig.

Neben den im nächsten Abschnitt behandelten Pauspapieren weisen auch die Zeichenpapiere Längenänderungen auf. In der Hauptsache sind diese auf den Feuchtigkeitsgehalt der Luft zurückzuführen. Die Papierfasern quellen oder schrumpfen. Dadurch ändert sich die Papierlänge, wobei sich die Querrichtung etwa vier- bis fünfmal stärker verändert als die Laufrichtung des Papiers. Diese außerordentlich unangenehme Eigenschaft der Papiere ist darauf zurückzuführen, daß sich bei dem Herstellungsvorgang die länglichen Papierfasern im Papierbrei meistens der Länge nach ausrichten (Bild 219,1). Die Fasern (Baumwollfasern weniger als Natronzellstoff) quellen oder schrumpfen fast nur in die Breite. Bei den erheblich teuren handgeschöpften Büttenpapieren, die allerdings heute kaum noch für die uns interessierenden Zwecke verwendet werden, liegen diese Fasern verfilzt in allen Richtungen im Papierbrei. Deshalb verändert sich dieses Papier ziemlich gleichmäßig in verschiedenen Richtungen.

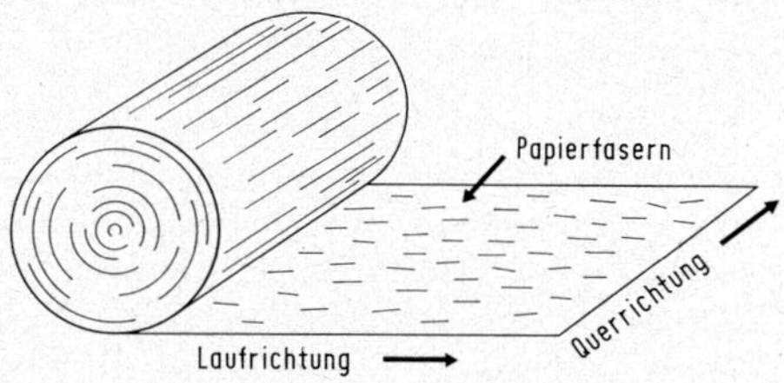

219,1 Papier-Laufrichtungen

Die Laufrichtung des Papiers läßt sich auf einfache Weise bestimmen, wenn man ein Stück Papier auf Wasser legt. Das Papier rollt dabei nach der trockenen Seite. Die Rollachse läuft stets parallel zur Laufrichtung des Papiers.

Das wirksamste Mittel, die Längenänderungen so gering zu halten, daß sie praktisch bedeutungslos sind, besteht z. Z. darin, Zeichenpapier von gleicher Qualität und Stärke auf mindestens $^1/_2$ mm starke Aluminiumplatten oder -folien auf beiden Seiten aufzuziehen. Nur eine Seite der Platte zu bekleben, wäre zwecklos, weil sie sich dann wölben würde. Diese Zeichenplatten sind für alle hochwertigen Pläne und Karten als Zeichengrundlage hervorragend geeignet. Sie haben sich überdies auch auf Grund ihrer fast unbegrenzten Haltbarkeit besonders bewährt.

Wenn man auf Zeichenpapieren arbeitet, ist sorgfältig darauf zu achten, daß nur gut abgelagertes Papier verwendet wird. Es ist zweckmäßig, einen größeren Vorrat Papier von der Rolle in die gewünschten Formate zu schneiden oder fertig gelieferte Größen längere Zeit flachliegend der Raumtemperatur und -feuchtigkeit auszusetzen.

3.152 Transparente Papiere

Für weniger wertvolle zeichnerische Arbeiten, d. h. solche, an deren Maßhaltigkeit oder Haltbarkeit man geringere Anforderungen stellt, sowie für Entwürfe und für andere Zwecke, wird *transparentes Papier*, meistens ein Pflanzenfaserpapier, benutzt. Es gibt Klarpapiere, die besonders gut durchscheinend sind, mit matter oder glatter Oberfläche. Ferner Pergamin- und Ölpauspapiere. Die letztgenannten sind nicht ganz so transparent, dafür aber etwas maßhaltiger. Ihre Behandlung mit Harz und Öl macht sie nicht so feuchtigkeitsempfindlich. Auch die transparenten Papiere sollten vor der Verwendung von den Rollen in Formate geschnitten und abgelagert werden. Die Flächengewichte der transparenten Papiere schwanken je nach Dicke zwischen 40 und 155 g/m².

3.153 Kunststoff-Folien

Neben den Pauspapieren sind für Zeichnungen aller Art schon seit langem besonders Kunststoff-Folien mit den verschiedenartigsten Eigenschaften im Gebrauch.

Wird bei den Zeichnungen mehr Wert auf Haltbarkeit als auf Maßhaltigkeit (im strengen vermessungstechnischen bzw. kartographischen Sinne) gelegt, so sind hierfür u. a. die Folienfabrikate *Ultraphan*, *Arcasol* und *Kodak-Klarzell* zu nennen. Diese sind 0,1 mm dick, vorderseitig matt und rückseitig poliert. Die Folien bauen sich auf Zellulose auf. Dadurch sind sie sehr feuchtigkeitsempfindlich und somit erheblichen Längenänderungen unterworfen.

Für Pläne und Karten hoher Qualität, für Kopier- und für Farbfolien bei mehrfarbigen Karten und für andere zeichnerische Arbeiten, die eine sehr gute Maßhaltigkeit verlangen, werden heute die vollsynthetischen thermoplastischen Kunststoffe *Astralon Kartographisch* (Dynamit AG Nobel), *Agfafol* und *Copyline* (Agfa-Gaevert), *Cronaflex* (DuPont, USA), *Pokalon K* (Lonza-Werke), *Sicoprint* (Mazzucchelli Celluloide S.p.A., Italien) und die in Deutschland unter der Bezeichnung *Hostaphan* (Kalle) bekannte amerikanische Folie Mylar, die englische Folie *Permatrace*[1]) (Admel) und andere mehr und mehr verwendet.

Astralon wird auf der Grundlage von Vinyl-(Misch)Polymerisaten hergestellt. Es ist schwer entflammbar, gegen Witterung, Feuchtigkeit und Licht ausreichend unempfindlich. Andererseits ist das Material wärmeempfindlich, bei mehr als etwa 40 °C können Verformungen auftreten. Es darf nicht durch Lichtpausmaschinen laufen. Die gute Maßhaltigkeit der Folie macht Astralon vielseitig verwendbar. Gebräuchlichste Dicken sind 0,15 und 0,25 mm. Die Folien können beiderseitig mattiert geliefert werden. Neben der durchsichtigen Ausführung wird es auch opak (undurchsichtig) und mattweiß hergestellt. Astralon wird in Formaten bis zu 110 × 210 cm geschnitten. Die Lagerung sollte stets auf einer ebenen Unterlage erfolgen.

Agfafol dagegen ist eine gut maßhaltige hochtransparente Polyesterfolie auf der Grundlage des Bayer-Produktes Polykarbonat. Die Folie ist sehr elastisch, schwer brennbar und nicht entflammbar. Selbst bei hohen Temperaturen tritt keine Verformung auf. Agfafol und Pokalon können deshalb durch Lichtpausmaschinen gegeben werden. Agfafol wird in Rollenbreiten von 120 cm und in den Stärken 0,14 mm und 0,20 mm (Verbundfolie) beiderseitig blank geliefert.

Copyline sind Polyester-Zeichenfilme, einseitig oder beiderseitig mattiert. Stärken 0,10 und 0,18 mm. Bezeichenbar mit Graphit- und Kunststoffstiften, Wasser- und Folientuschen.

Mylar bzw. *Cronaflex* UC4 und UC7 sind blanke oder mattierte maßhaltige Zeichenfolien auf Polyestergrundlage.

Die *Pokalonfolien* werden ebenfalls auf Polykarbonat-Basis hergestellt. Pokalon ist maßhaltig, ist in hohem Maße einreißfest, bricht und springt nicht, verfärbt sich nicht, ist sehr wärmebeständig, wasser- und wetterfest, läßt sich gut radieren, nimmt Stift, Folientusche und alle Druckarten gut an, ist transparent und liegt gut plan. Die Folie ist unempfindlich gegen Fette, Öle, Seifen, Waschmittel und die meisten Salze. Sie ist dagegen wenig oder nicht beständig gegen Säuren, Laugen und verschiedene

---

[1]) Wird in der Bundesrepublik mit „transferstat“ bezeichnet.

Lösungsmittel, wie z. B. Tetralin. Pokalonfolien sind als Zeichen-, Kopier- und Druckunterlagen lieferbar in den Stärken 0,10, 0,14 und 0,20 mm, einseitig mattiert und glasklar in 120-cm-Rollenbreiten oder in Bogen.

Hostaphan ist eine in verschiedenen Stärken ein- oder beiderseitig mattierte Polyesterfolie auf Polyterephtalsäureester-Grundlage. Diese Folie besitzt eine ungewöhnlich hohe Reißfestigkeit, ist wasser- und lösungsmittelbeständig, vergilbt nicht, wird nicht spröde und ist temperaturbeständig.

Sicoprint ist eine planliegende und stabile, sich nicht verziehende, unzerbrechliche und unentflammbare Folie auf PVC-Basis. Standardstärke 0,25 mm.

Die Polyesterfolie *Permatrace* wird in den Stärken 0,05, 0,076 und 0,13 mm ein- und zweiseitig mattiert sowie in der Stärke 0,19 mm einseitig mattiert hergestellt. Auch auf diesen Folien läßt sich gut zeichnen und schreiben sowie mit Spezialfarbe gut kopieren. Die Folie ist gut radierfähig. Außerdem eignet sie sich auch als Lichtpausfolie.

Da die aufgeführten Fabrikate wenig feuchtigkeitsempfindlich sind, können zum Zeichnen die gewöhnlichen Wasser enthaltenden Tuschen nicht verwendet werden. Es sind vielmehr Spezialtuschen für Transparentfolien erforderlich. Ausnahme s. S. 250.

Die in der Hauptsache für die Kartenherstellung (Zeichenträger, Filme oder Kopien) in Betracht kommenden Kunststoffe sind:

1. Polyvinylchlorid (0,06 mm),
2. Polyester (0,04 mm),
3. Polycarbonat (0,07 bis 0,08 mm) und
4. Polystyrol (0,08 mm).

In Klammern sind die Längenänderungen (Wärmeausdehnungen) für 1 m und 1° C Temperaturerhöhung angegeben. Geht diese auf ihre Anfangstemperatur zurück, so wird auch das Ausgangsmaß der Folie wieder erreicht. Aber auch die Luftfeuchtigkeit wirkt sich etwas auf die Maßhaltigkeit der Folien aus. Für je 1% ist hier mit 0,005 bis 0,01 mm, bei Polystyrol mit 0,03 mm für 1 m zu rechnen.

3.16 Papierformate

Bei den Papierformaten werden gewöhnlich Länge und Breite in Zentimeter oder Millimeter angegeben. Die Größen der Zeichen- und Schreibpapiere sind meistens genormt und in dem Normblatt 476 (DIN = *Deutsche Industrie-Norm* oder auch *Das Ist Norm.* Verbandszeichen des Deutschen Normenausschusses) zusammengestellt.

Die DIN-A-Formate gehen von einem rechteckigen Bogen mit 1 m² Flächeninhalt aus (DIN A 0 = Ausgangsformat). Alle weiteren Normformate entstehen durch fortgesetztes Halbieren bzw. Verdoppeln; die Formate sind einander ähnlich und haben stets das gleiche Seitenverhältnis $1:\sqrt{2} = 1:1{,}414$. Die DIN-Formate sind gegliedert in die Vorzugsreihe A und die Zusatzreihen B, C und D für abhängige Papiergrößen. Die Normformate der Reihe A haben folgende Größen:

Tabelle 18

Kurzzeichen	Größe in mm	Kurzzeichen	Größe in mm	Kurzzeichen	Größe in mm
2 A 0	1189×1682	A 3	297×420	A 7	74×105
A 0	841×1189	A 4	210×297	A 8	52× 74
A 1	594× 841	A 5	148×210	A 9	37× 52
A 2	420× 594	A 6	105×148	A 10	26× 37

Die Zusatzreihen haben folgende Grundformate:
B: 1000×1414 mm, C: 917×1297 mm, D: 771×1090 mm.

Für Landkarten(druck)papiere werden allgemein andere Formatgrößen verwendet.

3.17 Falten von Zeichnungen

Es kommt häufiger vor, daß Zeichnungen, meistens Lichtpausen, als Anlagen für Schriftstücke in Ordnern abgelegt werden.

Die Zeichnungen müssen DIN-Format haben und werden auf A 4 zusammengefaltet.

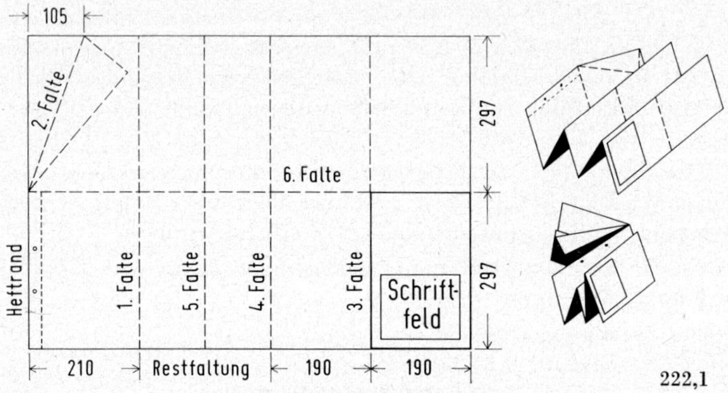

222,1 Faltschema DIN A 1

Das Schriftfeld soll obenauf in richtiger Lage sichtbar sein.

Das DIN-Blatt 824 gibt nähere Erläuterungen für das Falten der Formate A 3, A 2, A 1 und A 0. Bild 222,1 zeigt hieraus ein Faltschema für A 1.

3.18 Gebrauch und Pflege der Zeichengeräte

Der richtige Gebrauch und die sorgfältige Pflege und Behandlung der Zeichengeräte erleichtern nicht nur das Zeichnen, Kartieren und Schreiben, sondern führen auch zu besseren Arbeitsergebnissen.

In erster Linie gilt dies für *Reiß-* oder *Ziehfedern*. Diese können nur gleichmäßig starke und randscharfe Linien ziehen, wenn die beiden Zungen sorgfältig angeschliffen sind und ihre Handhabung richtig ist. Sehr häufig führt eine falsche Handhabung und eine mangelnde Reinigung zur Unbrauchbarkeit der Ziehfedern.

Beim Ausziehen von Linien muß die Ziehfeder senkrecht zum Lineal oder Dreieck geführt werden, damit beide Zungenspitzen die Zeichenfläche gleichmäßig berühren (siehe Bild 222,2). Außerdem wird die Feder in Ziehrichtung etwas geneigt, wie in Bild 222,3 dargestellt. Die Kante des Lineals oder des Dreiecks darf nicht flach oder gar abgeschrägt sein. Wird die Feder nicht senkrecht gehalten, so entstehen unscharfe Ränder der Linien (siehe Bild 222,4). Die dem Lineal zugekehrte Zunge der Feder

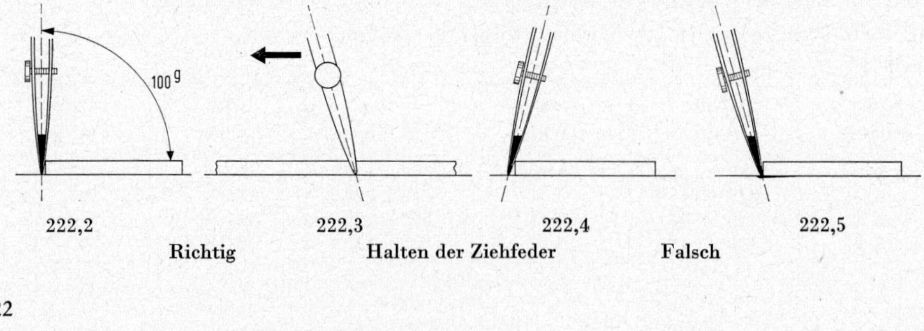

222,2 222,3 222,4 222,5

Richtig Halten der Ziehfeder Falsch

ritzt nur die Zeichenfläche, die andere Zunge liegt auf der Fläche nicht auf. Bei der entgegengesetzten Haltung, wie sie Bild 222,5 zeigt, läuft die Tusche unter das Lineal. Die Ziehfeder soll nicht zu sehr gefüllt werden. Dabei ist auch darauf zu achten, daß keine Tusche an die Zungenaußenseiten der Ziehfeder gelangt.

Das Arbeiten mit *Kurvenziehfedern* verlangt einige Übung. Die Feder muß senkrecht und freihändig (nicht an einem Lineal), aber sehr zügig längs der Kurven (meist Höhenlinien) geführt werden.

Obgleich die Zungenspitzen der Ziehfedern vielfach gehärtet oder aus Hartmetall gefertigt sind, nutzen sich diese ab, ganz besonders auf den mattierten Kunststoff-Folien. Sie müssen deshalb von Zeit zu Zeit wieder angeschliffen werden. Hierzu ist ein Öl(Arkansas-)stein erforderlich.

Auch die Zeichenfedern sind — besonders aber für feine Arbeiten — von Fall zu Fall auf einem Ölstein anzuschleifen. Beide durch einen Schlitz getrennte Federspitzen müssen gleichlang sein. Das kann, wie auch bei den Ziehfedern, durch eine Lupe geprüft werden. Zu harte Federn werden durch leichtes Ausglühen mit einem brennenden Streichholz weicher. Die Zieh- und Zeichenfedern sind nach dem Gebrauch gründlich von Tuscheresten zu säubern.

Vor dem Gebrauch muß die Nadelspitze des Fallnullenzirkels (nur diese Konstruktion sollte man benutzen) gerichtet oder zentriert werden. Die Nadelspitze muß sich genau mit der Zungenspitze der Ziehfeder decken. Ist das nicht der Fall, so entstehen keine Kreise. Mit einem guten Fallnullenzirkel lassen sich kleinste Kreise bis 0,3 mm Durchmesser zeichnen.

Die *Zeichendreiecke* sind unbedingt vor dem Gebrauch auf ihre Rechtwinkligkeit zu prüfen. Das geschieht durch Errichten eines rechten Winkels in C (Bild 223,1) auf der Grundlinie AB. Auch durch Umklappen der Dreiecke kann eine Ungenauigkeit festgestellt werden. Die Geradlinigkeit eines Lineals prüft man durch Umlegen. Zwei Punkte A und B (Bild 223,2) werden mit dem Lineal in beiden Lagen geradlinig verbunden. Fallen beide Linien zusammen, so ist das Lineal geradlinig.

Die Kanten der Lineale und Dreiecke müssen vor Beschädigungen sorgfältig geschützt werden. Es empfiehlt sich auch nicht, mit Rasierklingen an ihnen entlang zu schneiden. Hierfür eignen sich besondere Eisenlineale besser.

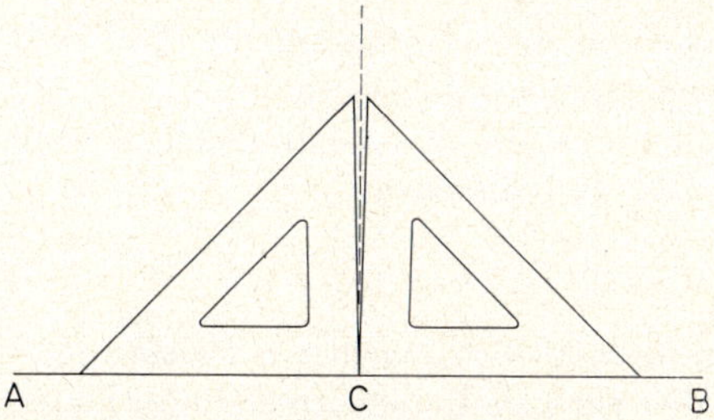

223,1 Prüfen der Rechtwinkligkeit

223,2 Prüfen der Geradlinigkeit von Linealen

Anlegemaßstäbe aus Holz oder aus einem anderen Material sind vor Gebrauch mit einem Glasmaßstab zu prüfen. 300 mm lange Maßstäbe sollten keine größeren Abweichungen als 0,15 mm aufweisen. Die weißen Teilungen dieser Maßstäbe aus Zelluloid oder Aristopal oder auch anderer Geräte sind von Zeit zu Zeit gründlich zu säubern. Mit dem Reinigungsmittel *Pelikan-Tusche-Löser* lassen sich alle Zeichengeräte, Federn, Halter und Düsen von angetrockneter Tusche reinigen. Auch Ultraschall-Reinigungsgeräte sind hierfür konstruiert worden.

3.2 Zeichnen und Kartieren

3.21 Zeichen für Vermessungsrisse, Karten und Pläne

Aus vielerlei Gründen ist es zweckmäßig, Zeichen (auch Signaturen genannt) für die verschiedensten Dinge, die sich auf und unter der Erdoberfläche befinden (im weiteren Sinne also Topographie), zu schaffen. Diese Zeichen sollen nicht nur einfach zu zeichnen und darzustellen sein, sondern auch anschaulich und damit verständlich wirken. Es ist deshalb mehr und mehr anzustreben, daß auch Zeichen für Darstellungen in Vermessungsrissen, in Kataster(flur)karten mit einem Maßstab größer als 1:5000 sowie in vermessungstechnischen Lageplänen in einheitlicher Weise verwendet werden. Diesem Zweck soll das Normblatt 18 702 (v. August 1963) dienen. Hierin ist angegeben die Darstellung der Vermessungspunkte, -linien und -zeichen; für Grenzen, Vermessungsmale, Grenzeinrichtungen; für Nutzungsarten; für Geländeformen und Böschungen; für Verkehrsanlagen, wie Straßen, Bahnen und Brücken; für Gebäude, Industrieanlagen und Versorgungseinrichtungen. Ferner ist die Schreibweise der Maßzahlen, die Beschriftung und die Farbgebung geregelt[1]).

Die in dem Normblatt angegebenen Zeichen und Strichbreiten sind hinsichtlich der Karten und Pläne auf den Maßstab 1:1000 abgestellt. Für Darstellungen in größeren oder kleineren Maßstabsverhältnissen sind die Zeichen entsprechend größer oder kleiner zu wählen. Soll jedoch z. B. von einem Kartenwerk 1:1000 fotomechanisch ein Kartenwerk 1: 2000 hergestellt werden, so muß sich die Größe der Zeichen in der Karte 1: 1000 nach der Lesbarkeit der Zeichen in der verkleinerten Karte 1: 2000 richten.

Das eigentliche Zeichnen der *Zeichen* kann in manchen Fällen durch Schablonen sehr erleichtert und damit vereinfacht werden. Zeichen für Nutzungsarten, z. B. Laubwald, können in Karten auch montiert werden. Diese Zeichen sind dann einmal sehr groß zu zeichnen. Nach fotografischer Verkleinerung auf die erforderliche Größe können von dem Negativ beliebig viele positive Zeichen angefertigt und sodann montiert werden. Auch von Übertragungsbogen und Klebefolien (s. S. 269) lassen sich solche Zeichen sowie die verschiedensten Strukturraster schnell und sauber herstellen.

Eine Karte soll jedoch mit Zeichen und Schriften der verschiedensten Art nicht „überladen“ werden, vielfach genügt schon eine entsprechende Auswahl.

Weitere Zeichen, z. B. für Anlagen der Eisenbahnen, der Wasserstraßen usw. sind besonderen Zeichenvorschriften oder Musterblättern zu entnehmen.

3.22 Anfertigen von Vermessungsrissen

Die örtlich ermittelten Maße werden in einem übersichtlich angelegten *Vermessungsriß* eingetragen. Die Risse werden in Inselform, aber auch als Rahmenrisse (Punktnumerierung, Datenverarbeitung) angefertigt. Inselrisse stellen Teile einer Flur, gewöhnlich mehrere Flurstücke dar. Die Frage, in welchem ungefähren Maßstab der Riß angefertigt werden soll, ist mit Rücksicht auf die künftige Fortführung (Ergänzung, Berichtigung, Laufendhaltung) sehr wichtig. Größere Flurstücke im offenen Gelände sind etwa in 1:1500, mit einzelnen Gebäuden in 1:1000, kleinere Flurstücke in 1:700, Kleinsiedlungen in 1:500 und innere dicht bebaute Stadtgebiete bis zu 1:200, 1:150 oder 1:100 zu zeichnen. Wegekreuzungen, Gebäude usw. sind wegen der Häufung der Maßzahlen etwas größer und verzerrt darzustellen. Besonders lange Flurstücke können gekürzt werden.

---

[1]) Alleinverkauf der Normblätter durch Beuth-Vertrieb GmbH, Berlin 15 und Köln.

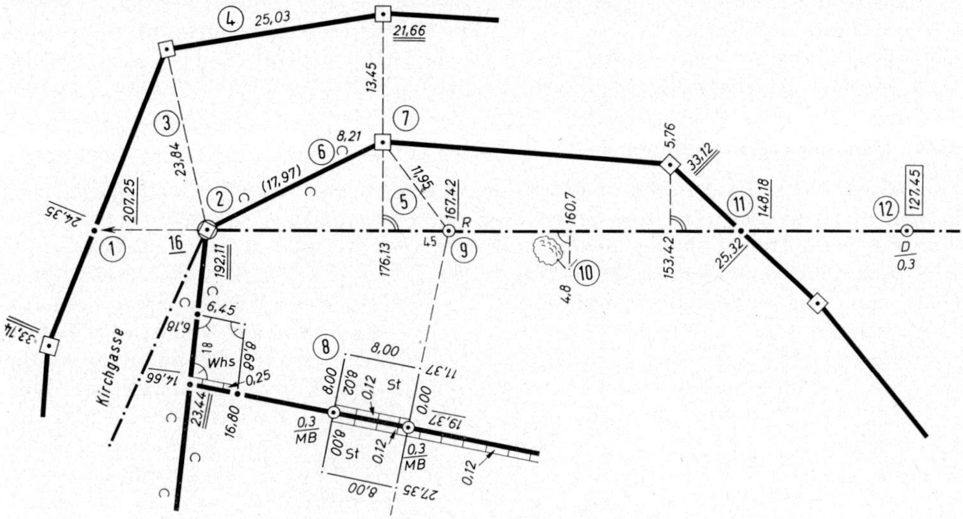

225,1 Schreibweise der Maßzahlen in Vermessungsrissen nach DIN 18702

Wenn das „bereinigte“ Zahlenmaterial (siehe unten) und andere Unterlagen vollständig und gesichtet vorliegen, wird der Grundriß zunächst in Bleistift in dem erforderlichen ungefähren Maßstab gezeichnet. Als Zeichenträger werden kräftiges Pauspapier oder besser Kunststoff-Folien, z. B. Ultraphan oder Kodak-Klarzell, benutzt.

Die in dem Normblatt 18 702 festgelegten Zeichen für Vermessungsrisse sowie die Schreibweise der Maßzahlen sind genau zu beachten. Die Bedeutung der Zeichen und der Zahlen muß zweifelsfrei im Riß erkennbar sein. In Bild 225,1 ist die Schreibweise der Maßzahlen bei durchlaufender orthogonaler Messung gezeigt. Hierin bedeuten:

(1) Verlängerung
(2) Endmaß (Ende einer Meßlinie)
(3) Spannmaß
(4) Steinbreite
(5) Strebe
(6) gerechnetes Maß
(7) mehrere Punkte auf einer Senkrechten
(8) Gebäudeeinmessung
(9) abgehende Meßlinie
10) Einmessung eines topographischen Gegenstandes (Baum)
(11) Schnittpunkt
(12) angelegtes Maß

Es empfiehlt sich, in den Riß zuerst die Maßzahlen einzutragen, dann die Zeichen und Linien auszuziehen und schließlich die Beschriftung auszuführen. Nach Fertigstellung muß der Riß gründlich geprüft werden.

Unter dem Begriff *Vermessungsrisse* sollen hier solche Risse verstanden werden, die aus vorangegangenen Vermessungen verschiedenen Ursprungs und unterschiedlicher Qualität entstanden sind. Hierin werden vielfach verschiedene Maßzahlen für einen einwandfrei vermessenen Punkt auf *eine* Maßzahl, die Grundzahl, zurückgeführt. Hierauf sind spätere Vermessungen abzustimmen (Bereinigung des Zahlenmaterials). Zur Bereinigung sind die Vermessungslinien nach Verm.-Vordruck 22 nachzurechnen. Im Zweifelsfalle ist eine Nachmessung erforderlich. Voraussetzung zur Anfertigung dieser Vermessungsrisse (Format DIN A 2) ist ein Polygon- und Meßliniennetz.

Die Ergebnisse einer Neuvermessung (Stückvermessung) sind *im Felde* in einem *Vermessungsriß* (Format DIN A 2), die einer Fortführungsvermessung oder einer Grenzherstellung in Vermessungsrissen oder (z. B. in Rot) in *Fortführungsrissen* (Format DIN A 3 oder 4) ebenfalls im Felde einzutragen[1]).

3.23 Quadratnetzkonstruktionen

Rechtwinklige Koordinaten werden im allgemeinen in einem Quadratnetz aufgetragen oder kartiert. Die Maschenweite dieses Netzes ist zwar von dem zu wählenden Maßstabsverhältnis abhängig, beträgt aber meistens 10 cm. Für den Maßstab 1:2500 z. B. kann man auch 8 cm = 200 m, für 1:250 8 oder 10 cm = 20 bzw. 25 m wählen. Die Netze sind mit großer Sorgfalt auf gut abgelagertem Zeichenpapier oder auf einem anderen Zeichenträger zu konstruieren oder anzufertigen. Es gibt hierfür verschiedene Möglichkeiten. Wenn keine besonderen Geräte zur Verfügung stehen, ist die *Diagonalmethode* wohl am gebräuchlichsten, um ein Quadratnetz anzufertigen. Hierbei zeichnet man mit einem harten Bleistift (7 H), dessen Spitze meißelförmig angeschliffen ist, zwei sich im Schnittpunkt S kreuzende Linien (Bild 226,1). Von diesem Schnittpunkt werden mit einem Sägeblattlineal (oder mit einem Stangenzirkel) nach den Punkten A, B, C und D sehr genau gleichlange Strecken abgesetzt und die vier Punkte durch scharfe Bleistiftlinien verbunden. Damit ist ein genaues Rechteck entstanden, das noch durch die Netzmaschen unterteilt werden muß. Für den in diesem Beispiel gewählten Maßstab 1:1000 werden nunmehr wieder mit Hilfe des Sägeblattlineals auf den Linien AB und CD 10 cm (= 100 m) lange Strecken abgetragen

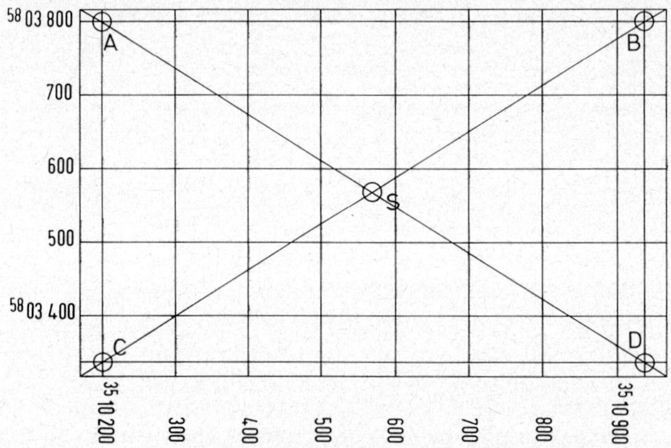

226,1 Quadratnetzkonstruktion (Diagonalmethode)

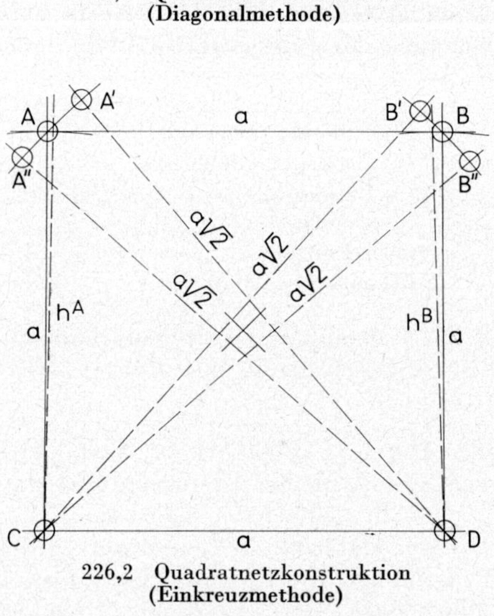

226,2 Quadratnetzkonstruktion (Einkreuzmethode)

---

[1]) In Niedersachsen: Herstellung und Fortführung von Vermessungsrissen (Vermessungsrißerlaß) vom 12. 7. 1972.

und die einzelnen Linien mit hartem Bleistift ausgezogen. Ebenso wird bei den Linien AC und BD verfahren. Zur Prüfung des entstandenen Quadratnetzes wird das Sägeblattlineal so oft diagonal über die Ecken der 10-cm-Quadrate gelegt, bis alle diese Ecken erfaßt sind. Ergeben sich gerade Linien und stimmen die Schnittpunkte mit der $\sqrt{2}$-Teilung überein, dann ist das Netz einwandfrei rechtwinklig und genau unterteilt. Den einzelnen Strecken werden am unteren und linken Blattrand die entsprechenden Rechts- (y-Achse) und Hochwerte (x-Achse) beigeschrieben.

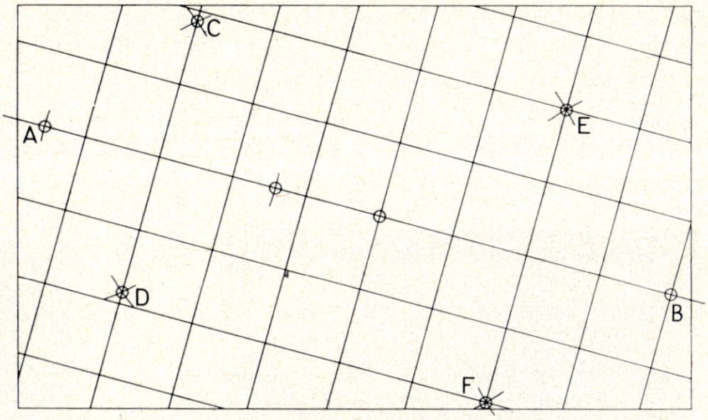

227,1 Schrägliegendes Quadratnetz

Nach der *Einkreuzmethode* lassen sich quadratische Netze konstruieren. Gegeben sind hierbei vier gleichlange Seiten a (Bild 226,2). Zunächst trägt man die Punkte CD mit dem Abstand a auf.

In den Punkten C und D werden hierauf nach Augenmaß Senkrechte h^A und h^B errichtet. In der Nähe der Punkte A und B werden die Hilfspunkte A′ und A″ bzw. B′ und B″ bezeichnet, deren Entfernungen von D und C sich mit $a\sqrt{2}$ ergeben.

Durch Einkreuzen mit der Strecke a von C bzw. D aus (Bogenschlag) ergeben sich die Punkte A und B. Zur Kontrolle kann man auch von A und B die Punkte D und C einkreuzen. Die Halbdiagonalen des Quadrates ABCD müssen gleichlang sein. Mit der Einteilung der Netzmaschen ist das Quadratnetz fertig.

Schwieriger ist die Herstellung eines zum *Rande des Zeichenbogens schräg liegenden Quadratnetzes.* Hierfür ist es zweckmäßig, sich zunächst einmal die Begrenzung des zu kartierenden Gebietes und die Richtung der Rechts- und Hochwerte in einem kleinen Maßstab, etwa 1 : 10 000, aufzuzeichnen. Die längere Linie, AB in Bild 227,1, wird dann ihrer Lage nach auf den Zeichenbogen übertragen und mit einem scharfen Bleistift ausgezogen. Mit Hilfe eines Stangenzirkels werden durch Bogenschlag die Punkte C, D, E und F bestimmt und die Mittelsenkrechten über CD und EF errichtet. Sehr genau werden nun vom Schnittpunkt der Geraden AB und CD aus auf diesen Geraden 10-cm-Strecken abgetragen und das Netz entsprechend vervollständigt. Die Prüfung des Quadratnetzes erfolgt auf die gleiche Weise wie beim Diagonalverfahren.

Bequemer zum Auftragen von Netzen in jeder gewünschten Lage zum Zeichenbogenrand sind jedoch *Quadratnetzschablonen* aus eloxiertem Leichtmetall. Die Netzpunkte der Schablone werden durch markierte Bohrlöcher gebildet, deren Abstände meistens 100 mm, seltener 50 mm, betragen. Zum Stechen der Punkte ist der Schablone eine Stechvorrichtung (Bild 228,2) mit vier Zentriereinsätzen beigegeben. Die rechteckigen Schablonen (Bild 228,1) sind bis zu 105×75 cm groß.

Soll ein Quadratnetz angefertigt werden, so legt man die Schablone auf einen Zeichenbogen und hält sie mit Zeichnungsbeschwerern fest. Nach dem Stechen der Löcher wird die Schablone beiseite gelegt, die Punkte an den vier Seiten mit einem Kreis gekennzeichnet und die Netzlinien mit einem harten Bleistift oder mit blaßschwarzer Tusche ausgezogen.

Vielfach werden die Quadratnetze auch mit einem der auf den Seiten 214 und 215 aufgeführtenKoordinatographen in Verbindung mit koordinierten Vermessungs- und sonstigen Punkten aufgetragen.

228,1 Koordinaten-Netzschablone, Haag-Streit

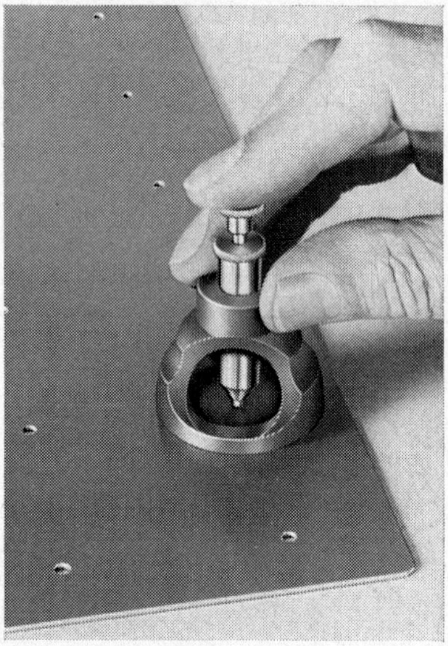

228,2 Stechapparat für Quadratnetzschablone, Gebr. Haff

3.24 Koordinaten und Koordinatensysteme

3.241 Ebenes rechtwinkliges Koordinatensystem

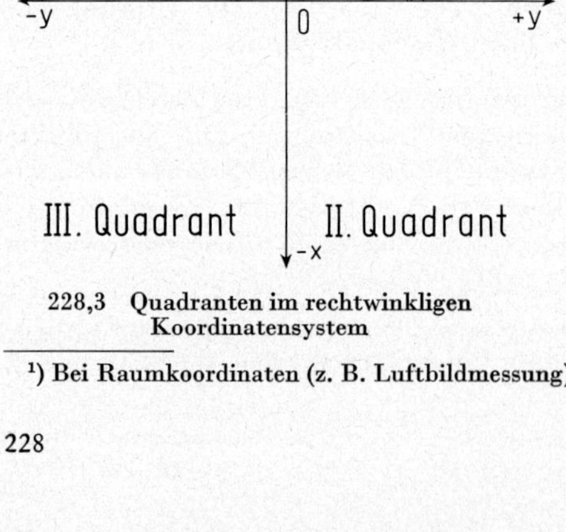

228,3 Quadranten im rechtwinkligen Koordinatensystem

Sollen in der Ebene ein Punkt P oder mehrere Punkte P_i ($i = 1, 2, 3 \ldots n$) festgelegt werden, so wird das am einfachsten dadurch erreicht, daß die Abstände von zwei Geraden, die zueinander senkrecht stehen, bestimmt werden. Diese beiden Geraden oder Koordinatenachsen bilden ein rechtwinkliges *Koordinatensystem.* Dieses nennt man auch ein kartesisches System nach dem Schöpfer der analytischen Geometrie, dem französischen Philosophen René Descartes (Renatus Cartesius, 1596—1650). Die (rechtwinkligen) Abstände des Punktes P von den Koordinatenachsen (Bild 228,3) sind dessen *Koordinaten* (= Ordnungs- oder Ortsmaße) x und y. *Abszisse* heißt der mit x bezeichnete Abstand und *Ordinate* der mit y bezeichnete Abstand[1]). Die parallel zu x liegende Gerade

[1]) Bei Raumkoordinaten (z. B. Luftbildmessung) wird die Höhenkoordinate mit z (oder h) bezeichnet.

oder Achse nennt man Abszissenachse oder kurz x-Achse, die parallel zu y liegende Achse heißt Ordinatenachse oder y-Achse. Mit *Nullpunkt* oder *Ursprung* oder auch Koordinatenanfang wird der Schnittpunkt O der beiden Achsen bezeichnet. Der Punkt P muß aber noch eindeutiger festgelegt werden. Dies wird durch Hinzufügen von Vorzeichen bei x und y erreicht. Bei jeder Achse wird deshalb eine positive und eine negative Richtung unterschieden. Im Gegensatz zur Schulmathematik ist es in der Vermessungskunde üblich, die $+y$-Achse so anzunehmen, daß man diese durch Drehen der $+x$-Achse im Uhrzeigersinn um 100^g erhält. Im allgemeinen wird die $+x$-Achse nach Norden gelegt, dadurch kommt die $+y$-Achse nach Osten zu liegen. Wird der Nullpunkt des Koordinatensystems so gewählt, daß alle vorkommenden x- und y-Werte positiv sind, so werden die x-Werte auch als *Hochwerte* (abgekürzt Hoch oder h) und die y-Werte als *Rechtswerte* (abgekürzt Rechts oder r) bezeichnet.

Die Ebene wird durch die beiden Koordinatenachsen in vier Teile zerlegt, die als *I., II., III. und IV. Quadrant* bezeichnet werden. In diesen Quadranten haben x und y folgende Vorzeichen (Tabelle 19):

Tabelle 19

Quadrant	I.	II.	III.	IV.
x	+	—	—	+
y	+	+	—	—

Jede Meßlinie mit rechtwinklig bestimmten Punkten, die rechts und links dieser Linie liegen, kann als ein kleines örtliches Koordinatensystem angesehen werden (s. S. 27). Die Orientierung nach Norden z. B. ist dabei nicht erforderlich und auch unwichtig. Werden hierbei Punkte nicht rechtwinklig aufgenommen, sondern durch einen Richtungswinkel festgelegt und die Entfernung längs dieser Richtung bestimmt, so ist das eine polare Aufnahme. Richtungs- und Entfernungsergebnisse bezeichnet man dann als *Polarkoordinaten*. Vgl. Bild 28,1. Für Flächenberechnungen u. a. können diese Polarkoordinaten in rechtwinklige Koordinaten umgerechnet bzw. auf ein rechtwinkliges Koordinatensystem bezogen werden (vgl. auch Seite 215).

3.242 Geographisches Koordinatensystem

Infolge der Erdkrümmung lassen sich ebene Koordinaten aber nicht für Systeme beliebiger Größen anwenden. Die Längenverzerrungen (und damit auch Flächenungenauigkeiten) würden dann so groß werden, daß einwandfreie und innerhalb der festgelegten Fehlergrenzen liegende Rechenergebnisse nicht mehr erreicht werden (s. S. 127 und 128).

Es ist leider nicht möglich, die kugelförmige Erdoberfläche — oder Teile derselben — spannungsfrei in die Ebene auszubreiten. In jeder Abbildung sind die hierbei entstehenden Verzerrungen unvermeidlich. Eine Karte also, die gleichzeitig *längen-, flächen- und winkeltreu* ist, kann man nicht herstellen. Nur die eine oder andere Forderung: Flächen- *oder* Winkeltreue läßt sich je nach dem Verwendungszweck der Karte erreichen.

Die Projektion oder Verebnung der (doppelt gekrümmten) Oberfläche der Erde kann man sich auf einfache und anschauliche Weise an der Schale einer Apfelsine klarmachen. Ein Viertel der Schale, ein stark gewölbtes Zweieck, flach in eine Ebene gepreßt, wird an den Rändern größere Risse zeigen. Diese Risse kann man vergleichen mit den sich ergebenden starken Verzerrungen bei einer rechnerischen oder graphischen Übertragung so großer Stücke der gekrümmten Erdoberfläche auf die Kartenebene. Werden jedoch die Streifen der Apfelsinenschale ganz schmal geschnitten (bei einem Durchmesser einer Apfelsine von 80 mm etwa 2 mm), dann sind die Risse der Schale beim Pressen in die Ebene winzig klein. Hiernach können die Verzerrungen (bei Verwendung geeigneter oder zweckentsprechender Kartenentwürfe bzw. Koordinatensysteme) auch bei rechnerischer Übertragung ganz gering werden und bei graphischer Übertragung, also auch für großmaßstäbige Karten, praktisch bedeutungslos sein.

Bevor nun in den nächsten Abschnitten auf die im Vermessungswesen gebräuchlichen Koordinatensysteme eingegangen wird, muß zum besseren Verständnis der Zusammenhänge auch auf die geographischen Koordinaten eingegangen werden.

Als Bezugsflächen müssen wir unterscheiden das Geoid, das Erdellipsoid, die Kugel und die Ebene. Dabei ist das Geoid rein physikalisch, die anderen Bezugsflächen sind mathematisch definiert. Das Erdellipsoid ist für das Geoid die am meisten angenäherte Bezugsfläche, dann folgt die Kugel und schließlich die Ebene (s. S. 7).

Das *Geoid* ist dargestellt durch die theoretische Erdoberfläche, die durch die ruhende unter den Kontinenten weitergeführte Meeresfläche gebildet wird (Bild 13,1). Diese Niveaufläche (Gleichgewichtsfläche) steht in jedem Punkt senkrecht zur Schwerkraft oder zur Lotrichtung.

Das *Erdellipsoid* ist ein an den Polen etwas abgeplattetes Umdrehungsellipsoid, das durch Drehung (Rotation) einer Ellipse um ihre kleine Achse entsteht. In der Bundesrepublik Deutschland liegt allen neueren Landesvermessungen das Besselsche Ellipsoid zugrunde. Das von F. W. Bessel (1784—1846) auf Grund von zehn Breitengradmessungen 1841 berechnete Bezugsellipsoid hat ein Abplattungsverhältnis von $\frac{1}{299{,}15}$. Dieses Verhältnis ergibt sich aus:

Große Halbachse $a = 6\,377\,397$ m
Kleine Halbachse $b = 6\,356\,079$ m
Abplattung $\frac{a-b}{a} = 1 : 299{,}15.$

Nach neueren Beobachtungen (Benutzung der Bahnen der künstlichen Erdsatelliten) ist die Abplattung an beiden Polen ein wenig verschieden. In Preußen berechnete man die Soldnersysteme bereits auf dem Ellipsoid (s. S. 231).

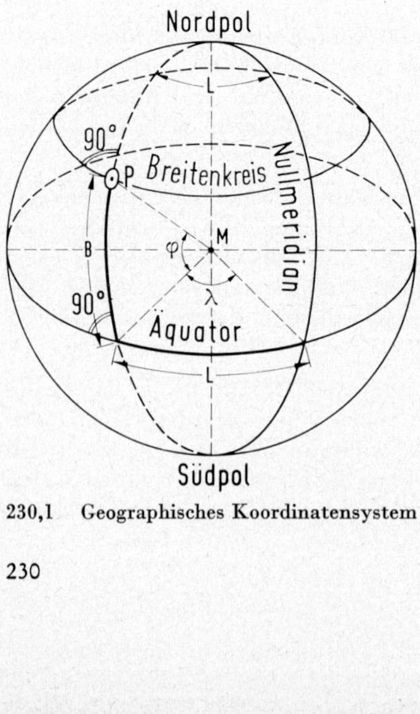

230,1 Geographisches Koordinatensystem

Wenn auf der als *Kugel* gedachten Erdoberfläche bzw. Bezugsfläche ein Punkt P festgelegt werden soll, so geschieht dies mit Hilfe von sphärischen (= kugelförmigen, die Kugel betreffenden) Koordinaten. Dieser Punkt P wird eindeutig festgelegt mit als Länge λ (auch L) und Breite φ (auch B) bezeichneten Koordinaten (Bild 230,1), die durch den Äquator und den Pol bestimmt sind. Die *geographische Länge* dieses Punktes ist der Winkel λ, den die Ebene durch den Punkt und die Erdachse oder die Meridianebene (= Mittagslinien) des Punktes mit der Ebene eines Anfangs- oder Nullmeridians einschließt. Die *geographische Breite* ist der kleinere Winkel φ, den die Lotrichtung in dem Punkt mit der Ebene des Äquators einschließt. Wenn man alle Punkte mit gleicher Länge verbindet, so erhält man die *Meridiane,* wenn alle Punkte gleicher Breite verbunden werden, erhält man die *Breitenkreise.*

Die Meridiane der Kugel sind Großkreise, die des Ellipsoids Ellipsen. Linien gleicher Breite sind auf der Kugel und auf dem Ellipsoid Kleinkreise[1]).

Die auf den Nullmeridian und den Äquator bezogenen sphärischen Koordinaten λ und φ heißen *geographische Koordinaten.* Diese können sowohl auf astronomischem (z. B. Hauptpunkte eines Dreiecksnetzes) als auch auf geodätischem Wege bestimmt werden. Die graphische Entnahme geographischer Koordinaten aus topographischen Karten kleinerer Maßstäbe oder aus Atlanten ist auf Seite 302 erläutert.

Geographische Koordinaten mit ihrem Winkelmaß haben als genäherte Kugelkoordinaten ganz andere Eigenschaften als rechtwinklig-ebene Koordinaten. Aber der Äquator und die Breitenkreise schneiden jeden Meridian unter einem rechten Winkel.

Das auf diese Weise durch den Äquator und den Nullmeridian bestimmte Koordinatensystem wird durch eine entsprechende Anzahl von Meridianen (Längenkreisen, Längengraden) und Parallelkreisen (Breitenkreisen, Breitengraden) mit je gleichen Abständen dargestellt (vgl. auch S. 297) und als *Gradnetz* oder auch *Kartennetz* bezeichnet. Dieses Netz bzw. die Netzlinien dienen auch zur Abgrenzung der Blätter von topographischen Karten (s. S. 286). Es darf nicht mit einem Kartengitter (statt des unschönen Wortes Gitternetz) verwechselt werden. S. S. 287.

Die Zählung der Meridiane begann ab 1634 in Ferro (spanisch = Hierro), der westlichsten der Kanarischen Inseln, weil diese Insel als der westlichste Punkt der Alten Welt galt. 1720 wurde dieser Längengrad von Frankreich mit 20° westlich von der Pariser Sternwarte verlaufend erklärt. Auf Grund internationaler Vereinbarung von 1911 wurde der Meridian der Sternwarte von Greenwich, einer östlichen Vorstadt Londons, Anfangsmeridian. In England und seinen früheren Kolonien galt dieser schon seit 1665 als Nullmeridian. Nach Klärung verschiedener Unstimmigkeiten wird heute Ferro 17° 40′ westlich von Greenwich angenommen. Die Zählung der geographischen Längen erfolgt vom Anfangsmeridian aus nach Westen und Osten bis 180°, manchmal auch nach Osten ganz um die Erde bis 360°. Die Breitenkreise werden vom Äquator aus nach Norden von 0° bis 90° und nach Süden ebenfalls vom Äquator aus von 0° bis 90° gezählt. Bei dieser Einteilung wird die sexagesimale, also die 360°-Teilung, angewandt.

3.243 Soldnersches Koordinatensystem

Ein auch heute noch gebräuchliches bzw. vielen älteren Karten als Grundlage dienendes Koordinatensystem ist die *Soldnersche Abbildung.* Diese Bezeichnung ist jedoch ebensowenig ganz richtig, wie die Bezeichnung Cassini-Soldnersche Abbildung. Sie hat sich aber schon seit langer Zeit eingebürgert, eine Änderung wird wohl nicht mehr möglich sein.

Ein Teil der Ersatzkugel, für die der Geodät und Astronom I. G. von Soldner als Zahlenwert des Halbmessers den Querkrümmungshalbmesser[2]) in der Mittelbreite des Vermessungsgebietes[3]) benutzte, wird in der Ebene abgebildet. Soldner entwickelte die Formeln zur Berechnung sphärischer rechtwinkliger Koordinaten. C. Fr. Cassini hat

---

[1]) Großkreisebenen der Kugel enthalten den Kugelmittelpunkt, Kleinkreisebenen nicht.

[2]) Man unterscheidet in einem Punkt des Erdellipsoids drei Krümmungshalbmesser: Meridian-, Quer- und mittlerer Krümmungshalbmesser.

[3]) Bayern und Württemberg.

den Gedanken gehabt (vor Soldner), krummflächige (sphärische) Koordinaten auf einer (ebenen) Plattkarokarte aufzutragen. Da Soldner aber bei der bayerischen Landesaufnahme von einer anderen Abbildungsart, der Soldnerschen Polyedermethode, Gebrauch machte, ist die Bezeichnung „Soldnersche Abbildung“ nicht eindeutig, und man verwendet besser den Ausdruck „ordinatentreue Plattkarte“ (s. S. 229).

Nach Bild 232,1 sind die Bilder der senkrecht zum Grundmeridian liegenden Groß- oder Hauptkreise und der zum Grundmeridian parallelen Kleinkreise Senkrechte bzw. Parallele zu dem geradlinig und längentreu abgebildeten Grundmeridian.

$\overline{O F_1}$ und $\overline{F_1 P_1}$ bzw. $\overline{O F_2}$ und $\overline{F_2 P_2}$ sind die (aus geographischen Koordinaten errechneten) sphärischen rechtwinkligen Koordinaten der Punkte P_1 und P_2 (Bild 232,1) in Längenmaß (in bezug auf den Grundmeridian und einen auf diesem liegenden Punkt O = Koordinatenursprung).

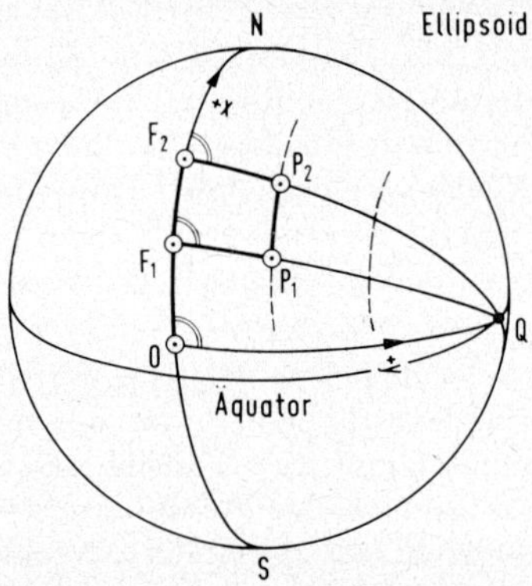

$$O F_1 = X_1$$
$$O F_2 = X_2$$
$$F_1 P_1 = Y_1$$
$$F_2 P_2 = Y_2$$
$$O F_1' = x_1$$
$$O F_2' = x_2$$

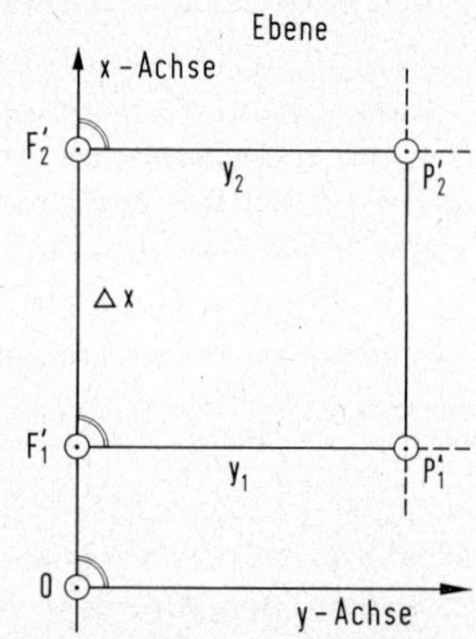

232,1 Soldnersche Abbildung auf dem Ellipsoid. Abbildungsgesetz: X = x; Y = y

232,2 Ebene rechtwinklige Soldnersche Koordinaten

Die rechtwinklig-sphärischen Abszissen werden auf der ebenen Abszissenachse und die rechtwinklig-sphärischen Ordinaten auf den ebenen Ordinaten in wahrer Länge abgetragen (Bild 232,2). Bei der ordinatentreuen Abbildung treten im Gegensatz zu der winkeltreuen Gauß(-Krüger)schen Abbildung (s. S. 234) Winkelverzerrungen auf. Denn alle vom Grundmeridian ausgehenden rechtwinkligen Ordinaten (bzw. alle Großkreise nach Westen und Osten) konvergieren (= einander nähern) gegen den Punkt Q. Auf dem Ellipsoid entstehen dadurch sphärische Trapeze. Die Figur $F_1F_2P_2P_1$ im Bild 232,1 ist ein sphärisches Trapez. Die in der Ebene dargestellte Strecke $P'_1P'_2$ (Bild 232,2) hat dadurch eine Dehnung erfahren. Diese wird mit wachsender Entfernung vom Grundmeridian immer größer. Der Nachteil der Soldnerschen Abbildung besteht in der fehlenden Winkeltreue. Die Abweichungen, besonders in Karten kleinerer Maßstäbe, sind verhältnismäßig gering, so daß diese Trapeze als Quadrate angesehen werden können. Da nur der Grundmeridian (Abszissenachse) längentreu dargestellt wird, lassen sich also mit dieser Abbildungsart in nordsüdlicher Ausdehnung zwar langgestreckte Gebiete, in westöstlicher Richtung jedoch nur solche von etwa 100 bis 120 km Breite genügend genau darstellen.

Außer in Bayern sind z. B. in dem früheren Land Preußen im Jahre 1879 40 ebene und selbständige ordinatentreue (Soldnersche) Bezirkskoordinatensysteme gebildet worden. Bild 233,1 zeigt die Lage dieser Systeme, die nachfolgende Tabelle führt sie auf. Auch diese Systeme wurden bzw. sind hinsichtlich ihrer seitlichen Ausdehnung auf etwa 60 km beiderseits des Hauptmeridians beschränkt. Als Nullpunkt dieser Systeme wurden trigonometrische Punkte I. Ordnung gewählt. Die ebenen rechtwinkligen Soldnerschen Koordinaten hierfür wurden durch Umrechnung der geographischen Koordinaten dieser Dreieckspunkte gewonnen[1]).

In Württemberg liegt den Flurkarten 1 : 2500 und der auf Grund dieser Flurkarten hergestellten Topographischen Karte 1 : 25 000 die ordinatentreue Plattkarte zugrunde.

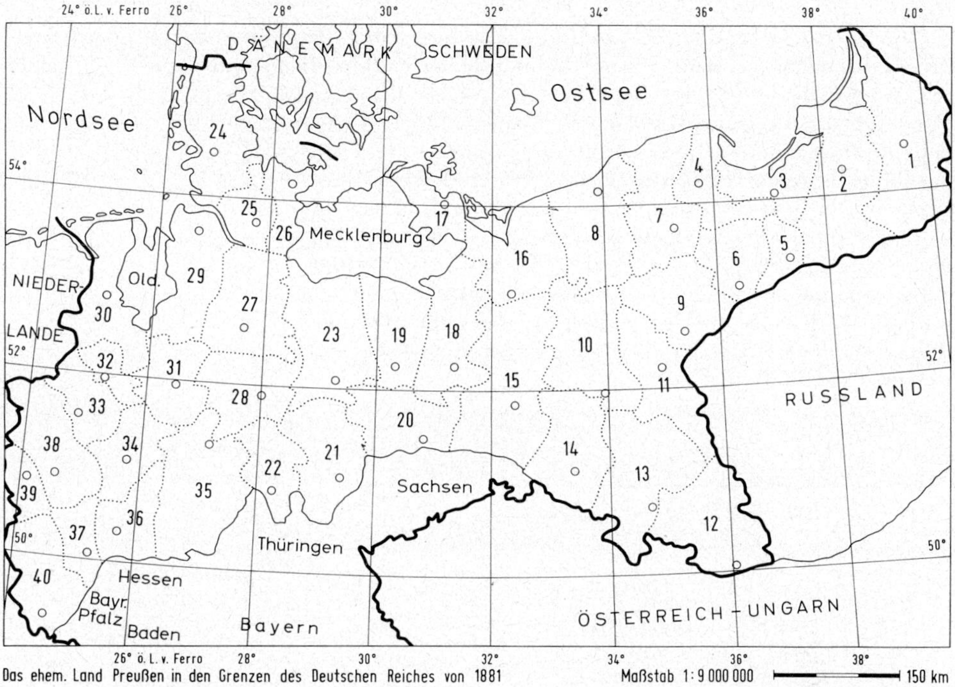

233,1 Ebene Soldnersche Bezirkskoordinatensysteme im früheren Land Preußen

Tabelle 20

Nr./System	Nr./System	Nr./System	Nr./System
1 Kucklinsberg	11 Schroda	21 Burkersroda	31 Hermannsdenkm.
2 Paulinen	12 Pschow	22 Inselsberg	32 Münster
3 Markushof I	13 Rummelsberg	23 Magdeburg	33 Bochum
4 Turmberg	14 Gröditzberg I	24 Ostenfeld I	34 Homert
5 Kauernik I	15 Kaltenborn	25 Rathkrügen	35 Kassel
6 Thorn	16 Bahn I	26 Bungsberg	36 Schaumburg
7 Heinrichsthal	17 Greifswald	27 Celle	37 Fleckert
8 Gollenberg	18 Müggelsberg	28 Kaltenborn	38 Köln
9 Gnesen	19 Götzer Berg	29 Silberberg	39 Langschoß
10 Josefsberg	20 Torgau	30 Windberg	40 Rissenthal

[1]) Z. B. nach preußischer Katasteranweisung XI v. 1932.

3.244 Gauß-Krügersches konformes Koordinatensystem

Das *Gaußsche Abbildungsverfahren* der Erdoberfläche in die Kartenebene eignet sich, wie auch die ordinatentreue (Soldnersche) Abbildung, besonders für die Darstellung größerer Gebiete in nordsüdlicher Richtung. Es ist die konforme (= winkeltreue), zylindrische Abbildung des Besselschen Erdellipsoids in äquatorachsiger Lage. Winkeltreue bedeutet hier Ähnlichkeit (Konformität) zwischen Urbild und Abbild in den kleinsten Teilen.

Carl Friedrich Gauß (1777—1855) hat etwa im Jahre 1820 Übertragungsgleichungen für eine konforme (= winkeltreue) Abbildung der Erdoberfläche unter günstigen Verzerrungsverhältnissen in die Kartenebene aufgestellt. Eine Wiederentwicklung der Gaußschen Formeln führte Oskar Schreiber, Chef der preußischen Landesaufnahme, 11 Jahre nach dem Tode von Gauß durch. Der Geodät Johann Heinrich Louis Krüger griff diese Arbeiten 1912 auf und entwikkelte sie neu. Daher wird die Abbildung — ebenfalls wohl nicht ganz zutreffend — meistens Gauß-Krügersche Abbildung genannt. Krüger kam zu gleichen Ergebnissen wie Gauß. 1923 wurde diese Abbildung in Deutschland eingeführt und gleichzeitig eine Neuordnung der ebenen Koordinatensysteme durchgeführt.

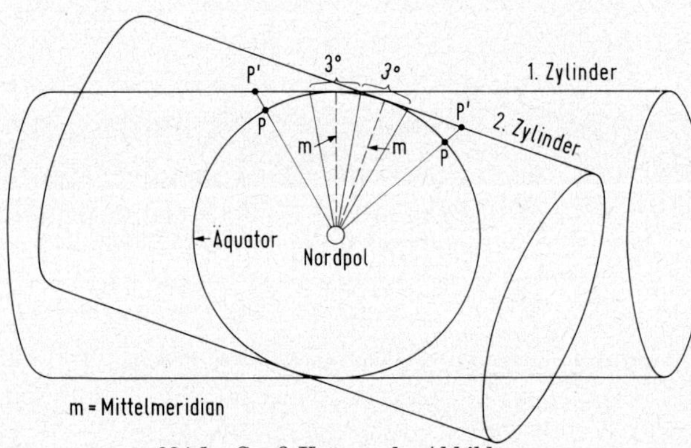

234,1 Gauß-Krügersche Abbildung

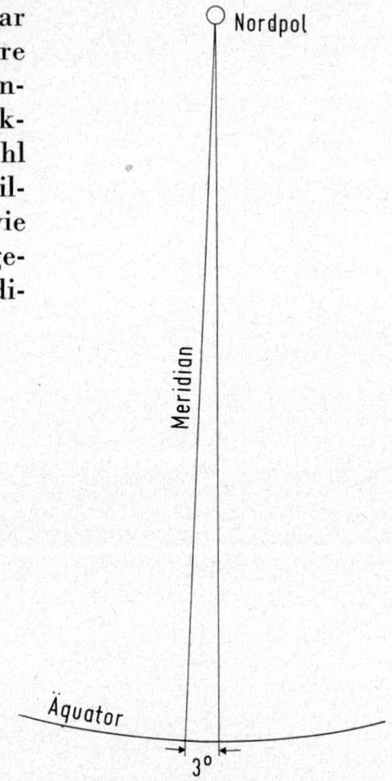

234,2 3°-Meridianstreifen und Teil der Erdkugel

Die große Anzahl der bisherigen Systeme konnte damit ganz erheblich vermindert werden.

Wir denken uns einen Zylinder so über die Erde geschoben, daß der Zylindermantel diese in einem Meridian berührt. Die Achse des Zylinders liegt damit senkrecht zur Erdachse. Der Abstand von der Erde zum Zylindermantel ist bei den Punkten PP' (Bild 234,1) sehr groß und damit die Lage des Punktes P' zu ungenau (Verzerrungen). Bild 234,1 soll aber nicht bedeuten, daß die Gauß-Krüger-Abbildung ein perspektivischer Kartenentwurf ist, sie folgt vielmehr dem mathematischen Gesetz: $y = Y + \frac{Y^3}{6r^2}$ [1])

[1]) für $Y = 100$ km ist $y = 100{,}0041$ km, für $Y = 10$ km ist $y = 10{,}000004$ km

und x = X, wobei die großen Buchstaben dem Urbild und die kleinen dem verebneten Abbild angehören. Das Abbild ist wie bei der ordinatentreuen Abbildung ein rechtwinkliges Koordinatensystem. S. Bild 128,2.

Je näher wir jedoch an den Berührungs- oder Mittelmeridian kommen, um so geringer wird dieser Abstand, um schließlich am Berührungsmeridian Null zu werden und auf der anderen Seite wieder anzuwachsen. Im Bild 234,2 sind ein Teil der Erdkugel und ein drei Längengrade breiter Streifen, also $^1/_{120}$ des Erdumfanges, dargestellt. Die beiden Bilder lassen erkennen, daß Zylinder und Erdellipsoid nur wenig voneinander abweichen, wenn der Meridianstreifen nicht zu breit gewählt wird. Wir können somit einen Teil des Erdellipsoids als in der Zylindermantelfläche liegend ansehen. In Deutschland hat man deshalb die Breite der eigentlichen Meridianstreifen auf drei Längengrade beschränkt. Die Vereinigten Staaten von Amerika haben sich auf 8° breite und die Sowjetunion auf 6° breite Meridianstreifen festgelegt.

Wenn wir nun den Zylindermantel (der Querschnitt des Zylinders ist elliptisch infolge der Abplattung der Erde an den Polen) aufschneiden und ausrollen, haben wir ein Stück der Erdoberfläche in der Ebene ausgebreitet. Diese Abbildung wird im Ausland meist querachsige *Mercatorprojektion* (s. S. 289) genannt. Die nicht vermeidbaren Längen- und Flächenverzerrungen (vgl. hierzu S. 127) halten sich in den zulässigen Fehlergrenzen. Diese können aus Tabellen entnommen werden. Die abgebildete Fläche kann in nordsüdlicher Ausdehnung vom Nordpol bis zum Südpol reichen. Die größte seitliche Breite des Meridianstreifens beträgt am Äquator rund 333 km, mit wachsender Breite in Richtung Pol nimmt diese dann ständig ab. Für eine größere Ausdehnung in westöstlicher Richtung brauchen wir deshalb einen 2., 3. usw. Zylinder, um weitere Streifen abzubilden (vgl. Bilder 234,1 und 235,1). Die Lage der Meridianstreifen für Deutschland ist aus Bild 236,1 ersichtlich. Diese ist so gewählt, daß die Zahlen der Mittel- oder Berührungsmeridiane durch 3 teilbar sind. Die Zählung beginnt in Greenwich mit 0°. Zur Unterscheidung der einzelnen Streifen erhält jeder eine Kennziffer (s. Bild 236,1).

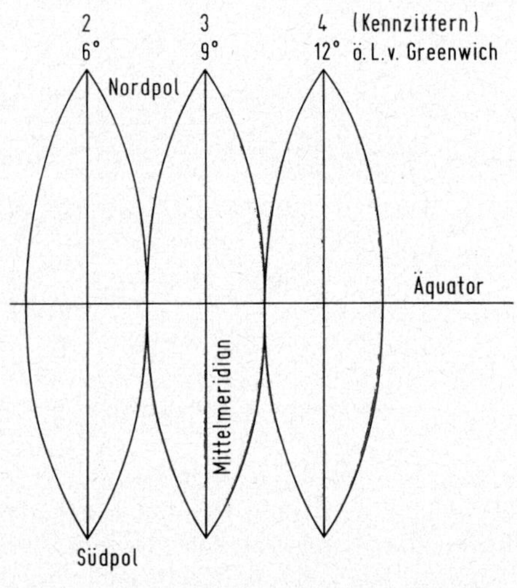

235,1 Meridianstreifen am Äquator

Der Äquator ist der einzige Breitenkreis und der jeweilige Mittelmeridian in den einzelnen Streifen ist der einzige Meridian, die in der Gauß-Krügerschen Ebene gerade abgebildet werden und senkrecht zueinander stehen. Ziehen wir zu den beiden Hauptachsen Parallelen, so entsteht ein rechtwinkliges Gitter; man bezeichnet deshalb die Meridianstreifen auch als Gitterstreifen. Die Lage eines Punktes wird auch in diesem System durch seine rechtwinkligen Abstände von den beiden Hauptachsen näher bezeichnet und eindeutig festgelegt. Es ist üblich, daß zuerst der *Rechtswert* (= *y*) genannt wird. Um für die Zahlen nur positive Werte zu erhalten, hat man den Koordinatenursprung (siehe Bild 236,2) zahlenmäßig um 500 000 m nach Westen verlegt. Damit sind

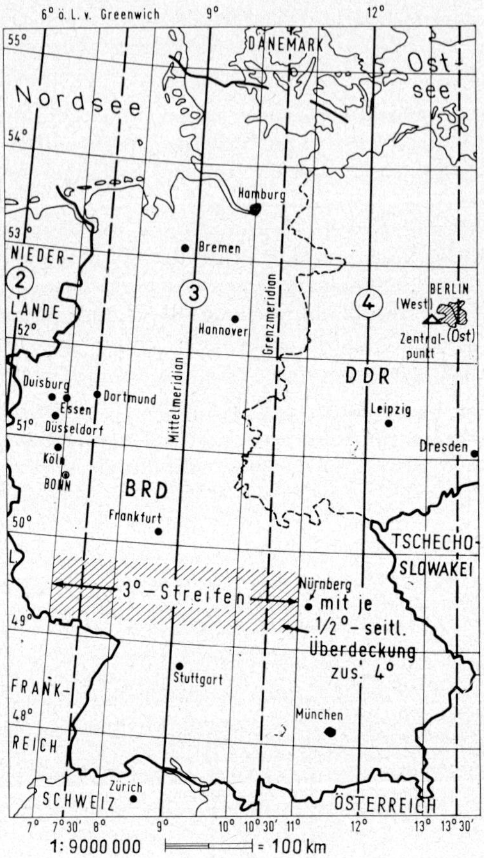

236,1 Gitterstreifen im Gauß-Krüger-Koordinatensystem

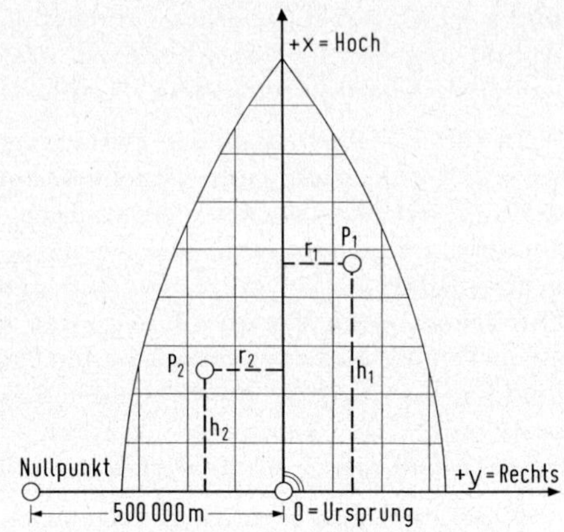

236,2 Rechts- und Hochwerte im Gauß-Krüger-Koordinatensystem

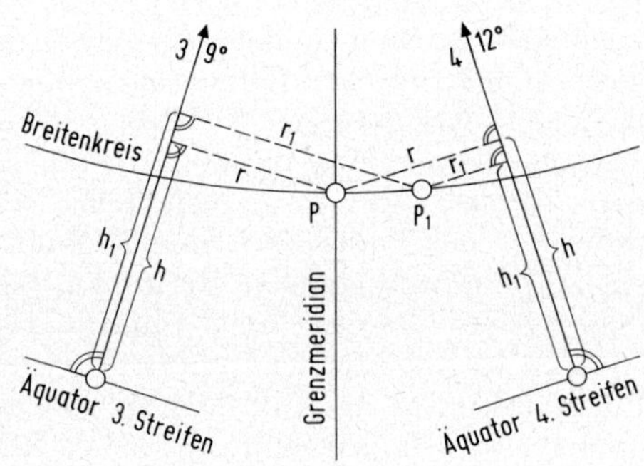

236,3 Punktlage an einem Grenzmeridian

negative Werte unmöglich. Der Punkt P_1 in Bild 236,2 hat somit einen Rechtswert über 500 000 m, der Punkt P_2 einen unter 500 000 m. Den Rechtswerten wird dann noch eine Kennziffer vorgesetzt. Die Zählung der *Hochwerte* ($= x$) ist einfacher. Sie beginnt am Äquator. Die vollständige Bezeichnung der Koordinaten der Punkte P_1 und P_2 im Bild 236,2 könnte z. B. lauten:

P_1 Rechts (oder r) = 35 29 471,13 m; Hoch (oder h) = 58 47 221,92 m,

P_2 Rechts (oder r) = 34 69 427,87 m; Hoch (oder h) = 57 99 147,12 m.

Das heißt also, daß Punkt P_1 29 471,13 m östlich des 9. Längengrades (Mittelmeridian) und 5847 km und 221,92 m nördlich des Äquators liegt; der Punkt P_2 hingegen 30 572,13 m westlich des 9. Längengrades und 5799 km und 147,12 m nördlich des Äquators.

Die Kennziffer der Rechtswerte darf selbstverständlich für Berechnungen nicht verwendet werden. Da bei diesen Berechnungen meistens nur in einem begrenzten Gebiet gearbeitet wird, läßt man mindestens die ersten beiden Ziffern (die vielfach etwas kleiner und höher, z. B. an Kartenrändern, gesetzt werden) der Rechts- und

Hochwerte fort. In Koordinatenverzeichnissen sind jedoch die Koordinaten vollständig, gewöhnlich am Seitenanfang, aufzuführen.

Wie ist es nun mit der Berechnung, Festlegung und Bezeichnung von Punkten an den Grenzmeridianen? Wenn jeder Streifen 3° seitliche Ausdehnung hat und z. B. der 9. Längengrad der Mittelmeridian ist, dann sind für diesen Streifen im Westen der Längengrad 7° 30′, und im Osten der Längengrad 10° 30′ die entsprechenden Grenzmeridiane. Vermessungen können aber nicht an einem Grenzmeridian abgebrochen werden, sie greifen mehr oder weniger in den benachbarten Meridianstreifen über. Bei der (im Vergleich zu einigen anderen Ländern) in Deutschland recht schmal gewählten Begrenzung der Streifen auf 3° hat es sich gezeigt, daß die Längen- und Flächenverzerrungen an den Streifenrändern für die Praxis noch immer durchaus tragbar bleiben, wenn der Streifen nach jeder Seite um einen halben Längengrad auf insgesamt 4° verbreitert wird. Der Streifen ist mit den beiden Überdeckungszonen im Bild 236,1 schraffiert wiedergegeben. Die Meridianstreifen überschneiden sich also um 1° geographischer Länge[1]). In diesen Überdeckungszonen müssen nun für jeden TP Koordinaten sowohl im westlichen wie auch im östlichen Streifen berechnet werden. Damit erhalten wir die Möglichkeit, Vermessungen entweder in dem einen oder in dem anderen Streifensystem zu berechnen. Meistens wird man den Streifen wählen, in dem der größere Teil des zu vermessenden Gebietes liegt. Bild 236,3 zeigt die Lage eines Punktes P_1 in zwei angrenzenden Gitterstreifen. Die Rechts- und Hochwerte dieses Punktes sind in den beiden Streifen verschieden groß. Die Werte des Punktes P dagegen sind auf den Zentimeter gleich groß, weil dieser Punkt genau auf dem Grenzmeridian liegt.

Auch bei der Anlage großmaßstäbiger Rahmenkarten im Gauß-Krüger-Koordinatensystem in der Nähe von Grenzmeridianen wird im allgemeinen so verfahren, daß das Gemeindegebiet in dem Streifen dargestellt wird, in dem der größere Teil des Gebietes liegt. Die Koordinaten müssen im jeweiligen System der Rahmenkarten berechnet werden. Die Darstellung der Gitternetze (abgesehen vom UTM-Netz) in Karten kleinerer Maßstäbe wird auf den Seiten 286 und 287 erläutert.

3.245 Universale Transversale Merkatorprojektion

Von Bedeutung ist auch die *Universale Transversale Merkatorprojektion* (internationale Abkürzung = UTM). Diese ist sehr stark mit der Gauß-Krügerschen Abbildung verwandt. Die einzelnen Projektionssysteme mit je 6° breiten Meridianstreifen haben verschiedene Vergrößerungsverhältnisse für den Hauptmeridian. Sie beziehen sich nicht auf das Besselsche Erdellipsoid, sondern auf fünf andere Ellipsoide, die in den einzelnen Ländern[2]) oder Kontinenten wechseln. Die sich in dem UTM-System ergebenden 60 Berührungsmeridiane (= 60 Meridianstreifensysteme) sind laufend numeriert. Nr. 1 beginnt bei 177° westlicher Länge von Greenwich. Die nördliche und südliche Ausdehnung geht bis 80° nördlicher bzw. südlicher Breite[3]). Der jeweilige Schnittpunkt des Nullmeridians mit dem Äquator ergibt den Nullpunkt des Streifens. Um negative Werte zu vermeiden, zählt man zum Nullpunkt in Ost-West-Richtung 500 000 m. Nach Norden beginnt die Zählung vom Äquator mit 0, auf der südlichen Halbkugel vom Äquator mit + 10 000 000 m nach Süden. Die Rechts- und Hochwerte werden in diesem System mit **E** = Ost = East und **N** = Nord = North bezeichnet.

---

[1]) In Niedersachsen nur noch 10′ (Ausdehnung eines Blattes der Top. Karte 1 : 25 000).
[2]) In der Bundesrepublik Deutschland das Hayfordsche Ellipsoid.
[3]) Für die Polargebiete dient als Ergänzung ein Universales Polares Stereographisches Gitter (Abk.=UPS).

Die weitere Einteilung in Breitenzonen, Gitterzonen und Felder mit den entsprechenden Bezeichnungen (UTM-Netz) schafft außerdem die Voraussetzungen für ein ausgezeichnetes Meldegitter, besonders für militärische Zwecke. Verschiedenen Karten ist dieses Netz bereits aufgedruckt. So z. B. mit 10-km-Maschenweite den Blättern der Deutschen Generalkarte 1 : 200 000 (Mairs Geographischer Verlag, Stuttgart).

3.25 Kartengenauigkeit, Kartieren, graphische Fehlerverteilungen und Kartierungsgenauigkeit

3.251 Kartengenauigkeit

Nach einer Definition des ehemaligen Beirats für das Vermessungswesen kann als *geometrisch* einwandfrei eine Kartengrundlage dann gelten, wenn die Abweichung A eines aus der Karte abgegriffenen Maßes gegenüber der örtlich vermessenen Strecke nicht größer als $D + 0{,}0002 \times M$ ist. Hierbei bedeutet D die größte zulässige Abweichung in Metern zwischen zwei für dieselbe Strecke bei derselben Vermessung ermittelten Längen gemäß Tafel 1 in „Fortführung des Liegenschaftskatasters Teil II" (Fortführungserlaß II) des Nieders. Ministers des Innern vom 22. 3. 1965 und M die Maßstabszahl der Kartengrundlage. Siehe auch S. 247.

3.252 Geometrische Grundkonstruktionen

Voraussetzung zum einwandfreien und damit auch genauen Kartieren ist die Beherrschung der zeichnerischen Grundlagen. Dazu muß man fleißig üben. Übungsbeispiele sind zunächst die weiter unten aufgeführten einfachen geometrischen Grundkonstruktionen. Die Betonung liegt hier auf Konstruktionen. Strecken, rechte Winkel, Parallelen usw. lassen sich selbstverständlich genau, bequem und schnell mit Dreiecken, Maßstäben usw. absetzen. Bei den Konstruktionen sollen jedoch nur ein Einsatzzirkel (zum Ziehen von Kreisbogen) und ein Lineal Verwendung finden. Mit dem Einsatzzirkel lassen sich scharf markierte Bogenschnitte nur mit einer spitzen und harten Bleistiftmine (etwa 2 H, 3 H oder 4 H) erzielen. Diese Voraussetzung sollte man unbedingt beachten. Will man sich im Ausziehen mit schwarzer oder mit farbiger Tusche üben, so wird statt des Bleieinsatzes eine Ziehfeder in den Zirkel gesetzt.

a) *Abtragen einer gegebenen Strecke*

Soll eine gegebene Strecke s oder sollen von einem Punkt P nach beiden Seiten (Bild 239,1) gleiche Strecken s abgetragen werden, so wird um P mit der Strecke s als Radius ein Kreis geschlagen. Dieser schneidet die Gerade AB in den Punkten P_1 und P_2. P_1P ist dann gleich PP_2.

b) *Antragen eines Winkels*

Der Winkel α hat die (unbegrenzt langen) Schenkel s_1 und s_2 (Bild 239,2). Um die Punkte A und A_1 zieht man Kreise mit dem Radius AB bzw. A_1B_1. Diese Kreise schneiden die Schenkel s_1 und s_2 in den Punkten B und C und in dem Punkt B_1 der

Strecke A_1D. Nun zeichnet man um den Punkt B_1 einen dritten Kreis mit dem Radius BC. Dieser schneidet den zweiten Kreis in dem Punkt C_1. Die Verbindungslinie oder Gerade A_1C_1 ergibt dann den gesuchten zweiten Schenkel des angetragenen Winkels α.

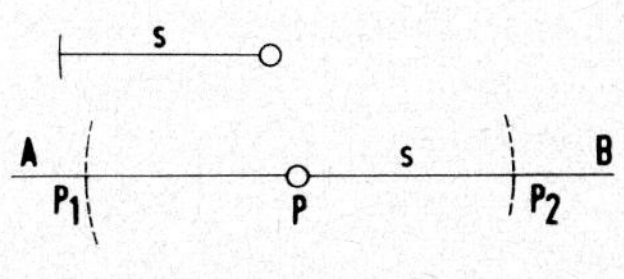

239,1 Abtragen einer Strecke

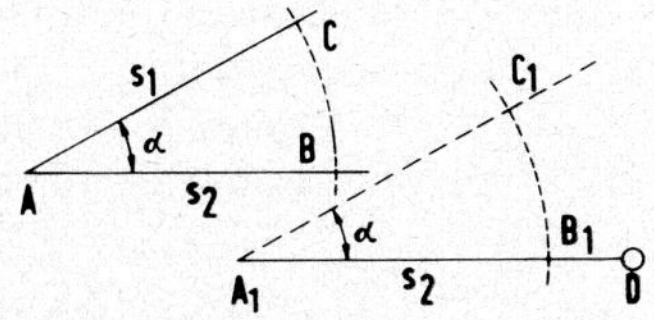

239,2 Antragen eines Winkels

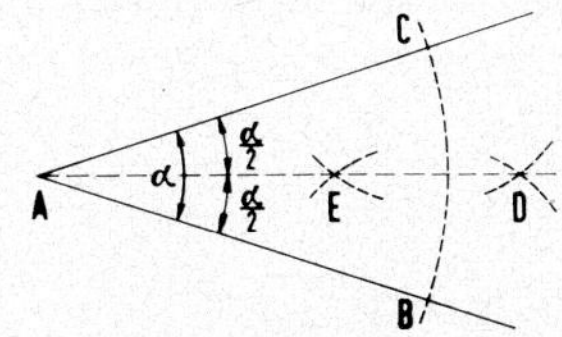

239,3 Halbieren eines gegebenen Winkels

c) *Halbieren eines gegebenen Winkels*

Um den Punkt A des Winkels α (Bild 239,3) wird ein Kreis mit beliebigem Radius gezogen, der die Schenkel des Winkels in den Punkten B und C schneidet. Von diesen Punkten werden wieder Kreise geschlagen, die zwar gleiche Radien besitzen müssen, deren Länge aber größer als $\frac{BC}{2}$ sein muß. Aus praktischen Gründen wird man den Radius so wählen, daß D und E auf derselben Seite von A liegen. Die beiden Kreise schneiden sich in den Punkten D und E. Die sich hierdurch ergebende Gerade AED halbiert den Winkel α. Die Gerade ist die Winkelhalbierende.

d) *Halbieren einer Strecke*

Um die Punkte A und B einer Strecke (Bild 239,4) werden Kreise mit gleichgroßen Radien gezogen. Diese schneiden sich in den Punkten C und D. Verbindet man diese Punkte miteinander, so schneidet die Gerade (= Mittelsenkrechte) die Strecke AB in dem Punkt P. P halbiert diese, AP und PB sind damit gleich lang. Auf die gleiche Weise kann eine Senkrechte auf AB im Punkt P errichtet werden.

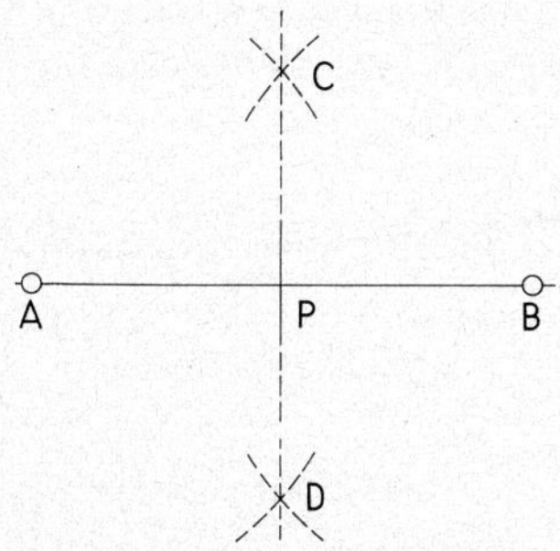

239,4 Halbieren einer Strecke

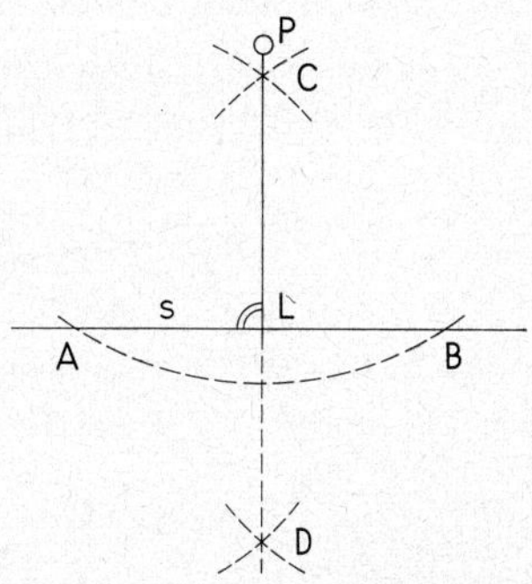

239,5 Fällen eines Lotes

e) *Fällen eines Lotes*

Vom Punkt P soll ein Lot auf die Strecke *s* (Bild 239,5) gefällt werden. Zunächst wird um den Punkt P ein Kreis gezogen, der die Strecke *s* schneidet. Die Schnittpunkte sollen A und B heißen. Durch Schlagen von Kreisen um A und B, die sich in C und D schneiden und die Mittelsenkrechte ergeben, erhält man gleichzeitig den Lotpunkt L als Schnittpunkt der Mittelsenkrechten mit *s*. Da das Dreieck ABC oder ABP ein gleichschenkliges ist, steht die Strecke LCP (das Lot) senkrecht zur Strecke *s*.

f) *Zeichnen einer Parallelen mit einem bestimmten Abstand zu einer Geraden*

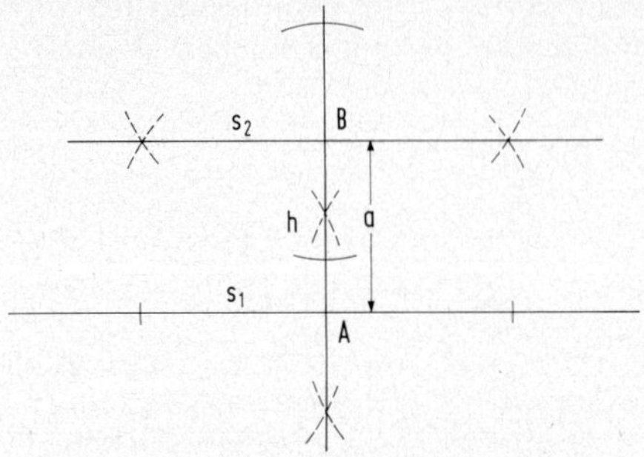

240,1 Zeichnen einer Parallelen mit einem bestimmten Abstand zu einer Geraden

In einem beliebigen Punkt A der Geraden s_1 (Bild 240,1) wird eine Senkrechte h errichtet. Auf dieser wird der gegebene Abstand a abgetragen und damit der Punkt B gebildet. In diesem Punkt wird ebenfalls eine Senkrechte s_2 errichtet. Diese ist dann parallel zu der Geraden s_1.

3.253 Kartieren

Bei der Plan- oder Kartenherstellung ist das eigentliche Kartieren oder Auftragen der Vermessungsergebnisse die Hauptarbeit, die dementsprechend einen mehr oder weniger großen Zeitaufwand erfordert. Auf den Seiten 210 bis 218 sind die für das Kartieren erforderlichen Maßstäbe und sonstigen Kartiergeräte aufgeführt und erläutert. Im allgemeinen ist es auch heute noch so, daß man für die Anfertigung von kleineren Kartierungen mit wenigen vermessenen Punkten, die aber an verschiedenen Stellen des Planes oder der Karte liegen, mit Anlegemaßstab, Kopiernadel und Dreiecken oder mit Kleinkartiergeräten auskommt. Das gilt auch, wenn zahlreiche Punkte aufgetragen werden müssen, für die keine rechtwinkligen Koordinaten berechnet wurden. Anders ist es aber, wenn viele hunderte oder gar tausende Punkte in einem Koordinatennetz kartiert werden sollen. Dann sind aus rationellen Gründen Großkoordinatographen oder gar elektronische Koordinatographen einzusetzen. Mit Hilfe dieser Geräte lassen sich solche umfangreichen Auftragearbeiten genau und schnell ausführen.

Auch bei Kartierungsarbeiten ist große Sorgfalt und Gewissenhaftigkeit erforderlich. Auftretende Unstimmigkeiten sind gründlich zu untersuchen.

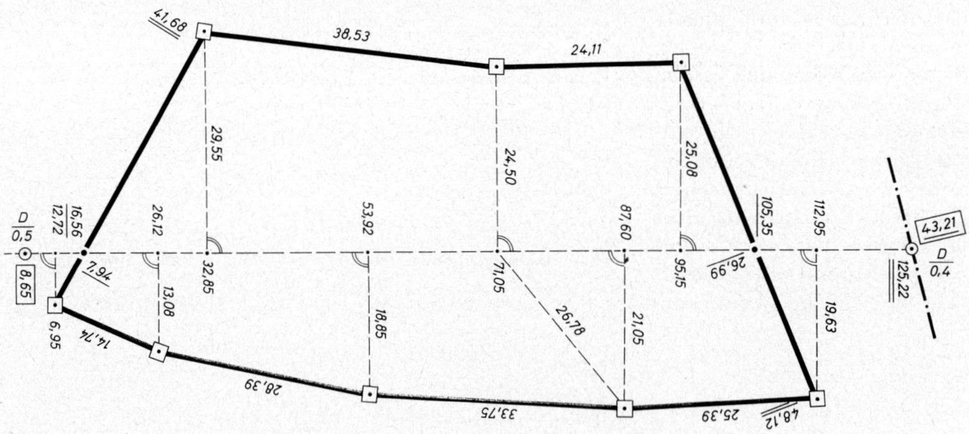

240,2 Vermessungsriß eines Flurstücks

Wie wird nun eine einfachere Kartierung ausgeführt? Bild 240,2 zeigt ein Beispiel, wie in einem Vermessungsriß die Maßzahlen für die Grenzen eines Flurstücks eingetragen sind. Dieses Flurstück soll im Maßstab 1 : 1000 kartiert werden. Auf einem gut abgelagerten Zeichenkarton wird die durch das Flurstück gehende Meßlinie AC mit einem harten Bleistift (7 H) ausgezogen. Ein Anlegemaßstab und eine Kopiernadel werden nun benutzt, um nacheinander die Abszissenwerte abzusetzen und diese durch feine Nadelstiche zu fixieren und mit Bleistiftkringeln zu markieren. Alsdann werden zwei Dreiecke benötigt, um die rechts und links der Meßlinie und rechtwinklig zu ihr liegenden Ordinaten auszuziehen und nacheinander mit dem Maßstab die entsprechenden Werte durch Nadelstiche festzuhalten und zu markieren. Nachdem auch die Flurstücksgrenzen ausgezogen sind, wird die Richtigkeit der Kartierung dadurch geprüft, daß man die Streben von den Fußpunkten zu benachbarten Grenzpunkten sowie die Kopfbreiten an den Flurstücksbegrenzungen mit dem Maßstab abgreift. Zeigen sich keine Abweichungen von den Maßzahlen, dann ist genau und richtig kartiert und gemessen worden (Bild 241,1). Es können sowohl Kartierungsfehler wie Vermessungsfehler durch Vergleich mit gemessenen Werten aufgedeckt werden. Bei Vermessungsfehlern ist meistens eine örtliche Überprüfung erforderlich.

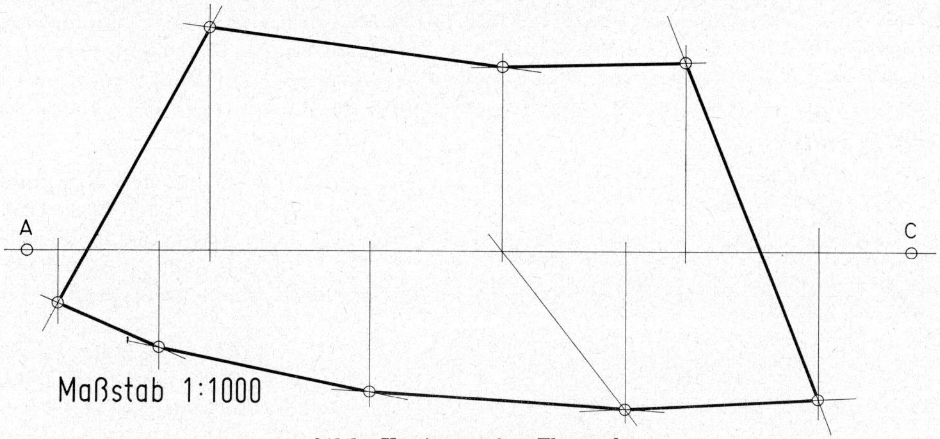

241,1 Kartierung eines Flurstücks

Das „Abschieben" von Parallelen und das Errichten von rechten Winkeln mit Hilfe zweier Dreiecke erfordert Übung und Sorgfalt. Die Dreiecke dürfen hierbei keinesfalls verrutschen. Bild 241,2 zeigt, wie man mit Hilfe von zwei rechtwinkligen, nicht zu kleinen Dreiecken eine parallele Linie abschiebt. Bild 241,3 zeigt das Errichten einer

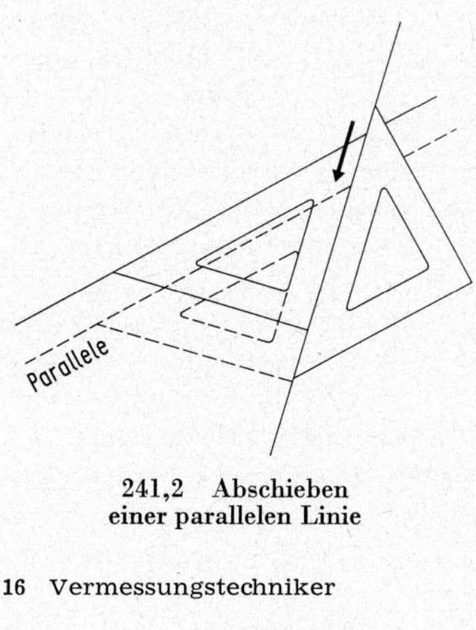

241,2 Abschieben einer parallelen Linie

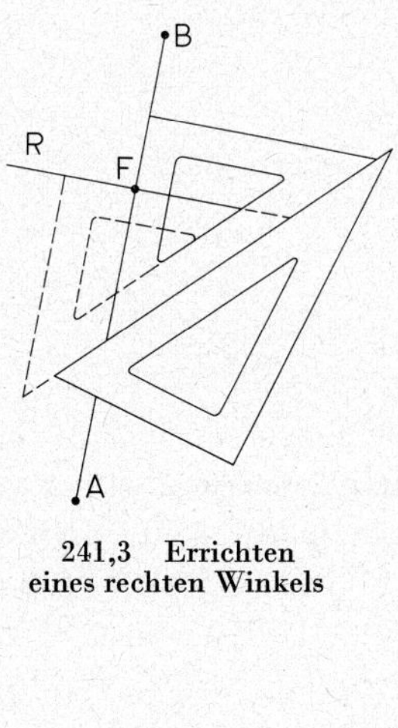

241,3 Errichten eines rechten Winkels

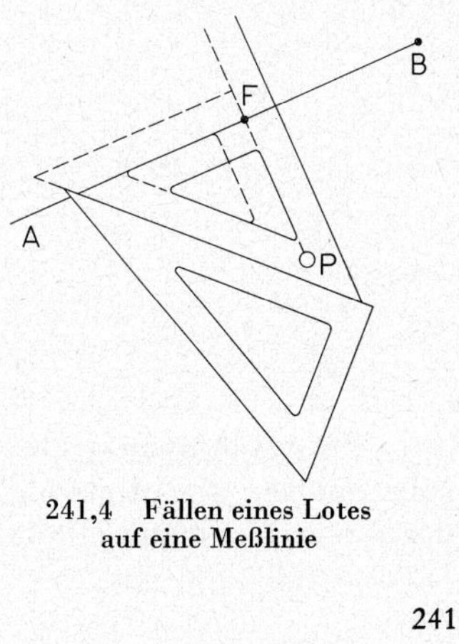

241,4 Fällen eines Lotes auf eine Meßlinie

Senkrechten R im Punkte F der Meßlinie AB mit einem rechtwinkligen und mit einem spitzwinkligen Dreieck. Umgekehrt kommt es auch vor, daß ein Lot vom Punkt P zum Fußpunkt F auf einer Meßlinie A B gefällt werden soll. Hierfür wird ein rechtwinkliges Dreieck mit einer Kathete an die Meßlinie AB (Bild 241,4) gelegt und soweit an einem anderen Dreieck (oder Lineal) verschoben, bis die Deckung mit dem Punkt P erreicht ist. Dann wird eine Linie gezogen, deren Schnitt mit AB den gesuchten Fußpunkt F bildet.

Auf die vorstehend beschriebene Weise sind alle Punkte kartierbar, die auf Vermessungslinien (Polygonseiten und Meßlinien) oder rechtwinklig zu diesen liegen. Es kommt aber auch vor, daß ein Punkt nicht unmittelbar rechtwinklig vermessen werden kann, wenn z. B. ein Gebäude die Sicht verhindert (Bild 242,1). Dann läßt sich der Punkt P (Bild 242,2) von den Meßlinienpunkten A und B aus festlegen und, sofern P nicht durch Berechnung der Höhe und des Höhenfußpunktes (s. S. 121) ermittelt werden soll, durch Bogenschlag kartieren. Hierbei werden mit Hilfe eines Zirkels, dessen einer Schenkel einen Bleistifteinsatz mit einer spitzen und harten Mine trägt, die gemessenen Strecken von den Punkten A und B mit kurzen Bogen zum Schnitt in P gebracht. Bei der Vermessung ist aber darauf zu achten, daß der Winkel im Punkt P weder zu spitz noch zu stumpf ist. Ein ungefähr rechter Winkel ergibt den genauesten Schnitt.

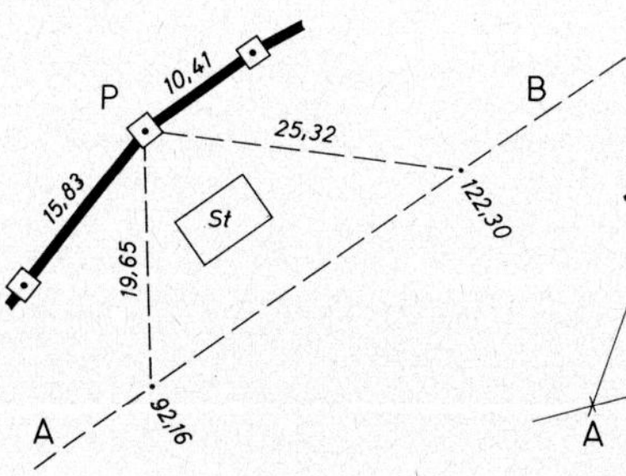

242,1 Sichtverhinderung durch ein Gebäude

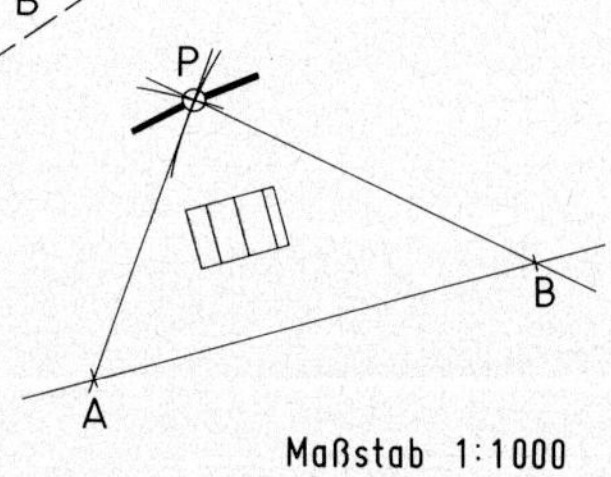

242,2 Kartierung durch Bogenschlag

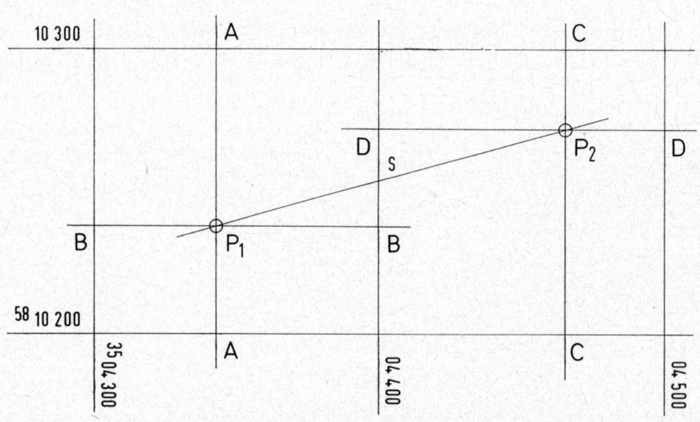

242,3 Kartierung in einem Koordinatennetz

Wenn in einem Koordinatensystem nach rechtwinkligen Koordinaten kartiert werden soll, ist zuerst das Quadratnetz zu prüfen. Für die zu kartierenden Punkte P_1 und P_2 (Bild 242,3) werden zunächst an den Gitterlinien die Rechtswerte (y) AA und CC mit einem Anlegemaßstab abgesetzt und durch feine Nadelstiche fixiert. Dann werden auf die gleiche Weise die Hochwerte (x) BB und DD eingetragen. Die Verbindungslinien dieser Rechts- und Hochwerte ergeben Schnitte, die die Punkte P_1 und P_2 bilden. Zur Kontrolle der Eintragungen wird die Strecke s zwischen den Punkten P_1 und P_2 abgegriffen. Aus Bequemlichkeit werden häufig Punkte nicht zum Schnitt gebracht, sondern z. B. einfach auf dem Rechtswert AA statt auf der Gitterlinie abgesetzt. Das sollte man vermeiden, denn die Genauigkeit der Kartierung könnte dadurch etwas beeinträchtigt werden.

Wird zur Kartierung zahlreicher Punkte ein rechtwinkliger Koordinatograph benutzt, so werden die Rechts- und Hochwerte an den entsprechenden Skalen des Gerätes eingedreht, die Punkte gestochen und durch Kringel und Nummern gekennzeichnet. Die Kartierung wird auch hier durch Abgreifen der Strecken, Kopfmaße usw. geprüft.

Beim Kartieren auf Rahmenkarten kommt es häufig vor, daß für Punkte, die auf dem Nachbarblatt liegen, Blattschnitte gerechnet werden müssen. Sofern breitere Kartenränder, etwa 4 bis 5 cm, vorhanden sind, brauchen diese Schnitte nicht genau mit einem Blattrand zusammenzufallen und sind deshalb auch nicht zu rechnen. Es ist einfacher, die Koordinatenunterschiede der beiden Punkte auf den beiden Kartenrändern zu halbieren, zu dritteln, zu vierteln usw., wenn auch die Entfernung oder Strecke zwischen den beiden Punkten halbiert, gedrittelt, geviertelt usw. wird. Ein Beispiel stellt Bild 243,1 dar.

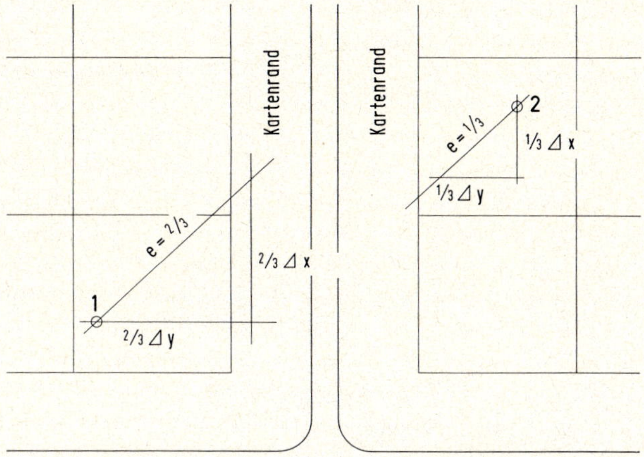

243,1 Kartieren an Kartenblatträndern

Auf eine andere Weise erfolgt das Kartieren von Punkten, die nach der polaren Methode vermessen wurden. Wir haben es hier mit Strecken und Winkeln zu tun. Zum Auftragen brauchen wir deshalb noch einen Winkelmesser. Als Beispiel sei das in den Bildern 240,2 und 241,1 gezeigte Flurstück angeführt. Jetzt ist das Flurstück nicht nach dem orthogonalen Verfahren (vgl. S. 27 und 28), sondern nach dem polaren Verfahren vermessen worden (Bild 243,2). Von den vermarkten Standpunkten A und C

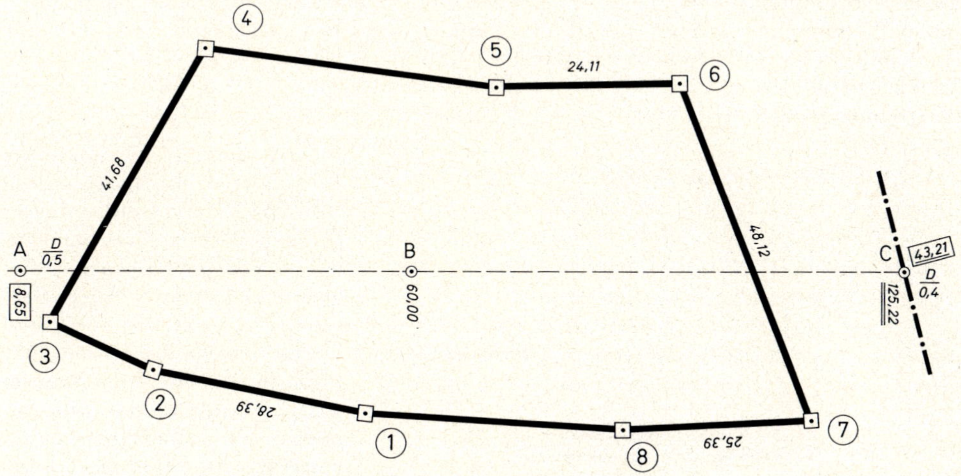

243,2 Vermessungsriß einer polaren Aufnahme

sowie von dem unvermarkten Standpunkt B sind mit einem selbstreduzierenden Tachymeter (s. S. 66) die Richtungen und die Entfernungen für die einzelnen laufend numerierten Punkte bestimmt worden. Zur weiteren Kontrolle sind dann noch einige Kopfbreiten mit einem Stahlbandmaß gemessen worden.

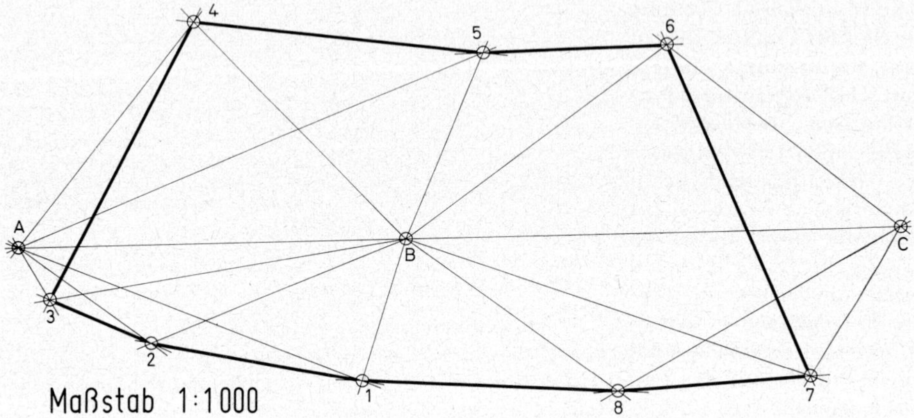

244,1 Kartieren nach Polarkoordinaten

Bei der Kartierung dieser polaren Aufnahme (Bild 244,1) wird zunächst die Meßlinie ABC gezeichnet und hierin die Standpunkte A, B und C kartiert. Auf dem Papier wiederholt sich dann — im Maßstab 1 : 1000 — etwa der gleiche Ablauf der Arbeiten wie in der Örtlichkeit: Der Mittelpunkt des Winkelmessers wird im Punkt A aufgelegt und der Winkel zur Anschlußrichtung nach B eingedreht. Dann werden nacheinander die Richtungen der Punkte 1, 2, 3, 4 und 5 am Teilkreis des Winkelmessers abgesetzt und die Richtungsstrahlen mit einem harten Bleistift ausgezogen. Das gleiche erfolgt auf den Standpunkten B und C. Schließlich werden mit Anlegemaßstab und Kopiernadel die Strecken abgesetzt und die Punkte gestochen, Hat man entsprechende Nachbarpunkte miteinander verbunden, so sind die Grenzen des Flurstücks kartiert. Durch Abgreifen und Vergleich der verschiedenen Strecken und Kopfbreiten wird die Kartierung geprüft.

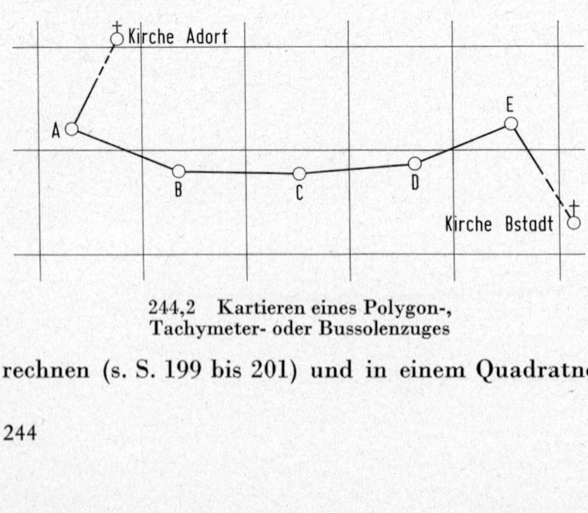

244,2 Kartieren eines Polygon-, Tachymeter- oder Bussolenzuges

Sind mehrere Standpunkte zu kartieren, die nicht, wie in Bild 244,1 dargestellt, in einer geraden Meßlinie liegen, sondern einen gebrochenen Polygon-, Tachymeter- oder Bussolenzug darstellen, so sind hierfür (sofern man diese Züge nicht mit einem Winkelmesser auftragen kann oder will) zunächst die Koordinaten der einzelnen Standpunkte zu berechnen (s. S. 199 bis 201) und in einem Quadratnetz zu kartieren (Bild 244,2).

Sollen viele Punkte mit längeren Strecken (möglichst nicht über 100 m) oder in einem größeren Maßstab als 1: 1000 sehr genau kartiert werden, dann genügt der gewöhnliche kleine Transporteur nicht mehr. Es können dann die auf Seite 217 aufgeführten Polarkoordinatographen benutzt werden.

Statt auf Zeichenkarton oder Zeichenplatten läßt sich auch auf mattweißen (aber lichtpausfähigen) Astralonfolien kartieren. Dies geschieht auf die gleiche Art und Weise wie bei Papier. Wenn die Kopiernadelstiche wegen der Härte der Folien nicht genügend sichtbar sind, kann man auch mit einem sehr spitzen, etwas härteren Bleistift (3 H oder 4 H) kartieren. Nach der Kartierung wird der Grundriß mit Folientusche überzeichnet und die entstandenen Vermessungs- und anderen Linien mit einem weichen Gummi abradiert. Die Astralonkartierung empfiehlt sich für hochwertige Lagepläne und für Flurrahmenkarten ländlicher Gebiete, in denen später Berichtigungen nur in geringerem Umfang zu erwarten sind. Für Stadt- oder andere Gebiete, in denen sehr oft umfangreiche Veränderungen anfallen, eignet sich dagegen dieser Zeichenträger als *Kartierungsgrundlage* weniger. Zeichenplatten sind als dauernde Kartierungsgrundlage geeigneter, weil hierin z. B. das ganze mehr oder weniger umfangreiche Vermessungsliniennetz für sich immer wiederholende Nachkartierungen der Veränderungen erhalten bleibt.

Ergeben sich bei sorgfältigem Kartieren dennoch Unstimmigkeiten, so können auch Meßfehler, Meßungenauigkeiten oder andere Widersprüche vermutet werden. Für deren Aufklärung können Kontrollrechnungen erforderlich werden. Diese lassen sich umgehen, wenn man die Strecken usw., die vermutlich Fehler enthalten können — die Strecken dürfen nicht zu lang oder zu umfangreich sein —, in einem sehr großen Maßstab, z. B. 1: 50, 1: 100 oder 1: 200, kartiert. Meistens wird sich dann schnell klären lassen, wo die Unstimmigkeiten liegen.

3.254 Graphische Fehlerverteilungen

Nicht genaue Vermessungsergebnisse und — je nach der Wahl des Zeichenträgers — mehr oder weniger große Papieränderungen können bewirken, daß hiernach Strecken, z. B. zwischen bereits vorhandenen Punkten, nicht in die Karte oder den Plan passen. Häufig kann dies gerade bei solchen älteren Karten vorkommen, die beträchtliche Papieränderungen aufweisen. Diese Fehler werden im allgemeinen *verhältnismäßig* verteilt. Siehe auch S. 126.

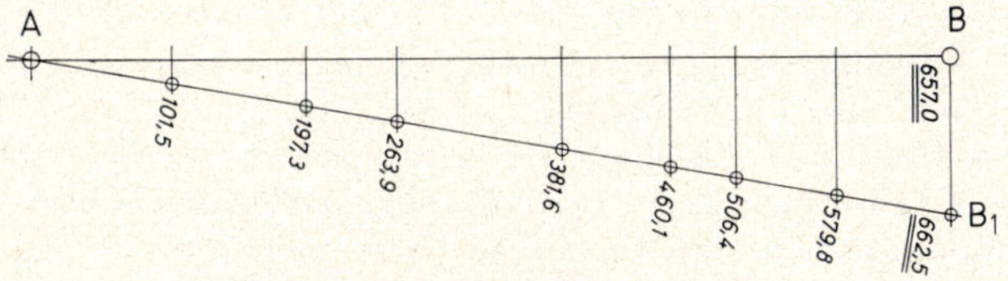

245,1 Graphische Fehlerverteilung in einer geraden Strecke

Statt der rechnerischen Fehlerverteilung, z. B. mit einem Rechenschieber, genügt in vielen Fällen auch eine graphische Verteilung der Fehler. Die festgestellten Abweichungen bzw. Längenunterschiede werden im Verhältnis zur Gesamtlänge auf graphischem Wege verteilt. Bild 245,1 zeigt, wie eine solche Fehlerverteilung bei einer langen geraden Strecke erfolgen kann. Hierin ist die Kartenentfernung AB gegenüber der gemessenen Strecke AB_1 um 5,5 m zu kurz. Die Karte ist also ganz beträchtlich geschrumpft. Diese Differenz muß verhältnismäßig auf die gemessenen Zwischenpunkte verteilt werden. Auf einer vom Punkt A in einem Winkel von etwa 30^g (oder auch mehr) ausgehenden Linie wird die gemessene

Strecke mit den Zwischenpunkten kartiert. Von diesen Zwischenpunkten werden Parallelen zu BB_1 gezogen. Weil alle Dreiecke in dieser Figur ähnlich sind, ergeben die Schnittpunkte dieser Parallelen mit der Linie AB die richtige Lage der Zwischenpunkte in der geschrumpften Karte.

Werden geschlossene (ringförmige) oder auch offene Tachymeterzüge ausnahmsweise nicht nach einer Koordinatenberechnung (vgl. S. 201 u. 202), sondern mit einem Winkelmesser aufgetragen, so kann es vorkommen, daß der Anfangs- und der Endpunkt nicht zusammenfallen oder der Endpunkt nicht den Festpunkt trifft. Bild 246,1 stellt einen geschlossenen Zug dar, bei dem der Anfangspunkt A und der Endpunkt E nicht zusammenfallen. Um den Fehler zu verteilen, werden durch die einzelnen Punkte des Zuges Parallelen zu A E gezogen. Der Fehler zwischen A und E soll 12 mm betragen und im Verhältnis zur Anzahl der Punkte verteilt werden. Dann entfallen auf Punkt 1 = 1,5 mm, Punkt 2 = 3 mm, Punkt 3 = 4,5 mm, Punkt 4 = 6 mm, Punkt 5 = 7,5 mm, Punkt 6 = 9 mm, Punkt 7 = 10,5 mm und auf Punkt E = 12 mm. Der Fehler kann aber auch im Verhältnis zur Streckenlänge des Zuges verteilt werden. Auch der Fehler eines gestreckten Zuges kann in der geschilderten Weise graphisch verteilt werden.

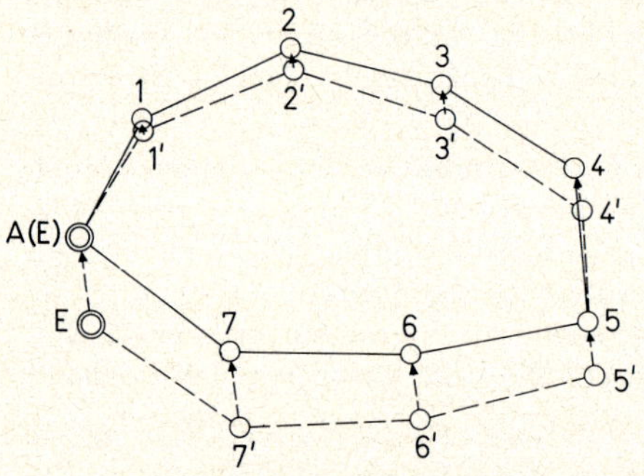

246,1 Graphische Fehlerverteilung in einem geschlossenen Polygonzug

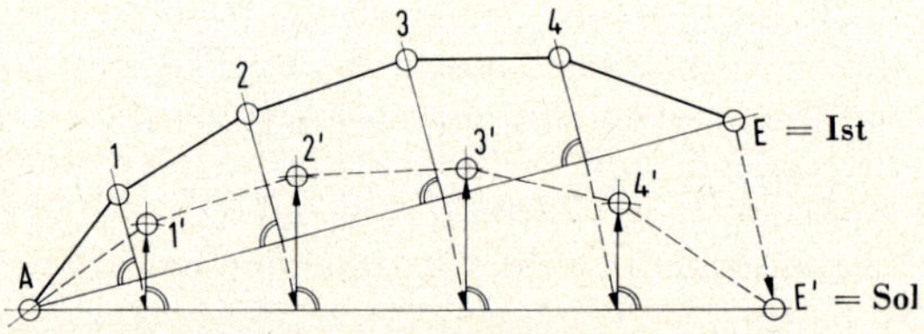

246,2 Graphische Fehlerverteilung in einem gestreckten Polygonzug nach O. Brathuhn

Ein anderes graphisches Fehlerverteilungsverfahren gab *O. Brathuhn* schon vor langer Zeit an. Auf die Linie AE in Bild 246,2 werden von den Punkten 1, 2, 3 und 4 Lote gefällt und von den Fußpunkten Parallelen zu EE′ gezogen. Auf den Schnittpunkten dieser Parallelen mit der Linie AE′ werden Senkrechte zu den Punkten 1′, 2′, 3′ und 4′ errichtet und die Längen der Abstände der Punkte 1, 2, 3 und 4 von der Linie AE auf die Punkte 1′, 2′, 3′ und 4′ übertragen.

Es kommt auch vor, daß ältere Karten in beiden Richtungen des Papieres verschieden stark, also ungleichmäßig geschrumpft sind. Haben diese Karten ein Quadratnetz, so kann man innerhalb der Netzmaschen die Fehler graphisch verteilen. Bei Karten, die kein Quadratnetz besitzen, sind die Abweichungen der einzelnen Strecken, wie in Bild 245,1 angegeben, zu beheben. Sind diese Arbeiten aber zu umfangreich, oder wird eine einwandfreie, d. h. geometrisch richtige Karte als Planungsunterlage benötigt, so wird zu überlegen sein, ob die Karte nicht besser auf einem maßhaltigen Zeichenträger neu kartiert wird.

3.255 Prinzip der Nachbarschaft

Es ist sehr darauf zu achten, daß bei allen Kartierungsarbeiten (auch Berichtigungen oder Ergänzungen) sowie bei den graphischen Fehlerverteilungen neu einzutragende oder zu verändernde Punkte die richtige Lage zu den vorhandenen benachbarten Punkten, vor allem bei kurzen Entfernungen, erhalten. Dies nennt man das *Prinzip der Nachbarschaft*. Siehe auch S. 72.

3.256 Kartierungsgenauigkeit

Im allgemeinen kann man das Maß der eigentlichen *Kartierungs- oder Auftragegenauigkeit* von Hand für einen oder mehrere Punkte (Punktgenauigkeit), unbeeinflußt von Papieränderungen usw., mit $^1/_{10}$ bis $^1/_{15}$ mm angeben. Hierbei wirkt sich vor allem der persönliche Fehler, z. B. bei der Schätzung von Zehnteln an der Maßstabsskala, aus. Geübte Kräfte können die Genauigkeit, z. B. bei Verwendung von Transversalmaßstab und Zirkel als Kartiergerät, auf $^1/_{20}$ mm und mehr steigern. Die Einstell- bzw. Punktgenauigkeiten der rechtwinkligen Kartier- und Großkartiergeräte, der automatischen Großkartieranlagen sowie auch der Polarkoordinatographen können $^1/_{20}$ bis $^1/_{30}$ mm betragen (s. S. 214 und 217).

Beim Hochzeichnen (Abzeichnen) können sehr leicht zeichnerische Abweichungen oder Ungenauigkeiten entstehen. Soll auf dicken Kunststoff-Folien hochgezeichnet werden, so entstehen häufig Abweichungen durch Parallaxen (s. S. 211), die bis zu $^1/_5$ mm betragen können. In der nachfolgenden Tabelle sind Fehlergrößen, Ungenauigkeiten und Abweichungen in Verbindung gebracht zu verschiedenen Maßstabsverhältnissen.

Tabelle 21

Fehler mm	1:200 cm	1:500 cm	1:1000 cm	1:2000 cm	1:2500 cm	1:5000 cm
$^1/_5$	4	10	20	40	50	100
$^1/_{10}$	2	5	10	20	25	50
$^1/_{15}$	1,5	3	7	15	17	33
$^1/_{20}$	1	2,5	5	10	12,5	25
$^1/_{25}$	1	2	4	8	10	20
$^1/_{30}$	1	1,5	3	7	8	17

Es wird immer vorteilhaft sein, Karten oder Pläne mit einer guten Ausgangsgenauigkeit anzufertigen. Auf gewöhnlichem gut abgelagertem Zeichenkarton würde allerdings eine Punktgenauigkeit von z. B. $^1/_{10}$ mm bei einer einseitigen Papieränderung von 2 mm auf einem Meter nicht mehr viel bedeuten. Zeichenplatten dagegen, die ebenfalls Temperatur- und Luftfeuchtigkeitseinflüssen unterliegen, verändern sich nur gering und überdies gleichmäßig in beiden Richtungen (etwa $^1/_4$ bis $^1/_2$ mm auf 1 m Länge bei entsprechenden Temperatur- und Feuchtigkeitsänderungen). Photographische Vergrößerungen nach diesen Zeichenplatten bei Verwendung von maßhaltigem Film auf Polyestergrundlage (s. S. 220) würden selbst bei einer 5fachen linearen Ausdehnung, z. B. vom Maßstab 1: 1000 in den Maßstab 1: 200, sehr viel genauer werden. Eine gute Reproduktionskamera (s. S. 263) ist aber für solche Arbeiten unerläßlich.

Nach dem Nieders. Flurkartenerlaß (s. S. 282) müssen die Flurkarten so genau kartiert werden, daß die Abweichung (Unterschied) A zwischen einer kartierten und einer gemessenen oder gerechneten Länge den folgenden Wert nicht übersteigt: Im Maßstab

1:500 A = D+0,10; 1:1000 A = D+0,20; 1:2000 A = D+0,40; 1:5000 A = D+1,00. Den Abweichungen (Fehlergrenzen) liegt die im Abschnitt 3.251 angegebene Formel zu Grunde.

3.26 Zeichnen auf Papieren und Folien

Wurde im vorigen Abschnitt das eigentliche Kartieren erläutert, so soll jetzt die weitere Bearbeitung eines Planes oder einer Karte dargelegt werden.

Es wird von dem Zweck und dem Wert einer Originalzeichnung eines Planes oder einer Karte abhängen, welcher Zeichenträger hierfür gewählt wird. Für besonders wertvolle Stadtkartenwerke, die laufend zu berichtigen sind, wird man nur die besten Zeichenplatten zum Kartieren und die maßhaltigsten Kunststoff-Folien zum Hochzeichnen verwenden. Für (einfachere) Lagepläne von kurzer Gebrauchsdauer dürfte dagegen im allgemeinen Transparentpapier genügen. Es wird immer im Einzelfall zu entscheiden sein, welcher Zeichenträger verwendet werden soll.

3.261 Zeichnen auf Papieren, Kartonen und Platten

Zur Sicherung eines klaren und unter Umständen reproduktionsfähigen Bildes ist die Kartierung zeichnerisch zu vervollständigen. Zunächst sind die vorgeschriebenen Zeichen mit schwarzer Ausziehtusche anzufertigen. Anschließend erfolgt das Ausziehen der Linien usw. Mit großer Sorgfalt sind diese Linien in Richtung auf die Stichpunkte zu ziehen. Diese bleiben frei von Tusche, die Linien beginnen und enden etwa 0,2 mm nach und vor den Stichpunkten. Zum Ziehen der Linien in Bleistift oder Tusche wird das Lineal (oder Dreieck) etwas von den beiden Punkten (Nadelstichen) abgerückt, so daß die Bleistiftspitze oder die Ziehfeder die Verbindungslinie genau trifft. Dabei muß das Dreieck oder das Lineal unverrückbar festgehalten werden.

Nachdem auch eine etwa erforderliche Beschriftung ausgeführt ist und durch gründliches Abradieren mit weichem Gummi alle Bleistiftlinien und sonstigen Bleistifteintragungen beseitigt sind, ist der Plan fertig. Bei späteren Berichtigungen sind wegfallende Linien, Zeichen usw. vorsichtig abzuradieren und die alten Stichpunkte mit einer Kopiernadel zuzudrücken. Die Kartierungen sollte man, sofern diese auf Zeichenpapier oder dünnerem Zeichenkarton ausgeführt wurden, ebenso wie transparente Pläne und Karten auf Papier oder Folien nicht gerollt, sondern stets flachliegend aufbewahren.

3.262 Zeichnen auf Transparentpapieren

In vielen Fällen benötigt man heute für die verschiedensten Zwecke transparente Pläne oder Karten, um hiervon Vervielfältigungen in Form von Lichtpausen, Fotokopien oder Drucken herstellen zu können. Deshalb wird man die Kartierungen in den meisten Fällen „hochzeichnen“ müssen. Je nach Wert und Zweck des Planes zeichnet man auf gut abgelagertem Transparentpapier oder auf Kunststoff-Folien. Zum Hochzeichnen auf Transparentpapier wird schwarze Ausziehtusche benutzt. Es muß ständig darauf geachtet werden, daß Linien, Zeichen, Schriften usw. tiefschwarz sind. Wären sie es nicht, so würden Vervielfältigungen hiervon schwache oder gar unterbrochene Stellen aufweisen. Im Gegensatz zu Kartierungen sind jetzt die Linien an den Stichpunkten nicht zu unterbrechen, sondern durchzuziehen. Für bestimmte Zeichen sowie für Eckabrundungen können Schablonen die Arbeiten erleichtern und beschleunigen.

Sollen hierauf oder auf anderen Zeichenträgern Gebäude usw. schraffiert werden, so verwendet man zur Erzielung gleichmäßiger Abstände ein entsprechendes Gerät. Bild 249,1 zeigt ein *Schraffiergerät*, mit dem Strichabstände bis 4 mm stufenlos einstellbar sind. Bild 249,2 zeigt einen *Schraffierapparat*. Dieser Apparat ist einstellbar für Schraffierweiten von $1/4$, $1/3$, $1/2$, $3/4$, 1, $1\,1/4$ und $1\,1/2$ mm. Durch Hebeldruck wird das Neusilber- oder Plexiglaslineal mittels Zahntrieb um je eine eingestellte Schraffierweite bewegt. Die *Schraffier- und Linier-Schablone dahle 1460* ist ein einfaches Zeichenhilfsgerät aus transparentem Kunststoff, das außer Schraffuren in verschiedenen Abständen u. a. auch das Ziehen von Schrifthilfslinien ermöglicht.

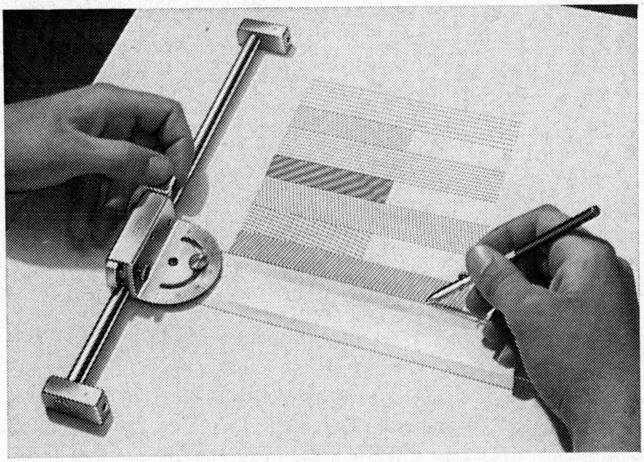

249,1 Schraffiergerät, Gebr. Haff

Transparentpapier kann leicht wellig werden. Wer etwas schweißige Hände hat, sollte den nicht gerade zu zeichnenden Teil des Planes mit Zeichenkarton abdecken. Auch beim Wegradieren von Linien usw. muß man sehr vorsichtig sein. Bei größeren Plänen sollte man wegen der Papieränderung einen Skalenmaßstab nicht nur in der Längsrichtung, sondern außerdem einen in der Querrichtung, beide gleichzeitig mit der Lageplanzeichnung, anfertigen.

Bevor man auf gut abgelagertem Ölpauspapier zu zeichnen beginnt, ist es vorteilhaft, die Zeichenfläche mit einem weichen Gummi abzuradieren. Dann kann man Linien und Schriften besser und gleichmäßiger mit Tusche ziehen bzw. schreiben.

3.263 Zeichnen auf Kunststoff-Folien

Das Zeichnen auf Kunststoff-Folien bereitet vielfach und immer wieder Schwierigkeiten. Das liegt sehr oft daran, daß man mit den Folientuschen nicht zurecht kommt. Sobald aber eine gewisse Übung und Fertigkeit im Gebrauch und in der Verwendung dieser Tuschen erreicht ist, gelingen das Zeichnen und das Schreiben.

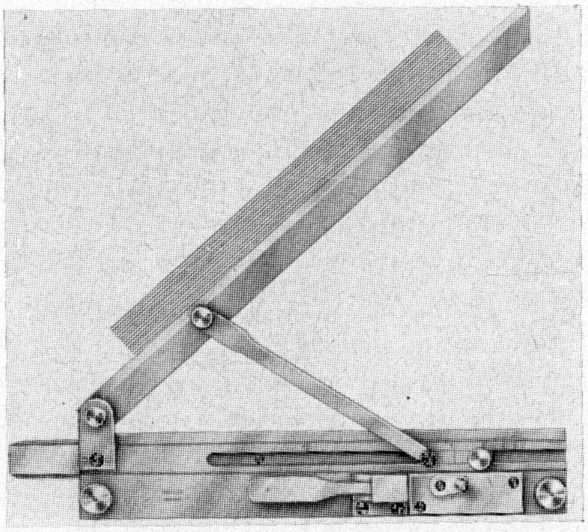

249,2 Schraffierapparat, Clemens Riefler

Vor der Bearbeitung muß die Folie mit Spiritus oder fettfreiem Benzin (Vorsicht!) sorgfältig gereinigt werden. Das *Folienreinigungsmittel* von Günther Wagner, Hannover, ist besonders für die *Pelikan-Ausziehtusche K für Transparentfolien* entwickelt worden. Manche Folien verlangen eine andere Vorbehandlung. Hier sind dann die jeweiligen Bearbeitungsanleitungen zu beachten.

Kunststoff-Folien kann man sowohl auf der matten als auch auf der glatten (polierten) Seite bezeichnen und beschriften. Beim Hochzeichnen auf dickeren Folien ist darauf zu achten, daß keine Parallaxe vorkommt (s. auch S. 211).

Daraus würden Zeichenungenauigkeiten entstehen. Sie können durch *senkrechtes Sehen* zur Zeichnung vermieden werden.

Leider haben Kunststoff-Folien die unangenehme Eigenschaft, sich leicht mit statischer Elektrizität aufzuladen. Die Folien wirken dadurch auf in der Luft schwebende Staubteilchen usw. wie ein Magnet, d. h., diese Teilchen werden von den Folien angezogen. Bei den Arbeiten mit Ziehfeder und Tusche ist dies ein gewisser Nachteil. Abhilfe schafft ein antistatisches Mittel, meist eine Lösung von Glyzerin in Spiritus. Hiermit dürfen jedoch nur die nicht für die zeichnerischen Arbeiten benutzten Seiten der Folien behandelt werden, weil sonst die Folien keine Tusche annehmen.

Mit der Weiterentwicklung der Folien sind auch die entsprechenden Folientuschen in ständig verbesserter Qualität auf den Markt gekommen. Bekannt sind wohl die Erzeugnisse der Firmen Eggen, Hannover; Hausleiter, München; rotring, Riepe-Werk und Günther Wagner Pelikan-Werke, Hannover. Außer in Schwarz werden Folientuschen auch in Rot, Gelb, Grün, Blau und Violett hergestellt. Die Tuschen lösen z. T. Kunststoffe an. Selbst Zieh- und Stahlfedern können angegriffen werden. Diese sowie mit Tuschen beschmutzte Hände sollten deshalb mit einem Lösungsmittel, z. B. dem Pelikan-Tusche-Löser, sofort nach Beendigung der Arbeiten gereinigt werden.

Verschiedene Folien[1]) lassen sich auch bezeichnen mit wässerigen, jedoch wasserfest auftrocknenden Folientuschen, wie z. B. mit den *Pelikan-Ausziehtuschen T, TT* und *C* oder den rotring-Folientuschen T und TT.

3.264 Gravieren oder Ritzen auf Kunststoff-Folien

In den letzten Jahren sind Gravier- bzw. Ritzverfahren auf Kunststoff-Folien so verbessert worden, daß diese heute vielfach für die Herstellung von großmaßstäbigen Karten oder Plänen Anwendung finden. Die Vorteile dieser Verfahren liegen darin, daß für das Ritzen oder Gravieren auch weniger geübtes Personal gleichmäßig breite und randscharfe Linien verschiedener Strichbreiten und mit Hilfe entsprechender Geräte auch Zeichen und Schriften herstellen kann. Außerdem kann sich ein beträchtlicher Zeitgewinn erzielen lassen im Vergleich mit der Tuschezeichnung auf Folien. Andererseits ist der Umgang mit den verschiedenen Chemikalien, vor allem in kleineren Vermessungsbüros oder -stellen, nicht jedermanns Sache. Im folgenden werden unter mehreren anderen zwei Verfahren kurz erläutert.

Das *Positiv-Schichtfolien-Ritzverfahren nach Wieneke* beruht darauf, daß auf vorbeschichteten blauen transparenten Pokalonfolien mit Ritznadeln eine darunter liegende Kartierung „hochgeritzt" wird. Sind alle Linien, Zeichen, Zahlen und Schriften geritzt, so werden diese mit schwarzer Farbe, Depsor „S" genannt, eingefärbt. Nach völligem Trocknen der Farbe wird die Folie mit Testbenzin abgewaschen. Die geritzte Folie muß jetzt auf einem Leuchttisch daraufhin untersucht werden, ob alle Stellen der Zeichnung gut eingefärbt sind. Ist das der Fall, wird die Folie mit einer 2—3%igen Natronlaugelösung entschichtet, mit Wasserstrahl und Perlonbürste gründlich gesäubert und schließlich nachgetrocknet.

Auf der blanken Folie steht nunmehr die positive Zeichnung sauber und scharf zur Vervielfältigung.

[1]) Z. B. mattierte oder lackmattierte Polyesterfolien.

Es ist auch möglich, die Linien usw. in verschiedenen Farben zu ritzen. Nachdem die Schwarzzeichnung geritzt, gefärbt und gut mit Testbenzin gereinigt ist, wird die nächste Farbe geritzt und mit Depsor „S“-bunt, z. B. Rot, schnell eingefärbt und, wie schon beschrieben, weiterbehandelt. Auch die dritte und jede weitere Farbe müssen hintereinander einzeln geritzt werden.

Von Wieneke wird außerdem eine weiß beschichtete Kartierfolie hergestellt. Hierauf läßt sich mit Bleistift kartieren. Zum Wegradieren darf aber nur weicher Gummi benutzt werden. Man ritzt über einer dunklen Unterlage oder auf einem Leuchttisch. Einfärbung und Entschichtung erfolgen auf die gleiche Weise wie bei der blauen Folie.

Fehlritzungen und Kratzer in der Schicht lassen sich mit dem schnelltrocknenden Korrekturlack, Depsor „K“, beseitigen. Für Berichtigungen oder Änderungen des Grundrisses usw. sowie zum Gießen kleinerer Flächen dient die Fortführungsmasse Depsor „F“.

Dieses Schichtfolien-Ritzverfahren hat nur dann den gewünschten Erfolg, wenn die gedruckte Anweisung des Erfinders und Patentinhabers Hans Wieneke, Hannover-Kirchrode, genau beachtet wird.

Die *Klimsch-Schichtgravur* ist ein Negativ-Verfahren. Diese Firma hat ein ganzes Schichtgravur-System entwickelt, das eine Reihe von Verfahren und Materialien umfaßt, die, aufeinander abgestimmt, wohl alle Möglichkeiten der Schichtgravurtechnik auszunutzen in der Lage sind.

Dieses System verwendet Glas und Kunststoff-Folien als Schichtträger. Für das *Hochgravieren* von Kartierungen oder anderen positiven Plänen oder großmaßstäbigen Karten steht die transparente orangefarbene Klimsch-Scribalon-Schichtgravurfolie zur Verfügung. Die weiß oder grün beschichteten, nicht transparenten Folien hingegen sind für direkte Kartierungen mit Bleistift und nachfolgender Gravur oder als Anhaltekopien (hier wird der zu gravierende Grundriß usw. vorher aufkopiert) mit anschließender Gravur vorgesehen.

Die genannten Schichtgravurfolien werden nur fertig geliefert. Die Schichten können mit den üblichen Gravierwerkzeugen bearbeitet werden. Transparente Folien werden am besten auf einem Leuchttisch graviert. Es ist zweckmäßig, die nicht gerade zu bearbeitenden Teile der Folie abzudecken. Hierdurch wird ein Beschädigen der Schicht durch Kratzer usw. vermieden. Versehentlich gravierte Teile der Zeichnung werden mit dem Korrekturmittel Scribarect abgedeckt. Nach kurzer Trockenzeit sind diese Stellen wieder gravierfähig. Spröde gewordene Schichten werden mit Hilfe des Regenerierungsmittels Scribagen wieder einwandfrei.

Von der fertigen Gravur wird durch Umkehrkopie ein Astralonpositiv hergestellt. Die nicht transparente weiße Gravurschicht muß jedoch nach Beendigung der Gravierarbeiten erst durch rotes Einfärben mit unverdünntem Scribatint zur Erzielung einer ausreichenden Deckung kopierfähig gemacht werden.

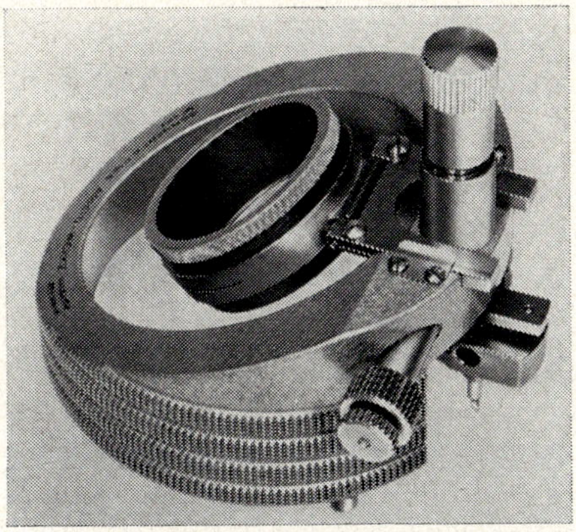

251,1 Aristo-Gravierer, Dennert & Pape KG

Auch die Klimsch-Schichtgravur-Verfahren bringen nur dann die gewünschten Erfolge, wenn die ausführlichen Hinweise und Gebrauchsanleitungen der Fa. Klimsch, Frankfurt (Main), beachtet werden.

Für alle Gravier- oder Ritzarbeiten ist richtige Auswahl, Handhabung und Schliff der Werkzeuge entscheidend. Meistens wird mit runden Schabern oder Graviernadeln bzw. -sticheln verschiedener Dicke, entsprechend den Strichbreiten, gearbeitet. Aber auch gerade und gekrümmte Doppellinien, Punktierungen, Zeichen usw. lassen sich mit Gravierringen, Punktiergeräten usw. einwandfrei darstellen. Wichtig ist das richtige Nachschleifen der Graviernadeln oder -stichel. Wie auch bei Ziehfedern usw. schleift man auf einem Arkansas-Ölstein und mit säurefreiem Nähmaschinenöl. Der im Bild 251,1 gezeigte *Aristo-Gravierer* arbeitet mit Sticheln, die Saphir-, Diamant- oder Stahlschneiden besitzen. Ein müheloses und genaues Nachschleifen der Stahlschneiden läßt sich mit dem Aristo-Schleifgerät ausführen. Mit den Sticheln des Gerätes können gerade oder gekrümmte Linien in verschiedenen Strichbreiten von 0,05 bis 1,20 mm graviert werden.

3.27 Höhenlinienkonstruktionen

Unter *Höhenlinien* (Isohypsen, auch Höhenkurven oder — nicht immer ganz richtig — Höhenschichtlinien) versteht man Linien, die Geländepunkte gleicher Höhe (meistens über N.N.) miteinander verbinden. Der vertikale (= senkrechte) Abstand (= Äquidistanz, Schichthöhe) der Höhenlinien hängt einmal von dem größeren oder kleineren Maßstab des anzufertigenden Planes oder der Karte und zum anderen von der Geländegestalt ab. Schließlich kommt es auch noch auf den Verwendungszweck des Höhenplanes an.

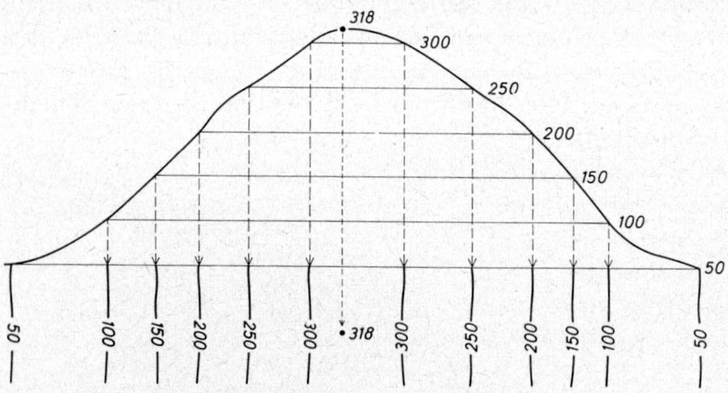

252,1 Höhenlinien und Geländeneigung

Eine Karte, die Höhenlinien enthält, vermittelt dem Betrachter nicht nur ein anschaulicheres Bild der Geländeformen, als es eine Karte, die nur Höhenzahlen enthält, vermag, sondern gestattet ihm auch, für jeden Punkt die Höhe abzulesen. Die Genauigkeit dieser aus der Karte oder dem Plan entnommenen Höhen hängt weitgehend von der richtigen und vollständigen Aufnahme des Geländes ab. Vgl. hierzu auch Bild 254,1. Die in der Natur selbstverständlich nicht vorhandenen Höhenlinien werden in die Kartenebene orthogonal projiziert (Bild 252,1). Die Geländeneigung (sofern der Neigungswinkel nicht zu klein ist) läßt sich aus dem rechtwinkligen Abstand benachbarter Höhenlinien bestimmen (siehe Seite 303). In kleineren Kartenmaßstäben und bei entsprechenden Geländeneigungen vermittelt die Scharung der Höhenlinien auch einen gewissen plastischen Eindruck des Geländes. Umgekehrt ist die Darstellung von

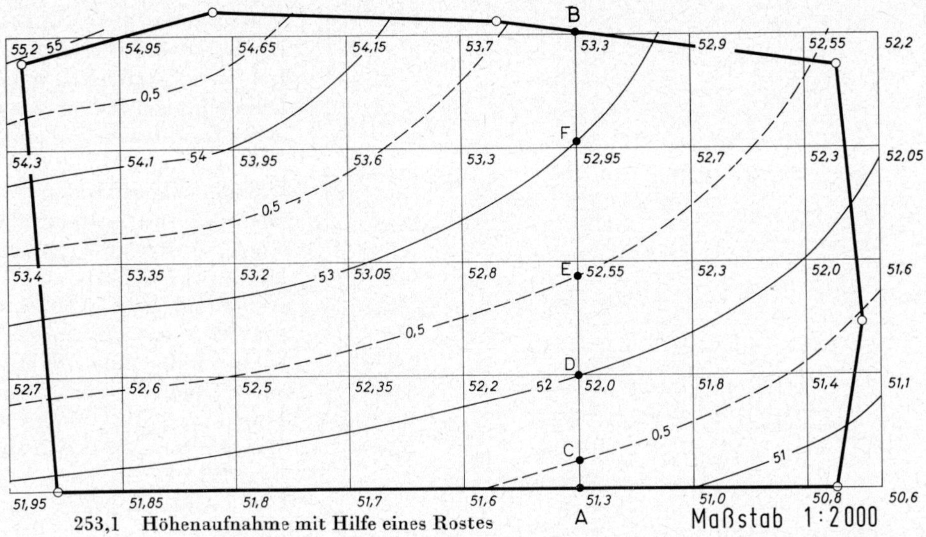

253,1 Höhenaufnahme mit Hilfe eines Rostes

Höhenlinien im flachen Gelände in vielen Fällen weniger wichtig. Durch die hier kaum noch vorhandene Geländeneigung werden auch die Horizontalabstände ungenau. In diesem Falle leistet eine Karte, die zahlreiche Einzelhöhen (Koten genannt) enthält, bessere Dienste.

Höhenlinien lassen sich auch unmittelbar und linienweise auf stereophotogrammetrischem Wege (s. S. 272) oder mittelbar auf Grund einzelner, nach Lage und Höhe vermessener Punkte bestimmen. Wir wollen hier die Konstruktion der Höhenlinien nach vermessenen Einzelpunkten erläutern.

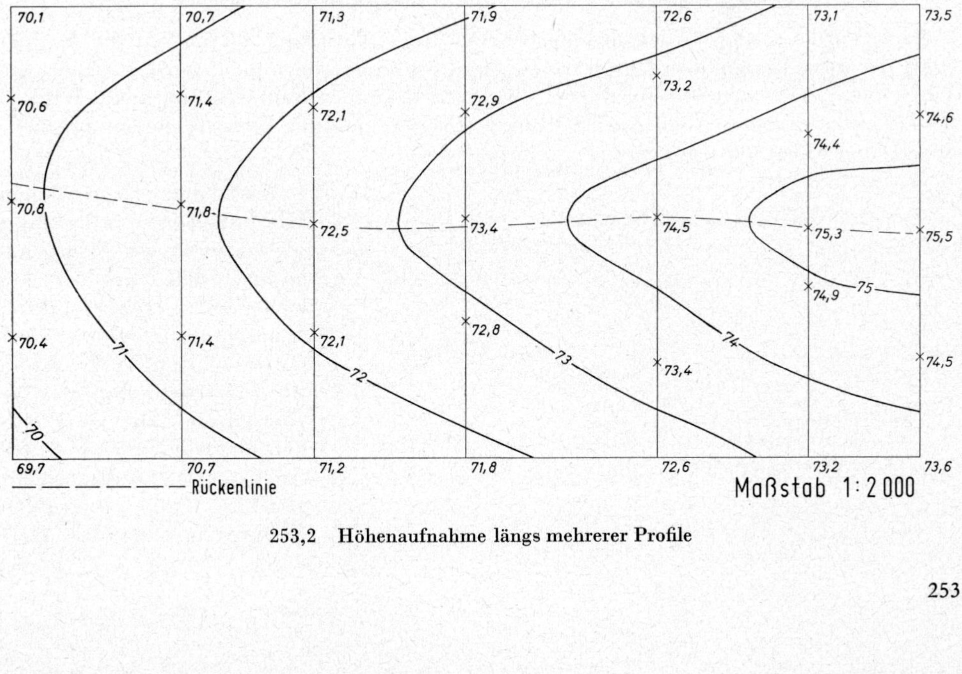

253,2 Höhenaufnahme längs mehrerer Profile

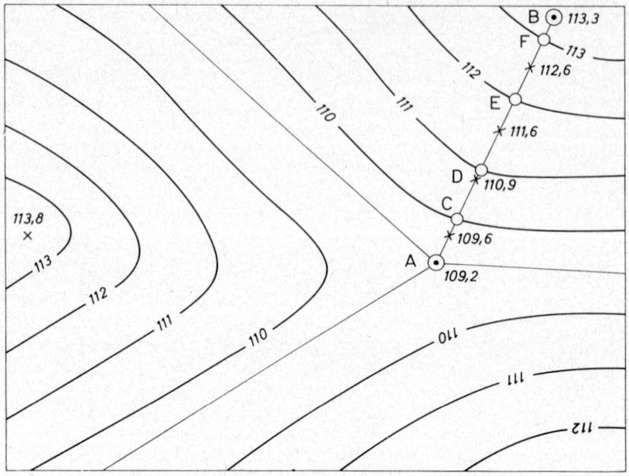

254,1 Tachymetrische Höhenaufnahme

Auf Seite 79 ist die Geländeaufnahme beschrieben. Bei den großmaßstäbigen Darstellungen haben wir es in der Hauptsache mit einem nur geringe Höhenunterschiede aufweisenden Gelände zu tun, seltener mit einem solchen mit größeren Höhenunterschieden. Im ersten Fall (Bild 253,1) wird ein *Flächennivellement* (s. S. 37) mit Hilfe eines „Rostes" oder anderer vorhandener Linien (z. B. Grenzraine, Mauern usw.) zweckmäßig sein (Bild 253,2). Im letzten Fall wird dagegen eine tachymetrische Aufnahme (s. S. 79) vorteilhafter sein (Bild 254,1).

Der Abstand der Rost- oder Profilpunkte sowie der Tachymeterpunkte ist abhängig von der Geländegestalt. In flacherem Gelände kann der Abstand bis etwa 50 m betragen; bei den tachymetrisch zu bestimmenden Punkten sind die Abstände so zu wählen, daß die Geländeformen wie Kuppen, Kessel, Rücken, Mulden usw. eindeutig bestimmt werden. Das Gelände zwischen den einzelnen Punkten wird als gleichmäßig ansteigend oder fallend angenommen. Keinesfalls sollte das Gelände aber so unvollständig aufgenommen werden, wie in Bild 254,2 dargestellt. An den Punkten A und B müßten noch Zwischenpunkte bestimmt werden.

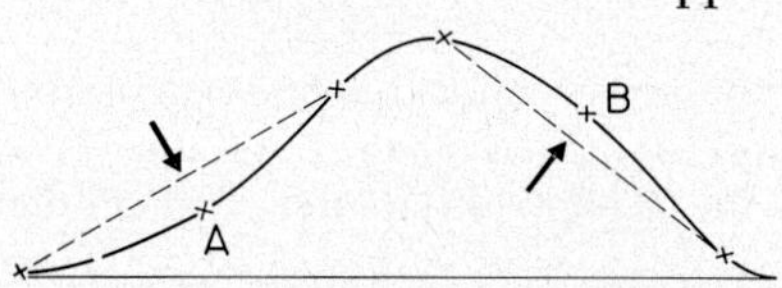

254,2 Richtige und vollständige Aufnahme der zu bestimmenden Höhenpunkte

Nach Vorliegen der örtlich durchgeführten Höhenaufnahmen kann mit der Kartierung der Standlinien des Rostes oder der Profillinien begonnen werden. Auch die Tachymeterzüge sowie die einzelnen Höhenpunkte können nunmehr mit einem Winkelmesser aufgetragen werden. An die Punkte schreibt man mit Bleistift die entsprechenden Höhenzahlen auf dm genau.

254,3 Rechnerische Interpolation von Höhenlinien

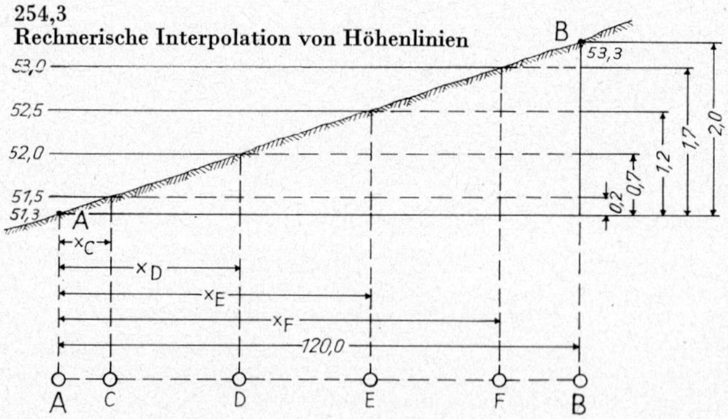

Mit der eigentlichen Höhenlinienkonstruktion wird nun in der Weise begonnen, daß zwischen den einzelnen Höhenpunkten Schnittpunkte interpoliert (Interpolation = Einschaltung) werden, die die gewünschten vollen oder halben Meterlinien über N. N. ergeben, wenn diese auf gleicher Höhe liegenden Punkte miteinander verbunden werden. Die Punkte sollen möglichst in Richtung des größten Gefälles eingeschaltet werden. Diese Punkteinschaltungen können auf rechnerischem Wege (z. B. mit einem Rechenschieber) oder graphisch erfolgen. In der Praxis ist es meistens üblich, solche Schnittpunkte graphisch zu ermitteln, besonders dann, wenn es viele sind.

Bei den Bildern 253,1 und 253,2 muß man voraussetzen, daß bei der Aufnahme Skizzen angefertigt wurden, wie die Höhenlinien etwa zwischen den aufgenommenen Geländepunkten verlaufen. Andernfalls wäre der Verlauf der Höhenlinien am Rande der Zeichnung unsicher.

Es sollen nun ein rechnerisches und zwei graphische Verfahren erläutert werden.

3.271 **Rechnerisches Verfahren** (Bild 254,3)

Die „Rostlinie" AB von 120,0 m Länge wird als gleichmäßig ansteigend angenommen. Der Höhenunterschied beträgt 2,0 m. Die Punkte C, D, E und F sollen eingeschaltet werden. Sie geben jeweils volle oder halbe Meter für die Höhenlinien an. Nach Bild 254,3 ergeben sich für die gesuchten waagerechten Entfernungen vom Punkt A folgende Verhältnisgleichungen bzw. Ergebnisse unter Benutzung eines Rechenschiebers:

$$\frac{x_C}{0{,}2} = \frac{AB}{2{,}0}\,;\; x_C = \frac{0{,}2\cdot 120{,}0}{2{,}0} = 12{,}0 \qquad \frac{x_D}{0{,}7} = \frac{AB}{2{,}0}\,;\; x_D = \frac{0{,}7\cdot 120{,}0}{2{,}0} = 42{,}0$$

$$\frac{x_E}{1{,}2} = \frac{AB}{2{,}0}\,;\; x_E = \frac{1{,}2\cdot 120{,}0}{2{,}0} = 72{,}0 \qquad \frac{x_F}{1{,}7} = \frac{AB}{2{,}0}\,;\; x_F = \frac{1{,}7\cdot 120{,}0}{2{,}0} = 102{,}0$$

Die auf diese Weise bestimmten Entfernungen werden dann im jeweiligen Maßstab in die Karte eingetragen.

3.272 **Graphisches Verfahren mit Diagramm** (Bild 255,1)

Auf transparentem Papier zeichnet man sehr sorgfältig mit schwarzer Tusche senkrecht zu der Strecke MO (als Mittellinie) mehrere Parallelen (Hilfslinien), die untereinander gleiche, aber beliebig große Abstände haben können. Eine der oberen dieser Linien teilt man sehr genau in gleichlange Abstände. Diese verbindet man dann strahlenförmig mit dem Punkt M. Von dieser Zeichnung werden mehrere transparente Lichtpausen gefertigt. Hierin werden die Höhenlinienzahlen mit den gewünschten Abständen, z. B. 1 m oder 0,5 m, je nach Geländeart und mit verschiedenen Anfangshöhen beziffert. Auf diese Weise sind stets die gewünschten

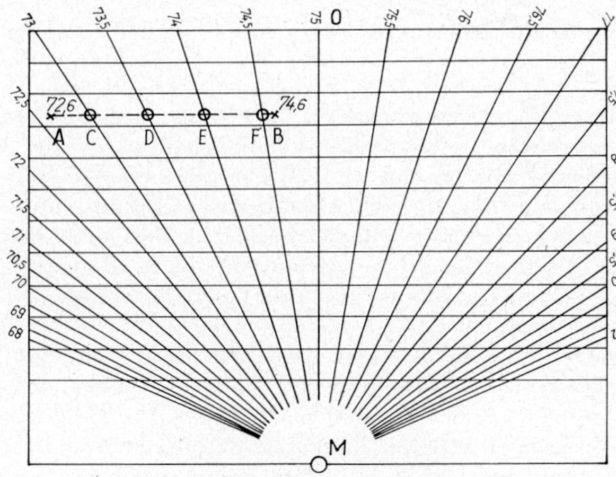

255,1 Graphische Interpolation von Höhenlinien mit Diagramm

Höhen zur Hand. Zur Bestimmung der Höhenlinienschnitte zwischen zwei Höhenpunkten wird das Diagramm nach Augenmaß so auf die Strecke AB des Zeichenkartons (B.255,1) gelegt, daß die Höhen, in diesem Falle 72,6 und 74,6, richtig zwischen die am Rande des Diagramms vermerkten m-Höhenlinien zu liegen kommen. Dabei werden die dm der Höhen nach Schätzung eingepaßt. Alsdann ergeben sich die Schnittpunkte C, D, E und F, die mit einer feinen Kopiernadel auf den Zeichenkarton gestochen werden.

3.273 Graphisches Verfahren mit Parallelen auf Millimeterpapier

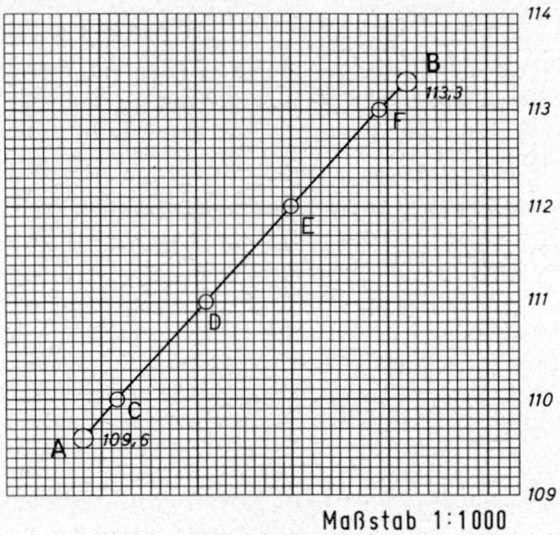

256,1 Graphische Interpolation von Höhenlinien mit Parallelen

Nach dem Muster einer Planimeterharfe (s. S. 142) zieht man mit schwarzer Tusche auf transparentem blauen Millimeterpapier mehrere Parallelen im gleichen Abstand. Je nach dem Maßstab der Karte oder nach der Geländeneigung wählt man die Abstandsbreiten. Im Bild 256,1 sind diese für den Maßstab 1 : 1000 und einer mittleren Geländeneigung 10 mm breit bei einem vertikalen Höhenlinienabstand von 1 m. Für steileres Gelände oder für einen kleineren Maßstab sind die Parallelenabstände etwa 5 mm, für flacheres Gelände oder einen größeren Maßstab als 1 : 1000 etwa 15 bis 20 mm breit zu zeichnen.

Zum Einschalten der zu bestimmenden Schnittpunkte wird das überzeichnete transparente Millimeterpapier auf die Strecke AB des Zeichenkartons gelegt (Bild 256,1) und so um die Kopiernadelspitze in A eingedreht, daß mit Hilfe der Millimeterlinien, die in diesem Beispiel 10 cm des Geländes umfassen, sehr schnell die gewünschten Schnitte für die Punkte C, D, E und F auf den Zeichenkarton gestochen werden können.

Die graphischen Verfahren ermöglichen es, viele Punkte schnell und genau aufzutragen. Es ist jedoch darauf zu achten, daß die Schnitte nicht spitzwinklig werden, da zu schräge Schnitte die Genauigkeit der Lage der Höhenlinien erheblich verringern können. Nachdem auf diese Weise alle Schnitte festgelegt wurden, können nunmehr mit einem Bleistift die konstruierten Punkte miteinander verbunden werden. Es werden hierbei alle auf gleicher Höhe liegenden Punkte zu Höhenlinien verbunden und gleichzeitig etwas „geglättet", d. h. daß einige Unebenheiten oder kleinere Knicke im Verlauf der Kurven beseitigt werden. Nach Einschreiben oder Zeichnen der Höhenlinienzahlen, die mit ihren Füßen stets talwärts zu richten sind, werden die Höhenlinien mit einer Kurvenziehfeder und mit brauner oder schwarzer Tusche ausgezogen. Zur Erhöhung der Übersichtlichkeit des Höhenlinienbildes können 5-m-, 10-m- oder 20-m-Höhenlinien als sogenannte Zählkurven kräftiger ausgezogen werden. Tieferen oder höheren Punkten, die nicht durch Höhenlinien erfaßt werden (höchste Kuppenpunkte und tiefste Muldenpunkte), sind in der Karte die Höhen beizuschreiben. Im Bild 254,1 sind das z. B. die Höhen 109,2 und 113,3.

3.28 Längen- und Querprofile

Entwurfsarbeiten, Absteckungen und Erdmassenberechnungen für den Neubau oder Umbau von Straßen, Eisenbahnen, Gewässern usw. machen u. a. auch die Aufnahme (s. Seite 35) und Zeichnung von Längen- und Querprofilen erforderlich.

Ein *Längenprofil* ist ein Vertikalschnitt durch die Erdoberfläche längs einer abgesteckten und lage- und höhenmäßig vermessenen Linie, der Trasse oder Achse einer Straße usw.

Ein *Querprofil* dagegen ist ein im Vergleich zum Längenprofil kurzer Vertikalschnitt durch die Erdoberfläche senkrecht oder radial zu einer abgesteckten Linie (Trasse) oder Achse einer Straße usw. Der Abstand der einzelnen Querprofile hängt von dem Gelände, aber auch von der Führung der Trasse ab.

Der Maßstab eines Längenprofils richtet sich meistens nach dem Maßstab des Lageplans. Um jedoch die Höhenunterschiede des Geländes deutlicher hervortreten zu lassen, werden die Höhen des Längenprofils gewöhnlich in einem zehnfach überhöhten Maßstab gegenüber den Längen dargestellt. Wenn z. B. die Längen im Maßstab 1 : 1000 gezeichnet werden, dann erfolgt die Auftragung der Höhen im Maßstab 1 : 100. Von Sonderfällen abgesehen, sollte man mehr als zehnfache Überhöhungen vermeiden. Durch die Überhöhung tritt ja eine Verzerrung der Längen, Winkel, Böschungen, Durchlässe usw. ein. Deshalb werden den Längenprofilen auch Maßzahlen beigeschrieben. In einem *Krümmungsbild,* meistens unterhalb des Längenprofils (im Bild 257,1 nicht dargestellt), werden Rechts- und Linksbogen von Kreisbogen und Klotoiden angegeben.

Wenn das Längenprofil hoch über N.N. liegt, werden in der Zeichnung alle Höhen des Horizonts (= Bezugslinie) um einen runden Wert gekürzt. Höhen um 90 m über N.N. können z. B. um 80 m gekürzt werden. Die Höhenzahlen selbst erfahren keine Kürzung, sie werden vollständig eingetragen.

Längenprofile werden heute meistens auf Transparentpapier oder auch auf transparentem Millimeterpapier gezeichnet, weniger auf Zeichenpapier oder -karton. Im ersten Fall sind alle Linien und Maßzahlen in Schwarz zu zeichnen. Im letzten Fall

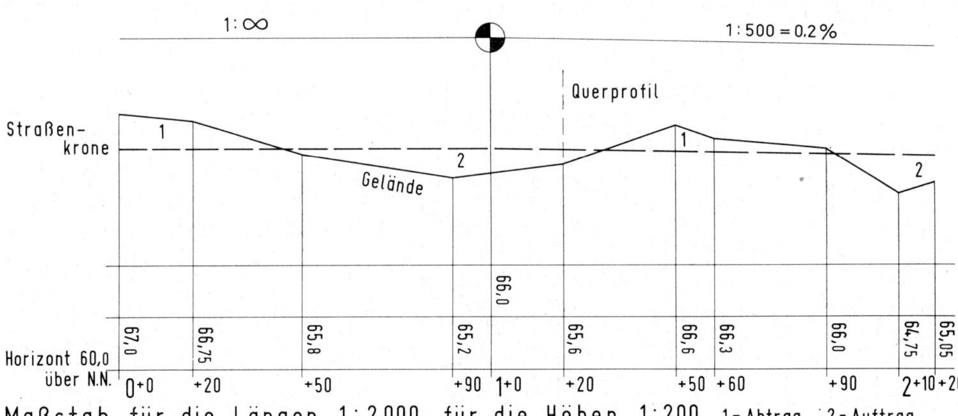

257,1 Längenprofil mit eingetragener Gradiente (= Entwurfslinie) bzw. Straßenkrone

werden das vorhandene Gelände und die sich darauf beziehenden Maßzahlen in Schwarz, Linien und Zahlen, die sich auf Wasserstände beziehen, in Blau und alle Entwurfslinien und -zahlen für die projektierten Anlagen in Rot eingetragen. Auftragsflächen werden auf dem Zeichenbogen oder auf der Lichtpause in Rot, Abtragsflächen in Gelb mit Wasserfarbe oder Farbstift angelegt. Steigungen und Gefälle von Straßen werden in %, von Eisenbahnen und Wasserstraßen in ‰ angegeben. Bild 257,1 zeigt ein Längenprofil. Für die Entwurfsgestaltung der Längen- und Querprofile sind bei den einzelnen Stellen oder Behörden besondere Richtlinien oder Zeichenvorschriften vorhanden.

Der Maßstab eines Querprofils wird wegen der Entwurfseintragungen und Berechnungen der Querschnittsflächen im allgemeinen dem Maßstab der Höhen des Längenprofils entsprechen. Eine Überhöhung der Querprofile erfolgt nicht. Die Höhen des Horizonts können noch weiter gehoben werden als beim Längenprofil. Die Zeichnung erfolgt sonst wie die des Längenprofils. Neigungsverhältnisse von Böschungen usw. werden in beiden Profilarten angegeben. Bild 258,1 stellt ein Querprofil bei der im Bild 257,1 eingetragenen Station 1^{+20} dar. 1^{+20} bedeutet 120 m. Das Gefälle der Straßenkrone (von Straßenmitte) beträgt nach beiden Seiten 2% (Bild 258,1) im angegebenen Beispiel. Die Hektometer oder Hauptstationierungspunkte einer Trasse (= Straßenmittellinie oder -achse) eines Längen- oder Querprofils werden im allgemeinen mit 1, 2, 3 usw. oder auch mit I, II, III usw. bezeichnet. Die hochgesetzten Zahlen geben dann die Meter zu den einzelnen Punkten an.

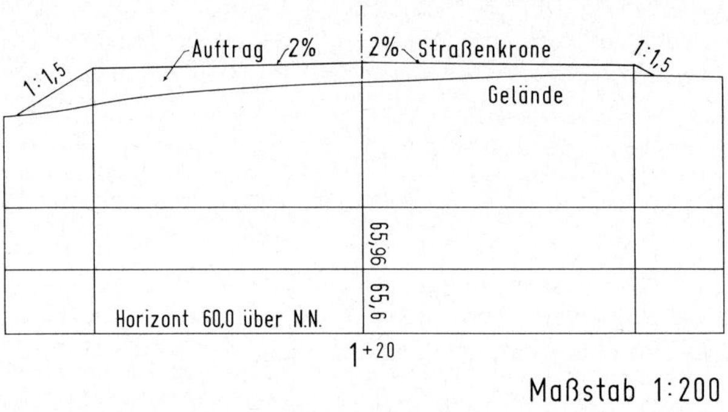

258,1 Querprofil

3.29 Vergrößern und Verkleinern

Es kommt in der Praxis immer wieder vor, daß zeichnerische Darstellungen wie Kartierungen, Lagepläne, Karten usw. in einen größeren oder kleineren Maßstab umzubilden sind.

Diese *Umbildungen* können auf graphischem, mechanischem, optisch-mechanischem und reproduktionsphotographischem Wege erfolgen, je nach Art und Umfang der Vorlage oder der zur Verfügung stehenden Hilfsmittel und Geräte.

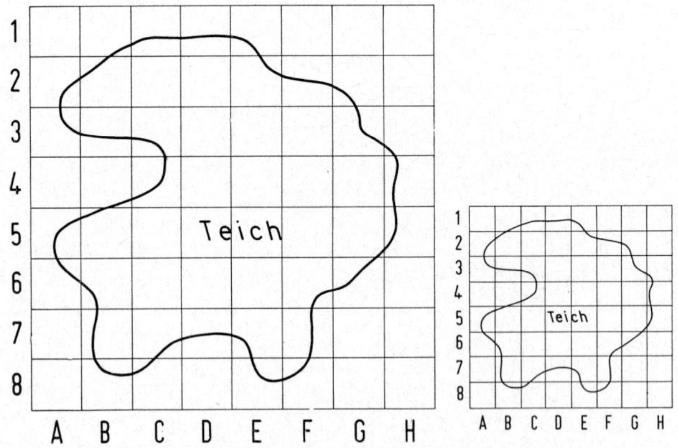

258,2 Vergrößern oder Verkleinern mit Hilfsnetzen

3.291 Umzeichnen, Reduktionszirkel

Recht einfach, und in manchen Fällen ausreichend, ist das *Umzeichnen* mit Hilfe von zwei verschieden großen Quadratnetzen. Der in Bild 258,2 im Maßstab 1 : 1000 dargestellte Teich soll in den Maßstab 1 : 2000 verkleinert werden. Hierzu wird die Zeichnung mit einem Quadratnetz überzogen. Für die Verkleinerung wird nun ein zweites Netz mit halb so großen Netzmaschen, dem Maßstab 1 : 2000 entsprechend, angefertigt. Die Netzmaschen werden in beiden Netzen mit Buchstaben und Zahlen bezeichnet. Die Umzeichnung erfolgt dann von Masche zu Masche nach Augenmaß oder mit einem Maßstab. Die Genauigkeit der Verkleinerung nimmt im allgemeinen mit der Dichte der Netzmaschen zu.

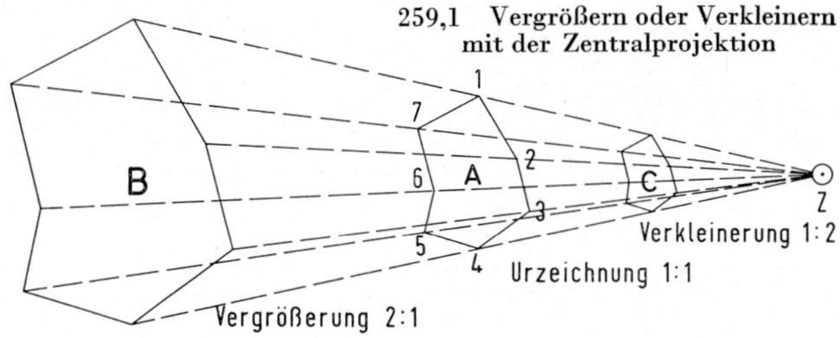

259,1 Vergrößern oder Verkleinern mit der Zentralprojektion

Einfachere geradlinig begrenzte Flächen lassen sich auch mit Hilfe der *Zentralprojektion* vergrößern oder verkleinern. Eine solche Zentralprojektion liegt in Bild 259,1 vor, wo die Verbindungsgeraden der Punkte 1, 2, 3, 4, 5, 6 und 7 mit ihren Bildpunkten der Vergrößerung und der Verkleinerung alle durch einen Punkt Z, dem Zentrum, hindurchgehen. In Bild 259,1 wird auch sichtbar, wie sich die Flächen bei Maßstabsänderungen verhalten. Die Papierfläche *A* sei 100 mm² groß. Verdoppeln sich die Entfernungen der Ecken vom Zentralpunkt Z, so vervierfacht sich die Fläche B auf 400 mm². Die kleine Figur *C*, linear halb so groß wie Fläche *A*, ist dagegen nur ein Viertel (= 25 mm²) so groß wie die Fläche *A*.

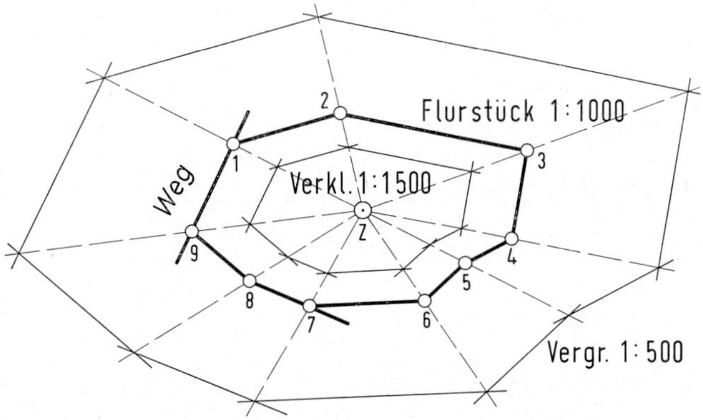

259,2 Vergrößern oder Verkleinern aus der Mitte der Figur

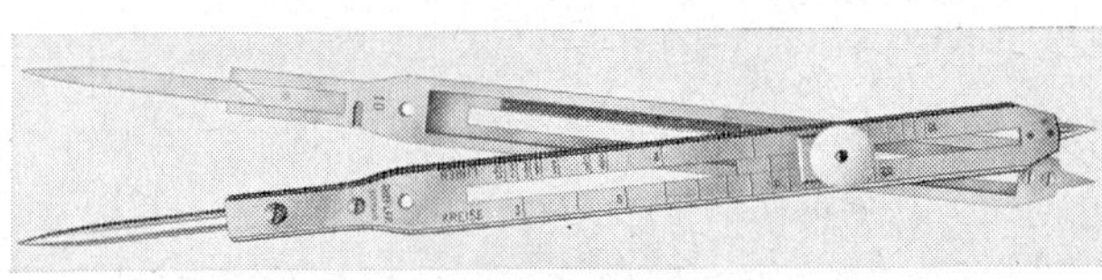

259,3 Reduktionszirkel, Clemens Riefler, Nesselwang

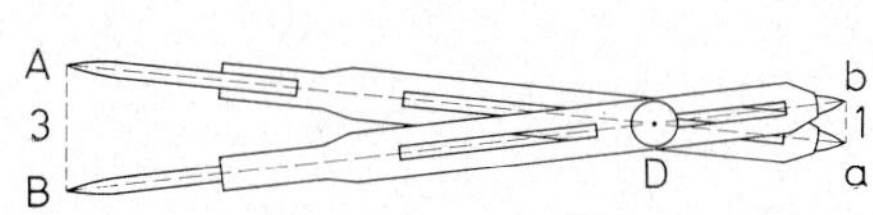

259,4 Schema eines Reduktionszirkels

Eine ähnliche Konstruktion zeigt Bild 259,2. Von der ungefähren Mitte eines Flurstücks (oder einer anderen Figur), im Bild von dem Zentralpunkt Z, zieht man Verbindungslinien zu den Punkten 1, 2, 3, 4, 5, 6, 7, 8 und 9, bei einer Vergrößerung des Flurstücks über diese Punkte hinaus. Soll das im Maßstab 1 : 1000 dargestellte Flurstück auf den Maßstab 1 : 500 vergrößert werden, so sind die Längen der Verbindungslinien Z 1, Z 2, Z 3 usw. zu verdoppeln. Bei der Verkleinerung in den Maßstab 1 : 1500 verringern sich diese Längen um ein Drittel.

Sind aus einer Zeichnung nur wenige Punkte in einen Plan größeren oder kleineren Maßstabs zu übertragen, so kann ein Umwandlungs- oder *Reduktionszirkel* (auch Proportionszirkel) benutzt werden (Bild 259,3). Dieser Doppelzirkel besteht aus zwei mit je zwei Einteilungen und je zwei Spitzen versehenen Schienen sowie aus einem verschiebbaren Drehgelenk. Die Linienteilungen geben entsprechend der Lage des Drehpunktes verschiedene, zwischen 1 : 1 und 1 : 10 veränderliche Vergrößerungs- und Verkleinerungsverhältnisse an. Bild 259,4 zeigt in den Punkten AB und *ab* das Vergrößerungsverhältnis 3 : 1, das sich aus den beiden ähnlichen Dreiecken ABD und *ab*D ergibt. Greift man aus einer Zeichnung mit den Zirkelspitzen die Strecke *ab* ab, so hat man in den entgegengesetzten Zirkelspitzen AB die dreifache Strecke.

3.292 Pantograph (Storchschnabel)

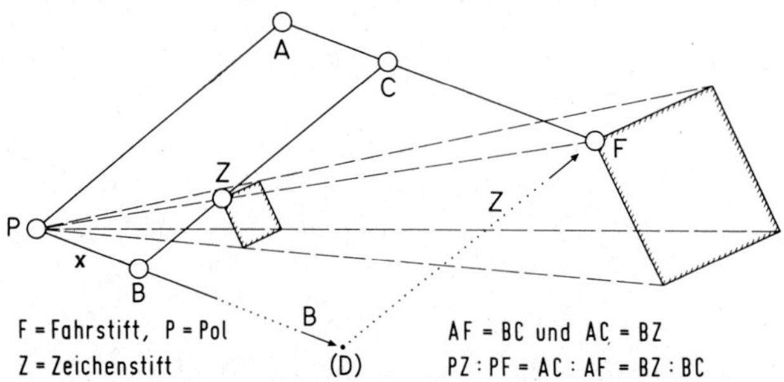

260,1 Mathematische Zusammenhänge eines Pantographen

Für das genaue Umzeichnen umfangreicherer Darstellungen mit vielen Einzelheiten, wie z. B. Gebäuden, mehrfach geknickten Grenzen, Höhenlinien u. a. muß ein anderes Gerät verwendet werden. Es ist der auch heute noch (in kleineren Büros und Dienststellen) viel gebrauchte *Pantograph.* Dieser ist aus einer einfacheren Konstruktion, dem „Storchschnabel", der 1631 von Scheiner erfunden wurde, hervorgegangen. Ein Gelenkparallelogramm mit Holzstäben (Storchschnabel) oder Metallstäben (Pantograph), deren Übersetzungsverhältnisse sich ändern lassen, dient zum Vergrößern oder Verkleinern von Zeichnungen. Man hat einen festen Pol (eine Parallelogrammecke), einen beweglichen Zeichenstift und einen beweglichen Fahrstift. Beide Stifte beschreiben ähnliche Figuren. Diesem Gerät liegt gleichfalls die Zentralprojektion zugrunde. Bild 260,1 zeigt die mathematischen Zusammenhänge, Bild 260,2 einen Präzisionspantographen mit der Stellung „Pol am Ende" und Bild 261,1 einen Pantographen mit der Stellung „Pol in der Mitte".

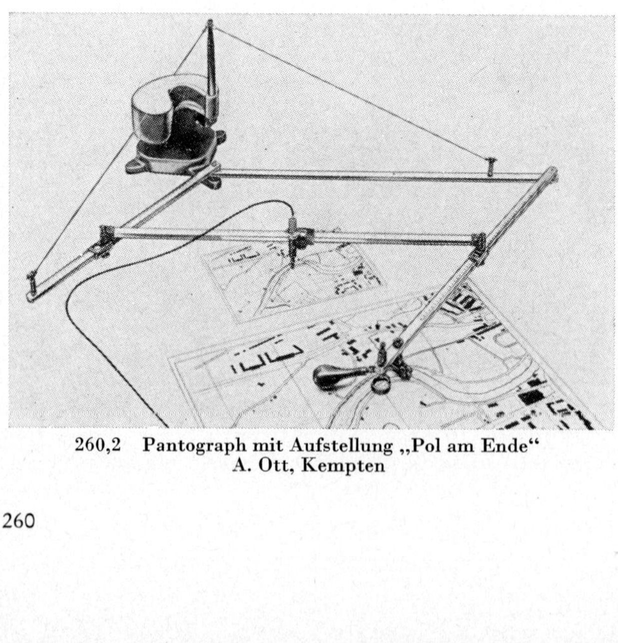

260,2 Pantograph mit Aufstellung „Pol am Ende"
A. Ott, Kempten

Wenn ein Plan im Maßstab 1 : 500 in den Maßstab 1 : 2000 verkleinert werden soll, so ist hiernach, wenn die Stablänge BC = 1000 mm beträgt, die Verkleinerung:

$$\frac{x}{1000} = \frac{500}{2000} = \frac{1}{4};$$

die Maßstabseinstellung

x = PB = BZ = 250 mm.

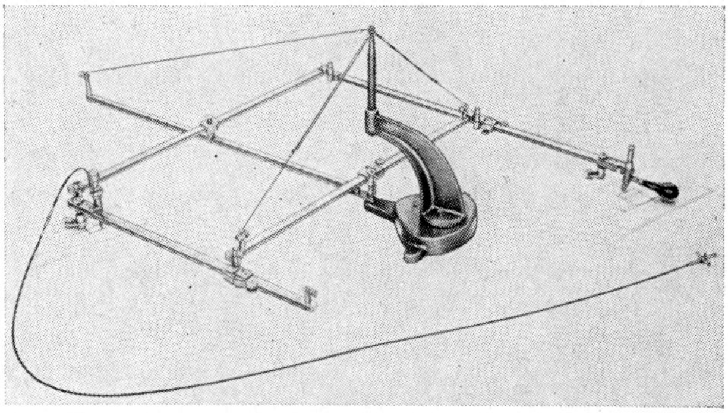

261,1 Pantograph mit Aufstellung „Pol in der Mitte“
A. Ott, Kempten

Denkt man sich in Bild 260,1 noch einen weiteren Stab zwischen dem angenommenen Punkt (D) und dem Punkt F, so ergibt sich ein Parallelogrammgestänge AF(D)P mit gleichlangen Strecken zwischen den Punkten. Bei eingestellten Punkten B, Z und C bzw. gleichen Abständen zwischen AC, PB und BZ werden beim Zusammendrücken oder Auseinanderziehen des Parallelogramms die Punkte P, Z und F immer in einer Geraden liegen (Einstellungskontrolle).

Die Pantographen sind meistens für Verkleinerungen zwischen 1 : 20 und 2 : 3 sowie für Vergrößerungen zwischen 20 : 1 und 3 : 2 mit der Aufstellung „Pol am Ende“ eingerichtet. Verkleinerungen zwischen 2 : 3 und 1 : 1 sowie Vergrößerungen zwischen 1 : 1 und 3 : 2 können mit der Aufstellung „Pol in der Mitte“ ausgeführt werden.

Die aus vierkantigen Metallröhren bestehenden Stäbe des freischwebenden Pantographen besitzen Millimeterteilung sowie bezifferte Einstellmarken. Die Stabhülsen haben Nonien für eine 0,1-mm-Ablesung mit Mikrometerwerk. Die Auslösung des Zeichenstiftes wird durch einen Mechanismus zum automatischen Heben und Senken des Zeichenstiftes bewirkt. Tragedrähte halten die Stäbe in einer waagerechten Lage. Voraussetzung für ein einwandfreies Arbeiten des Pantographen ist seine sorgfältige Aufstellung auf einem großen Tisch. Die Tischplatte muß völlig eben sein und mit Hilfe einer größeren Libelle oder Wasserwaage horizontiert werden.

Mit der Aufstellung „Pol am Ende“ lassen sich maßstabsgleiche nicht, und nur wenig größere oder kleinere Übertragungen nicht gut ausführen. Wenn nämlich die Abstände PB und PZ größer werden, rückt Z in die Nähe von F (Bild 260,1). Dadurch überdecken sich die Vorlagen, eine müßte also transparent sein, um die darunterliegende Zeichnung zu sehen. Um diese Schwierigkeit zu vermeiden, wird der Pantograph so aufgebaut, daß der Pol in der Mitte zu liegen kommt. In Bild 260,1 ist eine Verkleinerung gezeigt, denn der Fahrstift F liegt an der größeren Figur. Will man vergrößern, so ist nur der Fahrstift mit dem Zeichenstift auszutauschen. Aber auch Z und P lassen sich austauschen. Denkt man sich in Bild 260,1 P an Stelle von Z, und Z an Stelle von P, dann wird sofort deutlich, wie sich der Abstand ZF und damit auch der Zeichnungsabstand vergrößert. Bei sorgfältigem Arbeiten lassen sich mit dem Pantographen genaue Übertragungen erreichen. Die Fehler können dann ± 0,2 bis 0,3 mm betragen.

3.293 Optisch-mechanisches Verfahren

Ein *optisch-mechanisches Verfahren zum Umzeichnen* von Plänen usw. führte zu Konstruktionen der verschiedensten Geräte, die im Prinzip fast gleich sind. Das für dieses Umzeichnungsverfahren erforderliche Gerät besteht im wesentlichen aus einer Kamera mit Objektiven verschiedener Brennweiten zum Vergrößern und zum Verkleinern, einem Vorlagenhalter und einer Beleuchtungseinrichtung. Die künstlich erhellte Vorlage wird dann mit Hilfe des Objektivs (nach der entsprechenden Einstellung des Vergrößerungs- oder Verkleinerungsverhältnisses) auf einen auf die Glasplatte (Mattscheibe) gelegten transparenten Zeichenträger (Papier oder Kunststoff-Folie) projiziert und kann dann mit Bleistift und Dreieck mühelos nachgezeichnet werden. Bild 262,1 zeigt stark vereinfacht die Vorgänge. Wenn die Gegenstandsweite gleich der Bildweite ist, haben wir ein Vergrößerungsverhältnis 1:1. Bei Verkleinerung muß das Objektiv der Zeichen-Mattscheibe genähert und bei Vergrößerung von ihr entfernt werden.

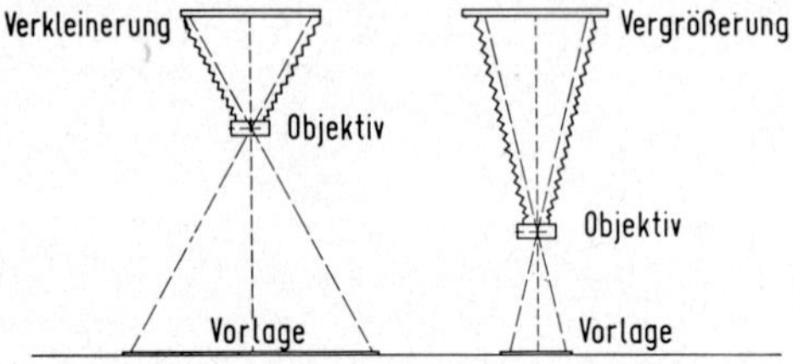

262,1 Schema für optisches Umzeichengerät

262,2 Pantophot (ehemals Macop, Ges. für Apparatebau, Goslar)

Der in Bild 262,2 gezeigte *Pantophot IV* läßt (lineare) Vergrößerungen bis 10 : 1 und Verkleinerungen bis 1: 10 zu. Die Objektive mit Brennweiten von 15, 21 und 36 cm lassen sich schnell austauschen. Vorlagen können bis zu 80 cm Breite und in beliebigen Längen oder bis zu 120 cm Länge und in unbeschränkter Breite von allen Seiten auf den Vorlagenhalter gelegt werden. Umzeichnungen lassen sich bis zum Format DIN A 2 ausführen. Die Bildhelligkeit läßt sich durch einen Verdunkelungsvorhang erhöhen. Die Einstellung der Verkleinerungs- und Vergrößerungsmaßstäbe erfolgt nicht stufenweise, sondern kontinuierlich (= stetig) an Skalen. Außerdem besteht an der Zeichenfläche durch Verstellung der Projektionsfläche (Vorlagenhalter) eine kleine Entzerrungsmöglichkeit. Mit Spezialkasseten sind auch photographische Reproduktionen[1]) bis zur Größe DIN A 3 möglich.

Ein anderes Umzeichengerät ist der *Omnigraph IV* von Fotokopist Müller KG, Essen. Es sind gleichfalls Vergrößerungen bis 10:1 und Verkleinerungen bis 1:10 möglich. Bei einer Glaszeichenfläche von 60×50 cm können Vorlagengrößen von 135×95 cm eingelegt werden. Skalen zeigen die Gegenstandsweite und die Schärfe an. Auch an diesem Gerät besteht eine 3-Punkt-Entzerrungsvorrichtung sowie die Möglichkeit, photographische Reproduktionen auszuführen.

---

[1]) Reproduktion = Vervielfältigung, Umbildung.

In Tischform ist der *Plan-Variograph,* ein optischer Umzeichner der Fa. Rost, Wien, konstruiert. Zeichnerische oder photographische Maßstabsumwandlungen sind in sechsfacher, mit einem Zusatzobjektiv bis 13facher stufenloser Vergrößerung oder Verkleinerung möglich. Die 130×62 cm große Zeichentischplatte hat eine 68×38 cm große Projektionsfläche.

3.294 Reproduktionsphotographie

Die Entwicklung der reproduktionsphotographischen Verfahren zur Umbildung von Plänen und Karten hat heute einen hohen Stand erreicht. Mit Hilfe einer guten großformatigen *Reproduktionskamera* und mit den erforderlichen Zusatzgeräten ist es möglich, da jetzt maßhaltige Filme zur Verfügung stehen, auf photographischem Wege ein- und mehrfarbige Pläne und Karten jeden Formates mit hoher Schärfe und Genauigkeit zu reproduzieren. Durch Verwendung mehrerer Objektive und verschiedener Brennweiten, eines Umkehrspiegels (Bild 263,1), einer Rückvergrößerung (Projektion), einer Zwischenaufnahme, eines Strichbreitenwandlers (*Variomat*) usw. lassen sich alle gebräuchlichen Verkleinerungs- und Vergrößerungsverhältnisse und -erbegnisse erreichen. Allerdings erfordert diese Vollkommenheit einen erheblichen technischen Aufwand und Spezialpersonal, zu dem auch noch umfangreiche Kopier- und Druckeinrichtungen kommen (s. S. 294), der nur für große Vermessunsstellen und graphische Betriebe vertretbar ist, die dementsprechende laufende Aufträge durchzuführen haben.

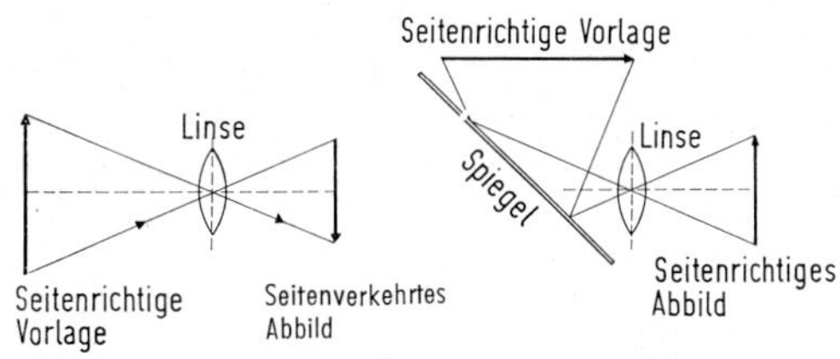

263,1 Umkehrspiegel

263,2 Klimsch-Reproduktionskamera

Eine Reproduktionskamera besteht im wesentlichen aus dem Stativ, der Kamera und dem Vorlagenhalter. Die Kamera, mit Meßmattscheibe und Objektiven verschiedener Brennweiten ausgerüstet, ist verschieb- und drehbar mit dem verwindungs- und schwingungsfreien Stativ verbunden. Der Vorlagenhalter muß genau parallel zur Mattscheibe stehen, meistens ist er fest mit dem Stativ verbunden. Der Halter besitzt eine Absaugeeinrichtung (pneumatischer Rahmen), wodurch ein völliges Planliegen der Zeichnungsvorlage erreicht wird. Der Vorlagenhalter ist — ebenso wie die Kamerarückwand — um einige Grade schwenk- und kippbar, um kleinere Entzerrungen zuermöglichen. Weiter gehört eine entsprechende Beleuchtungseinrichtung dazu; denn zur Belichtung der Platten oder Filme dient ausschließlich Kunstlicht.

Bild 263,2 zeigt eine Klimsch-Kamera, die *Praktika*, kartographischer Typ, mit einem Mattscheibenformat von 60×60 cm. Die Kamera ist für kleinere oder mittelgroße Vermessungsstellen und Betriebe oder auch als zusätzliche Kamera für große Dienststellen und Betriebe gedacht. Eine andere Kamera der gleichen Firma ist z. B. die Super-Autohorika 101 KT, die in dem Format 80×80 cm hergestellt wird.

3.3 Beschriften von Plänen und Karten

Außer der eigentlichen Kartierung, der Zeichnung und den Kartenzeichen bedürfen Pläne und Karten zur weiteren Erläuterung und Vervollständigung der Schrift. Art und Größe der Beschriftung müssen in einem wohlabgewogenen Verhältnis zum Plan- oder Karteninhalt stehen. Keinesfalls darf eine Zeichnung mit vielen oder im Verhältnis zum Maßstab oder zum Format zu großen (aber auch nicht zu kleinen, schwer lesbaren) Schriften versehen werden. Man sollte beachten, daß sehr oft weitere, z. B. planerische Eintragungen vorgenommen werden müssen; deshalb muß hierfür Raum verbleiben.

Zu beachten ist u. a. auch die richtige Schreibweise, besonders die der Straßennamen. Es empfiehlt sich, in Zweifelsfällen den *Duden, Rechtschreibung der deutschen Sprache und der Fremdwörter*, zu Rate zu ziehen. Die erhaltenswerten Flurnamen unterliegen jedoch ebensowenig der Rechtschreibung wie Gemeinde(Orts)-[1]), Familien-, Personen- oder Firmennamen.

In DIN 18 702, Zeichen für Vermessungsrisse, großmaßstäbige Karten und Pläne, sind im Abschnitt „Beschriftung" einige Hinweise gegeben. Wenn heute auch für die Schriftanfertigung die verschiedenartigsten Schreibgeräte oder mechanischen Setz- und Lichtsetzgeräte zur Verfügung stehen, so sollte doch jeder Vermessungstechniker in der Lage sein, Beschriftungen von Hand gut auszuführen. Das schöne Aussehen (neben der geometrischen Richtigkeit) eines Planes oder einer Karte hängt sehr oft von einer guten und richtigen Anordnung der Beschriftung ab. In Plänen und Karten kommen ja die sonst verhältnismäßig wenig in Erscheinung tretenden Vermessungsergebnisse sichtbar zum Ausdruck bzw. zur Darstellung.

3.31 Schriftschreiben und -zeichnen

Als Schriftart ist heute (abgesehen von den eigentlichen Kartenschriften) die rechtsliegende und senkrechte *Normschrift* nach DIN 16 und DIN 17 (Dez. 1967) üblich, vielfach auch durch besondere Anordnung vorgeschrieben.

---

[1]) Die Schreibweise der Ortsnamen richtet sich nach den von den einzelnen Ländern der Bundesrepublik herausgegebenen amtlichen Ortsverzeichnissen.

Zur Kennzeichnung der verschiedenartigsten Dinge, die in einem Lageplan oder in einer großmaßstäbigen Karte Aufnahme finden müssen oder sollen, gibt man der Schrift verschiedene Formen, indem abgestufte Großbuchstaben- oder Normalschriften, die senkrecht, rechts- oder linksliegend sein können, benutzt und der Größe nach entsprechend variiert werden.

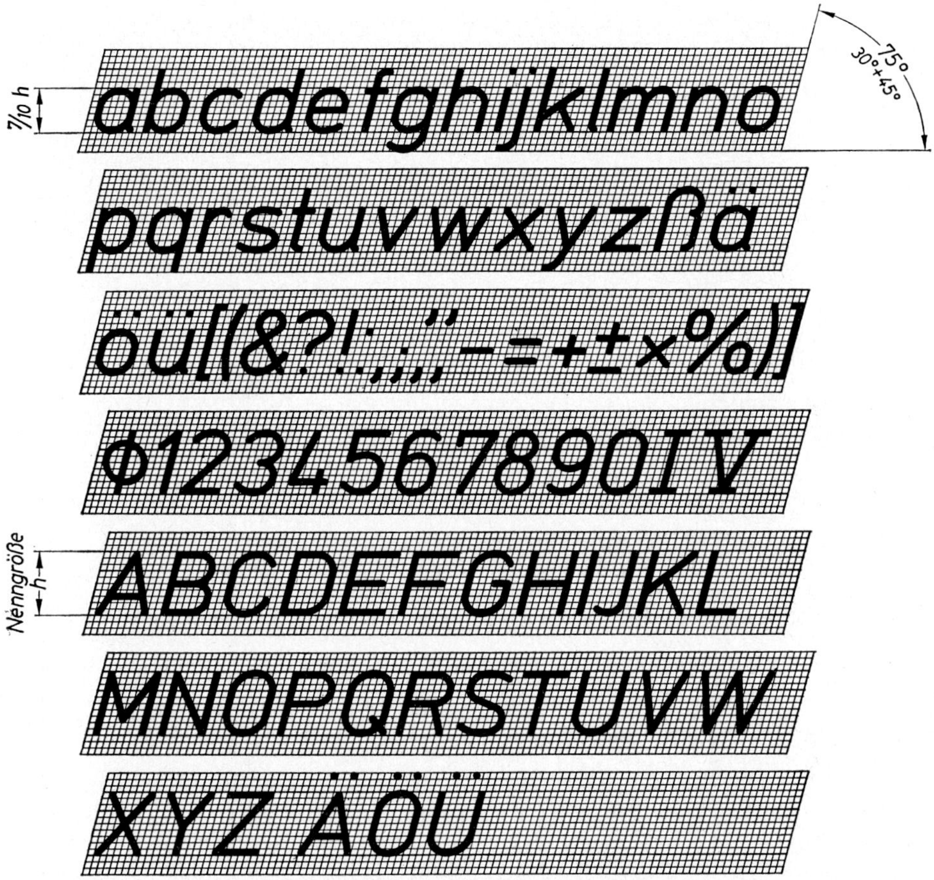

265,1 Rechtsliegende Mittelschrift nach DIN 16, Bl. 2, Dez. 1967

Für Schreibübungen benutzt der Anfänger zweckmäßig Vorlagen, worin auf Hilfsnetzen oder auf Millimeterpapier gedruckte Hilfslinien und vorgesetzte Buchstaben zunächst die einzelnen großen und kleinen Buchstaben, Zahlen und Zeichen, später einzelne Wörter, dann Sätze usw. geschrieben werden.

Man schreibt mit Redisfedern verschiedener Stärke oder Breite, etwa $1\frac{1}{2}$ oder 2 mm, und schwarzer Ausziehtusche oder Scribtol. Begonnen wird mit der am leichtesten zu schreibenden rechtsliegenden Schrift. Bild 265,1 zeigt eine solche Schriftvorlage. Die in Bild 266,1 zusätzlich eingetragenen Richtungsstriche an den Buchstaben usw. der senkrechten Schrift sollen angeben, wie am leichtesten und richtigsten mit der Feder geschrieben wird. Nach einiger Zeit und entsprechenden Fortschritten sind auch kleinere Schriften, bis etwa 3 mm Nenngröße, mit einer Kugelspitzfeder oder einer Zeichenfeder zu schreiben. Die weiteren Übungen erfolgen dann auf Transparent- und Zeichenpapier. Die waagerechten oder schräg- bzw. senkrechtliegenden Hilfslinien für die Nenngrößen sind von Hand oder mit einer Schablone zu ziehen und nach Fertigstellung der Schrift wegzuradieren.

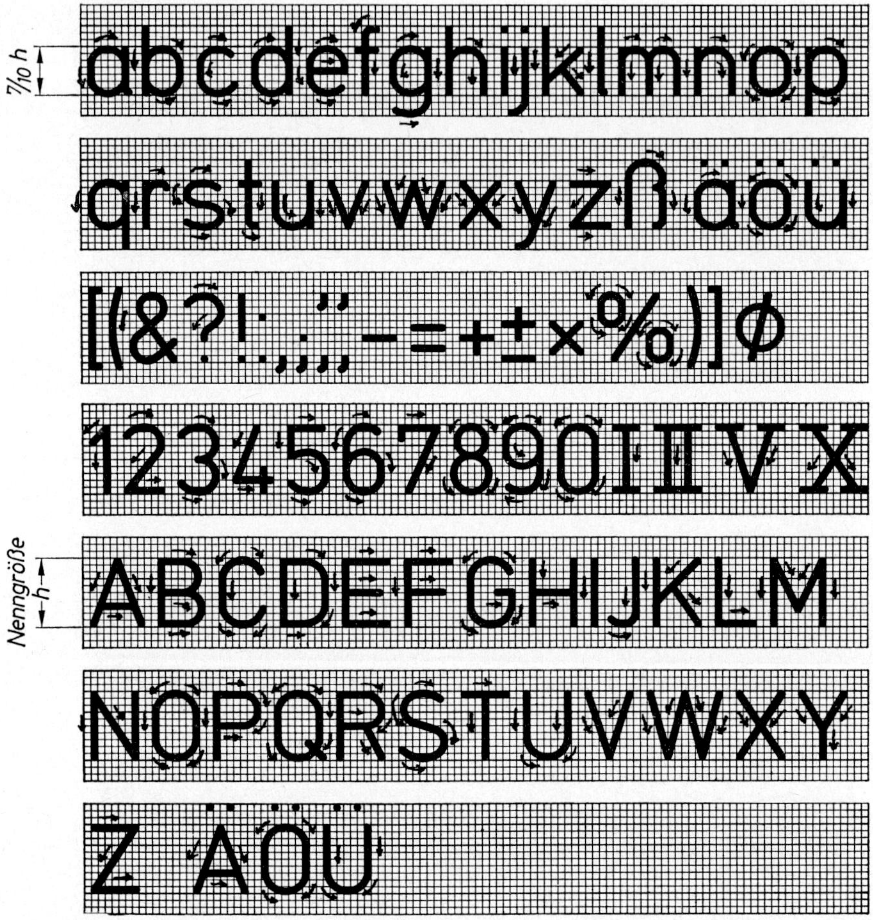

266,1 Senkrechte Mittelschrift nach DIN 17, Bl. 2, Dez. 1967

Die schon genannten Normblätter geben eingehende Hinweise für die Schreibweise der Normschriften. Um ein gefälliges Aussehen dieser Schriftarten zu erreichen, muß ein richtiges Verhältnis der Höhe der Großbuchstaben (und der Zahlen) zu der Höhe der Kleinbuchstaben und den Strichbreiten der Buchstaben gewählt werden. Auch ein entsprechender Buchstaben- und Zeilenabstand ist einzuhalten. Die Kleinbuchstaben c, e, o und s sowie die Großbuchstaben C, G, O, Q, S und U sollte man — damit diese im Vergleich zu den anderen Buchstaben gleich hoch wirken — oben und unten etwas über die Begrenzungslinie hinaus schreiben. Nach DIN 16 beträgt die Höhe der Großbuchstaben ${}^{10}/_{10}$ h = Nenngröße der Normschrift, die Höhe der Kleinbuchstaben ${}^{7}/_{10}$ h und die Strichbreite (Linienbreite) $^1/_{10}$ h. Die rechtsliegenden und (für Gewässerbezeichnungen) linksliegenden Schriften haben Neigungen von 75° für Mittelschrift $\approx {}^1/_{10} \cdot$ h, für Engschrift $^1/_{14} \cdot$ h. Zu beachten ist, daß die Abstände je nach Form der Buchstaben, z. B. zwischen zwei o oder zwischen L und M, etwas verschieden sein sollten. In die Nenngrößenreihe ist ein Stufensprung von $\sqrt{2}$ aufgenommen. Weiterhin wird noch nach der Breite der Buchstaben unterschieden zwischen Eng-, Mittel- (wie in Bild 265,1) und Breitschriften.

Mit „Sperrung“ der Schrift wird ein mehr oder weniger großer Abstand der Buchstaben eines Wortes oder mehrerer Wörter bezeichnet, z. B. S t a a t s f o r s t H a r z b u r g.

3.32 Beschriftungsgeräte

Für normgerechte und gleichmäßige Beschriftungen sind *Schablonen* entwickelt, mit denen sich Schriften in verschiedenen Größen und Lagen schnell, gleichmäßig und sauber schreiben lassen. Besondere Sorgfalt verlangt jedoch die gleichmäßige Einhaltung der Abstände zwischen den Buchstaben. Bild 267,1 zeigt eine *Standardgraph-Schriftschablone.* Diese Schablonen aus durchsichtigem Zelluloid sind in verschiedenen Größen

267,1 Standardgraph-Schriftschablone

von 1,4 bis 40 mm Nenngröße senkrecht und schrägliegend lieferbar. Bei den *Rotring-Schriftschablonen Zett-Profil* (aus dem unzerbrechlichen Kunststoff Makrolon hergestellt) bringt man den davorliegenden mit dem zuletzt geschriebenen Buchstaben zur Deckung. Hierdurch werden gleiche Buchstabenabstände erreicht. Zum Schreiben werden Trichter-Röhrchenfedern in verschiedenen Breiten benutzt. Die Feder wird in einem Schreibhalter befestigt und mit diesem die einzelnen Buchstaben, Zahlen und Zeichen nachgezogen. Während des Schreibvorganges darf die Schablone ihrer Höhe nach nicht verändert werden.

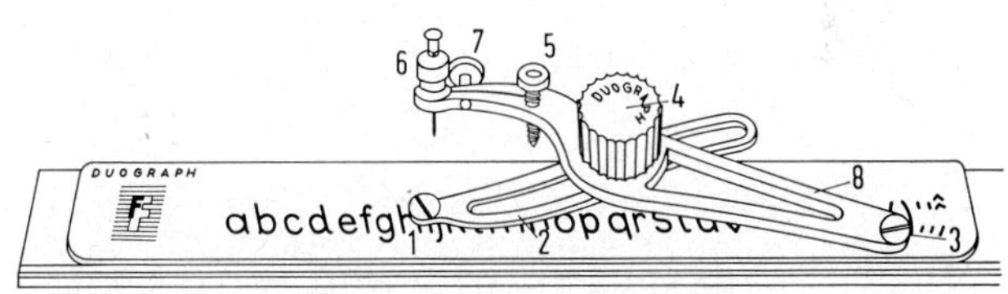

1 = Taststift 2 = Tasthebel 3 = Spurstift 4 = Halteknopf
5 = Höhenstellschraube 6 = Feder 7 = Klemmschraube 8 = Gestell

267,2 Duograph, Standardgraph

Eine Weiterentwicklung der Schriftschablonen stellt der *Duograph* (B. 267,2) dar. Dieses Universal-Beschriftungsgerät beruht auf der Abtastung der Schriftzeichen von der Schriftschablone unter gleichzeitiger Wiedergabe der Schrift auf der Zeichnung, d. h. Trennung von Schablone und Beschriftung. Mit dem Tastschreiber kann man senkrechte oder nach rechts und links geneigte Schriften schreiben. Dabei lassen sich mit einer Schablone mehr als 90 verschiedene Neigungswinkel erzielen. Diese Einstellungen des Tastschreibers werden mit Hilfe einer Einstellplatte bewirkt. Mit dem Gerät können Schriftgrößen von 2 bis 16 mm in beliebigen Strichbreiten in 9 Schriftarten geschrieben werden.

Der *Universal-Beschriftungsapparat Techgraph*, Firma Jaeger, Enger (Westf.), ist in ähnlicher Weise konstruiert. Schablonen-Alphabetsätze für senkrechte oder rechtsgeneigte Schrift in Nenngrößen von 1,2 bis 25 mm, ein Anlegelineal mit fester oder ausschiebbarer Führungsschiene sowie der Schreibwinkel mit Griff und Fahrstift bilden die Hauptbestandteile des Gerätes.

Bei den genannten Geräten ist für jede Schrift-Nenngröße eine andere Trichterfeder erforderlich. Außerdem können auch Bleimineneinsätze Verwendung finden.

Für die Beschriftung großmaßstäbiger Karten in Schichtgravur- oder Ritzverfahren auf Kunststoff-Folien ist ein besonderes Gerät entwickelt worden: Der *Rotograph 871* (Bild 268,1). Im Prinzip entspricht das Gerät den vorgenannten Schriftschablonengeräten. Ein rotierender Fräser graviert Buchstaben und Zahlen in ganzer Breite nacheinander und zu Wörtern zusammengefügt. Bei Verwendung der Duograph-Schablonen lassen sich mit diesem Gerät stehende, rechts- und linksliegende sowie breite und schmale Schriften in verschiedenen Nenngrößen und Strichbreiten gravieren. Ausschlaggebend für das einwandfreie Arbeiten des Gerätes ist die richtige Tiefeneinstellung des Fräsers sowie das Planliegen der zu bearbeitenden Folie. Als Unterlage dient am besten eine Glasplatte.

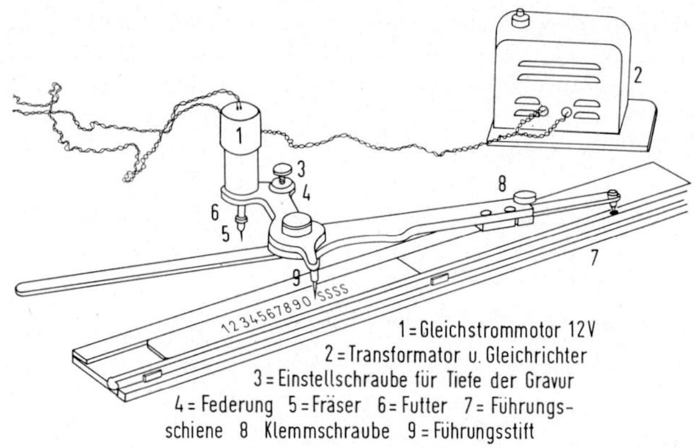

268,1 Rotograph 871

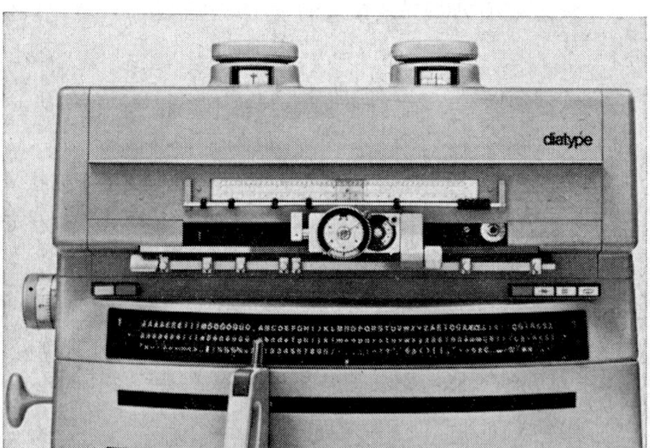

268,2 Fotosetzgerät diatype

3.33 Lichtsetzgeräte

Beschriftungen von Karten in verschiedenen Schriftarten und -größen lassen sich auch auf photographischem Wege schnell, gestochen scharf und sehr gleichmäßig ausführen. Für dieses Verfahren der Schriftherstellung sind entsprechende Geräte entwickelt worden.

Das halbautomatische *diatype*-Fotosetzgerät, H. Berthold AG, Berlin (Bild 268,2), arbeitet mit vergleichsweise hoher Setzgeschwindigkeit im Tageslichtbetrieb. Es liefert ein gestochen scharfes, seitenrichtiges Schriftpositiv auf Film oder Fotopapier[1]). Die Schriftgrößen sind von 1,06 bis 9,55 mm stufenlos wählbar von einer runden Schriftscheibe (Bild 269,1). Die Normalschriftscheibe enthält 195 negative Zeichen mit ein oder zwei Schriftarten. Die Schriftscheibe ist austauschbar gegen solche mit anderen Schriftarten. Die Schriftweite (Buchstabenabstand) wird elektronisch gesteuert, den einzelnen Schriftgrößen typographisch angepaßt und ist stufenlos veränderlich. Die Analogsteuerung gestattet im Bereich von —3 mm bis +6 mm beliebige Schriftweiteneinstellungen enger und weiter, z. B. für gesperrte Wörter usw. Für Sonderzeichen (Kartenzeichen, Symbole usw.) ist eine Stripscheibe mit 65 Leerfeldern hergestellt worden. Hierin kann man nach eigener Wahl die Zeichen selbst einkleben.

269,1 Schriftscheibe des ,,diatype"-Gerätes

Die auch bei diesem Gerät nach Schriftvorlagen abzusetzenden Buchstaben, Zahlen usw. werden mit einem Wahlhebel (s. Bild 268,2) mit Hilfe der Schriftzeichenskala in die entsprechende Stellung gebracht und belichtet. Nach der Belichtung rückt die Filmkassette um die Breite des gesetzten Schriftzeichens selbsttätig weiter. Auf dem entwickelten Film sieht man, ob fehlerlos abgesetzt wurde.

3.34 Schrift- und Zeichenübertragungen

Schließlich sei auch noch das von niederländischen Grafikern entwickelte *transotype*-Trockenverfahren für die Übertragung von Schriften, Zahlen, Zeichen, Symbolen, Raster usw. erwähnt. Von Übertragungsbogen lassen sich diese auf Folien oder Papier übertragen. Die Bogen enthalten auf ihrer Rückseite zahlreiche seitenverkehrte, nach der Häufigkeit (z. B. 50 a-Buchstaben, 3 q-Buchstaben) aufgetragene Groß- und Kleinbuchstaben, Zahlen und Zeichen. Zum Übertragen wird der Bogen auf den Zeichenträger gelegt, auf dem die Vorlage stehen soll. Mit einem Falzbein wird nun der betreffende Buchstabe, die Zahl oder das Zeichen ,,abgerieben" und der Bogen abgehoben. Der von der Rückseite des Bogens seitenrichtig übertragene Buchstabe usw. steht nunmehr wasser-, licht-, wisch- und abreibefest auf dem Zeichenträger. Auf diese Weise können nacheinander Buchstaben zu Wörtern, und Zahlen zu Zahlengruppen zusammengestellt werden. Die Bogen sind sowohl in verschiedenen Schriftarten als auch in mehreren Schriftgrößen sowie mit den verschiedensten Zahlen, Zeichen usw. lieferbar.

Auf die gleiche Art kann das englische Schriftübertragungsverfahren *Letraset instant lettering* Anwendung finden. Auch diese Schriftbogen sind in verschiedenen Schriftarten und -größen sowie in den Farben Schwarz, Weiß, Gelb, Rot und Blau lieferbar.

[1]) Natürlich auch positiv und seitenverkehrt oder negativ seitenrichtig und negativ seitenverkehrt.

Für Raster in verschiedenen Linien, Tonwerten, Strukturen usw. gibt es transparente selbstklebende Folien, die z. B. für Darstellungen in thematischen Karten und Plänen, für graphische Arbeiten usw. verwendet werden.

3.4 Luftbildmessung (Aerophotogrammetrie)

Die Herstellung und Auswertung von senkrechten Luftbildaufnahmen gerade für die großmaßstäbige Kartenherstellung und -berichtigung gewinnt ständig an Bedeutung. Neben den terrestrischen Vermessungsverfahren setzt sich, bedingt durch die Weiterentwicklung der Aufnahme- und Auswerteverfahren der Aero(Luft)photogrammetrie[1]) und die damit verbundenen Genauigkeits- und Wirtschaftlichkeitssteigerungen, besonders die großmaßstäbige Ausmessung (Auswertung) von Luftbildern mehr und mehr durch. In Verbindung mit der elektronischen Datenverarbeitung eröffnen sich Verwendungsmöglichkeiten, die man bisher nicht erwartet hatte. Übungen im stereoskopischen Sehen sowie Deuten und Lesen von Luftbildern sind unerläßlich.

3.41 Luftbildaufnahmen

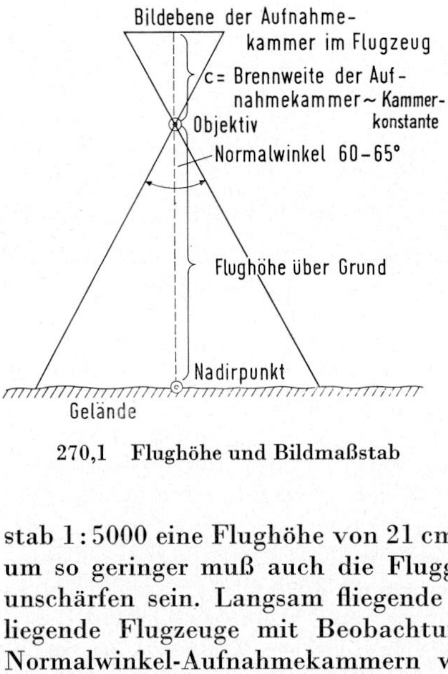

270,1 Flughöhe und Bildmaßstab

Der Aufnahme stereoskopisch auszuwertender Luftbilder muß eine gründliche Bildflugplanung vorausgehen. Der Aufnahmemaßstab der Luftbilder (Bildmaßstab) sollte dem Kartenmaßstab angepaßt sein. Erfahrungsgemäß empfehlen sich heute Bildmaßstäbe zwischen 1 : 4000 bis 1 : 7000 für den Kartenmaßstab 1 : 1000; 1 : 6000 bis 1 : 10 000 für den Kartenmaßstab 1 : 2000 und 1 : 12 000 bis 1 : 15 000 für den Kartenmaßstab 1: 5000. Bild 270,1 läßt die Beziehungen zwischen der Brennweite der Aufnahmekammer (so heißt die Kamera), dem Bildmaßstab und der Flughöhe erkennen. Für die Kammerkonstante (Bildweite) $c \approx$ Brennweite $f = 21$ cm (Normalwinkel etwa 60 bis 65°, Bildformat 18×18 cm) ergibt sich z. B. bei dem Bildmaßstab 1:5000 eine Flughöhe von $21 \text{ cm} \cdot 5000 = 1050$ m. Je niedriger die Flughöhe wird, um so geringer muß auch die Fluggeschwindigkeit zur Vermeidung von Bewegungsunschärfen sein. Langsam fliegende (etwa 120 bis 180 km/h) und ruhig in der Luft liegende Flugzeuge mit Beobachtungskanzel sind hierfür zweckmäßig. Außer den Normalwinkel-Aufnahmekammern werden mehr und mehr Weitwinkel (etwa 100^g, $f = 15$ cm) — und Überweitwinkel-Kammern (etwa 130^g, $f = 8{,}8$ cm) in den Bildformaten 23×23 cm verwendet.

---

[1]) Die Bildmessung von der Erde aus soll und braucht hier nicht weiter behandelt zu werden. Während die hierzu gehörende Meßtischphotogrammetrie im allgemeinen für Architekturvermessungen angewandt wird, bedient man sich der ebenfalls hierzu rechnenden terrestrischen Stereophotogrammetrie in manchen Fällen noch im Gebirge oder auf Forschungsreisen. Die Verwendung einer Stereomeßkammer zur Festlegung von Tatbeständen bei Verkehrsunfällen mit anschließender Auswertung und Gewinnung eines Lageplans des Unfallgeschehens gewinnt an Bedeutung.

Um Versetzungen der einzelnen Aufnahmen zu vermeiden, muß die Aufnahmekammer von dem Navigator um den Abtriftwinkel gegen die Längsachse des Flugzeuges gedreht werden. Dieser Abtriftwinkel ist von der Windrichtung und -geschwindigkeit abhängig. Die Streifenlage eines Bildflugteils, vielfach parallel zu Gauß-Krüger-Gitterlinien, verläuft meistens in West-Ost-Richtung. Die Längsüberdeckung der Einzelbilder (bei großen Bildmaßstäben beträgt diese bis zu 90%) und die seitliche Überlappung der

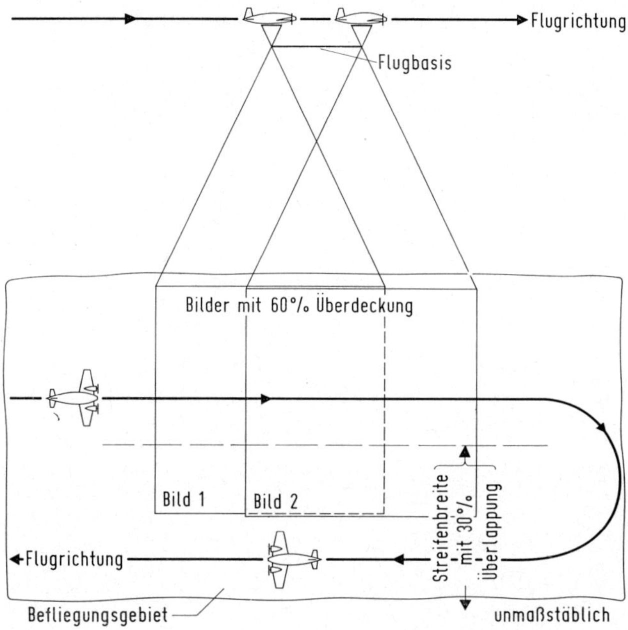

271,1 Schema eines Bildfluges — Aufriß und Grundriß

Streifen bzw. der Einzelbilder (im allgemeinen 25 bis 30%) zeigt Bild 271,1. Für die Aufnahme dieser Luftbilder kommt praktisch nur das Frühjahr, etwa von Mitte März bis Anfang Mai, in Betracht, wenn Bäume und Sträucher noch nicht belaubt sind. Das Flugwetter muß gut sein. Ein möglichst wolkenloser Himmel sowie eine Tageszeit mit hohem Sonnenstand (kurze Schatten) oder eine transparente Wolkendecke (bei niedriger Flughöhe) sind wichtige Voraussetzungen für gut durchgezeichnete Aufnahmen.

Für die Bilder wird meistens ein feinkörniger Schwarz-Weiß-Film mit einer nicht höheren Empfindlichkeit als $\frac{18^\circ}{10}$ DIN verwendet (Fliegerfilm). Aber auch Farbfilm (Colorfilm) wird hin und wieder verwendet. Viele Bildeinzelheiten lassen sich hierin besser erkennen und auswerten. Das Objektiv der zu verwendenden Aufnahmekammer muß eine große Bildschärfe und ein hohes Auflösungsvermögen besitzen. Bekannt sind das Topar der Firma Carl Zeiss, Oberkochen, und das Aviotar der Firma Wild, Heerbrugg (Schweiz).

Für eine numerische Auswertung, d. h. wenn Koordinaten ermittelt bzw. registriert werden sollen, sind vor dem Bildflug Paßpunkte, Grenzpunkte usw. zu signalisieren, d. h. luftsichtbar zu machen. Die Köpfe der Grenzsteine können weiß oder gelb gefärbt oder mit weißen oder gelben Emaille- oder Kunststoffhauben, z. B. aus Plastik oder Plastikstreifen in Kreuzform, abgedeckt werden. Auch Stuckgips kann man in Kreisform streuen, hierbei muß sich der Grenzpunkt aber im Zentrum des Kreises befinden.

Soll dagegen eine graphische Auswertung erfolgen, so genügt es in vielen Fällen, wenn die erforderlichen Paßpunkte — ohne vorherige Signalisierung — erst nach der Befliegung bestimmt werden.

In beiden Fällen sind nicht nur Paßpunkte der Lage nach, sondern auch Höhenpaßpunkte erforderlich.

3.42 Luftbildauswertungen

Die Ausmessung der Luftbildpaare (Glasdiapositive von den Filmnegativen) erfolgt mit Doppelbildauswertegeräten. Diese stereoskopischen Auswertegeräte rekonstruieren den Aufnahmevorgang und stellen ein geometrisch ähnliches optisches Geländemodell (Raummodell) her. Dieses wird durch Abtasten oder Abfahren mit einer Meßmarke (Raummarke) der Lage (Punkte und Linien) und der Höhe (Einzelhöhen und Höhenlinien) nach ausgemessen. Der Auswerter (Photogrammeter) muß über ein hervorragendes räumliches Sehvermögen und über eine lange praktische Erfahrung verfügen.

Die für die vorgenannten Arbeiten erforderliche Genauigkeit läßt sich nur mit Geräten 1. und 2. Ordnung[1]) erreichen. So sind z. B. der *Stereoplanigraph C 8* (Bild 272,1)

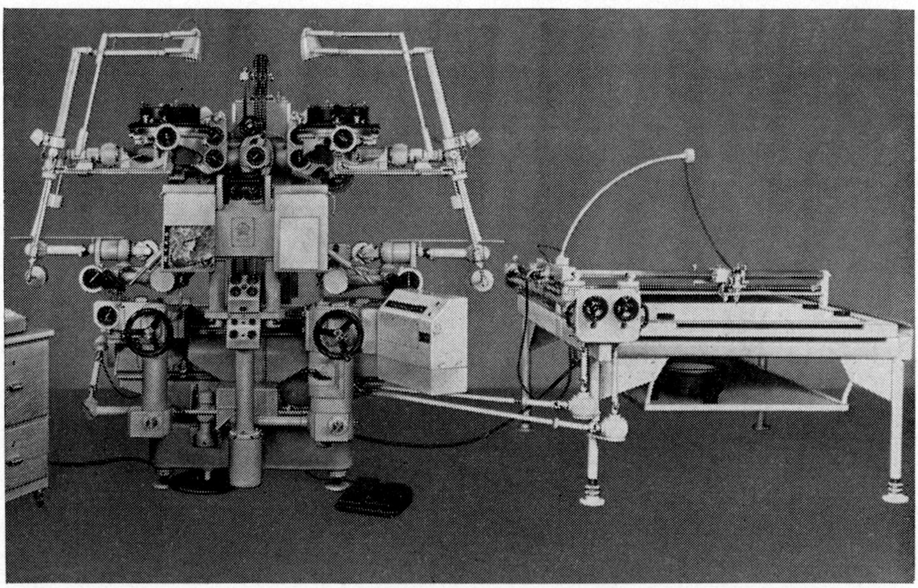

272,1 Stereoplanigraph C 8 (Zeiss)

[1]) Die Begriffe 1., 2. und 3. Ordnung sollen hier noch beibehalten werden.

und die *Autographen A 7* und *A 10* der Firma Wild Geräte 1. Ordnung. Neu ist der *Stereotrigomat* der Firma Jenoptik Jena GmbH, der als Auswertegerät (Meßgerät mit Zeichengerät) mit Differential-Entzerrungseinrichtung (Projektionsrechner und Verstärkerschrank) konstruiert wurde. Der *Stereometrograph* der gleichen Firma, der *Planimat D 2* (Zeiss) und der *Autograph A 8* (Stereokartiergerät) (Bild 273,1) sind z. B. Geräte 2. Ordnung. Die Geräte 1. Ordnung sind universale Präzisionsgeräte, die u. a. auch räumliche Aerotriangulationen[1]) mit unabhängigen Modellen gestatten.

Der mittlere Lagefehler gut sichtbarer (signalisierter) Punkte beträgt weniger als $\pm$ 0,1 mm in der Karte, wenn die Koordinaten hierfür am Gerät abgelesen[2]) und in Landeskoordinaten umgeformt (= transformiert) werden. Bei der graphischen Entnahme kartierter Punkte beträgt der mittlere Lagefehler etwa $\pm$ 0,15 mm. Für sichere Punkte oder Einzelpunkthöhenauswertung liegt der Höhenfehler zwischen $\pm$ 0,1 und $\pm$ 0,15$^0/_{00}$ der Flughöhe. Höhenlinien können mit einem mittleren Fehler von $\pm$ 0,3$^0/_{00}$ der Flughöhe ermittelt werden.

Die Geräte 2. Ordnung sind etwas weniger universell. Die angegebenen Genauigkeiten können erreicht werden, wenn günstige Verhältnisse vorliegen. Dies sind z. B. hohe Bildqualität, ein günstiger Bildmaßstab (etwa 1:4000 bis 1:6200 für großmaßstäbige Karten), gute Lage der Bildmodelle und einwandfreie Paßpunkte der Lage und Höhe nach.

Geräte 3. Ordnung schließlich, wie z. B. das Stereokartiergerät *Planicart E 2* und die *Doppelprojektoren DP 1—DP 3* von Zeiss, Oberkochen, u. a., werden für die Auswertung von Luftbildern (mit kleinen Bildmaßstäben) für kleinmaßstäbige Karten eingesetzt.

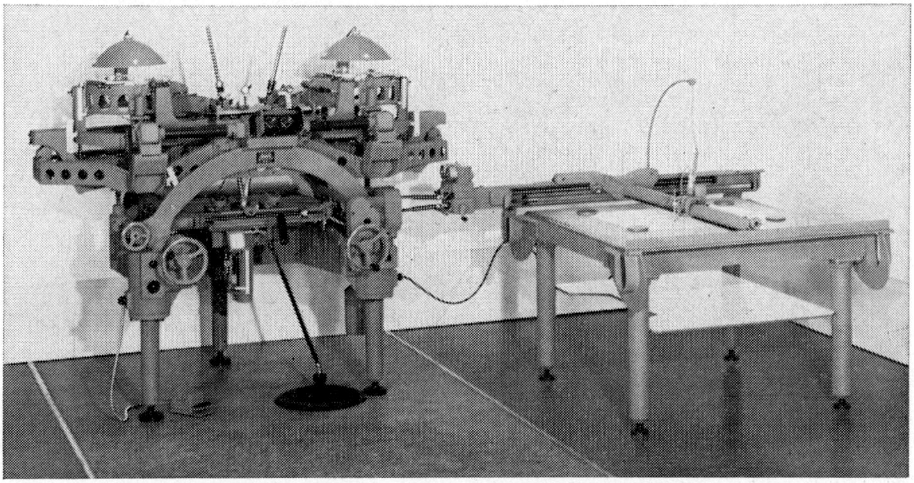

273,1 Autograph A 8, Stereokartiergerät (Wild)

[1]) Hiernach können u. a. in wenig erschlossenen Gebieten Paßpunkte aus den Luftbildern selbst bestimmt werden. Zwei Verfahren der Aerotriangulation werden unterschieden: die Radialtriangulation (nur Bestimmung der Lage der Paßpunkte) und die räumliche Aerotriangulation (Lage- und Höhenbestimmung der Punkte) bzw. sogenannte Blockausgleichungen.

[2]) Mit besonderen Geräten, den Stereokomparatoren, können auch an nicht orientierten Luft(Meß)-bildern Bildkoordinaten sehr genau (durchschnittlich $\pm$ 2 μ) ausgemessen werden. Dieses Verfahren nennt man analytische Photogrammetrie.

Mit Zusatzgeräten, wie z. B. *Profilzeichner* oder Profilsteuerungseinrichtung (für automatisches Abfahren und Zeichnen von Längs- und Querprofilen) können für die Projektbearbeitung von langen Verkehrswegen (Autobahnen usw.) weitere Daten aus dem Luftbild ermittelt werden.

3.43 Luftbildpläne

Für viele Zwecke sind Luftbildpläne besonders anschaulich. Wenn man einigermaßen ebenes Gelände voraussetzt, lassen sich Einzelluftbilder zusammenfügen, weil Senkrechtaufnahmen dann geometrisch ähnlich sind. Kleinere Abweichungen der Aufnahmerichtung von der Lotrichtung (Richtung des Nadirpunktes) sowie der Flughöhe und -richtung lassen sich auf photographischem Wege durch optische Projektion richtigstellen. Dieses Verfahren wird *Entzerrung* genannt. Die hierfür erforderlichen *Entzerrungsgeräte* besitzen einen Projektionstisch und vielfach auch Einrichtungen für die automatische Scharfeinstellung. Wenn alle Einzelbilder auf den gleichen Maßstab entzerrt sind, lassen sich diese durch Photomontage zu *Luftbildplänen* zusammensetzen. Das Zusammensetzen erfolgt auf einer maßhaltigen Unterlage, auf der vorher Paßpunkte eingetragen wurden. Die Montage kann mit Kartengitter und -rahmen vervollständigt sowie etwas beschriftet werden. Dieser Luftbildplan kann photographisch reproduziert und durch Photokopie oder Halbtonlichtpausen vervielfältigt werden.

Luftbilder von hügeligem oder bergigem Gelände lassen sich auf die oben beschriebene Weise mit einer genügenden Genauigkeit nicht mehr entzerren. Die hierbei auftretenden Fehler wachsen mit dem Größerwerden der Höhenunterschiede besonders dann, wenn sie sich dem Bildrand nähern[1]).

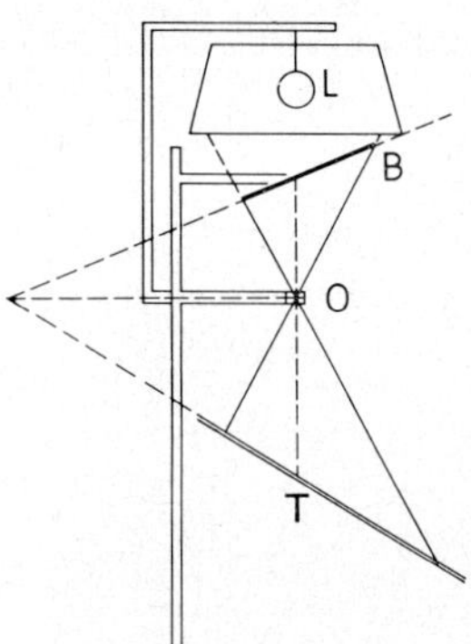

B = Bildträger
L = Lichtquelle
O = Objektiv
T = Tisch

274,1 Schema eines Entzerrungsgerätes

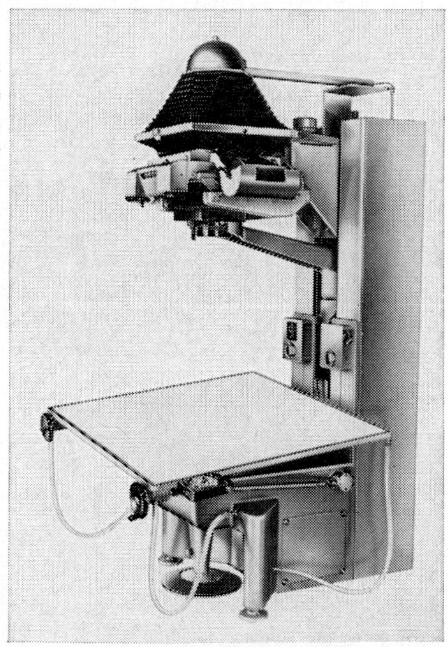

274,2 Automatisches Entzerrungsgerät SEG 5 (Zeiss)

[1]) Entzerrungsgeräte für unebenes Gelände sind früher schon konstruiert worden, ohne jedoch praktische Bedeutung erlangt zu haben. Von Gigas/Zeiss ist ein orthophotoskopisches Gerät entwickelt worden, der *Orthoprojektor GZ 1*, der in Verbindung mit dem Stereoplanigraphen C 8 und dem Planimat D 2 (s. S. 272) sehr genau Luftbilder mit größeren Höhenunterschieden in streifenweiser Bildabtastung zu sogenannten Orthophotos entzerrt. Diese umgebildeten Luftbilder besitzen in allen Teilen den gleichen Maßstab (optimaler Maßstabsbereich etwa 1 : 2000 bis 1 : 10 000). Außerdem können bei dieser Entzerrungsart erzeugte Profilschraffen (Hilfsgeraden), die in der Mitte der parallelen Profilstreifen liegen, zur Konstruktion von Höhenlinien verwendet werden. Z. B. kann gleichlaufend mit der Orthoprojektion ein Höhenschichtenplan hergestellt werden (elektronischer *Höhenschichtlinienzeichner HLZ*).

Der Aufbau eines Entzerrungsgerätes entspricht dem eines photographischen Vergrößerungsgerätes mit verschiedenen Bewegungsmöglichkeiten einzelner Teile. Das zu entzerrende Luftbildnegativ wird in den Bildträger B (Bild 274,1) gelegt, mit Hilfe einer Lichtquelle L beleuchtet und durch ein Objektiv O auf den Tisch T projiziert.

Soll ein Luftbild auf vier gegebene Paßpunkte entzerrt werden, muß das Gerät fünf voneinander unabhängige Einstellmöglichkeiten (Freiheitsgrade) besitzen: Abstandsänderung zwischen Objektiv und Tisch, Neigung des Projektionstisches, Bilddrehung um den Mittelpunkt des Tisches, Verschiebungen des Bildes senkrecht zur Kippachse des Bildträgers und in Richtung der Kippachse des Bildträgers. Nach der Scheimpflug-Bedingung (sie besagt: Gegenstandsebene = Kartenebene, Photo-Bildebene und Hauptebene des Objektivs müssen sich in einer Geraden schneiden) erfordert jede Neigung des Tisches eine bestimmte Neigung des Bildträgers. Der Abstand vom Bild zum Objektiv muß jedesmal geändert werden, um die Linsengleichung zu erfüllen (vgl. S. 40). Die Entzerrung ist gelungen, wenn sich die Paßpunkte der photographischen Projektion mit denen der Karte decken.

Ein Entzerrungsgerät ist voll- oder teilautomatisch, wenn die genannten abhängigen Einstellungen zur Erreichung der Bildschärfe durch „Inversoren“ ganz oder teilweise selbsttätig ausgeführt werden. Die Entwicklung der Entzerrungsgeräte geht auf Theodor Scheimpflug (1867—1911) zurück.

Bild 274,2 zeigt das universelle *automatische Entzerrungsgerät SEG 5*. Ein weiteres *selbsttätiges Entzerrungsgerät* ist das *E 4* der Firma Wild, Heerbrugg. Nicht vollautomatisch konstruiert ist das *Entzerrungsgerät Orion III/S* mit Scheimpflugautomatik der Firma K. H. Schmidt in Wiesbaden, das sich, wie auch die anderen Geräte, außerdem für normale Vergrößerungen gut eignet.

3.44 Luftbildkarten

Ergänzt man Luftbildpläne im einheitlichen Maßstab durch Kartenzeichen (-signaturen) und Kartenschriften oder auch durch Eintragen bzw. Hervorheben von wichtigen Verkehrswegen und ggfs. noch durch Höhenlinien, so kann man diese als *Luftbildkarten* bezeichnen. — Eine aus Orthophotos angefertigte Luftbildkarte heißt *Orthophotokarte.*

In Nordrhein-Westfalen wird neuerdings in größerem Umfang eine Luftbildkarte 1 : 5000 im Blattschnitt der Deutschen Grundkarte 1 : 5000 (s. S. 285) hergestellt. Sie hat die Bezeichnung *Deutsche Grundkarte 1 : 5000 (Luftbildkarte)* erhalten. Sie wird die Strichkarte 1 : 5000 jedoch nicht ersetzen.

3.5 Lagepläne

3.51 Lagepläne aller Art

Lagepläne werden vielfach in sehr großen Maßstabsverhältnissen, wie 1 : 200 und 1 : 500, z. T. auch in 1 : 50, 1 : 100 und 1 : 250, für die verschiedensten Zwecke angefertigt. Auch in 1 : 1000, 1 : 2000, 1 : 2500 usw. werden Lagepläne hergestellt, wenn keine diesen Maßstäben oder der geforderten Genauigkeit entsprechenden Karten vorliegen. Je nach dem Zweck werden an den Inhalt der Lagepläne bestimmte Anforderungen gestellt. Die großen Maßstäbe werden im allgemeinen nicht aus Genauigkeitsgründen gefordert, sondern wegen der größeren Zeichenfläche und der Möglichkeit, hierin zusätzliche Angaben oder Darstellungen planerischer Art deutlich und übersichtlich eintragen zu können. Wenn geometrisch einwandfreie Karten in den Maßstäben 1 : 500 und 1 : 1000 und die entsprechenden technischen Einrichtungen vorhanden sind, können hiernach auch photographische Vergrößerungen bis 1 : 100 oder 1 : 200 hergestellt und diese dann zu Lageplänen ausgestaltet werden. Die zeitraubenden Kartierungsarbeiten erübrigen sich in diesen Fällen.

3.52 Lagepläne für Bauvorlagen

Für Anträge auf Erteilung einer Baugenehmigung nach den Bauvorlagenverordnungen zu den Landesbauordnungen werden in fast allen Ländern der BRD Lagepläne gefordert. Diese sind im allgemeinen auf der Grundlage einer amtlichen Flurkarte aufzustellen. Ein kleinerer Maßstab als 1 : 500 soll hierbei nicht verwendet werden. Die Baubehörde kann auch einen größeren Maßstab fordern. Sie kann auch verlangen, daß der Lageplan von einer zu Katastervermessungen befugten Person oder Stelle beglaubigt oder angefertigt wird.

Nach dem Musterentwurf der Bauvorlagenverordnung des Bundesministeriums für Wohnungswesen, Städtebau und Raumordnung muß der Lageplan (im Bild 277,1 in den Maßstab 1 : 600 verkleinert) insbesondere enthalten:

1. seinen Maßstab und die Lage des Grundstücks zur Himmelsrichtung,
2. die Bezeichnung des Grundstücks und der benachbarten Grundstücke nach Straße, Hausnummer, Grundbuch und Liegenschaftskataster unter Angabe der Eigentümer,
3. die (örtlich überprüften) katastermäßigen Grenzen des Grundstücks, seine Maße und seine Flächen,
4. die Breite und die Höhenlage angrenzender öffentlicher Verkehrsflächen unter Angabe der Straßenklasse (nach Landesrecht),
5. die Festsetzungen im Bebauungsplan über die Art und das Maß der baulichen Nutzung mit den Baulinien oder Baugrenzen,
6. die vorhandenen baulichen Anlagen auf dem Grundstück und auf den benachbarten Grundstücken mit Angabe ihrer Nutzung, Geschoßzahl, Dachform und der Art der Außenwände und der Bedachung,
7. Baudenkmale und geschützte Baumbestände auf dem Baugrundstück und auf Nachbargrundstücken,
8. die geplanten baulichen Anlagen unter Angabe der Außenmaße, der Dachform, der Höhenlage des Erdgeschoßfußbodens zur Straße, der Breite der Bauwiche und der Grenzabstände, der Tiefe und Breite der Abstandsflächen, der Abstände zu anderen baulichen Anlagen auf dem Grundstück und den benachbarten Grundstücken sowie der Zu- und Abfahrten,
9. die Abstände der geplanten baulichen Anlage zu öffentlichen Verkehrs- und Grünflächen, zu Wasserflächen und zu Wäldern, Mooren und Heiden und zur Landesgrenze,
10. die Aufteilung der nicht überbauten Flächen unter Angabe der Lage, Anzahl und Größe der Stellplätze für Kraftfahrzeuge, der Kinderspielplätze und der Plätze für Abfallbehälter und der Flächen, die gärtnerisch angelegt werden,
11. Flächen, die von Baulasten betroffen sind,
12. Brunnen, Abfallgruben, Dungstätten, Hochspannungsleitungen und unterirdische Leitungen für das Fernmeldewesen und für die Versorgung mit Elektrizität, Gas, Wärme und Wasser, ortsfeste Behälter im Freien für Öl und schädliche oder brennbare Flüssigkeiten sowie deren Abstände zu der geplanten baulichen Anlage.

Die Grenzen des Baugrundstücks sind im Lageplan mit gelben Farbstreifen[1]), vorhandene öffentliche Verkehrsflächen lichtocker (wegebraun), im Bebauungsplan fest-

[1]) In Baden-Württemberg durch einen blauen, in Bayern durch einen dunkelgrünen Farbstreifen.

gesetzte öffentliche Verkehrsflächen blaßrosa, vorhandene bauliche Anlagen grau, geplante bauliche Anlagen rot, zu beseitigende bauliche Anlagen gelb und öffentliche Grünflächen grün anzulegen (= kolorieren).

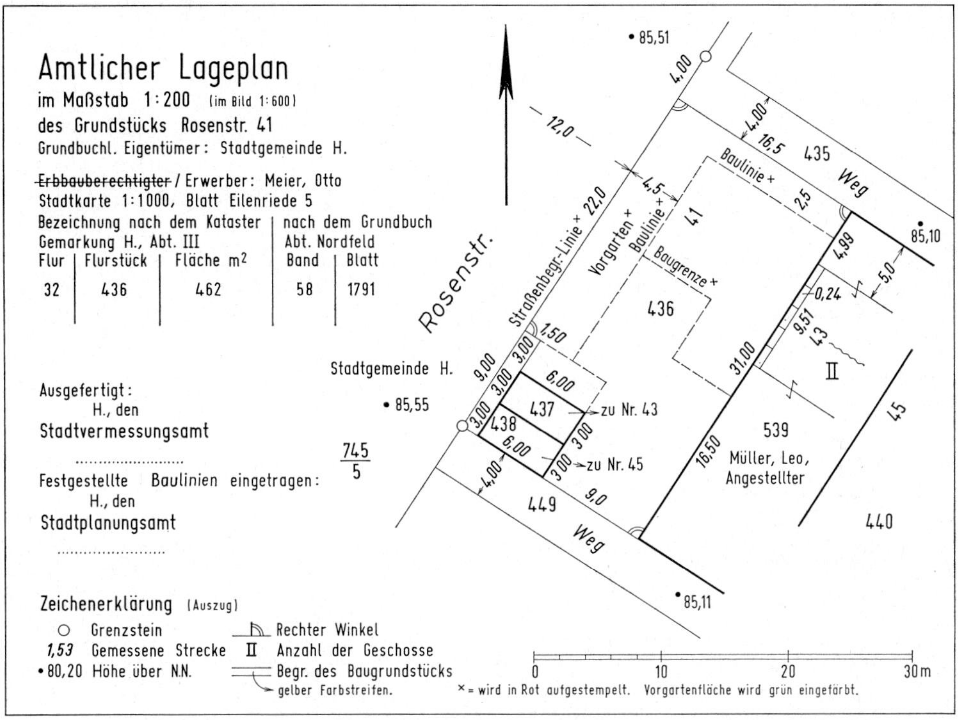

277,1 Lageplan für Bauantrag

Sollen in diesen Lageplänen z. B. für den Straßenbau, Böschungen nach Längen- bzw. Querprofilen (s. S. 257) eingetragen werden, so ist auf deren richtige Darstellung besonders an den Stellen zu achten, wo keine Querprofile die Entnahme von Maßangaben gestatten. Die Böschungen sind lagerichtig sowohl unter Berücksichtigung ihrer Neigungsverhältnisse als auch der Geländegestalt zu zeichnen.

3.53 Zeichnen der Lagepläne

Lagepläne werden auf transparentem Papier oder auch auf Kunststoff-Folien gezeichnet. Sie sollten nach Norden orientiert sein, wie in Bild 277,1. Die farbliche Hervorhebung der obengenannten Grenzen, Gebäude und Flächen sollte man nicht im Originalplan, sondern erst in den Vervielfältigungen, meistens Lichtpausen, ausführen. Um ein Welligwerden und ein Verziehen des Lichtpauspapiers zu vermeiden, koloriert man mit *Farbstiften.* Hierbei kann die Farbe des Farbstiftes mit Löschpapier so verrieben werden, daß ein sauberes und gleichmäßig gefärbtes Bild entsteht. Sollen dagegen Lagepläne, die auf Zeichenpapier oder -karton angefertigt sind, farbig ausgestaltet werden, so verwendet man besser *Wasserfarben.* Hierbei sind große Flächen heller, kleinere dunkler zu färben. Um ein Fleckigwerden des Papiers zu verhüten, muß man beim Kolorieren sehr schnell arbeiten. Ein dicker Marderhaarpinsel, der viel Farbe aufnehmen kann, ist sehr zweckmäßig. Der Zeichenbogen muß beim Kolorieren etwas schräg gehalten werden. Schmale Farbstreifen lassen sich besser mit der Ziehfeder (oder Schwedenfeder) und mit durch destilliertes Wasser oder Regenwasser verdünnter Ausziehtusche ausziehen. Aber auch mit *Filzschreibern* lassen sich Farbstreifen oder -flächen wirkungsvoll und gleichmäßig auf Papier oder Folien herstellen. Die aufgetragenen Farben trocknen sofort, sie sind lichtecht, wisch- und wasserfest; sie schlagen jedoch auf der Rückseite der (Papier-)Zeichnung etwas durch.

3.6 Karten

3.61 Großmaßstäbige Karten

Topographische Karten in großen Maßstäben sind z. B. Stadtkarten, Flurkarten (soweit diese schon topographisch ausgestaltet sind), die Deutsche Grundkarte 1 : 5000 usw. Diese großmaßstäbigen Karten sind unentbehrliche Grundlagen für genaue Planungen und Projektierungen, für Untersuchungen und Eintragungen bei Behörden und Verwaltungen sowie für viele andere Zwecke.

Diese Karten liegen in der Bundesrepublik Deutschland noch nicht überall vor (s. S. 280). Die Kartenblätter werden meistens begrenzt durch Gitterlinien eines Gauß-Krügerschen oder Soldnerschen Koordinatensystems. Im Maßstab 1 : 500 sind die Kartenblätter gewöhnlich 100 × 50 cm, im Maßstab 1 : 1000 und 1 : 2000 50 × 50 cm oder 100 × 50 cm, im Maßstab 1 : 2500 80 × 80 cm, 80 × 40 cm oder 40 × 40 cm und im Maßstab 1 : 5000 80 × 40 cm oder 40 × 40 cm groß[1]). Der wiederzugebende Karteninhalt (Grundriß- und Höhendarstellungen) und die weitere Ausgestaltung der Karten richtet sich nach hierfür aufgestellten Zeichenvorschriften, Musterblättern, Dienstvorschriften usw. Das Normblatt 18 702 empfiehlt u. a. Zeichen für großmaßstäbige Katasterkarten bis zum Maßstab 1 : 5000.

Mehrere Blätter oder Ausschnitte mehrerer Blätter dieser Karten lassen sich ohne Schwierigkeiten zusammenfügen, lediglich an den Blattschnitten, den „Nahtstellen", sind sie zu überarbeiten.

Nach der (vorläufigen) Begriffsbestimmung von Karten und Plänen enthält eine Karte das Bestehende, also das in der Örtlichkeit Vorhandene, ein Plan dagegen zusätzlich noch planerische Eintragungen, also Vorstellungen oder Absichten, die erst noch zu verwirklichen sind[2]). Ausnahme: Luftbildplan (s. S. 274).

3.62 Thematische Karten und Pläne

Thematische Karten und Pläne haben Darstellungen bestimmter Themen zum Inhalt, die in topographischen Karten oder auch in anderen maßstäbigen Grundrißdarstellungen eingetragen werden können. Diese Eintragungen brauchen sich nicht immer dem Grundmaßstab anzupassen, es können auch Symbole in verschiedenen Abstufungen, Diagramme oder andere graphische Darstellungen sein. So sind z. B. die nach dem Bundesbaugesetz aufzustellenden Flächennutzungs- und Bebauungspläne (nach der Planzeichenverordnung v. 19.1.1965 auszuarbeiten) sowie Bodenschätzungskarten, Bodenwertkarten, Baugrundkarten usw. thematische Karten oder Pläne. Auch die Leitungspläne der Versorgungsverwaltungen (Stadtentwässerung, Elektrizität, Gas, Wasser, Fernwärme, Telefon usw.) auf der Grundlage von Flur- oder Stadtkarten in großen Maßstäben fallen hierunter. Aber auch andere Fragen, z. B. solche, die durch Bevölkerungsbewegungen (u. a. Pendler) in den großen Ballungsräumen auftreten,

---

[1]) Alle angegebenen Größen beziehen sich immer auf das Kartenbild.

[2]) Nach einer Definition (= Begriffsbestimmung) des Fachnormenausschusses Bau (FN Bau) im Deutschen Normenausschuß, 1949.

geben Veranlassung, Untersuchungen der verschiedensten Art kartographisch oder rein graphisch in überzeugender Weise und optisch wirksam zu verdeutlichen. Diese an sich nicht neue Methode der Themenbehandlung in Karten und Plänen gewinnt ständig an Bedeutung.

Bild 279,1 zeigt als Beispiel einer thematischen Karte eine *Schätzungskarte* bzw. -pause des Liegenschaftskatasters. Als Kartengrundlage dient eine Kopie der Flurkarte. Hierin sind die Ergebnisse der Reichsbodenschätzung zu übernehmen. Die Ausarbeitung der Schätzungsurkarte richtet sich nach den Vorschriften des Bodenschätzungs-Übernahmeerlasses (Technische Anweisung). Siehe Seite 94. Die Schätzungsurkarte enthält in grüner Farbe die Grenzen der Klassenflächen, der Klassenabschnitte und der Sonderflächen. Außerdem enthält die Karte Klassenzeichen und Wertzahlen für das Ackerland in brauner und für das Grünland in grüner Farbe. Dieser Kennzeichnung liegt ein Ackerschätzungs- und ein Grünlandschätzungsrahmen zugrunde. Hiernach wird das Ackerland (im allgemeinen auch Gartenland) in 9 Bodenarten eingeteilt. Die Bodenarten sind in 7 Zustandsstufen und in 5 Entstehungsarten unterteilt. Das Grünland hingegen wird nach 5 Bodenarten unterschieden. Diese unterteilen sich nach 3 Bodenstufen, nach 3 Klimastufen sowie nach 5 Stufen für die Wasserverhältnisse.

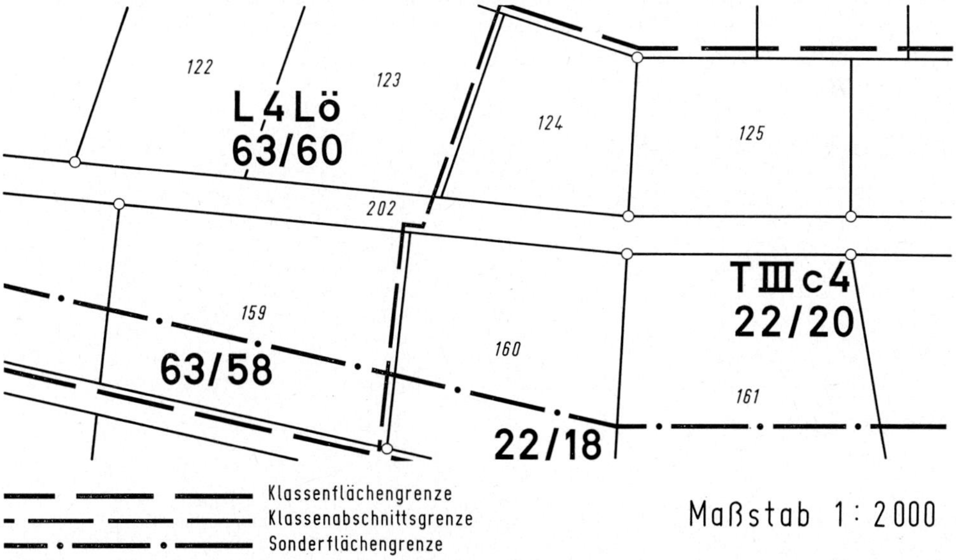

279,1 Bodenschätzungskarte

Für jede Klasse des Ackerlandes sind noch Wertzahlen (Bodenzahl und Ackerzahl) und für das Grünland Wertzahlen (Grünlandgrundzahl und Grünlandzahl) angegeben. Wie die Kennzeichnungen in der Schätzungskarte sich zusammensetzen, geht aus folgenden Beispielen hervor:

1. *Beispiel Acker:* L 4 Lö 63/60

Klassenzeichen	L = Bodenart (Lehm)
	4 = Zustandsstufe
	Lö = Entstehungsart (Lößboden)
Wertzahlen	63 = Bodenzahl
	60 = Ackerzahl

2. *Beispiel Grünland:* T III c 4 22/20

Klassenzeichen	T	= Bodenart (Ton)
	III	= Bodenstufe
	c	= Klimastufe
	4	= Wasserverhältnisse
Wertzahlen	22	= Grünlandgrundzahl
	20	= Grünlandzahl

Eine besondere Kennzeichnung erhalten die Musterstücke, auf die sich die Bodenschätzung neben den Schätzungsrahmen gründet (siehe auch S. 94).

3.63 Flurkarten

Der historischen Entwicklung folgend, sind heute die Flurkarten (Begriff siehe S. 91) des staatlichen Liegenschaftskatasters (von den Ländern Baden-Württemberg und Bayern einmal abgesehen) nicht nur in den verschiedensten und z. T. in sogenannten „krummen" Maßstäben, sondern darüber hinaus vielfach noch als *Inselkarten* (Bild 280,1) vorhanden. Diese Inselkarten sind abgegrenzt nach Wegen, Gewässern, Flurstücksgrenzen usw. Die dargestellten Grundstücke bilden sozusagen eine Insel auf der Kartenbildfläche. Zum erheblichen Teil liegt diesen alten Inselkarten *kein* oder nur ein *örtliches* Koordinatensystem zugrunde. Der Nachteil der Inselform besteht darin, daß diese Karten nicht aneinandergefügt werden können. Andererseits sind die einzelnen Flurstücke unzerschnitten dargestellt, was unbestritten ein Vorteil ist.

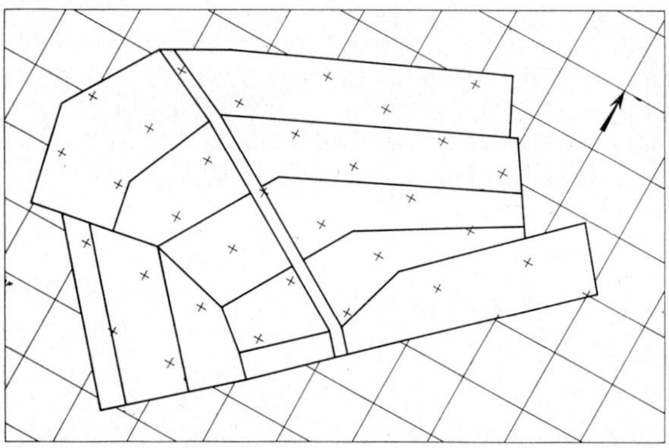

280,1 Inselkarte

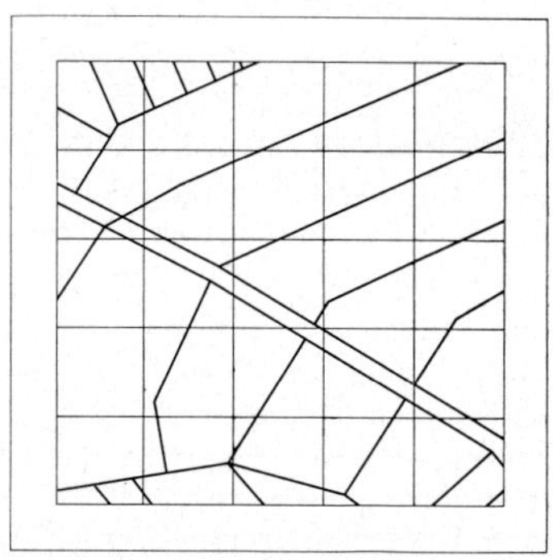

280,2 Rahmenkarte

In den Ländern Bayern und Baden-Württemberg (Landesteil Württemberg) wurden Flurkarten als *Rahmenkarten* schon im vorigen Jahrhundert angelegt.

Die bayerischen Flurkarten (einschließlich der jetzt zum Land Rheinland-Pfalz gehörigen Pfalz) 1 : 5000 und 1 : 2500 (in größeren Orten auch 1 : 1000) wurden von 1809 bis 1871 in über 32 000 Blättern hergestellt. Sie bildeten auch die Grundlage für die topographische Aufnahme des Landes und für die Herstellung der Höhenflurkarten, ebenfalls in den Maßstäben 1 : 5000 und 1 : 2500. Diese zweifarbige Ausgabe liegt in etwa 6000 Blättern vor. Das Kartenbild der Blätter 1 : 5000 und 1 : 2500 ist jeweils 467×467 mm (= 2335×2335 m bzw. 1167,5×1167,5 m in der Natur) groß und ergab sich aus der Umrechnung von 800 bayerischen Ruten. Nach der Anweisung für das Zeichnen von Vermessungsrissen und Katasterkarten in Bayern vom 4. 8. 1970 werden Flurkarten in den Maßstäben 1 : 1000, 1 : 2500 und 1 : 5000, ferner numerierte (Flurstücksnummern enthaltende) Flurkarten in den Maßstäben 1 : 1000 und 1 : 5000 sowie Schätzungskarten im Maßstab 1 : 5000 hergestellt.

In der bayerischen Katastervermessung wurde 1961 das bisherige Soldnersche Koordinatensystem durch das Gauß-Krüger-System ersetzt. Der Flurkartenblattschnitt wurde jedoch aus Gründen der Zweckmäßigkeit beibehalten. Den Flurkarten liegt daher das Soldner-Koordinatensystem mit dem Nullpunkt des nördlichen Turmes der Frauenkirche in München auch weiterhin zugrunde. Für die Blatteinteilungen und Benennungen ist die Landesoberfläche (vom Nullpunkt ausgehend) in die Regionen N. W., N. O., S. W. und S. O. geteilt. Der Meridian ist (ebenfalls vom Nullpunkt ausgehend) nach Norden und Süden in 800-Ruten-Teilen und die von den Teilpunkten ausgehenden Ordinatenkreise durch gleichabständige Parallelkreise zur Abszissenachse in ebensolche Teile zerlegt. Die auf diese Weise entstandenen Vierecke haben praktisch eine quadratische Form und ergeben die Flurkartenblätter 1 : 5000. Ein Blatt wird bezeichnet nach der Region, der Lage zum Ordinatenkreis des Nullpunktes (Schichte) durch römische, zur Abszissenachse (Nummer) durch arabische Ziffern. Z. B.: N. W. LXXXIX. 46. Die Flurkarten 1 : 2500 erhalten zusätzlich den Kleinbuchstaben a, b, c oder d.

Bemerkenswert ist auch, daß nach der Erfindung des Steindrucks (Steinzeichnung = Lithographie) durch Aloys Senefelder in den Jahren 1797 bis 1799 die bayerischen Karten schon nach diesem neuen Verfahren vervielfältigt und der Öffentlichkeit zugänglich bzw. nutzbar gemacht werden konnten.

Aber auch in Württemberg wurde 1890 mit der Herstellung von Rahmenflurkarten im Maßstab 1 : 2500 begonnen. Diesen Karten liegt die sogenannte Cassini-Soldnersche Abbildung zugrunde. Ferner geben diese Karten die Grundlage ab für die Höhenflurkarte im gleichen Maßstab. Die einzelnen Blätter, insgesamt etwa 15 000, sind 458×458 mm (= 1145×1145 m), z. T. auch 573×573 mm groß. Im badischen Landesteil besitzen die Rahmenkarten im Maßstab 1 : 1500 eine Größe von 666×666 mm.

Erst nach dem letzten Kriege konnte in größerem Umfange damit begonnen werden, auch in den anderen Bundesländern die vielen Maßstabsverhältnisse der vorhandenen Inselkarten zu verringern und neue Karten in Form von Rahmenkarten (Bild 280,2) herzustellen. Diese werden gleichfalls abgegrenzt nach runden Werten des rechtwinkligen Koordinatennetzes. Ein besonders großer Vorteil der Rahmenkarten: Bei gleichem Maßstabsverhältnis lassen sich beliebig viele Kartenblätter aneinanderfügen. Ein gewisser Nachteil der Rahmenkarten liegt darin, daß ein Teil der Flurstücke durch die Blatteinteilung zerschnitten wird. Daß diese dadurch z. T. auf 2, 3 oder 4 Blättern liegen können, muß in Kauf genommen werden. Die Flurstücksnummer wird meistens nur in dem größten Teilstück des zerschnittenem Flurstücks eingetragen. Die kleineren Teilstücke erhalten ihre zugehörige Nummer auf dem Blattrand eingetragen. Als weiterer kleiner Nachteil der Rahmenkarten werden auch die unvermeidlichen Maßstabssprünge beim Übergang von Ortslagen zu Feldlagen empfunden.

Für Ortslagen wählte man nunmehr die Maßstäbe 1 : 500 und 1 : 1000, für Feldlagen 1 : 2000, für große Wald-, Heide- oder Moorgebiete 1 : 5000. Auch der Karteninhalt wurde bereichert und gerade dadurch die Flurkarte mehr und mehr zu einer Mehrzweckkarte entwickelt. So wird diese nunmehr auch als vermessungstechnisch richtige Kartengrundlage für die Aufstellung von Bebauungsplänen nach dem Bundesbaugesetz verwendet.

Sowohl die Blattschnitte bzw. -größen wie auch die Blattbezeichnungen (Numerierung) dieser Flurkarten sind in den einzelnen Ländern unterschiedlich festgelegt.

Bremen richtete das großmaßstäbige Rahmenkartenwerk 1: 1000 im Gauß-Krüger-Koordinatensystem als neues Flurkartenwerk mit Blattgrößen von 100×66,6 cm ein.

In *Hamburg* ist die fachliche Weisung vom 25. 8. 1955 bestimmt für das Rahmenkartenwerk 1: 1000, das gleichzeitig Flurkarte ist. Diese sieht 100 × 50 und 50 × 50 cm große Blätter im Gauß-Krüger-System vor. Angerissen ist sowohl das bisherige hamburgische Katastersystem wie auch das Soldnersche Koordinatensystem (Nullpunkt Rathkrügen). Bezeichnet werden die Blätter nach den Kilometern der Rechts- und Hochwerte. Die Hochwerte erhalten zusätzlich noch eine 0 oder eine 5, im letzteren Falle für die halben Kilometer, beigeschrieben.

In *Hessen* (Zeichenvorschrift für Katasterkarten und Vermessungsrisse vom 25. 7. 1969 und Richtlinien für die Herstellung großmaßstäbiger topographischer Kartenunterlagen vom 28. 6. 1967) ist der Grundmaßstab der Flurkarte 1 : 2000. Für bebaute Ortsteile und deren Erweiterungsgebiete wird 1 : 1000, in Ausnhamefällen 1 : 500 angewendet. Die Karten im Maßstab 1: 2000 haben ein Bildformat von 50×50 cm, die Karten 1: 1000 und 1: 500 eins zwischen 50×50 cm und 50×100 cm. Die Blätter 1 : 2000 werden mit einer Nummer bezeichnet, die den in vollen Kilometern ausgedrückten Rechts- und Hochwerten der linken unteren Blattecke entspricht. Die Karten 1: 1000 erhalten die zusätzliche Angabe A, B, C oder D und die Karten 1: 500 eine Zusatzzahl 1, 2, 3 oder 4 (Bild 282,1). In einer Schätzungspause zur Flurkarte 1 : 2000 sind die Ergebnisse der Bodenschätzung zu übernehmen.

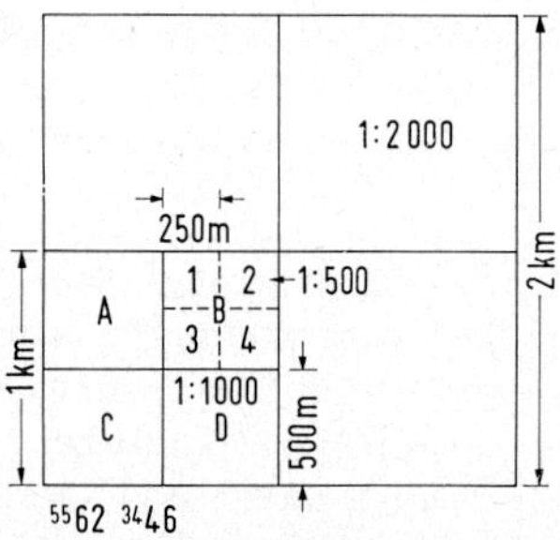

282,1 Blatteinteilung der Flurrahmenkarten in Hessen

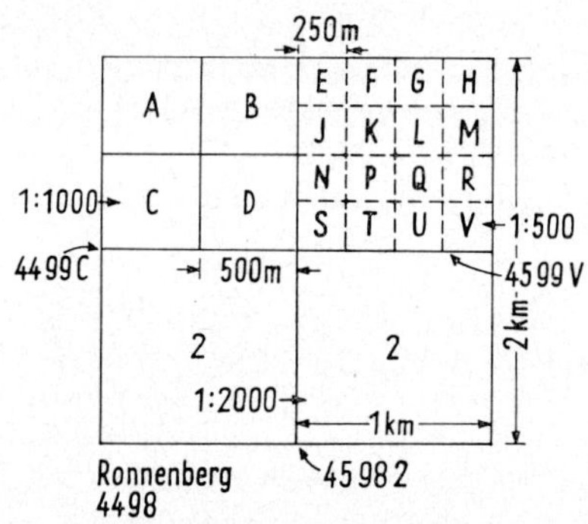

282,2 Blatteinteilung der Rahmen-Flurkarten in Niedersachsen

Das Land *Niedersachsen* hat in Vorschriften betreffend Herstellung und Fortführung von Flurkarten (Flurkartenerlaß) vom 5. 5. 1965 für die Flurkarten die Maßstäbe 1: 2000 (ländliche Gebiete), 1: 1000 (Städte und größere Ortslagen) und ausnahmsweise 1: 500 (eng bebaute Ortslagen und Gebiete mit sehr kleinen Flurstücken) sowie 1: 5000 (zusammenhängende Wald-, Heide- oder Moorgebiete und Feldlagen mit großen Flurstücken) bestimmt. Die Bildformate der Rahmen-Flurkarten sind 50×50 cm groß. Das der Flurkarten 1: 5000 ist wie das der Deutschen Grundkarte 1: 5000 40×40 cm groß. Die Rahmen-Flurkarten werden mit dem Blattnamen der Deutschen Grundkarte 1: 5000 und mit Zahlen bzw. mit Zahlen und Buchstaben benannt. Alle Karten erhalten Zahlen mit vier Ziffern, die sich aus den Zehner- und Einer-Kilometern der Rechts- und Hochwerte der linken unteren Blattecke ergeben. Zusätzlich erhalten die Karten 1: 2000 eine 2 (z. B. 45 98 2), die Karten 1: 1000 den Buchstaben A, B, C oder D (z. B. 44 99 C) und die Karten 1: 500 einen der Buchstaben E bis V (z. B. 45 99 V). Vgl. hierzu Bild 282,2. Für Flurkarten, die im Bereich der beiden Grenzmeridiane liegen, ist eine Sonderregelung getroffen. Ebenso in der Stadt Hannover. Hier sind die Flurkarten nach Kopien der rd. 700 Stadtkartenblätter 1 : 1000 hergestellt und ergänzt worden. In Schätzungsfolien zu den jeweiligen Flurkarten sind die Bodenschätzungsergebnisse enthalten.

In *Nordrhein-Westfalen* besteht nach den Vorschriften für die Herstellung und Erneuerung der Flurkarte (Flurkartenerlaß) vom 1. 7. 1955 das Katasterkartenwerk aus der Flurkarte und der Schätzungskarte. Grundmaßstab der Flurrahmenkarte ist hier 1 : 1000, für ländliche Gebiete 1 : 2000, für engbebaute Ortskerne oder für Gebiete mit überwiegend besonders kleinen Flurstücken 1 : 500, für sehr große Waldgebiete usw. 1 : 5000. Das Rahmenkartenwerk wird in den Blattschnitt des Deutschen Grundkartenwerkes 1: 5000 eingefügt. Das Kartenbild jeder Rahmenkarte ist 100 × 50 cm groß. Nach Bild 283,1 lautet die Blattbezeichnung für eine Karte 1: 2000 z. B. 6455, für eine Karte 1: 1000 6554 S und für ein Kartenblatt 1: 500 6454 c. Für zahlreiche Rahmenkarten, die im Bereich des Grenzmeridians liegen, ist — wie in Niedersachsen — eine besondere Regelung getroffen. Hierzu: Zeichenvorschrift für Katasterkarten und Vermessungsrisse in Nordrhein-Westfalen vom 1. 7. 1964.

Rheinland-Pfalz stellt die Flurkarte im Großformat 100 × 50 cm her. Hier mußten die verschiedensten Kataster — nassauische, pfälzische, preußische, rheinische — vereinheitlicht werden. Die Maßstäbe der Flurrahmenkarten liegen zwischen 1: 2500 bis 1: 500, wie z. B. in Mainz.

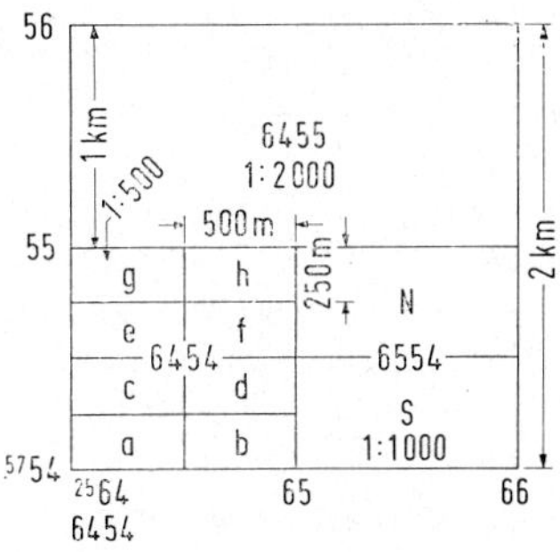

283,1 Blatteinteilung der Flurrahmenkarten in Nordrhein-Westfalen

Das *Saarland* stellt auf Grund der Vorschrift für die Herstellung und Fortführung der Flurkarten (Flurkartenerlaß) vom 2. 1. 1963 diese für das ganze Land (mit Ausnahme der pfälzischen Gebiete, für die ein Rahmenkartenwerk vorliegt) im einheitlichen Grundmaßstab 1: 1000 her. Das Kartenbild der Blätter ist 50 × 50 cm groß. Ihre Bezeichnung erfolgt nach den amtlichen Namen der Deutschen Grundkarte 1: 5000 mit dem Zusatz der Zahlen 1 bis 16, also auf die gleiche Weise wie bei dem Stadtkartenwerk 1: 1000 in Hannover (Bild 284,1).

Auch in *Schleswig-Holstein* werden die Flurkarten (nach der Neuvermessungsanweisung vom 29. 3. 1960) im Kartenbildformat 50 × 50 cm hergestellt. Bei einem Grundmaßstab 1: 2000 ist die Flurkarte als Rahmenkarte vorgeschrieben.

West-*Berlin* schließlich entwickelt nach der Anweisung für die Herstellung der *Karte von Berlin* (1959) die Grundkarte 1: 1000 und leitet daraus zwei Ausgaben ab: Die Stadtpläne und die Flurkarten, beide in einem Soldner-Koordinatensystem (Nullpunkt Müggelberg). Die Blätter sind 80 × 60 cm groß und an allen Seiten 2 cm überzeichnet. Dadurch verringert sich die Anzahl der zerschnittenen Flurstücke.

Ihrem Inhalt nach werden heute Flurkarten mehr und mehr bereichert. Ein vollständiger Gebäudenachweis ist eine selbstverständliche Forderung. Die topographischen Darstellungen gewinnen ständig an Bedeutung.

3.64 Stadtkarten

Von vielen kommunalen Vermessungsstellen werden schon seit langer Zeit Kartenwerke der verschiedensten Maßstäbe hergestellt und laufendgehalten. Diese Stadtkarten (Stadtpläne), meistens in den Maßstäben 1 : 500, 1 : 1000, 1 : 2000, 1 : 2500, 1 : 5000 (z. T. auch als Deutsche Grundkarte), 1 : 10 000, 1 : 15 000, 1 : 20 000, 1 : 25 000 und z. T. 1 : 50 000 angelegt, haben vielen Zwecken zu dienen. Diese werden vor allem für die Stadtplanung, den städtischen Hoch-, Tief- und Straßenbau, den Wasser- und Brückenbau, die Versorgungsleitungen (Straßenkataster), die Verwaltung und die Wirtschaft hergestellt. In den Bundesländern Nordrhein-Westfalen (hier werden die Aufgaben des staatlichen Liegenschaftskatasters von den kreisfreien Städten und von den Landkreisen wahrgenommen), Bremen und Hamburg sowie in 26 Städten Baden-Württembergs sind die großmaßstäbigen Karten meistens gleichzeitig als Flurkarten ausgestaltet. In einigen anderen Städten, z. B. Hannover, werden die Stadtkarten vom Kataster übernommen und nach Eintragung der notwendigen Ergänzungen als Flurkarten verwendet.

Einen besonderen Wert als Planungsgrundlage haben die kommunalen Karten durch die bis 1960 geltenden Aufbaugesetze der Länder erlangt. Die Bereithaltung von vermessungstechnisch richtigen und vollständigen Kartengrundlagen hat noch an Bedeutung gewonnen durch das 1960 verkündete Bundesbaugesetz (siehe auch S. 95), mit Baunutzungsverordnung (1968)[1]) und Planzeichenverordnung (s. S. 278), Landesbauordnungen sowie weiteren Bestimmungen. Nach dem Bundesbaugesetz obliegt es den Gemeinden, Bauleitpläne (Flächennutzungs- und Bebauungspläne) aufzustellen. Kommen für Flächennutzungspläne die kleineren Kartenmaßstäbe 1 : 5000 und 1 : 10 000 in Betracht, so sind für die Aufstellung der Bebauungspläne 1 : 500 oder 1 : 1000 die geeigneten Kartenmaßstäbe. Der Bedarf an Karten ist in den Großstädten daher so groß, daß diese schon seit langem über vollständige und moderne technische Einrichtungen verfügen, um diese Karten und Bauleitpläne auch mehrfarbig drucken zu können.

Die Vernichtung vieler Kartenunterlagen im letzten Kriege machte es erforderlich, in mehreren Städten neue Kartenwerke anzulegen. Statt der früheren Soldnerschen Koordinatensysteme fanden nun Gauß-Krüger-Systeme mit den entsprechenden Blattschnitten nach Gitterlinien Anwendung. Bild 284,1 zeigt die Blatteinteilung der Stadtkarten 1 : 1000 im Gauß-Krüger-Koordinatensystem (3. Meridianstreifen) in Hannover. Einteilungsgrundlagen hierfür sind die Blätter der Deutschen Grundkarte 1 : 5000, die für das Kartenwerk 1 : 1000 16 mal unterteilt und von 1 bis 16 numeriert werden. Außerdem erhalten die Blätter die Bezeichnung der Flurkarten 1 : 1000 in Niedersachsen (wie in Bild 282,2). Z. B. Hauptbezeichnung eines Blattes: Hainholz 13, darunter: 4806 C.

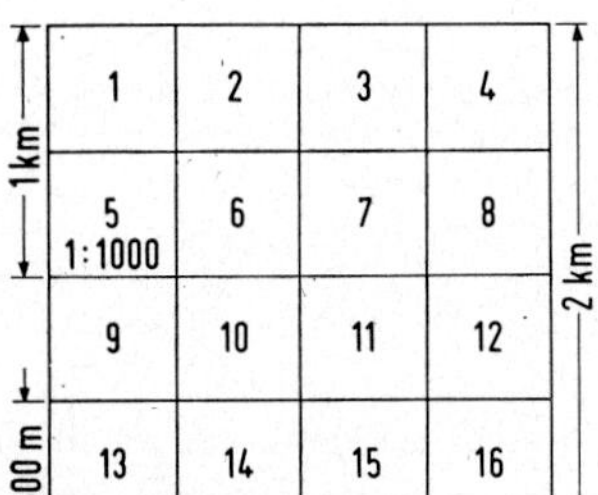

284,1 Blatteinteilung der Stadtkarten 1:1000 in Hannover

[1]) in der ab 1. 1. 1969 geltenden Fassung.

Die Zeichnung und Ausgestaltung der Stadtkarten geschieht im allgemeinen nach Anweisungen und Musterblättern der Städte oder nach dem schon mehrfach genannten Normblatt 18 702.

3.65 Deutsche Grundkarte 1 : 5000

Der Gedanke, ein topographisches Kartenwerk in dem großen Maßstab 1 : 5000 (im Vergleich zu 1 : 25 000 und kleiner) für ganz Deutschland zu schaffen, reicht in das vorige Jahrhundert zurück. Aber erst 1923 beschloß der 1921 gegründete Beirat für Vermessungswesen, die Herstellung dieser Karte zu empfehlen. 1925 arbeitete er Richtlinien für ein Musterblatt aus. Dieses Grundkartenwerk, das im früheren Reichsgebiet etwa 144 000 Blätter umfassen sollte, füllt die Lücke aus zwischen den Katasterkarten und den topographischen Karten 1 : 25 000.

Die *Deutsche Grundkarte* wurde zunächst vom früheren Reichsamt für Landesaufnahme in Berlin, dann 1938 als Landeskartenwerk von den Hauptvermessungsabteilungen hergestellt bzw. begonnen. Seit dem letzten Kriege, als das Vermessungs- und Kartenwesen der Bundesrepublik Deutschland in die Zuständigkeit der Länder überging, erfolgt die Bearbeitung durch die Landesvermessungsämter, z. T. auch durch Katasterämter und kommunale Vermessungsämter. Auf das Gebiet der Bundesrepublik (ohne Baden-Württemberg, Landesteil Württemberg, und Bayern) fallen nur noch etwa 38 000 Blätter. Als Grundkarte, d. h. mit Höhendarstellung, ist hiervon erst ein geringer Teil fertig. In Berlin wird die Deutsche Grundkarte nicht hergestellt. Hier wurde aus den Stadtplänen 1 : 1000 der Stadtplan 1 : 4000 entwickelt. Deren hochformatige Blätter sind 40 × 80 cm groß. Die Neubearbeitung dieses Kartenwerks lehnt sich jedoch im Muster an die Deutsche Grundkarte 1 : 5000 an.

Die Grundkarte wird durch Gitterlinien der Gauß-Krüger-Meridianstreifen begrenzt. Die Blätter dieses Rahmenkartenwerkes sind 40 × 40 cm groß und umfassen eine Fläche von 4 km². Die Bezeichnung der einzelnen Blätter erfolgt nach dem linken unteren Rechts- und Hochwert sowie nach dem größten oder bedeutendsten hierin enthaltenen Ort oder Berg usw. An den Grenzmeridianen wird die quadratische Form der Blätter aufgegeben. Wie Bild 285,1 zeigt, entstehen hier verschieden große trapezförmige und sechseckige Blätter.

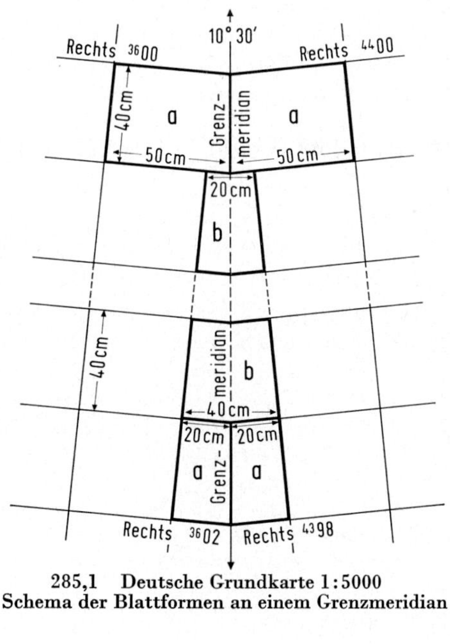

285,1 Deutsche Grundkarte 1:5000
Schema der Blattformen an einem Grenzmeridian

Der Grundriß der Karte wird, soweit der Maßstab dies zuläßt, maßtreu gezeichnet. Für Gegenstände, die wegen ihrer Kleinheit nicht maßtreu darzustellen sind, werden *Kartenzeichen* (Signaturen) angewandt, die zum großen Teil denen der Topographischen Karte 1 : 25 000 gleichen. Die Blätter werden mindestens in zwei Farben herausgegeben: Grundriß, Höhenzahlen für Festpunkte, Höhenangaben für Gewässer und Schrift in Schwarz; Höhenlinien, Höhenlinienzahlen, Zahlen für Höhenpunkte und natürliche

Böschungen usw. in Braun. Für die einheitliche Bearbeitung des Kartenwerkes ist das Musterblatt für die Deutsche Grundkarte 1 : 5000, Ausgabe 1971, bzw. die jeweils gültige Ausgabe, von der Arbeitsgemeinschaft der Vermessungsverwaltungen der Länder der Bundesrepublik Deutschland (AdV) herausgegeben, anzuhalten.

Die Blätter der Vorstufe dieses Kartenwerkes, jetzt als *Deutsche Grundkarte 1 : 5000, Grundriß* bezeichnet[1]), sind in den meisten Bundesländern zum größten Teil fertiggestellt. Die frühere Bezeichnung als *Katasterplankarte* war etwas unglücklich. Deshalb hat man sie wohl geändert. Erhält diese Grundkarte, vervollständigt durch den neuesten Gebäudestand und die Topographie, noch das Höhenlinienbild, wird sie zur Deutschen Grundkarte.

Die Grundkarte ist und wird u. a. auch eine wichtige Kartengrundlage sein für die Aufstellung von Flächennutzungsplänen nach dem Bundesbaugesetz in vielen Landgemeinden sowie kleineren und mittleren Städten. Die in der Entstehung befindliche *Bodenkarte*, die die Ergebnisse der Bodenschätzung und der 1 bis 2 m tiefen Handbohrungen geologisch-bodenkundlich auswertet, verwendet ebenfalls die Grundkarte 1 : 5000 als Kartengrundlage.

Wo dieses Kartenwerk für große geschlossene Gebiete vorliegt, wird es als *Grundkarte* im eigentlichen Sinne auch der Neubearbeitung der Topographischen Karte 1 : 25 000 (Meßtischblätter) dienen. Da etwa 30 Blätter der Grundkarte 1 : 5000 auf ein Blatt der Topographischen Karte 1 : 25 000 entfallen, müssen diese Blätter allerdings auch noch einen gleichen Berichtigungsstand aufweisen oder auf diesen gebracht werden[2]).

3.66 Landeskarten

Wie schon auf den Seiten 87 und 285 ausgeführt, ist das Vermessungswesen der BRD in die Zuständigkeit der Länder übergegangen. Dazu gehören auch die *Landeskartenwerke*. Früher oblag diese Aufgabe dem Reichsamt für Landesaufnahme in Berlin und z. T. den im Jahre 1938 gebildeten Hauptvermessungsabteilungen. Durch Verwaltungsabkommen ist vereinbart, daß die topographischen Kartenwerke 1 : 25 000, 1 : 50 000 und 1 : 100 000 von den Landesvermessungsämtern, die Kartenwerke 1 : 200 000 und die beiden Blätter der Internationalen Weltkarte 1 : 1 000 000 dagegen vom Institut für Angewandte Geodäsie in Frankfurt (Main), einer Bundesanstalt, bearbeitet werden.

Hier sei eingeschaltet, daß man unter topographischen Karten der verschiedensten Maßstäbe solche Karten versteht, die im wesentlichen die Geländeoberfläche mit allen ihren wahrnehmbaren Erscheinungen darstellen und beschreiben. Denn *Topographie* bedeutet Orts- oder Lagebeschreibung.

Die aufgeführten Kartenwerke sind Gradabteilungskarten, d. h. Karten, deren Blattgrenzen nach geographischen Koordinaten bzw. Netzlinien geschnitten sind. Außerdem liegen diesen Karten verschiedene Kartenentwürfe (Kartennetzentwürfe) zugrunde. Die Blätter sind alle trapezförmig. Bei der Topographischen Karte 1 : 25 000 ist die Verkürzung der nördlichen Blattgrenzen (und damit die Trapezform) nicht sichtbar, weil ein Blatt nur 10 Längenminuten mal 6 Breitenminuten umfaßt. Anders

---

[1]) Z. B. nach den Richtlinien für die Herstellung und Fortführung des Kartenwerkes 1:5000 in Niedersachsen vom 20. 5. 1963.

[2]) Die Vorbemerkungen im Musterblatt für die Topographische Karte 1 : 25 000, 1967, nehmen hierauf Bezug.

bei der Internationalen Weltkarte 1 : 1 000 000. Da ein Blatt dieser Karte 6 Längengrade mal 4 Breitengrade groß ist, sind hier die Trapezform und die Gradbogen (Breitenkreise) der oberen und unteren Blattbegrenzungen deutlich wahrzunehmen. Für die neue, das ganze Gebiet der Bundesrepublik bedeckende Topographische Karte 1 : 50 000 sind aber als Entwurfsgrundlage die Gauß-Krügerschen 3° breiten Meridianstreifen verwendet worden. Das rechtwinklige Koordinatennetz und das Gradnetz sind nur im Kartenrand angegeben. Ein Blatt dieses Kartenwerkes umfaßt 4 Blätter der Karte 1 : 25 000 und ist somit 20 Längenminuten mal 12 Breitenminuten groß. Den Karten 1 : 25 000, 1 : 100 000, 1 : 200 000 und 1 : 300 000 ist das Gauß-Krüger-Koordinatennetz (oder Kartengitter) aufgedruckt oder durch Kreuzchen markiert. Als Grenze benachbarter Kartengitter ist jedoch kein Grenzmeridian (wie bei der Deutschen Grundkarte 1 : 5000) gewählt, dieser schneidet vielmehr die Gitterquadrate.

Allgemein lassen sich die Karten in verschiedene Gruppen gliedern. Zu den topographischen Spezialkarten rechnet man die *Deutsche Grundkarte 1 : 5000*, die *Topographischen Karten 1 : 25 000, 1 : 50 000* und die *Karte des Deutschen Reiches 1 :100 000.* Diese wird als *Topographische Karte 1 :100 000* neu bearbeitet. Von den 155 Blättern liegen bereits mehr als 50 vor.

Die neue *Topographische Übersichtskarte 1 : 200 000* liegt fast vollständig vor. Ein Landeskartenwerk im Maßstab 1 : 500 000 ist noch nicht vorhanden.

Geographische Karten sind die *Internationale Weltkarte 1 : 1 000 000* (hiervon fallen zwei Blätter auf das Gebiet der BRD) und solche noch kleinerer Maßstäbe.

Bild 287,1 zeigt zum Vergleich die verschiedenen Kartenblattgrößen der obengenannten Kartenwerke.

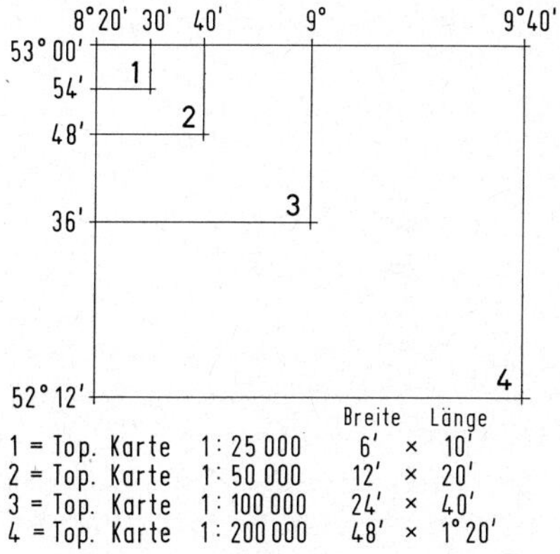

287,1 Kartenbildgrößen verschiedener Gradabteilungskarten

In der DDR sind die Kartenwerke als topographische Karten in folgenden Maßstäben und Blattbegrenzungen nach geographischen Netzlinien bearbeitet (siehe Tabelle):

Alle Einzelblätter werden in der konformen querachsigen Zylinderprojektion angefertigt. Der Mittelmeridian der einzelnen Streifen wird durch eine gerade Linie dargestellt und als eine Achse des ebenen rechtwinkligen Koordinatennetzes angenommen. Die Meridianstreifen sind für die Karten 1 : 5000 und größer 3° und für die Karten 1 : 10 000 (Grundkarte) bis 1 : 500 000 6° breit. Geodätische Bezugsfläche ist das Krassowskyj-Erdellipsoid mit einem Abplattungsverhältnis $\frac{1}{298,3}$.

Tabelle 22

Maßstab	Breite		Länge
1 : 5 000	1′15″	×	1′52,5″
1 : 10 000	2′30″	×	3′45″
1 : 25 000	5′	×	7′30″
1 : 50 000	10′	×	15′
1 : 100 000	20′	×	30′
1 : 200 000	40′	×	60′
1 : 500 000	2°	×	3°

Die Kartenbildgrößen gibt Tabelle 22 an.

Bei den Karten 1 : 5000 und 1 : 10 000 sollen künftig auf den Pegel von Kronstadt als Höhen-Nullpunkt (= H.N.) bezogene Werte die Grundlage bilden. Die Höhen in den anderen Kartenwerken sollen sich auch weiterhin auf Normal-Null (= N.N.) beziehen.

Für alle Kartenmaßstäbe gelten gleiche Kartenzeichen und Symbole, jedoch in unterschiedlichen Größen.

3.67 Seekarten

Zur Darstellung der Meere (diese bedecken über $^7/_{10}$ der Erdoberfläche) und vor allem der Küsten (soweit ihre Darstellung für die Schiffahrt wichtig ist), Buchten und Häfen haben mehrere Nationen schon seit langer Zeit Seevermessungen ausgeführt und Seekarten hergestellt. Für die terrestrische (auf Landmarken bezogene) Navigation (Schiffsführung)[1]) und Sicherheit der Schiffahrt sind diese Seekarten in Verbindung mit nautischen Büchern von größter Bedeutung. Je nach ihrem Verwendungszweck teilt man die Seekarten ein in *Übersichtskarten* (Maßstab von 1 : 5 000 000 bis 1 : 1 200 000), in *Segelkarten* (Maßstab 1 : 1 000 000 bis 1 : 250 000), in *Küstenkarten* (Maßstab 1 : 225 000 bis 1 : 40 000), in *Sonderkarten* (Maßstab größer als 1 : 40 000) und in *Pläne für Häfen und Hafeneinfahrten* im großen Maßstab.

Die zuständige Stelle in der BRD für die Herstellung und Berichtigung der Seekarten (sowie auch für die Seevermessung) ist seit 1945 das Deutsche Hydrographische Institut in Hamburg. Das Deutsche Seekartenwerk mit mehr als 600 verschiedenen Seekarten erstreckt sich auf die Ostsee, die Nordsee, die nord- und westeuropäischen Meere und das Mittelmeer.

Der Seefahrer muß auf der Seekarte (hierfür kommen die bereits genannten Segelkarten in Betracht) ohne umständliche Berechnungen und Konstruktionen seinen Kurs eintragen und entnehmen können. Das kann er nur auf einer Karte, die einen winkeltreuen Entwurf besitzt. Diese Forderung wird von dem *Merkatorentwurf* erfüllt. Neben der deutschen verwenden dreiviertel aller Nationen, die Seekarten herstellen, diesen Entwurf. Dieser wurde erstmalig 1569 von Gerhard Kremer, Kartograph, Landmesser und Gelehrter, in einer Weltkarte zum Gebrauch für Seefahrer veröffentlicht. Kremer nannte sich, der Sitte der Zeit entsprechend, (lateinisch) Mercator; er lebte von 1512 bis 1594.

Der Merkatorentwurf ist als normale Zylinderprojektion anzusehen. Dabei fallen Erdachse und Zylinderachse zusammen. Diese Projektion ist aber nicht perspektivisch, sondern wird nach einem mathematischen Gesetz berechnet bzw. konstruiert. Der Äquator wird bei der Abwicklung des Zylinders längentreu dargestellt; der Zylinder berührt die Erdkugel am Äquator. Wie Bild 289,1 schematisch zeigt, ist das rechtwinklige Gradnetz mit gleichen Abständen der Meridiane und immer wachsenden Abständen der Breitenkreise bis etwa 80° nördlicher oder südlicher Breite das charakteristische — neben den sich auch hieraus ergebenden gewaltigen Flächenverzerrungen — der Merkatorprojektion.

Diese winkeltreue Abbildung bildet die *Loxodrome* (= Kurslinie) als Gerade ab (Strecke AB im Bild 289,1). Die Loxodrome stellt aber keineswegs die kürzeste Verbindung zweier Punkte auf der Erdkugel dar; diese Bedingung erfüllt nur der

[1]) Gegensatz: astronomische Navigation, die sich auf die Gestirne bezieht (Hilfsmittel: Sextant).

Großkreis. Sie schneidet alle Meridiane unter demselben Winkel. Der Maßstab wird im allgemeinen bei den kleinflächigen Seekarten nur für die Mittelbreite berechnet. Bei Merkatorkarten, in denen große Teile der Erde dargestellt werden, entnimmt man die mit dem Breitengrad sich ändernden ungefähren Längen einem Diagramm. Äquatorwärts wird der Maßstab kleiner, polwärts größer. Die Kurslinie zeigt die einzuhaltende Richtung gegen Geographisch Nord an. Mit ihr läßt sich, abgesehen von Wind und Strömung, ohne Kursänderung das Ziel erreichen.

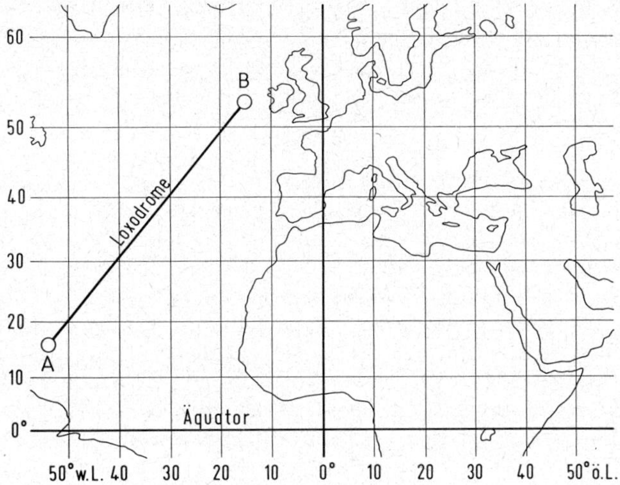

289,1 Schema eines Merkatorentwurfes

Bei der Betrachtung der Seekarten fallen besonders die vielen Tiefenzahlen (s. S. 298) auf. Die Tiefenangaben beziehen sich auf S.K.N. = Seekarten-Null. S. S. 298. Sofern genügend Lotungen ausgeführt sind, werden die Tiefenverhältnisse auch in Form von Tiefenlinien dargestellt. Besonders wichtig sind die Tiefen von 0 bis 6 m. Weiter gelangen Watt- und Riffgrenzen, Angaben über Gezeiten und Strömungen, Fahrwasser, Unterwasserkabel, schwimmende und feste Seezeichen, Signal- und Funkeinrichtungen, Inseln, Steine, Wracke, Grenzen, Leuchtfeuer, Kirchtürme, Mühlen, Küsten usw. zur Darstellung. Die Landflächen werden in einem grauen Farbton gedruckt. Die Karte enthält neben dem Maßstab noch Angaben über die Größe und Dauer der Anwendbarkeit der Mißweisung, weiter Kompaßrosen, deren äußerer Kreisbogen die rechtweisende Richtung in Graden, der innere die mißweisende Rose in Strichen angibt (32 Striche = 360° = 400^g). Vergleiche hierzu S. 10 und 299. Im Gebrauch befindliche Seekarten sind gemäß den Unfallverhütungsvorschriften der Seeberufsgenossenschaft nach den „Nachrichten für Seefahrer", die ebenfalls vom Deutschen Hydrographischen Institut herausgegeben werden und wöchentlich erscheinen, an Bord zu berichtigen.

3.68 Luftfahrtkarten

Luftfahrtkarten sollen auf Grund ihrer genauen und einwandfreien Herstellung eine Grundlage für die sichere und leistungsfähige Navigation von Luftfahrzeugen geben.

In der BRD gibt die Bundesanstalt für Flugsicherung in Frankfurt (Main) die erforderlichen *Navigations-*, *Arbeits- und Sonderkarten* sowie ein *Luftfahrt-Handbuch* mit Karten für Veranschaulichungen heraus. Weiter besteht ein Büro, das die „Nachrichten für Luftfahrer" bearbeitet. Die Karten werden vom Institut für Angewandte Geodäsie, ebenfalls in Frankfurt (Main), hergestellt und berichtigt.

Von den Luftfahrtkarten, die in den Maßstäben 1 : 500 000, 1 : 1 000 000, 1 : 2 000 000, 1 : 4 000 000 und 1 : 5 000 000 vorliegen, sei die *ICAO-Karte 1 : 500 000* herausgegriffen. Diese Navigationskarte soll in erster Linie Flügen mit Erdsicht dienen. Sie ist hergestellt nach einem internationalen Musterblatt bzw. nach den Richtlinien der ICAO = International Civil Aviation Organization (einer Sonderorganisation der Vereinten Nationen).

In dieser Organisation ist die BRD Mitglied seit 1956. Die Bezeichnung „ICAO" darf eine Luftfahrtkarte nur dann erhalten, wenn die im ICAO-Anhang 4 (Aeronautical Charts) aufgeführten Bestimmungen (Blattschnitt, Kartenentwurf, topographische und hydrographische Zeichen, Luftfahrtzeichen, Luftfahrtdaten und Höhenschichtsystem) erfüllt sind.

Die Karte 1 : 500 000 liegt vor in 8 Blättern und zwei Ausgaben, die mehrfarbig gedruckt sind. Ein winkeltreuer Schnittkegelentwurf nach Lambert (deutscher Mathematiker, 1728—1777) mit den längentreuen Breitenkreisen 44° und 48° sowie 50° und 54° liegt ihr zugrunde. Das dargestellte Gebiet erstreckt sich von 47° bis 55° nördlicher Breite und von 6° bis 15° östlicher Länge von Greenwich. Ein Einzelblatt umfaßt 2 Breiten- und 5 Längengrade.

Der Karteninhalt zeigt das Siedlungsbild, die Verkehrswege und Gewässer, das Gelände in Höhenschichten mit Höhenlinien sowie die für die Luftfahrt besonders wichtigen Höhenpunkte über N.N. Dazu kommen folgende Flugsicherungsangaben: alle Flugplätze, Funkeinrichtungen, Luftstraßen und Luftwege, Kontrollzonen und -bezirke, Luftfahrthindernisse, Luftfahrt- und Seefahrtfeuer, Gefahrengebiete, Flugbeschränkungs- und Sperrgebiete.

Die Karten des Luftfahrt-Handbuches, wie z. B. Funknavigationskarte, Flughafenkarten, Instrumenten-(Düsen)Anflugkarten, Landekarten usw. umfassen alle Flugplätze.

Der immer größer werdende Umfang des Luftverkehrs macht auch weitere elektronische Warnvorrichtungen, automatische Navigationsvorrichtungen sowie eine vermehrte Sicherheitsschulung erforderlich. Im Zusammenhang hiermit stehen auch die verschiedenartigsten, zweckentsprechenden und genauen Luftfahrtkarten.

3.69 Pläne und Karten sonstiger Art

Fast von allen Städten liegen *Stadtpläne* vor in Maßstäben von 1 : 5 000 bis 1 : 25 000. Sie sind vielfach einfach in ihrer Darstellung u. a. durch starke Hervorhebung der Verkehrswege. Bekannt sind u. a. die Falk-Stadtpläne. *Wanderkarten* werden nach Zusammenfügungen von Landeskarten oder nach freien Entwürfen (auf der Grundlage von amtlichen Karten) hergestellt. Wanderwege, Aussichtspunkte usw. werden zusätzlich eingedruckt oder besonders hervorgehoben. *Straßenkarten* für Touristik usw., Stadtdurchfahrtspläne usw. liegen in großer Auswahl vor. Hervorzuheben ist die *Deutsche Generalkarte* 1 : 200 000 von Mairs Geographischem Verlag. Diese Karte stellt die Bundesrepublik auf 26 mehrfahrbigen Blättern dar. Die Pläne und Karten dieser Art werden meistens von privaten kartographischen Anstalten hergestellt.

3.7 Vervielfältigungen von Plänen und Karten

Bei der Herstellung von Karten und Plänen ist deren Vervielfältigungsfähigkeit bereits berücksichtigt. Ein Abzeichnen oder die Anfertigung einer Nadelkopie nur zu dem Zweck, ein zweites Stück des Planes zu erhalten, kommt heute wohl nicht mehr allzuoft vor. Die Vervielfältigungstechnik mit ihren verschiedenen und vielseitigen Verfahren hat überdies seit langem einen Stand erreicht, der es ihr ermöglicht, auch mit geringen technischen oder finanziellen Mitteln schnell eine Zeichnung zu vervielfältigen und für den jeweils erforderlichen Zweck das günstigste Verfahren anzuwenden. Die in den folgenden Abschnitten aufgeführten Verfahren (sowie einige besondere Kopierverfahren, die den Vermessungstechniker nicht interessieren) zur originaltreuen Wiedergabe nach entsprechenden Vorlagen faßt man unter dem neuen Sammelbegriff *Reprographie* zusammen.

3.71 Lichtpausverfahren

Mit dem Aufkommen des *Trockenlichtpausverfahrens*, 1923 von der Firma Kalle AG, Wiesbaden, entwickelt und unter der Bezeichnung Ozalid Diazolichtpauspapiere auf den Markt gebracht, nahmen Vervielfältigungen von Zeichnungen aller Art einen gewaltigen Aufschwung.

Die Herstellung von Lichtpausen setzt eine transparente Zeichnung des Planes oder der Karte voraus. Diese können, wie in den vorhergehenden Abschnitten bereits dargelegt, auf transparenten Papieren oder Kunststoff-Folien ausgeführt sein. Weiter ist Lichtpauspapier erforderlich. Bei diesem *Ozalidverfahren* ist ein lichtempfindlicher Stoff Zeichnungsträger. Die unbelichtete Papieroberfläche ist mit einer gelblichen Schicht präpariert, einer Diazoverbindung, d. h. einer organischen Verbindung zwischen salpetriger Säure und einem Amin, einer Ammoniakbase. Belichtet man das Lichtpauspapier unter einem transparenten Zeichenträger, so wird die in der gelben Schicht enthaltene Diazoverbindung durch die Einwirkung des Lichts zerstört bis auf jene Stellen, die durch die Linien, Schriften usw. der Zeichnung verdeckt waren. Setzt man nun die belichtete Pause in einem geschlossenen Kasten Ammoniakdämpfen[1]) aus, so vereinigt sich die Diazokomponente (Komponente = Bestandteil eines Ganzen) mit der Ammoniak(Kupplungs-)komponente zu einem lichtechten Farbstoff. Das entstehende Strichbild ist damit weitgehend unempfindlich gegen die Einwirkungen von Tages- bzw. Sonnenlicht. Nach der Entwicklung sollte man die Pausen gründlich lüften, damit das überschüssige Ammoniakgas entweichen kann.

Die Belichtung der Ozalidpapiere kann durch Tageslicht oder — heute fast nur noch üblich — künstliches Licht erfolgen. Die Belichtungszeiten ergeben sich aus Erfahrungswerten. Diese hängen von der Lichtdurchlässigkeit des Zeichenträgers und des Strichbildes, von der mehr oder weniger starken Lichtquelle und der geringeren oder stärkeren Empfindlichkeit des Lichtpauspapiers ab.

Ozalid-Lichtpauspapiere der Firma Kalle AG gibt es ebenso wie z. B. die *Safir-Lichtpauspapiere* der Firma Renker-Belipa, Düren, in allen möglichen Ausführungen: papier- oder kartonstark, Transparentpapier, transparente und opake (= undurchsichtige) unzerreißbare, maßhaltige Kunststoff-Folien (z. B. Ozaphan, Kalle, und Safir PEK- und M-Lichtpausfolien, alle auf Polyestergrundlage in brauner und schwarzer Strichfarbe), auf Leinen kaschierte (= überklebte) Papiere, auf Zeichenkarton mit 0,1 mm starken Aluminium- oder Kunststoff-Folien; Strichbilder in Schwarz, Rot, Braun,

291,1 Pneumatischer Kopierrahmen (Klimsch)

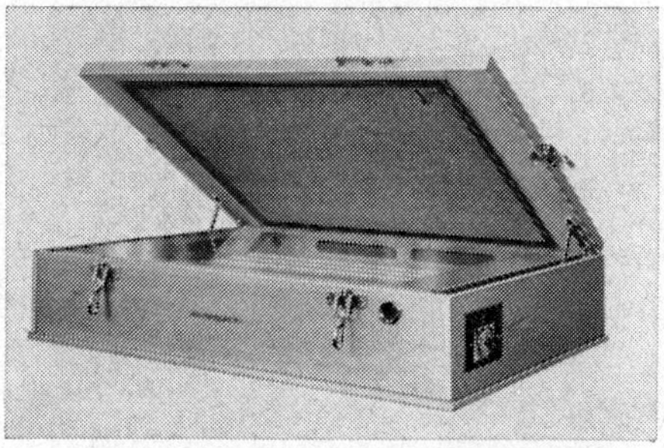

291,2 Flachlichtpausgerät METOPLAN

[1]) Salmiakgeist = Ammoniumhydroxid wird im erwärmten Verdampferraum des Entwicklungskastens (oder der Entwicklungsmaschine) gasförmig (Ammoniak).

Blau; verschiedene Lichtempfindlichkeiten. Das Papier wird in Rollen bis 50 m Länge bei einer Breite bis zu 120 cm oder in Formaten bis DIN A 0 geliefert.

Die Belichtung kann in einem *Kopierrahmen* (Bild 291,1) oder in einem *Flachlichtpausgerät*, jetzt auch mit Motorpumpe (Bild 291,2), erfolgen. Wertvolle Originalzeichnungen, wie z. B. Astralon-Zeichenträger, sollte man nur hierin belichten. Auch das *Kataster-Punktlicht-Pausgerät* der Firma A. Biesenbach, Detmold, ist hierfür gut geeignet. Werden häufiger Lichtpausen benötigt, so kann z. B. u. a. für deren schnelle Herstellung die *Lichtpauskombination METEM 53 V* verwendet werden. In großen Vermessungsstellen mit starkem Anfall von Lichtpausen sind vielfach eine oder mehrere kombinierte automatische Lichtpaus- und Entwicklungsmaschinen aufgestellt. Die Arbeitsbreite der Maschinen beträgt bis zu 160 cm, ihre Durchlaufgeschwindigkeiten sind sehr hoch. Zur Schonung des Pausgutes, vor allem von Kunststoff-Floien, sind diese Maschinen mit Kaltlicht ausgestattet. Bild 292,1 stellt die *METEM-222-Maschine* dar.

292,1 Lichtpaus- und Trockenentwicklungsmaschine METEM 222

Karten und Pläne lassen sich auch in zwei Farben, Blau und Rot, durch Lichtpausen vervielfältigen. Mit Hilfe des *Ozalid-Zweifarbenpapiers.* Voraussetzung ist jedoch, daß zwei maßhaltige transparente und schwarze Zeichnungsvorlagen (mit Paßkreuzen), für jede Farbe eine, gefertigt werden. Die Belichtungen der Vorlagen erfolgen getrennt in einem pneumatischen Kopierrahmen (Bild 291,1). Die erste Belichtung der ersten Vorlage unter einem Gelbfilter ergibt später rote Linien. Nach Herausnehmen der ersten Vorlage aus dem Kopierrahmen wird die zweite Vorlage genau auf die schwach sichtbaren Paßkreuze des Zweifarbenpapiers gelegt. Die jetzt erfolgende zweite Belichtung unter einem Rotfilter ergibt später blaue Linien. Bei der ersten Belichtung wird der tiefgelbgefärbte Teil der lichtempfindlichen Schicht ausgebleicht, während der andere Teil als schwachgelbgefärbte Schicht erst nach der zweiten Belichtung völlig ausbleicht. Die Entwicklung der roten und blauen Zeichnungsbilder erfolgt auf die gleiche Weise wie die der einfarbigen Papiere.

Nach einem japanischen Verfahren können jetzt in einem Arbeitsgang Lichtpausen in vier Farben (Schwarz, Rot, Gelb und Braun) auf einem Speziallichtpauspapier angefertigt werden. Voraussetzung ist jedoch, daß auf der Rückseite der Originalzeichnung die farbig gewünschten Linien oder Flächen unter Verwendung eines Filzstiftes mit einer farblosen Flüssigkeit nachgezeichnet werden. Außerdem kann das Speziallichtpauspapier (DIN A 3 und A 4, Rollen $0{,}95 \times 50$ m) nur auf der Lichtpausmaschine *Copystar* belichtet und entwickelt werden. Bisher in 30 Ländern patentiert. Alleinimporteur J. Greif GmbH + Co. KG, Regensburg.

3.72 Photokopierverfahren

Sollen von einer lichtundurchlässigen ein- oder zweiseitig bearbeiteten Zeichnung (oder von einem Schriftstück) Kopien angefertigt werden, so kann hierfür das *Reflexverfahren* zur Anwendung kommen. In einem Kopierrahmen (Kontaktkopiergerät) wird auf die Vorderseite der Zeichnung ein Photopapier mit der Schichtseite gelegt. Bei der Belichtung durchdringt das Licht zunächst das Photopapier und dann die lichtempfindliche Schicht dieses Papiers. Von der Zeichnung wird das Licht zurückgeworfen (reflektiert) und die Photoschicht belichtet. Nach der Entwicklung des Papiers entsteht ein korrektur- und retuschefähiges Negativ, d. h., die Linien usw. der Zeichnung sind weiß. Von diesem Negativ läßt sich dann ein undurchsichtiges oder ein transparentes Positiv herstellen.

Bei gedämpftem Tageslicht kann z. B. Agfa-Gevaert *Copex-Papier* verwendet werden. Weiterhin können die *Agfa-Gevaert-Copyrapid-Papiere* für dieses Verfahren benutzt werden.

Noch einfacher ist das *Directoflex-Verfahren* mit einer Positivkopie der Firma Kalle AG. Unter Verwendung von Agfa-Gevaert-Directoflex-Transparentpapieren kann, wie oben beschrieben, in einem Arbeitsgang sofort eine positive (aber seitenverkehrte) und lichtpausfähige Kopie angefertigt werden.

Nach einem *Umkehr-Reflexkopierverfahren* erhält man sowohl von transparenten wie auch von nichtdurchsichtigen Zeichnungsvorlagen (Zeichenplatten, -karton usw.) maßhaltige Positivkopien auf Kunststoff-Folien (Polyester) in folgender Weise:

In einen pneumatischen Kopierrahmen (Bild 291,1) wird die Zeichnungsvorlage gelegt. Darauf wird der maßhaltige Film (*Kodak Autopositivfilm Estar* oder *Agfa-Gevaert Copyline Autoreversal Rapid Polyester-Film*) mit der Schichtseite nach unten gelegt und mit einer Gelbfilterfolie bedeckt. Belichtet wird mit einer starken Kohlenbogenlampe oder mit Nitraphotlampen. Beide Filmsorten können bei schwacher Raumbeleuchtung verarbeitet werden. Nach der Belichtung wird der Film entwickelt, kurz in ein Unterbrechungsbad (Wasser und Eisessig) und anschließend in ein Fixierbad gelegt. Nach gründlicher Wässerung erfolgt die — staubfreie — Trocknung freihängend oder in einem Trockenschrank.

Die Filmkopien eignen sich sehr für die Wiedergabe feiner Zeichnungseinzelheiten. Auf der matten Filmoberfläche lassen sich Korrekturen, Retuschen sowie zeichnerische Eintragungen ausführen. Die dünnen Filmfolien (0,08 bzw. 0,10 und 0,14 mm) liegen flach, sind knickfest und fast unzerreißbar.

3.73 Elektrostatisches Kopierverfahren (Xerographie)

Für dieses Trockenkopierverfahren (Transfer-Verfahren = Xerographie), das in den letzten Jahren sehr große Bedeutung erlangt hat, sind sog. Buchkopier- und Durchlaufgeräte hergestellt worden, meistens im Format DIN A 4, einige andere auch in DIN A 3. Die Kopien, z. B. Fortführungsrisse, Zeichnungen usw., zeigen Farben sowie helle oder dunkle Eintragungen tonwertrichtig und sind trocken, wischfest und lichtbeständig. Auch von zweiseitigen Vorlagen können Kopien gefertigt werden.

Das Verfahren beruht darauf, daß die zu kopierende Vorlage durch ein Spiegelobjektiv auf eine mit Selen (= chem. Grundstoff) überzogene und sich drehende Trommel projiziert und positiv elektrisch aufgeladen wird. Nach der Belichtung verbleibt die positive Ladung nur an den nicht völlig belichteten Stellen der projizierten Vorlage, den Linien, Schriften usw. Negativ geladenes Pulver haftet beim Darüberstreuen auf den positiv geladenen Stellen der Trommel. Ein positiv geladener Bogen Papier, der hierüber gelegt wird, zieht das negativ geladene Farbpulver an und zeigt nun ein positives Bild. Durch starke Hitzeeinwirkung wird die Farbe eingebrannt.

3.74 Druckverfahren

Werden von einer Karte oder einem Plan eine größere Anzahl von Vervielfältigungen gewünscht, etwa von 20 bis 30 Stück an, so muß ein wirtschaftlicherer Vervielfältigungsweg gefunden werden. Diesen gibt der *Druck*; denn er gestattet Auflagenhöhen in jeder gewünschten Anzahl. Darüber hinaus läßt er die Druckausführung in den verschiedensten Farben oder Farbtönen zu.

Im Prinzip unterteilt man die Drucktechniken in drei Hauptgruppen: Hochdruck, Tiefdruck und Flachdruck. Diese Einteilung ergibt sich aus den Höhenunterschieden zwischen den druckenden und den nichtdruckenden Stellen der jeweiligen Druckform.

Die *Hochdruckform* hat ein erhabenes Druckbild mit vertieften (geätzten) Zwischenräumen. Nur die mit Farbe eingewalzten erhabenen Stellen geben die Farbe an das Papier ab (Bild 294,1). Zum Hochdruck gehört u. a. die Satz- und Klischeeherstellung für den Buch- und Zeitungsdruck. Karten, Pläne und Photos werden in diesem Verfahren durch Klischees, die man wieder in Strichätzungen (Schwarz-Weiß-Zeichnungen), z. B. Bild 296,1, und Autotypien (Netzätzungen, Raster für Zeichnungen mit Halbtönen und Photos) unterteilt, wiedergegeben.

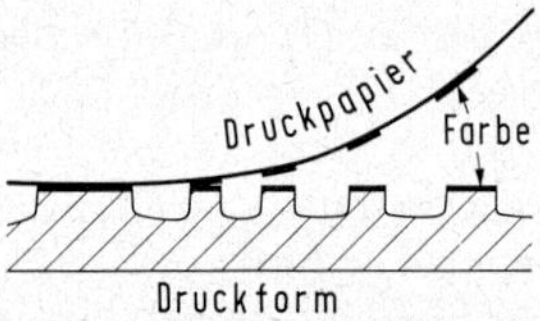

294,1 Hochdruck

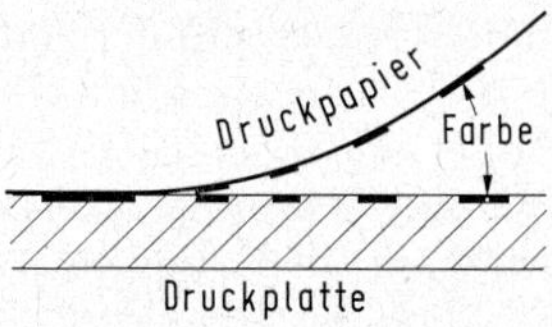

294,2 Tiefdruck

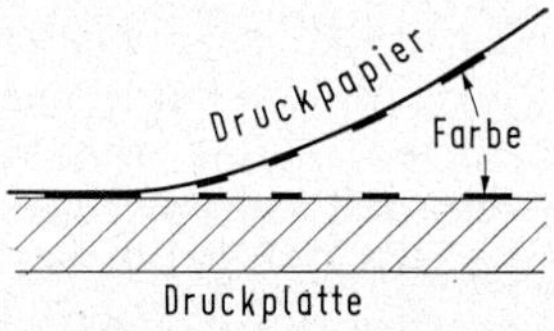

294,3 Flachdruck

Die *Tiefdruckform* zeigt umgekehrte Verhältnisse: die druckenden Stellen liegen tief, die nichtdruckenden hoch. Um die druckenden Stellen einzufärben, muß zunächst die ganze Druckplatte Farbe erhalten. Anschließend wird die Druckfarbe mit einem Abstreicher (Rakel) wieder abgewischt, nur in den tiefliegenden Stellen bleibt die Farbe. Beim Druck preßt sich das etwas saugfähige Papier in die Vertiefungen und nimmt die Farbe ab (Bild 294,2). Dieses Verfahren wird auch beim Kartendruck angewandt.

Bei der *Flachdruckform* befinden sich das Druckbild und die nicht druckenden Stellen fast in einer Ebene auf der Druckplatte. Diese wird auf chemischem Wege so behandelt, daß nur die druckenden Stellen die fetthaltige Farbe annehmen (Bild 294,3).

3.741 Offsetdruck

Neben dem nicht mehr allzuoft anzutreffenden Steindruck hat heute vor allem der *Offsetdruck*, ein indirektes Flachdruckverfahren, immer mehr an Bedeutung gewonnen. Fast alle Karten werden, wenn es sich um kleinere Auflagen handelt (etwa 50 bis 1000 Stück) auf *Flachoffsetpressen* (Andruckpressen), größere Auflagen auf *Ein- bis Vierfarben-Offsetschnellpressen* gedruckt. Als Auflage bezeichnet man die Anzahl der Drucke des gleichen Kartenblattes.

Gerade die Flachoffsetpressen, die bis zu einem Druckformat von 100×140 cm (einige noch größer) hergestellt werden, haben dem mehrfarbigen großmaßstäbigen Kartendruck in kleineren Auflagen neue und einfachere Wege erschlossen. Selbst das Bedrucken von Kunststoff-Folien, Plexiglas usw. läßt sich mit diesen Pressen mühelos

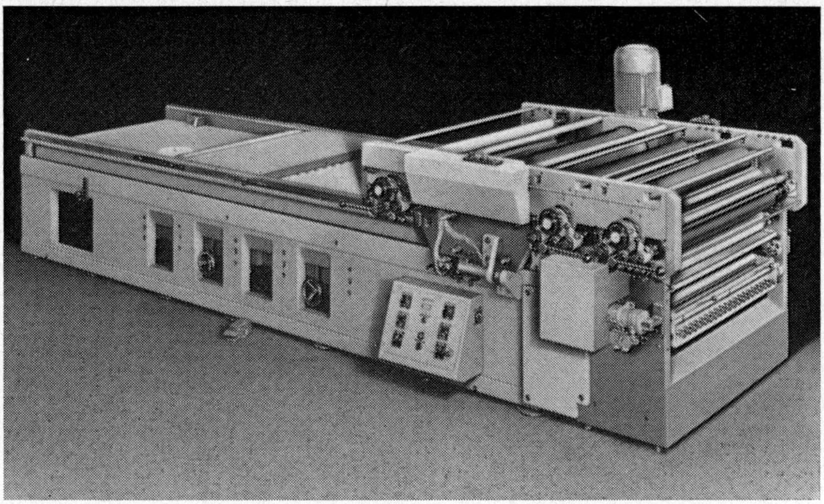

295,1 Mailänder-Einfarben-Flachoffsetmaschine

ausführen. Bild 295,1 zeigt eine *Mailänder-Einfarben-Flachoffsetmaschine.* Neben diesen üblichen Pressen hat die Fa. Mailänder 1967 die erste Zweifarben-Flachoffsetmaschine hergestellt.

In den vorhergehenden Abschnitten sind die verschiedenen Arbeitsgänge, die zur Herstellung einer großmaßstäbigen Karte führen, kurz aufgezeigt worden: Nach der Kartierung erfolgte die Hochzeichnung auf eine Kunststoff-Folie sowie deren Beschriftung und weitere Ausgestaltung. Diese Karte soll nun in zwei Farben gedruckt werden: Grundriß, Schrift usw. schwarz, Gebäudeflächen grau oder rot.

Voraussetzung ist zunächst, daß nicht nur für den Grundriß, sondern auch für jede weitere Farbe und für jeden Farbton eine ebenso maßhaltige Folie (Farbfolie oder Farbdecker) hergestellt wird.

Wenn die zweite Farbe als Farbton, z. B. schwarzer Grundriß und grauwirkende Gebäude, erscheinen soll, dann muß die zweite Farbfolie *gerastert* werden. Das heißt, daß von der zweiten Folie auf dem Kopierwege eine „Zerlegung", eine Rasterung, der Flächen in Kreuz-, Linien- oder Punktform erfolgt, je nachdem, ob die Gebäudeflächen in Tonabstufungen dunkel, mittel oder hell erscheinen sollen. Diese Rasterfolie wird in die Grundrißfolie kopiert, hiervon eine Druckplatte hergestellt und die Karte in Schwarz gedruckt. Die Gebäudeflächen erscheinen infolge der Rasterwirkung so, als wenn sie in Grau gedruckt wären. Wenn man Bild 295,1 durch eine Lupe betrachtet, so erkennt man die Rasterung.

Als Druckplatten finden gut gekörnte Zink- oder Aluminiumplatten Verwendung. Auf einer Platte wird in einer *Vertikal- oder Horizontalschleuder* gleichmäßig (mit Hilfe der Fliehkraft) eine lichtempfindliche Kopierschicht aufgetragen, die unmittelbar darauf unter Wärmeeinwirkung getrocknet wird.

Diese *Positiv-Kopierschichten,* gebrauchsfertig von Firmen geliefert, z. B. Eggen, Hannover; Hausleiter, München u. a., finden auch Verwendung zum Beschichten von Kunststoff-Folien.

Die beschichtete Platte wird nun in einem Kopierrahmen (Bild 291,1) unter dem transparenten Zeichnungsträger mit einer Kopier-Bogenlampe belichtet. Hierauf wird die Platte entwickelt, es entsteht ein negatives dunkelviolettes Bild *(Eggen-Kopie „Zwo")*. Die Schichtteile werden von den Zeichnungsstellen entfernt und das sichtbare Metall der Platte wird etwas angeätzt. Nach Reinigung und Trocknung der Platte mit Spiritus werden fehlerhafte Stellen abgedeckt und hierauf *Eggen-Kopierlack* „Stabil" auf die Platte gebracht. Jetzt erhält die Platte noch eine Schutzfarbe. Hierauf wird die Platte unter einer Wasserbrause abgebürstet, bis sich alle Reste des Fettgrundes und der Schutzfarbe von der Kopierschicht gelöst haben. Mit einer 2%igen Schwefelsäure wird dann die Platte entschichtet. Der Kartengrundriß, das Druckbild, steht jetzt positiv und seitenrichtig auf der Platte, der Kopiervorgang ist damit beendet.

Die Druckplatte wird nunmehr in der Flachoffsetpresse eingerichtet (siehe Bild 296,1). Die Druckfarbe wird in dem Farbwerk der Presse gleichmäßig verteilt, das Feuchtwerk sorgt für das Feuchthalten der nichtdruckenden Flächen der Platte. Nachdem auch das Druckpapier bereitgelegt und der erste Bogen auf das Druckfundament der Presse gelegt ist, kann der Druck beginnen.

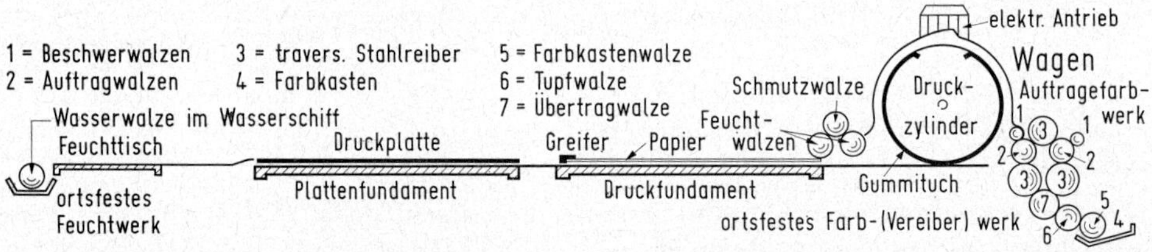

296,1 Schema einer Flachoffsetpresse

Hierbei fährt der Wagen (die Feuchtwalzen, der mit einem Gummituch bespannte Druckzylinder und die Farbwalzen) zum Feuchtwerk. Auf diesem Wege wird die Druckplatte befeuchtet und die druckenden Teile der Platte mit Farbe eingewalzt. Auf dem Rückweg kommt das Gummituch des Druckzylinders mit der Druckplatte in Berührung, wobei die Farbe auf das Gummituch des Druckzylinders übertragen wird. Das Druckbild steht jetzt seitenverkehrt auf dem Gummituch. Beim weiteren Rücklauf des Wagens wird die Farbe auf das Papier übertragen. Das Kartenbild ist wieder seitenrichtig, der Druck ist beendet.

Die Stundenleistung einer Flachoffsetpresse kann bis zu 300 oder 400 Drucke betragen, bei großen Formaten, z. B. 100×140 cm, erheblich weniger, etwa 150 bis 200 Stück.

Soll (nach Trocknung der ersten Farbe) eine zweite Farbe gedruckt werden, so sind zunächst die Walzen der Farbwerke und der Druckzylinder gründlich zu reinigen. Das Reinigen der Walzen wird von der Presse automatisch besorgt. Wenn die zweite Druckplatte eingerichtet und die neue Farbe eingelaufen und verteilt ist, kann der Druck wieder beginnen.

Bei mehrfarbigen Drucken muß sehr auf die Passer, d. h. auf das genaue Passen der einzelnen Farben in die entsprechenden Konturen geachtet werden. Bei großen Formaten ist das nicht ganz einfach. Jede Farbe erfordert einen Druckgang. Bei fünf Farben sind z. B. sechs Druckgänge erforderlich, weil wegen der Passergenauigkeit das

Druckpapier einmal ohne Druckbild und Druckfarbe nur unter Feuchtung und Druck in die Presse kommen muß. Erst dann wird sich das Papier während der darauffolgenden Druckgänge kaum noch verändern.

3.742 Siebdruck

Ein weiteres, unter bestimmten Voraussetzungen sehr brauchbares Druck- oder besser Durchdruckverfahren für mehrfarbige Karten mit großen Farbflächen ist der *Siebdruck*. Hierfür sind keine Druckmaschinen erforderlich. Der Druck kann auf Papier, Karton, Folien, Glas und anderem Material ausgeführt werden. Siebdruckgeräte, -kopiermittel und -farben werden in entsprechender Auswahl hergestellt.

Als Druckform dient keine Metallplatte, sondern ein sehr feinmaschiges Sieb oder eine Siebschablone aus Metallgaze. Ein Geflecht dieser Gaze aus nichtrostenden Stahldrähten (oder aus Kunststoff-Fäden) ist z. B. so dünn, daß hiervon etwa 120 Fäden auf einen cm oder rund 14 000 Maschen auf einen cm^2 gehen.

Auf dem straff gespannten Sieb (oder Schablone) wird eine lichtempfindliche Kopierschicht aufgetragen und dieses Sieb dann in einen Trockenschrank gelegt. Die Belichtung erfolgt unter einer positiven transparenten Vorlage und anschließend die Entwicklung — je nach Schichtart — in warmem oder kaltem Wasser. Auf dem Sieb haftet nun die Kopie, in der Durchsicht wie ein Negativ wirkend. Linien, Flächen usw. sind durchlässig und werden nur gehalten bzw. unterbrochen von den sehr feinen, etwa 0,02 mm „starken" Drähten oder Fäden. Diese Gewebeschablone wird auf einen Papierbogen gelegt und mit einem Rakel die Druckfarbe (Zellulosefarben) aufgetragen. Durch die schichtfreien Stellen des Siebes gelangt die Farbe auf das Papier. In einer Stunde können auf diese Weise von Hand 100 bis 150 Drucke, bei automatischer Rakelung an einem Drucktisch etwa 300 Drucke hergestellt werden. Da die Druckfarben nur langsam trocknen, müssen die Druckbogen in besonderen Regalen (Drahtgeflecht) einzeln abgelegt werden.

3.8 Kartenkunde und Kartenauswertung

3.81 Kartenkunde

3.811 Gradnetze (Kartennetze) und Nordrichtungen

Als Karte wird im allgemeinen die zeichnerische maßstäbige Darstellung eines verkleinerten und verebneten Teils der Erdoberfläche oder der ganzen Erdoberfläche bezeichnet. Im letzteren Fall müssen für die Darstellung jedoch *Kartenentwürfe* (Kartennetzentwürfe oder Kartenprojektionen) gewählt werden, von denen manche die Flächen wegen der Kugelgestalt der Erde stark verzerren. Ein Blick in einen Atlas, dessen Kartendarstellungen meistens verschiedene Kartenentwürfe zugrunde liegen, macht dies besonders deutlich. Eine richtige und sehr anschauliche Darstellung, wenn auch in sehr kleinem Maßstab, vermittelt eben nur der Globus[1]).

Eine Karte kann nur in einem bestimmten Maßstab dargestellt werden, wenn man vorher Punkte in bestimmter Weise festlegt. Dies geschieht durch gedachte Linien, die *Längenkreise* oder *Meridiane* und die *Breiten- oder Parallelkreise*. Ein Meridian ist die Verbindungslinie aller Orte, die zur gleichen Zeit Mittag haben. Ein Breitenkreis dage-

[1]) Den ersten Erdglobus schuf der Nürnberger Geopraph Martin Behaim, 1459–1507.

gen ist eine Linie, die Orte gleicher *Polhöhe* verbindet. Unter der geographischen Breite eines Punktes der Erdoberfläche ist der Winkel zu verstehen, den die in dem Punkte errichtete Flächennormale (Lotrichtung) mit der Äquatorebene bildet. Da man diesen Winkel nicht messen kann, mißt man statt dessen die Polhöhe, deren Größe gleich der der geographischen Breite ist. Die Polhöhe ist der Winkel zwischen der Richtung zum Himmelspol und der Projektion dieser Richtung auf die Horizontalebene im Beobachtungspunkt. Die Horizontalebene ist Tangentialebene der Erdkugel im Beobachtungspunkt und steht normal zur Lotrichtung (siehe Bild 298,1). Der Fixstern, mit dem man die Polhöhe mißt, ist der *Polarstern* (Nordstern, Stern 2. Größe, α im Kleinen Bären), der im Abstand von z. Z. nur etwa 1° den Himmelspol umkreist[1]). Während die Meridiane größte Kreise darstellen, nimmt der Umfang der Breitenkreise vom Äquator als größtem Kreis (= größter Erdumfang) zu den beiden Polen hin ständig ab und enden hier am 90. Breitenkreis als „Punkt".

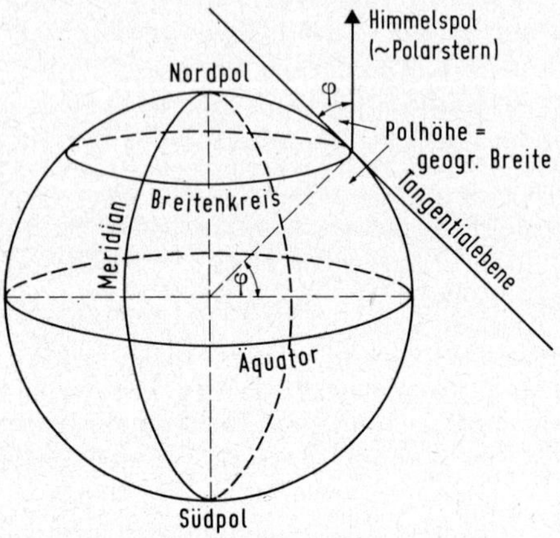

298,1 Geographische Breite und Polhöhe

Zum anderen muß man sich dieses gedachte Netz aus Längen- und Breitengraden auf das Himmelsgewölbe übertragen denken. Der Polarstern würde somit seiner Lage nach etwa dem Nordpol der Erde entsprechen. Besondere Vermessungen, die *astronomischen Orts- und Azimutbestimmungen,* legen eine Anzahl trigonometrischer Punkte (Laplacesche Punkte) fest. An diese schließt das übrige Netz von Punkten I. Ordnung sowie weitere Netze trigonometrischer Punkte niederer Ordnungen an. Siehe hierzu auch die Seiten 69 und 70.

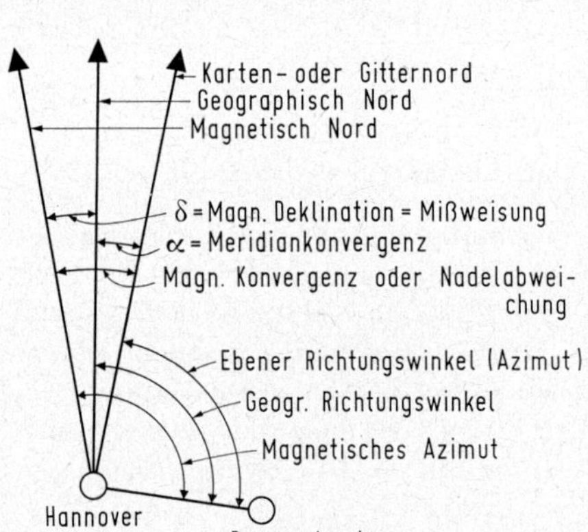

298,2 Nordrichtungen

Für die Bestimmung der senkrechten Höhenunterschiede auf der Erdoberfläche mußte ebenfalls eine Bezugsgrundlage gefunden werden. Vergleiche hierzu S. 13 und 74. Die gewöhnlich in den deutschen Karten angegebenen N.N.-Höhen kann man als auf die Nordsee bezogene Mittelwasser-Meereshöhen ansehen. In den Seekarten (s. S. 288) wird in der Deutschen Bucht als „Seekartennull" die Ausgangshöhe als örtliches, mittleres Springniedrigwasser definiert. Die Ausgangshöhen liegen auf keiner Niveaufläche. — Für die Ostsee, die keine Gezeiten hat, ist Seekarten-Null = N.N.

[1]) Mit Hilfe einer Sternkarte kann der Polarstern im Sternbild des Großen Bären gefunden werden, wenn man durch seine vorderen Sterne β und α über α hinaus eine Linie zieht. Nach Wagner/Meinardus (s. Literaturverzeichnis) soll der Polarstern etwa 2000 Jahre v. Chr. noch 12° Abstand vom Himmelspol gehabt haben.

Bei den meisten Karten liegt Norden oben. Es werden drei Nordrichtungen unterschieden (Bild 298,2):

1. *Geographisch oder astronomisch Nord* ist die Meridianrichtung nach dem geographischen Nordpol. Siehe S. 57.

2. *Karten-, Gitter- oder Koordinatennord* ist die geodätische Nordrichtung, bestimmt durch die Hochachse (= +x-Richtung) eines Koordinatensystems. Infolge der Kartenentwurfs-Verzerrungen weicht diese Richtung gegenüber der geographischen Nordrichtung nach dem Rand des Koordinatensystems zu immer mehr ab. Diese Abweichungen werden als *Meridiankonvergenzen* bezeichnet.

3. *Magnetisch Nord* wird durch die nicht durch eine elektrische Gleichstromleitung, durch Eisen usw. beeinflußte Richtung der Magnetnadel bestimmt. Die magnetischen Kraftlinien verlaufen nicht längs der Meridiane, sondern weichen sowohl hiervon wie auch von Karten- oder Gitternord ab. Diese Abweichungen verkleinern sich in der Bundesrepublik von West nach Ost. Sie sind örtlichen und zeitlichen, auch täglichen Schwankungen unterworfen. Für das Jahr 1965 beträgt die Mißweisung z. B. im Raum Hannover etwa 3,5° westlich, die jährlich zu erwartende Abnahme etwa 0,05° (nach Angaben des Geophysikalischen Observatoriums Fürstenfeldbruck).

Den Richtungsunterschied zwischen magnetisch[1]) und geographisch Nord nennt man magnetische Deklination oder *Mißweisung*. Mit *Nadelabweichung* oder magnetischer Konvergenz wird der Winkel zwischen Magnetisch Nord und Karten- oder Gitternord bezeichnet. Die topographischen Karten 1 : 25 000 und 1 : 100 000 enthielten früher eine Nadelabweichungsskizze. Hierin waren die Linien gleicher Nadelabweichung eingetragen.

Auch die Lage der *magnetischen Nord- und Südpole* (die ja nicht mit den geographischen Polen zusammenfallen) verändert sich ständig. Im Großen Bertelsmann Weltatlas, Neuausgabe 1961, wird das nördliche Magnetpolgebiet nordostwärts von Victoria Island (Kanada) angegeben. Der Mittelpunkt dieses Gebietes liegt ungefähr auf 74° nördlicher Breite und 101° westlicher Länge von Greenwich. Das südliche Magnetpolgebiet ist in der Antarktis zwischen Victoria Land und Wilkes Land, etwa auf 69° südlicher Breite und 143° östlicher Länge von Greenwich, vermerkt. Die Pole liegen sich nicht „gegenüber".

3.812 Karteninhalt und -beschriftung

Der Karteninhalt gliedert sich hinsichtlich seiner Darstellung in den Grundriß, in die topographischen Zeichen, in die Bodenformen und in die Schrift.

Zum *Grundriß* (häufig auch als Situation bezeichnet) gehören das Verkehrsnetz (Schienenbahnen, Straßen und Wege), die Gewässer und die Siedlungen sowie alle Dinge, die sich lagerichtig darstellen lassen.

Die *topographischen Zeichen* (oder auch Signaturen) sind z. T. dem Grundriß verwandt oder als vereinfachte (abstrakte) bildliche Darstellungen oder auch als Symbole für die verschiedensten Dinge, z. B. für die Bodenbedeckungen, eingetragen. Zu den topographischen Zeichen rechnen auch die politischen oder anderen Grenzen.

---

[1]) „Magnetisch Nord" ist physikalisch nicht richtig. Ungleichnamige Pole (Nordnadel des Kompasses und magnetischer Südpol) ziehen sich an. Der in der Nähe des geographischen Nordpols gelegene erdmagnetische Pol ist daher ein magnetischer Südpol.

Die *Bodenformen* werden dargestellt durch Höhenlinien, (farbige) Höhenschichten, Schummerung und in der ganz besonders schönen und anschaulichen Kombination Höhenlinien und Schummerung (formenplastische Geländedarstellung).

Man schummert, indem die verschiedenen Höhenlagen durch hellere oder dunklere Flächenfarbtöne wiedergegeben werden. Der Helligkeitsgrad hängt von der Geländeneigung und der Himmelsrichtung bzw. dem Einfallswinkel der Beleuchtung (Licht und Schatten) ab. Durch die Schummerung wirken die Geländeformen plastisch.

Im Hochgebirge tritt hierzu noch die Felsdarstellung. Das Höhenlinienbild wird durch einzelne Höhenzahlen (Koten) an verschiedenen wichtigen oder typischen Stellen ergänzt und damit präzisiert.

Die *Schrift* schließlich erläutert den Karteninhalt. Sie soll gut lesbar sein und sich in das Kartenbild harmonisch einfügen.

300,1 Ausschnitt aus der Topographischen Karte 1:25000, Bl. Nr. 7322 Kirchheim (ohne Gewässer und Höhenlinien). Mit Genehmigung des Landesvermessungsamts Baden-Württemberg

3.813 Generalisierung des Karteninhaltes

Voraussetzung zum richtigen Lesen einer Karte ist neben der eigentlichen Kartenkunde auch ein Vorstellungsvermögen über das in der Karte stark verkleinerte Bild der Erdoberfläche. Hierbei muß der Karteninhalt zwangsläufig mehr oder weniger vereinfacht werden. Vgl. auch S. 209. Diese Vereinfachung nennt man *Generalisierung*. Man versteht darunter das Hervorheben des wesentlichen und Fortlassen des unwesentlichen Karteninhaltes. Bild 300,1 zeigt einen kleinen Ausschnitt einer topographischen Spezialkarte im Maßstab 1 : 25 000. Das Bild 301,1 gibt den gleichen Ausschnitt und im gleichen (Arbeits-)Maßstab, aber schon sehr vereinfacht und zusammengefaßt, kurz, generalisiert, für den endgültigen Maßstab 1 : 50 000 (Bild 302,1) wieder.

Vergleiche mit Karten verschiedener Maßstabsverhältnisse, mit Luftbildern und mit der Natur selbst, lassen erkennen, wie das jeweilige Stück Erdoberfläche „übersetzt" ist in die mehr oder weniger abstrakte Kartenzeichnung. Hierbei wird u. a. auffallen, daß z. B. eine Straße im Kartenmaßstab 1 : 100 000 stark verbreitert werden muß, um

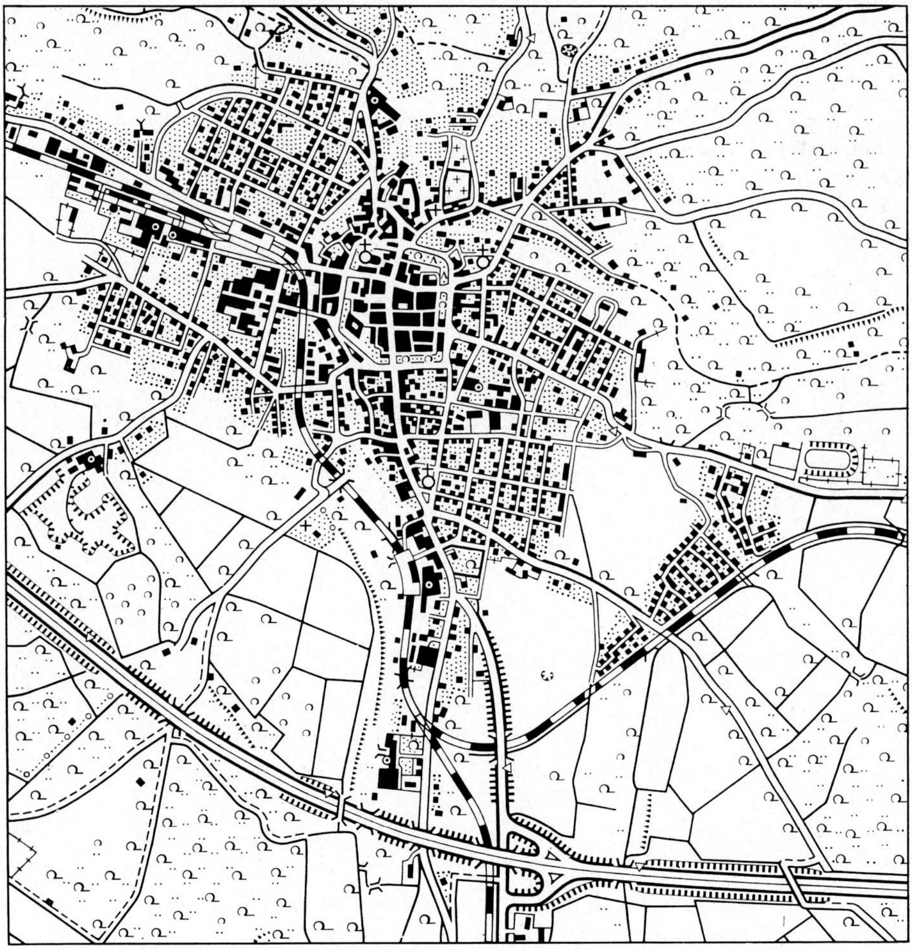

301,1 Generalisierter Ausschnitt (n. Bild 300,1) im Arbeitsmaßstab 1:25 000

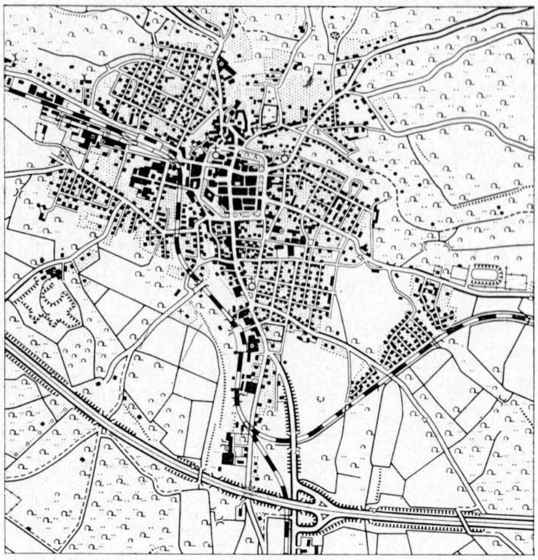

ein deutliches Hervorheben zu erreichen. Diese Verbreiterung erfolgt aber auf Kosten der angrenzenden Flächen. Diese erscheinen dadurch kleiner. Eine geometrisch richtige Darstellung ist eben nur in einem bestimmten großen Maßstabsverhältnis möglich. Man spricht deshalb hierbei auch von einer *grundrißähnlichen* Darstellung.

302,1 Verkleinerung des Bildes 301,1 in den Maßstab 1:50000. Ausschnitt aus Blatt Nr. L 7322 Göppingen der Topographischen Karte 1:50000 (nur Grundrißplatte). Beide Bilder mit Genehmigung des Landesvermessungsamts Baden-Württemberg.

3.82 Kartenauswertung

Aus einer Karte, gleich welchen Maßstabs, lassen sich viele Informationen entnehmen und auswerten. U. a. auch für die elektronische Speicherung der Koordinaten von eingestellten Punkten (Digitiergeräte). Siehe auch 3.14. Einige Beispiele sollen das erläutern.

3.821 Ermitteln von geographischen und rechtwinkligen Koordinaten

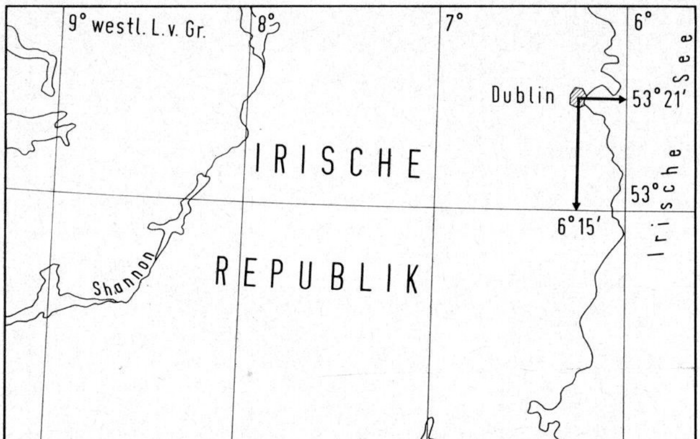

302,2 Ermittlung von geographischen Koordinaten

Wenn von einem Ort die *geographischen Koordinaten* (vgl. S. 229) aus einer Karte kleineren Maßstabs zu ermitteln sind, so kann das folgendermaßen geschehen (Bild 302,2): Parallel zu den Breitenkreisen (im mehr oder weniger stark gekrümmten Bogen, der vom jeweiligen Maßstab abhängt) zieht man mit Bleistift eine Verbindungslinie, die den Ort schneidet. Am Schnitt mit dem nächstgelegenen Nachbarmeridian läßt sich dann die Breite in Gradmaß ermitteln. Parallel zum nächsten Meridian oder entsprechend der Konvergenz der benachbarten Meridiane zieht man gleichfalls eine Linie, die durch den Ort geht. Am Schnittpunkt mit dem nächstgelegenen Breitenkreis liest man das Gradmaß für die Länge des Ortes ab. Für die Stadt Dublin in Irland z. B. lauten die Koordinaten:

Geographische Länge = 6° 15′ westlich von Greenwich oder West
Geographische Breite = 53° 21′ nördlich oder Nord

Rechtwinklige Koordinaten für einen Punkt können mit einem entsprechenden Maßstab oder mit einem *Karten-* oder *Planzeiger* abgelesen werden. Der Punkt P im Bild 303,1 hat folgende Koordinaten:

Rechts = $^{35}26\,000 + 950 = {}^{35}26\,950$ m = (abgekürzt) 26 950

Hoch = $^{57}96\,000 + 725 = {}^{57}96\,725$ m = (abgekürzt) 96 725.

Zum Ablesen ist die waagerechte Teilung des Karten- oder Planzeigers so an eine waagerechte Gitterlinie zu legen, daß die senkrechte Teilung den Punkt P berührt. Dann kann an der waagerechten Teilung bei der nächsten linken senkrechten Gitterlinie der Rechtswert, und an der senkrechten Teilung der Hochwert abgelesen werden.

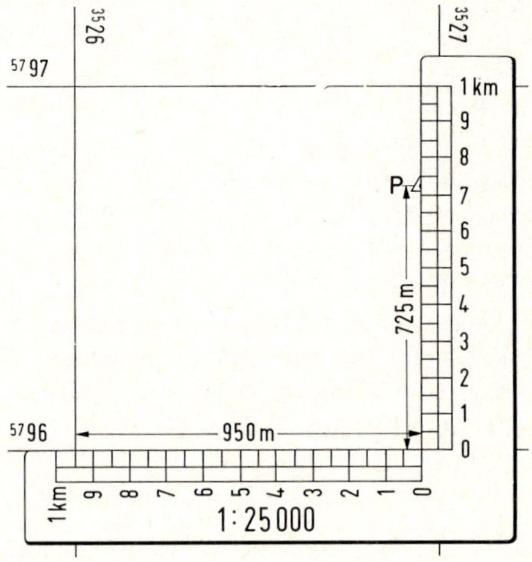

303,1 Karten- oder Planzeiger

Soll eine Karte nach Norden eingerichtet werden, so legt man eine *Bussole* oder einen *Marschkompaß* mit deren Anlegekante an eine Gitterlinie (nicht an die Blattränder) der Karte und läßt die Magnetnadel auf die angegebene Nadelabweichung einspielen. Oder man legt das Gerät mit seiner Anlegekante an die in die Karte einzutragende Verbindungslinie zwischen dem Nadelabweichungswert für das betreffende Jahr und der Marke M am oberen Blattrand und läßt die Magnetnadel auf den Nullwert einspielen. Zur Eintragung der Nadelabweichung ist in den topographischen Karten am unteren Blattrand eine kurze Gradeinteilung angegeben.

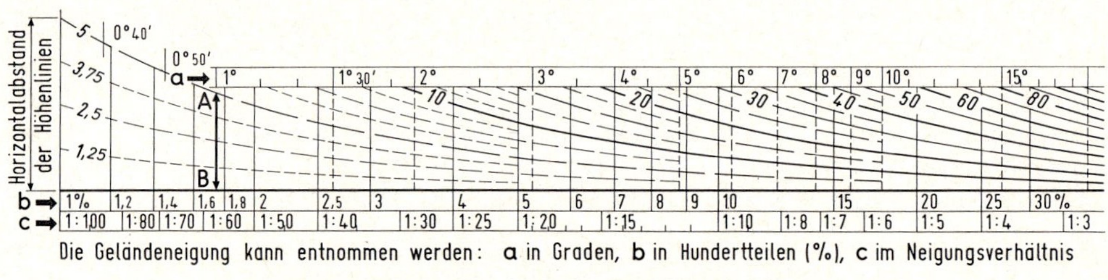

303,2 Neigungsmaßstab für eine Karte 1:25000

3.822 Bestimmen von Geländeneigungen und Entfernungen

Mit Hilfe eines *Neigungsmaßstabes* (früher Böschungsmaßstabes), eines Diagrammes (Bild 303,2), lassen sich auch Geländeneigungen aus der Karte entnehmen. Die Entnahmegenauigkeit wird bestimmt von der Güte der Aufnahme, der richtigen Darstellung der Höhenlinien sowie der Zeichengenauigkeit. Für jeden Kartenmaßstab muß ein besonderer Neigungsmaßstab hergestellt werden. Bild 303,2 zeigt einen für den Maßstab 1 : 25 000.

Die Neigung kann nicht nur in Graden, sondern für andere Zwecke auch in Hundertteilen (Prozenten) und im Neigungsverhältnis angegeben werden. Die Neigung wird folgendermaßen ermittelt: Den Horizontalabstand A B zwischen zwei Höhenlinien mit einem Höhenunterschied von 5 m überträgt man in die entsprechende Hyperbel des Neigungsmaßstabs. Hier ist die Geländeneigung in Winkelmaß mit 1°, der Hundertsatz mit 1,75% und das Neigungsverhältnis mit 1 : 57 angegeben. Auf Straßen findet man häufig die Steigung in Hundertteilen oder Prozenten angegeben. 12% Steigung z. B. bedeuten, daß die Straße auf 100 m Länge um 12 m ansteigt (siehe auch S. 81). An Eisenbahnstrecken dagegen findet man die Angabe des Neigungsverhältnisses in der Form 1 : m, z. B. 1 : 400. Dies bedeutet, daß die Gleisstrecke auf 400 m Länge 1 m steigt oder fällt. 1 : ∞ bedeutet, die Steigung ist gleich Null (horizontal). Steigen oder Fallen wird durch Form und Stellung des Neigungsanzeigers angegeben. Das Gefälle von Wasserläufen wird häufig in Tausendteilen oder Promille bezeichnet. Zum Beispiel bedeuten 2‰ Gefälle, daß der Fluß auf 1000 m Länge 2 m fällt.

Das richtige *Lesen des Höhenlinienbildes* einer Karte ist nicht ganz einfach. Eine zusätzlich eingedruckte Schummerung des bergigen Geländes durch hellere oder dunklere Tönung je nach der Geländeneigung läßt dieses plastisch erscheinen; Berge und Täler heben sich jetzt deutlich voneinander ab. Außerdem geben Höhenlinienzahlen und einzelne Höhenangaben für markante Punkte einen weiteren Anhalt für die Vorstellung von der Oberflächengestalt des Geländes.

Die *Entfernung zweier Punkte* in der Karte[1]) kann durch Abgreifen mit einem Stechzirkel und Ablesen an der aufgedruckten Maßstabsskala oder direkt mit einem Maßstab bestimmt werden. Die Strecken stark gekrümmter oder verschlungener Straßen, Wege, Wasserläufe usw. sind besser mit Hilfe eines Papierstreifens, auf dem man Stück für Stück ansetzt und die sich dann ergebende Gesamtlänge am Maßstab abliest, zu ermitteln. Bequemer, schneller und wohl auch genauer können Entfernungen mit einem kleinen Meßrädchen, z. B. mit dem *Kurvimeter*, das diese für verschiedene Maßstäbe angibt, ermittelt werden. Welches Verfahren gewählt wird, hängt von der erforderlichen Genauigkeit ab.

3.823 Maßstabsbestimmung und -umrechnung

Manchen Karten kann eine Maßstabsangabe nicht entnommen werden. Auch zahlreichen kleinmaßstäbigen Kartendarstellungen in Büchern, Zeitschriften usw. fehlt diese Angabe. Ist den Karten ein Gradnetz (Kartennetz) aufgedruckt, so läßt sich aus dem Abstand der Breitenkreise der Maßstab bestimmen. Enthält die Karte kein Gradnetz, mißt man die Strecke bzw. den Abstand zweier Orte und rechnet diesen Abstand an Hand einer Vergleichskarte, z. B. aus einem Atlas, mit bekanntem Maßstab um. Diese Maßstabsbestimmung erfolgt nach folgender Grundformel: $\frac{K}{N} = \frac{1}{M}$. Hierin ist K die Strecke in der Karte, N die Strecke in der Natur und M die gesuchte Maßstabszahl.

Bei Karten mit Merkatorprojektion (s. S. 288) ist zu beachten, daß die Abstände der Breitenkreise wachsen (s. Bild 289,1). Ist in den Karten eine Maßstabsskala (s. Bild 209,1) ohne Verhältniszahl des Maßstabs angegeben, erfolgt die Umrechnung auf die gleiche Weise wie oben angegeben.

3.824 Kartenzeichen, Kartenrand, Blattrand

Die Kenntnis der verschiedenartigsten Kartenzeichen, der Klassifizierung der Straßen, Wege und Eisenbahnen usw. ist ebenfalls für das richtige Lesen und Auswerten von

---

[1]) Mit Ausnahmen, z. B. bei Karten mit Merkatorentwurf. Siehe auch S. 288.

Karten Voraussetzung. Vielfach sind die gebräuchlichsten Zeichen, Muster und sonstige Erläuterungen und Hinweise den Karten in Form einer Zeichenerklärung (Legende) auf den Blattrand gedruckt. Der Kartenrand nimmt im allgemeinen die Bezifferung der Gitter- oder Netzlinien, Richtungshinweise und fortgesetzte Namen oder Namenteile auf.

Schließlich sollte man sich auch vergewissern, wann eine Karte herausgegeben ist oder welchen Berichtigungsstand sie aufweist. Stark veraltete Karten mit überholtem Inhalt nützen nicht mehr viel.

3.825 Urheberrechtsgesetz

Nach dem (Bundes-)Gesetz über Urheberrecht und verwandte Schutzrechte (Urheberrechtsgesetz) vom 9. 9. 1965 gehören u. a. zu den geschützten Werken Darstellungen wissenschaftlicher oder technischer Art, wie Zeichnungen, Pläne, Karten usw. Werke im Sinne des Gesetzes sind jedoch nur persönliche geistige Schöpfungen. Im allgemeinen fallen hierunter also solche Karten, die durch die Art ihrer Darstellung in künstlerischer und wissenschaftlicher Hinsicht Anlaß zur Belehrung geben. Das sind z. B. Landes- und Stadtkarten in kleineren Maßstäben. Bei großmaßstäbigen Flur- und Stadtkarten ist der Schutz gegen unerlaubtes Vervielfältigen nicht so klar. Jedoch haben die Bundesländer in ihren Vermessungs- und Katastergesetzen für Flur- und Landeskarten Vervielfältigungsverbote aufgenommen. Siehe Literaturverzeichnis.

Griechisches Alphabet

Sprechweise	Kleinbuchst.	Großbuchst.	Sprechweise	Kleinbuchst.	Großbuchst.	Sprechweise	Kleinbuchst.	Großbuchst.
Alpha	α	A	Jota	ι	I	Rho	ϱ	P
Beta	β	B	Kappa	$\varkappa$	K	Sigma	σ	Σ
Gamma	γ	Γ	Lambda	λ	Λ	Tau	τ	T
Delta	δ	Δ	My	μ	M	Ypsilon	υ	Y
Epsilon	ε	E	Ny	ν	N	Phi	φ	Φ
Zeta	ζ	Z	Xi	ξ	Ξ	Chi	χ	X
Eta	η	H	Omikron	o	O	Psi	ψ	Ψ
Theta	ϑ	Θ	Pi	π	Π	Omega	ω	Ω

Unfallverhütung

Bei Vermessungsarbeiten sind die Unfallverhütungsvorschriften der Gemeindeunfallversicherungsverbände, der Eisenbahn-Bau- und Betriebsordnung u. a. zu beachten. Besonders gefährdet sind die Vermessungstrupps bei ihren Arbeiten auf Straßen, Eisenbahngleisen und Baustellen. Einige Regeln zur Verhütung von Unfällen seien angegeben.

Auf Straßen: Ausrüsten des Vermessungstrupps mit orangefarbener Warnkleidung; Aufstellen von Warnzeichen etwa 150 m vor der Arbeitsstelle; Anstreichen der Stative, Lattenrückseiten usw. mit roter und weißer Farbe; Absperren der Instrumentenstandorte mit „Lübecker Gummihüten“; bei sehr starkem Verkehr und auf Autobahnen Mitwirkung der Verkehrspolizei.

Auf Eisenbahngelände ist die vorherige Anmeldung bei der zuständigen Bahnmeisterei erforderlich; bei elektrifizierten Strecken dürfen nur isolierte Meßbänder benutzt werden.

Auf Baustellen sollten die oben genannten Regeln beachtet werden. Das Tragen von Schutzhelmen wird hier vielfach zur Pflicht gemacht.

Aber auch bei Vermessungsarbeiten im Gelände, z. B. Freiholzen von Sichten, Vermarkungsarbeiten usw., sowie beim Transport sperriger Fluchtstäbe, Nivellierlatten, Stative usw. ist besondere Vorsicht geboten.

Literaturverzeichnis

Ahrens, H.: Der Vermessungsdienst bei der Deutschen Bundesbahn im Lande Niedersachsen, Nachrichten der Nieders. Vermessungs- und Katasterverwaltung 1/1962, Hannover

Anweisung für die Bestimmung von Vermessungspunkten in Nordrhein-Westfalen vom 1. 12. 1958, Landesvermessungsamt in Düsseldorf

Astralon Kartographisch, Dynamit Nobel AG, Erläuterungsschrift, Troisdorf, Bez. Köln, 1969

Aufbau und Erhaltung des trig. Festpunktfeldes (TP-Erlaß), Nds. Min. d. Innern, 22. 12. 1969

Aufbau des Polygonpunkfeldes (Polygonpunktfelderlaß), Nds. Min. d. Innern, 21. 2. 1966

Aufbau und Erhaltung des Nivellementfestpunktfeldes (NivP-Erlaß), Nds. Min d. Innern, 9. 7. 1971

Buch, D.: Die Grundbuchordnung und das amtliche Verzeichnis der Grundstücke, Verlag Herbert Wichmann, Berlin, 1941

Dahlbenden, W.: Die Herstellung von Katasterkarten auf Polyesterfolien und ihre Fortführung, Allgemeine Vermessungsnachrichten, 1963

Deumlich, F.: Instrumentenkunde der Vermessungstechnik, VEB-Verlag für Bauwesen, Berlin, 1967, 4. Aufl.

DIN-Blätter, Beuth-Vertrieb GmbH, Berlin W 15 und Köln

Drecoll, F. W.: Die öffentlich bestellten Vermessungsingenieure in Niedersachsen, Nachrichten der Nieders. Vermessungs- und Katasterverwaltung 1/1962, Hannover

Eggert-Klietsch: Geodätische Rechnungen mittels der Rechenmaschine, Verlag Konrad Wittwer, Stuttgart, 1954, 3. Aufl.

Ermel, H.: Seevermessung und Seekarte, Vermessungstechnische Rundschau, 1953

Esterle, A.: Lehrbuch für Vermessungstechniker, Verlagsanstalt Courier GmbH, Stuttgart, 1961

Frank, O.: Die Lichtpaustechnik, Dorotheen-Verlag, Stuttgart, 1959

Freitag, U.: Der Kartenmaßstab, Kartographische Nachrichten, 1962

Fricke, K.: Erfahrungen über die Mitverwendung der Luftphotogrammetrie zur Herstellung und Berichtigung großmaßstäbiger Stadtkarten in Hannover, Zeitschrift für Vermessungswesen, 1959

Gauß, F. G.: Die trigonometrischen und polygonometrischen Rechnungen in der Feldmeßkunst, Verlag von Eugen Strien, Halle (Saale), 1906, 3. Aufl.

Gauß, F. G.: Fünfstellige Logarithmisch-trigonometrische Tafeln neuer Teilung, Verlag Konrad Wittwer, Stuttgart, 1947, 21. bis 25. Aufl.

Gebauer, H.: Das kommunale Vermessungswesen in Niedersachsen, Nachrichten der Nieders. Vermessungs- und Katasterverwaltung 1/1962, Hannover

Gesthuis, M.: Berechnung von Erdmassen, Vermessungstechnische Rundschau, 1965

Gigas, E.: Die Universale Transversale Merkatorprojektion (UTM), Vermessungstechnische Rundschau, 1962

Gigas, E.: Physikalisch-Geodätische Meßverfahren, Ferd. Dümmlers Verlag, Bonn, 1966

Gotthardt, E.: Über die Eignung des Geodimeters NASM-4 zur Verdichtung von Festpunktfeldern für die Zwecke der Flurbereinigung, Zeitschrift für Vermessungswesen, 1962

Großmann, W.: Geodätische Rechnungen u. Abbildungen in der Landesvermessung, Verlag Konrad Wittwer, Stuttgart, 1964, 2. erw. Aufl.

Großmann, W.: Vermessungskunde, Bde. I, II u. III, Sammlung Göschen, Bde. 468, 469/469a u. 862, Walter de Gruyter u. Co., Berlin, 1972, 14. Aufl. 1971, 11. verb. Aufl. u. 1969, 9. Aufl.

von Gruber, O.: Optische Streckenmessung und Polygonierung, Herbert Wichmann Verlag, Berlin, 1955

Hagebusch, A.: Fachkunde für Vermessungstechniker, Eigenverlag, 1966

Hake, G.: Kartographie II, Sammlung Göschen, Bd. 1245/1245a/1245b, Walter de Gruyter u. Co., Berlin, 1970

Hake, G.: Polygonierung mit dem 100-m-Stahlband, Allgemeine Vermessungsnachrichten, 1958

Handbuch für die topographische Aufnahme der Deutschen Grundkarte, AdV und Landesvermessungsämter, 1956

Hawlitzeck, E.: Numerisch gesteuerte Koordinatographen in der Kartographie, Kartographische Nachrichten, 1969

Heckelmann, A.: Praktische Vermessungskunde, Verlag W. Girardet, Essen, 1951

Heißler, V./Hake, G.: Kartographie I, Sammlung Göschen, Bd. 30/30a, Walter de Gruyter u. Co., Berlin, 1970, 4. Auflage

Herrig-Michels: Die Benutzung einer Großrechenanlage zur integrierten Verarbeitung von Vermessungsaufgaben, Allgemeine Vermessungsnachrichten, 1970

Herrmann, H./Neubauer, G.: Vermessungstechnisches Rechnen, Werner-Verlag, Düsseldorf, 1966, 4. Aufl.

Herrmann, K.: Bautechnische Vermessung, Ferd. Dümmlers Verlag, Bonn, 1972, 7. Aufl.

Höfer-Sarrazin-Overbeck: Bogentafeln für Teilung des Kreises in 400^g, 1957, 5. Aufl.

Imhof, E.: Gelände und Karte, Eugen Rentsch Verlag, Erlenbach-Zürich, 1968, 3. umgearb. Aufl.

Janischowski: Der Vermessungsdienst in der Wasser- und Schiffahrtsverwaltung im Lande Niedersachsen, Nachrichten der Nieders. Vermessungs- und Katasterverwaltung 1/1962, Hannover

Jordan/Eggert/Kneissl: Handbuch der Vermessungskunde, mehrere Bde., J. B. Metzlersche Verl.-Buchhdlg. u. Carl Ernst Poeschel Verlag GmbH, Stuttgart, 1956—1971

Kasper/Schürba/Lorenz: Die Klotoide als Trassierungselement, Ferd. Dümmlers Verlag, Bonn, 1968, 5. Aufl.

Kerting: Der Vermessungsdienst beim Niedersächsischen Forsteinrichtungs- und -vermessungsamt, Nachrichten der Nieders. Vermessungs- und Katasterverwaltung 1/1962, Hannover

Kerting u. Hedrich: Zahlentafeln für das Abstecken von Bogen für 400^g- und 360°-Teilung, Teubner, Leipzig und Berlin, 1944, 2. Aufl.

Kloppenburg, W.: Die kartographische Reproduktion, Ferd. Dümmlers Verlag, Bonn, 1972

Knorr, H.: Die Luftfahrtkarte ICAO 1 : 500 000, Zeitschrift für Vermessungswesen, 1958

Köhnemann: Das Urheberrechtsgesetz und die Vervielfältigung von amtlichen Karten (Flur- und Landeskarten), Nachrichten der Nieders. Vermessungs- und Katasterverwaltung 2/1966, Hannover

Konstanzer: Liegenschaftskataster, Nachrichten der Nieders. Vermessungs- und Katasterverwaltung 1/1962, Hannover

Krauß, G.: Die Laufendhaltung der topographischen Kartenwerke, Bildmessung und Luftbildwesen, 1971

Kriegel, O.: Katasterwesen in ABC-Folge, Herbert Wichmann Verlag, Berlin, 1953

Kriegel, O./Böhm, M.: Das öffentliche Vermessungs- und Landkartenwesen, Hanseatische Verlagsanstalt, Hamburg, 1961

Kühnel W.: Der Maßstabsucher — ein Hilfsmittel zur Bestimmung des Kartenmaßstabs, Kartographische Nachrichten, 1966

Lehmann, G.: Photogrammetrie, Sammlung Göschen, Bd. 1188/1818 a, Walter de Gruyter u. Co., Berlin, 1969, 3. neubearb. Aufl.

Linkwitz, K.: Elektronisches Rechnen im Vermessungswesen, Allg. Vermessungsnachrichten, 1965

Matthews, K.: Die Macht der Zahl, Bd. 1: Von der Zahl zur Gleichung; Bd. 2: Von der Gleichung zur Formel. Hanseatische Verlagsanstalt, Hamburg, 1959 und 1960

Meckenstock, H. J.: Die elektronische Entfernungsmessung in historischer Sicht, Allgemeine Vermessungsnachrichten, 1963

Meckenstock, H. S.: Neuordnung des Meß- und Eichwesens, Vermessungstechnische Rundschau, 1971

Meine, K.-H.: Entwurf und Gestaltung von Luftfahrtkarten. Aus: Kartengestaltung und Kartenentwurf, Bibliographisches Institut, Mannheim, 1962

Merkblatt zur Polygonierung mit dem 100-m-Band, Nieders. Landesverwaltungsamt — Landesvermessung —, Hannover, 1959

Metz, H. u. Hübinger, H.: Ein verbessertes Trig. Formular 15 für Maschinenrechnung, Vermessungstechnische Rundschau, 1959

Meyer, H.: Neue amtliche Vermessungsvordrucke, Allgemeine Vermessungsnachrichten, 1959

Müller, B. G.: Grundsätze zur Programmierung digitaler Rechenanlagen, Zeitschrift für Vermessungswesen, 1967

Nds. Ministerium des Innern: Erläuterungen und Rechenbeispiele zu den Vermessungsvordrucken, Druck: Nds. Landesverwaltungsamt – Landesvermessung –, Hannover, 1958/1960

Pape, E.: Die Deutsche Grundkarte 1:5000 als Luftbildkarte, Bildmessung und Luftbildwesen, 1971

Peters, J.: Sechsstellige Tafel der natürlichen Werte der trigonometrischen Funktionen, Neugrad, Herbert Wichmann Verlag, Berlin, 1953, 10. Aufl.

Pötzschner, W.: Streckenmessung mit freihängendem Stahlbandmaß, Zeitschrift für Vermessungswesen, 1956

Radamm: Landesvermessung, Nachrichten der Nieders. Vermessungs- und Katasterverwaltung 1/1962, Hannover

Ramsayer, K.: Grundriß der Vermessungskunde, Verlag Konrad Wittwer, Stuttgart, 1965

Reek: Flächenberechnung mit der Brunsviga-Koordinatenmaschine, Allgemeine Vermessungsnachrichten, 1940

von Reidt-Wolff: Die Elemente der Mathematik, Bd. 2, Hermann Schroedel Verlag KG, Hannover, 1955, 3. Aufl.

Rösch, A. u. Kurandt, F.: Bodenschätzung und Liegenschaftskataster, Carl Heymanns Verlag, Berlin, 1950, 3. Aufl., Nachdruck 1962

Scharf, H.: Der Beruf des Markscheiders, Allgemeine Vermessungsnachrichten, 1962

Scheffers-Strubecker: Wie findet und zeichnet man Gradnetze von Land- und Sternkarten? B. G. Teubner Verlagsgesellschaft, Stuttgart, 1956

Schieferdecker, K.: Geodätisches Rechnen. Anleitung für die Brunsviga-Rechenmaschine Doppel 13 Z, Brunsviga Maschinenwerke AG, Braunschweig, 1949, 2. Aufl.

Schmitt, H.: Über den Einsatz des Basis-Reduktions-Tachymeters BRT-006, Allgemeine Vermessungsnachrichten, 1962

Schramm: Bogengestaltung und Bogenabsteckung, Berlin – Bielefeld – München, 1949

Schwidewsky, K.: Grundriß der Photogrammetrie, B. G. Teubners Verlagsgesellschaft, Stuttgart, 1963, 6. Aufl.

Seibert, H.: Vermessungstechnische Instrumentenkunde, Werner-Verlag, Düsseldorf, 1964

Steinbrenner, G.: Fünfstellige Trigonometrische Tafeln neuer Teilung zum Maschinenrechnen, Braunschweig (Brunsviga-Maschinenwerke AG), 1948, 4. Aufl.

Stender, R.: Der moderne Rechenstab, Otto-Salle-Verlag, Hamburg, 1950

Volquards, H. u. Matthews, K.: Vermessungskunde 1. u. 2 B. G. Teubner Verlagsanstalt, Stuttgart, 1967, 22. Aufl. bzw. 1967, 11.Aufl.

Wagner, H. u. Meinardus, W.: Allg. Erdkunde I. Teil: Mathematische Geographie, Hahnsche Buchhandlung, Hannover, 1938, 11. Aufl.

v. d. Weiden, A.: Umfang und Laufendhaltung topographischer Darstellungen in neuen amtl. Karten 1:1000 und kleiner. Zeitschrift für Vermessungswesen, 1959

Wernerus: Der Vermessungsdienst in der Niedersächsischen Straßenbauverwaltung, Nachrichten der Nieders. Vermessungs- und Katasterverwaltung 1/1962, Hannover

Wieneke, H.: Das Positiv-Schichtfolien-Ritzverfahren, Hannover-Kirchrode, 1962

Wilken, A.: Elektronische Tischrechner im Vermessungswesen, Zeitschrift für Vermessungswesen, 1967

Wittke, H.: Einführung in die Vermessungstechnik, Ferd. Dümmlers Verlag, Bonn, 1971, 4. erw. Aufl. der Geodätischen Briefe

Wittke, H.: Geodätische Rechenübungen, Ferd. Dümmlers Verlag, Bonn, 1968, 3. Aufl.

Wittke, H.: Die Rechenmaschine und ihre Rechentechnik, Herbert Wichmann Verlag, Berlin, 1948, 2. Aufl.

Wittke, H.: Geodätische Formelsammlung, Ferd. Dümmlers Verlag, Bonn, 1971, 2 Bde.

Zimmermann-Quadrattafeln, Herbert Wichmann Verlag, Karlsruhe, 1966, 6. Aufl.

Fachzeitschriften

Allgemeine Vermessungsnachrichten, Zeitschrift für alle Zweige des Vermessungs-, Karten- und Liegenschaftswesens sowie für Landesplanung und die Ermittlung von Grundstückswerten. — Herbert Wichmann Verlag GmbH, Karlsruhe. 12 Hefte jährlich.

Bildmessung und Luftbildwesen, Zeitschrift für Photogrammetrie, Photointerpretation und Luftbildwesen. — Herbert Wichmann Verlag GmbH, Karlsruhe. 6 Hefte jährlich.

Der Vermessungsingenieur, Zeitschrift des Verbandes Deutscher Vermessungsingenieure. — Verlag Druck- und Verlagshaus Chmielorz, Wiesbaden. 6 Hefte jährlich.

Kartographische Nachrichten. — Verlag Kartographisches Institut Bertelsmann, Gütersloh. 6 Hefte jährlich.

Vermessungstechnische Rundschau. — Ferd. Dümmlers Verlag, Bonn. 12 Hefte jährlich.

Zeitschrift für Vermessungswesen. — Verlag Konrad Wittwer, Stuttgart. 12 Hefte jährlich.

Nachrichtenblätter

Nachrichten aus dem Karten- und Vermessungswesen, Reihe I, Institut für Angewandte Geodäsie, Frankfurt (Main).

Nachrichten der Niedersächsischen Vermessungs- und Katasterverwaltung, Hannover.

Nachrichten aus dem öffentlichen Vermessungsdienst des Landes Nordrhein-Westfalen, Bonn-Bad Godesberg.

Nachrichtenblatt der Vermessungs- und Katasterverwaltung Rheinland-Pfalz, Koblenz.

Mitteilungsblatt des Vermessungsamts Hamburg, Hamburg.

Sachwörterverzeichnis

E

F

G

M

N

O

P

U

V

W

X

Z